# 混凝土结构设计计算算例
## （第二版）

王依群　编著

中国建筑工业出版社

图书在版编目（CIP）数据

混凝土结构设计计算算例/王依群编著.—2版.—北京：
中国建筑工业出版社，2013.12
ISBN 978-7-112-15942-0

Ⅰ.①混…　Ⅱ.①王…　Ⅲ.①混凝土结构-结构设计
Ⅳ.①TU370.4

中国版本图书馆 CIP 数据核字（2013）第 231739 号

本书主要根据《混凝土结构设计规范》GB 50010—2010、《建筑抗震设计规范》
GB 50011—2010、《高层建筑混凝土结构技术规程》JGJ 3—2010 及相关设计规范编写。引
导读者正确理解和使用规范关于结构构件的设计原理、计算方法和构造措施的规定。

全书共二十一章，分别介绍钢筋混凝土材料强度标准；钢筋混凝土结构计算的一般规
定和构造要求；RCM 软件的功能和使用方法；梁正截面、斜截面配筋原理及算例；偏心
受压柱配筋原理及算例；偏心受拉柱配筋；轴心受压柱的配筋及算例；柱斜截面受剪承载
力计算及算例；梁柱节点的配筋及算例；矩形、T 形截面受扭构件承载力计算及算例；剪
力墙配筋计算；正常使用极限状态验算；牛腿配筋原理及算例；预埋件计算原理及算例；
柱、剪力墙边缘构件配箍率和配箍特征值计算；叠合梁承载力计算及算例；梁疲劳应力验
算方法及算例；局部受压承载力计算；腹板具有孔洞的梁承载力计算。

书中有针对性地编写了 160 余个算例，每个算例除给出了详细的手算过程外，还列出
了混凝土构件计算软件 RCM 的中间计算结果，两种方法结果得到相互验证。书中还介绍
了实现"强柱弱梁"的实用有效方法等，具有很强的实用性。

本书可供结构设计人员、审图人员、研究人员、土建专业学生阅读。

*　　　*　　　*

责任编辑：郭　栋　万　李
责任校对：姜小莲　党　蕾

**混凝土结构设计计算算例**（第二版）

王依群　编著

\*

中国建筑工业出版社出版、发行（北京西郊百万庄）
各地新华书店、建筑书店经销
北京千辰公司制版
北京云浩印刷有限责任公司印刷

\*

开本：787×1092 毫米　1/16　印张：27½　字数：680 千字
2014 年 1 月第二版　2014 年 1 月第二次印刷
定价：**65.00** 元
ISBN 978-7-112-15942-0
（24727）

# 第二版前言

本书 2012 年第一版很快售罄，表明本书编写主导思想："依据规范设计原则，将规范条文细化、补充，并做到容易操作的程度"得到读者的认可，书及介绍的软件 RCM 受到欢迎。

第二版秉承第一版的主导思想，将内容扩展到混凝土构件承载力计算的各个方面，即相对于第一版增加了下列内容：梁正截面、斜截面承载力复核；轴心受压柱承载力复核；连续螺旋式配筋圆柱承载力计算及复核；矩形截面非对称配筋单向偏心受拉柱计算、单向偏心受压柱设计及复核；工字形截面对称配筋柱单向偏心受压（拉）承载力计算；矩形、工字形单向偏心受压排架柱承载力计算；矩形截面纯扭构件承载力复核；受冲切板承载力复核；钢筋混凝土和素混凝土局部承压计算；按《高层建筑混凝土结构技术规程》JGJ 3—2010 方法计算剪力墙受压弯承载力；叠合梁承载力计算及正常使用极限状态验算；牛腿和预埋件计算；框架柱、剪力墙边缘构件配箍率和配箍特征值计算；工字形或倒 T 形截面受弯构件裂缝宽度验算等。

书中近 160 个算例均用手工和软件两种方法计算，降低了出错的概率，也展示了 RCM 软件广泛的适用范围。

本书引用了大量参考文献及其中算例，谨向这些文献的作者表示衷心感谢。

对本书第一版提出意见和建议的读者表示感谢。部分意见和建议在本版中得到采纳。

受作者水平所限，书中有不妥或疏忽之处，敬请读者指正。作者信箱：yqwangtj@hotmail.com。

# 第一版前言

为帮助结构设计人员学习《混凝土结构设计规范》GB 50010—2010 和《建筑抗震设计规范》GB 50011—2010 中的钢筋混凝土结构抗震设计理论，熟悉具体计算步骤和方法，学会使用一种软件工具，以便遇到工程实际问题时能快速正确地解决而编写此书。对规范有设计要求的构件几乎都提供了算例，对近年工程中会遇到的但规范中提及很少（如考虑楼板内钢筋对梁受弯承载力贡献）或根本未提及（如细长柱）的构件也提供了计算方法和算例。对两本规范规定不一致之处，通过算例表明了结果的差异性，并提出作者的观点和解决方案。

书中还通过算例效果，演示了作者提出的可有效避免"强梁弱柱"震害现象的思想及其计算和实施方法。

全书内容分十四章，分别介绍钢筋混凝土梁，矩形、圆形截面柱，细长柱，框架节点，按梁实配钢筋计算柱和节点，深受弯构件，受冲切的基础板或板柱结构楼板，受扭构件，剪力墙的承载力计算；钢筋混凝土构件裂缝宽度和挠度验算。绝大多数算例来源于实际工程，对设计工作有提示作用。

工程实践（做法和材料）在不断创新，规范滞后是常态。人们总会发现规范有待改进或完善的地方，本书有少量内容就是规范尚未作出规定的，供读者参考，特别是供结构抗震性能设计时参考使用。

由于钢筋混凝土结构构件工作机理复杂、破坏模式多，所以限制条件多、计算参数多，再聪明的行内专家，手算也容易遗漏规范某条规定或写错参数，造成计算结果错误。本书六十余个算例均用手工和软件两种方法计算，起到了相互校核的作用，大大减少了出错的机率，避免误导本科学生或初入门从业者。

编写过程中，本书引用了大量参考文献及其中算例，谨对这些文献的作者表示衷心感谢。

作者水平所限，书中一定有错误之处，敬请读者指正。

# 目　　录

# 第1章 钢筋混凝土材料强度标准

## 1.1 混凝土

《混凝土结构设计规范》GB 50010—2010[1]规定：

混凝土强度等级应按立方体抗压强度标准值确定。立方体抗压强度标准值系指按标准方法制作、养护的边长为150mm的立方体试件，在28d或设计规定龄期用标准试验方法测得的具有95%保证率的抗压强度值。

混凝土强度等级采用符号C和立方体抗压强度标准值表示，共划分为十四个强度等级，即C15、C20、C25、C30、C35、C40、C45、C50、C55、C60、C65、C70、C75、C80。如C35表示立方体抗压强度标准值$f_{cu,k}=35N/mm^2$的混凝土强度等级。

素混凝土结构的强度等级不应低于C15；钢筋混凝土结构的混凝土强度等级不应低于C20；采用强度等级400MPa及以上的钢筋时，混凝土强度等级不应低于C25。

承受重复荷载的钢筋混凝土构件，混凝土强度等级不应低于C30。

预应力混凝土结构的混凝土强度等级不宜低于C40，且不应低于C30。

混凝土轴心抗压的标准值$f_{ck}$应按表1-1采用；轴心抗拉强度的标准值$f_{tk}$应按表1-2采用。

混凝土轴心抗压强度标准值（N/mm²）　　　　　　　　　　表1-1

| 强度种类 | 混凝土强度等级 | | | | | | | | | | | | | |
|---|---|---|---|---|---|---|---|---|---|---|---|---|---|---|
| | C15 | C20 | C25 | C30 | C35 | C40 | C45 | C50 | C55 | C60 | C65 | C70 | C75 | C80 |
| $f_{ck}$ | 10.0 | 13.4 | 16.7 | 20.1 | 23.4 | 26.8 | 29.6 | 32.4 | 35.5 | 38.5 | 41.5 | 44.5 | 47.4 | 50.2 |

混凝土轴心抗拉强度标准值（N/mm²）　　　　　　　　　　表1-2

| 强度种类 | 混凝土强度等级 | | | | | | | | | | | | | |
|---|---|---|---|---|---|---|---|---|---|---|---|---|---|---|
| | C15 | C20 | C25 | C30 | C35 | C40 | C45 | C50 | C55 | C60 | C65 | C70 | C75 | C80 |
| $f_{tk}$ | 1.27 | 1.54 | 1.78 | 2.01 | 2.20 | 2.39 | 2.51 | 2.64 | 2.74 | 2.85 | 2.93 | 2.99 | 3.05 | 3.11 |

混凝土轴心抗压强度的设计值$f_c$应按表1-3采用；轴心抗拉强度的设计值$f_t$应按表1-4采用。

混凝土轴心抗压强度设计值（N/mm²）　　　　　　　　　　表1-3

| 强度种类 | 混凝土强度等级 | | | | | | | | | | | | | |
|---|---|---|---|---|---|---|---|---|---|---|---|---|---|---|
| | C15 | C20 | C25 | C30 | C35 | C40 | C45 | C50 | C55 | C60 | C65 | C70 | C75 | C80 |
| $f_c$ | 7.2 | 9.6 | 11.9 | 14.3 | 16.7 | 19.1 | 21.1 | 23.1 | 25.3 | 27.5 | 29.7 | 31.8 | 33.8 | 35.9 |

**混凝土轴心抗拉强度设计值**（N/mm²）　　表 1-4

| 强度种类 | 混凝土强度等级 | | | | | | | | | | | | | |
|---|---|---|---|---|---|---|---|---|---|---|---|---|---|
| | C15 | C20 | C25 | C30 | C35 | C40 | C45 | C50 | C55 | C60 | C65 | C70 | C75 | C80 |
| $f_t$ | 0.91 | 1.10 | 1.27 | 1.43 | 1.57 | 1.71 | 1.80 | 1.89 | 1.96 | 2.04 | 2.09 | 2.14 | 2.18 | 2.22 |

混凝土受压和受拉的弹性模量 $E_c$ 应按表 1-5 采用。

混凝土的剪变模量 $G_c$ 可按相应弹性模量值的 40% 采用。

混凝土泊松比 $\nu_c$ 可按 0.20 采用。

**混凝土弹性模量**（×10⁴ N/mm²）　　表 1-5

| 强度等级 | C15 | C20 | C25 | C30 | C35 | C40 | C45 | C50 | C55 | C60 | C65 | C70 | C75 | C80 |
|---|---|---|---|---|---|---|---|---|---|---|---|---|---|---|
| $E_c$ | 2.20 | 2.55 | 2.80 | 3.00 | 3.15 | 3.25 | 3.35 | 3.45 | 3.55 | 3.60 | 3.65 | 3.70 | 3.75 | 3.80 |

注：1. 当有可靠试验依据时，弹性模量值也可根据实测数据确定。

2. 当混凝土中掺有大量矿物掺合料时，弹性模量可按规定龄期根据实测值确定。

《建筑抗震设计规范》GB 50011—2010 对钢筋混凝土结构弹塑性时程分析要求采用材料强度的平均值，例如本书 4.6 节介绍的按实配钢筋计算梁及板正截面承载力，5.2 节用纤维法计算柱截面承载力，就是为对钢筋混凝土结构（杆端塑性铰模型的）弹塑性时程分析准备梁、柱端屈服承载力。下面列出各混凝土强度等级的强度平均值，供使用时参考。

根据《混凝土结构设计规范》附录 C，混凝土抗压强度的平均值 $f_{cm}$ 可按下列公式计算确定：

$$f_{cm} = f_{ck}/(1 - 1.645\delta_c) \tag{1-1}$$

式中　$f_{cm}$、$f_{ck}$——混凝土抗压强度的平均值、标准值；

$\delta_c$——混凝土强度的变异系数，宜根据试验统计确定。

对于还没有进行试验确定 $\delta_c$ 的工程，试算时可先采用表 1-6 的数据。表 1-6 中 $\delta_c$ 的多数数据引自《混凝土结构设计规范》附录 C 的条文说明（C55 的数据由邻近的数据内插得到），C65～C80 的数据引自过镇海《混凝土的强度和本构关系——原理与应用》。表中的 $f_{cm}$ 由式（1-1）算得。

**混凝土抗压强度平均值**（N/mm²）　　表 1-6

| 强度等级 | C15 | C20 | C25 | C30 | C35 | C40 | C45 | C50 | C55 | C60 | C65 | C70 | C75 | C80 |
|---|---|---|---|---|---|---|---|---|---|---|---|---|---|---|
| $\delta_c$（%） | 23.3 | 20.6 | 18.9 | 17.2 | 16.4 | 15.6 | 15.6 | 14.9 | 14.5 | 14.1 | 10.0 | 10.0 | 10.0 | 10.0 |
| $f_{cm}$ | 16.2 | 20.3 | 24.2 | 28.0 | 32.0 | 36.1 | 39.8 | 42.9 | 46.6 | 50.2 | 54.1 | 58.0 | 61.8 | 65.5 |

混凝土轴心抗压疲劳强度设计值 $f_c^f$、轴心抗拉疲劳强度设计值 $f_t^f$ 应分别按表 1-1、表 1-2 中的强度设计值乘疲劳强度修正系数 $\gamma_\rho$ 确定。混凝土受压或受拉疲劳强度修正系数 $\gamma_\rho$ 应根据疲劳应力比值 $\rho_c^f$ 分别按表 1-7、表 1-8 采用；当混凝土承受拉-压疲劳应力作用时，疲劳强度修正系数 $\gamma_\rho$ 取 0.6。

疲劳应力比值 $\rho_c^f$ 应按下列公式计算：

$$\rho_c^f = \frac{\sigma_{c,min}^f}{\sigma_{c,max}^f} \tag{1-2}$$

式中　$\sigma_{c,min}^f$、$\sigma_{c,max}^f$——构件疲劳验算时，截面同一纤维上混凝土的最小应力、最大应力。

混凝土受压疲劳强度修正系数 $\gamma_\rho$ 　　　　表 1-7

| $\rho_c^f$ | $0 \leqslant \rho_c^f < 0.1$ | $0.1 \leqslant \rho_c^f < 0.2$ | $0.2 \leqslant \rho_c^f < 0.3$ | $0.3 \leqslant \rho_c^f < 0.4$ | $0.4 \leqslant \rho_c^f < 0.5$ | $\rho_c^f \geqslant 0.5$ |
|---|---|---|---|---|---|---|
| $\gamma_\rho$ | 0.68 | 0.74 | 0.80 | 0.86 | 0.93 | 1.00 |

混凝土受拉疲劳强度修正系数 $\gamma_\rho$ 　　　　表 1-8

| $\rho_c^f$ | $0 < \rho_c^f < 0.1$ | $0.1 \leqslant \rho_c^f < 0.2$ | $0.2 \leqslant \rho_c^f < 0.3$ | $0.3 \leqslant \rho_c^f < 0.4$ | $0.4 \leqslant \rho_c^f < 0.5$ |
|---|---|---|---|---|---|
| $\gamma_\rho$ | 0.63 | 0.66 | 0.69 | 0.72 | 0.74 |
| $\rho_c^f$ | $0.5 \leqslant \rho_c^f < 0.6$ | $0.6 \leqslant \rho_c^f < 0.7$ | $0.7 \leqslant \rho_c^f < 0.8$ | $\rho_c^f \geqslant 0.8$ | — |
| $\gamma_\rho$ | 0.76 | 0.80 | 0.90 | 1.00 | — |

注：直接承受疲劳荷载的混凝土构件，当采用蒸汽养护时，养护温度不宜高于60°C。

混凝土疲劳变形模量 $E_c^f$ 应按表 1-9 采用。

混凝土的疲劳变形模量（$\times 10^4$ N/mm²）　　　　表 1-9

| 强度等级 | C30 | C35 | C40 | C45 | C50 | C55 | C60 | C65 | C70 | C75 | C80 |
|---|---|---|---|---|---|---|---|---|---|---|---|
| $E_c^f$ | 1.30 | 1.40 | 1.50 | 1.55 | 1.60 | 1.65 | 1.70 | 1.75 | 1.80 | 1.85 | 1.90 |

## 1.2　钢　　筋

混凝土结构的钢筋应按下列规定选用：

1. 纵向受力普通钢筋宜采用 HRB400、HRB500、HRBF400、HRBF500 钢筋，也可采用 HPB300、HRB335、HRBF335、RRB400 钢筋；

2. 梁、柱纵向受力普通钢筋应采用 HRB400、HRB500、HRBF400、HRBF500 钢筋；

3. 箍筋宜采用 HRB400、HRBF400、HPB300、HRB500、HRBF500 钢筋，也可采用 HRB335、HRBF335 钢筋；

4. 预应力筋宜采用预应力钢丝、钢绞线和预应力螺纹钢筋。

钢筋的强度标准值应具有不小于95%的保证率。

普通钢筋屈服强度标准值 $f_y$、极限强度标准值 $f_{stk}$ 应按表 1-10 采用。

普通钢筋强度标准值及极限强度时的均匀应变　　　　表 1-10

| 牌号 | 符号 | 公称直径 $d$（mm） | 屈服强度标准值 $f_{yk}$（N/mm²） | 极限强度标准值 $f_{stk}$（N/mm²） | 最大力下总伸长率 $\delta_{gt}$（%） |
|---|---|---|---|---|---|
| HPB300 | Φ | 6 ~ 22 | 300 | 420 | 不小于 10.0 |
| HRB335<br>HRBF335 | Φ<br>Φ$^F$ | 6 ~ 50 | 335 | 455 | 不小于 7.5 |
| HRB400<br>HRBF400<br>RRB400 | Φ<br>Φ$^F$<br>Φ$^R$ | 6 ~ 50 | 400 | 540 | |
| HRB500<br>HRBF500 | Φ<br>Φ$^F$ | 6 ~ 50 | 500 | 630 | |

注：当采用直径大于 40mm 的钢筋时，应有可靠的工程经验。

普通钢筋的抗拉强度设计值 $f_y$、抗压强度设计值 $f_y'$ 应按表 1-11 采用。

当构件中配有不同种类的钢筋时，每种钢筋应采用各自的强度设计值。横向钢筋的抗拉强度设计值 $f_{yv}$ 应按表中 $f_y$ 的数值取用；当用作受剪、受扭、受冲切承载力计算时，其数值大于 $360N/mm^2$ 时应取 $360N/mm^2$。

普通钢筋强度设计值（$N/mm^2$）　　　　　　表 1-11

| 牌号 | $f_y$ | $f_y'$ |
|---|---|---|
| HPB300 | 270 | 270 |
| HRB335、HRBF335 | 300 | 300 |
| HRB400、HRBF400、RRB400 | 360 | 360 |
| HRB500、HRBF500 | 435 | 410 |

根据《混凝土结构设计规范》附录 C，钢筋的屈服强度平均值 $f_{ym}$ 可按下列公式计算确定：

$$f_{ym} = f_{yk}/(1 - 1.645\delta_s) \tag{1-3}$$

式中　$f_{yk}$——钢筋屈服强度标准值；

$\delta_s$——钢筋强度的变异系数。

热轧带肋钢筋的强度变异系数可按表 1-12 采用。

热轧带肋钢筋屈服强度平均值（$N/mm^2$）　　　　表 1-12

| 牌号或种类 | HPB235 | HRB335 |
|---|---|---|
| $\delta_s$（%） | 8.95 | 7.43 |
| $f_{ym}$ | 276 | 382 |

注：因既有建筑构件强度测算需要，这里列出了 HPB235 级钢筋的相关数据。

由于缺少统计数据，《混凝土结构设计规范》未给出 HPB300、HRB400、HRB500 级钢筋强度的变异系数，使用时最好采用试验方法确定钢筋屈服强度的平均值；如不做试验，请查找所用钢筋的生产厂家出具的产品质量报告。

普通钢筋和预应力筋的弹性模量 $E_s$ 应按表 1-13 采用。

钢筋的弹性模量（$\times10^5 N/mm^2$）　　　　　　表 1-13

| 牌号或种类 | 弹性模量 $E_s$ |
|---|---|
| HPB300 钢筋 | 2.10 |
| HRB335、HRB400、HRB500 钢筋<br>HRBF335、HRBF400、HRBF500 钢筋<br>RRB400 钢筋<br>预应力螺纹钢筋 | 2.00 |
| 消除应力钢丝、中强度预应力钢丝 | 2.05 |
| 钢绞线 | 1.95 |

注：必要时可通过试验采用实测的弹性模量。

各种规格普通钢筋的公称直径、计算截面面积及理论重量应按附表 1 采用。

普通钢筋的疲劳应力幅限值应按表 1-14 采用。

**普通钢筋的疲劳应力幅限值**（N/mm²）  表 1-14

| 疲劳应力比值 $\rho_c^f$ | 疲劳应力幅限值 $\Delta f_y^f$ | |
|---|---|---|
| | HRB335 | HRB400 |
| 0 | 175 | 175 |
| 0.1 | 162 | 162 |
| 0.2 | 154 | 156 |
| 0.3 | 144 | 149 |
| 0.4 | 131 | 137 |
| 0.5 | 115 | 123 |
| 0.6 | 97 | 106 |
| 0.7 | 77 | 85 |
| 0.8 | 54 | 60 |
| 0.9 | 28 | 31 |

注：当纵向受拉钢筋采用闪光接触对焊连接时，其接头处的钢筋疲劳应力幅限值应按表中数值乘以 0.8 取用。

普通钢筋疲劳应力比值 $\rho_p^f$ 应按下列公式计算：

$$\rho_p^f = \frac{\sigma_{s,min}^f}{\sigma_{s,max}^f} \qquad (1-4)$$

式中 $\sigma_{s,min}^f$、$\sigma_{s,max}^f$——构件疲劳验算时，同一层钢筋的最小应力、最大应力。

**本章参考文献**

［1］中华人民共和国国家标准．混凝土结构设计规范 GB 50010—2010［S］．北京：中国建筑工业出版社，2011．

# 第2章 钢筋混凝土结构计算
# 的一般规定和构造要求

钢筋混凝土结构及构件的计算应遵守《混凝土结构设计规范》GB 50010—2010[1]的规定。

## 2.1 一般规定

混凝土结构设计应包括下列内容：

1. 结构方案，包括结构选型、构件布置及传力途径；
2. 作用及作用效应分析；
3. 结构的极限状态设计；
4. 结构及构件的构造、连接措施；
5. 耐久性及施工的要求；
6. 满足特殊要求结构的专门性能设计。

本书针对构件截面配筋计算和构造措施，即上述3和4；但输入的作用效应（作用在构件上的力）的获得，要遵守上述1、2的要求。

## 2.2 承载能力极限状态计算

混凝土结构的承载能力极限状态计算应包括下列内容：

1. 结构构件应进行承载力（包括失稳）计算；
2. 直接承受重复荷载的构件应进行疲劳验算；
3. 有抗震设防要求时，应进行抗震承载力计算；
4. 必要时尚应进行结构的倾覆、滑移、漂浮验算；
5. 对于可能遭受偶然作用，且倒塌可能引起严重后果的重要结构，宜进行防连续倒塌设计。

对持久设计状况、短暂设计状况和地震设计状况，当用内力的形式表达时，结构构件应采用下列承载能力极限状态设计表达式：

$$\gamma_0 S \leqslant R \tag{2-1}$$

$$R = R \ (f_c, \ f_s, \ a_k, \ \cdots) \ / \gamma_{Rd} \tag{2-2}$$

式中　$\gamma_0$——结构重要性系数：在持久设计状况和短暂设计状况下，对安全等级为一级的结构构件不应小于1.1，对安全等级为二级的结构构件不应小于1.0，对安全等级为三级的结构构件不应小于0.9；对地震设计状况应取1.0；

$S$——承载能力极限状态下作用组合的效应设计值：对持久设计状况和短暂设计状

况应按作用的基本组合计算；对地震设计状况应按作用的地震组合计算；

　　　$R$——结构构件的抗力设计值；

$R$（·）——结构构件的抗力函数；

　　$\gamma_{Rd}$——结构构件的抗力模型不定性系数：静力设计取 1.0，对不确定性较大的结构构件根据具体情况取大于 1.0 的数值；抗震设计应用承载力调整系数 $\gamma_{RE}$ 代替 $\gamma_{Rd}$；

　$f_c$、$f_s$——混凝土、钢筋的强度设计值；

　　　$a_k$——几何参数的标准值；当几何参数的变异性对结构性能有明显的不利影响时，应增减一个附加值。

　　注：式（2-1）中的 $\gamma_0 S$ 为内力设计值，在本书各章中用 $N$、$M$、$V$、$T$ 等表达。

　　正截面承载力应按下列基本假定进行计算：

　　1. 截面应变保持平面。

　　2. 不考虑混凝土的抗拉强度。

　　3. 混凝土受压的应力与应变关系（图 2-1）按下列规定取用：

　　当 $\varepsilon_c \leqslant \varepsilon_0$ 时

$$\sigma_c = f_c \left[ 1 - \left( 1 - \frac{\varepsilon_c}{\varepsilon_0} \right)^n \right] \tag{2-3}$$

　　当 $\varepsilon_0 < \varepsilon_c \leqslant \varepsilon_{cu}$ 时

$$\sigma_c = f_c \tag{2-4}$$

$$n = 2 - \frac{1}{60} (f_{cu,k} - 50) \tag{2-5}$$

$$\varepsilon_0 = 0.002 + 0.5(f_{cu,k} - 50) \times 10^{-5} \tag{2-6}$$

$$\varepsilon_{cu} = 0.0033 - (f_{cu,k} - 50) \times 10^{-5} \tag{2-7}$$

式中　$\sigma_c$——混凝土压应变为 $\varepsilon_c$ 时的混凝土压应力；

　　　$\varepsilon_c$——混凝土压应变；

　　　$f_c$——混凝土轴心抗压强度设计值；

　　　$\varepsilon_0$——混凝土压应力达到 $f_c$ 时的混凝土压应变，当计算时的 $\varepsilon_0$ 值小于 0.002 时，取为 0.002；

　　　$\varepsilon_{cu}$——正截面的混凝土极限压应变，当处于非均匀受压且按式（2-7）计算的值大于 0.0033 时，取为 0.0033；当处于轴心受压时取为 $\varepsilon_0$；

　　$f_{cu,k}$——混凝土立方体抗压强度标准值；

　　　$n$——系数，当计算的 $n$ 值大于 2.0 时，取为 2.0。

　　4. 纵向受拉钢筋的极限拉应变取为 0.01。

　　5. 纵向钢筋的应力取钢筋应变与其弹性模量的乘积，但其值应符合下列要求（图 2-2）：

$$-f_y' \leqslant \sigma_{si} \leqslant f_y \tag{2-8}$$

式中　$\sigma_{si}$——第 $i$ 层纵向钢筋的应力，正值代表拉应力，负值代表压应力；

　　　$f_y$——钢筋抗拉强度设计值；

$f_y'$——钢筋抗压强度设计值。

弯矩作用平面内截面对称的偏心受压构件，当构件自身挠曲对构件弯矩影响不能忽略时，应按截面的两个主轴方向分别考虑轴向压力在挠曲产生的附加弯矩影响。

偏心受压构件的正截面承载力计算时，应计入轴向压力在偏心方向存在的附加偏心距 $e_0$，其值应取 20mm 和偏心方向截面最大尺寸的 1/30 两者中的较大值。

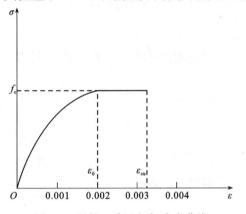

图 2-1　混凝土受压应力-应变曲线

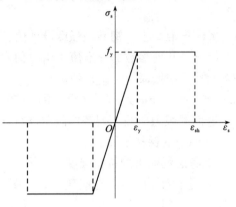

图 2-2　钢筋的理想弹塑性应力-应变曲线

受弯构件、偏心受压构件正截面承载力计算时，受压区混凝土的应力图形可简化为等效的矩形应力图。

矩形应力图的受压区高度 $x$ 可取截面应变保持平面的假定所确定的中和轴高度乘以系数 $\beta_1$。当混凝土强度等级不超过 C50 时，$\beta_1$ 取为 0.8；当混凝土强度等级为 C80 时，$\beta_1$ 取为 0.74；其间按线性内插法确定。

矩形应力图的应力值可由混凝土轴心抗压强度设计值 $f_c$ 乘以系数 $\alpha_1$ 确定。当混凝土强度等级不超过 C50 时，$\alpha_1$ 取为 1.0；当混凝土强度等级为 C80 时，$\alpha_1$ 取为 0.94；其间按线性内插法确定。

纵向受拉钢筋屈服与受压区混凝土被压碎同时发生时的相对界限受压区高度 $\xi_b$，应按下式计算：

$$\xi_b = \frac{\beta_1}{1 + \dfrac{f_y}{\varepsilon_{cu} E_s}} \tag{2-9}$$

式中　$\xi_b$——相对界限受压区高度，取 $x_b / h_0$；

　　　$x_b$——界限受压区高度；

　　　$h_0$——截面有效高度：纵向受拉钢筋合力点至截面受压边缘的距离；

　　　$E_s$——钢筋弹性模量；

　　　$\varepsilon_{cu}$——非均匀受压时的混凝土极限压应变；

　　　$\beta_1$——系数，当混凝土强度等级不超过 C50 时，$\beta_1$ 取为 0.80；当混凝土强度等级为 C80 时，$\beta_1$ 取为 0.74；其间按线性内插法确定。

可见，相对界限受压区高度 $\xi_b$ 与材料性能有关，将相关数据代入式（2-9），即可求出 $\xi_b$ 值，如表 2-1 所列。

相对界限受压区高度 $\xi_b$ 值　　　　　　　　　　　　　　　　表 2-1

| $\xi_b$ | 混凝土强度等级 | | | | | | |
|---|---|---|---|---|---|---|---|
| | $\leqslant$ C50 | C55 | C60 | C65 | C70 | C75 | C80 |
| HPB300 | 0.576 | 0.566 | 0.556 | 0.546 | 0.537 | 0.527 | 0.518 |
| HRB335 | 0.550 | 0.540 | 0.531 | 0.521 | 0.512 | 0.502 | 0.493 |
| HRB400 | 0.518 | 0.510 | 0.499 | 0.491 | 0.482 | 0.472 | 0.463 |
| HRB500 | 0.482 | 0.473 | 0.464 | 0.455 | 0.447 | 0.438 | 0.429 |

纵向普通钢筋应力应按下列规定确定：

1. 纵向普通钢筋应力宜按下列公式计算：

$$\sigma_{si} = E_s \varepsilon_{cu} \left( \frac{\beta_1 h_{0i}}{x} - 1 \right) \tag{2-10}$$

2. 纵向普通钢筋应力也可按下列近似公式计算：

$$\sigma_{si} = \frac{f_y}{\xi_b - \beta_1} \left( \frac{x}{h_{0i}} - \beta_1 \right) \tag{2-11}$$

3. 按式（2-10）、式（2-11）计算的纵向钢筋应力应符合式（2-8）的要求。

式中　$h_{0i}$——第 $i$ 层纵向钢筋重心至截面受压边缘的距离；

　　　$x$——等效矩形应力图形的混凝土受压区高度；

　　　$\sigma_{si}$——第 $i$ 层纵向普通钢筋的应力，正值代表拉应力，负值代表压应力。

## 2.3　正常使用极限状态验算

混凝土结构构件应根据其使用功能及外观要求，按下列规定进行正常使用极限状态的验算：

1. 对需要控制变形的构件，应进行变形验算；

2. 对不允许出现裂缝的构件，应进行混凝土拉应力验算；

3. 对允许出现裂缝的构件，应进行受力裂缝宽度验算；

4. 对舒适度有要求的楼盖结构，应进行竖向自振频率验算。

对于正常使用极限状态的钢筋混凝土构件，应按荷载的准永久组合并考虑长期作用的影响，采用下列极限状态设计表达式进行验算：

$$S \leqslant C \tag{2-12}$$

式中　$S$——正常使用极限状态荷载组合效应的设计值；

　　　$C$——结构构件达到正常使用要求所规定的变形、应力、裂缝宽度和自振频率等的限值。

钢筋混凝土受弯构件的最大挠度应按荷载的准永久组合，并应考虑荷载的长期作用的影响进行计算，其计算值不应超过表 2-2 规定的挠度限值。

受弯构件的挠度限值 　　表2-2

| 构件类型 | | 挠度限值 |
|---|---|---|
| 吊车梁 | 手动吊车 | $l_0/500$ |
| | 电动吊车 | $l_0/600$ |
| 屋盖、楼盖及楼梯构件 | 当 $l_0 < 7m$ 时 | $l_0/200$（$l_0/250$） |
| | 当 $7m \leqslant l_0 \leqslant 9m$ 时 | $l_0/250$（$l_0/300$） |
| | 当 $l_0 > 9m$ 时 | $l_0/300$（$l_0/400$） |

注：1. 表中 $l_0$ 为构件的计算跨度；计算悬臂构件的挠度限值时，其计算跨度 $l_0$ 按实际悬臂长度的2倍取用；
　　2. 表中括号内的数值适用于使用上对挠度有较高要求的构件；
　　3. 如果构件制作时预先起拱，且使用上也允许，则在验算挠度时，可将计算所得的挠度值减去起拱值；对预应力混凝土构件，尚可减去预加力所产生的反拱值；
　　4. 构件制作时的起拱值和预加力所产生的反拱值，不宜超过构件在相应荷载组合作用下的计算挠度值。

结构构件正截面的受力裂缝控制等级分为三级。裂缝控制等级的划分及要求应符合下列规定：

一级——严格要求不出现裂缝的构件。按荷载标准组合计算时，构件受拉边缘混凝土不应产生拉应力；

二级——一般要求不出现裂缝的构件。按荷载标准组合计算时，构件受拉边缘混凝土拉应力不应大于混凝土抗拉强度的标准值；

三级——允许出现裂缝的构件。对钢筋混凝土构件，按荷载准永久组合并考虑长期作用影响计算时，构件的最大裂缝宽度不应超过表2-3规定的最大裂缝宽度限值。

结构构件应根据结构类型和环境类别，按表2-3的规定选用不同的裂缝控制等级及最大裂缝宽度限值 $w_{\lim}$。

钢筋混凝土结构构件的裂缝控制等级及最大裂缝宽度的限值 　　表2-3

| 环境类别 | 钢筋混凝土结构 | |
|---|---|---|
| | 裂缝控制等级 | $w_{\lim}$（mm） |
| 一 | 三级 | 0.30（0.40） |
| 二 a | | 0.20 |
| 二 b | | |
| 三 a、三 b | | |

注：1. 对处于年平均相对湿度小于60%地区一类环境下的受弯构件，其最大裂缝宽度限值可采用括号内的数值；
　　2. 在一类环境下，对钢筋混凝土屋架、托架及需作疲劳验算的吊车梁，其最大裂缝宽度限值应取为0.20mm；对钢筋混凝土屋面梁和托梁，其最大裂缝宽度限值应取为0.30mm；
　　3. 对于烟囱、筒仓和处于液体压力下的结构，其裂缝控制要求应符合专门标准的有关规定；
　　4. 对于处于四、五类环境下的结构构件，其裂缝控制要求应符合专门标准的有关规定；
　　5. 表中最大裂缝限值为用于验算荷载作用引起的最大裂缝宽度。

**本章参考文献**

[1] 中华人民共和国国家标准. 混凝土结构设计规范 GB 50010—2010 ［S］. 北京：中国建筑工业出版社，2011.

# 第3章 RCM软件的功能和使用方法

RCM（Reinforcement Concrete Members）是在微机上使用的钢筋混凝土构件设计软件，编制的主要依据为国家现行有关标准：《混凝土结构设计规范》GB 50010—2010[1]、《建筑抗震设计规范》GB 50011—2010[2]（GB 50010—2002[3]关于细长柱的内容）、《高层建筑混凝土结构技术规程》JGJ 3—2010[4]，并参照了部分国外规范或设计手册的内容。

RCM软件具有以下功能：

1. 矩形、T形截面梁，板，深受弯构件正截面受弯和斜截面受剪承载力配筋计算及复核。

2. 圆形截面柱（包括细长柱）和边长不大于1400mm的钢筋混凝土矩形截面柱（包括细长柱）双向或单向偏心受压、受拉或轴心受压的配筋计算、连续螺旋箍筋柱计算、矩形或工形截面排架柱计算。

3. 柱的斜向受剪承载力配筋计算。

4. 纤维法计算柱 $N-M$ 曲线。

5. 按梁及侧边楼板实配钢筋计算柱的纵向钢筋和横向钢筋。

6. 矩形、圆形截面柱框架节点受剪承载力计算。包括9度地震设防和一级抗震等级框架结构按梁实配钢筋和材料强度标准值计算框架节点配筋。

7. 矩形、T形纯扭、压（拉）剪扭、压弯剪扭构件配筋计算。

8. 基础、板、板柱节点冲切计算。

9. 剪力墙及连梁配筋计算。

10. 构件裂缝和挠度验算。

11. 受弯构件疲劳验算。

12. 叠合受弯构件计算。

13. 牛腿、预埋件计算。

14. 柱、剪力墙边缘构件配箍特征值和配箍率计算。

15. 局部受压承载力计算。

对以上所列功能均有理论公式介绍、例题手工演算和RCM软件操作及其结果与手算结果对比。

软件采用国际单位制：kN·m制。配筋输出文件中，给出柱中所配纵向受力钢筋的直径（mm）、根数及钢筋截面面积（$mm^2$）；加密和非加密区箍筋直径（mm）和间距（mm）。在配筋简图上，给出纵向受力钢筋位置。

RCM可在Windows8、Windows7（32位、64位）、WinVista、WindowsXP、Windows 2000操作系统上运行。

大量算例与手算或其他文献算例计算结果比较，表明软件计算结果可靠。

我们在网站http：//www.kingofjudge.com上不定期地发布RCM的新版本，请用户及时到该网站下载。解压缩后将得到运行文件rcm.exe。第一次运行前先在D盘建立D:\rcmproj 子目录。可点击 RCM 图标运行该文件，或将其保存于某文件夹（例如 D：\rcmproj）后将其图标拉至"桌面"运行。

用鼠标双击 RCM 软件图标，即出现 RCM 主菜单（图3-1），点取各菜单项可完成相应的工作。

图3-1 主菜单（一级菜单）各菜单项有些只有二级菜单，有些有三级菜单。只有二级菜单的，二级菜单如图3-2所示。用鼠标点击"输入及计算"即可进入相应计算功能的对话框，详见本书下面各章节介绍。用鼠标点击"查看详细结果"，软件就会打开计算结果文件，显示给用户。

图3-1　RCM 软件主菜单

图3-2　查看详细结果菜单项

有三级菜单的一级菜单项的最末级（即第三级）菜单项与前述的只有二级菜单项的最末级（即第二级）菜单项相同，即有"输入及计算"和"查看详细结果"两项，其使用方法也相同。

RCM 软件各计算功能、详细计算结果文件名及其所属的一、二级菜单项如表3-1所示。

菜单项及详细计算结果文件一览 表3-1

| 一级菜单项 | 二级菜单项 | 详细计算结果文件主名（辅名 . out） |
|---|---|---|
| 梁配筋 | 单筋矩形梁正截面设计 | 单筋梁正截面设计 |
| | 单筋矩形梁正截面复核 | 单筋梁正截面复核 |

续表

| 一级菜单项 | 二级菜单项 | 详细计算结果文件主名（辅名 . out） |
|---|---|---|
| | 双筋矩形梁正截面设计 | 双筋梁正截面设计 |
| | 双筋矩形梁正截面复核 | 双筋梁正截面复核 |
| | T 形梁正截面设计 | T 形梁正截面设计 |
| | T 形梁正截面复核 | T 形梁正截面复核 |
| | 梁斜截面受剪承载力设计 | 矩形梁斜截面设计 |
| | 梁斜截面受剪承载力复核 | 矩形梁斜截面复核 |
| | 叠合梁叠合面受剪设计 | 叠合梁叠合面受剪 |
| | 深受弯构件正、斜截面设计 | 深受弯构件的设计 |
| | 实配钢筋梁及板正截面计算 | 实配钢筋梁 $M_u$ 计算 |
| | 实配纵筋（连）梁斜截面受剪 | 实配纵筋梁斜截面 |
| 柱配筋 | 轴心受压（拉）柱设计 | 受轴压（拉）柱设计 |
| | 轴心受压柱承载力复核 | 轴心受压柱的复核 |
| | 配置螺旋式间接钢筋轴压圆柱承载力设计 | 螺旋筋柱轴压设计 |
| | 配置螺旋式间接钢筋轴压圆柱承载力复核 | 螺旋筋柱轴压复核 |
| | 矩形非对称配筋单向偏心受拉构件设计 | 单偏拉非对称筋柱 |
| | 矩形截面单向偏心受拉构件承载力复核 | 矩形受拉构件复核 |
| | 矩形非对称配筋单偏压短、中长柱计算 | 单偏压非对称筋柱 |
| | 矩形对称配筋单偏压（拉）短、中长柱设计 | 对称筋单偏压（拉） |
| | 矩形单偏压柱承载力复核（已知 $e_0$ 求 $N$） | 单偏压柱复核轴力 |
| | 矩形单偏压柱承载力复核（已知 $N$ 求 $M_u$） | 单偏压柱复核弯矩 |
| | 工形对称配筋单偏压（拉）短、中长柱设计 | 工形柱单偏压（拉） |
| | 矩、圆形受双偏压（拉）短、中长柱配筋 | 双偏压（拉）柱设计 |
| | 矩形双偏压短、中长柱配筋（简捷法） | 双偏压柱（简捷法） |
| | 矩形、圆形截面细长柱配筋 | 细长柱双偏压设计 |
| | 纤维法算柱 $M-N$ 曲线 | 纤维法柱 $M-N$ 曲线 |
| | 矩形对称配筋单偏压排架柱设计 | 矩形排架柱单偏压 |
| | 工形对称配筋单偏压排架柱设计 | 工形排架柱单偏压 |
| 梁柱节点 | 9 度的一级抗震框架结构节点 | 9 度一级节点设计 |
| | 9 度的框架结构节点 | 抗震框架节点计算 |
| 按梁纵筋计算柱 | | 按梁实配筋算柱筋 |
| 柱受剪 | | 柱受剪承载力设计 |
| 受扭构件 | 矩形截面受扭设计 | 矩形截面受扭设计 |
| | 矩形截面纯扭复核 | 矩形截面纯扭复核 |
| | T 形截面受扭设计 | T 形截面受扭设计 |
| 冲切、局压 | 板受冲切计算 | 板冲切承载力计算 |
| | 无腹筋板冲切复核 | 无腹筋板冲切复核 |

| 一级菜单项 | 二级菜单项 | 详细计算结果文件主名（辅名 . out） |
|---|---|---|
| | 矩形柱阶形基础 | 矩形柱基础受冲切 |
| | 板柱节点受冲切 | 板柱节点冲切计算 |
| | 矩形面积局压计算 | 矩形面积局压计算 |
| | 圆形面积局压计算 | 圆形面积局压计算 |
| | 素混凝土矩形局压计算 | 素混凝土矩形局压计算 |
| | 素混凝土圆形局压计算 | 素混凝土圆形局压计算 |
| 变形裂缝 | 轴心受拉裂缝宽度 | 轴拉构件裂缝宽度 |
| | 偏心受拉裂缝宽度 | 偏拉构件裂缝宽度 |
| | 受弯构件裂缝宽度 | 受弯构件裂缝宽度 |
| | 工形或倒 T 形受弯构件裂缝宽度 | 工形受弯构件裂缝 |
| | 矩形、工形偏压构件裂缝宽度 | 偏压构件裂缝宽度 |
| | 叠合梁裂缝宽度 | 叠合梁裂缝宽计算 |
| | 受弯构件挠度计算 | 受弯构件挠度计算 |
| | 叠合梁挠度计算 | 叠合梁挠度计算 |
| 剪力墙配筋 | 正、斜截面配筋 | 剪力墙承载力设计 |
| | 连梁配筋 | 剪力墙连梁的配筋 |
| 牛腿或预埋件 | 牛腿 | 牛腿配筋构造设计 |
| | 直筋预埋件 | 直锚筋预埋件设计 |
| | 弯筋和直筋预埋件计算 | 弯锚筋预埋件计算 |
| | 弯筋和直筋预埋件复核 | 弯锚筋预埋件复核 |
| 配箍特征值 | 框架柱配箍特征值 | 框架柱配箍特征值 |
| | 剪力墙边缘构件配箍特征值 | 墙边缘构件配箍值 |
| 梁疲劳 | | 梁正截面疲劳验算 |
| 梁腹孔洞 | 矩形孔洞 | 梁腹矩形孔边配筋 |
| | 圆形孔洞 | 梁腹圆形孔边配筋 |

RCM 的计算结果输出在对话框上，另有详细计算结果输出（文件名如表 3-1 所示）在路径 D：\rcmproj 的文件中，一般用户只需要看对话框上的输出结果就可以了，所以软件对该文件的名称不更改，即计算第二个构件时会将前一个构件的详细计算结果覆盖掉。细心的用户可能要看文件中给出的详细计算结果，如果该文件内容要保留，请用户在算另一个构件配筋前将该文件改名，或复制到别处。

启动软件后，选择要计算的项目，按主菜单相应项目下的"输入及计算"，即弹出相应的对话框。例如，图 3-3 是矩形柱双向偏心受压（拉）的对话框和计算结果。

在标有（输入）的栏内输入数据，再按"计算"按钮，即开始配筋计算，计算结果显示在"输出结果"的框内（图 3-3）。如截面尺寸不足，或超出软件求解范围，软件会在输出结果框内给出出错信息。

对话框中的输入信息与计算功能相关，详见书中各章节的介绍和算例演示。

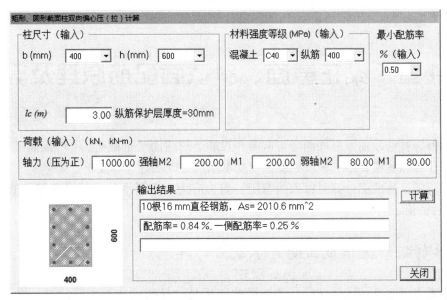

图 3-3　矩形柱双向偏心受压（拉）的对话框和计算结果

　　如果输入某数据后，鼠标移至另一数据输入处，前一数据输入处一直显示蓝色，则表明该数据"非法"，即输入了超出软件接纳范围的数，例如在图 3-3 中"M2"数据格中输入了 0 或小于 0 的数，只有用户改正了蓝色的数据，才能进行其他数据的输入。

　　软件可能不断更新，有时在存储文件中增加了数据或修改了数据格式，新版软件读取旧版软件相关文件时会出错，造成软件不能使用，这时可人工打开文件夹 d:\rcmproj，将屏幕提示出错的文件删除，然后就可顺利运行软件了。

**本章参考文献**

［1］中华人民共和国国家标准．混凝土结构设计规范 GB 50010—2010 ［S］．北京：中国建筑工业出版社，2011.

［2］中华人民共和国国家标准．建筑抗震设计规范 GB 50011—2010 ［S］．北京：中国建筑工业出版社，2010.

［3］中华人民共和国国家标准．混凝土结构设计规范 GB 50010—2002 ［S］．北京：中国建筑工业出版社，2002.

［4］中华人民共和国行业标准．高层建筑混凝土结构技术规程 JGJ 3—2010 ［S］．北京：中国建筑工业出版社，2011.

# 第4章 梁正截面、斜截面配筋原理及算例

本章内容包括单筋矩形截面梁正截面、双筋矩形截面梁正截面、T形截面梁正截面承载力配筋计算和复核；矩形截面梁斜截面受剪承载力配筋计算和复核。

对于抗震设计的梁计算时输入的弯矩、剪力应为考虑了承载力抗震调整系数 $\gamma_{RE}$，即乘了 $\gamma_{RE}$ 后的值。

## 4.1 单筋矩形梁正截面受弯承载力计算

规范要求梁要设计成适筋梁。适筋梁的破坏是受拉钢筋先屈服，经过一段塑性变形后，受压区混凝土才被压碎；而超筋梁的破坏是在钢筋屈服前，受压区混凝土首先达到极限压应变，导致构件破坏。适筋梁破坏和超筋梁破坏的界限，也是纵向受拉钢筋屈服与受压区混凝土被压碎同时发生的相对界限受压区高度 $\xi_b$，它按式（2-9）计算。

根据混凝土受压区等效矩形的假定（图4-1）及梁轴向力平衡和弯矩平衡，可列出配筋的基本方程为：

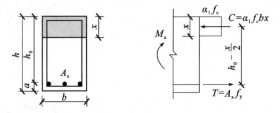

图4-1 单筋矩形受弯构件正截面承载力计算等效应力图

$$\alpha_1 f_c bx = f_y A_s \tag{4-1}$$

$$M = \alpha_1 f_c bx \ (h_0 - x/2) \tag{4-2}$$

适用条件：$x \leq \xi_b h_0$

式中   $M$——弯矩设计值；

      $x$——受压区高度；

      $\alpha_1$——系数，当混凝土强度等级不超过 C50 时，$\alpha_1$ 取为 1.0；当混凝土强度等级为 C80 时，$\alpha_1$ 取为 0.94；其间按线性内插法确定。

设计步骤：

1. $h_0 = h - a$，$a$ 为纵向钢筋合力作用点至截面下边缘的距离；

2. 计算截面弹塑性抵抗矩系数，$\alpha_s = \dfrac{M}{\alpha_1 f_c bh_0^2}$；

3. 计算相对界限受压区高度，$\xi = x/h_0 = 1 - \sqrt{1 - 2\alpha_s} \leq \xi_b$；

4. 计算纵向钢筋截面积，$A_s = \alpha_1 \xi bh_0 f_c / f_y$；

5. 防止少筋破坏，检验配筋率，$\dfrac{A_s}{bh} \geqslant \rho_{\min}$。

其中：对于受弯构件的一侧受拉钢筋最小百分率为 0.20 和 $45f_t/f_y$ 两者的较大值。板类受弯构件（不包括悬臂板）的受拉钢筋，当采用强度等级 400MPa、500MPa 的钢筋时，其最小配筋百分率应允许采用 0.15 和 $45f_t/f_y$ 中的较大值。

**【例 4-1】 矩形单筋梁正截面设计**

矩形梁截面尺寸 $b \times h = 250\text{mm} \times 500\text{mm}$，二 a 类环境，弯矩设计值 $M = 170\text{kN} \cdot \text{m}$，混凝土强度等级 C40，采用 HRB400 钢筋。

求：需要的纵向受拉钢筋截面面积。

**【解】** 由二 a 类环境，C40 混凝土，查规范[1]知梁内最外层钢筋的保护层最小厚度 25mm。预计箍筋 10mm 直径，故设 $a = 45\text{mm}$。则 $h_0 = h - a = 500 - 45 = 455\text{mm}$

截面弹塑性抵抗矩系数，$\alpha_s = \dfrac{M}{\alpha_1 f_c b h_0^2} = \dfrac{170 \times 10^6}{1.0 \times 19.1 \times 250 \times 455^2} = 0.172$

相对界限受压区高度，$\xi = 1 - \sqrt{1 - 2\alpha_s} = 0.190 < \xi_b = 0.518$

纵向钢筋截面积，$A_s = \alpha_1 \xi b h_0 f_c / f_y = 1.0 \times 0.190 \times 250 \times 455 \times 19.1/360 = 1147\text{mm}^2$

检查最小配筋率，$1147/(250 \times 500) = 0.918\% > 45f_t/f_y = 45 \times (1.71/360) \times 100\% = 0.214\%$ 满足要求。

配筋率 $\rho = 1147/(250 \times 455) = 1.008\%$。

RCM 软件计算输入信息和简要输出信息见图 4-2。

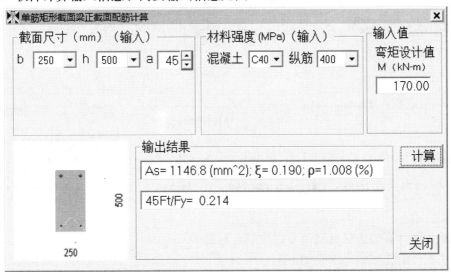

图 4-2　［例 4-1］输入信息和简要输出信息

RCM 软件的详细输出信息如下：

```
B=  250; H=  500; H0=  455.0 （mm）
C40; Fc= 19.1; α1=1.000; Fy   360. ;弯矩设计值= 170.00 kN-m
αs= 0.172 αsmax= 0.384; ξb= 0.518
As= 1146.8 α1=1.000; ξ= 0.190; ρ=1.008 (%)
```

可见 RCM 软件的计算结果与手算结果相同。

**【例 4-2】 悬挑板配筋计算**

文献［2］第 75 页算例，已知悬挑板截面厚 $h = 100\text{mm}$，一类环境，混凝土强度等级 C20，采用 HRB300 级钢筋。承受弯矩设计值 3.442 kN·m。求板的配筋

**【解】** 取 $a = 25\text{mm}$。则 $h_0 = h - a = 100 - 25 = 75\text{mm}$

截面弹塑性抵抗矩系数，$\alpha_s = \dfrac{M}{\alpha_1 f_c b h_0^2} = \dfrac{3442000}{1 \times 9.6 \times 1000 \times 75^2} = 0.0637$

计算相对界限受压区高度，$\xi = 1 - \sqrt{1 - 2\alpha_s} = 0.0659$

计算纵向钢筋截面积，$A_s = \alpha_1 \xi b h_0 f_c / f_y = 1 \times 0.0659 \times 1000 \times 75 \times 9.6 / 270 = 175.7\text{mm}^2$

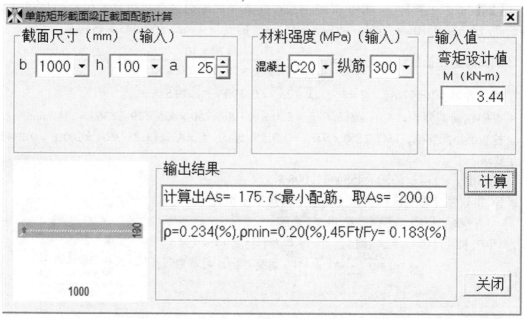

图 4-3　悬挑板配筋计算

检验配筋率，$45 f_t / f_y = 45 \times 1.1 / 270 = 0.183\% < 0.2\%$，所以 $\rho_{min} = 0.2\%$；

$\rho = \dfrac{A_x}{bh} = 175.8 / (1000 \times 100) = 0.001758 < 0.2\% = \rho_{min}$；应取 $A_s = 0.002 \times 1000 \times 100 = 200\text{mm}^2$。

RCM 软件计算输入信息和简要输出信息见图 4-3。

RCM 软件的详细输出信息如下：

```
B= 1000; H=  100; H0=   75.0 （mm）
C20; Fc=  9.6; α1=1.000; Fy   270.;弯矩设计值=      3.44  kN-m
αs= 0.064 αsmax= 0.410; ξb= 0.576
As=   175.8 α1=1.000; ξ= 0.066; ρ=0.234 (%)
计算出As   175.8<最小配筋, 取As   200.0
ρ=0.234(%),ρmin=0.200(%), 45Ft/Fy   0.183
```

可见 RCM 软件的计算结果与手算结果及文献结果相同。

**【例 4-3】矩形单筋梁正截面承载力复核**

文献［2］第 74 页算例，已知矩形梁截面尺寸 $b \times h = 300\text{mm} \times 600\text{mm}$，一类环境，混凝土强度等级 C30，采用 HRB335 级 4 根直径 22 mm 钢筋。求此截面所能承受的弯矩设计值。

解：取 $a = 36\text{mm}$。则 $h_0 = h - a = 600 - 36 = 564\text{mm}$

截面弹塑性抵抗矩系数，$x = \dfrac{f_y A_s}{\alpha_1 f_c b} = \dfrac{300 \times 1520}{1 \times 14.3 \times 300} = 106.29 < \xi_b h_0 = 0.550 \times 564$

弯矩设计值，$M_u = f_y A_s (h_0 - 0.5x) = 300 \times 1520 \times (564 - 0.5 \times 106.29) = 232.95\ \text{kN} \cdot \text{m}$

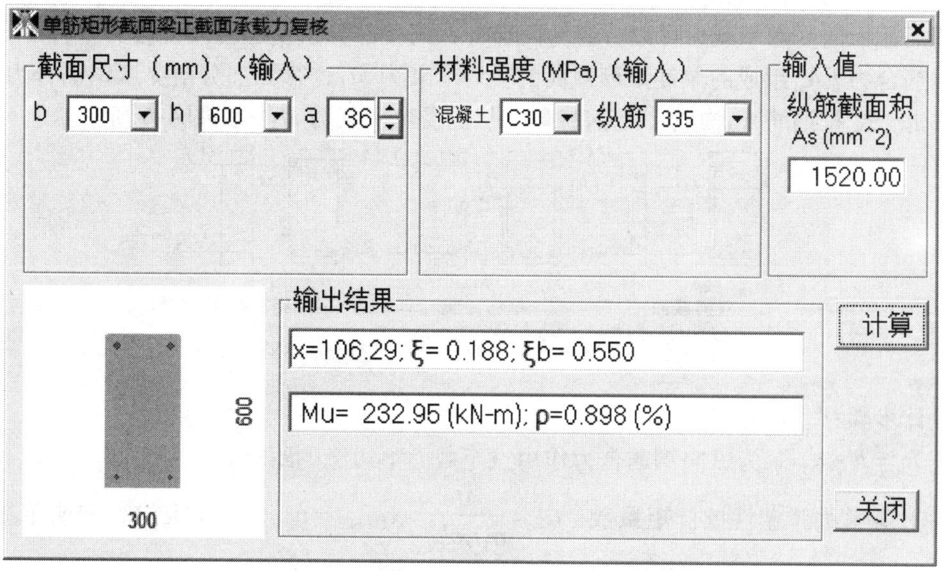

图 4-4　矩形单筋梁正截面承载力复核

RCM 软件计算输入信息和简要输出信息见图 4-4。

RCM 软件的详细输出信息如下：

```
B=  300; H=  600; H0=  564.0 (mm)
C30; Fc= 14.3; α1=1.000; Fy=  300.; As=  1520.00 mm^2
x=106.29; ξ= 0.188; ξb= 0.550
Mu=  232.95 (kN-m); ρ=0.898 (%)
```

可见 RCM 软件的计算结果与手算结果及文献结果相同。

## 4.2　双筋矩形梁正截面受弯承载力计算

根据双筋矩形受弯构件正截面承载力计算等效矩形应力图（图 4-5），由平衡条件，可列出双筋矩形截面承载力基本方程为：

$$\alpha_1 f_c bx + f_y' A_s' = f_y A_s \tag{4-3}$$
$$M = \alpha_1 f_c bx(h_0 - x/2) + f_y' A_s'(h_0 - a') \tag{4-4}$$

适用条件：$x \geq 2a'$。

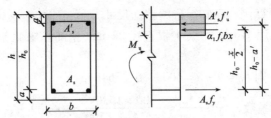

图 4-5　双筋矩形受弯构件正截面承载力计算等效应力图

双筋截面的受弯承载力可以分解为两部分：第一部分由受压混凝土合力 $\alpha_1 f_c bx$ 与部分受拉钢筋合力 $f_y A_{s1}$ 组成的单筋矩形截面的受弯承载力 $M_1$；第二部分由受压钢筋合力 $f'_y A'_s$ 与另一部分受拉钢筋 $A_{s2}$ 构成"纯钢筋截面"的受弯承载力 $M_2$，如图 4-6 所示。

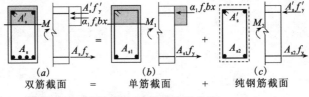

图 4-6　双筋截面的分解

设计步骤：

1. $h_0 = h - a$，$a$ 为纵向钢筋合力作用点至截面下边缘的距离。

2. 计算截面弹塑性抵抗矩系数，$\alpha_s = \dfrac{M}{\alpha_1 f_c b h_0^2} > \alpha_{s,\max} = \xi_b (1 - 0.5\xi_b)$，表明单筋截面已无法满足承载力要求，应使用双筋梁。

3. 单筋截面所能承担的弯矩，$M_1 = \alpha_1 f_c b h_0 \xi_b (1 - 0.5\xi_b) = \alpha_{s,\max} \alpha_1 f_c b h_0^2$

相应单筋截面的受拉纵向钢筋截面积，$A_{s1} = \alpha_1 \xi_b b h_0 f_c / f_y$。

4. 求纯钢筋截面（受压钢筋和部分受拉钢筋）承担的弯矩，$M_2 = M - M_1$

相应"纯钢筋截面"的钢筋：$A'_s = \dfrac{M - M_1}{f'_y (h_0 - a')} = \dfrac{M - \alpha_{s,\max} \alpha_1 f_c b h_0^2}{f'_y (h_0 - a')}$；$A_{s2} = \dfrac{f'_y}{f_y} A'_s$。

5. 求双筋截面总受拉钢筋面积，$A_s = A_{s1} + A_{s2}$。

**【例 4-4】双筋梁正截面设计计算**

文献［3］第 63 页，矩形梁截面尺寸 $b \times h = 250\mathrm{mm} \times 500\mathrm{mm}$，二 a 类环境，混凝土强度等级 C30，采用 HRB400 钢筋，弯矩设计值 $M = 300\mathrm{kN} \cdot \mathrm{m}$，试计算纵向受力钢筋。

**【解】** 1. 取 $a = 70\mathrm{mm}$，$a' = 45\mathrm{mm}$，$h_0 = h - a = 500 - 70 = 430\mathrm{mm}$。

2. 检验是否需要配受压钢筋：

$$\alpha_s = \frac{M}{\alpha_1 f_c b h_0^2} = \frac{300 \times 10^6}{1.0 \times 14.3 \times 250 \times 430^2} = 0.454 > \alpha_{s,\max} = 0.384，需要配受压钢筋。$$

3. 计算配置截面的受压和受拉钢筋：

$$A'_s = \frac{M - \alpha_{s,\max} \alpha_1 f_c b h_0^2}{f'_y (h_0 - a')} = \frac{300 \times 10^6 - 0.384 \times 1 \times 14.3 \times 250 \times 430^2}{360 \times (430 - 45)} = 333\mathrm{mm}^2$$

$$A_s = \alpha_1 \xi_b b h_0 f_c / f_y + A'_s = 1 \times 0.518 \times 250 \times 430 \times 14.3 / 360 + 333 = 2212 + 333 = 2545\mathrm{mm}^2$$

RCM 软件计算输入信息和简要输出信息见图 4-7。RCM 软件的详细输出信息如下：

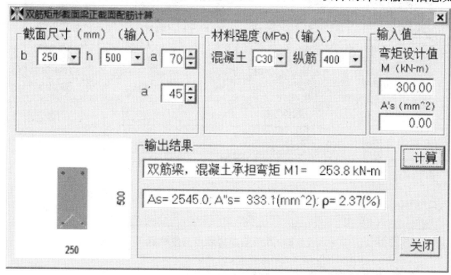

图 4-7　双筋矩形梁输入信息和简要输出信息

B= 250；H= 500；HO= 430.0 （mm）
C30；Fc= 14.3；α1=1.000；Fy= 360.；弯矩设计值= 300.00 kN-m
αs= 0.454 αsmax= 0.384；ξb= 0.518
双筋梁，混凝土承担弯矩 M1= 253.8 kN-m
相应单筋截面的受拉纵向钢筋截面积 As1= 2211.9 mm^2
受压钢筋截面积 A's= 333.1 mm^2
双筋截面总受拉钢筋面积 As= 2545.0 mm^2；ρ=2.367 (%)

可见 RCM 软件的计算结果与手算结果相同。

**【例 4-5】双筋梁受弯承载力复核题 1**

文献［4］第 37 页算例：已知矩形截面梁的尺寸为 $b \times h = 200\text{mm} \times 500\text{mm}$，混凝土强度等级 C25，采用 HRB335 级钢筋，受拉钢筋为 3 Φ 25（$A_s = 1473\text{mm}^2$），受压钢筋为 2 Φ 18（$A_s = 509\text{mm}^2$），一类使用环境，求该截面能承受的最大弯矩。

**【解】** 1. 求受压区高度：

$$h_0 = (500 - 35)\text{mm} = 465\text{mm}$$

由式（4-3）得：

$$x = \frac{f_y A_s - f'_y A'_s}{\alpha_1 f_c b} = \frac{300(1473 - 509)}{1.0 \times 11.9 \times 200} = 122\text{mm} < \xi_b h_0 = 0.55 \times 465\text{mm} = 256\text{mm}$$

且 $x > 2a' = 2 \times 35\text{mm} = 70\text{mm}$

2. 求最大弯矩，由式（4-4）得：

$$M_u = \alpha_1 f_c bx(h_0 - 0.5x) + f'_y A'_s(h_0 - a')$$

$$= 1 \times 11.9 \times 200 \times 112 \times (465 - 0.5 \times 122) + 300 \times 509(465 - 35) = 183\text{kN} \cdot \text{m}$$

RCM 计算结果如图 4-8 所示，可见与文献结果相同。

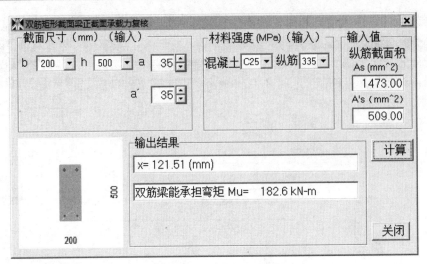

图 4-8　双筋梁受弯承载力复核题 1

**【例 4-6】双筋梁受弯承载力复核题 2**

文献［5］第 73 页例题：已知矩形截面梁的尺寸为 $b \times h = 300\text{mm} \times 600\text{mm}$，混凝土强度等级 C35，采用 HRB400 级钢筋，受拉钢筋为 4 $\Phi$ 28（$A_s = 4926\text{mm}^2$），受压钢筋为 2 $\Phi$ 16（$A_s = 402\text{mm}^2$），二 a 类环境，求该截面能承受的最大弯矩。

**【解】** 1. 求受压区高度，由式（4-3）得：

$$x = \frac{f_y A_s - f'_y A'_s}{\alpha_1 f_c b} = \frac{360(4926 - 402)}{1.0 \times 16.7 \times 300} = 325.08\text{mm} > \xi_b h_0 = 0.518 \times 530\text{mm} = 274.54\text{mm}$$

2. 确定受弯承载力，$a = 70\text{mm}$，$a' = 40\text{mm}$，由式（4-4）得：

$$M_c = \alpha_1 f_c b h_0^2 \xi_b (1 - 0.5\xi_b) + f'_y A_s (h_0 - a')$$

$$= 1 \times 16.7 \times 300 \times 530^2 \times 0.518 \times (1 - 0.5 \times 0.518) + 360 \times 402(530 - 40) = 611.09\text{kN} \cdot \text{m}$$

RCM 计算结果如图 4-9 所示，可见与文献结果相同。

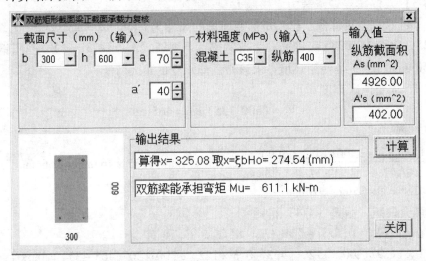

图 4-9　双筋梁受弯承载力复核题 2

RCM 软件详细结果如下，可见其与手算结果相同。

```
B=  300; H=  600; H0=  530.0（mm）
C35; Fc= 16.7; α1=1.000; Fy= 360.; As=  4926.00; A's=  402.00 mm^2
算得x= 325.08 取x=ξbHo= 274.54（mm）
双筋梁能承担弯矩 Mu=  611.1 kN-m
```

注：因所用计算机语言 fortran 不能输出单冒号""'"所限，这里用双冒号"""替代。

## 4.3　T形梁正截面受弯承载力计算

T形截面受压区混凝土仍采用等效矩形应力图。根据中和轴的位置或受压区高度 $x$ 的大小，可分为两类 T 形截面。

（1）第一类 T 形截面，中和轴位于受压翼缘内，即 $x \leqslant h'_f$，故其受压区混凝土为 $b'_f \times x$ 的矩形截面（图 4-10）。因此，计算公式与单筋矩形截面梁相同。

（2）第二类 T 形截面，中和轴位于梁肋部，即 $x > h'_f$，受压区形状为 T 形（图 4-11）。由截面平衡条件可得基本公式：

$$\alpha_1 f_c bx + \alpha_1 f_c (b'_f - b) h'_f = f_y A_s \tag{4-5}$$

$$M = \alpha_1 f_c bx(h_0 - x/2) + \alpha_1 f_c (b'_f - b) h'_f (h_0 - h'_f/2) \tag{4-6}$$

适用条件：$x \leqslant \xi_b h_0$。

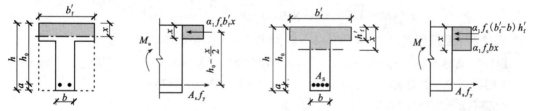

图 4-10　第一类 T 形截面　　　　　　　　　图 4-11　第二类 T 形截面

设计时，首先判断截面是"第一类 T 形"还是"第二类 T 形"，按下式计算 $M_f$，然后判别。

$$M_f = \alpha_1 f_c b'_f h'_f (h_0 - 0.5 h'_f) \tag{4-7}$$

若 $M \leqslant M_f$，则为第一类 T 形截面，按单筋矩形截面计算钢筋面积，并验算是否满足最小配筋率要求。

若 $M > M_f$，则为第二类 T 形截面，截面设计计算方法与双筋截面梁类似，计算步骤如下：

1. 计算截面翼缘挑出部分承担的弯矩 $M_2$ 和相应的纵筋 $A_{s2}$，即：

$$M_2 = \alpha_1 f_c (b'_f - b) h'_f (h_0 - 0.5 h'_f) \tag{4-8}$$

$$A_{s2} = \alpha_1 f_c (b'_f - b) h'_f / f_y \tag{4-9}$$

2. 计算 $M_1 = M - M_2$，然后按照单筋矩形截面计算钢筋面积 $A_{s1}$，并验算适用条件 $\alpha_s \leqslant \alpha_{s,max}$ 或 $\xi \leqslant \xi_b$。

3. 求 T 形截面总受拉钢筋面积，$A_s = A_{s1} + A_{s2}$。

截面复核时，先由式（4-10）判断问题属于第一类 T 形截面还是属于第二类 T 形截面。

$$\alpha_1 f_c b'_f h'_f = f_y A_s \tag{4-10}$$

即，如果 $f_y A_s \le \alpha_1 f_c b'_f h'_f$，属于第一类 T 形截面。如果 $f_y A_s > \alpha_1 f_c b'_f h'_f$，则属于第二类 T 形截面。然后，再使用相应的公式进行复核。

**【例 4-7】第二种类型 T 形梁正截面设计计算**

文献［3］第 69 页，T 形梁截面尺寸 $b \times h = 250\text{mm} \times 700\text{mm}$，$b'_f = 600\text{mm}$，$h'_f = 100\text{mm}$，二 a 类环境，混凝土强度等级 C30，采用 HRB335 钢筋，弯矩设计值 $M = 500\text{kN} \cdot \text{m}$，试计算纵向受力钢筋。

**【解】** 由二 a 类环境，C30 混凝土，查规范知梁内最外层钢筋的保护层最小厚度 25mm。预计箍筋 10mm 直径，纵向钢筋分两排放置，故设 $a = 70\text{mm}$。则 $h_0 = h - a = 700 - 70 = 630\text{mm}$。

判断 T 形截面类型：

$$M_f = \alpha_1 f_c b'_f h'_f (h_0 - 0.5 h'_f) = 1.0 \times 14.3 \times 600 \times 100 \times (630 - 100/2)$$
$$= 497.6\text{kN} \cdot \text{m} < 500\text{kN} \cdot \text{m}$$

属于第二类型。

确定 $M_2$ 和相应的纵筋 $A_{s2}$

$$M_2 = \alpha_1 f_c (b'_f - b) h'_f (h_0 - 0.5 h'_f) = 1.0 \times 14.3 \times (600 - 250) \times 100 \times (630 - 100/2)$$
$$= 290.3\text{kN} \cdot \text{m}$$

$$A_{s2} = \alpha_1 f_c (b'_f - b) h'_f / f_y = 1.0 \times 14.3 \times (600 - 250) \times 100 / 300 = 1668\text{mm}^2$$

确定 $M_1$ 和 $A_{s1}$

$$M_1 = M - M_2 = 500 - 290.3 = 209.7\text{kN} \cdot \text{m}$$

$$\alpha_s = \frac{M}{\alpha_1 f_c b h_0^2} = \frac{209.7 \times 10^6}{1.0 \times 14.3 \times 250 \times 630^2} = 0.148 < \alpha_{s,\text{max}} = 0.399$$

相对界限受压区高度，$\xi = 1 - \sqrt{1 - 2\alpha_s} = 0.161 < \xi_b = 0.550$

纵向钢筋截面积，$A_{s1} = \alpha_1 \xi b h_0 f_c / f_y = 1.0 \times 0.161 \times 250 \times 630 \times 14.3 / 300 = 1207\text{mm}^2$

T 形截面总受拉钢筋面积，$A_s = A_{s1} + A_{s2} = 1668 + 1207 = 2875\text{mm}^2$

配筋率 $\rho = 2875 / (250 \times 630) = 1.825\%$

RCM 软件计算输入信息和简要输出信息见图 4-12。

图 4-12 中 $A'_s$ 和 $a'$ 是为双筋 T 形梁（详见下节）所设，$A'_s$ 填 0.0 则表明是普通 T 形梁，此情况下 $a'$ 不论填什么数，均不起作用。

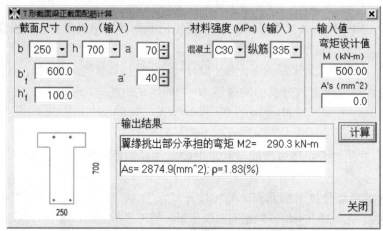

图 4-12　第二类 T 形梁正截面承载力算例

RCM 软件的详细输出信息如下：

```
B=  250; H=  700; H0=  630.0 (mm)
C30; Fc= 14.3; α1=1.000; Fy=  300.；弯矩设计值= 500.00 kN-m
翼缘承担的弯矩 Mf=    497.6 kN-m
翼缘挑出部分承担的弯矩 M2=    290.3 kN-m
相应的纵筋面积 As2=   1668.3 mm^2
αs= 0.148 αsmax= 0.399; ξb= 0.550
相应单筋截面的受拉纵向钢筋截面积 As1=   1206.5 mm^2
双筋截面总受拉钢筋面积 As=   2874.9 mm^2
As= 2874.9; ρ=1.825 (%)
```

可见 RCM 软件的计算结果与手算结果相同。

**【例 4-8】 第一种类型 T 形梁正截面设计计算**

T 形梁截面尺寸 $b \times h = 250\text{mm} \times 550\text{mm}$，$b'_f = 2000\text{mm}$，$h'_f = 80\text{mm}$，混凝土强度等级 C25，采用 HRB335 钢筋，弯矩设计值 M = 210kN·m，试计算纵向受力钢筋。

**【解】** 1. 取 $a = 35\text{mm}$，$h_0 = h - a = 515\text{mm}$。

2. 判别类型，$M_f = \alpha_1 f_c b'_f h'_f (h_0 - 0.5h'_f) = 1.0 \times 11.9 \times 2000 \times 80 \times (515 - 80/2) =$ 904.4kN·m $> 210$kN·m。

属于第一类型，按宽度为 $b'_f$ 的矩形截面梁计算。

3. 求受拉钢筋面积：

截面弹塑性抵抗矩系数，$\alpha_s = \dfrac{M}{\alpha_1 f_c b h_0^2} = \dfrac{210 \times 10^6}{1.0 \times 11.9 \times 2000 \times 515^2} = 0.0333$

相对界限受压区高度，$\xi = 1 - \sqrt{1 - 2\alpha_s} = 0.0339 < \xi_b = 0.550$

纵向钢筋截面积，$A_s = \alpha_1 \xi b h_0 f_c / f_y = 1.0 \times 0.0339 \times 2000 \times 250 \times 515 \times 11.9/300$ $= 1386\text{mm}^2$

配筋率 $\rho = 1396/(250 \times 515) = 1.076\%$

RCM 软件计算输入信息和简要输出信息见图 4-13。RCM 软件的详细输出信息如下：

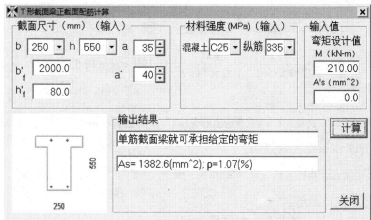

图 4-13 第一类 T 形梁正截面承载力算例

B= 250；H= 550；HO= 515.0 （mm）；Bf=2000.0;Hf=80.0(mm)

C25；Fc= 11.9；α1=1.000；Fy= 300. ；弯矩设计值= 210.00 kN-m

翼缘承担的弯矩 Mf= 904.4 kN-m

单筋截面梁就可承担给定的弯矩

αs= 0.0333 αsmax= 0.399；ξb= 0.550

As= 1382.6；ρ=1.074 (%)

可见 RCM 软件的计算结果与手算结果相同。

**【例4-9】 T 形梁受弯承载力复核例 1**

文献［4］第 42 页例题：已知 T 形梁的截面尺寸为 $b = 300\text{mm}$，$h = 700\text{mm}$，$b'_f = 120\text{mm}$（图 4-14），混凝土强度等级 C25，采用 HRB335 级钢筋，受拉钢筋为 6 Φ 25（$A_s = 2945\text{mm}^2$），一类使用环境，当承受的弯矩设计值为 $M = 500\text{kN·m}$ 时，问此 T 形截面梁的承载力是否足够。

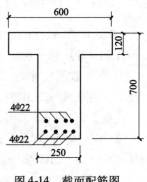

图 4-14　截面配筋图

**【解】** 1. 判断 T 形截面的类型

$$f_y A_s = 300 \times 2945\text{N} = 883500\text{N} > \alpha_1 f_c b'_f h'_f = 1 \times 11.9 \times 600 \times 120\text{N} = 856800\text{N}$$

故为第二类 T 形截面。

2. 求 $M_{u1}$，$M_{u2}$

$$A_{s1} = \frac{\alpha_1 f_c (b'_f - b) h'_f}{f_y} = \frac{1 \times 11.9 \times (600 - 300) \times 120}{300} = 1428\text{mm}^2$$

由式（4-8）

$$M_{u1} = \alpha_1 f_c (b'_f - b) h'_f (h_0 - 0.5 h'_f)$$
$$= 1 \times 11.9 \times (600 - 300) \times 120 \times (640 - 0.5 \times 120) = 248\text{kN·m}$$

则

$$A_{s2} = A_s - A_{s1} = (2945 - 1428)\text{mm}^2 = 1517\text{mm}^2$$

$$\xi = \frac{f_y A_{s2}}{\alpha_1 f_c b h_0} = \rho \frac{f_y}{\alpha_1 f_c} = \frac{1517}{300 \times 640} \times \frac{300}{1.0 \times 11.9} = 0.199 < \xi_b = 0.55$$

查附表得 $\alpha_s = 0.179$

$$M_{u2} = \alpha_s \alpha_1 f_c b h_0^2 = 0.179 \times 1 \times 11.9 \times 300 \times 640^2 = 262\text{kN·m}$$

3. 计算截面能够承受的弯矩 $M_u$

$$M_u = M_{u1} + M_{u2} = 510\text{kN·m} > M = 500\text{kN·m}$$

因此该截面承载力足够。

RCM 计算结果如下，可见与文献结果相同。

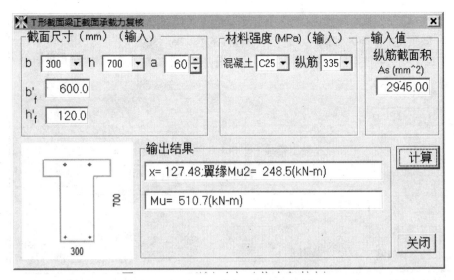

图 4-15　T 形梁受弯承载力复核例 1

RCM 软件详细结果如下列，可见其与手算结果相同。

```
B=  300; H=  700; H0=  640.0（mm）
C25; Fc= 11.9; α1=1.000; Fy=  300.;纵筋截面积=  2945.00 mm^2
x= 127.48; 中和轴在腹板内
腹板Mu1:  262.3; 翼缘Mu2=  248.5(kN-m)
Mu=  510.7(kN-m)
```

### 【例 4-10】T 形梁受弯承载力复核例 2

文献［5］第 61 页例题：钢筋混凝土 T 形截面简支梁，截面尺寸如图 4-16 所示。安全等级为二级，混凝土强度等级为 C25，纵向受拉钢筋采用 HRB400 级钢筋，已知：$a = 65\text{mm}$。当梁不配置受压钢筋时，求该梁所能承受的最大弯矩设计值。

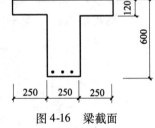

图 4-16　梁截面

### 【解】

$x = \xi_b h_0 = 0.518 \times (600 - 65) = 277\text{mm} > h'_f = 120\text{mm}$

根据《混凝土结构设计规范》GB 50010—2010 中式（6.2.11-2）或由本书式（4-6）

$M = 1 \times 11.9 \times 250 \times 277 \times (535 - 0.5 \times 277) + 1 \times 11.9 \times 500 \times 120 \times (535 - 0.5 \times 120)$
$= 665.9\text{kN·m}$

根据题意，RCM 输入很大的纵筋量，输入信息及计算结果如图 4-17 所示，软件详细结果如下，可见与文献结果相同。

```
B=  250; H=  600; H0=  535.0（mm）
C25; Fc= 11.9; α1=1.000; Fy=  360.;纵筋截面积=  9490.06 mm^2
x= 277.13; 中和轴在腹板内
腹板Mu1=  326.8; 翼缘Mu2=  339.1(kN-m)
Mu=  666.0(kN-m)
```

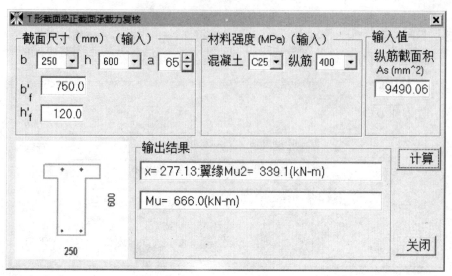

图 4-17　T 形梁受弯承载力复核例 2

## 4.4　双筋 T 形截面梁正截面受弯承载力计算

双筋 T 形截面梁是混凝土 T 形截面梁考虑受压翼缘内受压纵筋（包括有效翼缘宽度楼板内同方向钢筋）作用的梁[6]。双筋 T 形截面梁的计算与 T 形截面梁计算相似。双筋 T 形截面受压区混凝土仍采用等效矩形应力图。根据中和轴的位置或受压区高度 $x$ 的大小，可分为两类双筋 T 形截面。

（1）第一类双筋 T 形截面，中和轴位于受压翼缘内，即 $x \leqslant h'_f$，故其受压区混凝土为 $b'_f \times x$ 的矩形截面（图 4-18）。因此，计算公式与双筋矩形截面梁相同。

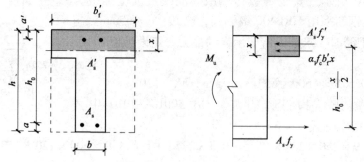

图 4-18　第一类双筋 T 形截面

（2）第二类双筋 T 形截面，中和轴位于梁肋部，即 $x > h'_f$，受压区形状为 T 形（图 4-19）。由截面平衡条件可得基本公式：

$$\alpha_1 f_c bx + \alpha_1 f_c (b'_f - b) h'_f + f'_y A'_s = f_y A_s \tag{4-11}$$

$$M = \alpha_1 f_c bx(h_0 - x/2) + \alpha_1 f_c (b'_f - b) h'_f (h_0 - h'_f/2) + f'_y A'_s (h_0 - a'_s) \tag{4-12}$$

适用条件：$x \leqslant \xi_b h_0$。

设计时，首先判断截面是"第一类双筋 T 形"还是"第二类双筋 T 形"按式（4-13）

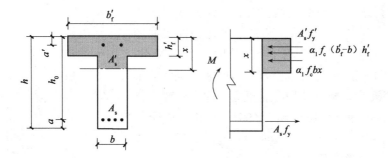

图 4-19　第二类双筋 T 形截面

计算 $M_f$，然后判别。

$$M_f = \alpha_1 f_c b'_f h'_f (h_0 - 0.5 h'_f) + f'_y A'_s (h_0 - a'_s) \tag{4-13}$$

若 $M \leqslant M_f$，则为第一类双筋 T 形截面，按截面宽 $b'_f$ 的双筋矩形截面计算钢筋面积，并验算是否满足最小配筋率要求；

若 $M > M_f$，则为第二类双筋 T 形截面，截面设计计算方法与双筋截面梁类似，计算步骤如下：

1）计算截面翼缘挑出部分承担的弯矩 $M_2$ 和相应的纵筋 $A_{s2}$，即：

$$M_2 = M_f \tag{4-14}$$

$$A_{s2} = \alpha_1 f_c (b'_f - b) h'_f / f_y + f'_y A'_s / f_y \tag{4-15}$$

2）计算 $M_1 = M - M_2$，然后按照单筋矩形截面计算钢筋面积 $A_{s1}$，并验算适用条件 $\alpha_s \leqslant \alpha_{s,max}$ 或 $\xi \leqslant \xi_b$；

3）求 T 形截面总受拉钢筋面积，$A_s = A_{s1} + A_{s2}$。

截面复核时，先由式（4-16）判断问题属于第一类 T 形截面还是属于第二类 T 形截面。

$$\alpha_1 f_c b'_f h'_f + f'_y A'_s = f_y A_s \tag{4-16}$$

如果 $f_y A_s \leqslant \alpha_1 f_c b'_f h'_f + f'_y A'_s$，属于第一类 T 形截面，按截面宽 $b'_f$ 的双筋矩形截面复核。

如果 $f_y A_s > \alpha_1 f_c b'_f h'_f + f'_y A'_s$，则属于第二类 T 形截面。此时，先用式（4-17）求出截面受压区高度。

$$x = \frac{f_y A_s - f'_y A'_s - \alpha_1 f_c (b'_f - b) h'_f}{\alpha_1 f_c b} \tag{4-17}$$

若 $2a'_s \leqslant x \leqslant \xi_b h_0$，则：

$$M_u = \alpha_1 f_c bx (h_0 - 0.5x) + \alpha_1 f_c b'_f h'_f (h_0 - 0.5 h'_f) + f'_y A'_s (h_0 - a'_s) \tag{4-18}$$

若 $x > \xi_b h_0$，则取 $x = x_b = \xi_b h_0$

$$M_u = \alpha_1 f_c bx_b (h_0 - 0.5x_b) + \alpha_1 f_c b'_f h'_f (h_0 - 0.5 h'_f) + f'_y A'_s (h_0 - a'_s) \tag{4-19}$$

不论属于第一或第二类 T 形截面，若 $x < 2a'_s$，则

$$M_u = f_y A_s (h_0 - a'_s) \tag{4-20}$$

## 【例 4-11】 双筋 T 形截面梁正截面设计计算

文献 [6] 第 196 页例题，已知某 T 形截面梁如图 4-20 所示，弯矩设计值 450kN·m，采用 C25 混凝土，纵筋采用 HRB400 级钢筋（规范规定 HRB400 级钢筋不能与低强度等级 C25 配合使用，这里为与原文对照不作修改），受压区配置 2 Φ18，环境类别为一类，安全等级二级，取 $a_s = 60$ mm，$a'_s = 40$ mm。

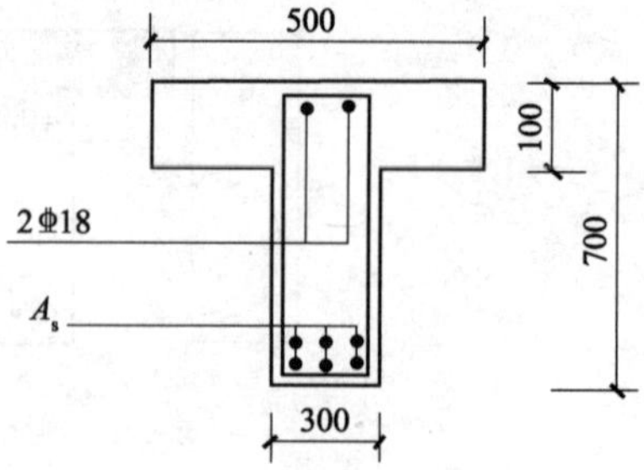

试确定受拉钢筋截面面积。

图 4-20　双筋 T 形截面

【解】 判别 T 形截面类型，由式（4-13）

$$M_f = \alpha_1 f_c b'_f h'_f (h_0 - 0.5h'_f) + f'_y A'_s (h_0 - a'_s)$$
$$= 1 \times 11.9 \times 500 \times 100 \times (640 - 100/2) + 360 \times 628 \times (640 - 40)$$
$$= 486.7 \text{kN·m}$$

450kN·m ＜ 486.7 kN·m，属于第一类 T 形截面。

混凝土应承担的弯矩为：

$$M_1 = M - f'_y A'_s (h_0 - a'_s)$$
$$= 450 \times 10^6 - 360 \times 628 \times (640 - 40) = 314.35 \text{ kN·m}$$

$$x = h_0 - \sqrt{h_0^2 - \frac{2M_1}{\alpha_1 f_c b'_f}} = 640 - \sqrt{640^2 - \frac{2 \times 314350000}{1 \times 11.9 \times 500}}$$

$$= 89 \text{ mm} < \xi_b h_0 = 0.518 \times 640 = 332 \text{ mm}$$

且 89 mm ＞ $2a'_s = 2 \times 40 = 80$ mm

$$A_s = \alpha_1 f_c b'_f x / f_y + A'_s = 1 \times 11.9 \times 500 \times 89/360 + 628 = 2099 \text{ mm}^2$$

RCM 软件计算输入信息和简要输出信息见图 4-21。

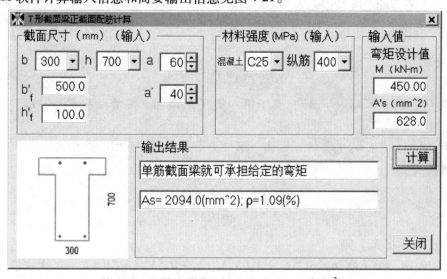

图 4-21　双筋 T 形截面梁设计（$A'_s = 628$ mm$^2$）

RCM 软件给出的详细计算结果如下：

B=　300；H=　700；H0=　640.0；Bf=　500.0；Hf=　100.0 a,a″=　60　40（mm）
C25；Fc=　11.9；α1=1.000；Fy=　360.；A″s=　628.0；弯矩设计值=　　450.00 kN-m
翼缘承担的弯矩 Mf=　　486.7 kN-m
属于第一种类型梁，即截面翼缘就可承担给定的弯矩
x=　88.70；α s= 0.129 α smax= 0.384；ξ b= 0.518；　ξ = 0.139
双筋T形截面受拉钢筋面积 As=　　2094.0 mm^2
As= 2094.0；ρ =1.091（%）

若受压区配置 3 ⌀ 20（$A'_s$ =942 mm²），其他条件均不变，试确定受拉钢筋截面面积。

$$M_f = \alpha_1 f_c b'_f h'_f (h_0 - 0.5h'_f) + f'_y A'_s (h_0 - a'_s)$$

$$= 1 \times 11.9 \times 500 \times 100 \times (640 - 100/2) + 360 \times 942 \times (640 - 40)$$

$$= 554.5 \text{ kN} \cdot \text{m}$$

450kN·m < 554.5 kN·m，属于第一类 T 形截面。

混凝土应承担的弯矩为：

$$M_1 = M - f'_y A'_s (h_0 - a'_s)$$

$$= 450 \times 10^6 - 360 \times 942 \times (640 - 40) = 246.53 \text{ kN} \cdot \text{m}$$

$$x = h_0 - \sqrt{h_0^2 - \frac{2M_1}{\alpha_1 f_c b'_f}} = 640 - \sqrt{640^2 - \frac{2 \times 246530000}{1 \times 11.9 \times 500}}$$

$$= 68 \text{ mm} < 2a'_s = 2 \times 40 = 80 \text{ mm}$$

由式（4-20）

$$A_s = M/(h_0 - a'_s) = 450 \times 10^6 / (640 - 40) = 2083 \text{ mm}^2$$

RCM 软件计算输入信息和简要输出信息见图 4-22。

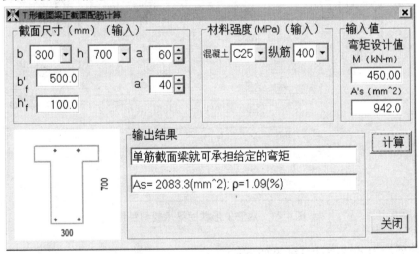

图 4-22　双筋 T 形截面梁设计（$A'_s$ =942 mm²）

可见 RCM 结果与手算结果一致。

**【例4-12】双筋 T 形截面梁正截面承载力复核**

文献［6］第 195 页例题，已知某 T 形截面梁如图 4-23 所示，采用 C25 混凝土，纵筋
采用 HRB400 级钢筋，受拉区配置 8 ⌀ 22（$A_s$ =3041mm²），受压区配置 3 ⌀ 20（$A'_s$ =

$942\text{mm}^2$），环境类别为一类，安全等级二级，取 $a_\text{s} = 60\text{mm}$，$a'_\text{s} = 40\text{mm}$。

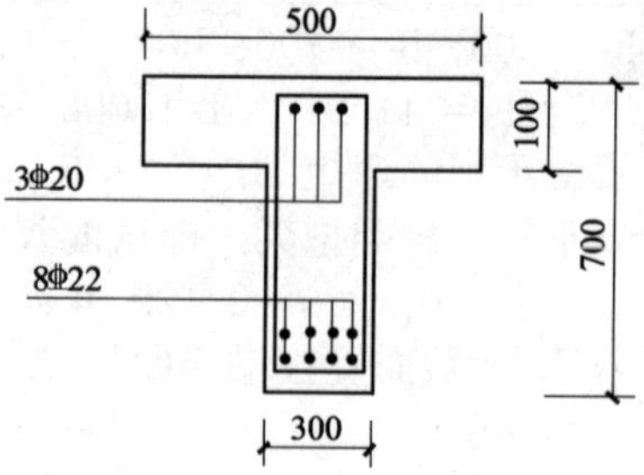

试确定该梁的受弯承载力设计值。

【解】判别 T 形截面类型，由式（4-13）

$$f_\text{y}A_\text{s} = 360 \times 3041 = 1094.76\text{kN} > \alpha_1 f_\text{c}b'_\text{f}h'_\text{f} + f'_\text{y}A'_\text{s}$$

$$= 1 \times 11.9 \times 500 \times 100 + 360 \times 942 = 934.12 \text{ kN}$$

故为第二类 T 形截面。

$$x = \frac{f_\text{y}A_\text{s} - f'_\text{y}A'_\text{s} - \alpha_1 f_\text{c}(b'_\text{f} - b)h'_\text{f}}{\alpha_1 f_\text{c}b}$$

$$= \frac{360 \times (3041 - 942) - 1 \times 11.9 \times (500 - 300) \times 100}{1 \times 11.9 \times 300}$$

$$= 145 \text{ mm} < \xi_\text{b}h_0 = 0.518 \times 640 = 332 \text{ mm}$$

且 $145 \text{ mm} > 2a'_\text{s} = 2 \times 40 = 80 \text{ mm}$

由式（4-19）

$$M_\text{u} = \alpha_1 f_\text{c}bx_\text{b}(h_0 - 0.5x_\text{b}) + \alpha_1 f_\text{c}b'_\text{f}h'_\text{f}(h_0 - 0.5h'_\text{f}) + f'_\text{y}A'_\text{s}(h_0 - a'_\text{s})$$

$$= 1 \times 11.9 \times 300 \times 145 \times (640 - 145/2) + 1 \times 11.9 \times (500 - 300) \times 100 \times (640 - 100/2)$$
$$+ 360 \times 942 \times (640 - 40)$$

$$= 637.7 \text{ kN} \cdot \text{m}$$

RCM 软件计算输入信息和简要输出信息见图 4-24。

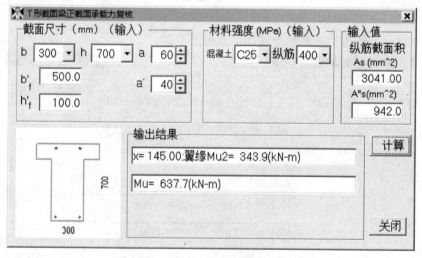

图 4-24　双筋 T 形截面梁承载力复核

RCM 软件给出的详细计算结果如下：

```
B= 300; H= 700; H0= 640.0 a,a″= 60, 40 (mm)
C25; Fc= 11.9; α1=1.000; Fy= 360.;纵筋截面积As,A″s= 3041.0,    942.0 mm^2
x= 145.00; 中和轴在腹板内
腹板Mu1= 293.8; 翼缘Mu2= 343.9(kN-m)；  Mu= 637.7(kN-m)
```

可见 RCM 结果与手算结果一致。

图 4-23　双筋 T 形截面复核题

500

100

3Φ20

8Φ22

700

300

## 4.5　梁斜截面受剪承载力计算

本节内容适用于腹筋采用箍筋和弯起筋的梁受剪承载力计算和复核，输入信息中输入弯起钢筋根数为 0 即表示不考虑弯起筋。

截面限制条件：

当 $h_w/b$ 不大于 4 时，$V \leq 0.25\beta_c f_c bh_0$；

当 $h_w/b$ 不小于 6 时，$V \leq 0.20\beta_c f_c bh_0$；

当 $h_w/b$ 大于 4 且小于 6 时，按线性内插法取用，即 $V \leq 0.025(14 - h_w/b)\beta_c f_c bh_0$。

式中　$h_w$——截面的腹板高度，矩形截面的 $h_w$ 取 $h_0$，T 形截面的 $h_w$ 取有效高度减去翼缘高度，工字形截面的 $h_w$ 取腹板净高；

$\beta_c$——混凝土强度影响系数：当混凝土强度等级不超过 C50 时，$\beta_c$ 取为 1.0，当混凝土强度等级为 C80 时，$\beta_c$ 取为 0.8，其间按线性内插法确定。

对于一般受弯构件，斜截面受剪承载力按下式计算：

$$V \leq 0.7f_t bh_0 + f_{yv}\frac{A_{sv}}{s}h_0 \tag{4-21}$$

对于集中荷载（包括多种荷载，其中集中荷载对支座截面或节点边缘所产生的剪力值占总剪力的 75% 以上的情况）作用下的独立梁，斜截面受剪承载力按下式计算：

$$V \leq \frac{1.75}{\lambda + 1.0}f_t bh_0 + f_{yv}\frac{A_{sv}}{s}h_0 \tag{4-22}$$

式中　$\lambda$——计算截面的剪跨比，可取 $\lambda = a/h_0$（$a$ 为集中荷载作用点至支座截面或节点边缘的距离）；当剪跨比 $\lambda < 1.5$ 时，取 $\lambda = 1.5$；当 $\lambda > 3$ 时，取 $\lambda = 3.0$；

$f_{yv}$——箍筋的抗拉强度设计值；

$s$——沿构件长度方向的箍筋间距。

最小配筋率要求：

为防止配箍率过小发生斜拉破坏，规范规定，当 $V > 0.7f_t bh_0$，或 $V > \dfrac{1.75}{\lambda + 1.0}f_t bh_0$（集中荷载为主的独立梁）时，配箍率应满足：

$$\rho_{sv} = \frac{A_{sv}}{bs} \geq \rho_{sv,min} = 0.24\frac{f_t}{f_{yv}}$$

构造配箍要求：

当剪力设计值符合下列要求，即对于一般受弯构件符合 $V \leq 0.7f_t bh_0$，对集中荷载作用下的独立梁符合 $V \leq \dfrac{1.75}{\lambda + 1.0}f_t bh_0$ 时，不需要通过斜截面受剪承载力计算来配置箍筋，仅需按构造配置箍筋即可。构造配箍的条件应控制最大箍筋间距 $s_{max}$ 和箍筋的最小直径 $d_{min}$，具体要求见表 4-1、表 4-2。

**梁中最大箍筋间距 $s_{max}$（mm）**　　　　　　　　　　　　　表 4-1

| 梁高 h（mm） | $V > 0.7f_t bh_0$ | $V \leqslant 0.7f_t bh_0$ |
|---|---|---|
| $150 < h \leqslant 300$ | 150 | 200 |
| $300 < h \leqslant 500$ | 200 | 300 |
| $500 < h \leqslant 800$ | 250 | 350 |
| $h > 800$ | 300 | 400 |

**梁中箍筋最小直径 $d_{min}$（mm）**　　　　　　　　　　　　　表 4-2

| 梁高 h（mm） | 箍筋直径 | 梁高 h（mm） | 箍筋直径 |
|---|---|---|---|
| $h \leqslant 800$ | 6 | $h > 800$ | 8 |

**【例 4-13】均布荷载作用下矩形截面简支梁斜截面设计计算**

文献［3］第 85 页，矩形截面简支梁截面尺寸 $b \times h = 250\text{mm} \times 600\text{mm}$，二 a 类环境，取 $a = 65\text{mm}$，混凝土强度等级 C30，箍筋采用 HPB300 钢筋，均布荷载作用下的剪力设计值 $V = 230.4\text{kN}$，试计算抗剪箍筋。

**【解】** 1. 验算截面尺寸，$h_w/b = 535/250 = 2.14 \leqslant 4$，$0.25\beta_c f_c bh_0 = 0.25 \times 1 \times 14.3 \times 250 \times 535 = 478\text{kN} > V = 230.4\text{kN}$

满足截面尺寸要求。

2. 验算是否需要计算配箍：

$$V_c = 0.7f_t bh_0 = 0.7 \times 1.43 \times 250 \times 535 = 134 < V = 230.4\text{kN}$$

需要按计算配箍筋。

3. 按仅配置箍筋计算，由式（4-21）有：

$$\frac{A_{sv}}{s} = \frac{V - V_c}{f_{yv} h_0} = \frac{230400 - 134000}{270 \times 535} = 0.668$$

按表 4-2，选双肢 6mm 直径箍筋，则箍筋间距 $s \leqslant 2 \times 28.3/0.668 = 84.7\text{mm}$。

4. 验算最小配箍率：

$$\rho_{sv} = \frac{A_{sv}}{bs} = 56.6/(250 \times 84.7) = 0.267\% \geqslant \rho_{sv,min} = 0.24\frac{f_t}{f_{yv}} = 0.24 \times (1.43/270) \times 100\% = 0.127\%，满足。$$

RCM 软件计算输入信息和简要输出信息见图 4-25。

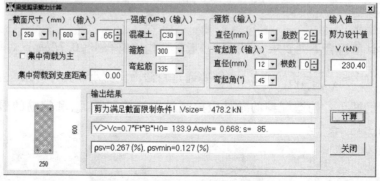

图 4-25　矩形截面简支梁斜截面计算

RCM 软件的详细输出信息如下:

```
B=    250.; H=     600.; H0=    535.0 (mm)
C30; Fc= 14.3; α1=1.000; Fy=   270.;剪力设计值=     230.40 kN
Ho=   535.; hw/b=    2.14; Vsize=        478.2 kN
Vc=   133.9 kN
V > Vc=0.7*Ft*B*H0=    133.9 kN
Asv/s=  0.668 按计算配箍 S=    85.; ρsv=0.267 (%), ρsvmin=0.127 (%)
```

可见 RCM 软件的计算结果与手算结果相同。

### 【例 4-14】 有集中荷载作用的矩形截面简支梁斜截面设计计算

文献 [7] 第 172 页例, 独立梁截面尺寸为 $b \times h = 200\text{mm} \times 500\text{mm}$, 混凝土强度等级 C30, 采用 HRB300 钢筋, 剪力设计值 $V = 119.17\text{kN}$。集中荷载产生的剪力在大于总剪力的 75% 以上, 集中荷载到支座的距离为 1500mm。试求箍筋用量。

【解】 1. 复核截面尺寸, 取 $h_0 = h - a = 500 - 35 = 465\text{mm}$。

$0.25\beta_c f_c bh_0 = 0.25 \times 1 \times 14.3 \times 200 \times 465 = 332.48\text{kN} > 119.17\text{kN}$, 可以。

2. 配箍筋, 剪跨比 $\lambda = 1500/465 = 3.23 > 3$

$V_c = \dfrac{1.75}{\lambda + 1.0} f_t bh_0 = \dfrac{1.75}{3 + 1.0} \times 1.43 \times 200 \times 465 = 58.18\text{kN} < 119.17\text{kN}$, 需计算配箍。

$$\frac{A_{sv}}{s} = \frac{V - V_c}{f_{yv} h_0} = \frac{119170 - 58183}{270 \times 465} = 0.486$$

采用 6mm 直径两肢箍筋, 则其间距就不大于 $s = 2 \times 28.3/0.486 = 116.5\text{mm}$。

相应的配箍率为: $\rho_{sv} = \dfrac{A_{sv}}{bs} = 0.486/200 = 0.00243 > \rho_{sv,min} = 0.24 \dfrac{f_t}{f_{yv}} = 0.24 \times 1.43/270 = 0.00127$, 可以。

RCM 软件输入信息和简要输出结果见图 4-26, 详细结果如下, 可见其与手算结果相同。

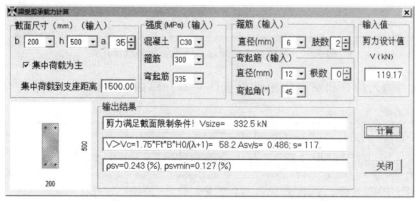

图 4-26　集中荷载作用的矩形截面简支梁斜截面计算

```
B=    200.; H=    500.; H0=   465.0 （mm）
C30; Fc= 14.3; α1=1.000; 箍筋Fyv=   270.;剪力设计值=   119.17 kN
Ho=  465.; hw/b=   2.33; Vsize=    332.5 kN
剪力满足截面限制条件! Vsize=    332.5 kN
λ=   3.23; Vc=  58.18(kN); Vb=    0.00(kN)
Asv/s=  0.486 按计算配箍 S= 117.; ρsv=0.243 (%), ρsvmin=0.127 (%)
V＞Vc=1.75*Ft*B*H0/(λ+1)=    58.2 Asv/s=  0.486; s= 117.
```

### 【例4-15】 荷载较小的矩形截面梁斜截面设计计算

文献［2］第142页算例，梁截面尺寸为 $b \times h = 200mm \times 600mm$，混凝土强度等级 C20，箍筋采用 HRB300 级钢筋，一层纵向受拉钢筋，均布荷载作用下剪力设计值 V = 80kN。试求箍筋用量。

解：1. 复核截面尺寸，取 $h_0 = h - a = 600 - 35 = 565mm$

$0.25\beta_c f_c bh_0 = 0.25 \times 1 \times 11.9 \times 200 \times 565 = 336.2kN > 80kN$，可以。

2. 配箍筋：

$V_c = 0.7 f_t bh_0 = 0.7 \times 1.1 \times 200 \times 565 = 87.01kN > 80kN$，不需计算配箍。

查《混凝土结构设计规范》GB 50010—2010 第9.2.9条及表9.2.9，采用6mm直径两肢箍筋，则其间距应不大于350mm。不必计算配箍率。

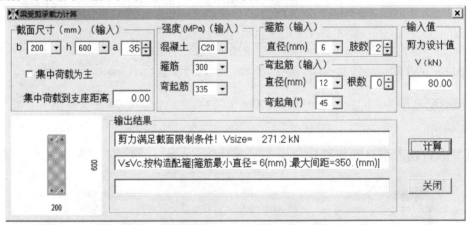

图 4-27    荷载较小的矩形截面梁斜截面设计计算

RCM 软件输入信息和简要输出结果见图 4-27，详细结果如下，可见其与手算结果相同。

```
B=    200.; H=    600.; H0=   565.0 （mm）
C20; Fc=  9.6; α1=1.000; Fyv=   270.;剪力设计值=    80.00 kN
Ho=  565.; hw/b=   2.83; Vsize=    271.2 kN
剪力满足截面限制条件! Vsize=    271.2 kN
Vc=   87.0 kN
```

### 【例4-16】 矩形截面梁斜截面承载力复核

文献［2］第143页算例，梁截面尺寸为 $b \times h = 400mm \times 1200mm$，混凝土强度等级

C30，箍筋采用 HRB300 钢筋，$h_0 = h - a = 1114\text{mm}$，配置 4 肢直径 8mm 间距 250mm 箍筋。求受剪承载力 $[V_{cs}]$。

解：1. 复核截面尺寸

$0.25\beta_c f_c b h_0 = 0.25 \times 1 \times 14.3 \times 400 \times 1114 = 1593\text{kN}$

2. 求受剪承载力，由式（4-21）

$$V_{cs} = 0.7 f_t b h_0 + f_{yv}\frac{A_{sv}}{s}h_0 = 0.7 \times 1.43 \times 400 \times 1114 + 270 \times 4 \times 50.3 \times 1114/250$$

$$= 446.046 + 242.068\text{kN} = 688\text{kN}。$$

RCM 软件输入信息和简要输出结果见图 4-28，详细结果如下，可见其与手算结果相同。

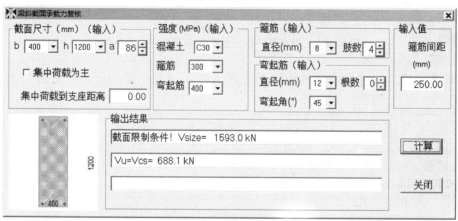

图 4-28　矩形截面梁斜截面承载力复核

```
B=    400.; H=  1200.; H0= 1114.0;箍筋 4肢,直径= 8（mm）
C30; Fc= 14.3; α1=1.000; Fyv=  270.; S=    250.00 mm
Ho= 1114.; hw/b=   2.79; Vsize=    1593.0 kN
Vc=0.7*Ft*B*H0=  446.0 kN
Vu=Vcs=   688.1 kN
```

**【例 4-17】有弯起筋的矩形截面梁斜截面承载力复核**

文献 [2] 第 143 页算例，梁截面尺寸为 $b \times h = 250\text{mm} \times 800\text{mm}$，混凝土强度等级 C25，箍筋采用 HRB300 级钢筋，$h_0 = h - a = 730\text{mm}$，配置 2 肢直径 8mm 间距 250mm 箍筋。弯起筋为 2 根直径 18mm 的 HRB335 级钢筋，均布荷载作用下的剪力设计值 $V = 300\text{kN}$。试复核该梁的受剪承载力。

**【解】**

$$V < 0.25\beta_c f_c b h_0 = 0.25 \times 1 \times 11.9 \times 250 \times 730 = 542.9\text{kN}$$

$$V_b = 0.8 f_{yv} A_{sb} \sin\alpha = 0.8 \times 300 \times 2 \times 254.5 \times 0.707 = 86.37\text{kN}$$

$$V_{cs} = 0.7 f_t b h_0 + f_{yv}\frac{A_{sv}}{s}h_0 = 0.7 \times 1.27 \times 250 \times 730 + 300 \times 2 \times 50.3 \times 730/250$$

$$= (162.24 + 88.13)\text{kN} = 250.37\text{kN}$$

$$V_{cs} + V_b = 250.37\text{kN} + 86.37\text{kN} = 336.74\text{kN} > 300\text{kN}$$

满足要求。

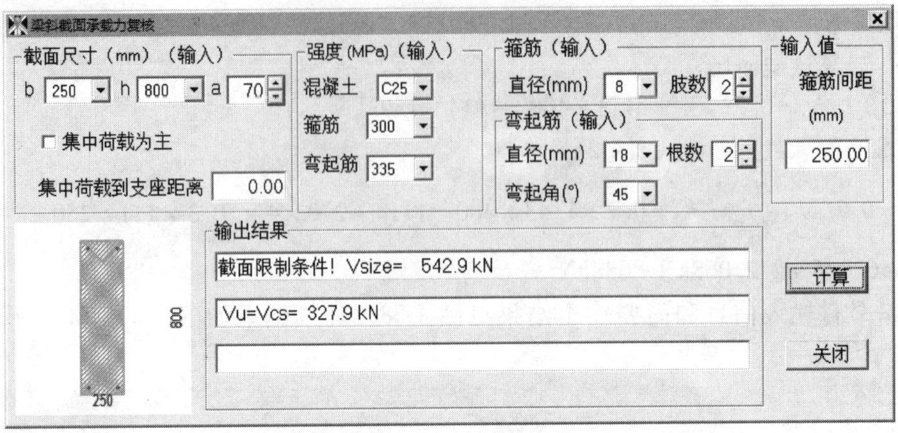

图 4-29 有弯起筋的矩形截面梁斜截面承载力复核

RCM 软件输入信息和简要输出结果见图 4-29，详细结果如下，可见其与手算结果相同。

```
B=    250.;  H=    800.;  HO=    730.0;箍筋 2肢,直径= 8 (mm)
C25; Fc= 11.9; α1=1.000; 箍筋Fyv=  270.; S=    250.00 mm
2根弯起筋; 直径=18mm; 弯起筋Fyv=  300.; 弯起角度=45°
Ho=  730.; hw/b=  2.92; Vsize=    542.9 kN
Vc=0.7*Ft*B*HO=  162.2(kN); Vb=  86.36(kN)
Vu=Vcs=  327.9 kN
```

### 【例 4-18】 无腹筋厚板斜截面承载力复核

文献 [6] 第 206 页例题，某地下室底板采用 C25 混凝土浇筑，有垫层，板中钢筋采用 HRB335 级钢筋，直径 20mm。板未配置箍筋和弯起钢筋，厚 1000mm，环境类别为一类，安全等级二级。

试确定该底板能承受的受剪承载力。

【解】 查《混凝土结构设计规范》GB 50010—2010 表 8.2.1 及注的规定，取纵筋保护层厚度 $c = 40mm$，故 $a_s = 50mm$，$h_0 = h - a_s = 950mm$。

取 1 米为计算单元，由规范 GB 50010—2010 式 (6.3.3-1)、式 (6.3.3-2) 得：

$$\beta_h = \left(\frac{800}{h_0}\right)^{1/4} = \left(\frac{800}{950}\right)^{1/4} = 0.958$$

$$V_u = 0.7\beta_h f_t bh_0 = 0.7 \times 0.928 \times 1.27 \times 1000 \times 950 = 809.1 kN$$

验算 1m 宽板的受剪面积 $V_{u,max}$：

$$h_w = h_0 = 950; \quad \frac{h_w}{b} = \frac{950}{1000} = 0.95 < 4$$

由规范 GB 50010—2010 式 (6.3.1-1) 得：

$$V_{u,max} = 0.25\beta_c f_c bh_0 = 0.25 \times 1 \times 11.9 \times 1000 \times 950 = 2826.5 kN > 809.1 kN$$

图 4-30　无腹筋厚板斜截面承载力复核

故 1m 宽底板的受剪承载力为 809.1kN。

RCM 软件输入信息和简要输出结果见图 4-30，详细结果如下，可见其与手算结果相同。

```
B=  1000.; H=  1000.; H0=  950.0;箍筋 0肢，直径= 8（mm）
C25; Fc= 11.9; α1=1.000; 箍筋Fyv=  270.; S=   100.00 mm
Ho=  950.; hw/b=  0.95; Vsize=   2826.2 kN
Vc=0.7×βh×Ft×B×H0=  809.0(kN); Vb=   0.00(kN)
Vu=Vcs=  809.0 kN
```

## 4.6　深受弯构件正、斜截面承载力计算

钢筋混凝土深受弯构件系指跨度与其高度之比较小的梁。规范规定，$l_0/h \leqslant 5.0$ 的受弯构件为深受弯构件。这里 $l_0$ 为梁的计算跨度，取支座中心线间距离与 1.15 倍净跨度两者的较小值；$h$ 是梁的高度。

（1）正截面受弯承载力计算

正截面受弯承载力设计值可按下式计算：

$$M = f_y A_s z \tag{4-23}$$

式中　$z$——内力臂，当 $l_0 \geqslant h$ 时 $z = \alpha_d(h_0 - 0.5x)$，$\alpha_d = 0.8 + 0.04 l_0/h$；当 $l_0 < h$ 时 $z = 0.6 l_0$；

　　　　$h_0$——截面有效高度，$h_0 = h - a$，当 $l_0/h \leqslant 2.0$ 时，跨中截面 $a$ 取 $0.1h$、支座截面 $a$ 取 $0.2h$；当 $l_0/h > 2.0$ 时，$a$ 按受拉区纵向钢筋截面重心至受拉边缘的实际距离取用，根据 GB 50010G.0.8-1 条单跨梁下部钢筋均匀布置在梁下边缘以上 $0.2h$ 范围内；

　　　　$x$——截面受压区高度，按一般受弯构件进行计算，当 $x$ 小于 $0.2h_0$ 时，取 $x = 0.2h_0$。

（2）斜截面受剪承载力计算

当配有竖向分布钢筋和水平分布钢筋时，在均布荷载作用下，其斜截面的受剪承载力按下式计算：

$$V \leqslant 0.7 \frac{(8 - l_0/h)}{3} f_t b h_0 + \frac{(l_0/h - 2)}{3} f_{yv} \frac{A_{sv}}{s_h} h_0 + \frac{(5 - l_0/h)}{6} f_{yh} \frac{A_{sh}}{s_v} h_0 \tag{4-24}$$

在集中荷载（包括有多种荷载，且集中荷载对支座截面或节点边缘截面所产生的剪力值占总剪力值的75%以上）作用下，其斜截面的受剪承载力按下式计算：

$$V \leqslant \frac{1.75}{\lambda+1}f_t bh_0 + \frac{(l_0/h-2)}{3}f_{yv}\frac{A_{sv}}{s_h}h_0 + \frac{(5-l_0/h)}{6}f_{yh}\frac{A_{sh}}{s_v}h_0 \qquad (4-25)$$

式中 $\lambda$——计算剪跨比：当 $l_0/h$ 不大于 2.0 时，取 $\lambda=0.25$；当 $l_0/h$ 大于 2 且小于 5 时，取 $\lambda=a/h_0$，其中，$a$ 为集中荷载到深受弯构件支座的水平距离，$\lambda$ 的上限值为 $(0.92l_0/h-1.58)$，下限值为 $(0.42l_0/h-0.58)$；

$l_0/h$——跨高比，当 $l_0/h$ 小于 2.0 时，取 2.0。

截面限制条件：

当 $h_w/b$ 不大于 4 时，$V \leqslant \dfrac{1}{60}(10+l_0/h)\beta_c f_c bh_0$；

当 $h_w/b$ 不小于 6 时，$V \leqslant \dfrac{1}{60}(7+l_0/h)\beta_c f_c bh_0$；

当 $h_w/b$ 大于 4 且小于 6 时，按线性内插法取用，即 $V \leqslant \dfrac{1}{60}\left[10-\dfrac{3}{2}\left(\dfrac{h_w}{b}-4\right)+l_0/h\right]\beta_c f_c bh_0$。

式中 $h_w$——截面的腹板高度：矩形截面，取有效高度当 $h_0$；T 形截面，取有效高度减去翼缘高度；I 形和箱形截面，取腹板净高。

（3）深受弯构件斜截面抗裂计算

对于一般要求不出现斜裂缝的深受弯构件，应满足下列公式的要求：

$$V_k \leqslant 0.5f_{tk}bh_0 \qquad (4-26)$$

式中 $V_k$——按荷载效应标准组合计算的剪力值。

此时可不进行斜截面受剪承载力计算，但应按规范构造要求配置分布钢筋。

因 RCM 软件没要求用户输入剪力的标准值，是按受剪承载力验算截面限制条件，并按承载力要求进行配筋计算。如用户按式（4-26）验算满足的话，可不理会 RCM 的受剪承载力结果，直接按规范构造要求配置分布钢筋。

RCM 软件深受弯构件正、斜截面配筋计算的对话框如图 4-31 示。

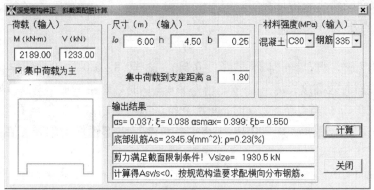

图 4-31 深受弯构件计算输入信息和结果显示对话框

设计步骤：

1. 确定截面有效高度；

2. 计算截面弹塑性抵抗矩系数，$\alpha_s = \dfrac{M}{\alpha_1 f_c b h_0^2}$，确定内力臂高度 $z$ 和正截面承载力所需要的梁下部纵向钢筋截面积；

3. 验算受剪截面限制条件；

4. 计算分布钢筋。

### 【例 4-19】 简支单跨深梁设计计算

文献 [8] 第 366 页的例题，简支单跨深梁如图 4-32 示。承受集中荷载和均布荷载，通过支座反力中所占比例可判定属于集中荷载为主的构件。混凝土强度等级为 C30，采用 HRB335 钢筋。计算跨度 6m，梁高 4.5m，假定梁宽 0.25m。跨中弯矩设计值 2189kN·m，支座剪力设计值 1233kN。试设计该梁。

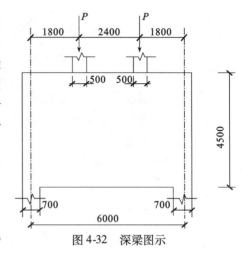

图 4-32　深梁图示

【解】 先确定截面有效高度，$l_0/h = 6000/4500 = 1.33 < 2$，$a$ 取 $0.1h = 0.1 \times 4500 = 450$mm，$h_0 = h - a = 4050$mm；

$$\alpha_s = \frac{M}{\alpha_1 f_c b h_0^2} = \frac{2189 \times 10^6}{1.0 \times 14.3 \times 250 \times 4050^2} = 0.0373$$

查表得 $\xi = 0.038 < 0.2$，取 $x = 0.2h_0 = 0.2 \times 4050 = 810$mm。

由于 $l_0 \geq h$，则 $\alpha_d = 0.8 + 0.04 l_0/h = 0.8 + 0.04 \times 1.33 = 0.8533$

$$z = \alpha_d(h_0 - 0.5x) = 0.8553 \times (4050 - 0.5 \times 810) = 3118\text{mm}$$

$$A_s = \frac{M}{f_y z} = 2189 \times 10^6 / (300 \times 3118) = 2340\text{mm}^2$$

RCM 软件输入信息和简要输出结果见图 4-31，详细结果如下，可见其与手算结果相同。

```
Lo= 6000.0; B=  250.0; H= 4500.0; HO= 4050.0 (mm)
C30; Fc= 14.3; α1=1.000; Fy=  300.
弯矩设计值=  2189.00 kN-m;剪力设计值=  1233.00 kN; 集中力为主
α s= 0.037; ξ =0.038  α smax= 0.399; ξ b= 0.550
αd=0.8533; x=  810.0; z= 3110.4
As= 2345.9; ρ=0.232 (%)
Ho= 3600.; hw/b=  14.40 Lo/h=   1.33; Vsize=   1930.5 kN
计算得Asv/s<0，按规范构造要求配横向分布钢筋。
```

### 【例 4-20】 集中荷载为主的简支单跨深梁设计计算

文献 [8] 第 368 页的例题，简支单跨深梁如图 4-32 所示。承受集中荷载和均布荷载，通过支座反力中所占比例可判定属于集中荷载为主的构件。混凝土强度等级为 C20，梁宽 0.20m，其他数据与【例 4-19】相同。由于梁自重的变化引起的荷载值变化为：跨中弯矩设计值 2159kN·m，支座剪力设计值 1213kN。试设计该梁。

**【解】** 由【例4-19】已解出，$l_0/h = 1.33 < 2$，$a = 450\text{mm}$，$h_0 = h - a = 4050\text{mm}$，$z = 3118\text{mm}$

$$A_s = \frac{M}{f_y z} = 2159 \times 10^6 / (300 \times 3118) = 2308\text{mm}^2$$

下面计算分布钢筋，由于 $l_0/h < 2$，取 $l_0/h = 2$，式（4-25）中第二项为0，$\lambda = 0.25$

$$V \leqslant \frac{1.75}{\lambda + 1} f_t b h_0 + \frac{(5 - l_0/h)}{6} f_{yh} \frac{A_{sh}}{s_v} h_0 = \frac{1.75}{0.25 + 1} f_t b h_0 + \frac{(5 - 2)}{6} f_{yh} \frac{A_{sh}}{s_v} h_0$$

$$= 1.4 f_t b h_0 + 0.5 f_{yh} \frac{A_{sh}}{s_v} h_0$$

$$\frac{A_{sh}}{s_v} = \frac{2(V - 1.4 f_t b h_0)}{f_{yh} h_0} = \frac{2(1213000 - 1.4 \times 1.27 \times 200 \times 4050)}{300 \times 4050} < 0$$

竖向分布钢筋和水平分布钢筋均按构造要求配置。

RCM 软件输入信息和简要输出结果见图 4-33。RCM 软件输出的详细结果如下，可见其与手算结果相同。

因 RCM 软件暂没要求用户输入剪力的标准值，是按受剪承载力验算截面限制条件，并按承载力要求进行配筋计算。

```
Lo= 6000.0; B=  200.0; H= 4500.0; H0= 4050.0（mm）
C25; Fc= 11.9; α1=1.000; Fy=  300.
弯矩设计值=  2159.00 kN-m;剪力设计值=  1213.00 kN;集中力为主
αs= 0.055; ξ=0.057 αsmax= 0.399; ξb= 0.550
αd=0.8533; x=  810.0; z= 3110.4
As= 2313.7; ρ=0.286 (%)
Ho= 3600.; hw/b=  18.00 Lo/h=   1.33; Vsize=   1285.2 kN
hw/b=  18.00 Adis=1800.00(mm); λ=0.260
计算得Asv/s<0，按规范构造要求配横向分布钢筋。
```

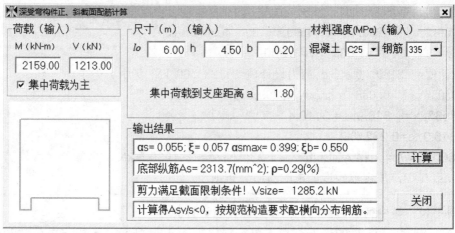

图 4-33　集中荷载为主的简支单跨深梁设计计算

## 4.7　按实配钢筋计算梁及板正截面承载力

对于梁及与梁整体现浇的混凝土楼板，规范要求计算中应考虑楼板及其内部钢筋对梁承载力的增强作用，特别是抗震设计的结构。如《高层建筑混凝土结构技术规程》JGJ 3—2010[9]规定一般情况考虑梁每侧各 6 倍板厚宽度的楼板作为梁的有效翼缘计算。

对结构进行弹塑性分析时，材料的性能指标宜取平均值，并宜通过试验分析确定，也可按《混凝土结构设计规范》GB 50010—2010 附录 C 的规定，也可见本书第 1 章确定。对于线弹性分析的 9 度抗震设防的框架结构其梁端受弯承载力计算采取的材料强度要求是标准值。对于抗震性能设计中的不同性能水准，材料强度性能指标要求也各不相同。由此 RCM 软件采用让用户直接输入强度值的办法，以方便各种场合应用。

实配钢筋梁及梁侧楼板正截面承载力计算假定和公式推导如下：

符号定义：板厚 $h'_f$；板宽 $b'_f$；净板宽 $b'_f-b$；梁高 $h$；梁宽 $b$；梁上部纵筋截面面积 $A'_s$；梁下部纵筋截面面积 $A_s$；梁上部纵筋重心至梁上皮距离 $a'$；梁下部纵筋重心至梁下皮距离 $a$（保护层厚已包括在其中）；梁纵筋强度 $f_y$（梁上、下部筋均相同）；板纵筋强度 $f_{yp}$（板上、下部筋均相同）；混凝土抗压强度值 $f_c$。$s$、$s_1$ 分别为板下部、上部筋间距；$d$、$d_1$ 分别为板下部、上部筋直径。板下部、上部筋截面积分别为 $A_b=0.25\pi d^2(b'_f-b)/s$、$A'_b=0.25\pi d_1^2(b'_f-b)/s_1$。截面示意见图 4-34。

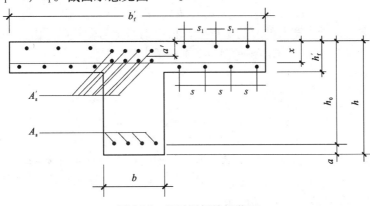

图 4-34　梁及梁侧楼板截面

根据截面弯矩平衡（设计题）或根据截面轴向力平衡（复核题），可判断中和轴在板下还是板中（假设板上、下部钢筋截面积相差不多，两者总和的重心在板厚中部）。

若 $M\leqslant\alpha_1 f_c b'_f h'_f(h_0-0.5h'_f)+f_{yp}(A'_b+A_b)(h_0-0.5h'_f)$ 则 $x\leqslant h'_f$

截面复核所用判别式为：

$$f_y A_s\leqslant\alpha_1 f_c b'_f h'_f+f_y A'_s+f_{yp}(A'_b+A_b)\text{ 则 }x\leqslant h'_f \tag{4-27}$$

若 $M>\alpha_1 f_c b'_f h'_f(h_0-0.5h'_f)+f_{yp}(A'_b+A_b)(h_0-0.5h'_f)$ 则 $x>h'_f$

截面复核所用判别式为：

$$f_y A_s>\alpha_1 f_c b'_f h'_f+f_y A'_s+f_{yp}(A'_b+A_b)\text{ 则 }x>h'_f \tag{4-28}$$

① 若中和轴在板下腹板中，即 $x>h'_f$：

如果由式（4-28）判断出 $x>h'_f$，则可根据截面轴向力平衡式（4-29）：

$$f_y A_s = f_c (b'_f - b) h'_f + \alpha_1 f_c bx + f_y A'_s + f_{yp}(A'_b + A_b) \tag{4-29}$$

求受压区高度：

$$x = [f_y A_s - f_y A'_s - f_{yp}(A'_b + A_b) - f_c(b'_f - b)h'_f]/(f_c b) \tag{4-30}$$

仿照没有受压钢筋的 T 形梁，计算截面翼缘挑出部分承担的弯矩 $M_{u2}$ 和相应的纵筋 $A_{s2}$，即仿照式（4-9）：

$$A_{s2} = [\alpha_1 f_c(b'_f - b)h'_f + f_{yp}(A'_b + A_b)]/f_y \tag{4-31}$$

纵筋 $A_{s2}$ 乘上其屈服强度再乘以其力臂得：

$$M_{u2} = f_y A_{s2} \ (h_0 - 0.5h'_f) \tag{4-32}$$

$$M_{u1} = \alpha_1 f_c b h_0^2 \xi \ (1 - 0.5\xi); \ \xi = x/h_0; \ M_u = M_{u1} + M_{u2} \tag{4-33}$$

② 若中和轴在板中，即 $x \leqslant h'_f$，按宽为 $b'_f$ 的矩形截面双筋梁计算 $M_u$。

先假定中和轴在板下筋中心线下，由力平衡

$$\alpha_1 f_c b'_f x + f_y A'_s + f_{yp} \ (A'_b + A_b) \ = f_y A_s$$

求得的解 $x$ 应在 $h'_f - 20 \leqslant x \leqslant h'_f$ 范围，若 $x < 0$，则表明考虑的受压筋过多，改用下式求 $x$：

$$\alpha_1 f_c b'_f x + f_y A'_s + f_{yp} A'_b = f_y A_s + f_{yp} A_b$$

此式求得的 $x$ 若 $x < 2a'$ 取 $x = 2a'$。以上分两步算是为了使求得的 $x$ 更准确些，梁下筋在求弯矩时可不考虑。

若中和轴在板中，即 $x \leqslant h'_f$，极限弯矩为：

$$M_u = f_y A_s(h_0 - x/2) \tag{4-34}$$

负弯矩的求法，看作宽 $b$ 的双筋矩形梁，板中钢筋全为受拉筋。由力平衡：

$$\alpha_1 f_c bx + f_y A_s = f_y A'_s + f_{yp}(A_b + A'_b) \tag{4-35}$$

由此，可解出 $x$

$$x = [f_y A'_s + f_{yp}(A'_b + A_b) - f_y A_s]/(\alpha_1 f_c b) \tag{4-36}$$

若 $2a \leqslant x \leqslant \xi_b h_0$

$$M_u = \alpha_1 f_c b h_0^2 \xi(1 - 0.5\xi) + f_y A_s(h'_0 - a) \tag{4-37}$$

因梁端负弯矩大，且考虑楼板钢筋，要平衡这些钢筋强度，肯定有 $x > 2a$。

为防止是矩形梁（考虑到通用性，RCM 软件通过用户输入的截面尺寸参数板宽为 0 可计算矩形梁），若 $x < 2a$ 取 $x = 2a$，则

$$M_u = f_y A_s(h'_0 - x/2) \tag{4-38}$$

若 $x > \xi_b h_0$，则取

$$M_u = \alpha_1 f_c b h_0^2 \xi_b(1 - 0.5\xi_b) + f_y A_s(h'_0 - a) \tag{4-39}$$

问题解答：

1. 为什么有时正弯矩承载能力与楼板宽度大小无关，即楼板宽度取大后，算出的正弯矩不变？

答：正弯矩作用下，翼缘（楼板）受压。楼板面积较大时，很可能混凝土受压区高度 $x < 2a'$。若 $x < 2a'$ 计算均取 $x = 2a'$，由式（4-34）即 $M_u = f_y A_s \ (h_0 - x/2)$ 可见，此时算出的正弯矩承载能力就不变了。可看输出结果报告，若不是 $x < 2a'$ 则程序计算可能有误，也有可能是输入参数有误，请检查。

2. 为什么有时负弯矩承载能力与楼板宽度大小无关，即楼板宽度取大后，算出的负

弯矩不变？

答：负弯矩作用下，翼缘（楼板）受拉。本来梁上部钢筋就比梁下部钢筋多，楼板面积较大时，受拉钢筋会更多，由式（4-39）可见，此时取梁下部混凝土受压区被压碎时的承载力，即 $x > \xi_b h_0$ 时，都取 $x = \xi_b h_0$ 时的值了。

### 【例 4-21】　实配钢筋梁及板正截面承载力计算

以 8 度（$0.20g$）设防的 3 跨 4 层现浇钢筋混凝土框架结构（详见本书第 5.15 节【例 5-31】）的第一层梁为例，梁截面尺寸为 250mm × 600mm，楼面为现浇板，板厚为 120mm，C35 混凝土，梁主筋为 HRB400 钢筋，楼板为 HPB235 钢筋。材料强度取实测平均值并参考《混凝土结构设计规范》GB 50010—2010[1] 附录 C 取为，HRB400 钢筋，$f_{sm} = 431\text{N/mm}^2$，HPB235 钢筋 $f_{sm} = 256\text{N/mm}^2$，C35 混凝土 $f_{cm} = 29.8\text{N/mm}^2$。

用 SATWE 算出梁端上部纵向钢筋为 2 $\Phi$ 25 + 1 $\Phi$ 22（$A'_s = 1362.1\text{mm}^2$），下部纵向钢筋为 2 $\Phi$ 20 + 1 $\Phi$ 18（$A_s = 882.5\text{mm}^2$）（图 4-35）。以下分三种情况（对应模型一、二、三）进行计算。模型一是将算出的梁配筋全部放在梁的矩形截面内，且不计当梁侧楼板混凝土及其中的钢筋对梁抗弯能力的贡献；模型二是现在工程的做法，即梁钢筋同模型一，又考虑梁两侧边各 6 倍板厚宽度楼板的混凝土及其内钢筋的贡献；模型三的楼板同模型二，但梁上部配筋取前两模型配筋的 70%，即假定 30% 梁上部纵筋配到了梁侧楼板中，相应的钢筋量从楼板的钢筋中扣除。

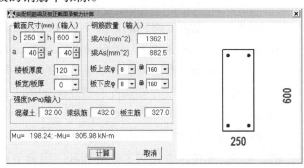

图 4-35　模型一，将内力计算软件算出的梁配筋全部放在梁的矩形截面内的极限弯矩

图 4-36 和图 4-37 分别是 RCM 软件对模型二、模型三的输入信息和简要计算结果。这些结果的使用见本书第 5.15 节的例题。

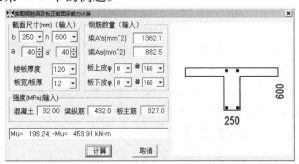

图 4-36　模型二，将内力计算软件算出的梁配筋全部放在梁的矩形截面内再加上板钢筋的极限弯矩

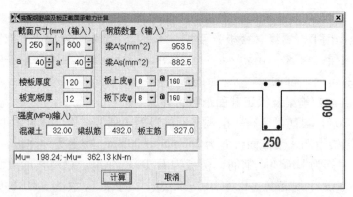

图 4-37　模型三，将内力计算软件算出的梁配筋 30% 放在梁的矩形截面外楼板内的极限弯矩

## 4.8　按实配纵筋计算梁的受剪承载力

《混凝土结构设计规范》GB 50010—2010 规定：一级抗震等级的框架结构和 9 度设防烈度的一级抗震等级框架，考虑地震组合的框架梁端剪力设计值应按下式计算

$$V_{b} = 1.1 \frac{(M'_{bua} + M^{r}_{bua})}{l_{n}} + V_{Gb} \tag{4-40}$$

式中　$M'_{bua}$、$M^{r}_{bua}$——框架梁左、右端按实配钢筋截面面积（计入受压钢筋及梁有效翼缘宽度范围内的楼板钢筋）、材料强度标准值，且考虑承载力抗震调整系数计算的正截面抗震受弯承载力所对应的弯矩值；

　　　　$V_{Gb}$——考虑地震组合时的重力荷载代表值产生的剪力设计值，可按简支梁计算确定；

　　　　$l_{n}$——梁的净跨。

在式（4-40）中，$M^{l}_{bua}$ 与 $M^{r}_{bua}$ 之和，应分别按顺时针和逆时针方向进行计算，并取其较大值。

其中的 $M_{bua}$ 按《混凝土结构设计规范》GB 50010—2010 第 11.3.2 条的条文说明给出的公式计算：

$$M_{bua} = \frac{M_{bua}}{\gamma_{RE}} \approx \frac{1}{\gamma_{RE}} f_{yk} A^{a}_{s} (h_{0} - a'_{s}) \tag{4-41}$$

式中　$A^{a}_{s}$——梁端实配钢筋，其中计入受压钢筋及有效宽度楼板范围内的板中钢筋（简称"板筋"）。

这里的板筋指有效板宽范围内平行框架梁方向的板内实配钢筋。按规范建议，取梁每侧 6 倍板厚的范围作为"有效板宽"。

由式（4-41）可知，对于梁的左端，用梁端上部纵向钢筋受拉时的标准强度乘以上下部钢筋合力点之间的距离，对于梁右端则取梁下部钢筋受拉时的标准强度乘以上下部钢筋合力点之间的距离，然后，再颠倒梁左端、右端顺序，按上述做法再做一次，取两次结果的较大值，这样就得到了规范要求的顺时针或逆时针两方向受弯承载力较大的情况。

板上皮钢筋和板下皮钢筋在软件中均简化处理为加到梁上部钢筋中，就是认为板钢筋的合力点与梁上部钢筋合力点相同。

考虑地震组合的矩形、T 形和 I 形截面框架梁，当跨高比大于 2.5 时，其受剪截面应符合下列条件：

$$V \leqslant \frac{1}{\gamma_{RE}} \ (0.2\beta_c f_c b h_0) \tag{4-42}$$

当跨高比不大于 2.5 时，其受剪截面应符合下列条件：

$$V \leqslant \frac{1}{\gamma_{RE}} \ (0.15\beta_c f_c b h_0) \tag{4-43}$$

考虑地震组合的矩形、T 形和 I 形截面的框架梁，其斜截面受剪承载力应符合下列规定：

对于一般受弯构件：

$$V \leqslant \frac{1}{\gamma_{RE}} \left( 0.42 f_c b h_0 + f_{yv} \frac{A_{sv}}{s} h_0 \right) \tag{4-44}$$

对集中荷载作用下（包括作用有多种荷载，其中集中荷载对支座截面或节点边缘所产生的剪力值占总剪力的 75% 以上的情况）的独立梁：

$$V \leqslant \frac{1}{\gamma_{RE}} \left( \frac{1.05}{\lambda + 1.0} f_c h h_0 + f_{yv} \frac{A_{sv}}{s} h_0 \right) \tag{4-45}$$

式中　$\lambda$——计算截面的剪跨比，可取 $\lambda$ 等于 $a/h_0$，当 $\lambda$ 小于 1.5 时，取 1.5，当 $\lambda$ 大于 3 时，取 3，$a$ 取集中荷载作用点至支座截面或节点边缘的距离；

$A_{sv}$——配置在同一截面内箍筋各肢的全部截面面积，即 $nA_{sv1}$，此处，$n$ 为在同一截面内箍筋的肢数，$A_{sv1}$ 为单肢箍筋的截面面积；

$s$——沿构件长度方向上的箍筋间距。

抗震设计框架梁箍筋的构造要求

梁端箍筋的加密区长度、箍筋最大间距和箍筋最小直径应按表 4-3 采用；梁端纵向受拉钢筋配筋率大于 2% 时，表中箍筋最小直径应增大 2mm。

框架梁梁端箍筋加密区的构造要求　　　　　　表 4-3

| 抗震等级 | 加密区长度（mm） | 箍筋最大间距（mm） | 最小直径（mm） |
|---|---|---|---|
| 一级 | 2 倍梁高和 500 中的较大值 | 纵向钢筋直径的 6 倍，梁高的 1/4 和 100 中的最小值 | 10 |
| 二级 | 1.5 倍梁高和 500 中的较大值 | 纵向钢筋直径的 8 倍，梁高的 1/4 和 100 中的最小值 | 8 |
| 三级 |  | 纵向钢筋直径的 8 倍，梁高的 1/4 和 150 中的最小值 | 8 |
| 四级 |  | 纵向钢筋直径的 8 倍，梁高的 1/4 和 150 中的最小值 | 6 |

梁箍筋加密区长度内的箍筋肢距：一级抗震等级，不宜大于 200mm 和 20 倍箍筋直径的较大值；二、三级抗震等级，不宜大于 250mm 和 20 倍箍筋直径的较大值；各抗震等级下，均不宜大于 300mm。

沿梁全长箍筋的面积配筋率 $\rho_{sv}$ 应符合下列要求：

一级抗震等级

$$\rho_{sv} \geqslant 0.30 \frac{f_t}{f_{yv}} \tag{4-46}$$

二级抗震等级

$$\rho_{sv} \geqslant 0.28 \frac{f_t}{f_{yv}} \tag{4-47}$$

**三、四级抗震等级**

$$\rho_{sv} \geqslant 0.26 \frac{f_t}{f_{yv}} \tag{4-48}$$

RCM 软件计算该功能的对话框如图 4-38 所示。当输入的板厚为 0 时，表示是没有楼板的框架梁，这时输入的板内钢筋数据不起作用。勾选"梁单侧有楼板"表示此梁只有一侧有楼板，即是边梁，否则是两侧边有楼板的中间梁。

**【例 4-22】** 按实配纵筋计算梁的受剪承载力算例

文献［10］第 132 页例题，一幢教学实验楼，设防烈度 9 度，设计地震为第一组，I 类场地，现浇钢筋混凝土框架，梁、柱、楼层盖混凝土强度等级为 C35，主筋为 HRB335 级钢筋。计算用抗震等级为一级、构造措施的抗震等级为二级。

建筑结构平、立面布置和构件尺寸如图 4-38 所示。

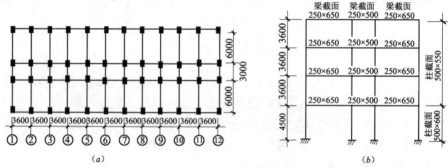

图 4-38　房屋平、剖面图

（a）平面图；（b）剖面图

文献［10］用 D 值法算出了结构内力和梁的纵向钢筋，本文取⑥轴一榀框架（图 4-38b）为例，手工和用 RCM 软件计算并与文献［10］按 2002 混凝土规范计算结果比较。

由文献［10］左跨大梁：梁左、右端纵向钢筋如表 4-4 所示。

| | 左端纵筋 | 左端钢筋面积（mm²） | 右端钢筋 | 右端钢筋面积（mm²） |
|---|---|---|---|---|
| | | | 框架结构左大梁纵筋配置 | 表 4-4 |
| 上部 | 4 Φ25 | 1964 | 2 Φ25＋2 Φ22 | 1742 |
| 下部 | 4 Φ20 | 1256 | 4 Φ20 | 1256 |

重力荷载代表值产生的梁端剪力为 108.5kN。

**【解】** 根据以上已知数据，为便于与文献［10］按 2001 版建筑抗震设计规范手算结果比较，先按不考虑梁侧楼板计算。

1. 梁端组合的剪力设计值

按文献［10］取 $a=38\text{mm}$、$a'=35\text{mm}$、$h_0=612\text{mm}$，梁的静跨 5400mm

$$M_{bua}^l = \frac{1}{\gamma_{RE}} f_{yk} A_s^a (h_0 - a') = 335 \times 1964 \times 577/0.75 = 506.2 \times 10^6 \text{N} \cdot \text{mm}$$

$$M_{bua}^r = \frac{1}{\gamma_{RE}} f_{yk} A_s^a (h_0 - a') = 335 \times 1256 \times 577/0.75 = 323.7 \times 10^6 \text{N} \cdot \text{mm}$$

$$V_{\mathrm{b}} = 1.1\frac{(M_{\mathrm{bua}}^l + M_{\mathrm{bua}}^r)}{l_n} + V_{\mathrm{Gb}} = 1.1 \times (506.2 + 323.7) \times 10^6/5.400 + 108500 = 277554\mathrm{N}$$

2. 梁端截面抗震受剪承载力验算

$$\frac{1}{\gamma_{\mathrm{RE}}}(0.2\beta_c f_c bh_0) = 0.2 \times 1 \times 16.7 \times 250 \times 612/0.85 = 601200\mathrm{N} > 277554\mathrm{N}$$

满足截面尺寸要求。

根据二级构造措施抗震等级和梁宽 250mm，知箍筋肢为 2，由表 4-3 知箍筋直径为 8mm。

由式 (4-44)

$$\frac{A_{\mathrm{sv}}}{s} = \frac{\gamma_{\mathrm{RE}}V - V_c}{f_{\mathrm{yv}}h_0} = \frac{0.85 \times 277554 - 0.42 \times 1.57 \times 250 \times 612}{210 \times 612} = 1.051$$

按表 4-3 选双肢 8mm 直径箍筋，则箍筋间距 $s \leqslant 2 \times 50.3/1.051 = 95.7\mathrm{mm}$。

3. 验算最小配箍率

$$\rho_{\mathrm{sv}} = \frac{A_{\mathrm{sv}}}{hs} = 2 \times 50.3/(250 \times 95.7) = 0.420\% > \rho_{\mathrm{sv,min}} = 0.28\frac{f_t}{f_{\mathrm{yv}}} = 0.28 \times 1.57/210 =$$

$0.209\%$ 满足。

RCM 软件计算输入信息和简要输出信息见图 4-39。RCM 软件给出的详细计算结果如下：

```
B=    250.; H=    650.; H0=  612.0; H0″=  615.0 (mm)
a=  38; a″=  35 (mm)
C35; Fc= 16.7; α1=1.000; Fyv=   210.;重力荷载代表值产生的梁端剪力=    108.50 kN
MbuaL=    506.2; MbuaR=      323.7 (kN-m)
剪力Vb=    277.5满足截面限制条件！Vsize=      601.2 kN
V > Vc=0.42*FT*B*H0/0.85=  118.7 kN
Asv/s=  1.051 按计算配箍 S=  96.; ρsv=0.420 (%), ρsvmin=0.209 (%)
V>Vc=0.42*FT*B*H0/0.85=  118.7 Asv/s=  1.051; s= 96.
箍筋Φ 8;肢数=2; ρsv=0.420 (%), ρsvmin=0.209 (%)
```

可见其与手算结果一致。

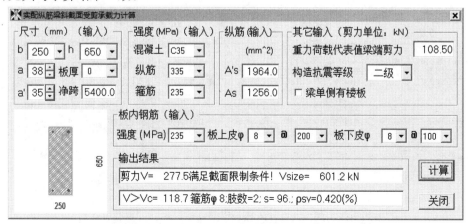

图 4-39　按实配纵筋计算梁的受剪承载力算例

下面按照《混凝土结构设计规范》GB 50010—2010，计算梁端受弯承载力时，计入梁侧有效翼缘宽度范围内的楼板钢筋。由楼板跨高比1/40确定楼板厚度为90mm。因一般民用建筑，楼板内钢筋量由构造要求控制。假定楼板的上、下部配筋均为构造配筋，即其配筋值为混凝土规范要求的最小配筋。由最小配筋率 $45\dfrac{f_t}{f_y}=45\times1.57/210=0.336\%>0.2\%$ 计算出单位宽度楼板配筋面积至少为：$0.00336\times1000\times90=302.8\text{mm}^2/\text{m}$。配 $\phi8@150$，实配钢筋面积为 $362.2\text{mm}^2/\text{m}$。

如前所述，简化处理为楼板上、下钢筋的重心在楼板厚度的中心，近似取与梁上部钢筋重心相同高度。由此，计入梁侧有效翼缘宽度范围内的楼板钢筋后梁上部受拉钢筋截面积为：

$A_s^a=1964+2\times362.2\text{mm}^2$，手算与上面过程相同，如下：

1. 梁端组合的剪力设计值

$$M_{\text{bua}}^l=\frac{1}{\gamma_{\text{RE}}}f_{yk}A_s^a(h_0-a')=506.2\times10^6+235\times2\times362.2\times577/0.75=637.2\times10^6\text{N}\cdot\text{mm}$$

$$V_b=1.1\frac{(M'_{\text{bua}}+M_{\text{bua}}^r)}{l_n}+V_{\text{Gb}}=1.1\times(637.2+323.7)\times10^6/5.400+108500=304239\text{N}$$

2. 梁端截面抗震受剪承载力验算

$$\frac{1}{\gamma_{\text{RE}}}(0.2\beta_c f_c bh_0)=601200\text{N}>304239\text{N} \text{ 满足截面尺寸要求。}$$

根据二级构造措施抗震等级和梁宽250mm，知箍筋肢为2，由表4-3箍筋直径为8mm。由式（4-44）

$$\frac{A_{sv}}{s}=\frac{\gamma_{\text{RE}}V-V_c}{f_{yv}h_0}=\frac{0.85\times304239-0.42\times1.57\times250\times612}{210\times612}=1.227$$

按表4-3选双肢8mm直径箍筋，则箍筋间距 $s\leqslant2\times50.3/1.227=82.0\text{mm}$。

3. 验算最小配箍率

$$\rho_{sv}=\frac{A_{sv}}{bs}=2\times50.3/(250\times82.0)=0.491\%\geqslant\rho_{sv,\min}=0.28\frac{f_t}{f_{yv}}=0.24\times1.57/210=$$

$0.210\%$ 满足。

RCM软件计算输入信息和简要输出信息见图4-40，可见其结果与手算结果相同。

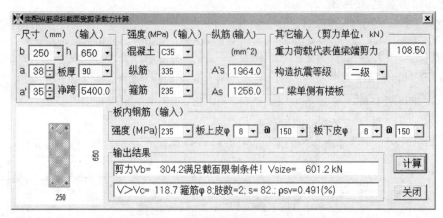

图4-40 按实配纵筋并计入楼板钢筋计算梁的受剪承载力算例

如嫌箍筋间距小，可将箍筋直径加粗到 10mm。或在 RCM 软件输入时提高构造措施抗震等级，如图 4-41 示。其计算结果也如该图所示。

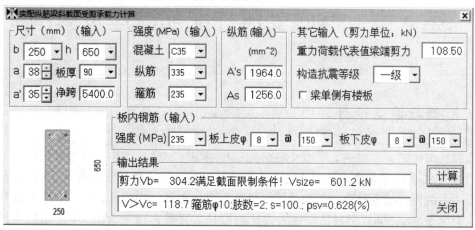

图 4-41　加大箍筋直径结果

可见，执行新规范，即《混凝土结构设计规范》GB 50010—2010，计算梁端受弯承载力时，计入梁侧有效翼缘宽度范围内的楼板钢筋，会加大梁的箍筋用量，提高梁受剪承载力。

## 本章参考文献

[1] 中华人民共和国国家标准. 混凝土结构设计规范 GB 50010—2010［S］. 北京：中国建筑工业出版社，2011.

[2] 国振喜. 简明钢筋混凝土结构计算手册（第二版）［M］. 北京：机械工业出版社，2012.

[3] 刘立新等. 混凝土结构原理（新一版）［M］. 武汉：武汉理工大学出版社，2010.

[4] 周爱军，白建方等. 混凝土结构设计与施工细部计算示例（第二版）［M］. 北京：机械工业出版社，2011.

[5] 施岚青. 注册结构工程师专业考试专题精讲—混凝土结构（第二版）［M］. 北京：机械工业出版社，2013.

[6] 兰定筠. 一二级注册结构工程师专业考试应试技巧与题解（第 5 版上）［M］. 北京：中国建筑工业出版社，2013.

[7] 顾祥林. 混凝土结构基本原理（第二版）［M］. 上海：同济大学出版社，2011.

[8] 蓝宗建主编：混凝土结构设计原理［M］. 南京：东南大学出版社，2008.

[9] 中华人民共和国行业标准. 高层建筑混凝土结构技术规程 JGJ 3—2010［S］. 北京：中国建筑工业出版社，2011.

[10] 高小旺，龚思礼，苏经宇，易方民. 建筑抗震设计规范理解与应用［M］. 北京：中国建筑工业出版社，2002.

# 第 5 章　偏心受压柱配筋原理及算例

## 5.1　框架柱截面设计

按照长细比的大小将钢筋混凝土柱分为三种类型[1]：短柱、中长柱和细长柱。

（1）短柱（通常是指 $l/h \leqslant 5$ 的柱，$l$ 是柱计算长度、$h$ 是柱截面高度）：构件在偏心压力下产生的侧向挠度很小，其中的附加弯矩可以忽略不计。于是，构件各个截面的弯矩均可认为等于 $Ne_0$，即弯矩与轴向压力成比例增长，其受力行为为图 5-1 所示的直线 $OC$。当截面中的 $N$，$M$ 点达到 $C$ 点时，构件就由于材料达到极限强度而破坏，称此种破坏为材料破坏。

（2）中长柱（$5 < l/h \leqslant 30$）：细长效应已不可忽略，特别是在偏心距较小的构件中，附加弯矩在总弯矩中可能占有相当大的比重。这时，随着轴向压力的增大，弯矩的增大速度将越来越快，其行为为图 5-1 所示的曲线 $OA$。但不论是大偏心受压还是小偏心受压，构件最终仍然由于材料达到极限强度而破坏，即破坏的发生仍是材料破坏，只不过由于附加弯矩的影响，中长柱所能承担的轴向压力将比其他条件相同短柱的低。

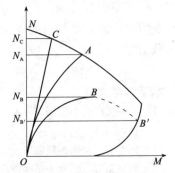

图 5-1　偏心受压柱 $N$-$M$ 图

（3）细长柱（$l/h > 30$）：当构件过于细长时，在较低荷载下的行为与中长柱的类似。但当荷载达到某个临界值，柱能承担的轴压力就不能再增长，如保持此时的外荷载不变，柱的变形将进入动态且持续增大，无法保持静力平衡，柱丧失稳定。这时柱就达到了其最大承载力（图 5-1 中的 $N_B$），截面上应力比材料极限强度小很多。

图 5-1 中所示三类柱的偏心距 $e_0$ 是相同的，但随着长细比的增大，其承载力依次降低。在上述三类柱中，对短柱不需考虑附加弯矩的影响，而对于长柱（包括中长柱和细长柱），一般应考虑附加弯矩对承载力降低的影响。此外，还有一种情况是因侧向变形过大而失效。

我国《混凝土结构设计规范》GB 50010—2002[2] 对短柱和中长柱给出了配筋计算公式，对细长柱给出了设计思想，体现在第 7.3.10 条的条文说明中："值得指出，公式（7.3.10-1）对 $l_0/h \leqslant 30$ 时，与试验结果符合较好；当 $l_0/h > 30$ 时，因控制截面的应变值减小，钢筋和混凝土达不到各自的强度设计值，属于细长柱，破坏时接近弹性失稳，采用公式（7.3.10-1）计算，其误差较大；建议采用模型柱法或其他可靠方法计算。"这里 $l_0$ 是柱计算长度。RCM 就是按照模型柱法公式对细长柱（包括矩形和圆形截面柱）进行配筋的。

《混凝土结构设计规范》GB 50010—2010[3] 只给出了柱正截面强度计算公式，即对短柱和中长柱给出了配筋计算公式，而对细长柱的失稳破坏模式如何计算配筋只字未提！本章第 9 节参照欧洲混凝土结构设计规范的规定和设计手册的方法[4] 给出了细长柱配筋方法和算例。

建筑结构形式越来越多样化，抗震要求也越来越高，高层建筑中的钢筋混凝土柱需要更多地采用双向偏心受压计算，特别是抗震设计的框架角柱和受力复杂的柱。《混凝土结构设计规范》GB 50010—2010 第 6.2.21 条给出的近似计算公式误差较大，且不便于在计算机上实现。该规范附录 E 列出的纤维计算法，使用时需事先指定钢筋位置，当纤维足够细时，可得到准确的计算结果，但花费的计算时间较长。当前计算机计算速度水平下，对于需要精细分析或应用场合较少的弹塑性分析才有使用纤维法。

RCM 软件对柱正截面承载力有采用双向偏心受压（拉）计算，计算的基础是纤维法和建立在纤维法计算结果基础上的拟合双偏压承载力曲面法（简称拟合曲面法）。再结合考虑中长柱、细长柱自身挠曲影响，就可进行中长柱、细长柱的配筋。以下小节分别介绍这两种方法原理、软件使用方法及算例。

## 5.2　纤维法计算柱截面承载力

纤维法的基本思路是将柱截面划分为有限多个混凝土单元和钢筋单元。当单元尺寸足够小时，近似取单元应变及应力均匀分布，其合力点在单元形心处，合力大小取单元形心处的应力乘单元面积。并假设截面最大压应变点处的混凝土达到极限压应变，由截面的中和轴方程及钢筋和混凝土的本构关系，可得到每个单元的应变和应力。然后对各单元的应力叠加得到截面的抵抗力。截面的轴力、弯矩和未知量之间的方程求解可利用计算机进行反复的迭代运算来实现。

采用《混凝土结构设计规范》GB 50010—2010[3] 第 6.2.1 节（见本书第 2.2 节）混凝土和钢筋材料本构关系及基本假定。

将柱截面划分为若干个混凝土矩形单元和钢筋圆形单元（图 5-2），当单元足够小时，近似认为各混凝土单元和钢筋单元的应力应变分布均匀，其合力位于形心，用形心处的应变作为单元应变，用形心处的坐标作为单元的坐标。

具体步骤：

1. 将柱截面划分为有限个混凝土单元和钢筋单元，近似取单元内的应力和应变均匀分布，合力在单元形心处。

2. 初步选定中和轴法线角度 $\theta$ 和坐标原点 $O$ 到中和轴距离 $R$（图 5-2），根据平截面假定即可求得截面上各钢筋混凝土单元形心至中和轴距离，进而求得截面上各钢筋及混凝土单元的应变 $\varepsilon = c\left(1 - \dfrac{x}{R}\cos\theta - \dfrac{y}{R}\sin\theta\right)$，$c$ 为坐标原点的应变。

3. 有了任一点的应变，就可以根据基本假定中钢筋、混凝土的应力-应变关系，求得钢筋、混凝土的应力 $\sigma_{sj}$，$\sigma_{cj}$，然后用式（5-1）求出截面承载力：

$$N \leqslant \sum_{i=1}^{n_c} A_{ci}\sigma_{ci} + \sum_{i=1}^{n_s} A_{si}\sigma_{si}$$

$$M_x \leqslant \sum_{i=1}^{n_c} A_{ci}\sigma_{ci}(Y_{ci} - Y_0) + \sum_{j=1}^{n_s} A_{sj}\sigma_{sj}(Y_{sj} - Y_0) \tag{5-1}$$

$$M_y \leqslant \sum_{i=1}^{n_c} A_{ci}\sigma_{ci}(X_{ci} - X_0) + \sum_{j=1}^{n_s} A_{sj}\sigma_{sj}(X_{sj} - X_0)$$

式中　　$N$——轴向承载力；

$M_x$，$M_y$——对截面形心轴 $x$、$y$ 的弯矩承载力（这里 $x$、$y$ 轴为经过截面形心且平行与 $X$、$Y$ 轴的轴线）；

$\sigma_{ci}$、$A_{ci}$——第 $i$ 个混凝土单元的应力及面积，压力时取正；

$\sigma_{sj}$、$A_{sj}$——第 $j$ 个钢筋单元的应力及面积，压力时取正；

$X_0$、$Y_0$——截面形心坐标；

$X_{ci}$、$Y_{ci}$——第 $i$ 个混凝土单元的形心坐标；

$X_{sj}$、$Y_{sj}$——第 $j$ 个钢筋单元的形心坐标；

$n_c$——混凝土单元数；

$n_s$——钢筋单元数。

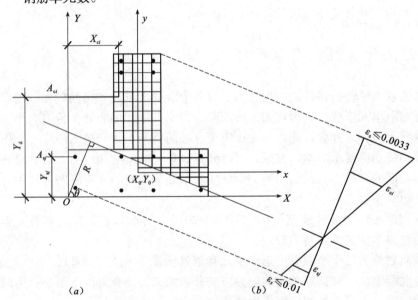

图 5-2　T 形柱双向偏心受压正截面承载力计算

（$a$）截面配筋及单元划分；（$b$）应变分布

4. 根据上述原理及计算公式，$M_x$ - $M_y$ 相关曲线的程序框图见图 5-3。

RCM 软件提供了矩形截面柱纤维法计算功能，该功能输入信息对话框如图 5-4 所示，其中假定纵向受力钢筋直径均相同，且沿截面周边均匀布置。纵筋间距要遵守混凝土规范的规定，即不小于 50mm，考虑到抗震设计时，箍筋肢距的要求，纵筋间距不应大于 250mm。使用时要根据柱截面尺寸、纵筋间距要求选择纵筋根数，并使得在截面两主轴方向纵筋间距相近。因软件要求输入 $B \leqslant H$，故要求输入的截面水平边纵筋根数不大于竖向边纵筋根数，请参照表 5-1 选配纵筋根数。对话框左下的图显示了截面布筋，右侧图是计算结果图示。根据计算目的，软件允许输入材料强度的标准值、平均值、实测值或设计值。

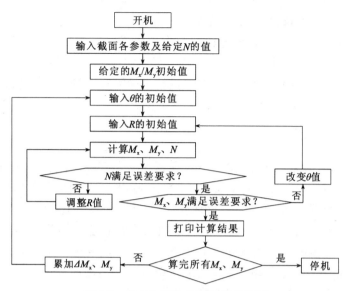

图 5-3　$M_x$-$M_y$ 相关曲线的程序框图

**【例 5-1】 纤维法计算柱截面承载力算例**

以 8 度（0.20g）设防的 3 跨 4 层现浇钢筋混凝土框架结构（详见本章第 10 节）的第一层中柱为例，柱截面尺寸为 500mm × 500mm，C35 混凝土，纵筋为 HRB400 钢筋。为进行结构弹塑性时程分析作准备，材料强度取实测平均值并参考本书第 1 章按《混凝土结构设计规范》GB 50010—2010[3] 附录 C 整理出的表格取为：HRB400 钢筋 $f_{sm} = 431\text{N/mm}^2$，C35 混凝土 $f_{cm} = 29.8\text{N/mm}^2$。

**【解】** 根据抗震设计要求，纵向钢筋间距不得大于 200mm，故选择截面每侧 4 根纵筋，总共 12 根纵筋。又根据结构总体内力配筋软件 CRSC 配筋结果，纵筋直径取为 20mm。RCM 软件输入信息如图 5-4 所示。

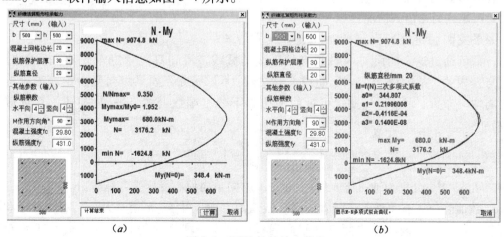

图 5-4　RCM 软件输入信息

（a）纤维法计算柱截面承载力；（b）N-M 曲线压弯段的三次多项式的拟合曲线

RCM 软件输出信息如图 5-4（a）所示，其中给出了截面最大抵抗弯矩及对应的轴力，截面受纯弯矩时的抵抗弯矩，最大拉、压承载力等。为弹塑性时程分析准备了条件，该工程的弹塑性时程分析见本章第 10 节的介绍。

　　RCM 软件还可输出 N-M 曲线压弯段的三次多项式的拟合曲线及其多项式系数值，如图 5-4（b）所示。读者可从该图看出拟合的效果，它比 N-M 曲线压弯段用二折直线拟合的效果要好得多。这为使用 NDAS2D 软件[5]进行更精细的弹塑性时程分析提供了方便。

## 5.3　短柱正截面承载力计算

　　《混凝土结构设计规范》GB 50010—2010 第 6.2.21 条给出的双向偏心受压近似计算公式误差较大，且不便于在计算机上实现。该规范附录 E 列出的纤维计算法，使用时需事先指定钢筋位置，当纤维足够细时，可得到准确的计算结果，但花费的计算时间较长。

　　为克服两者结果不准确或计算时间过长的缺点，提出建立在纤维模型计算法基础上的拟合曲面法。采用《混凝土结构设计规范》第 6.2.1 节正截面承载力计算的基本假定，按照抗震设计时柱纵向受力钢筋间距不宜大于 200mm，并沿截面周边均匀布置等构造要求。此种布筋情况下，截面承载力极限曲面规律性较强。对此曲面的等轴力下的截线，即对定轴力下双向弯矩承载力相关曲线用幂函数描述，对轴力与弯矩相关曲线用二次多项式描述。从而得到双偏压下矩形柱承载力极限空间曲面的完整描述，建立相应的数据库，利用此实现了双偏压作用下矩形截面柱快速配筋。截面承载力极限曲面是在该曲面上的任何一点都代表着使截面处于有效和破坏的临界状态的一组外力 $N$，$M_x$，$M_y$（图 5-5）。只要得到了这个曲面，就可确定在任一组外力作用下，该截面安全与否。因矩形截面双轴对称性，为简便计，以下只讨论双向弯矩均为正值的情况。

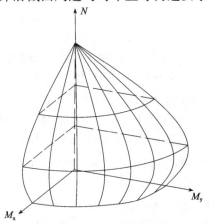

图 5-5　短柱截面承载力极限曲面

　　如果我们固定柱所受到的轴压比 $n = N/(f_c A)$ 大小，即可通过这个曲面与 $N$ 轴垂直的平面的截线，得到双向弯矩 $M_x - M_y$ 相关曲线，因它与 $n$ 相关，故写作 $M_{nx} - M_{ny}$ 曲线。经文献［6］研究，如果纵向受力钢筋沿矩形截面四周均匀布置，$M_{nx} - M_{ny}$ 曲线可近似地用如下的幂函数公式（5-2）描述，且近似程度较好[7]。

$$\left(\frac{M_{nx}}{M_{n0x}}\right)^{\alpha_n} + \left(\frac{M_{ny}}{M_{n0y}}\right)^{\alpha_n} = 1 \tag{5-2}$$

式中　$M_{n0x}$、$M_{n0y}$ 分别为轴压比 $n$ 作用下 $y$、$x$ 方向单向偏心受压受弯承载力。

　　$\alpha_n$ 数值除与 $n$ 有关外，还随着矩形柱截面两方向尺寸 $b$、$h$ 相对大小、钢筋直径和强度的变化而变化，规律非常复杂。我们通过纤维模型法计算得到的截面宽 $b$ 和高 $h$ 为 250 ~ 1400mm（间隔 50mm）的任意组合，混凝土强度等级为 C25 和 C50，纵筋保护层厚度 30mm 且不小于纵筋直径，HRB335、HRB400 和 HRB500 级钢筋，钢筋间距为 80 ~ 180mm，钢筋直径为《混凝土结构设计规范》GB 50010 附录 A 中直径 12mm 及以上所有直径（只要其满足柱截面配筋率在 0.6% ~ 5% 之间），轴压比为 0.0 ~ 1.0（间隔 0.1）的

$M_{nx} - M_{ny}$ 曲线，$\alpha_n$ 值变化范围为 1.3~2.4。

　　我们确定 $\alpha_n$ 的过程如下，先用纤维模型法计算出 $M_{nx} - M_{ny}$ 曲线，再用式（5-2）进行拟合，这样即可找出最接近纤维模型法得到的 $M_{nx} - M_{ny}$ 曲线的 $\alpha_n$。变换轴压比，对轴压比为 0.0~1.0（间隔 0.1）重复以上计算，对轴压比不是上述值的幂值用已算出的与其最接近的两个轴压比的幂值线性内插得到。

　　图 5-6 为 300mm × 800mm 截面 C50 混凝土，沿截面周边放 12 根（短边 3 根，长边 5 根）HRB400 级钢筋 $M_{nx} - M_{ny}$ 曲线的纤维模型法计算结果和用式（5-2）拟合结果的比较图，可见效果很好。

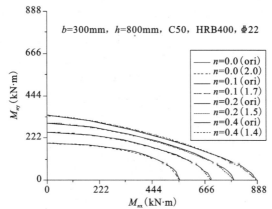

图 5-6　纤维模型法计算的 $M_{nx} - M_{ny}$ 曲线及拟合曲线

注：括号内 ori 指纤维法结果，数字为幂值

　　轴向压力与单向弯矩相关曲线及数学描述：由图 5-1、图 5-5 可见，截面的抵抗弯矩大小与截面受到的轴压比大小有紧密的关系，可用二次曲线描述。我们只需描述出沿截面两主轴的抵抗弯矩 $M_{nx}$ 和 $M_{ny}$，结合式（5-2）就可得到整个截面承载力极限曲面完整的数学描述。

　　混凝土强度等级处于 C25 和 C50 之间的柱截面采用 C25 和 C50 计算结果进行线性内插得到。

　　圆形截面短柱的配筋原理见《混凝土结构设计规范》附录 E 和文献 [8]。

## 5.4　中长柱正截面承载力计算

　　如前所述，中长柱要考虑自身挠曲对柱端弯矩的增大作用。

　　取得有限元方法算出的考虑了 $P - \Delta$ 效应的杆件端部弯矩后，首先要判断是否需要考虑轴向压力作用下杆件自身挠曲对杆件内力的影响、即 $P - \delta$ 效应。因为结构一般都用空间分析软件计算，输出的框架柱内力均是三维的内力。所以框架柱的配筋也是采用三维配筋的方法，即按双向偏心受压柱进行配筋，这就要将 2010 版《混凝土结构设计规范》第 6.2.3、6.2.4 条的平面杆件配筋方法扩展为空间杆件配筋方法。

　　以下讲述 RCM 软件所用的基于 2010 版《混凝土结构设计规范》[3] 的空间杆件（框架柱）的配筋方法。

　　按规范式（6.2.3）分别判断柱截面两个主轴方向的长细比，即判断以下两式

$$l_{cx}/i_x \leqslant 34 - 12 \, (M_{y1}/M_{y2}) \tag{5-3a}$$

$$l_{cy}/i_y \leqslant 34 - 12(M_{x1}/M_{x2}) \qquad\qquad (5\text{-}3b)$$

如果上述两式均满足，则配筋时取两方向弯矩的较大值进行配筋，即对两方向弯矩的较大值不必放大，相当于两个主轴方向的 $C_m\eta_{ns}$ 均取 1.0。由于采用沿截面周边均匀配置纵向受力钢筋，所以利用矩形截面双轴对称的特性，可取两主轴方向弯矩的绝对值进行配筋即可。

如果两式中任一个式子不满足，则按规范式（6.2.4）计算该方向的放大系数 $C_m\eta_{ns}$，然后对相应的弯矩进行放大，如果有一个方向的端弯矩满足两式中的一式，则该方向的弯矩不须放大。利用矩形截面双轴对称特性按照双向偏心受压进行配筋计算。

弯矩作用平面内截面对称的偏心受压构件，当同一主轴方向的杆端弯矩比 $M_1/M_2$ 不大于 0.9 且设计轴压比不大于 0.9 时，若构件的长细比满足式（6.2.3）的要求，可不考虑轴向压力在该方向挠曲杆件中产生的附加弯矩影响；否则应根据《混凝土结构设计规范》第 6.2.4 条的规定，按截面的两个主轴方向分别考虑构件挠曲产生的附加弯矩影响。

$$l_c/i \leqslant 34 - 12(M_1/M_2) \qquad\qquad \text{规范式（6.2.3）}$$

式中　$M_1$、$M_2$——分别为已考虑侧移影响的偏心受压构件两端截面按结构分析确定的对同一主轴的组合弯矩设计值，绝对值较大端为 $M_2$，绝对值较小端为 $M_1$，当构件按单曲率弯曲时，$M_1/M_2$ 为正，否则为负；

　　　　$l_c$——构件的计算长度，可近似取偏心受压构件相应主轴方向两支撑点之间的距离；

　　　　$i$——偏心方向的截面回转半径。

除排架结构柱以外，其他偏心受压构件考虑轴向压力在挠曲杆件中产生的二阶效应后控制截面的弯矩设计值可按下列公式计算：

$$M = C_m\eta_{ns}M_2 \qquad\qquad \text{规范式（6.2.4-1）}$$

$$C_m = 0.7 + 0.3\frac{M_1}{M_2} \qquad\qquad \text{规范式（6.2.4-2）}$$

$$\eta_{ns} = 1 + \frac{1}{1300(M_2/N + e_a)/h_0}\left(\frac{l_c}{h}\right)^2\zeta_c \qquad\qquad \text{规范式（6.2.4-3）}$$

$$\zeta_c = \frac{0.5f_cA}{N} \qquad\qquad \text{规范式（6.2.4-4）}$$

当 $C_m\eta_{ns}$ 小于 1.0 时取 1.0；对剪力墙类构件，可取 $C_m\eta_{ns}$ 等于 1.0。

式中　$C_m$——柱端截面偏心距调节系数，当小于 0.7 时取 0.7；

　　　　$\eta_{ns}$——弯矩增大系数；

　　　　$N$——与弯矩设计值 $M_2$ 相应的轴向压力设计值；

　　　　$e_a$——附加偏心距，按 GB 50010—2010 第 6.2.5 条确定；

　　　　$\zeta_c$——截面曲率修正系数，当计算值大于 1.0 时取 1.0。

圆形截面中长柱取其作用弯矩矢量和的方向，按单向偏心压弯构件进行配筋。配筋原理见《混凝土结构设计规范》附录 E 和文献 [8]。

## 5.5　非对称配筋单向偏心受压矩形截面柱承载力计算

本节内容包括采用普通配筋方式的矩形截面单向偏心受压非对称配筋（即 $A_s \neq A'_s$）

柱承载力计算及复核。

考虑到计算便利，HRB500 级钢筋拉、压设计强度均取值 420N/mm$^2$。

1. 矩形截面大偏心受压构件承载力计算公式

（1）计算公式

大偏心受压构件与双筋梁类似，破坏时其受拉和受压纵向钢筋均达到屈服强度，受压混凝土应力为抛物线分布。为简化计算，采用等效矩形应力图形（图5-7），其受压区高度 $x$ 取按平截面假定所确定的中和轴高度乘以系数 $\beta_1$，应力取为混凝土抗压强度设计值 $f_c$ 乘以系数 $\alpha_1$。按图5-7 所示的计算图示进行计算。

由沿构件纵轴方向力的平衡可得：

$$N = \alpha_1 f_c bx + f_y' A_s' - f_y A_s \tag{5-4}$$

由截面上力对受拉钢筋合力点的力矩平衡可得：

$$Ne = \alpha_1 f_c bx \left( h_0 - \frac{x}{2} \right) + f_y' A_s' (h_0 - a_s') \tag{5-5}$$

其中

$$e = e_i + \frac{h}{2} - a_s \tag{5-6}$$

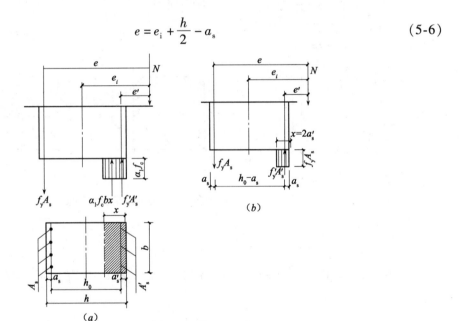

图 5-7　大偏心受压柱极限状态等效应力图

（2）适用条件

为了保证构件在破坏时，受拉钢筋应力能达到抗拉设计强度值 $f_y$，必须满足：

$$x \leqslant \xi_b h_0$$

为了保证构件在破坏时，受压钢筋应力能达到抗压设计强度值 $f_y'$，必须满足：

$$x \geqslant 2a_s'$$

当 $x < 2a_s'$ 时，表明受压钢筋 $A_s'$ 没有屈服，可取 $x = 2a_s'$，其应力图形如图5-7（b）所示，近似认为受压混凝土所承担压力的作用位置与受压钢筋承担压力 $f_y' A_s'$ 位置重合。根据对 $A_s'$ 合力点取矩平衡，即得：

$$Ne' = f_y A_s (h_0 - a'_s) \tag{5-7}$$

其中

$$e' = e_i - \frac{h}{2} + a'_s \tag{5-8}$$

**2. 矩形截面小偏心受压构件承载力计算公式**

**（1）计算公式**

小偏心受压构件在通常情况下，截面等效应力如图 5-8（a）、图 5-8（b）所示，离作用力较远一侧钢筋达不到受拉屈服，由截面上纵轴方向的力平衡和截面上力矩平衡，可得如下计算公式：

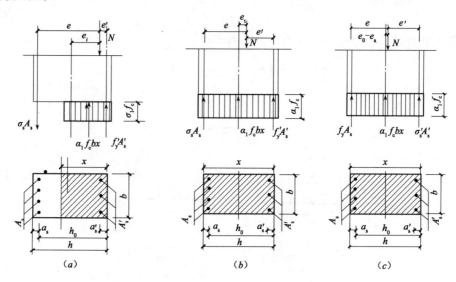

图 5-8　小偏心受压柱极限状态等效应力图

$$N = \alpha_1 f_c bx + f'_y A'_s - \sigma_s A_s = \alpha_1 f_c b h_0 \xi + f'_y A'_s - \sigma_s A_s \tag{5-9}$$

$$Ne = \alpha_1 f_c bx \left( h_0 - \frac{x}{2} \right) + f'_y A'_s (h_0 - a'_s) = \alpha_1 f_c b h_0^2 \xi (1 - 0.5\xi) + f'_y A'_s (h_0 - a'_s) \tag{5-10}$$

其中

$$\sigma_s = \frac{f_y}{\xi_b - \beta_1} \left( \frac{x}{h_0} - \beta_1 \right) = \frac{f_y}{\xi_b - \beta_1} (\xi - \beta_1) \tag{5-11}$$

**（2）适用条件**

$$x > \xi_b h_0$$

钢筋应力应符合 $-f'_y \leqslant \sigma_s \leqslant f_y$。令 $\sigma_s = -f'_y$ 代入式（5-11）解出 $\xi$，记其为 $\xi_y$，则 $\xi_y = 2\beta_1 - \xi_b$。

**3. 非对称配筋矩形截面偏心受压柱承载力计算**

非对称配筋时，由于无法根据已知条件计算出 $\xi$ 的值进行判断，故使用偏心距初步判断：当 $e_i > 0.3h_0$ 时，为大偏心受压；$e_i \leqslant 0.3h_0$ 时，为小偏心受压。然后根据前述的平衡方程进行计算。

（1）大偏心受压构件的计算

1）$A_s$、$A_s'$ 均未知

增加一个条件 $\xi = \xi_b$，方程则可解。也满足 $x \geqslant 2a_s'$ 条件。先解出 $A_s'$，公式为：

$$A_s' = \frac{Ne - \alpha_1 f_c bh_0^2 \xi_b (1 - 0.5\xi_b)}{f_y'(h_0 - a_s')}$$  （5-12）

若 $A_s'$ 满足一侧纵筋最小配筋率要求，即 $A_s' \geqslant 0.002bh$，则可用下式求出 $A_s$：

$$A_s = \frac{\alpha_1 f_c bh_0 \xi_b + f_y' A_s' - N}{f_y}$$  （5-13）

若 $A_s' < \rho_{min}' bh = 0.002bh$，应取 $A_s' = 0.002bh$，选定钢筋直径和根数，得到 $A_s'$ 实配值，按 $A_s'$ 已知情况计算。

有的教科书这里对截面一侧纵向钢筋的最小配筋率取 0.002 和 $45f_t/f_y$ 的较大值是不对的，因本节这里处理的是受压构件[3]。

2）$A_s'$ 已知，$A_s$ 未知

此时，方程数与未知数相等，可解。若 $A_s'$ 满足一侧最小配筋率，可采用下式先求 $x$：

$$x = h_0 - \sqrt{h_0^2 - \frac{2[Ne - f_y' A_s'(h_0 - a_s')]}{\alpha_1 f_c b}}$$  （5-14）

$x$ 可能出现下列情况：

①满足 $x \leqslant \xi_b h_0$ 且 $x \geqslant 2a_s'$ 的适用条件，于是

$$A_s = \frac{\alpha_1 f_c bx + f_y' A_s' - N}{f_y}$$  （5-15）

②若 $x < 2a_s'$，则取 $x = 2a_s'$，然后对 $A_s'$ 合力点位置取矩，求出 $A_s$。公式为：

$$A_s = \frac{N(e_i - 0.5h + a_s')}{f_y'(h_0 - a_s')}$$  （5-16）

③若 $x > \xi_b h_0$，则表明 $A_s'$ 配置不足，需要按照 $A_s'$ 未知的情况计算。

需要注意，$A_s$、$A_s'$ 除应满足一侧纵筋最小配筋率的要求，$A_s + A_s'$ 尚应满足全部纵筋最小配筋率的要求。

（2）小偏心受压构件的设计步骤

此时，3 个未知数，2 个方程，无法求解。通常 $A_s$ 应力较小，可按最小配筋率取值，即，取 $A_s = \rho_{min}' bh = 0.002bh$。

如果压力 N 较大，存在 $N > f_c bh$，则可能发生"反向破坏"，因而 $A_s$ 尚应满足

$$A_s = \frac{Ne' - f_c bh(0.5h - a_s')}{f_y'(h_0 - a_s')}$$  （5-17）

$$e' = \frac{h}{2} - a_s' - (e_0 - e_a)$$  （5-18）

此时，$A_s$ 应取 0.002bh 和式（5-17）的较大值。

取定 $A_s$ 后，方程可解。注意，这里计算代入的 $A_s$ 应该是选定钢筋直径和根数的实际钢筋截面积。

解方程求出 $\xi$，可能出现以下三种情况：

①若 $\xi_b < \xi < \xi_y$，表明 $A_s$ 未达到屈服，$\sigma_s$ 在 $-f_y$ 和 $f_y$ 之间，原来代入基本公式的 $\sigma_s = f_y \dfrac{\xi - \beta_1}{\xi_b - \beta_1}$ 是合适的，满足适用条件，将 $\xi$ 代入平衡方程求出另一个未知数 $A'_s$。

②若 $\xi_y \leqslant \xi < h/h_0$，此时 $A_s$ 受压屈服，取 $\sigma_s = -f'_y$，采用以下平衡方程重新求解 $x$ 和 $A'_s$。

$$N = \alpha_1 f_c bx + f'_y A'_s + f'_y A_s \tag{5-19}$$

$$Ne = \alpha_1 f_c bx \left( h_0 - \frac{x}{2} \right) + f'_y A'_s (h_0 - a'_s) \tag{5-20}$$

$$e = e_i + \frac{h}{2} - a_s$$

重新求解 $x$，进而求出 $e_i$。

③若 $\xi \geqslant h/h_0$，且 $\xi > \xi_y$，表明 $A_s$ 受压屈服，且中和轴已经在截面之外，此时，应取 $\sigma_s = -f'_y$，$x = h$，$\alpha_1 = 1$，代入基本公式直接解出 $A'_s$。

$$A'_s = \frac{Ne - f_c bh(h_0 - 0.5h)}{f'_y(h_0 - a'_s)} \tag{5-21}$$

以上求得的 $A'_s$ 应满足一侧纵筋最小配筋率的要求，$A_s + A'_s$ 尚应满足全部纵筋最小配筋率的要求。

### 【例5-2】 大偏心受压柱非对称配筋算例

文献［9］第97页算例，柱，矩形截面 $b = 300\text{mm}$，$h = 400\text{mm}$。柱挠曲变形为单曲率，且弯矩作用平面内上下端支承间长度 3.5m，混凝土强度等级为 C30，纵向钢筋 HRB400，$a_s = a'_s = 45\text{mm}$。承受轴向力设计值 $N = 335\text{kN}$，柱端较大弯矩设计值 $M_2 = 165\text{kN·m}$，另一端弯矩设计值 $M_1 = 155\text{kN·m}$。试求柱纵向受力钢筋截面面积。

【解】 1. 求框架柱产生的二阶效应后控制截面的弯矩设计值

由于 $M_1/M_2 = 155/165 = 0.94 > 0.9$，且 $i = 0.289h = 0.289 \times 400 = 115.6\text{mm}$，则 $l_c/i = 3500/115.6 = 30.3 > 34 - 12(M_1/M_2) = 22.72$，因此，需要考虑挠曲变形引起的附加弯矩影响。

$$\zeta_c = \frac{0.5 f_c A}{N} = \frac{0.5 \times 14.3 \times 300 \times 400}{335000} = 2.56 > 1，\ 取 \zeta_c = 1$$

$$C_m = 0.7 + 0.3 \frac{M_1}{M_2} = 0.982$$

$$e_a = \frac{h}{30} = \frac{400}{30} = 13.3\text{mm} < 20\text{mm}，\ 取 e_a = 20\text{mm}$$

$$\eta_{ns} = 1 + \frac{1}{1300 \left( \dfrac{M_2}{N} + e_a \right) \big/ h_0} \left( \frac{l_c}{h} \right)^2 \zeta_c$$

$$= 1 + \frac{1}{1300 \times \left( \dfrac{165 \times 10^6}{335000} + 20 \right) \big/ 355} \left( \frac{3500}{400} \right)^2 \times 1 = 1.040$$

$$M = C_m \eta_{ns} M_2 = 0.982 \times 1.040 \times 165 = 168.5\text{kN·m}$$

2. 判断大小偏心

$$e_0 = \frac{M}{N} = \frac{168.5 \times 10^6}{335000} = 503.1\text{mm}$$

$$e_i = e_0 + e_a = 503.1 + 20 = 523.1 \text{mm}$$

$$e_i > 0.3h_0 = 0.3 \times 355 = 106.5 \text{mm}，按大偏心受压计算。$$

3. 计算 $A_s'$

取 $\xi = \xi_b$ 确定 $A_s'$。

$$e = e_i + \frac{h}{2} - a_s' = 523.1 + 200 - 45 = 678.1 \text{mm}$$

$$A_s' = \frac{Ne - \alpha_1 f_c b h_0^2 \xi_b (1 - 0.5\xi_b)}{f_y'(h_0 - a')}$$

$$= \frac{335000 \times 678.1 - 1.0 \times 14.3 \times 300 \times 355^2 \times 0.518 \times (1 - 0.518/2)}{360 \times (355 - 45)} = 176.9 \text{mm}^2$$

由于求出的 $A_s' < \rho'_{\min}bh = 0.002 \times 300 \times 400 = 240 \text{mm}^2$，因此应按构造要求配筋。

4. 计算 $A_s$

如果不经过人工干预（选筋并输入软件），软件自动取 $A_s' < \rho'_{\min}bh = 240 \text{mm}^2$ 继续计算，按照 $A_s'$ 为已知重新求解受压区高度 $x$。

$$x = h_0 - \sqrt{h_0^2 - \frac{2[Ne - f_y'A_s'(h_0 - a_s')]}{\alpha_1 f_c b}}$$

$$= 355 - \sqrt{355^2 - \frac{2 \times [335000 \times 678.1 - 360 \times 240 \times (355 - 45)]}{1.0 \times 14.3 \times 300}} = 174.3 \text{mm}$$

由于 $x < \xi_b h_0 = 0.518 \times 355 = 184 \text{mm}$ 且 $x > 2a_s' = 90 \text{mm}$，满足大偏心受压适用条件，因此

$$A_s = \frac{\alpha_1 f_c b x + f_y'A_s' - N}{f_y} = \frac{1 \times 14.3 \times 300 \times 174.3 + 360 \times 240 - 335000}{360} = 1388.4 \text{mm}^2$$

RCM 软件计算输入信息和简要输出信息见图 5-9。RCM 软件的详细输出信息如下：

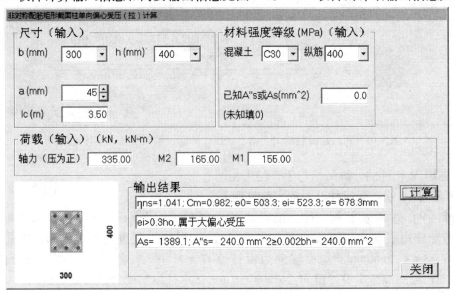

图 5-9　非对称配筋单向大偏心受压柱算例

非对称配筋矩形偏心受压柱承载力计算
N= 335.00 kN; M2= 165.00 kN-m; M1= 155.00 kN-m
BC= 300. mm; a=a″= 45. mm; HC= 400. mm; H0= 355.mm
C30 Fy= 360 N/mm^2; Fc=14.3 N/mm^2; **ξb=0.518**
作用弯矩M2= 165000000.0 N·mm; 长细比lc/i= 30.3
[lc/i]=34-12M1/M2= 22.7; ζc=1.000
**ηns=1.041; Cm=0.982; e0= 503.3mm; ei= 523.3mm; e= 678.3mm**
**ei>0.3ho, 属于大偏心受压**
A″s=(Ne-α1×fc×b×h0×h0×ξb(1-0.5ξb))/(fy(h0-a))= 176.6 mm
**ei>0.3ho, 属于大偏心受压, X= 174.51; As= 1389.1**
As= 1389.1; A″s= 240.0 mm^2≥0.002bh= 240.0 mm^2

如果在求出 $A_s'$ 后，选配钢筋，再输入软件计算的过程如下：

根据 $A_s' \geqslant \rho'_{\min} bh = 240\text{mm}^2$，选配纵筋 2 $\Phi$ 14，即 $A_s' = 308\text{mm}^2$。将其输入软件对话框的"已知 $A_s''$ 或 As（mm^2）"，这里前者用于大偏压构件，后者用于小偏压构件计算。并按"确定"后得到的结果如图 5-10 所示。

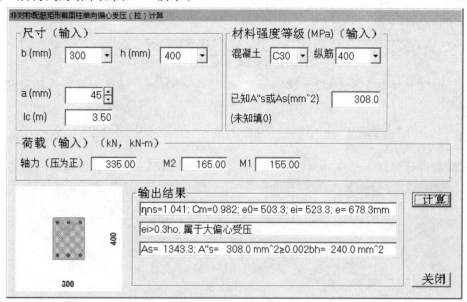

图 5-10    非对称配筋单向大偏心受压柱算例（输入受压纵筋实配值）

可见 RCM 软件的计算结果与手算结果相同。

**【例 5-3】 小偏心受压柱非对称配筋算例 1**

文献［9］第 99 页算例，柱，矩形截面 $b = 500\text{mm}$，$h = 800\text{mm}$。柱挠曲变形为单曲率，且弯矩作用平面内上下端支承间长度 7.5m，混凝土强度等级为 C30，纵向钢筋为 HRB400，$a_s = a_s' = 50\text{mm}$。承受轴向力设计值 $N = 4180\text{kN}$，柱端较大弯矩设计值 $M_2 = 480\text{kN·m}$，另一端弯矩设计值 $M_1 = 460\text{kN·m}$。试求柱纵向受力钢筋截面面积。

**【解】** 1. 求框架柱产生的二阶效应后控制截面的弯矩设计值

由于 $M_1/M_2 = 460/480 = 0.958 > 0.9$，且 $i = 0.289h = 0.289 \times 800 = 231.2\text{mm}$，则 $l_c/i = 7500/231.2 = 32.4 > 34-12(M_1/M_2) = 22.5$，因此，需要考虑挠曲变形引起的附加弯矩影响。

$$h_0 = h - a_s = 800 - 50 = 750\text{mm}$$

$$e_a = \max\left\{\frac{h}{30}, \ 20\right\} = \max\left\{\frac{400}{30}, \ 20\right\} = 26.7\text{mm}$$

$$\zeta_c = \frac{0.5 f_c A}{N} = \frac{0.5 \times 14.3 \times 500 \times 800}{4180000} = 0.684$$

$$C_m = 0.7 + 0.3\frac{M_1}{M_2} = 0.987$$

$$\eta_{ns} = 1 + \frac{1}{1300\left(\frac{M_2}{N} + e_a\right)\Big/ h_0}\left(\frac{l_c}{h}\right)^2 \zeta_c$$

$$= 1 + \frac{1}{1300 \times \left(\frac{480 \times 10^6}{4180000} + 26.7\right)\Big/ 750}\left(\frac{7500}{800}\right)^2 \times 0.684 = 1.245$$

$$M = C_m \eta_{ns} M_2 = 0.9874 \times 1.245 \times 480 = 590.1\text{kN} \cdot \text{m}$$

2. 判断大小偏心

$$e_0 = \frac{M}{N} = \frac{660.69 \times 10^6}{4180000} = 141.2\text{mm}$$

$$e_i = e_0 + e_a = 141.2 + 26.7 = 167.9\text{mm}$$

$$e_i < 0.3 h_0 = 0.3 \times 750 = 225\text{mm}，\text{按小偏心受压计算。}$$

3. 计算 $A_s$

当按照最小配筋率考虑时，$A_{s,\min} = \rho_{\min} bh = 0.002 \times 500 \times 800 = 800\text{mm}^2$
由于

$$f_c bh = 14.3 \times 500 \times 800 = 5720\text{kN} > 4180\text{kN}$$

故不必考虑反向破坏。

4. 计算 $A_s'$

$$e = e_i + \frac{h}{2} - a_s = 167.9 + 400 - 50 = 517.9\text{mm}$$

$$e' = \frac{h}{2} - e_i - a_s' = 400 - 167.9 - 50 = 182.1\text{mm}$$

$$A = \frac{a_s'}{h_0} + \left(1 - \frac{a_s'}{h_0}\right)\frac{f_y A_s}{(\xi_b - \beta_1)\alpha_1 f_c bh_0}$$

$$= \frac{50}{750} + \left(1 - \frac{50}{750}\right)\frac{360 \times 800}{(0.518 - 0.8) \times 1 \times 14.3 \times 500 \times 750}$$

$$= -0.1111$$

$$B = \frac{2Ne'}{\alpha_1 f_c bh_0^2} - 2\beta_1\left(1 - \frac{a_s'}{h_0}\right)\frac{f_y A_s}{(\xi_b - \beta_1)\alpha_1 f_c bh_0}$$

$$= \frac{2 \times 4180000 \times 182.1}{1 \times 14.3 \times 500 \times 750^2} - 2 \times 0.8 \times \left(1 - \frac{50}{750}\right)\frac{360 \times 800}{(0.518 - 0.8) \times 1 \times 14.3 \times 500 \times 750}$$

$$= 0.3785 + 1.6 \times 0.17775 = 0.6629$$

$$\xi = A + \sqrt{A^2 + B}$$

$$= -0.1111 + \sqrt{0.1111^2 + 0.6629}$$

$$= 0.7106$$

$\xi_b < \xi < \xi_y$，表明所得的 $\xi$ 值可用。

$$A'_s = \frac{Ne - \alpha_1 f_c bh_0^2 \xi (1 - 0.5\xi)}{f'_y (h_0 - a'_s)}$$

$$= \frac{4180000 \times 517.9 - 1 \times 14.3 \times 500 \times 750^2 \times 0.7106 \times (1 - 0.5 \times 0.7106)}{360 \times (750 - 50)}$$

$$= 1279.0 \text{mm}^2$$

选筋后，检验下总配筋率是否满足。RCM 软件计算输入信息和简要输出信息见图 5-11。

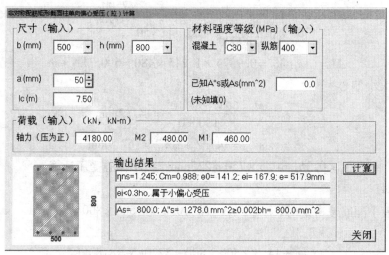

图 5-11　非对称配筋单向小偏心受压柱算例

RCM 软件的详细输出信息如下：

```
非对称配筋矩形偏心受压柱承载力计算
N= 4180.00 kN; M2=  480.00 kN-m; M1=  460.00 kN-m
BC= 500.mm; a=a″= 50.mm; HC= 800.mm; H0=  750.mm
C30 Fy= 360 N/mm^2; Fc=14.3 N/mm^2; ξb=0.518
作用弯矩M2= 480000000.0 N·mm;  长细比lc/i= 32.4
[lc/i]=34-12M1/M2= 22.5; ζc=0.684
ηns=1.245; Cm=0.988; e0= 141.2mm; ei= 167.9mm; e= 517.9mm
ei<0.3ho, 属于小偏心受压
A= -0.1111; B=  0.6630; ξ=0.711
As=   800.0; A″s=  1278.0 mm^2≥0.002bh=  800.0  mm^2
```

可见 RCM 软件的计算结果与手算结果相同。如截面离力较远侧选配 $4 \Phi 18$，$A_s = 1018\text{mm}^2$，则输入软件后，结果如图 5-12 所示。

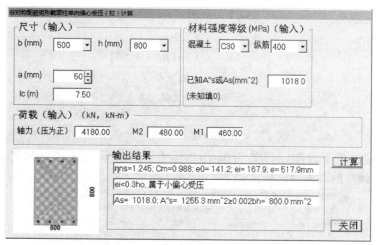

图 5-12　非对称配筋单向小偏心受压柱算例（输入实配 $A_s$）

详细结果和手算过程略。

【例 5-4】 小偏心受压柱非对称配筋算例 2

文献［10］第 157 页算例，柱，矩形截面 $b = 400\text{mm}$，$h = 600\text{mm}$。构件计算长度 4.4m，混凝土强度等级为 C30，纵向钢筋采用 HRB400，$a_s = a'_s = 40\text{mm}$。承受轴向力设计值 $N = 5280\text{kN}$，柱端较大弯矩设计值 $M_2 = 24.2\text{kN} \cdot \text{m}$。试求柱纵向受力钢筋截面面积。

【解】 1. 求框架柱产生的二阶效应后控制截面的弯矩设计值

由于 $N/(f_cA) = 5280000/(14.3 \times 400 \times 600) = 1.538 > 0.9$，因此，需要考虑挠曲变形引起的附加弯矩影响。但文献［10］没计入二阶效应，可能是因为计入的话问题过于复杂，怕分散了读者注意力，本文也不计入。故在软件输入柱计算长度 0.1m。

2. 判断大小偏心

$$h_0 = h - a_s = 600 - 40 = 560\text{mm}$$

$$e_0 = \frac{M}{N} = \frac{24200}{5280000} = 4.58\text{mm}$$

$$e_i = e_0 + e_a = 4.583 + 20 = 24.58\text{mm}$$

$e_i < 0.3h_0 = 0.3 \times 560 = 168\text{mm}$，按小偏心受压计算。

3. 计算 $A_s$

当按照最小配筋率考虑时，$A_{s,\min} = \rho_{\min}bh = 0.002 \times 400 \times 600 = 480\text{mm}^2$。

由于轴压比超过 1，考虑反向破坏。由式（5-18）

$$e' = \frac{h}{2} - a'_s - (e_0 - e_a) = 600/2 - 40 - (4.58 - 20) = 275.42\text{mm}$$

$$Ne' = 5280000 \times 275.42 = 1454217600\text{N} \cdot \text{mm}$$

$$A_s = \frac{Ne' - f_cbh(0.5h - a'_s)}{f'_y(h_0 - a'_s)}$$

$$= \frac{1454217600 - 14.3 \times 400 \times 600 \times (0.5 \times 600 - 40)}{360 \times (560 - 40)}$$

$$= 3002\text{mm}^2$$

此时，$A_s$ 应取 $0.002bh$ 和式（5-17）的较大值，即取 $3002\text{mm}^2$。

4. 计算 $A'_s$

$$A'_s = \frac{Ne - \alpha_1 f_c bh(h_0 - 0.5h)}{f'_y(h_0 - a'_s)}$$

$$= \frac{5280000 \times 284.58 - 1 \times 14.3 \times 400 \times 600 \times (560 - 300)}{360 \times (560 - 40)}$$

$$= 3260\text{mm}^2$$

选筋后，应检验下总配筋率是否满足。RCM 软件计算输入信息和简要输出信息见图 5-13。RCM 软件的详细输出信息如下：

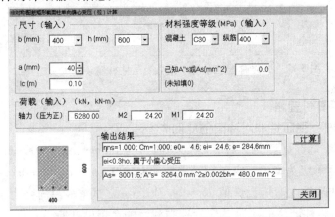

图 5-13　非对称配筋单向小偏心受压柱反向破坏算例

---

非对称配筋矩形偏心受压柱承载力计算
N= 5280.00 kN; M2=　 24.20 kN-m; M1=　 24.20 kN-m
BC= 400. mm; a=a″= 40. mm; HC=　600. mm; H0=　560. mm
C30 Fy= 360 N/mm^2; Fc=14.3 N/mm^2; **ξb=0.518**
作用弯矩M2=　24200000.0 N•mm；长细比lc/i：　0.6
[lc/i]=34-12M1/M2= 22.0; ζc=0.325
ηns=1.000; Cm=1.000; e0=　4.6mm; ei=　24.6mm; e= 284.6mm
ei<0.3ho，属于小偏心受压
A= -1.0393; B=　3.3986; ξ=1.077
As=　3001.5; A″s=　3264.0 mm^2≥0.002bh=　480.0　mm^2

---

可见 RCM 计算结果与文献手算结果几乎相同。

## 5.6　对称配筋单向偏心受压柱承载力计算

本节内容包括采用普通配筋方式的矩形截面单向偏心受压对称配筋（即 $A_s = A'_s$、$f_y = f'_y$、$a_s = a'_s$）柱承载力计算及复核。

考虑到计算便利，HRB500 级钢筋拉、压设计强度均取值 $420\text{N/mm}^2$，见例 5-8。

工程上经常采用对称配筋的受压构件，将对称配筋条件 $A_s = A'_s$、$f_y = f'_y$ 代入大偏心受压构件基本计算公式（5-4），得

$$x = \frac{N}{\alpha_1 f_c b} \tag{5-22}$$

首先利用式（5-22）计算截面受压区高度，然后判断大、小偏压状态，即 $x \leq \xi_b h_0$ 为大偏心受压、$x > \xi_b h_0$ 为小偏心受压。

若满足 $x \leq \xi_b h_0$ 且 $x \geq 2a'$，则

$$A_s = A'_s = \frac{Ne - \alpha_1 f_c b x (h_0 - 0.5x)}{f'_y (h_0 - a')} \tag{5-23}$$

若满足 $x \leq \xi_b h_0$ 且 $x < 2a'$，表明受压钢筋 $A'_s$ 没有屈服，取 $x = 2a'$，对 $A'_s$ 合力点取矩，即得：

$$A_s = A'_s = \frac{N(e_i - 0.5h + a')}{f'_y (h_0 - a')} \tag{5-24}$$

若 $x > \xi_b h_0$，利用下式先算出 $\xi$，然后再计算 $A_s = A'_s$。

$$\xi = \frac{N - \alpha_1 f_c b h_0 \xi_b}{\dfrac{Ne - 0.43 \alpha_1 f_c b h_0^2}{(\beta_1 - \xi_b)(h_0 - a')} + \alpha_1 f_c b h_0} + \xi_b \tag{5-25}$$

$$A_s = A'_s = \frac{N(e_i + 0.5h - a') - \alpha_1 f_c b h_0^2 \xi (1 - 0.5\xi)}{f'_y (h_0 - a')} \tag{5-26}$$

最后，选配钢筋并检验配筋率是否满足规范的构造要求。

### 【例 5-5】 对称配筋大偏心受压柱配筋算例 1

文献 ［11］ 第 201 页算例，矩形截面柱，b = 400mm，h = 500mm，计算长度 5m，混凝土强度等级为 C30，纵向钢筋采用 HRB400 钢筋，$a = a' = 40$mm。承受轴向力设计值 N = 550kN，柱端较大弯矩设计值 $M_2 = 450$kN·m（按两端弯矩相等 $M_1/M_2 = 1$ 的框架柱考虑），采用对称配筋。试求柱纵向受力钢筋截面面积。

【解】 1. 求框架柱产生的二阶效应后控制截面的弯矩设计值

由于 $M_1/M_2 = 1$，$i = 0.289h = 0.289 \times 500 = 144.5$mm，则 $l_c/i = 5000/144.5 = 34.6 > 34 - 12(M_1/M_2) = 22$，因此，需要考虑附加弯矩影响。

$$\zeta_c = \frac{0.5 f_c A}{N} = \frac{0.5 \times 14.3 \times 400 \times 500}{550000} = 2.6 > 1 \text{ 取 } \zeta_c = 1$$

$$C_m = 0.7 + 0.3 \frac{M_1}{M_2} = 1$$

$$e_a = \frac{h}{30} = \frac{500}{30} = 17.3\text{mm} < 20\text{mm}, \text{ 取 } e_a = 20\text{mm}$$

$$\eta_{ns} = 1 + \frac{1}{1300 \left( \dfrac{M_2}{N} + e_a \right) / h_0} \left( \frac{l_c}{h} \right)^2 \zeta_c = 1 + \frac{1}{1300 \times \left( \dfrac{450 \times 10^6}{550 \times 10^6} + 20 \right) / 460} \left( \frac{5000}{500} \right)^2 \times 1 = 1.042$$

$$M = C_m \eta_{ns} M_2 = 1 \times 1.042 \times 450 = 468.9\text{kN·m}$$

2. 判断大小偏心

截面相对受压区高度 $\xi = \dfrac{N}{\alpha_1 f_c b h_0} = \dfrac{550000}{1 \times 14.3 \times 400 \times 460} = 0.209 < \xi_b = 0.518$

属于大偏心受压，且 $x = \xi h_0 = 0.209 \times 460 = 96.14\text{mm} > 2a' = 80\text{mm}$

3. 计算配筋 $A_s$ 及 $A_s'$

$$e_0 = \frac{M}{N} = \frac{468.9 \times 10^6}{550000} = 853\text{mm}$$

$$e_i = e_0 + e_a = 853 + 20 = 873\text{mm}$$

$$e = e_i + \frac{h}{2} - a = 873 + 250 - 40 = 1083\text{mm}$$

$$A_s = A_s' = \frac{Ne - \alpha_1 f_c bx(h_0 - 0.5x)}{f_y'(h_0 - a')}$$

$$= \frac{550000 \times 1083 - 1.0 \times 14.3 \times 400 \times 96.14 \times (460 - 0.5 \times 96.14)}{360 \times (460 - 40)} = 2441\text{mm}^2$$

截面每侧各配置 5 根直径 25 钢筋（$A_s = A_s' = 2454\text{mm}^2$，HRB400 级）。

$$\rho = \frac{A_s + A_s'}{bh} = \frac{2 \times 2454}{400 \times 500} = 2.45\% \geqslant 0.55\% \quad \text{满足要求。}$$

RCM 软件计算输入信息和简要输出信息见图 5-14。RCM 软件的详细输出信息如下：

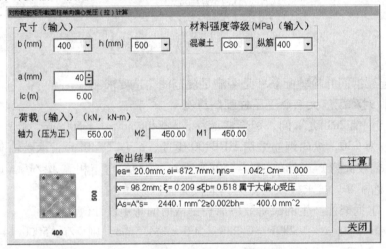

图 5-14　对称配筋大偏心受压柱配筋算例 1

偏心受压柱承载力计算
BC= 400. mm；HC= 500. mm；H0= 460. mm
C30 两方向上下支撑点间距离= 5000. mm
Fy= 360 N/mm^2
作用弯矩M2= 450000000.0 N-mm；长细比lc/i= 34.6
ζc= 1.000；M2/N= 818.2 mm
lc/h= 10.0
ea= 872.7mm；ei= 20.0mm；ηns= 1.042；Cm= 1.000
x= 96.2mm；ξ= 0.209 ≤ξb= 0.518 属于大偏心受压
AM= 468997184.0 N·mm；N= 550000.0 N
e0= 852.7 mm；e=1082.7 mm
As=A″s= 2440.1 mm^2≥0.002bh= 400.0 mm^2

可见 RCM 软件的计算结果与手算结果及文献结果相同。

**【例5-6】对称配筋大偏心受压柱配筋算例2**

文献［11］第 202 页算例，矩形截面柱，$b = 300\text{mm}$，$h = 400\text{mm}$，承受轴力设计值 $N = 330\text{kN}$，柱两端弯矩设计值分别为 $M_1 = 86\text{kN} \cdot \text{m}$，$M_2 = 88\text{kN} \cdot \text{m}$，柱计算长度 3.1m，混凝土强度等级为 C40，纵向钢筋采用 HRB400 钢筋，采用对称配筋。试求纵向受力钢筋截面面积 $A_s$ 和 $A'_s$。

**【解】** 1. 求框架柱产生的二阶效应后控制截面的弯矩设计值

由于 $M_1/M_2 = 86/88 = 0.977$，$i = 0.289h = 0.289 \times 400 = 115.6\text{mm}$，则 $l_c/i = 3100/115.6 = 27 > 34 - 12(M_1/M_2) = 22$，因此，需要考虑附加弯矩影响。

$$\zeta_c = \frac{0.5f_cA}{N} = \frac{0.5 \times 19.1 \times 300 \times 400}{330000} = 3.47 > 1 \text{ 取 } \zeta_c = 1$$

$$C_m = 0.7 + 0.3\frac{M_1}{M_2} = 0.993$$

$$e_a = \frac{h}{30} = \frac{400}{30} = 13.3\text{mm} < 20\text{mm}, \text{ 取 } e_a = 20\text{mm}$$

$$\eta_{ns} = 1 + \frac{1}{1300\left(\dfrac{M_2}{N} + e_a\right)\bigg/h_0}\left(\frac{l_c}{h}\right)^2 \zeta_c$$

$$= 1 + \frac{1}{1300 \times \left(\dfrac{88 \times 10^6}{330 \times 10^6} + 20\right)\bigg/360}\left(\frac{3100}{400}\right)^2 \times 1 = 1.058$$

$$M = C_m\eta_{ns}M_2 = 0.993 \times 1.058 \times 88 = 92.45\text{kN} \cdot \text{m}$$

2. 判断大小偏心

截面受压区高度 $x = \dfrac{N}{\alpha_1 f_c b} = \dfrac{330000}{1 \times 19.1 \times 300} = 58\text{mm}$，$x < 2a' = 2 \times 40 = 80\text{mm}$，近似取 $x = 80\text{mm}$。

$$e_0 = \frac{M}{N} = \frac{92.45 \times 10^6}{330000} = 280\text{mm}$$

$$e_i = e_0 + e_a = 280 + 20 = 300\text{mm} > 0.3h_0 = 0.3 \times 360 = 180\text{mm}$$

属于大偏心受压。

3. 计算配筋 $A_s$ 及 $A'_s$

$$A_s = A'_s = \frac{N(e_i - 0.5h + a')}{f'_y(h_0 - a')} = \frac{330000 \times (300 - 200 + 40)}{360 \times (360 - 40)} = 401\text{mm}^2$$

截面每侧各配置 2 根直径 16 钢筋（$A_s = A'_s = 402\text{mm}^2$，HRB400 级）。

$$\rho = \frac{A_s + A'_s}{bh} = \frac{2 \times 402}{300 \times 400} = 0.67\% \geqslant 0.55\% \text{满足要求。}$$

RCM 软件计算输入信息和简要输出信息见图 5-15。

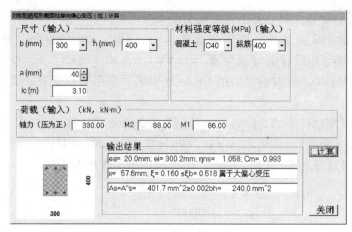

图 5-15　对称配筋大偏心受压矩形柱正截面承载力计算例 2

　　RCM 软件的详细输出信息如下：

```
对称配筋矩形偏心受压（拉）柱承载力计算
BC= 300. mm；HC= 400. mm；H0= 360. mm
C40 两方向上下支撑点间距离= 3100. mm
Fy= 360 N/mm^2
作用弯矩M2= 88000000.0 N·mm；长细比lc/i= 26.8
[lc/i]=34-12M1/M2= 22.3
ζc= 1.000；M2/N= 266.7 mm
lc/h= 7.8
H0/(1300*(e0+ea))= 360./(1300*(266.67+ 20.00))= 0.001
ea= 20.0mm；ei=300.2mm；ηns= 1.058；Cm= 0.993
x= 57.6mm；ξ= 0.160 ≤ξb= 0.518 属于大偏心受压
AM= 92471040.0 N·mm；N= 330000.0 N
e0= 280.2 mm；e″= 140.2 mm
As=A″s= 401.7 mm^2≥0.002bh= 240.0 mm^2
```

　　可见与文献结果相同。

### 【例 5-7】　对称配筋大偏心受压柱配筋算例 3

　　文献［12］第 124 页算例，矩形截面柱（图 5-16），$b = 400\text{mm}$，$h = 450\text{mm}$，承受轴力设计值 $N = 320\text{kN}$，柱两端弯矩设计值分别为 $M_1 = -100\text{kN·m}$，$M_2 = 300\text{kN·m}$，柱计算长度 4m，混凝土强度等级为 C30，纵向钢筋采用 HRB400 钢筋，采用对称配筋。试求纵向受力钢筋截面面积 $A_s$ 和 $A'_s$。

　　【解】1. 判断是否需要考虑二阶效应

$$A = b \times h = 400 \times 450 = 180000 \text{mm}^2$$

$$I = \frac{1}{12} b \times h^3 = \frac{1}{12} \times 400 \times 450^3 = 3037.5 \times 10^6 \text{mm}^4$$

$$h_0 = h - a = 450 - 40 = 410 \text{mm}$$

$$i = \sqrt{\frac{I}{A}} = \sqrt{\frac{3037.5 \times 10^6}{180000}} = 129.90 \text{mm}$$

因为 $\dfrac{l_c}{i} = \dfrac{4000}{129.90} = 30.79 < 34 - 12\left(\dfrac{M_1}{M_2}\right) = 34 - 12\left(\dfrac{-100}{300}\right) = 38$

$$\dfrac{N}{f_c bh} = \dfrac{320000}{14.3 \times 400 \times 450} = 0.124 < 0.9$$

$$\dfrac{M_1}{M_2} = \dfrac{-100}{300} < 0.9$$

故可不考虑二阶效应的影响。

2. 判断大小偏心

截面相对受压区高度 $\xi = \dfrac{N}{\alpha_1 f_c bh_0} = \dfrac{320000}{1 \times 14.3 \times 400 \times 410} = 0.136 < \xi_b = 0.518$

属于大偏心受压，且 $x = \xi h_0 = 0.136 \times 410 = 55.76\text{mm} < 2a' = 80\text{mm}$

$$e_0 = \dfrac{M_2}{N} = \dfrac{300 \times 10^6}{320000} = 937.5\text{mm}$$

$\dfrac{h}{30} = \dfrac{450}{30} = 15\text{mm} < 20\text{mm}$，取 $e_a = 20\text{mm}$

$$e_i = e_0 + e_a = 937.5 + 20 = 957.5\text{mm}$$

$$e' = e_i - \dfrac{h}{2} + a' = 957.5 - \dfrac{450}{2} + 40 = 772.5\text{mm}$$

3. 计算配筋 $A_s = A'_s = \dfrac{Ne'}{f_y(h_0 - a')} = \dfrac{320000 \times 772.5}{360 \times (410 - 40)}$

$= 1856\text{mm}^2$

截面每侧各配置 4 $\Phi$ 25 钢筋（$A_s = 1964\text{mm}^2$），配筋如图 5-16 所示。

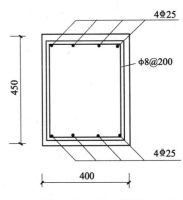

图 5-16 例 5-7 附图

$$\rho = \dfrac{A_s + A'_s}{bh} = \dfrac{2 \times 1964}{400 \times 450} = 2.18\% \geqslant 0.55\%$$

RCM 计算结果如图 5-17 所示，RCM 软件的详细输出信息如下，可见与文献结果相同。

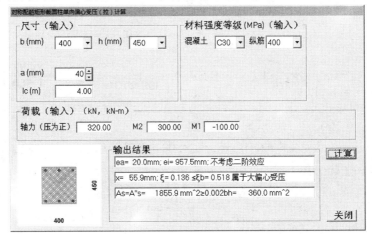

图 5-17 大偏心受压矩形柱正截面承载力计算例 3

对称配筋矩形偏心受压（拉）柱承载力计算

BC= 400. mm; HC= 450. mm; H0= 410. mm

C30 两方向上下支撑点间距离=        4000. mm

Fy= 360 N/mm^2

作用弯矩M2= 300000000.0 N·mm; 长细比lc/i= 30.8

[lc/i]=34-12M1/M2= 38.0

M1/M2≤0.9, N/(Fc×b×h)≤0.9, lc/i≤[lc/i], 不考虑二阶效应

ea= 957.5mm; ei= 20.0mm; 不考虑二阶效应

x=     55.9mm; ξ= 0.136 ≤ξb= 0.518 属于大偏心受压

AM=        300000000.0 N·mm; N=        320000.0 N

e0= 937.5 mm; e″= 772.5 mm

As=A″s=        1855.9 mm^2≥0.002bh=        360.0 mm^2

### 【例5-8】 对称配筋大偏心受压柱配筋算例4

文献［13］第178页算例3.3.36，矩形截面柱，$b = h = 500\text{mm}$，$a = a' = 50\text{mm}$，承受轴力设计值 $N = 200\text{kN}$，柱两端弯矩设计值分别为 $M_1 = 280\text{kN·m}$，$M_2 = 300\text{kN·m}$，弯矩作用平面内柱上下两端的支撑间长度为 4.2m，混凝土强度等级为C35，纵向钢筋采用 HRB500 钢筋，采用对称配筋。试求纵向受力钢筋截面面积 $A_s$ 和 $A'_s$。

【解】 1. 判断是否需要考虑二阶效应

$$\frac{M_1}{M_2} = \frac{280}{300} = 0.93 > 0.9$$

应考虑杆件自身挠曲变形的影响。

2. 计算构件弯矩设计值

$$\frac{h}{30} = \frac{500}{30} = 16.7\text{mm} < 20\text{mm}，取 e_a = 20\text{mm}$$

$$\zeta_c = \frac{0.5f_cA}{N} = \frac{0.5 \times 16.7 \times 500 \times 500}{200000} = 10.4 > 1 \text{ 取 } \zeta_c = 1$$

$$C_m = 0.7 + 0.3\frac{M_1}{M_2} = 0.7 + 0.3 \times 0.93 = 0.979$$

$$\eta_{ns} = 1 + \frac{1}{1300\left(\frac{M_2}{N} + e_a\right)\Big/h_0}\left(\frac{l_c}{h}\right)^2\zeta_c = 1 + \frac{1}{1300 \times \left(\frac{300 \times 10^6}{200000} + 20\right)\Big/450}\left(\frac{4200}{500}\right)^2 \times 1 = 1.016$$

由于 $C_m\eta_{ns} = 0.995 < 1$，取 $C_m\eta_{ns} = 1$，则

$$M = C_m\eta_{ns}M_2 = 1 \times 300 = 300\text{kN·m}$$

3. 判断偏压类型

$$e_0 = \frac{M_2}{N} = \frac{300 \times 10^6}{200000} = 1500\text{mm}$$

$$e_i = e_0 + e_a = 1500 + 20 = 1520\text{mm}$$

$$e' = e_i - \frac{h}{2} + a' = 1520 - \frac{500}{2} + 50 = 1320\text{mm}$$

$$x = \frac{N}{\alpha_1 f_c b} = \frac{200000}{1 \times 16.7 \times 500} = 24\text{mm} < \xi_b h_0 = 0.482 \times 450 = 217\text{mm}$$

判定为大偏心受压，但 $x < 2a' = 2 \times 50 = 100\text{mm}$，近似取 $x = 100\text{mm}$。

4. 计算配筋 $A_s = A_s' = \dfrac{Ne'}{f_y(h_0 - a')} = \dfrac{200000 \times 1320}{420 \times (450 - 50)} = 1571.4\text{mm}^2$

RCM 输入信息和简要计算结果图 5-18 所示，除所用 HRB500 级钢筋拉压强度设计值不同造成 $A_s$（文献取 $f_y = f_y' = 435\text{N/mm}^2$，算得 $= 1517\text{mm}^2$）略微不同外，其余与文献结果均相同。RCM 软件的详细输出信息如下：

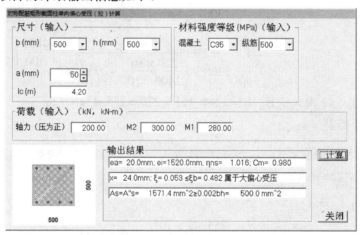

图 5-18　大偏心受压矩形柱正截面承载力计算例 4

```
对称配筋矩形偏心受压（拉）柱承载力计算
BC= 500. mm; HC=  500. mm; H0=  450. mm
C35 两方向上下支撑点间距离=    4200. mm
Fy= 420 N/mm^2
作用弯矩M2= 300000000.0 N·mm; 长细比lc/i= 29.1
[lc/i]=34-12M1/M2= 22.8
ζc=    1.000; M2/N= 1500.0 mm
lc/h=  8.4
H0/(1300*(e0+ea))= 450./(1300*(1500.00+ 20.00))=    0.00023
ea=  20.0mm; ei=1520.0mm; ηns=    1.016; Cm=   0.980
x=    24.0mm; ξ= 0.053 ≤ξb= 0.482 属于大偏心受压
AM=       300000000.0 N·mm; N=        200000.0 N
e0=1500.0 mm; e″=1320.0 mm
As=A″s=      1571.4 mm^2≥0.002bh=       500.0 mm^2
```

### 【例 5-9】对称配筋小偏心受压柱配筋算例

文献［11］第 203 页算例，矩形截面柱，$b = 400\text{mm}$，$h = 500\text{mm}$，$a = a' = 40\text{mm}$，承受轴力设计值 $N = 2400\text{kN}$，柱两端弯矩设计值分别为 $M_1 = M_2 = 220\text{kN·m}$，柱计算长度 4m，混凝土强度等级为 C40，纵向钢筋采用 HRB400 钢筋，采用对称配筋。试求纵向受力钢筋截面面积 $A_s$ 和 $A_s'$。

**【解】** 1. 框架柱弯矩设计值 $M$

$$\zeta_c = \frac{0.5 f_c A}{N} = \frac{0.5 \times 19.1 \times 400 \times 450}{2400000} = 0.796$$

$$C_m = 0.7 + 0.3 \frac{M_1}{M_2} = 1$$

$$\frac{h}{30} = \frac{450}{30} = 15\text{mm} < 20\text{mm}, \ \text{取} \ e_a = 20\text{mm}$$

$$\eta_{ns} = 1 + \frac{1}{1300 \left( \dfrac{M_2}{N} + e_a \right) \Big/ h_0} \left( \frac{l_c}{h} \right)^2 \zeta_c$$

$$= 1 + \frac{1}{1300 \times \left( \dfrac{220 \times 10^6}{2400 \times 10^3} + 20 \right) \Big/ 460} \left( \frac{4000}{500} \right)^2 \times 0.796 = 1.161$$

$$M = C_m \eta_{ns} M_2 = 1 \times 1.161 \times 220 = 255.42 \text{kN} \cdot \text{m}$$

2. 判断偏压类型

截面相对受压区高度 $\xi = \dfrac{N}{\alpha_1 f_c b h_0} = \dfrac{2400000}{1 \times 19.1 \times 400 \times 460} = 0.683 > \xi_b = 0.518$

为小偏心受压。

3. 计算配筋 $A_s$ 及 $A'_s$

$$e_0 = \frac{M_2}{N} = \frac{255.42 \times 10^6}{2400000} = 106.43\text{mm}$$

$$e_i = e_0 + e_a = 106.43 + 20 = 126.43\text{mm}$$

$$e = e_i + \frac{h}{2} - a = 126.43 + 250 - 40 = 336.43\text{mm}$$

由式（5-6）

$$\xi = \frac{N - \alpha_1 f_c b h_0 \xi_b}{\dfrac{Ne - 0.43 \alpha_1 f_c b h_0^2}{(\beta_1 - \xi_b)(h_0 - a')} + \alpha_1 f_c b h_0} + \xi_b$$

$$= \frac{2400000 - 0.518 \times 1 \times 19.1 \times 400 \times 460}{\dfrac{2400000 \times 336.43 - 0.43 \times 1 \times 19.1 \times 400 \times 460^2}{(0.8 - 0.518) \times (460 - 40)} + 11 \times 19.1 \times 400 \times 460} + 0.518$$

$$= 0.648$$

再由式（5-7）得：

$$A_s = A'_s = \frac{N(e_i + 0.5h - a') - \alpha_1 f_c b h_0^2 \xi (1 - 0.5\xi)}{f'_y (h_0 - a')}$$

$$= \frac{2400000 \times 336.43 - 1 \times 19.1 \times 400 \times 460^2 \times 0.648 \times (1 - 0.5 \times 0.648)}{360 \times (460 - 40)}$$

$$= 657\text{mm}^2 > 0.002bh = 400\text{mm}^2$$

RCM 计算输入信息和简要计算结果如下（图 5-19）。

RCM 的详细计算结果如下：

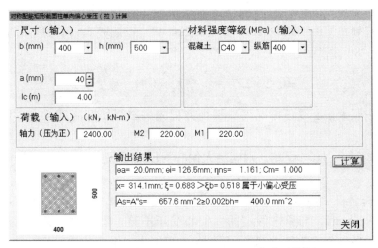

图 5-19　小偏心受压矩形柱正截面承载力计算例

对称配筋矩形偏心受压（拉）柱承载力计算
BC= 400.mm；HC= 500.mm；H0= 460.mm
C40 两方向上下支撑点间距离= 4000. mm
Fy= 360 N/mm^2
作用弯矩M2= 220000000.0 N·mm；长细比lc/i= 27.7
[lc/i]=34-12M1/M2= 22.0
ζc= 0.796；M2/N= 91.7 mm
lc/h= 8.0
H0/(1300*(e0+ea))= 460./(1300*( 91.67+ 20.00))= 0.003
ea= 20.0mm；ei= 126.5mm；ηns= 1.161；Cm= 1.000
x= 314.1mm；ξ= 0.683 ＞ξb= 0.518 属于小偏心受压
e0= 106.5 mm；e= 336.5 mm
ξ= 0.648
As=A"s= 657.6 mm^2≥0.002bh= 400.0 mm^2

可见 RCM 计算结果与手算结果相同。

## 5.7　矩形截面单向偏心受压柱承载力复核

矩形截面偏心受压柱截面承载力复核应考虑弯矩作用平面内和弯矩作用平面外（或称，垂直于弯矩作用平面）两个方面，后者是按轴心受压柱进行，这里不赘述。

对称配筋的矩形截面偏心受压柱承载力复核方法与非对称配筋的矩形截面偏心受压柱承载力复核方法相同，即是取 $A_s = A'_s$、$f_y = f'_y$、$a_s = a'_s$，更简单了，所以下面只讲非对称配筋情况的计算，软件使用时只须输入的以上三量各自相同，软件即可输出相应的对称配筋的矩形截面偏心受压柱承载力复核计算结果。

弯矩作用平面内承载力复核有两种类型。

1. 给定偏心距 $e_0$，求轴力设计值 $N$

此时相当于 $e_i = e_0 + e_a$ 已知，因此，两个未知数（$x$ 和 $N$），两个方程，可解。

求解中，当需要计入构件自身挠曲二阶效应时，计算截面曲率修正系数 $\zeta_c$ 时，因 $N$ 未知，使用现行规范 GB 50010—2010 式（6.2.4-4）无法进行，可采用《混凝土结构设计规范》GBJ 10—89 提供的近似公式（5-27）进行。

$$\zeta_c = 0.2 + 2.7\frac{e_i}{h_0}, \quad 当 \zeta_c > 1 时，取 \zeta_c = 1 \tag{5-27}$$

求解时可按照大偏心受压情况列出平衡方程先解出受压区高度 $x$。$x$ 可能出现下列几种情况：

（1）若 $x \leqslant \xi_b h_0$，且 $x \geqslant 2a'_s$，则满足大偏心受压的适用条件，根据轴向力的平衡方程求出 $N$。

（2）若 $x \leqslant \xi_b h_0$，且 $x < 2a'_s$，则取 $x = 2a'_s$，按照大偏心受压对 $A'_s$ 合力点取矩求出 $N$。

（3）当 $x > \xi_b h_0$ 时，与原来假定的大偏心受压不符，解出的 $x$ 变得无意义，不可用，应以小偏心受压平衡公式重新求解 $\xi$。得到的 $\xi$ 可能出现下面的情况：

①若 $\xi_b < \xi < \xi_y$，表明满足小偏心受压的适用条件与 $\sigma_s$ 的计算公式，将 $\xi$ 代入小偏心受压的平衡方程求解另一个未知数 $N$。

将式（5-9）代入式（5-10），消去 $N$，整理后得关于 $x$ 的二次方程：

$$\frac{x^2}{2} + (e - h_0)x - \frac{\sigma_s A_s e + f'_y A'_s (h_0 - e - a'_s)}{\alpha_1 f_c b} = 0$$

统一按下式计算 $e'$

$$e' = \frac{h}{2} - e_i - a'_s \tag{5-28}$$

并注意 $e' = h_0 - e - a'_s$，则上式可写成：

$$\frac{x^2}{2} + (e - h_0)x - \frac{\sigma_s A_s e + f'_y A'_s e'}{\alpha_1 f_c b} = 0 \tag{5-29}$$

统一规定必须按式（5-28）计算 $e'$，即应特别注意 $e'$ 值的正负号，当 $e_i < \frac{h}{2} - a'_s$，或 $e < h_0 - a'_s$ 时，$e'$ 为"+"号，表示 $N$ 是作用在 $A_s$ 与 $A'_s$ 之间（小偏压）；当 $e_i > \frac{h}{2} - a'_s$，或 $e > h_0 - a'_s$ 时，$e'$ 为"-"号，表示 $N$ 是作用在 $A'_s$ 以外（大偏压）。

对于小偏心受压的情况，将 $\sigma_s = f_y\dfrac{\xi - \beta_1}{\xi_b - \beta_1}$ 代入，得到式（5-29）关于 $x$ 的一元二次方程：

$$\frac{x^2}{2} + \left[\left(1 - \frac{1}{\xi_b - \beta_1}\frac{f_y A_s}{\alpha_1 f_c bh}\right)e - h_0\right]x - \frac{1}{\alpha_1 f_c b}\left(\frac{\beta_1}{\xi_b - \beta_1}f_y A_s e + f'_y A'_s e'\right) = 0$$

令

$$A = 1/2$$

$$B = \left(1 - \frac{1}{\xi_b - \beta_1}\frac{f_y A_s}{\alpha_1 f_c bh}\right)e - h_0$$

$$C = \frac{1}{\alpha_1 f_c b}\left(\frac{\beta_1}{\xi_b - \beta_1}f_y A_s e + f'_y A'_s e'\right)$$

于是，可得

$$x = \frac{-B + \sqrt{B^2 - 4AC}}{2A} = -B + \sqrt{B^2 - 2C} \tag{5-30}$$

将 $x$ 代入小偏心受压的平衡方程求解未知数 $N$。

②若 $\xi_y \leqslant \xi < h/h_0$，则 $A_s$ 受压屈服，应取 $\sigma_s = -f'_y$，基本公式转化为下式：

$$N = \alpha_1 f_c bx + f'_y A'_s + f'_y A_s \tag{5-19}$$

$$Ne = \alpha_1 f_c bx \left( h_0 - \frac{x}{2} \right) + f'_y A'_s (h_0 - a'_s) \tag{5-20}$$

$$e = e_i + \frac{h}{2} - a_s \tag{5-6}$$

重新求解 $x$，求出 $N$。

③若 $\xi \geqslant h/h_0$，且 $\xi > \xi_y$，表明 $A_s$ 受压屈服，且中和轴已经在截面之外，此时，应取 $\sigma_s = -f'_y$，$x = h$，$\alpha_1 = 1$，代入小偏心受压的基本公式解出 $N$。

2. 给定轴力设计值 $N$，求弯矩设计值 $M$

因为 $M = Ne_0$，所以，关键是求出 $e_0$，而求出 $e_i$ 则可以求出 $e_0$。于是，对照计算简图可知，形成了两个方程、两个未知数的情况（$x$ 和 $e_i$），因此可解。

首先按式（5-31）求出界限轴力

$$N_b = \alpha_1 f_c b h_0 \xi_b + f'_y A'_s - f'_y A_s \tag{5-31}$$

若给定的设计轴力 $N \leqslant N_b$，则为大偏心受压，可按式（5-4）计算截面的受压区高度 $x$。如果 $2a'_s \leqslant x \leqslant \xi_b h_0$，代入式（5-5）、式（5-6），求 $e$、$e_0$ 及 $M = Ne_0$；如果 $x < 2a'_s$，可通过式（5-7）求出 $e'$、$e_0$ 及 $M = Ne_0$

若给定的设计轴力 $N < N_b$，则为小偏心受压，可按式（5-9）和式（5-11）计算截面的受压区高度 $x$。

$x$ 可能出现以下几种情况：

①若 $\xi_b < \xi < \xi_y$，可通过式（5-11）、式（5-6）及公式 $e_i = e_0 + e_a$ 求出 $e_0$ 和 $M$；

②若 $\xi_y \leqslant \xi < h/h_0$，取 $\sigma_s = -f'_y$ 代入式（5-9）重新计算 $x$，然后通过式（5-10）、式（5-6）及公式 $e_i = e_0 + e_a$ 求出 $e_0$；

③若 $\xi \geqslant h/h_0$，且 $\xi > \xi_y$，取 $x = h$，再通过式（5-10）、式（5-6）及式 $e_i = e_0 + e_a$ 求出 $e_0$。

对于小偏心受压的情况，当 $N > f_c A$ 时，尚应考虑防止发生"反向破坏"，弯矩作用平面内的承载力应取正向破坏的反向破坏的较小值。

**【例 5-10】大偏心受压柱承载力复核（已知 $e_0$ 求 $N$）**

文献 [9] 第 100 页例题，已知某钢筋混凝土矩形截面偏心受压柱，其截面尺寸为 $b = 300\text{mm}$，$h = 400\text{mm}$。采用 C30 混凝土，HRB400 级钢筋，$a = a' = 50\text{mm}$，柱挠曲变形为单曲率，且弯矩作用平面内上下端支承间长度 3.5m，偏心距 $e_0 = 531\text{mm}$，柱两端弯矩设计比值为 $M_1/M_2 = 0.904$，截面两侧钢筋分别为：4 $\Phi$ 20（$A_s = 1256\text{mm}^2$），3 $\Phi$ 16（$A'_s = 603\text{mm}^2$）

要求：按已知 $e_0$ 求轴向力设计值 $N$。

**【解】** 1. 判断附加弯矩是否考虑

因 $M_1/M_2 = 0.904 > 0.9$，应考虑挠曲变形附加弯矩。

2. 计算弯矩设计值

$$h_0 = h - a_s = 400 - 50 = 350\text{mm}$$

$$e_a = \max\left\{\frac{h}{30},\ 20\right\} = \max\left\{\frac{400}{30},\ 20\right\} = 20\text{mm}$$

$$\zeta_c = 0.2 + 2.7\frac{e_i}{h_0} = 0.2 + 2.7 \times (531 + 20)/350 = 4.451 > 1 \text{ 时，取 } \zeta_c = 1$$

$$C_m = 0.7 + 0.3\frac{M_1}{M_2} = 0.7 + 0.3 \times 0.904 = 0.971$$

$$\eta_{ns} = 1 + \frac{1}{1300\left(\frac{M_2}{N} + e_a\right)\Big/ h_0}\left(\frac{l_c}{h}\right)^2 \zeta_c = 1 + \frac{1}{1300 \times (531 + 20)/350}\left(\frac{3500}{400}\right)^2 \times 1 = 1.037$$

3. 求受压区高度

对压力作用点取矩，按照大偏心受压建立平衡方程求解 $x$：

$$e_i = C_m\eta_{ns}e_0 + e_a = 0.971 \times 1.037 \times 531 + 20 = 554.9\text{mm}$$

$$e = e_i + \frac{h}{2} - a = 554.9 + 200 - 50 = 704.9\text{mm}$$

由图 5-7（a），对 $N$ 作用点取矩，得

$$\alpha_1 f_c bx\left(e_i - \frac{h}{2} + \frac{x}{2}\right) = f_y A_s\left(e_i + \frac{h}{2} - a_s\right) - f'_y A'_s\left(e_i - \frac{h}{2} + a'_s\right)$$

化为标准二次方程，各系数为：

$$A = \alpha_1 f_c b/2 = 1 \times 14.3 \times 300/2 = 2145$$

$$B = \alpha_1 f_c b\left(e_i - \frac{h}{2}\right) = 1 \times 14.3 \times 300 \times (554.9 - 200) = 1522521$$

$$C = f'_y A'_s\left(e_i - \frac{h}{2} + a'_s\right) - f_y A_s\left(e_i + \frac{h}{2} - a_s\right)$$

$$= 360 \times 603 \times (554.9 - 200 + 50) - 360 \times 1256 \times (554.9 + 200 - 50)$$

$$= 87895692 - 318727584$$

$$= -230831892$$

$$x = \frac{-B + \sqrt{B^2 - 4AC}}{2A}$$

$$= \frac{-1522521 + \sqrt{1522521^2 - 4 \times 2145 \times (-230831892)}}{2 \times 2145}$$

$$= 128.6\text{mm}$$

4. 计算 $N$

由于 $x = 128.6\text{mm} < \xi_b h_0 = 0.518 \times 350 = 181\text{mm}$ 是大偏心受压，求解得到的 $x$ 值是可用的，而且 $x > 2a'_s = 2 \times 50 = 100\text{mm}$，满足适用条件。

由竖向力的平衡，可得：

$$N = \alpha_1 f_c bx + f'_y A'_s - f_y A_s$$
$$= 1 \times 14.3 \times 300 \times 128.6 + 360 \times 603 - 360 \times 1256$$
$$= 316.6 \text{kN}$$

RCM 计算输入信息和简要计算结果如图 5-20 所示。

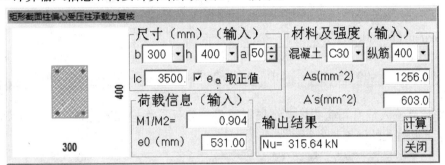

图 5-20　大偏压柱承载力复核（求 $N$）

RCM 详细输出结果如下：

```
b=   300. ; h=   400. ; a= 50mm; C30; Fy=360.MPa; As= 1256.0; A″s=   603.0mm^2
Lc= 3500.mm; e0=   531.00 mm; M1/M2= 0.904; ea=   20.00 mm
Cm=0.971; ζc=0.2+2.7*(e0+ea)/h0= 4.451; 取ζc=1.0
Cm=0.971; ηns= 1.037; ea=   20.00mm; ei=e0+ea= 555.0mm
首次解方程A=  2145.0; B=  1522950.; C=   -230855376.; Sq=   2073671.8
x=   128.37mm; Nu=   315.64 kN
```

可见，其与手算结果接近。文献［9］算法稍有不同，其手算结果为 $N = 314.04 \text{kN}$。

**【例 5-11】小偏心受压柱承载力复核（已知 $e_0$ 求 $N$）**

文献［14］第 143 页例题，已知某钢筋混凝土矩形截面偏心受压柱，其截面尺寸为 $b = 400 \text{mm}$，$h = 450 \text{mm}$，柱计算高度 4.5m。采用 C30 混凝土，HRB400 级钢筋，$a = a' = 40 \text{mm}$，设轴力在截面长边方向产生的偏心距 $e_0 = 100 \text{mm}$（已考虑弯矩增大系数和偏心距调节系数）。截面两侧钢筋分别为：2 $\Phi$ 20 （$A_s = 628 \text{mm}^2$），2 $\Phi$ 16 （$A'_s = 402 \text{mm}^2$）。

要求：柱能承受的设计轴力 $N$。

**【解】** 1. 判断大、小偏心受压

$$e_i = e_0 + e_a = 100 + 20 = 120 \text{mm} < 0.3 h_0 = 123 \text{mm}$$

为小偏心受压。

2. 求 N

由式（5-6）和式（5-28）

$$e = e_i + \frac{h}{2} - a_s = 305 \text{mm}, \quad e' = \frac{h}{2} - e_i - a'_s = 65 \text{mm}$$

由式（5-30）

$$B = \left(1 - \frac{1}{\xi_b - \beta_1} \frac{f_y A_s}{\alpha_1 f_c bh}\right) e - h_0 = \left(1 - \frac{1}{0.518 - 0.8} \frac{360 \times 628}{1 \times 14.3 \times 400 \times 450}\right) 305 - 410 = -10$$

$$C = \frac{1}{\alpha_1 f_c b} \left( \frac{\beta_1}{\xi_b - \beta_1} f_y A_s e + f_y' A_s' e' \right) = \frac{360}{1 \times 14.3 \times 400} \left( \frac{0.8}{0.518 - 0.8} 628 \times 305 + 402 \times 65 \right) = -32554$$

再由式（5-31），可得

$$x = -B + \sqrt{B^2 - 2C} = 10 + \sqrt{10^2 + 2 \times 32554} = 265.4 \text{mm}$$

$$\xi_b < \xi = 0.623 < \xi_y = 2\beta_1 - \xi_b$$

将 $x$ 代入小偏心受压的平衡方程求解未知数 $N$。

$$N = \frac{\alpha_1 f_c b x (h_0 - 0.5x) + f_y' A_s' (h_0 - a_s')}{e}$$

$$= \frac{1 \times 14.3 \times 400 \times 265.4 \times (410 - 0.5 \times 265.4) + 360 \times 402 \times (410 - 40)}{305} = 1556 \text{kN}$$

RCM 计算输入信息和简要计算结果如图 5-21 所示。由题知不须再考虑弯矩增大系数，所以软件要求输入的计算长度可以填个较小值。

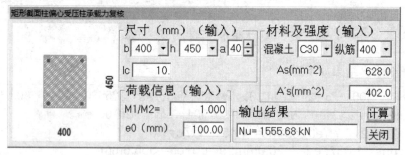

图 5-21　小偏压柱承载力复核（求 $N$）

RCM 详细输出结果如下：

```
b=  400.; h=  450.; a= 40mm; C30; Fy=360.MPa; As=  628.0; A″s=  402.0mm^2
Lc=   10.mm; e0=  100.00 mm; M1/M2= 1.000; ea=  20.00 mm
Cm=1.000; ζc=0.2+2.7*(e0+ea)/h0= 0.990
ηns= 1.000; ea=  20.0mm; ei=e0+ea=120.0mm
首次解方程A=  2860.0; B=  -600599.; C=  -78361208.; Sq=  1121236.6
x=   265.36mm; Nu= 1555.68 kN
```

可见，其与手算结果接近。文献［14］手算结果为 $N = 1564$kN。

**【例 5-12】偏心受压柱承载力复核（已知 $N$ 求 $M$）**

文献［11］第 196 页例题，已知某钢筋混凝土矩形截面偏心受压柱，其截面尺寸为 $b = 400$mm，$h = 500$mm。采用 C30 混凝土，HRB400 级钢筋，$a = a' = 40$mm，柱挠曲变形为单曲率，且弯矩作用平面内上下端支承间长度 5.5m，截面两侧钢筋分别为：2 $\Phi$ 22（$A_s = 760$mm²），2 $\Phi$ 18（$A_s' = 509$mm²）。已知柱受的压力为 820kN。

求柱所能承受的弯矩设计值。

**【解】** 1. 判断大、小偏心受压

按式（5-31）求出界限轴力

$$N_b = \alpha_1 f_c b h_0 \xi_b + f_y' A_s' - f_y A_s$$

$$= 1 \times 14.3 \times 400 \times 460 \times 0.518 + 360 \times 509 - 360 \times 760$$

$$1272.6\text{kN} > N = 820\text{kN}$$

故为大偏心受压。

2. 求 $x$

由式（5-4）

$$x = \frac{N - f_y'A_s' + f_yA_s}{\alpha_1 f_c b} = \frac{820000 - 360 \times 509 + 360 \times 760}{1 \times 14.3 \times 400} = 159.15\text{mm}$$

且 $2a_s' = 80\text{mm} \leqslant x \leqslant \xi_b h_0 = 0.518 \times 460 = 238\text{mm}$。

3. 求 $e_0$

由式（5-10）

$$e = \frac{\alpha_1 f_c bx(h_0 - 0.5x) + f_y'A_s'(h_0 - a_s')}{N}$$

$$= \frac{1 \times 14.3 \times 400 \times 159.15 \times (460 - 0.5 \times 159.15) + 360 \times 509 \times (460 - 40)}{820000}$$

$$= 516.2\text{mm}$$

$$e_a = \max\left\{\frac{h}{30}, \ 20\right\} = \max\left\{\frac{500}{30}, \ 20\right\} = 20\text{mm}$$

$$e_0 = e + a_s - h/2 - e_a = 516.2 + 40 - 250 - 20 = 286.2\text{mm}$$

4. 求 $M_2$

截面弯矩设计值为

$$M = Ne_0 = 820 \times 0.2862 = 234.68\text{kN} \cdot \text{m}$$

$$C_m = 0.7 + 0.3\frac{M_1}{M_2} = 0.7 + 0.3 \times 1 = 1$$

又因为大偏心受压，$\zeta_c = 1.0$。

代入 $M = C_m \eta_{ns} M_2$，得

$$\frac{M}{M_2} = C_m \eta_{ns}$$

将上面数据代入，得

$$\frac{234.68 \times 10^6}{M_2} = 1 + \frac{460}{1300 \times \left(\dfrac{M_2}{820000} + 20\right)}\left(\frac{5500}{500}\right)^2 \times 1$$

经运算、整理得

$$0.0015854 M_2^2 - 290398 M_2 - 6.10175 \times 10^{12} = 0$$

解此方程，得

$$M_2 = 202\text{kN} \cdot \text{m}$$

即为所求。

RCM 计算输入信息和简要计算结果如图 5-22 所示。

RCM 详细输出结果如下：

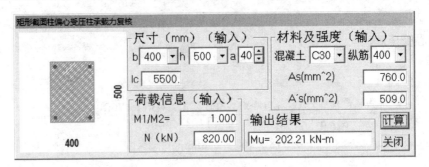

图 5-22　大偏压柱承载力复核（求 $M$）

| |
|---|
| b=　400.；h=　500.；a= 40mm；C30；Fy=360.MPa；As=　760.0；A″s=　509.0mm^2 |
| Lc= 5500.mm；N=　820.00 kN；ea=　20.00 mm |
| Nb=　1272.6 kN |
| x=　159.15mm；e=　516.20mm；e0=　286.20mm；M=　234.68 kN-m |
| 解方程A= 0.0015854；B=　-290398.；C=　-0.610175E+13；Sq=　350749. |
| x=　159.15mm；Mu=　202.21 kN-m |

可见，其与手算结果相同。文献［11］手算结果为 $M_2 = 199.6 \mathrm{kN \cdot m}$。

## 5.8　工字形截面单向偏心受压柱承载力计算

工字形截面偏心受压计算图形如图 5-23、图 5-24 所示。这里只讲对称配筋的情形。

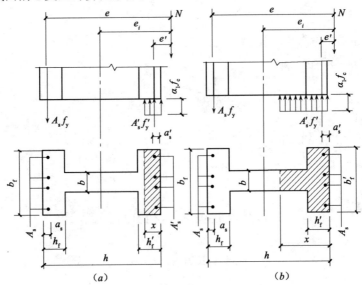

图 5-23　工字形截面大偏心受压计算图形

（a）中和轴通过翼缘计算图形；（b）中和轴通过腹板计算图形

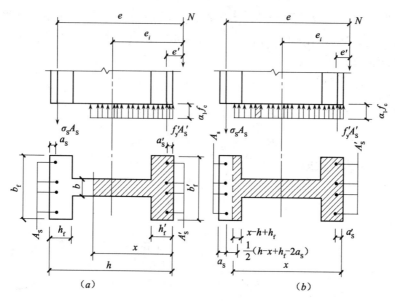

图 5-24　工字形截面小偏心受压计算图形

(a) 中和轴位于腹板内计算图形；(b) 中和轴位于受压较小一侧翼缘内计算图形

首先判断大、小偏压，先假设中和轴在翼缘内，此时可等同于宽度为 $b'_f$ 的矩形截面，由于对称配筋，即 $f_y A_s = f'_y A'_s$，得

$$x = \frac{N}{\alpha_1 f_c b'_f} \tag{5-32}$$

若 $x \leqslant h'_f$，则可判定为大偏心受压（因通常翼缘厚度 $h'_f$ 均较小）。若 $x > h'_f$，则中和轴进入腹板内，式（5-32）不再成立，须改用式（5-33）计算受压区高度。

$$x = \frac{N - \alpha_1 f_c (b'_f - b) h'_f}{\alpha_1 f_c b} \tag{5-33}$$

若 $x \leqslant \xi_b h_0$ 为大偏心受压、$x > \xi_b h_0$ 为小偏心受压。

配筋计算

大偏心受压，若 $x \leqslant h'_f$，与截面宽度为 $b'_f$ 的矩形截面配筋相同，不赘述。

若 $h'_f < x \leqslant \xi_b h_0$，则

$$A_s = A'_s = \frac{Ne - \alpha_1 f_c b x (h_0 - 0.5x) - \alpha_1 f_c (b'_f - b) h'_f (h_0 - 0.5 h'_f)}{f'_y (h_0 - a')} \tag{5-34}$$

小偏心受压，采取简化公式方法[12]

$$\xi = \frac{N - \alpha_1 f_c (b'_f - b) h'_f - \xi_b \alpha_1 f_c b h_0}{\dfrac{Ne - \alpha_1 f_c (b'_f - b) h'_f (h_0 - 0.5 h'_f) - 0.43 \alpha_1 f_c b h_0^2}{(\beta_1 - \xi_b)(h_0 - a')} + \alpha_1 f_c b h_0} + \xi_b \tag{5-35}$$

$$e = e_i + h/2 - a \tag{5-6}$$

$$A_s = A'_s = \frac{Ne - \alpha_1 f_c (b'_f - b) h'_f (h_0 - 0.5 h'_f) - \alpha_1 f_c b h_0^2 \xi (1 - 0.5\xi)}{f'_y (h_0 - a')} \tag{5-36}$$

**【例 5-13】大偏心受压工字形柱配筋算例**

文献［12］第 208 页算例：已知某钢筋混凝土工字形截面柱，其截面尺寸为 $h_f = h'_f =$

*120*mm，$b_f = b'_f = 400$mm，$b = 120$mm，$h = 800$mm。采用 C40 混凝土，HRB400 级钢筋，$a = a' = 40$mm，$\eta_{ns} = 1$，承担轴向力设计值 $N = 998$kN，柱两端弯矩设计值均为 $M_1 = M_2 = 664$kN·m，对称配筋，试求纵向钢筋面积。

**【解】** 1. 计算设计弯矩 $M$

根据题意可知：$C_m = 0.7 + 0.3\dfrac{M_1}{M_2} = 1$，$\eta_{ns} = 1$，得

$$M = C_m \eta_{ns} M_2 = 664\text{kN·m}$$

2. 判断大、小偏心受压构件

$$x = \frac{N}{\alpha_1 f_c b'_f} = \frac{998000}{1 \times 19.1 \times 400} = 130\text{mm} > h_f$$

需要重新判断

$$x = \frac{N - \alpha_1 f_c (b'_f - b) h'_f}{\alpha_1 f_c b} = \frac{998000 - 1 \times 19.1 \times (400 - 120) \times 120}{1 \times 19.1 \times 120} = 155.4\text{mm}$$

可见 $h'_f = 120\text{mm} < x = 155.4\text{mm} < \xi_b h_0 = 0.518 \times 760 = 393.68\text{mm}$，属于大偏心受压构件。

3. 求配筋

$$e_0 = \frac{M}{N} = \frac{644 \times 10^6}{998000} = 645.3\text{mm}$$

$$e_a = 800/30 = 26.7\text{mm}$$

$$e_i = 645.3 + 26.7 = 672\text{mm}$$

$$e = e_i + h/2 - a' = 672 + 400 - 40 = 1032\text{mm}$$

根据式（5-34）计算，得

$$A_s = A'_s = \frac{Ne - \alpha_1 f_c bx(h_0 - 0.5x) - \alpha_1 f_c (b'_f - b) h'_f (h_0 - 0.5h'_f)}{f'_y(h_0 - a')}$$

$$= \frac{998000 \times 1032 - 19.1 \times [120 \times 155.4 \times (760 - 0.5 \times 155.4) + (400 - 120) \times 120 \times (760 - 0.5 \times 120)]}{360 \times (760 - 40)}$$

$$= 1302.8\text{mm}^2$$

可每边配 4 $\Phi$ 20（$A_s = A'_s = 1256\text{mm}^2$）。

RCM 计算输入信息和简要计算结果如图 5-25 所示，因不考虑柱挠曲效应，柱高及输入弯矩值做了简化处理。RCM 详细输出结果如下：

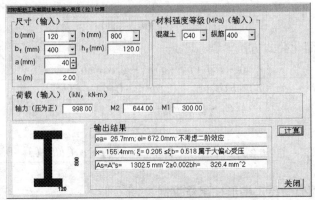

图 5-25　工字形截面柱大偏心受压算例

工字形单向偏心受压柱承载力计算
B= 120; H= 800; Bf= 400; Hf= 120; HO= 760.mm
C40 两方向上下支撑点间距离= 2000. Mm; Fy= 360 N/mm^2
Ac= 163200.0; I= 12968960000.0; i= 281.90
作用弯矩M2= 644000000.0 N·mm; 长细比lc/i= 7.1
[lc/i]=34-12M1/M2= 34.0
M1/M2≤0.9,N/(Fc×b×h)≤0.9,lc/i≤[lc/i],不考虑二阶效应
ea= 672.0mm; ei= 26.7mm
α1= 1.0 FC= 19.1 BF-B= 280; B= 120
x= 155.4mm; ξ= 0.205 ≤ξb= 0.518 属于大偏心受压
AM= 644000000.0 N·mm; N= 998000.0 N; e= 1032.0 mm
As=A″s= 1302.5 mm^2≥0.002bh= 326.4 mm^2

可见其与手算结果一致。

**【例5-14】** 小偏心受压工字形柱配筋算例

文献［11］第 209 页算例：已知某钢筋混凝土工字形截面柱，其截面尺寸如图 5-26 所示，柱计算长度 $l_c = 7.6$m，承担轴向力设计值 N = 1500kN，柱两端弯矩设计值均为 $M_1 = 280$kN·m，$M_2 = 360$kN·m，采用 C30 混凝土，HRB335 级钢筋，对称配筋，试求纵向钢筋面积。

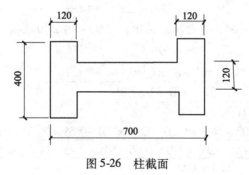

图 5-26　柱截面

**【解】** 1. 判断大、小偏心受压构件，设 $a = a' = 40$mm，

$$x = \frac{N}{\alpha_1 f_c b'_f} = \frac{1500000}{1 \times 14.3 \times 400} = 262\text{mm} > h_f$$

需要重新判断

$$x = \frac{N - \alpha_1 f_c (b'_f - b) h'_f}{\alpha_1 f_c b}$$

$$= \frac{150000 - 1 \times 14.3 \times (400 - 120) \times 120}{1 \times 14.3 \times 120}$$

$$= 594\text{mm} > \xi_b h_0$$

$$= 0.55 \times 660 = 363\text{mm}$$

属于小偏心受压构件。

2. 计算设计弯矩值 M

由于 $M_1/M_2 = 280/360 = 0.778$，$i = \sqrt{I/A} = 246.16$mm，则 $l_c/i = 30.9 > 34 - 12(M_1/M_2)$

= 24.7，因此需要考虑附加弯矩的影响。

$$\zeta_c = \frac{0.5 f_c A}{N} = \frac{0.5 \times 14.3 \times 151200}{1500000} = 0.721$$

$$C_m = 0.7 + 0.3 \frac{M_1}{M_2} = 0.933$$

$$\frac{h}{30} = \frac{700}{30} = 23.3 \text{mm} > 20 \text{mm}, \quad \text{取} \ e_a = 23.3 \text{mm}$$

$$\eta_{ns} = 1 + \frac{1}{1300 \left( \frac{M_2}{N} + e_a \right) / h_0} \left( \frac{l_c}{h} \right)^2 \zeta_c$$

$$= 1 + \frac{1}{1300 \times \left( \frac{360 \times 10^6}{1500000} + 23 \right) / 660} \left( \frac{7600}{700} \right)^2 \times 0.721$$

$$= 1.164$$

$$M = C_m \eta_{ns} M_2 = 0.933 \times 1.164 \times 360 = 391 \text{kN} \cdot \text{m}$$

3. 计算配筋

$$e_0 = \frac{M}{N} = \frac{391 \times 10^6}{1500000} = 261 \text{mm}$$

$$e_i = 261 + 23 = 284 \text{mm}$$

$$e = e_i + h/2 - a' = 284 + 350 - 40 = 594 \text{mm}$$

由式（5-35）

$$\xi = \frac{N - \alpha_1 f_c (b'_f - b) h'_f - \xi_b \alpha_1 f_c b h_0}{\dfrac{Ne - \alpha_1 f_c (b'_f - b) h'_f (h_0 - 0.5 h'_f) - 0.43 \alpha_1 f_c b h_0^2}{(\beta_1 - \xi_b)(h_0 - a')} + \alpha_1 f_c b h_0} + \xi_b$$

$$= \frac{1500000 - 14.3 \times (400 - 120) \times 120 - 0.55 \times 14.3 \times 660 \times 120}{\dfrac{15 \times 10^5 \times 594 - 14.3 \times (400 - 120) \times 120 \times (660 - 60) - 0.43 \times 14.3 \times 400 \times 660^2}{(0.8 - 0.55) \times (660 - 40)} + 14.3 \times 120 \times 660}$$

$$+ 0.55 = 0.685$$

再由式（5-36）

$$A_s = A'_s = \frac{Ne - \alpha_1 f_c (b'_f - b) h'_f (h_0 - 0.5 h'_f) - \alpha_1 f_c b h_0^2 \xi (1 - 0.5 \xi)}{f'_y (h_0 - a')}$$

$$= \frac{15 \times 10^5 \times 594 - 14.3 \times (400 - 120) \times 120 \times (660 - 60) - 0.685 \times (1 - 0.5 \times 0.685) \times 14.3 \times 120 \times 660^2}{300 \times (660 - 40)}$$

$$= 1430 \text{mm}^2$$

可每边配 4 $\Phi$ 22 （$A_s = A'_s = 1520 \text{mm}^2$）。

RCM 计算输入信息和简要计算结果如图 5-27 所示。

RCM 详细输出结果如下：

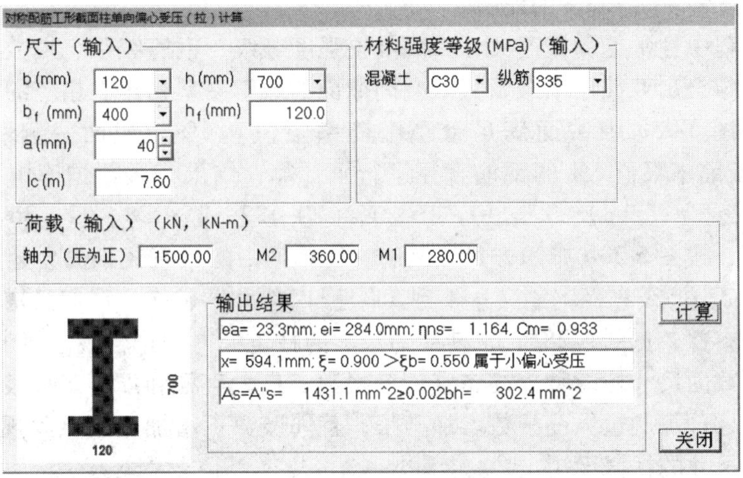

图 5-27　工字形截面柱小偏心受压算例

```
工字形单向偏心受压柱承载力计算
B=  120; H=  700; Bf=  400; Hf=  120; H0=  660.mm
C30 两方向上下支撑点间距离=   7600. mm; Fy= 300 N/mm^2
Ac=          151200.0; I=,      9162160128.0; i=,           246.16
作用弯矩M2= 360000000.0 N•mm; 长细比lc/i= 30.9
[lc/i]=34-12M1/M2=  24.7
ζc=     0.721; M2/N=  240.0 mm; lc/h= 10.9
ea=  23.3mm; ei= 284.0mm; ηns=      1.164; Cm=  0.933
A1=            1.0 FC=           14.3 BF-B=     280     120
x=  594.1mm; ξ= 0.900  >ξb= 0.550 属于小偏心受压
e0= 260.7 mm; e= 594.0 mm; ξ=          0.685
As=A"s=        1431.1 mm^2≥0.002bh=        302.4 mm^2
```

可见其与手算结果一致。

## 5.9　双向偏心受压柱配筋计算

　　矩形截面上纵向钢筋摆放位置见图 5-27。RCM 对截面上所配的每根纵筋直径均相同，其规格为（mm）：12、14、16、18、20、22、25、28、32、36、40。配筋满足截面最小配筋率、最大配筋率（5%）的规定。可能会出现这样的情况：RCM 结果提示某柱截面尺寸偏小（已配最多允许的钢筋量时，仍达不到承载力要求），此时配筋率并没达到 5%，而是按图 5-28a 纵筋摆法、根数，再加粗一级钢筋，则配筋率会超过 5%。这就是计算结果只给出 $A_s$ 而不给出钢筋直径和根数的其他软件未报告超筋，而 RCM 报告超筋（截面尺寸偏小）的原因之一。为尽可能克服此点，RCM 软件中增加了除图 5-28a 之外的纵筋布置方式，见图 5-28b（或称纵筋摆法二），使配筋的最大结果接近 5% 的最大配筋率。

　　表 5-1 给出了 RCM 软件对矩形截面柱两种纵筋布置方式的上限值（根数、最大直径及相应的配筋率）。用户通过此表可以了解，由于钢筋直径的级差，不可能每种截面尺寸

的柱都能达到最大配筋率5%的配筋。

　　将建筑工程中柱常见的截面尺寸、混凝土强度等级、钢筋级别、根数及直径，用上述方法计算并拟合出双偏压承载力极限空间曲面的数学模型，建立相应的数据库。建立数据库时，对图5-28a中截面满足最小配筋率限值0.6%、截面一侧配筋率不小于0.2%和最大配筋率限值5%的钢筋直径进行了计算，结果存入数据库中。由于纵向受力钢筋直径系列为（mm）：12、14、16、18、20、22、25、28、32、36、40。对于尺寸一定的截面，按图5-28a布筋方式该钢筋直径系列中的某直径钢筋会超过截面的最大配筋率5%，而小一级直径钢筋又达不到5%且与5%相差较多，我们又增加了纵向受力钢筋的第二种布置，见图5-28b，以使受力较大的柱也能得到符合规范要求的配筋结果。数据库中各种截面尺寸柱两种钢筋布置钢筋根数、最大直径和配筋率如表5-1所示。相同截面尺寸的柱，每侧边纵筋根数增加1根；箍筋肢数不增加，按照此规律图5-28b就不必画出各种尺寸的柱截面了。

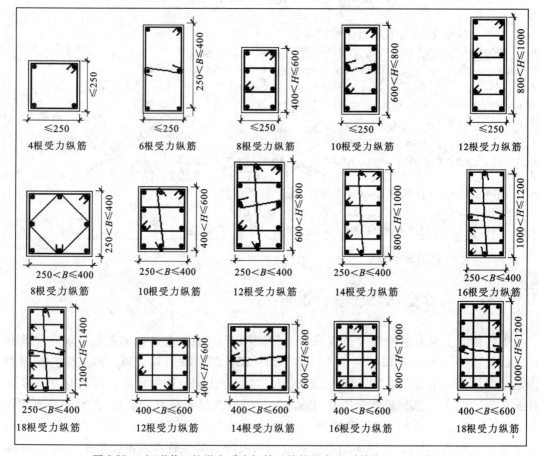

图5-28a　矩形截面柱纵向受力钢筋及箍筋的布置（单位：mm）（一）

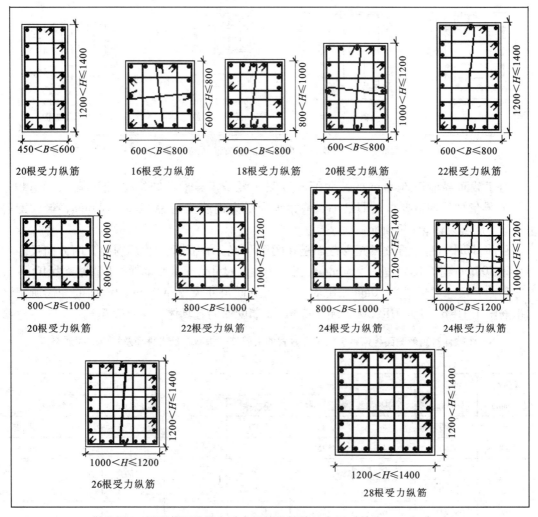

图 5-28a　矩形截面柱纵向受力钢筋及箍筋的布置（单位：mm）（二）

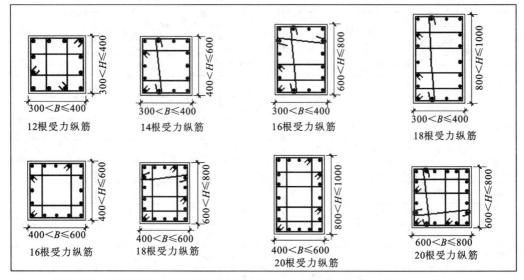

图 5-28b　矩形截面柱第二种摆法纵向受力钢筋及箍筋的布置（单位：mm）（一）

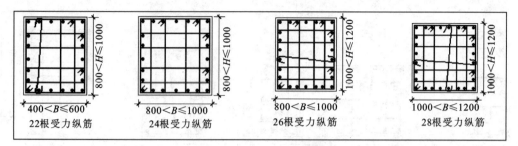

图 5-28*b* 矩形截面柱第二种摆法纵向受力钢筋及箍筋的布置（单位：mm）（二）

对于截面宽小于 300mm 的截面配筋按照《混凝土异形柱结构技术规程》JGJ 149—2006 对异形柱的构造要求，即最小、最大纵向受力钢筋分别为 14mm、25mm，最大配筋率 4%（抗震设计 3%）确定。

目前 RCM 软件能配筋的矩形截面是在图 5-28 所示的截面尺寸范围内，两方向尺寸均不大于 800mm 时，尺寸增量为 50mm；当一个方向尺寸大于 800mm 时尺寸增量为 100mm，但方形截面尺寸增量仍为 50mm。RCM 对一个方向尺寸大于 800mm 的截面的配筋所用纵向钢筋限于 HRB400 和 HRB500 级钢筋。RCM 能配筋的各具体尺寸见表 5-1。

**RCM 软件对矩形截面柱两种纵筋布置方式的上限值**（根数、最大直径及相应的配筋率）

表 5-1

| 截面宽 | 截面高 | 纵筋摆法一 | | | 纵筋摆法二 | | |
| --- | --- | --- | --- | --- | --- | --- | --- |
| *b*（mm） | *h*（mm） | 根数 | 直径（mm） | 配筋率 | 根数 | 直径（mm） | 配筋率 |
| 200 | 200 | 4 | 22 | 3.80 | | | |
| 200 | 250 | 4 | 25 | 3.93 | | | |
| 200 | 300 | 6 | 22 | 3.80 | | | |
| 200 | 350 | 6 | 22 | 3.26 | | | |
| 200 | 400√ | 6 | 22 | 3.68 | | | |
| 200 | 450√ | 8 | 22 | 3.38 | | | |
| 200 | 500√ | 8 | 25 | 3.93 | | | |
| 200 | 550√ | 8 | 25 | 3.57 | | | |
| 200 | 600√ | 8 | 25 | 3.27 | | | |
| 200 | 650√ | 10 | 25 | 3.78 | | | |
| 200 | 700√ | 10 | 25 | 3.51 | | | |
| 200 | 750√ | 10 | 25 | 3.27 | | | |
| 200 | 800√ | 10 | 25 | 3.00 | | | |
| 200 | 850 | 12 | 25 | 3.46 | | | |
| 200 | 900 | 12 | 25 | 3.27 | | | |
| 250 | 250 | 4 | 25 | 3.14 | | | |
| 250 | 300 | 6 | 25 | 3.93 | | | |
| 250 | 350 | 6 | 25 | 3.37 | | | |
| 250 | 400 | 6 | 25 | 2.94 | | | |

续表

| 截面宽 | 截面高 | 纵筋摆法一 | | | 纵筋摆法二 | | |
| --- | --- | --- | --- | --- | --- | --- | --- |
| $b$（mm） | $h$（mm） | 根数 | 直径（mm） | 配筋率 | 根数 | 直径（mm） | 配筋率 |
| 250 | 450 | 8 | 25 | 3.49 | | | |
| 250 | 500 | 8 | 25 | 3.14 | | | |
| 250 | 550 | 8 | 25 | 2.85 | | | |
| 250 | 600 | 8 | 25 | 2.61 | | | |
| 250 | 650 | 10 | 25 | 3.02 | | | |
| 250 | 700 | 10 | 25 | 2.80 | | | |
| 250 | 750 | 10 | 25 | 2.61 | | | |
| 250 | 800 | 10 | 25 | 3.08 | | | |
| 250 | 850 | 12 | 25 | 2.77 | | | |
| 250 | 900 | 12 | 25 | 2.62 | | | |
| 300 | 300√ | 8 | 25 | 4.36 | | | |
| 300 | 350√ | 8 | 28 | 4.69 | | | |
| 300 | 400√ | 8 | 28 | 4.11 | 12 | 25 | 4.91 |
| 300 | 450√ | 10 | 28 | 4.56 | | | |
| 300 | 500√ | 10 | 28 | 4.11 | 14 | 25 | 4.58 |
| 300 | 550√ | 10 | 32 | 4.87 | | | |
| 300 | 600√ | 10 | 32 | 4.47 | 14 | 28 | 4.79 |
| 300 | 650√ | 12 | 32 | 4.96 | | | |
| 300 | 700√ | 12 | 32 | 4.60 | | | |
| 300 | 750√ | 12 | 32 | 4.29 | | | |
| 300 | 800√ | 12 | 32 | 4.02 | | | |
| 300 | 850 | 14 | 32 | 4.42 | | | |
| 300 | 900 | 14 | 32 | 4.17 | | | |
| 300 | 950 | 14 | 36 | 5.00 | | | |
| 300 | 1000 | 14 | 36 | 4.75 | | | |
| 300 | 1100 | 16 | 36 | 4.94 | | | |
| 300 | 1200 | 16 | 36 | 4.52 | | | |
| 350 | 350√ | 8 | 28 | 4.02 | 12 | 22 | 4.81 |
| 350 | 400√ | 8 | 32 | 4.60 | | | |
| 350 | 450√ | 10 | 28 | 3.91 | 14 | 25 | 4.36 |
| 350 | 500√ | 10 | 32 | 4.60 | 14 | 28 | 4.93 |
| 350 | 550√ | 10 | 32 | 4.18 | 14 | 28 | 4.48 |
| 350 | 600√ | 10 | 36 | 4.85 | | | |
| 350 | 650√ | 12 | 32 | 4.24 | | | |
| 350 | 700√ | 12 | 36 | 4.99 | | | |

| 截面宽 | 截面高 | 纵筋摆法一 | | | 纵筋摆法二 | | |
|---|---|---|---|---|---|---|---|
| $b$ （mm） | $h$ （mm） | 根数 | 直径（mm） | 配筋率 | 根数 | 直径（mm） | 配筋率 |
| 350 | 750√ | 12 | 36 | 4.65 | 16 | 32 | 4.90 |
| 350 | 800√ | 12 | 36 | 4.36 | 16 | 32 | 4.60 |
| 350 | 850 | 14 | 36 | 4.79 | | | |
| 350 | 900 | 14 | 36 | 4.52 | | | |
| 350 | 950 | 14 | 36 | 4.29 | | | |
| 350 | 1000 | 14 | 36 | 4.07 | | | |
| 350 | 1100 | 16 | 36 | 4.23 | | | |
| 350 | 1200 | 16 | 40 | 4.79 | | | |
| 400 | 400√ | 8 | 32 | 4.02 | 12 | 28 | 4.62 |
| 400 | 450√ | 10 | 32 | 4.47 | 14 | 25 | 4.79 |
| 400 | 500√ | 10 | 32 | 4.02 | 14 | 28 | 4.31 |
| 400 | 550√ | 10 | 36 | 4.63 | | | |
| 400 | 600√ | 10 | 36 | 4.24 | 14 | 32 | 4.69 |
| 400 | 650√ | 12 | 36 | 4.70 | 16 | 32 | 4.95 |
| 400 | 700√ | 12 | 36 | 4.36 | 16 | 32 | 4.60 |
| 400 | 750√ | 12 | 36 | 4.07 | 16 | 32 | 4.29 |
| 400 | 800√ | 12 | 40 | 4.71 | | | |
| 400 | 850 | 14 | 36 | 4.19 | | | |
| 400 | 900 | 14 | 40 | 4.89 | | | |
| 400 | 950 | 14 | 40 | 4.63 | | | |
| 400 | 1000 | 14 | 40 | 4.40 | | | |
| 400 | 1100 | 16 | 40 | 4.57 | | | |
| 400 | 1200 | 16 | 40 | 4.19 | | | |
| 400 | 1300 | 18 | 40 | 4.35 | | | |
| 400 | 1400 | 18 | 40 | 4.04 | 22 | 40 | 4.94 |
| 450 | 450√ | 12 | 32 | 4.77 | | | |
| 450 | 500√ | 12 | 32 | 4.29 | | | |
| 450 | 550√ | 12 | 36 | 4.94 | | | |
| 450 | 600√ | 12 | 36 | 4.52 | 16 | 32 | 4.77 |
| 450 | 650√ | 14 | 36 | 4.87 | | | |
| 450 | 700√ | 14 | 36 | 4.52 | | | |
| 450 | 750√ | 14 | 36 | 4.22 | | | |
| 450 | 800√ | 14 | 40 | 4.89 | | | |
| 450 | 850 | 16 | 36 | 4.26 | | | |
| 450 | 900 | 16 | 40 | 4.92 | | | |

续表

| 截面宽 | 截面高 | 纵筋摆法一 | | | 纵筋摆法二 | | |
|---|---|---|---|---|---|---|---|
| $b$（mm） | $h$（mm） | 根数 | 直径（mm） | 配筋率 | 根数 | 直径（mm） | 配筋率 |
| 450 | 950 | 16 | 40 | 4.70 | | | |
| 450 | 1000 | 16 | 40 | 4.47 | | | |
| 500 | 500√ | 12 | 36 | 4.89 | | | |
| 500 | 550√ | 12 | 36 | 4.44 | 16 | 32 | 4.67 |
| 500 | 600√ | 12 | 36 | 4.07 | 16 | 32 | 4.29 |
| 500 | 650√ | 14 | 36 | 4.38 | 18 | 32 | 4.45 |
| 500 | 700√ | 14 | 36 | 4.07 | | | |
| 500 | 750√ | 14 | 40 | 4.69 | 18 | 36 | 4.89 |
| 500 | 800√ | 14 | 40 | 4.40 | 18 | 36 | 4.58 |
| 500 | 900 | 16 | 40 | 4.47 | | | |
| 500 | 1000 | 16 | 40 | 4.02 | | | |
| 500 | 1100 | 18 | 40 | 4.11 | | | |
| 500 | 1200 | 18 | 40 | 3.77 | 22 | 40 | 4.61 |
| 500 | 1300 | 20 | 40 | 3.87 | 24 | 40 | 4.64 |
| 500 | 1400 | 20 | 40 | 3.59 | 24 | 40 | 4.31 |
| 550 | 550√ | 12 | 40 | 4.99 | | | |
| 550 | 600√ | 12 | 40 | 4.57 | 16 | 36 | 4.94 |
| 550 | 650√ | 14 | 40 | 4.92 | | | |
| 550 | 700√ | 14 | 40 | 4.57 | | | |
| 550 | 750√ | 14 | 40 | 4.26 | | | |
| 550 | 800√ | 14 | 40 | 4.00 | 18 | 36 | 4.16 |
| 600 | 600√ | 12 | 40 | 4.19 | 16 | 36 | 4.52 |
| 600 | 650√ | 14 | 40 | 4.51 | 18 | 36 | 4.70 |
| 600 | 700√ | 14 | 40 | 4.19 | 18 | 36 | 4.36 |
| 600 | 750√ | 14 | 40 | 3.91 | | | |
| 600 | 800√ | 14 | 40 | 3.67 | 18 | 40 | 4.71 |
| 600 | 900 | 16 | 40 | 3.72 | 20 | 40 | 4.65 |
| 600 | 1000 | 16 | 40 | 3.35 | 20 | 40 | 4.19 |
| 600 | 1100 | 18 | 40 | 3.43 | 22 | 40 | 4.19 |
| 600 | 1200 | 18 | 40 | 3.14 | 22 | 40 | 3.84 |
| 600 | 1300 | 20 | 40 | 3.22 | 24 | 40 | 3.87 |
| 600 | 1400 | 20 | 40 | 2.99 | 24 | 40 | 3.59 |
| 650 | 650√ | 16 | 40 | 4.76 | | | |
| 650 | 700√ | 16 | 40 | 4.42 | | | |
| 650 | 750√ | 16 | 40 | 4.12 | | | |

| 截面宽 | 截面高 | 纵筋摆法一 | | | 纵筋摆法二 | | |
|---|---|---|---|---|---|---|---|
| $b$（mm） | $h$（mm） | 根数 | 直径（mm） | 配筋率 | 根数 | 直径（mm） | 配筋率 |
| 650 | 800√ | 16 | 40 | 3.87 | 20 | 40 | 4.83 |
| 700 | 700√ | 16 | 40 | 4.10 | | | |
| 700 | 750√ | 16 | 40 | 3.83 | 20 | 40 | 4.79 |
| 700 | 800√ | 16 | 40 | 3.59 | 20 | 40 | 4.49 |
| 700 | 900 | 18 | 40 | 3.59 | 22 | 40 | 4.39 |
| 700 | 1000 | 18 | 40 | 3.23 | 22 | 40 | 3.95 |
| 700 | 1100 | 20 | 40 | 3.26 | 24 | 40 | 3.92 |
| 700 | 1200 | 20 | 40 | 2.99 | 24 | 40 | 3.59 |
| 700 | 1300 | 22 | 40 | 3.04 | 26 | 40 | 3.59 |
| 700 | 1400 | 22 | 40 | 2.82 | 26 | 40 | 3.33 |
| 750 | 750√ | 16 | 40 | 3.57 | 20 | 40 | 4.47 |
| 750 | 800√ | 16 | 40 | 3.35 | 20 | 40 | 4.19 |
| 800 | 800√ | 16 | 40 | 3.14 | 20 | 40 | 3.93 |
| 800 | 900 | 18 | 40 | 3.14 | | | |
| 800 | 950 | 18 | 40 | 2.98 | | | |
| 800 | 1000 | 18 | 40 | 2.83 | 22 | 40 | 3.46 |
| 800 | 1100 | 20 | 40 | 2.86 | | | |
| 800 | 1200 | 20 | 40 | 2.56 | | | |
| 800 | 1300 | 22 | 40 | 2.66 | | | |
| 800 | 1400 | 22 | 40 | 2.47 | | | |
| 850 | 850√ | 20 | 40 | 3.48 | 24 | 40 | 4.17 |
| 900 | 900√ | 20 | 40 | 3.10 | 24 | 40 | 3.72 |
| 900 | 1000 | 20 | 40 | 2.79 | 24 | 40 | 3.35 |
| 900 | 1100 | 22 | 40 | 2.79 | | | |
| 900 | 1200 | 22 | 40 | 2.56 | | | |
| 950 | 950√ | 20 | 40 | 2.80 | 24 | 40 | 3.34 |
| 1000 | 1000 | 20 | 40 | 2.51 | 24 | 40 | 3.02 |
| 1000 | 1100 | 22 | 40 | 2.51 | 26 | 40 | 2.97 |
| 1000 | 1200 | 22 | 40 | 2.30 | 26 | 40 | 2.72 |
| 1100 | 1100 | 24 | 40 | 2.49 | 28 | 40 | 2.91 |
| 1200 | 1200 | 24 | 40 | 2.09 | 28 | 40 | 2.44 |
| 1300 | 1300 | 28 | 40 | 2.08 | 32 | 40 | 2.38 |
| 1400 | 1400 | 28 | 40 | 1.80 | 32 | 40 | 2.06 |
| 1500 | 1500 | 32 | 40 | 1.79 | | | |
| 1600 | 1600 | 32 | 40 | 1.57 | | | |

注：表中有√者是指能配 HRB335 钢筋的截面柱。

柱偏心受压时计算长度按照《混凝土结构设计规范》GB 50010—2010 第 6.2.3 条执

行，取偏心受压构件相应主轴方向两支撑点之间的距离，对规则结构柱可取层高，对跃层柱取柱两端与梁或较厚楼板连接点间的距离。

因 RCM 软件对柱是采取双偏压计算配筋，不像单偏压计算，两个方向可取不同的柱长度，双偏压时只用到一个柱长度，建议偏安全地取两方向柱长度的较大值，可取结构整体分析或配筋软件（如 CRSC 软件）输出的 $C_{xi}$、$C_{yi}$ 的较大值与层柱高的乘积。

当矩形截面边长不是 50mm 的整数倍时，可在 RCM 输入略小且接近的 50mm 的整数倍的截面配筋，例如 360mm 按 350mm 的截面配筋。

圆形截面柱纵向受力钢筋和箍筋布置时，纵向受力钢筋沿圆周边配置（图 5-29），软件自动确定纵向钢筋根数。最少根数为 6 根，间距不大于 200mm，净间距最小不小于 50mm。

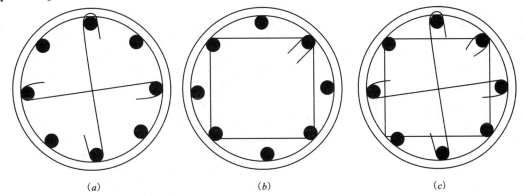

图 5-29　圆柱纵向受力钢筋和箍筋布置

（a）$D_i \leqslant 400mm$ 三肢箍；（b）$400mm < D_i \leqslant 600mm$ 四肢箍；（c）$600mm < D_i \leqslant 800mm$ 五肢箍

体积配箍率按螺旋箍（或环箍）加直线拉筋和矩形箍筋（表 5-1）计算，但计算中柱核心混凝土未考虑其受侧向约束正截面强度的提高。

## 5.10　偏心受压短柱、中长柱配筋算例

### 【例 5-15】 钢筋混凝土双向偏心受压柱配筋算例 1

文献［15］第 321 页，钢筋混凝土双向偏心受压柱，截面尺寸为 $b = 400mm$、$h = 600mm$、$a = a' = 40mm$。截面承受轴向压力设计值 $N = 1000kN$，柱顶绕 $x$ 轴弯矩设计值 $M_x = 200kN \cdot m$，柱顶绕 $y$ 轴弯矩 $M_y = 80kN \cdot m$，不计 $P$-$\delta$ 效应，故设柱高 2m。混凝土强度等级为 C40，纵筋为 HRB400 钢筋，纵筋保护层厚度 30mm。文献［15］按双偏压算出配筋为 6 根直径 20mm 钢筋、总钢筋面积 $A_s = 1884mm^2$，沿截面周边均匀放置（短边 2 根、长边 3 根）。使用 RCM 计算结果（图 5-30）为 10 根直径 16，总钢筋面积 $A_s = 2010mm^2$，沿截面周边均匀放置（短边 3 根、长边 4 根）。RCM 遵守抗震设计规范纵筋间距要求，故钢筋根数比文献［15］的多，由此，钢筋截面面积略多些。

如用户查看详细输出结果，会看到如下的信息：

由上述信息可看到软件的详细计算过程的中间和最后计算结果。也可看出配筋方法是采用将作用弯矩 Sm 与各配筋摆法、钢筋直径对应的抵抗弯矩 $R_m$ 逐个比较的过程，这与

前面章节的方法一致。其中取 $R_m = 0.99 \times R_m$（曲线拟合值）是对安全度的调整。

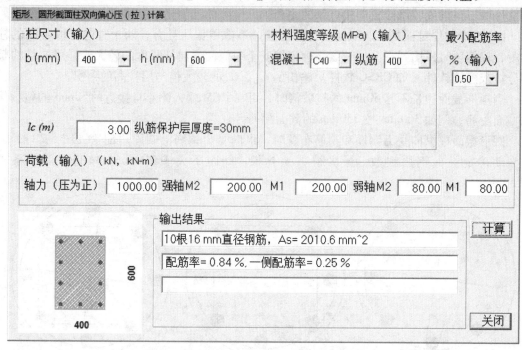

图 5-30　矩形柱双向偏心受压的计算结果

### 【例 5-16】 钢筋混凝土双向偏心受压柱配筋算例 2

文献 [16] 第 85 页算例，矩形截面双向偏心受压柱，$b = 400$mm，$h = 600$mm，$a_x = a_y = 40$mm，$l_0 = 6$m，$N = 400$kN，$e_{0x} = 610$mm，$e_{0y} = 300$mm，已按 GB 50010—2002 求得 $\eta_x = 1.063$，$\eta_y = 1.181$，混凝土强度等级 C30，采用 HRB400 钢筋。试计算所需钢筋面积。

```
CC= 40.0 KSCH=      400060 MAXNS= 9 两方向上下支撑点间距离=      3000.    3000.  mm
BC,HC=    400.    600.  mm, Fy=360 N/mm^2
ρmin=      0.641(%),IDB=  2
JDB=   3 IDBss=   3 lx,ly= 0.720E+10 0.320E+10 mm^4
ix,iy=    173.21    115.47 mm, lc/ix,lc/iy=    17.3    26.0
Mx1,Mx2,My1,My2=    200000000.    200000000.    80000000.    80000000. N-m
Mx1/Mx2,My1/My2= 1.000 1.000 [lc/ix,lc/iy]= 22.00 22.00
ea=    20.00 ζc=      2.292 >1取1
Cmx=   1.000 ηnsx=    1.049
Cmx×ηnsx,Cmy×ηnsy=   1.049    1.000
AN=        1000000. N,Mx2,My2=      209790208.      80000000. N-mm
AN=        1000000. N,Mx2,My2=      209790208.      80000000. N-mm
KSCH,JDB,MAXNS=      400060   3   9 DMAX,α= 12    0.364
考虑P-δ后Mx,My=    209.790      80.000  （kN-m）
```

```
PJR, KSCH, IDB, MAXNA=  400060   3   10 CC= 40.轴压比=0.218 作用弯矩Sm=  224.5 kN-m
     400060 第二摆法纵筋直径32
摆法, NOD, ID, Mx0, My0, 幂, Rm=0.99*Rm=   2 10 32     956.0    642.5   1.458      789.7
摆法, NOD, ID, Mx0, My0, 幂, Rm=0.99*Rm=   1  9 32     769.3    528.0   1.576      659.7
摆法, NOD, ID, Mx0, My0, 幂, Rm=0.99*Rm=   1  8 28     667.9    457.5   1.509      562.7
摆法, NOD, ID, Mx0, My0, 幂, Rm=0.99*Rm=   1  7 25     591.8    404.6   1.427      486.9
摆法, NOD, ID, Mx0, My0, 幂, Rm=0.99*Rm=   1  6 22     515.7    351.7   1.409      421.7
摆法, NOD, ID, Mx0, My0, 幂, Rm=0.99*Rm=   1  5 20     465.0    316.5   1.204      352.2
摆法, NOD, ID, Mx0, My0, 幂, Rm=0.99*Rm=   1  4 18     414.3    281.2   1.396      336.9
摆法, NOD, ID, Mx0, My0, 幂, Rm=0.99*Rm=   1  3 16     363.5    245.9   1.447      300.0
摆法1柱配筋根数=10、直径=16 mm
N=  1000.0 Mx=  209.8 My=     80.0 bars10D16 As=  2010.6 Rs=0.84(%) Rss=0.25(%)
```

**【解】** 确定作用弯矩值

因 RCM 软件是按照 GB 50010—2010 编写的，与 GB 50010—2002 考虑 $P-\delta$ 效应的方法不同，为了验证配筋结果的差别，我们略去 $P-\delta$ 效应的差别，就是在 RCM 中输入文献［16］按 GB 50010—2002 算得的弯矩值来计算柱的配筋。以下是文献［16］算出的弯矩，并在 RCM 中输入柱高减小，使其不再考虑 $P-\delta$ 效应。

$M_x = Ne_{0y}\eta_y = 400 \times 0.3 \times 1.063 = 141.72\text{kN} \cdot \text{m}$；$M_y = Ne_{0x}\eta_x = 400 \times 0.61 \times 1.181 = 259.37\text{kN} \cdot \text{m}$

将其输入到 RCM 软件中，计算结果如图 5-31 所示。

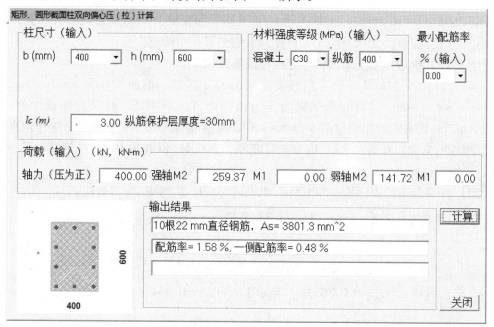

图 5-31　矩形柱双向偏心受压的计算结果

RCM 软件的详细输出结果如下：

```
KSCH=        400060, C30, Fyk= 400
KSCH=        400060 MAXNS= 9 两方向上下支撑点间距离=      3000.      3000. mm
BC, HC=    400.    600. mm, Fy=360 N/mm^2
ix, iy=    173.21    115.47 mm, lc/ix, lc/iy=    17.3    26.0
Mx1, Mx2, My1, My2=           0. 259370000.         0.   141720000. N-m
Mx1/Mx2, My1/My2= 0.000 0.000 [lc/ix, lc/iy]= 34.00 34.00
Cmx×ηnsx, Cmy×ηnsy=  1.000   1.000
AN=           400000. N, Mx2, My2=      259370000.   141720000. N-mm
KSCH, JDB, MAXNS=      400060  3  9, α=,           0.500
考虑P-δ后Mx, My=   259.370    141.720 (kN-m)
PJR, KSCH, IDB, MAXNA=   400060  3 10 CC= 30. 轴压比=0.117 作用弯矩Sm= 295.6 kN-m
      400060 第二摆法纵筋直径32
摆法, NOD, ID, Mx0, My0, 幂, Rm=0.99*Rm=  2 10 32   881.0   592.6  1.460    680.6
摆法, NOD, ID, Mx0, My0, 幂, Rm=0.99*Rm=  1  9 32   685.9   474.3  1.510    544.4
摆法, NOD, ID, Mx0, My0, 幂, Rm=0.99*Rm=  1  8 28   580.2   400.0  1.490    457.2
摆法, NOD, ID, Mx0, My0, 幂, Rm=0.99*Rm=  1  7 25   501.0   344.1  1.407    383.7
摆法, NOD, ID, Mx0, My0, 幂, Rm=0.99*Rm=  1  6 22   421.7   288.5  1.407    322.4
摆法, NOD, ID, Mx0, My0, 幂, Rm=0.99*Rm=  1  5 20   368.9   251.3  1.320    272.7
摆法1柱配筋根数=10、直径=22 (mm)
N=    400.0 Mx=   259.4 My=   141.7 bars10D22 As= 3801.3 ρs=1.58(%) ρss=0.48(%)
```

得到的 $A_s = 3801.3 \text{mm}^2$，文献 [16] 采用基于倪克勤公式的双向偏心受压直接设计法，得到的结果是 $A_s = 3845.0 \text{mm}^2$，可见两者的结果相当接近。

**【例5-17】钢筋混凝土单向偏心受压柱配筋算例1**

文献 [17] 第 146 页算例，钢筋混凝土偏心受压柱，截面尺寸为 $b = 500 \text{mm}$、$h = 650 \text{mm}$、$a = a' = 40 \text{mm}$。截面承受轴向压力设计值 $N = 2310 \text{kN}$，柱顶弯矩设计值 $M_1 = 540 \text{kN} \cdot \text{m}$，柱底截面弯矩设计值 $M_2 = 560 \text{kN} \cdot \text{m}$。柱挠曲变形为单曲率。弯矩作用平面内柱上下两端的支撑长度为 4.8m。混凝土强度等级为 C35，纵筋为 HRB500 钢筋。采用对称配筋，求钢筋面积 $A_s$。

**【解】** 杆端弯矩比 $M_1/M_2 = 540/560 = 0.964 > 0.9$，应考虑 $P-\delta$ 效应。

$$h_0 = 650 - 40 = 610 \text{mm}; \quad \frac{h}{30} = \frac{650}{30} = 22 > 20, \quad \text{取 } e_a = 22 \text{mm}。$$

$$\zeta_c = \frac{0.5 f_c A}{N} = \frac{0.5 \times 16.7 \times 500 \times 650}{2310000} = 1.175 > 1, \quad \text{取 } \zeta_c = 1$$

$$C_m = 0.7 + 0.3 M_1/M_2 = 0.7 + 0.3 \times 0.964 = 0.989$$

$$\eta_{ns} = 1 + \frac{1}{1300 (M_2/N + e_a)/h_0} \left(\frac{l_c}{h}\right)^2 \zeta_c$$

$$= 1 + \frac{1}{1300 (560 \times 10^6/2310000 + 22)/610} \times \left(\frac{4800}{650}\right)^2 \times 1 = 1.097$$

$$M = C_{\mathrm{m}}\eta_{ns}M_2 = 0.989 \times 1.097 \times 560 = 607.56\mathrm{kN} \cdot \mathrm{m}$$

$$e_0 = \frac{M}{N} = \frac{607.56 \times 10^6}{2310 \times 10^3} = 263.01\mathrm{mm}; e_i = e_0 + e_a = 263 + 22 = 285\mathrm{mm}$$

$$e = e_i + \frac{h}{2} - a = 285 + 650/2 - 40 = 570\mathrm{mm}$$

$$x = \frac{N}{\alpha_1 f_c b} = \frac{2310 \times 10^3}{1 \times 16.7 \times 500} = 277 < \xi_b h_0 = 0.482 \times 610 = 294\mathrm{mm}; \text{且 } x > 2a', \text{此为大偏压}。$$

$$A_s' = \frac{Ne - \alpha_1 f_c bx(h_0 - 0.5x)}{f_y'(h_0 - a')}$$

$$= \frac{2310000 \times 570 - 1 \times 16.7 \times 500 \times 277 \times (610 - 0.5 \times 277)}{410 \times (610 - 40)} = 968\mathrm{mm}^2$$

可选 4 根直径 18mm 的钢筋（$A_s = A_s' = 1018\mathrm{mm}^2$）。软件计算结果为全截面 12 根直径 18mm 的钢筋，相当于受拉边和受压边各配 4 根直径 18mm 的钢筋。软件 RCM 输入信息及简要计算结果见图 5-32。详细计算结果如下：

图 5-32　矩形柱单向偏心受压的计算结果

CC= 35.0 KSCH=　　500065 MAXNS=10 两方向上下支撑点间距离=　　4800.　　4800. mm

BC, HC:　　500.　　650. mm, Fy=410 N/mm^2

ρmin=　　0.663(%),IDB=　2

JDB=　3 IDBss=　3 Ix,Iy= 0.114E+11 0.677E+10 mm^4

ix,iy=　　187.64　　144.34 mm, lc/ix,lc/iy=　25.6　　33.3

Mx1,Mx2,My1,My2=　　540000000.　　560000000.　　　　0.　　　0. N-m

Mx1/Mx2,My1/My2= 0.964 0.000 [lc/ix,lc/iy]= 22.43 46.00

ea=　21.67 ζc=　　　1.175 >1取1

Cmx=　0.989 ηnsx=　1.097

Cmx×ηnsx,Cmy×ηnsy=　　1.085　　1.000

| AN= | 2310000. N,Mx2,My2= | 607678336. | 0. N-mm |
|---|---|---|---|
| AN= | 2310000. N,Mx2,My2= | 607678336. | 0. N-mm |

KSCH,JDB,MAXNS=　　500065　3 10 DMAX,α= 12　　0.000

考虑P-δ后Mx,My=　　607.678　　0.000 （kN-m）

PJR, KSCH, IDB, MAXNA:　500065 3 10 CC= 35. 轴压比=0.426 作用弯矩Sm=　607.7 kN-m

摆法, NOD, ID, Mx0, My0, 幂, Rm=0.99*Rm=　1 10 36　1427.7　1143.9　1.775　1413.5

摆法, NOD, ID, Mx0, My0, 幂, Rm=0.99*Rm=　1　9 32　1262.1　1010.4　1.220　1249.4

摆法, NOD, ID, Mx0, My0, 幂, Rm=0.99*Rm=　1　8 28　1096.4　877.0　1.370　1085.4

摆法, NOD, ID, Mx0, My0, 幂, Rm=0.99*Rm=　1　7 25　972.1　776.9　1.370　962.4

摆法, NOD, ID, Mx0, My0, 幂, Rm=0.99*Rm=　1　6 22　847.9　676.8　1.325　839.4

摆法, NOD, ID, Mx0, My0, 幂, Rm=0.99*Rm=　1　5 20　765.0　610.1　1.330　757.4

摆法, NOD, ID, Mx0, My0, 幂, Rm=0.99*Rm=　1　4 18　682.2　543.3　1.281　675.4

摆法, NOD, ID, Mx0, My0, 幂, Rm=0.99*Rm=　1　3 16　599.4　476.6　1.345　593.4

摆法1柱配筋根数=14、直径=18（mm）

N=　2310.0 Mx=　607.7 My=　　0.0 bars14D18 As= 3562.6 Rs=1.10(%) Rss=0.31(%)

可见中间计算结果也与手算的中间计算结果相同。

**【例 5-18】钢筋混凝土单向偏心受压柱配筋算例 2**

文献 [14] 第 145 页算例，钢筋混凝土偏心受压柱，截面尺寸为 $b = 400\text{mm}$、$h = 450\text{mm}$、$a = a' = 40\text{mm}$。截面承受轴向压力设计值 $N = 500\text{kN}$，柱弯矩设计值 $M_2 = M_1 = 380\text{kN} \cdot \text{m}$。弯矩作用平面内柱上下两端的支撑长度为 5m。混凝土强度等级为 C30，纵筋为 HRB400 钢筋。采用对称配筋，求钢筋面积 $A_s$。

**【解】** 1. 求柱的设计弯矩

杆端弯矩比 $M_1/M_2 = 1.0 > 0.9$，$i = \sqrt{I/A} = 129.9\text{mm}$，则 $l_0/i = 38 > 34 - 12M_1/M_2 = 22$，因此应考虑 $P - \delta$ 效应。

$$\zeta_c = \frac{0.5 f_c A}{N} = \frac{0.5 \times 14.3 \times 400 \times 450}{500000} = 2.574 > 1,\text{取} \zeta_c = 1$$

$h_0 = 450 - 40 = 410\text{mm}; h/30 = 450/30 = 15 < 20,\text{取} e_a = 20\text{mm}。$

$$\eta_{ns} = 1 + \frac{1}{1300(M_2/N + e_a)/h_0}\left(\frac{l_c}{h}\right)^2 \zeta_c$$

$$= 1 + \frac{1}{1300(380 \times 10^6/500000 + 20)/410} \times \left(\frac{5000}{450}\right)^2 \times 1 = 1.05$$

$$C_m = 0.7 + 0.3 M_1/M_2 = 0.7 + 0.3 \times 1.0 = 1.0$$

$$M = C_m \eta_{ns} M_2 = 1.0 \times 1.05 \times 380 = 399.0\text{kN} \cdot \text{m}$$

2. 判别大、小偏心受压

$$\xi = \frac{N}{\alpha_1 f_c b h_0} = \frac{500 \times 10^3}{1 \times 14.3 \times 400 \times 410} = 0.213 < \xi_b = 0.518$$

$x = \xi_b h_0 = 0.213 \times 410 = 87.4\text{mm}; x > 2a',$ 此为大偏压。

3. 计算钢筋面积

$$e_0 = \frac{M}{N} = \frac{399 \times 10^6}{500 \times 10^3} = 798\text{mm} \,;\, e_i = e_0 + e_a = 798 + 20 = 818\text{mm}$$

$$e = e_i + \frac{h}{2} - a = 818 + 450/2 - 40 = 1003\text{mm}$$

$$A_s = A'_s = \frac{Ne - \alpha_1 f_c bx(h_0 - 0.5x)}{f'_y(h_0 - a')}$$

$$= \frac{500000 \times 1003 - 1 \times 14.3 \times 400 \times 87.4 \times (410 - 0.5 \times 87.4)}{360 \times (410 - 40)} = 2390.2\text{mm}^2$$

4. 选筋

可选 5 根直径 25mm 钢筋，截面面积 2454mm²。

RCM 软件输入信息及计算结果见图 5-33。截面受力边配筋为 3 根直径 32mm 钢筋，截面面积 2413mm²，与手算结果相近。

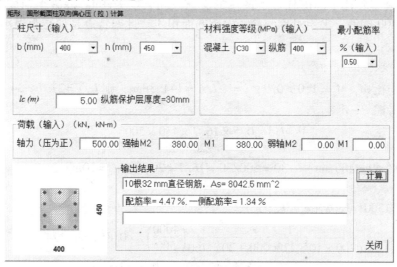

图 5-33　矩形柱单向偏心受压的计算结果

软件 RCM 详细计算结果如下（可见其二阶效应的弯矩增大系数与手算结果一致）：

```
KSCH=      400045, C30, Fyk= 400
MAXNS= 9 两方向上下支撑点间距离=      5000.      5000.  mm
BC, HC=    400.     450.  mm, Fy=360 N/mm^2
ix, iy=    129.90    115.47 mm, lc/ix, lc/iy=  38.5    43.3
Mx1, Mx2, My1, My2=  380000000.   380000000.        0.        0. N-m
Mx1/Mx2, My1/My2= 1.000 0.000 [lc/ix, lc/iy]= 22.00 46.00
ea=  20.00 ζc=      2.574 >1取1
Cmx=  1.000 ηnsx=   1.050
Cmx×ηnsx, Cmy×ηnsy=   1.050   1.000
AN=        500000. N, Mx2, My2=      398968992.        0. N-mm
KSCH, JDB, MAXNS=      400045  2   9, α=,        0.000
```

考虑P-δ后Mx, My=　　398.969　　　　0.000 （kN-m）
PJR, KSCH, IDB, MAXNA=　400045　2　10 CC= 30. 轴压比=0.194 作用弯矩Sm=　399.0 kN-m
　　400045 第二摆法纵筋直径28
摆法, NOD, ID, Mx0, My0, 幂, Rm=0.99*Rm=　2 10 28　　　496.8　　473.6　1.400　　　491.8
摆法, NOD, ID, Mx0, My0, 幂, Rm=0.99*Rm=　1　9 32　　　449.8　　440.6　1.482　　　445.3
摆法, NOD, ID, Mx0, My0, 幂, Rm=0.99*Rm=　1　8 28　　　386.7　　376.6　1.558　　　382.9
摆法1柱配筋根数=10、直径=32 （mm）
N=　　500.0 Mx=　399.0 My=　　　0.0 bars10D32 As= 8042.5 **ρs=4.47(%) ρss=1.34(%)**

### 【例5-19】钢筋混凝土单向偏心受压柱配筋算例3

文献［14］第146页算例，钢筋混凝土偏心受压柱，截面尺寸为 $b = 450\text{mm}$、$h = 500\text{m}$、$a = a' = 40\text{mm}$。截面承受轴向压力设计值 $N = 2200\text{kN}$，柱弯矩设计值 $M_2 = M_1 = 200\text{kN} \cdot \text{m}$。弯矩作用平面内柱上下两端的支撑点间长度为4m。混凝土强度等级为C35，纵筋为HRB400钢筋。采用对称配筋，求钢筋面积 $A_s$。此题特点是偏心距很小，最小配筋率确定配筋量。

**【解】** 1. 求柱的设计弯矩

杆端弯矩比 $M_1/M_2 = 1.0 > 0.9$，$i = \sqrt{I/A} = 144.3\text{mm}$，则 $l_0/i = 27.7 > 34 - 12M_1/M_2 = 22$，因此应考虑 $P - \delta$ 效应。

$$\zeta_c = \frac{0.5 f_c A}{N} = \frac{0.5 \times 16.7 \times 450 \times 500}{2200000} = 0.854,$$

$h_0 = 500 - 40 = 460\text{mm}$；$h/30 = 500/30 = 16.7 < 20$，取 $e_a = 20\text{mm}$。

$$\eta_{ns} = 1 + \frac{1}{1300(M_2/N + e_a)/h_0}\left(\frac{l_c}{h}\right)^2 \zeta_c$$

$$= 1 + \frac{1}{1300(200 \times 10^6/2200000 + 20)/460}\left(\frac{4000}{500}\right)^2 \times 0.854 = 1.174$$

$$C_m = 0.7 + 0.3M_1/M_2 = 0.7 + 0.3 \times 1.0 = 1.0$$

$$M = C_m \eta_{ns} M_2 = 1.0 \times 1.174 \times 200 = 234.8\text{kN} \cdot \text{m}$$

2. 判别大、小偏心受压

$$\xi = \frac{N}{\alpha_1 f_c b h_0} = \frac{2200 \times 10^3}{1 \times 16.7 \times 450 \times 460} = 0.636 > \xi_b = 0.518，此为小偏压。$$

3. 计算钢筋面积

$$e_0 = \frac{M}{N} = \frac{234.8 \times 10^6}{2200 \times 10^3} = 106.7\text{mm}；\quad e_i = e_0 + e_a = 106.7 + 20 = 126.7\text{mm}$$

$$e = e_i + \frac{h}{2} - a = 126.7 + 500/2 - 40 = 336.7\text{mm}$$

$$\xi = \frac{N - \xi_b \alpha_1 f_c b h_0}{\dfrac{Ne - 0.43 \alpha_1 f_c b h_0^2}{(\beta_1 - \xi_b)(h_0 - a')} + \alpha_1 f_c b h_0} + \xi_b$$

$$= \frac{2200000 - 0.518 \times 1 \times 16.7 \times 450 \times 460}{\dfrac{2200000 \times 336.7 - 0.43 \times 1 \times 16.7 \times 450 \times 460^2}{(0.8 - 0.518)(460 - 40)} + 1 \times 16.7 \times 450 \times 460} + 0.518$$

$$= 0.622$$

$$A_s = A_s' = \frac{Ne - \alpha_1 f_c bh_0^2 \xi(1 - 0.5\xi)}{f_y'(h_0 - a')}$$

$$= \frac{2200000 \times 336.7 - 1 \times 16.7 \times 450 \times 460^2 \times 0.622 \times (1 - 0.5 \times 0.622)}{360 \times (460 - 40)}$$

$$= 392\text{mm}^2 < 0.002bh = 450\text{mm}^2$$

软件 RCM 输入信息及计算结果见图 5-34。

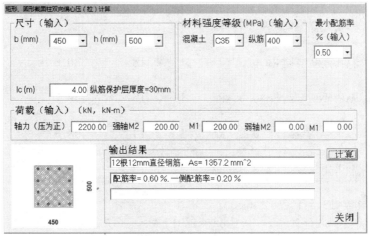

图 5-34　矩形柱单向偏心受压的计算结果

文献 [14] 例 7.9 手算结果为单侧钢筋截面积 $A_s = A_s' = 392\text{mm}^2$，取每侧边最小配筋率 0.2%，即 $450\text{mm}^2$。RCM 取每边 4 根 12mm 直径的面积为 $452\text{mm}^2$。

软件 RCM 详细计算结果如下（可见其二阶效应的弯矩增大系数与手算结果一致）：

```
KSCH=      450050 MAXNS= 9 两方向上下支撑点间距离=      4000.      4000. mm
BC,HC=    450.     500. mm, Fy=360 N/mm^2
ix,iy=    144.34    129.90 mm, lc/ix,lc/iy= 27.7     30.8
Mx1,Mx2,My1,My2=      200.000      200.000      0.000      0.000 kN-m
Mx1,Mx2,My1,My2=   200000000.   200000000.      0.      0. N-m
Mx1/Mx2= 1.000 [lc/ix]= 22.00; My1/My2= 0.000 [lc/iy]= 46.00
ea=   20.00 ζ c=     0.854
Cmx=   1.000 η nsx=   1.174
Cmx× η nsx, Cmy× η nsy=   1.174   1.000
AN=      2200000. N, Mx2,My2=      234874160.      0. N-mm
KSCH, JDB, MAXNS=      450050   1   9, α =      0.000
考虑P- δ 后Mx, My=   234.874      0.000 (kN-m)
PJR, KSCH, IDB, MAXNA=      450050   1   9 CC= 35. 轴压比=0.585 作用弯矩Sm= 234.9
kN-m
```

| | | | | | | |
|---|---|---|---|---|---|---|
| 摆法，NOD, ID, Mx0, My0, 幂, Rm=0.99*Rm=661.8 | 1 | 9 | 32 | 668.5 | 588.3 | 1.835 |
| 摆法，NOD, ID, Mx0, My0, 幂, Rm=0.99*Rm=580.4 | 1 | 8 | 28 | 586.3 | 517.3 | 1.523 |
| 摆法，NOD, ID, Mx0, My0, 幂, Rm=0.99*Rm=519.4 | 1 | 7 | 25 | 524.6 | 464.0 | 1.483 |
| 摆法，NOD, ID, Mx0, My0, 幂, Rm=0.99*Rm=458.3 | 1 | 6 | 22 | 463.0 | 410.7 | 1.449 |
| 摆法，NOD, ID, Mx0, My0, 幂, Rm=0.99*Rm=417.7 | 1 | 5 | 20 | 421.9 | 375.2 | 1.309 |
| 摆法，NOD, ID, Mx0, My0, 幂, Rm=0.99*Rm=377.0 | 1 | 4 | 18 | 380.8 | 339.7 | 1.451 |
| 摆法，NOD, ID, Mx0, My0, 幂, Rm=0.99*Rm=336.3 | 1 | 3 | 16 | 339.7 | 304.2 | 1.443 |
| 摆法，NOD, ID, Mx0, My0, 幂, Rm=0.99*Rm=295.6 | 1 | 2 | 14 | 298.6 | 268.7 | 1.592 |
| 摆法，NOD, ID, Mx0, My0, 幂, Rm=0.99*Rm=254.9 | 1 | 1 | 12 | 257.5 | 233.2 | 1.666 |

摆法1柱配筋根数=12、直径=12（mm）
N= 2200.0 Mx= 234.9 My= 　　0.0 bars12D12 As= 1357.2 ρs=0.60（%）　ρss=0.20（%）

## 5.11　偏心受压构件正截面承载力简捷计算法

这是蓝宗建老师在 1991 年 3 期《工业建筑》上所发表文章"钢筋混凝土双向偏心受压构件正截面承载力简捷计算法"[18]中提出，并列入 1989 年版混凝土结构设计规范的方法。参考蓝宗建老师 2011 年编写的混凝土结构教材[19]，按《混凝土结构设计规范》GB 50010—2010 材料强度及二阶效应规定整理编写如下。

1. 计算原理

借鉴倪克勤公式[3]，对称配筋矩形截面双向偏心受压构件正截面承载力可按下列公式计算（图 5-35）：

$$\frac{1}{N_u} = \frac{1}{N_{ux}} - \frac{0.5}{N_{uox}} + \frac{1}{N_{uy}} - \frac{0.5}{N_{uoy}} \tag{5-37}$$

式中　$N_u$——双向偏心受压时，考虑了重力和杆件挠曲二阶效应截面弯矩增大后所能承担的轴向压力设计值；

$N_{ux}$——轴向力作用于 $x$ 轴，考虑了杆件挠曲二阶效应截面弯矩增大后所能承担的轴向压力设计值，计算时，考虑布置在垂直于 $x$ 轴两对边（图 5-35 中上、下边）的折算钢筋截面面积 $A_{sex}$；

$N_{uy}$——轴向力作用于 $y$ 轴，考虑了杆件挠曲二阶效应截面弯矩增大后所能承担的轴向压力设计值，计算时，考虑布置在垂直于 $y$ 轴两对边（图 5-35 中左、右边）的折算钢筋截面面积 $A_{sey}$；

$N_{uox}$、$N_{uoy}$——轴向受压时截面所能承担的轴向压力设计值，计算时，考虑的钢筋截面

面积分别与计算 $N_{ux}$、$N_{uy}$ 时相同。

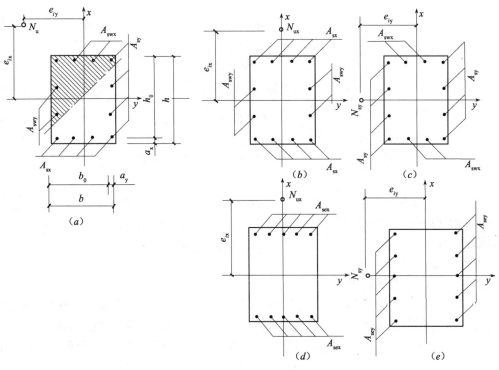

图 5-35　双向偏心受压构件正截面承载力计算简图

折算钢筋截面面积 $A_{sex}$ 和 $A_{sey}$ 可按下列公式计算：

$$A_{sex} = A_{sx} + 2\zeta_x A_{swy} \tag{5-38a}$$

$$A_{sey} = A_{sy} + 2\zeta_y A_{swx} \tag{5-38b}$$

式中　$A_{sx}$、$A_{sy}$——分别为布置在垂直于 $x$ 轴两对边（图 5-35 中的上、下边）和垂直于 $y$ 轴两对边（图 5-35 中的左、右边）的单边钢筋截面面积；

　　　$A_{swx}$、$A_{swy}$——分别为布置在垂直于 $x$ 轴两对边和垂直于 $y$ 轴两对边腹部的单边纵向钢筋截面面积；

　　　$\zeta_x$、$\zeta_y$——分别为钢筋 $A_{sey}$、$A_{sex}$ 的折算系数。

$\zeta_x$、$\zeta_y$ 可按下列公式计算：

$$\zeta_x = \begin{cases} 0.5 - 0.8 e_{ix}/h_0 & \text{当 } e_{ix}/h_0 \leqslant 0.5 \\ 0.36 - 0.13 h_0/e_{ix} & \text{当 } e_{ix}/h_0 > 0.5 \end{cases} \tag{5-39a}$$

$$\zeta_y = \begin{cases} 0.5 - 0.8 e_{iy}/b_0 & \text{当 } e_{iy}/b_0 \leqslant 0.5 \\ 0.36 - 0.13 b_0/e_{iy} & \text{当 } e_{iy}/b_0 > 0.5 \end{cases} \tag{5-39b}$$

令

$$\frac{1}{N_{ex}} = \frac{1}{N_{ux}} - \frac{0.5}{N_{uox}} \tag{5-40a}$$

$$\frac{1}{N_{ey}} = \frac{1}{N_{uy}} - \frac{0.5}{N_{uoy}} \tag{5-40b}$$

则式（5-37）可改写为：

$$\frac{1}{N_u} = \frac{1}{N_{ex}} + \frac{1}{N_{ey}} \tag{5-41}$$

对于对称配筋矩形截面，$N_{uox}$、$N_{ux}$可按下列公式计算：

$$N_{uox} = \alpha_1 f_c bh + 2f'_y A_{sex} \tag{5-42}$$

$$N_{ux} = \alpha_1 f_c bh + f'_y A_{sex} - \sigma_s A_{sex} \tag{5-43}$$

$$\sigma_s = \frac{x/h_0 - \beta_1}{x_b/h_0 - \beta_1} f_y, \quad \text{且} -f'_y \leqslant \sigma_s \leqslant f_y \tag{5-44}$$

$$N_{ux} e_x = \alpha_1 f_c bx \left( h_0 - \frac{x}{2} \right) + f'_y A_{sex} (h_0 - a'_s) \tag{5-45}$$

$$e_x = e_{ix} + \frac{h}{2} - a_s \tag{5-46}$$

$N_{uoy}$、$N_{uy}$也按上述公式计算。计算时只需将 $b$、$h$、$h_0$、$e_x$ 和 $A_{sex}$ 等用 $h$、$b$、$b_0$、$e_y$ 和 $A_{sey}$ 等代替即可。

2. 计算方法

设计截面时，可按下述方法进行：

（1）首先由式（5-41）求 $N_{ex}$、$N_{ey}$。设计时可取 $N_u = N$。由于未知数有两个，而方程只有一个，故可先指定其中一个未知数（譬如 $N_{ex}$），再求另一个未知数。于是，令 $N_{ex} = N/\psi_0$，则 $N_{ey} = N/(1-\psi_0)$。$\psi_0$ 可取小于 1 的正数。为了配筋较为经济、合理，一般可取

$$\psi_0 = \frac{e_{ix}/h_0}{e_{ix}/h_0 + e_{ix}/b_0} \tag{5-47}$$

（2）将 $N_{ux}$、$N_{uox}$ 和 $N_{uy}$、$N_{uoy}$ 有关的单向偏心受压和轴心受压计算公式代入式（5-40$a$）或（5-40$b$），则可得 $A_{sex}$ 和 $A_{sey}$。

（3）根据求得的 $A_{sex}$ 和 $A_{sey}$，确定配筋布置形式，然后由式（5-40$a$）或式（5-40$b$）联立求解 $A_{sex}$ 和 $A_{sey}$。

当采用相同直径的钢筋时，$A_{sx}$、$A_{sy}$ 可按下列公式计算：

$$A_{sx} = \frac{A_{sex} - 2\zeta_x \gamma_y A_{sey}}{1 - 4\zeta_x \zeta_y \gamma_x \gamma_y} \tag{5-48a}$$

$$A_{sy} = \frac{A_{sey} - 2\zeta_x \gamma_y A_{sex}}{1 - 4\zeta_x \zeta_y \gamma_x \gamma_y} \tag{5-48b}$$

式中　$\gamma_x$、$\gamma_y$——分别为布置在垂直于 $x$ 轴两对边（图 5-35 中上、下边）和垂直于 $y$ 轴两对边（图 5-35 中左、右边）单边腹部钢筋根数与相应边钢筋根数的比值。

3. 折算钢筋截面面积计算

为了求解 $A_{sex}$，必须将式（5-42）、式（5-43）代入式（5-40$a$）。如果是小偏心受压将导出 $A_{sex}$ 的高次方程式。为计算机计算方便，连同大偏心受压，采用迭代法计算。

迭代计算步骤如下：

（1）计算

$$N_{ux} = \frac{1}{\dfrac{1}{N_{ex}} + \dfrac{0.5}{N_{uox}}} = \frac{1}{\dfrac{1}{N_{ex}} + \dfrac{0.5}{\alpha_1 f_c bh + 2f'_y A_{sex}}} \tag{5-49}$$

由式（5-53）可见，计算 $A_{ux}$ 时，须先假定 $A_{sex}$，一般可取 $A_{sex}=0.2\alpha_1 f_c bh_0/f_y$。

（2）计算相对受压区高度 $\xi_x=N_{ux}/(\alpha_1 f_c bh_0)$，并按下述方法计算 $A_{sex}$：

若 $\xi_x \leqslant \xi_b$，且 $\xi_x \geqslant 2a'_s/h_0$

$$A_{sex}=\frac{N_{ux}e_x-\alpha_1 f_c bh_0^2 \xi_x(1-0.5\xi_x)}{f_y(h_0-a'_s)} \tag{5-50}$$

若 $\xi_x \leqslant \xi_b$，且 $\xi_x < 2a'_s/h_0$

$$A_{sex}=\frac{N_{ux}(e_{ix}-0.5h+a'_s)}{f_y(h_0-a'_s)} \tag{5-51}$$

若 $\xi_x > \xi_b$，先按下列公式重新计算 $\xi_x$，再按式（5-50）计算 $A_{sex}$：

$$\xi_x=\frac{N_{ux}-\alpha_1 f_c bh_0 \xi_b}{\dfrac{N_{ux}e_x-0.43\alpha_1 f_c bh_0^2}{(\beta_1-\xi_b)(h_0-a'_s)}+\alpha_1 f_c bh_0} \tag{5-52}$$

（3）将求得的 $A_{sex}$ 再代入式（5-49），按同样步骤再计算，直到与上一次计算结果相近为止。计算表明，迭代收敛较快。

此法适用于压力在截面两主轴方向均有偏心距的情况，当截面受到单向偏心受压时，要用单向偏心受压柱计算，如用此法计算，因使用 $N_{ux}$ 或 $N_{uy}$ 而不是用轴力设计值计算截面受压区高度，会产生一定程度的误差。

编程中的处理，按照 5.9 节提出的双向偏心受压柱截面纵筋摆放位置，即沿截面周边均匀布置等直径钢筋，钢筋间距不大于 200mm。由此，程序确定柱截面各边及其腹部纵筋根数。用 $A_{sex}$、$A_{sey}$ 除以相应边纵筋根数就得到一根纵筋的截面面积，再由此确定该边纵筋直径，并取截面两相邻边纵筋直径较大值为最终结果的直径值。

以下简捷法算例手算过程略。

**【例 5-20】 简捷法计算大偏心受压柱配筋**

文献［19］第 111 页算例，矩形截面偏心受压柱的截面尺寸 $b \times h=400\text{mm} \times 600\text{mm}$，承受轴向压力设计值 $N=438.7\text{kN}$，考虑轴向压力偏心距 $e_{ix}=550\text{mm}$，$e_{iy}=280\text{mm}$，混凝土强度等级 C30，采用 HRB400 级钢筋。一类环境，$a_s=a'_s=40\text{mm}$。试计算对称配筋时所需的钢筋截面面积。

文献［19］是配合查表法得出的结果选用角筋 $1\,\Phi\,20$，$A_{swx}$ 选用 $2\,\Phi\,18$、$A_{swy}$ 选用 $1\,\Phi$ 18。本文软件结果如图 5-36 所示，差别在于截面上、下边（图 5-35）腹部是 1 根钢筋，所以钢筋直径较粗，即全部采用相同直径的钢筋造成截面用钢量略大。题目因不考虑柱挠曲二阶效应，柱高输入值做了简化处理。

RCM 计算输入信息和简要计算结果如图 5-36 所示，其中强、弱轴 $M_2$ 是由 $e_{ix}N$、$e_{iy}N$ 计算出的。

RCM 详细输出结果如下：

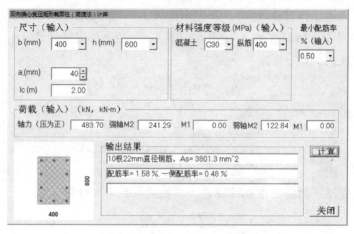

图 5-36  简捷法双偏压柱算例之一

```
a= 40; b=  400; h=  600 mm
C30  两方向上下支撑点间距离=     2000. mm
BC,HC=    400.   600.  mm, Fy=360 N/mm^2
ix,iy=    173.21   115.47 mm, lc/ix,lc/iy=    11.5   17.3
Mx1,Mx2,My1,My2=         0.000   241.290      0.000    122.840 kN-m
Mx1/Mx2= 0.000 [lc/ix]= 34.00
My1/My2= 0.000 [lc/iy]= 34.00
Cmx×ηnsx,Cmy×ηnsy=   1.000   1.000
AN=          483700. N,Mx2,My2=      241290000.    122840000. N-mm
考虑P-δ效应后Mx,My=    241.290  . 122.840  (kN-m)
eix= 498.84; eiy= 253.96; eix/h0= 0.891; eiy/b0= 0.705
ζx=0.214; ζy=0.176; ψ0=0.558
Asex0= 1779.6 mm^2; ξ= 0.248; Nux0=           793770.1 N
Nux1=          786565.5 N; Asex= 1137.3 mm^2
ξ= 0.248; Nux1=          786565.5 N; Asex= 1137.3 mm^2
Asey0= 1716.0 mm^2; ξ= 0.317; Nuy0=          979630.6 N
Nuy1=          965933.8 N; Asey=   944.3 mm^2
Asey0=   944.3 mm^2; ξ= 0.313; Nuy0=          965933.8 N
Nuy1=          965537.2 N; Asey=   924.4 mm^2
ξ= 0.313; Nuy1=          965537.2 N; Asey=   924.4 mm^2
γx= 0.3333; γy= 0.5000
截面上、下边纵筋根数NH= 3; As1x=   379.1 mm^2
截面左、右边纵筋根数NV= 4; As1y=   185.8 mm^2
上、下边纵筋直径dx=22; 左、右边纵筋直径dy=16; 取d=22
N=    483.7 Mx=  241.3 My=  122.8 bars10D22 As= 3801.3 ρs=1.58(%) ρss=0.48(%)
```

**【例5-21】简捷法计算双向偏心受压柱配筋算例1**

本书【例5-15】，这里简捷法算出的结果（图5-37）与其曲面拟合法计算的结果相同。

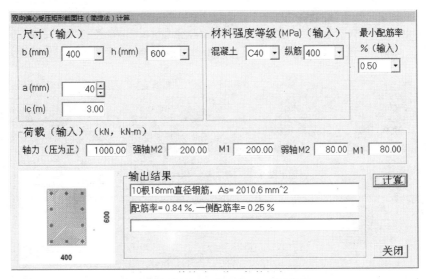

图 5-37　【例 5-15】简捷法计算结果

## 【例 5-22】简捷法计算双向偏心受压柱配筋算例 2

本书【例 5-16】曲面拟合法计算结果是直径 22mm，这里简捷法算出是直径 25mm。
RCM 计算输入信息和简要计算结果如图 5-38 所示。

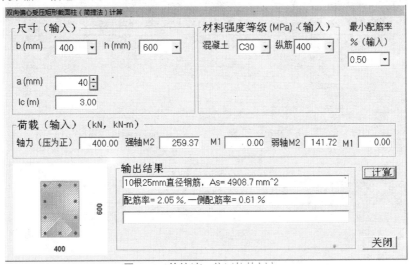

图 5-38　【例 5-16】简捷法计算结果

## 【例 5-23】简捷法计算单向偏心受压柱配筋算例 1

本书【例 5-17】曲面拟合法计算结果是直径 18mm，这里简捷法算出是直径 16mm
（图 5-39）。

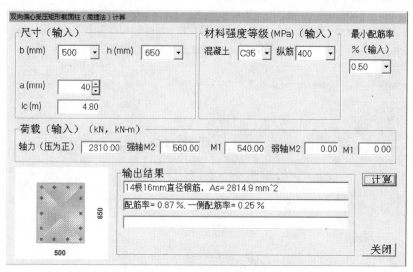

图 5-39　　【例 5-17】简捷法计算结果

### 【例 5-24】简捷法计算单向偏心受压柱配筋算例 2

本书【例 5-18】曲面拟合法计算结果是直径 32mm，这里简捷法算出也是直径 32mm（相同，图 5-40）。

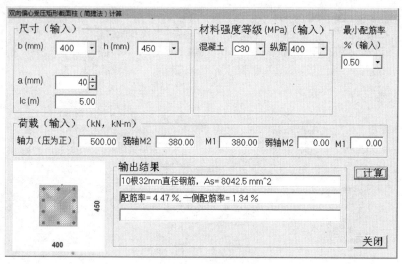

图 5-40　　【例 5-18】简捷法计算结果

### 【例 5-25】简捷法计算单向偏心受压柱配筋算例 3

本书【例 5-19】曲面拟合法计算结果是直径 12mm，这里简捷法算出是直径 12mm（相同，见图 5-41）。此题的特点是小偏心受压，由最小配筋率控制配筋。

从以上算例可以看出，简捷法计算双偏压柱没有较精确的基于纤维法的拟合曲面法计算准确，有一些误差（两者相差不大于 1 个钢筋直径等级），但简捷法计算简便，能适应钢筋强度等级和混凝土保护层厚度的变化，可用于工程设计，事实上，该简捷法曾被写入 1989 年版的混凝土结构设计规范。

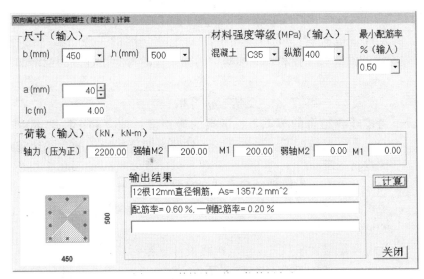

图 5-41　【例 5-19】简捷法计算结果

## 5.12　由梁端弯矩导出柱设计弯矩及柱配筋

　　本节内容涉及抗震设计框架柱的设计弯矩取值，值得读者注意。因为关于此内容，《建筑抗震设计规范》GB 50011—2010 和《混凝土结构设计规范》GB 50010—2010 两本规范与《高层建筑混凝土结构技术规程》JGJ 3—2010 的规定不一致，前一版本规范编制组编写出版的规范算例集，及计算机软件也没执行规范要求，造成使用规范的人思想混乱，错误认为规范算例集和计算机软件方法正确，给结构设计带来隐患。本节内容得到天津建筑设计院高金生先生的指点，在此表示感谢。

　　建筑抗震设计规范对抗震框架柱的设计分情况规定了两种柱端弯矩的取值方法，即用梁端弯矩导出并乘放大系数的方法（以下简称"梁导法"）和柱端弯矩直接乘放大系数方法（以下简称"直乘法"），并取两方法结果的较大值（以下简称"抗规法"，因为 2010 版本及其以前版本的建筑抗震设计规范规定取梁导法和直乘法计算结果的较大值）。《混凝土结构设计规范》GB 50010—2010 和《高层建筑混凝土结构技术规程》JGJ 3—2010 则只规定了采用梁端弯矩导出的方法，而将它们前一版本的直乘法删除了。本节解读了建筑抗震设计规范规定的背景，指明了后两本标准规定只用梁导法，而目前设计软件只按直乘法计算存在的问题及对结构设计可能产生的损害。还介绍了我们在混凝土结构配筋软件 CRSC[20] 中实施该规定的直乘系数法和近似实施梁端弯矩导出法的过程，并用工程实例检验了软件计算结果，表明只按上述两种方法之一计算都会造成某些框架柱纵向钢筋的不足，即是造成"强梁弱柱"的原因之一。

　　本节先介绍抗震设计框架柱的设计弯矩如何取值，然后介绍通过结构整体分析软件（以 CRSC 软件为例）如何得到框架柱的设计弯矩值，再使用 RCM 软件进行柱的正截面承载力设计。

1. 框架柱弯矩设计值的两种取法

《建筑抗震设计规范》GB 50011—2010[21] 对于非 9 度的一级抗震等级框架柱，二、三、四级抗震等级的框架结构柱和其他结构中的框架柱的弯矩设计值的规定如下（即梁端弯矩导出法）：

$$\Sigma M_{\mathrm{c}} = \eta_{\mathrm{c}} \sum M_{\mathrm{b}} \tag{5-53}$$

式中   $\Sigma M_{\mathrm{c}}$——考虑地震组合的节点上、下端的弯矩设计值之和；柱端弯矩设计值的确定，在一般情况下，可按上、下柱端弹性分析所得的考虑地震组合的弯矩比进行分配；

   $\sum M_{\mathrm{b}}$——同一节点左、右梁端按顺时针和逆时针方向计算的两端考虑地震组合的弯矩设计值之和的较大值；一级抗震等级，当两端为负弯矩时，绝对值较小的弯矩值应取零；

   $\eta_{\mathrm{c}}$——柱端弯矩增大系数，《建筑抗震设计规范》GB 50011—2010 对框架结构，一、二、三、四级分别取 1.7、1.5、1.3、1.2；对其他结构中的框架，一、二、三、四级分别取 1.4、1.2、1.1 和 1.1。

将式（5-53）写得详细一点为：

$$M_{\mathrm{c}}^{\mathrm{t}} = \eta_{\mathrm{c}} \frac{\widetilde{M}_{\mathrm{c}}^{\mathrm{t}}}{\widetilde{M}_{\mathrm{c}}^{\mathrm{t}} + \widetilde{M}_{\mathrm{c}}^{\mathrm{b}}} \sum M_{\mathrm{b}} \tag{5-54}$$

$$M_{\mathrm{c}}^{\mathrm{b}} = \eta_{\mathrm{c}} \frac{\widetilde{M}_{\mathrm{c}}^{\mathrm{b}}}{\widetilde{M}_{\mathrm{c}}^{\mathrm{t}} + \widetilde{M}_{\mathrm{c}}^{\mathrm{b}}} \sum M_{\mathrm{b}} \tag{5-55}$$

式中   $\widetilde{M}_{\mathrm{c}}^{\mathrm{t}}$、$\widetilde{M}_{\mathrm{c}}^{\mathrm{b}}$——分别为考虑地震组合的节点上、下柱端截面弯矩值。

《建筑抗震设计规范》GB 50011—2010 还规定：当反弯点不在柱的层高范围内时，柱端截面组合的弯矩设计值可乘以上述柱端弯矩增大系数。《混凝土结构设计规范》GB 50010—2002 相关规定为，框架柱端弯矩设计值应按考虑地震作用组合的弯矩设计值直接乘以增大系数。

《建筑抗震设计规范》GB 50011—2010 相应的条文说明为："当框架底部若干层的柱反弯点不在楼层内时，说明这些层的框架梁相对较弱。为避免在竖向荷载和地震变形相对集中，压屈失稳，杆端弯矩也应乘以增大系数"。再根据结构力学节点周围杆端弯矩按各杆线刚度相对大小分配，即线刚度大的杆件分配到的弯矩大而线刚度小的杆件分配到的弯矩小的知识可知，这种现象发生在柱线刚度较大、梁线刚度较小（柔软）"刚柱柔梁"的情况。对这种情况要采取"直乘系数法"确定柱端弯矩设计值。按《建筑抗震设计规范》GB 50011—2010 该条对于不是"刚柱柔梁"，即"刚梁柔柱"的情况则要采取"梁端弯矩法"，才能达到"强柱弱梁"。尤其是跃层柱由于其柱长度大，线刚度变小是典型的"刚梁柔柱"，如用"直乘系数法"，则会显著低估该柱的弯矩设计值。

因为人们认识不清，且实施该公式过程复杂，规范编制组出版的规范算例[22],[23]的示范均使用了"直乘系数法"来得到柱端弯矩设计值。受我们接触的计算机软件数量所限，发现多年来软件都用"直乘系数法"进行配筋计算。但此种"直乘系数法"与一般情况下应按规范要求采用"梁端弯矩法"的计算结果的差别有多大，没有人进行过分析和比较。由于实际工程中楼板与框架梁整体现浇结构的楼板增大了梁刚度，使得多数情况是"刚梁柔柱"的情况，这也是规范将"梁端弯矩法"作为主要方法用来确定柱端弯矩设计值。遗憾的是设计软件大都使用"直乘系数法"进行配筋计算，这可能是造成汶川地震中框架结构大多数都是"强梁弱柱"破坏模式的原因之一。

2. 用梁端弯矩导出框架柱弯矩设计值的软件实现

如果将一个楼层上部的梁和该楼层的柱作为一个楼层的构件，由式（5-54）、式（5-55）可见，要想算出当前楼层柱上端的设计弯矩需要用到当前层梁、柱的内力和上一楼层柱的内力。也可看出，要想算出当前楼层柱下端的设计弯矩需要用到当前楼层柱内力和下一楼层的梁、柱内力。因要用柱两端设计弯矩的较大值进行柱的配筋（本章第 4 节），由上述可知，用计算机进行柱配筋时要求柱上、下端两楼层梁的内力和当前楼层及其上、下楼层共三层柱的内力同时在计算机内存，以利调用。遇有跃层柱的结构，则需要将更多楼层的梁和柱的内力放在计算机内存，有错层柱时问题将更复杂。

由于每种内力组合下柱轴力和弯矩可能均不相同，要想得到各组合下柱纵向钢筋的最大值，我们对每种内力组合均进行配筋计算，最后的结果取这些组合所得配筋的最大值。因为对每种内力组合判断柱在楼层中是否出现反弯点较麻烦，软件中采用将"梁端弯矩法"和"直乘系数法"所得的组合弯矩值进行比较，然后取其较大值，因轴力设计值不变情况下，柱弯矩设计值越大越不利。

因为前述的问题复杂性，我们目前在 CRSC 软件[20] 配筋时实施了"梁端弯矩法"的一半，即只对柱上端的弯矩设计值采用了"梁端弯矩法"和"直乘系数法"并取两者结果的较大值（CRSC 软件按"梁端弯矩法"计算出了柱上端的弯矩值，因保存管理和柱配筋时再次调取的困难，只输出了文本文件）：对柱下端则只按"直乘系数法"确定弯矩设计值。即使如此，由下面算例可见，仍有不少的柱的弯矩设计值和配筋比仅按"直乘系数法"确定弯矩设计值要大，有的还大出不少。

本书以一工程算例比较两种方法计算结果的差异，同时两种方法都进行了手算复核。

### 【例 5-26】 由梁端弯矩导出柱设计弯矩及配筋计算

工程简况如下：处于 8 度半 II 类场地设计地震分组为一组的 6 层钢筋混凝土框架结构，抗震等级二级。标准层平面如图 5-42 所示。首层层高 4.6m、其他层 3.6m。首层单位面积质量 $1.046t/m^2$、其他层 $1.014t/m^2$。为简单，不计风荷载作用。在 SATWE 输入柱（节点）箍筋设计强度 210（$N/mm^2$），箍筋最大间距 100（mm）；梁、柱纵筋设计强度 360（MPa），混凝土强度等级 C40。各柱均为方形截面，截面边长尺寸分别为：9 号柱 500mm；1、4、12 号柱 600mm；6 号柱 750mm；其余柱 700mm。使用 2011 年 3 月 31 日版本的 SATWE 软件算出结构基本周期为：0.727s。

二层 6 号中柱

柱截面尺寸 750mm × 750mm。按式（5-54）计算过程如下。因有限元软件计算出的梁弯矩是柱中心点的，要将其折算到柱侧边的弯矩，即用柱中心的弯矩减去梁端剪力与梁端在柱内的长度（0.375m）之积，也就得到表 5-2、表 5-3 中的折减后的 $M$。与柱 6 相连的 $x$ 向梁 16、梁 17（图 5-42）的内力如表 5-2 所示，$y$ 向梁 10、梁 23 的内力如表 5-3 所示。

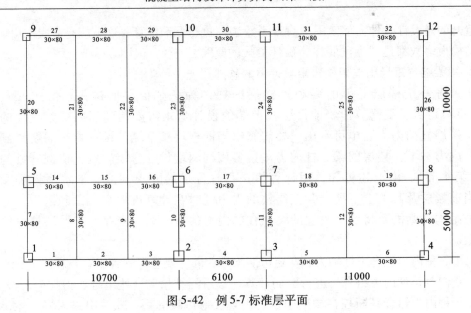

图 5-42　例 5-7 标准层平面

**二层第 6 号柱 x 向梁 16、梁 17 端单元弯矩**（kN·m）　　　　表 5-2

| 荷载或作用 | 梁 16 的 J 端 | | | 梁 17 的 I 端 | | |
|---|---|---|---|---|---|---|
| | $M$（kN·m） | $V$（kN） | 折减后 $M$ | $M$（kN·m） | $V$（kN） | 折减后 $M$ |
| 永久荷载 | −520.6 | 251.4 | −426.33 | −164.5 | 95.0 | −128.88 |
| 可变荷载 | −183.0 | 86.7 | −150.49 | −47.6 | 24.1 | −38.56 |
| x 向地震 | −599.5 | 115.2 | −556.3 | 842.8 | 270.7 | 741.29 |
| y 向地震 | 29.8 | 9.0 | 26.43 | −25.7 | 8.5 | −22.51 |

按第 6 内力组合（$1.2D + 0.6L + 1.3E_y$）手工计算控制内力如下：

x 方向梁 16 的 J 端弯矩：

$$M_b = -1.2 \times 426.33 - 0.6 \times 150.49 + 1.3 \times 26.43 = -511.6 - 90.29 + 43.6$$
$$= -558.29 \text{kN} \cdot \text{m}$$

x 方向梁 17 的 I 端弯矩：

$$M_b = -1.2 \times 128.88 - 0.6 \times 38.56 - 1.3 \times 22.51 = -154.66 - 23.14 - 29.26$$
$$= -207.06 \text{kN} \cdot \text{m}$$

同一节点左、右梁端按顺时针和逆时针方向计算的两端考虑地震组合的弯矩设计值之和的较大值：

$$\sum M_b = 558.29 - 207.06 = 351.23 \text{kN} \cdot \text{m}$$

**二层第 6 号柱 y 向梁 10、梁 23 端单元弯矩**（kN·m）　　　　表 5-3

| 荷载或作用 | 梁 10 的 J 端 | | | 梁 23 的 I 端 | | |
|---|---|---|---|---|---|---|
| | $M$（kN·m） | $V$（kN） | 折减后 $M$ | $M$（kN·m） | $V$（kN） | 折减后 $M$ |
| 永久荷载 | −57.8 | 66.7 | −32.79 | −178.2 | 110.6 | −136.73 |
| 可变荷载 | −10.6 | 13.2 | −5.65 | −73.8 | 43.6 | −57.45 |
| x 向地震 | 70.9 | 28.7 | 60.14 | 47.1 | 9.7 | 43.46 |
| y 向地震 | −923.8 | 370.3 | −784.94 | 640.2 | 134.0 | 589.95 |

按第 7 内力组合（$1.2D + 0.6L + 1.3E_y$）手工计算控制内力如下：

$y$ 方向梁 10 的 J 端弯矩：

$$M_b = -1.2 \times 32.79 - 0.6 \times 5.65 - 1.3 \times 784.94 = -39.35 - 3.39 - 1020.46$$
$$= -1063.2 kN \cdot m$$

$y$ 方向梁 23 的 I 端弯矩：

$$M_b = -1.2 \times 136.73 - 0.6 \times 57.45 + 1.3 \times 589.95 = -164.08 - 34.47 + 766.94$$
$$= 568.39 kN \cdot m$$

同一节点左、右梁端按顺时针和逆时针方向计算的两端考虑地震组合的弯矩设计值之和的较大值：

$$\sum M_b = 1063.2 + 568.39 = 1631.59 kN \cdot m$$

SATWE 输出的二层柱 6 的内力如下：

| N-C = | 6 Node-i= | 45, | Node-j= | 23, | DL=3.600(m), | Angle= | 0.000 |
|---|---|---|---|---|---|---|---|
| （1） | -457.2 | -38.6 | 449.6 | 77.2 | -924.6 | 61.7 | 722.3 |
| （2） | 16.4 | -499.1 | -668.9 | 1020.5 | 32.3 | 776.9 | -26.9 |
| （3） | -48.2 | 19.0 | -2816.8 | -11.1 | -29.7 | -57.2 | 143.9 |
| （4） | -42.3 | 20.3 | -821.5 | -35.6 | -81.2 | -37.4 | 71.2 |

6 号内力组合（$1.2D + 0.6L + 1.3E_y$）如下：

$$N = -1.2 \times 2816.8 - 0.6 \times 821.5 + 1.3 \times 668.9 = -3380.16 - 492.9 - 869.57$$
$$= -4742.63 kN$$

$$M_x^t = -1.2 \times 57.2 - 0.6 \times 37.4 - 1.3 \times 776.9 = -68.64 - 22.44 + 1009.97$$
$$= 918.89 kN \cdot m$$

$$M_y^t = 1.2 \times 143.9 + 0.6 \times 71.2 + 1.3 \times 26.9 = 172.68 + 42.72 - 34.97$$
$$= 180.43 kN \cdot m$$

SATWE 输出的三层柱 6 的内力如下：

| N-C = | 6 Node-i= | 67, | Node-j= | 45, | DL=3.600(m), | Angle= | 0.000 |
|---|---|---|---|---|---|---|---|
| （1） | -416.6 | -34.6 | 309.4 | 60.9 | -730.7 | 63.8 | 770.9 |
| （2） | 16.0 | -461.3 | -443.1 | 820.7 | 27.9 | 841.6 | -29.6 |
| （3） | -47.3 | 18.9 | -2263.5 | -13.4 | -29.0 | -54.5 | 141.2 |
| （4） | -35.6 | 17.7 | -654.0 | -29.5 | -63.6 | -34.2 | 64.7 |

6 号内力组合（$1.2D + 0.6L + 1.3E_y$）如下：

$$M_x^b = -1.2 \times 13.4 - 0.6 \times 29.5 + 1.3 \times 820.7 = -16.8 - 17.7 + 1066.91$$
$$= -1032.41 kN \cdot m$$

$$M_y^b = -1.2 \times 29.0 + 0.6 \times 63.6 + 1.3 \times 27.9 = -34.8 - 38.16 + 36.27$$
$$= -36.69 kN \cdot m$$

按上、下柱端弹性分析所得的考虑地震组合的弯矩比进行分配如下：

$x$ 方向柱上端弯矩：

$$M_x = [-918.89/(918.89 + 1032.41)]M_b = -0.4709 \times 1631.59 = -768.32 kN \cdot m$$

$y$ 方向柱上端弯矩：

$M_y = [180.43/(180.43 + 36.69)]M_b = 0.831 \times 351.23 = 291.87 \text{kN} \cdot \text{m}$

表 5-4 列出了 CRSC 软件计算出的 8 种地震作用组合的两种方法算出的该柱上端弯矩值（注：这里只对柱上端采用了梁导法）。

地震作用 8 种组合的两种方法算出的二层 6 号柱上端弯矩值（kN·m）　　　　表 5-4

| 方法（M） | 组合 4 | 组合 5 | 组合 6 | 组合 7 | 组合 8 | 组合 9 | 组合 10 | 组合 11 |
|---|---|---|---|---|---|---|---|---|
| 梁导 $M_x$ | −4.08 | −175.05 | −768.03 | −971.74 | 0.38 | −156.75 | 784.78 | −954.56 |
| 直乘 $M_x$ | −10.87 | −171.29 | −918.89 | −1101.05 | 4.31 | −156.11 | 934.07 | −1085.87 |
| 梁导 $M_y$ | 1119.24 | −570.89 | 299.56 | 339.61 | 1071.78 | −614.30 | 247.75 | 287.09 |
| 直乘 $M_y$ | 1154.39 | −723.59 | 180.43 | 250.37 | 1118.49 | −759.49 | 144.53 | 214.47 |

由此可看出，多数内力组合下梁导法和直乘法得到的柱端弯矩差距不大。

CRSC 软件按梁导法、直乘法和 GB 50011 方法（即梁导法和直乘法两方法弯矩结果选大再配筋）对此柱的配筋都是 16 根直径 32mm 的钢筋。以下是 CRSC 软件的输出结果：

```
N-C=    6(1)B*H(mm)= 750* 750 Ac=    562500.
C40 fy= 360. fyv= 210. aa=30 Clx= 1.00 Cly= 1.00 Lc= 3.60 (m); 2级验算
( 6 )CRN= -4742.6 Mx= 1292.0 My=  -42.4 bars16D32 As=12868.0 Rs=2.29(%)
( 6 )N= -4742.6 kN Uc= 0.441                        Rss=0.57(%)
设计内力, N, Mx2, Mx1, My2, My1= -4742.6, 1937.95, 1378.33,  449.34,  -63.56
( 3 )Nmin= -3966.9 ( 2 )Vxsw 117.1 Vysw  51.2
( 11 )Nmin= -2358.0 ( 7 )Vxe= 104.5 Vye= 683.8; 2级构造
?  2 层  6 号柱净高/柱截面高= 3.7 ≤ 4.0 !
HDZ  3600. d10 s  96. (PV)  λ v= 0.13 Rsv=1.20(%) Hj/B= 3.7
```

其中输出了设计内力，是在内力组合的基础上弯矩乘以必要的抗震设计内力调整系数，此例是二级抗震非角柱，该系数为 1.5，就是表 5-4 中组合 6 的内力乘 1.5，$918.89 \times 1.5 = 1378.33$，$299.56 \times 1.5 = 449.34$，并按 $M_2$ 为大排序的结果。可见与手算结果一致。

由式（5-54）可见计算柱上端弯矩要用到本楼层梁的弯矩值、本楼层柱和上一楼层柱下端截面弯矩值，由式（5-54）可见计算柱下端弯矩要用到下一楼层梁的弯矩值、本楼层柱和下一楼层柱上端截面弯矩值。编制计算机软件时，要将本楼层和上、下相邻楼层的柱内力和本楼层和下楼层梁内力放入计算机内存，用于计算本楼层一根柱的配筋。显而易见，困难很大！即使是手算过程写出来，读者读起来也会很烦。所以，目前 CRSC 软件只实施了式（5-54），即对柱上端弯矩设计值用了 GB 50011 方法，而对柱下端弯矩设计值用的仍是直乘法。本节为说明问题，下面写出的手算过程也只是实施了式（5-54）。

该工程所有柱（规范要求用柱弯矩直接配筋的顶层柱除外，）上端采用 GB 50011 方法、直乘法和梁导法配出的纵向受力钢筋结果比较见表 5-5。表中带斜线 "／" 的数据表示柱上端用三种方法配筋结果的纵筋直径（mm），按前后顺序分别为 "GB 50011 法／直乘法／梁导法"，表格中只一个数字的表示三种方法结果相同。三方法结果，柱所配纵筋根数均相同：方柱截面边长不大于 600mm 为 12 根、大于 600mm 为 16 根。

柱上端采用 **GB 50011** 方法和简化方法配出的纵向受力钢筋直径（mm）　　表 5-5

| 柱号 | 1 | 2 | 3 | 4 | 5 | 6 | 7 | 8 | 9 | 10 | 11 | 12 |
|---|---|---|---|---|---|---|---|---|---|---|---|---|
| 楼层 1 | 20 | 20 | 20 | 20 | 20 | 20 | 20 | 20 | 16 | 20 | 20 | 20 |
| 楼层 2 | 36 | 32 | 28 | 32 | 32 | 32 | 32 | 32 | 28 | 32 | 32 | 28 |
| 楼层 3 | 32 | 25 | 25 | 28 | 32/28/28 | 32/32/28 | 32/32/28 | 28 | 28 | 32/32/28 | 28 | 28/25/28 |
| 楼层 4 | 25 | 22 | 25/25/22 | 25 | 28 | 28 | 28 | 28/25/25 | 28/25/28 | 28 | 28 | 28/25/28 |
| 楼层 5 | 22/22/20 | 20 | 20 | 20 | 25 | 25 | 25 | 25/22/22 | 25/22/25 | 25 | 25 | 25/22/25 |

可见，只用梁导法，有 8 根柱纵筋直径偏小；只用直乘法，也是有 8 根柱配筋偏小。其中有 4 根相同的柱配筋偏小，另外 4 根不是相同的柱；不用 GB 50011 方法，有 8 根柱配筋偏小。就是说，只柱上端应用 GB 50011 方法，在 60 根柱中配筋增大的就有 8 根柱，占 13.3% 多。如果柱下端也采用 GB 50011 方法可能柱配筋增大的会更多一些。其中，有些柱，例如三层 5 号柱单独一种方法（直乘法或梁导法）的配筋结果都没有 GB 50011 方法，即两种方法结果选大的配筋结果大，是因为截面一个主轴可能直乘法得到的弯矩较大，而截面另一主轴是梁导法得到的弯矩较大，两种方法结果选大的双轴弯矩均是较大值，RCM 是按双偏压计算的，所以其结果有可能比单独一种方法（直乘法或梁导法）的配筋结果大了，详见下面对五层 8 号柱的手算过程。

这说明 GB 50010—2010 和 JGJ 3—2010 只规定使用梁导法相对于 GB 50011—2010 来讲是偏于不安全的。目前很多计算软件只采用直乘法计算也是偏于不安全的。

根据上面二层 6 号柱 CRSC 软件[7]、[20] 设计内力结果用 RCM 软件进行配筋：

由于此结构没考虑风载作用，控制配筋的内力组合序号 6 是地震作用组合，将其中给出的弯矩设计值（设计内力）乘以承载力抗震调整系数 $\gamma_{RE} = 0.8$（轴力不调整）后再输入到 RCM 对话框设计内力中，即

$M_{x2} = 0.8 \times 1937.95 = 1550.36$，$M_{x1} = 0.8 \times 1378.33 = 1102.66$，$M_{y2} = 0.8 \times 449.34 = 359.47$，$M_{y1} = 0.8 \times 63.56 = 50.85$

并且注意 CRSC 柱端弯矩正负号的约定是柱上、下端均是绕柱局部坐标轴逆时针方向为正，这与 RCM 的单曲率弯曲时两端弯矩同号的约定不同。就是在 RCM 中 $M_2$ 取正值，$M_1$ 取 CRSC 结果的 $M_1$ 乘以 $-1$。软件 RCM 输入信息及计算结果见图 5-43。

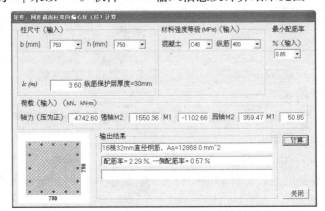

图 5-43　算例的输入信息和计算结果

RCM 的计算结果也在图 5-43 中，可见 RCM 软件结果与 CRSC 的配筋结果相同。

CRSC 软件输出的配筋结果中输出"设计内力"的好处，一是便于手算或用类似于 RCM 构件配筋软件进行复核配筋结果，如上述例题所示；另一个好处是，可以判断此设计内力是用梁弯矩导出法，还是用直乘系数法得来的，比如上面的二层 6 号柱，由前两行的控制内力乘内力调整系数后与设计内力相等，就表明该柱设计内力是直乘系数法得到的；如果设计内力大于控制内力乘内力调整系数的值，就表明该柱设计内力是梁弯矩导出法得到的；否则，如果设计内力小于控制内力乘内力调整系数的值了，则表示软件出错了。

五层 8 号边柱

柱截面尺寸 700mm×700mm。按式（5-54）计算过程如下。因有限元软件计算出的梁弯矩是柱中心点的，要将其折算到柱侧边的弯矩，即用柱中心的弯矩减去梁端剪力与梁端在柱内的长度（0.35m）之积，也就得到表 5-6、表 5-7 中的折减后的 $M$。与柱 8 相连的 $x$ 向梁 19（图 5-42）的内力如表 5-6 所示，$y$ 向梁 13、梁 26 的内力如表 5-7 所示。

**五层第 8 号柱 $x$ 向梁 19 的 J 端弯矩**（kN·m）　　　　　表 5-6

| 荷载或作用 | 梁 19 的 J 端 | | |
|---|---|---|---|
| | $M$（kN·m） | $V$（kN） | 折减后 $M$ |
| 永久荷载 | −470.7 | 217.7 | −394.51 |
| 可变荷载 | −186.3 | 82.5 | −157.43 |
| $x$ 向地震 | −322.9 | 57.3 | −302.85 |
| $y$ 向地震 | 15.3 | 5.2 | 13.48 |

按第 7 内力组合（$1.2D + 0.6L - 1.3E_y$）手工计算控制内力如下：

$x$ 方向梁 19 的 J 端弯矩：

$$\sum M_b = M_b = -1.2 \times 394.51 - 0.6 \times 157.43 + 1.3 \times 13.48$$
$$= -473.41 - 94.46 + 17.52 = -585.29 \text{kN} \cdot \text{m}$$

**五层第 8 号柱 $y$ 向梁 13、梁 26 端弯矩**（kN·m）　　　　表 5-7

| 荷载或作用 | 梁 13 的 J 端 | | | 梁 26 的 I 端 | | |
|---|---|---|---|---|---|---|
| | $M$（kN·m） | $V$（kN） | 折减后 $M$ | $M$（kN·m） | $V$（kN） | 折减后 $M$ |
| 永久荷载 | 91.2 | 35.6 | 78.74 | 79.2 | 16.0 | 73.6 |
| 可变荷载 | −303.3 | 118.1 | −261.97 | 269.1 | 54.6 | 250.0 |
| $x$ 向地震 | −38.4 | 33.7 | −26.61 | −129.8 | 77.4 | −102.7 |
| $y$ 向地震 | −1.6 | 5.7 | 0 | −35.8 | 23.3 | −27.6 |

按第 7 内力组合（$1.2D + 0.6L - 1.3E_y$）手工计算控制内力如下：

$y$ 方向梁 13 的 J 端弯矩：

$M_b = -1.2 \times 26.61 + 0.6 \times 0 + 1.3 \times 261.97 = -31.92 + 0 + 340.5 = 308.6 \text{kN} \cdot \text{m}$

$y$ 方向梁 26 的 I 端弯矩：

$M_b = -1.2 \times 102.7 - 0.6 \times 27.6 - 1.3 \times 250.0 = -123.2 - 16.6 - 325.0 = -464.8 \text{kN} \cdot \text{m}$

同一节点左、右梁端按顺时针和逆时针方向计算的两端考虑地震组合的弯矩设计值之和的较大值：

$$\sum M_{\rm b} = 308.6 + 464.8 = 773.4{\rm kN \cdot m}$$

SATWE 输出的五层柱 8 的内力如下：

| (iCase) | Shear-X | Shear-Y | Axial | Mx-Btm | My-Btm | Mx-Top | My-Top |
|---|---|---|---|---|---|---|---|
| N-C = 8 Node-i= 120, | | | Node-j= | 98, DL= 3.600(m), | | Angle= | 0.000 |
| （1） | -120.3 | -63.8 | -74.2 | 100.4 | -155.5 | 129.7 | 283.1 |
| （2） | 8.7 | -208.6 | -72.5 | 330.5 | 15.1 | 421.9 | -16.5 |
| （3） | -51.8 | 10.9 | -752.5 | -8.0 | -40.6 | -31.2 | 146.0 |
| （4） | -44.2 | 8.8 | -225.2 | -16.0 | -83.9 | -15.6 | 75.1 |

7 号内力组合（$1.2D + 0.6L - 1.3E_{\rm y}$）如下：

$N = -1.2 \times 752.5 - 0.6 \times 225.2 + 1.3 \times 72.5 = -903.0 - 135.12 + 94.25 = -943.87{\rm kN}$

$M_{\rm x}^{\rm t} = -1.2 \times 31.2 - 0.6 \times 15.6 - 1.3 \times 421.9 = -37.44 - 9.36 - 548.47 = 595.27{\rm kN \cdot m}$

$M_{\rm y}^{\rm t} = 1.2 \times 146.0 + 0.6 \times 75.1 + 1.3 \times 16.5 = 175.2 + 45.06 + 21.45 = 241.71{\rm kN \cdot m}$

$M_{\rm x}^{\rm b} = -1.2 \times 0.8 - 0.6 \times 16.0 - 1.3 \times 330.5 = -9.6 - 9.6 - 429.65 = -448.85{\rm kN \cdot m}$

$M_{\rm y}^{\rm b} = -1.2 \times 40.6 - 0.6 \times 83.9 - 1.3 \times 15.1 = -48.72 - 50.34 - 19.63 = -118.69{\rm kN \cdot m}$

SATWE 输出的六层柱 8 的内力如下：

| N-C = 8 Node-i= 142, | | | Node-j= | 120, DL= 3.600(m), | | Angle= | 0.000 |
|---|---|---|---|---|---|---|---|
| （1） | -63.2 | -34.0 | -28.1 | 45.9 | -55.5 | 77.0 | 177.9 |
| （2） | 6.8 | -120.2 | 15.5 | 164.5 | 10.4 | 269.3 | -14.2 |
| （3） | -128.2 | 27.8 | -383.8 | -25.7 | -98.8 | -74.6 | 362.6 |
| （4） | -71.0 | 14.4 | -113.8 | -22.1 | -104.8 | -29.7 | 150.8 |

7 号内力组合（$1.2D + 0.6L - 1.3E_{\rm y}$）如下：

$M_{\rm x}^{\rm b} = -1.2 \times 25.7 - 0.6 \times 22.1 - 1.3 \times 164.5 = -30.84 - 13.26 - 213.85 = -257.95{\rm kN \cdot m}$

$M_{\rm y}^{\rm b} = -1.2 \times 98.8 - 0.6 \times 104.8 - 1.3 \times 10.4 = -118.56 - 62.88 - 13.52 = -194.96{\rm kN \cdot m}$

按上、下柱端弹性分析所得的考虑地震组合的弯矩比进行分配如下：

$x$ 方向柱上端弯矩：

$$M_{\rm x} = [-595.27/(595.27 + 257.95)]M_{\rm b} = -0.698 \times 773.69 = -539.78{\rm kN \cdot m}$$

$y$ 方向柱上端弯矩：

$$M_{\rm y} = [436.67/(436.67 + 194.96)]M_{\rm b} = 0.554 \times 585.39 = 324.03{\rm kN \cdot m}$$

乘以内力调整系数 1.5，得到设计内力，整理后的结果见表5-8。

**五层第 8 号柱按三种计算方法得到的设计弯矩**（kN·m）    表 5-8

| 方法 | $M_{\rm x}^{\rm b}$ | $M_{\rm y}^{\rm b}$ | $M_{\rm x}^{\rm t}$ | $M_{\rm y}^{\rm t}$ |
|---|---|---|---|---|
| 梁导法 | $-448.85 \times 1.5 = -673.28$ | $-118.69 \times 1.5 = -178.04$ | $-539.78 \times 1.5 = -809.67$ | $324.03 \times 1.5 = 486.05$ |
| 直乘法 | $-673.28$ | $-178.04$ | $595.27 \times 1.5 = 892.91$ | $241.71 \times 1.5 = 362.57$ |
| GB 50011 法 | $-673.28$ | $-178.04$ | $892.91$ | $486.05$ |

　　由表 5-8 可看出，梁导法 $M_y^t$ 较大，直乘法 $M_x^t$ 较大，GB 50011 法是在前两个方法的结果中取较大值。于是影响了后续的配筋结果。

　　再使用前面介绍的对抗震设计柱正截面配筋使用 RCM 软件的方法，将表 5-8 中的弯矩均乘以抗震承载力调整系数 $\gamma_{RE}$（= 0.8），输入到 RCM 对话框，按"计算"即可分别得到三种方法的配筋结果，分别如图 5-44 ~ 图 5-46 所示。

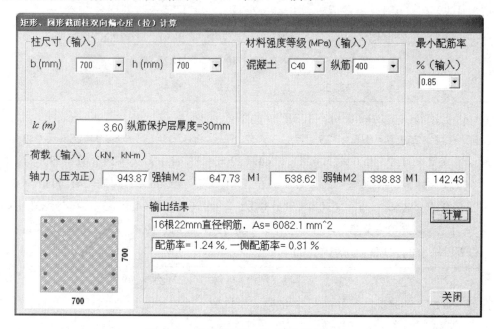

图 5-44　使用梁导法对五层 8 号柱配筋

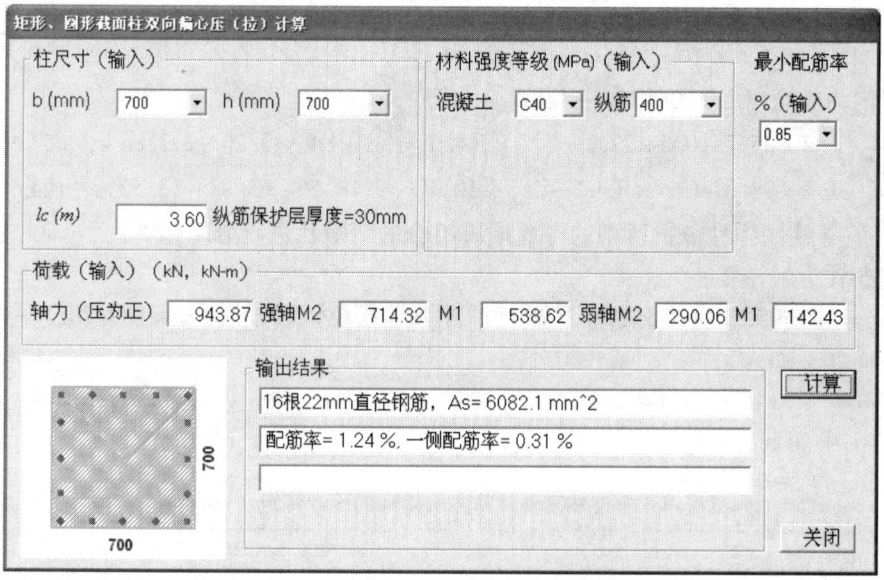

图 5-45　使用直乘法对五层 8 号柱配筋

可见，其与表 5-5 中的结果相同，说明 GB 50011 方法比 GB 50010 方法或直接乘放大系数方法的配筋结果要安全。因为，到目前为止，很多设计软件都是使用直接乘放大系数方法，这也只是影响地震中很多框架结构出现"强梁弱柱"型破坏的原因之一，至于影响更大的另一个原因，我们将在第 5.15 节中介绍。

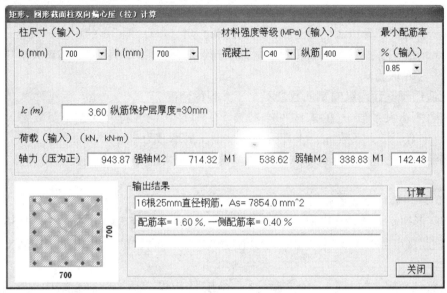

图 5-46　使用 GB 50011 方法对五层 8 号柱配筋

## 5.13　偏心受压圆形柱正截面承载力计算

沿周边均匀配置纵向钢筋的圆形截面钢筋混凝土偏心受压构件，其正截面受压承载力宜符合《混凝土结构设计规范》GB 50010—2010 附录 E.0.4 的规定，即下列公式：

$$N \leqslant \alpha \alpha_1 f_c A \left( 1 - \frac{\sin 2\pi\alpha}{2\pi\alpha} \right) + (\alpha - \alpha_t) f_y A_s \tag{5-56}$$

$$Ne_i \leqslant \frac{2}{3} \alpha_1 f_c A r \frac{\sin^3 \pi\alpha}{\pi} + f_y A_s r_s \frac{\sin\pi\alpha + \sin\pi\alpha_t}{\pi} \tag{5-57}$$

$$\alpha_t = 1.25 - 2\alpha \tag{5-58a}$$

$$e_i = e_0 + e_a \tag{5-58b}$$

式中　$N$——轴向压力设计值；

$\alpha_1$——系数，当混凝土强度等级不超过 C50 时，取为 1.0，当混凝土强度等级为 C80 时，取为 0.94，其间按线性内插法确定；

$f_c$——混凝土轴心抗压强度设计值；

$f_y$——钢筋抗拉强度设计值；

$A$——圆形截面面积；

$A_s$——全部纵向钢筋的截面面积；

　　　　$r$——圆形截面的半径；

　　　　$r_s$——纵向钢筋重心所在圆周的半径；

　　　　$e_0$——轴向压力对截面重心的偏心距；

　　　　$e_a$——附加偏心距；

　　　　$e_i$——初始偏心距；

　　　　$\alpha$——对应于受压区混凝土截面面积的圆心角（rad）与 $2\pi$ 的比值；

　　　　$\alpha_t$——纵向受拉钢筋截面面积与全部纵向钢筋截面面积的比值，当 $\alpha$ 大于 0.625 时，$\alpha_t$ 取为 0。

以上适用于截面内纵向钢筋数量不少于 6 根的情况。

　　其中弯矩增大系数 $\eta_{ns}$ 的求法见本书第 5.4 节；其他各符号的意义见文献［3］。取式（5-57）中弯矩增大系数 $\eta_{ns}=1$ 即得到短柱偏压的承载力。

　　直接使用上面公式计算很不方便，RCM 软件采用文献［8］的简捷实用计算方法进行计算。

### 【例 5-27】 偏心受压圆形柱配筋计算 1

　　已知圆形柱，直径 $D=1200\text{mm}$，$l_c=6.25\text{m}$，混凝土强度等级 C30（$f_c=14.3\text{N/mm}^2$），HRB335 钢筋（$f_y=300\text{N/mm}^2$），承受设计压力 $N=13670\text{kN}$，设计弯矩 $M=1043\text{kN}\cdot\text{m}$，求钢筋用量。

　　此题取自文献［8］例 4，但文献［8］是按照 1989 年版本混凝土结构设计规范计算的，材料强度设计值为 $f_{cm}=13.5\text{N/mm}^2$、$f_y=310\text{N/mm}^2$，按当时的偏心距增大系数公式计算出的偏心距增大系数（相当于 2010 规范的弯矩增大系数）为 1.107。因此下面输入设计弯矩为 $M=1043\times1.107=1154\text{kN}\cdot\text{m}$。文献［8］简化方法计算得到的纵筋面积为 5953mm$^2$，按 1989 混凝土规范公式直接迭代计算结果为 5854mm$^2$。

　　RCM 软件输入信息和简要计算结果见图 5-47，RCM 输出的详细计算结果如下：

```
CC= 30.0 两方向上下支撑点间距离=      6250. mm

DC=  1200. mm,Fy= 300 N/mm^2

作用弯矩M1=1154000000.0 长细比=  5.2

Mx1,Mx2,My1,My2= 1154000000.  1154000000.         0.         0. N-m

Mx1/Mx2,My1/My2= 1.000 0.000 [lc/ix,lc/iy]= 22.00 46.00

Cmx×ηnsx,Cmy×ηnsy=  1.000  1.000

AN=      13670000. N,Mx2,My2=     1154000000.         0. N-mm

AN=      13670000. N,M=     1154000000. N-mm

吕(5″)BETa,b,α=     0.9021     0.1507     0.2871 RN1=     0.20

RN1,RN2=        0.199       427.524

AS1=          5391.          4967. ASM          4967. ASMAX

试配的纵筋根数 NBAR=18

CRN= 13670.0 M=1154.0 bars18D20 As= 5655.6 Rs=0.50(%)

Uc= 0.845
```

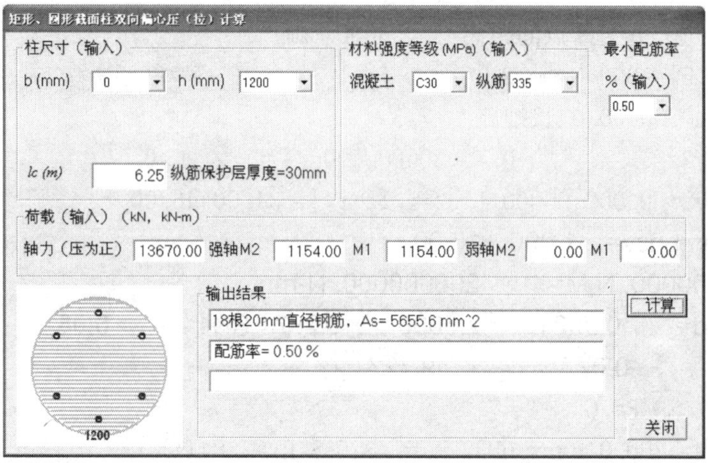

图 5-47　【例 5-26】的输入信息和计算结果

可见 RCM 结果与文献 [8] 结果差距不大，这可能是因为材料强度不同引起的。

**【例 5-28】偏心受压圆形柱配筋计算 2**

文献 [24] 第 230 页例，圆形截面柱，外径 $D = 400$mm，承受轴向力设计值 $N = 500$kN，弯矩设计值 $M = 200$kN·m，混凝土强度等级 C35，采用 HRB335 钢筋，弯矩增大系数 1.0。求纵向钢筋 $A_s$。

**【解】** 手算过程见文献 [24]，这里不赘述。

RCM 软件输入信息和简要计算结果见图 5-48。因已知弯矩增大系数为 1.0，故假设柱计算长度较小，取 3m。

文献 [24] 中手算出配 28 根直径 14mm 钢筋，面积 $A_s = 4310.3$mm$^2$。RCM 配筋结果见图 5-48，RCM 软件按纵筋间距不大于 200mm，且钢筋总数不少于 6 根，配 6 根钢筋，所以直径略粗，面积稍大于手算的。

RCM 输出的详细计算结果如下：

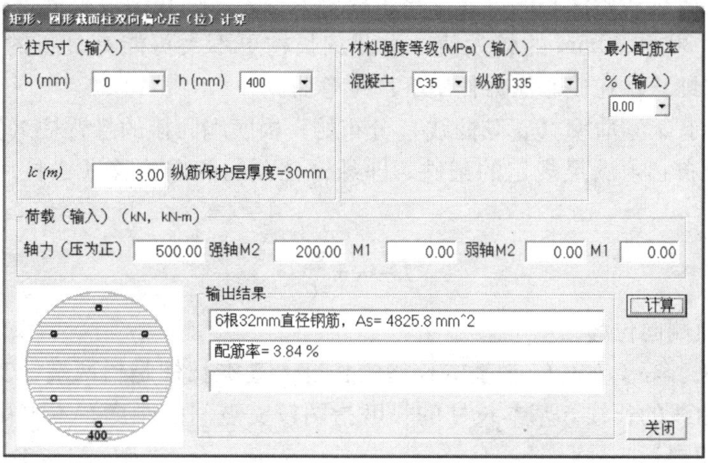

图 5-48　【例 5-27】的输入信息和计算结果

```
CC= 35.0 两方向上下支撑点间距离=      3000. mm
DC=    400. mm,Fy= 300 N/mm^2
作用弯矩M1= 200000000.0 长细比=  7.5
Mx1,Mx2,My1,My2=          0.  200000000.          0.        0. N-m
Mx1/Mx2,My1/My2= 0.000 0.000 [lc/ix,lc/iy]= 34.00 46.00
Cmx×ηnsx,Cmy×ηnsy=  1.000  1.000
AN=         500000. N,M=      200000000. N-mm
吕 (5″)BETa, b, α=  0.9021  2.5000  0.2871 RN1=    0.08
RN1,RN2=      0.077        9.727
试配的纵筋根数 NBAR= 6
CRN=   500.0 M= 200.0 bars 6D32 As= 4825.8 Rs=3.84(%)
```

## 5.14　细长柱正截面承载力计算

近年的矩形截面大长细比钢筋混凝土柱承载力试验[25]表明，当长细比$\frac{l_0}{h} \geqslant 25$ 时，如使用《混凝土结构设计规范》[2]中所给出的公式计算则给出明显偏少的配筋结果。因此，该文建议当长细比$\frac{l_0}{h} \geqslant 25$ 宜用模型柱法进行配筋计算。文献［25］中试件 6 比试件 1 配筋率增加了约 20.9%，混凝土强度相近，但因长细比从 20 增加到 25，试件极限承载力降低了 27.4%，由此可看出，柱长细比超过某值后（即杆件稳定起控制时），随长细比增大，柱承载力急剧下降的趋势。本书算例也表明防止失稳破坏要比规范给出的方法增加配筋很多。

单向偏心受压长柱配筋计算的模型柱法[4]介绍如下：

细长柱产生偶然初始偏心的可能性比短柱要大得多，如我国规范规定长柱最小初始偏心距应不小于 $h/30$ 和 20mm 的较大值，由此细长柱更不大可能有真正的中心受压情况，因此，以下假定细长柱在偏心压力作用下产生弯曲。

模型柱是具有某一曲率（正弦曲线）分布的一根底端固接的悬臂柱（图 5-49）。失稳破坏时，曲率分布必须满足规定的条件，即悬臂柱顶的侧向位移（由柱底处切线量起），必须满足下式：

$$f = 0.4 \frac{s^2}{r} \tag{5-59}$$

式中　$f$——柱顶侧向位移；

　　　$s$——柱长，等于 $l/2$（$l$ 为基本长柱的长度，基本长柱是指两端铰支且变形满足正弦曲线的长柱，基本长柱的长度指两铰支点间的距离，本书中柱计算长度与此相同）；

　　　$r$——柱底截面曲率半径。

实际结构中的柱均可按支承约束条件分解成若干个模型柱来计算。工程中柱的上下端弯矩往往是不相等的，许多情况下甚至弯矩是反号的，这时可根据柱上、下端弯矩确定柱的反弯点所在，两反弯点之间距离即标准柱（图 5-50 中基本长柱）的长度。

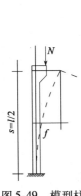

图 5-49　模型柱

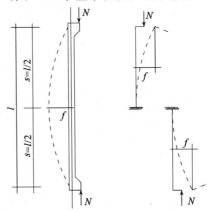

图 5-50　基本长柱分解为两个"模型柱"

如图 5-50 所示的基本长柱可分解为两个模型柱。因此，破坏时基本长柱中［或模型柱顶（底）］点截面处的变位为：

$$f = 0.4\ \frac{1}{r}\left(\frac{l}{2}\right)^2 = 0.1\ \frac{l^2}{r} \tag{5-60}$$

在柱顶弯矩 $M_1$、压力 N、柱顶位移 $f$ 与柱顶压力 N 的附加作用下，柱底截面的总弯矩为：

$$M = M_1 + M_2 \tag{5-61}$$

式中　$M_1$——柱顶弯矩，其中包括 $P-\Delta$ 效应；

$\quad\quad M_2$——附加（$P\text{-}\delta$ 效应）弯矩，$M_2 = Nf$。

给定材料性质、截面尺寸、配筋和顶端轴向压力及弯矩，就可确定柱子能承担的最大一阶弯矩 $M_1$，改写式（5-61）得：

$$M_1 = M - M_2 \tag{5-62}$$

由式（5-62），计算出短柱的受弯承载力 $M$，再知道附加弯矩 $M_2$ 的大小，就能得到长柱的受弯承载力 $M_1$。

为表述简单起见，定义以下的无量纲参数；$\mu = M/(f_c A_c h)$；$v = N/(f_c A_c)$。

双向偏心受压截面柱受到的相对弯矩：

$$\mu_x = \frac{M_x}{f_c A_c h};\ \ \mu_y = \frac{M_y}{f_c A_c b} \tag{5-63}$$

双向偏心受压截面柱受到的附加相对弯矩：

$$\mu_{2x} = 0.1v\left(\frac{l}{h}\right)^2\left(\frac{h}{r_x}\right);\ \ \mu_{2y} = 0.1v\left(\frac{l}{b}\right)^2\left(\frac{b}{r_y}\right) \tag{5-64}$$

用 $h$ 表示弯曲方向柱截面高度，则弯曲方向柱曲率的一次近似采取下列公式描述：

$$\frac{1}{r} = \begin{cases} \dfrac{0.0033 + f_y/E_s}{h} & (v \leqslant 0.5) \\[3mm] \dfrac{0.0033 + f_y/E_s}{2vh} & (v > 0.5) \end{cases} \tag{5-65}$$

式（5-69）中混凝土极限压应变按我国设计规范取为 0.0033，以符合我国的设计习惯。

对于长细比 $l/h$，$l/b$ 的柱，当分别沿 $y$，$x$ 轴压曲时，柱具有的承载能力分别为 $\mu_\mathrm{A}$、$\mu_\mathrm{B}$（图5-51）：

$$\mu_\mathrm{A}=\mu_\mathrm{d}-\mu_\mathrm{2y} ;\ \mu_\mathrm{B}=\mu_\mathrm{d}-\mu_\mathrm{2x} \qquad (5\text{-}66)$$

式中　$\mu_\mathrm{d}$——短柱的相对抗弯能力（图5-51）。

从作用的外弯矩 $\mu_\mathrm{x}$ 和 $\mu_\mathrm{y}$ 可得：

$$\mu_\mathrm{c}=\mu_\mathrm{y}+\mu_\mathrm{x}\frac{\mu_\mathrm{A}}{\mu_\mathrm{B}} \qquad (5\text{-}67)$$

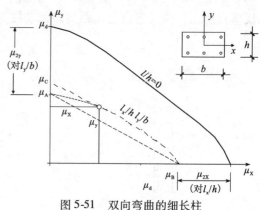

图5-51　双向弯曲的细长柱

由图5-57所示的线性化方法计算出 $\mu_\mathrm{d}$（单轴短柱承载能力）的一个偏安全的近似值：

$$\mu_\mathrm{d}\approx\mu_\mathrm{c}+\mu_\mathrm{2y} \qquad (5\text{-}68)$$

引入 $\mu_\mathrm{c}$，$\mu_\mathrm{A}$，$\mu_\mathrm{B}$ 公式，有：

$$\mu_\mathrm{d}=\mu_\mathrm{y}+\mu_\mathrm{x}\frac{\mu_\mathrm{d}-\mu_\mathrm{2y}}{\mu_\mathrm{d}-\mu_\mathrm{2x}}+\mu_\mathrm{2y} \qquad (5\text{-}69)$$

则得：

$$\mu_\mathrm{d}^2-(\mu_\mathrm{2x}+\mu_\mathrm{2y}+\mu_\mathrm{x}+\mu_\mathrm{y})\mu_\mathrm{d}+\mu_\mathrm{2x}(\mu_\mathrm{y}+\mu_\mathrm{2y})+\mu_\mathrm{2y}\mu_\mathrm{x}=0 \qquad (5\text{-}70)$$

令：$\mu_\mathrm{S}=\mu_\mathrm{2x}+\mu_\mathrm{2y}+\mu_\mathrm{x}+\mu_\mathrm{y}$；$\mu_\mathrm{T}=\mu_\mathrm{2x}(\mu_\mathrm{y}+\mu_\mathrm{2y})+\mu_\mathrm{2y}\mu_\mathrm{x}$

式（5-70）可写成：

$$\mu_\mathrm{d}^2-\mu_\mathrm{S}\mu_\mathrm{d}+\mu_\mathrm{T}=0 \qquad (5\text{-}71)$$

由图5-51可知解 $\mu_\mathrm{d}$ 大于 $\mu_\mathrm{s}/2$，故正确解为：

$$\mu_\mathrm{d}=\frac{\mu_\mathrm{S}}{2}+\sqrt{\left(\frac{\mu_\mathrm{S}}{2}\right)^2-\mu_\mathrm{T}} \qquad (5\text{-}72)$$

与 $\mu_\mathrm{d}$ 相应的配筋可通过查事先计算出的受力纵筋沿截面周边均匀布置的柱承载力设计图表或数据库获得。对于有地震作用的组合，用 $\gamma_\mathrm{RE}M_\mathrm{x}$，$\gamma_\mathrm{RE}M_\mathrm{y}$ 代替 $M_\mathrm{x}$，$M_\mathrm{y}$ 进行上面的计算。

软件配筋计算时，根据前述需要的相对抗弯能力 $\mu_\mathrm{d}$ 值用公式 $\mu=M/(f_\mathrm{c}A_\mathrm{c}h)$ 求出需要的弯矩值 $M_\mathrm{dx}=\mu_\mathrm{d}f_\mathrm{c}A_\mathrm{c}h$、$M_\mathrm{dy}=\mu_\mathrm{d}f_\mathrm{c}A_\mathrm{c}b$，再与 RCM 的短柱弯矩值数据库中该截面尺寸的弯矩值进行对比就可完成选配钢筋的任务。详细见文献 [26]。

对于圆形截面细长柱，由于圆的对称性，取其所受弯矩矢量最大的方向进行配筋计算，即转化为单向压弯的问题。式（5-65）中截面高度 $h$ 取为圆截面有效高度，即取为 $d-a$，这里 $d$ 为圆截面直径、$a$ 为纵向钢筋半径加上纵筋保护层厚。再结合文献 [8] 的方法，RCM 进行圆截面细长柱的配筋。详细见文献 [27]。

### 【例5-29】偏心受压细长矩形柱配筋算例

截面尺寸为 $b=h=300\mathrm{mm}$，$a=a'=40\mathrm{mm}$。截面承受轴向压力设计值 $N=364.37\mathrm{kN}$，柱端弯矩设计值 $M_\mathrm{x}=29.12\mathrm{kN\cdot m}$，$M_\mathrm{y}=2.50\mathrm{kN\cdot m}$。柱计算长度为 $10.244\mathrm{m}$。混凝土强度等级为 C30，纵筋为 HRB335 钢筋。采用对称配筋，求钢筋面积 $A_\mathrm{s}$。

【解】因截面双轴对称，可简化为只计算第一象限情况，即双轴弯矩均取其绝对值。

内力代入公式可得：$v = N/(f_c A_c) = 0.283$；$\mu_x = \dfrac{M_x}{f_c A_c h} = 0.0754$；$\mu_y = \dfrac{M_y}{f_c A_c b} = 0.0065$；

$$\mu_{2x} = 0.1v\left(\frac{l}{h}\right)^2\left(\frac{h}{r_x}\right) = \mu_{2y} = 0.1584 ; \quad \frac{1}{r} = \frac{0.0033 + 300/200000}{300} = 0.000016 ;$$

$\mu_S = \mu_{2x} + \mu_{2y} + \mu_x + \mu_y = 0.3980$；$\mu_T = \mu_{2x}(\mu_y + \mu_{2y}) + \mu_{2y}\mu_x = 0.0380$；解方程得$\mu_d = 0.240$

从而 $M_d = 92.80$kN·m，与数据库中该截面尺寸柱弯矩承载力比较可得。

RCM 软件输入信息和简要计算结果见图 5-52。RCM 输出的详细计算结果如下：

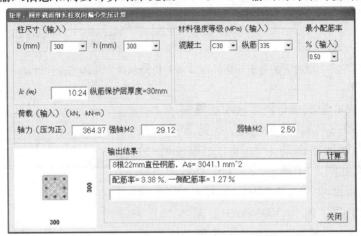

图 5-52　双向弯曲的细长柱计算例题

用以上模型柱法手算放大的柱端弯矩并假设另一主轴方向弯矩是 1/3 的弯矩，和本软件短柱配筋计算功能，来检验双向弯曲的细长柱计算结果，见图 5-53。

```
细长柱HEOX, HEOY=    10.240    10.240(m), lox/b, loy/h=  34.13  34.13
BC, HC, AC, FC, FCAC= 300.0 300.0  90000.0 14.30  1287000. Fy= 300.
ρmin=    1.004(%), IDB=  1
ND1= 8
AMX0, AMY0=   0.291E+08  0.250E+07 N-mm
V= 0.283 μx, μy=  0.07542  0.00648 1/r= 0.160E-04
μ2x, μ2y=  0.158   0.158
μs, μt=   0.399    0.038 μSSUD=   0.002 μd=  0.24
ACTMX, Y=AMUD*FC*AC*HC, BC=    92.75    92.75 (kN-m) IDB, MAXNA   1   7
GTSRMXY KSSCH, IDB=    300030 1
1 D=12 Mx0, My0=    33.181    33.181
2 D=14 Mx0, My0=    47.081    47.081
3 D=16 Mx0, My0=    60.982    60.982
4 D=18 Mx0, My0=    74.883    74.883
5 D=20 Mx0, My0=    88.784    88.784
6 D=22 Mx0, My0=   102.685   102.685
ACTMX, Y=   92.75   92.75 kN-m, ID=22 As= 3041.1
N=   364.4 Mx=  29.1 My=   2.5 bars 8D22 As= 3041.1 ρ=3.38(%) ρs=1.27(%)
Uc= 0.283
```

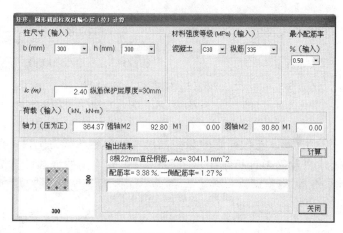

图 5-53    用放大的弯矩和短柱计算软件检验双向弯曲的细长柱计算结果

### 【例 5-30】 偏心受压细长圆形柱配筋算例

7 度（0.15g）设防，Ⅱ 类场地，3 跨 3 开间柱网，两方向相邻轴线距离均为 3.3m。层高 4m，共 10 层，各层平面如图 5-54 所示[27]。所有柱截面直径为 0.4m，梁截面尺寸均为 0.25m × 0.45m。C25 混凝土，钢筋强度设计值为 300N/mm²。基本风压：$W_0 = 0.30$（kN/m²），地面粗糙程度：B 类，体形系数：1.30。

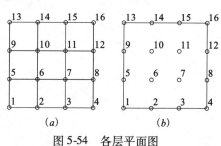

图 5-54    各层平面图
(a) 1~3 层、6~10 层；(b) 4~5 层

按照 2002 年版混凝土规范 7.3.11-3 条的梁柱线刚度比方法确定第三层中柱的计算长度系数为：1.0541。于是该柱的计算长度为：1.0541 × 12 = 12.648m，$l/h = 12.648/0.4 = 31.62$，超出了 2002 年版混凝土规范公式（7.3.10）的适用范围。

经计算，恒载、活载和风载组合对该柱配筋起控制作用。得到设计内力如下：

$$N = -703.04\text{kN}（压），M_x = -0.894\text{kN} \cdot \text{m}，M_y = -37.47\text{kN} \cdot \text{m}$$

因截面双轴对称，可简化为只计算第一象限情况，即双轴弯矩均取其绝对值。内力代入以上公式可得：

$$v = N/(f_c A) = 703040/(11.9 \times 125664) = 0.47；$$

$$1/r = (0.0033 + 300/200000)/(400 - 40) = 0.00001333；$$

模型柱顶点的变位为：

$$f = 0.1 \times 126482 \times 0.00001333 = 213.24\text{mm}；$$

$$M_1 = \sqrt{0.894^2 + 37.47^2} = 37.48\text{kN} \cdot \text{m}$$

$$M_2 = Nf = 703.04 \times 0.21324 = 149.916\text{kN} \cdot \text{m}；$$

$$M = M_1 + M_2 = 37.48 + 149.916 = 187.396\text{kN} \cdot \text{m}$$

再求出偏心距与截面有效半径的比值，即文献［8］中的 $\eta e_i/r_s = 1.55$，据此查文献［8］图 3 可得混凝土柱截面对应于受压面积的圆心角与 $2\pi$ 的比 $\alpha \approx 0.45$，参数 $s = f_y A_s/(f_c A) = 1$，截面全部纵向钢筋面积 $A_s = f_c s A/f_y = 4985\text{mm}^2$。以此作为初值代入式(5-56) ~ 式（5-58）手算复核，迭代至 $\alpha = 0.445$、$A_s = 4985\text{mm}^2$ 时，式（5-56）、式（5-57）右端分

别为 711.98kN、197.4kN·m 均与柱受到的 N、M 相近。

　　将 $A_s = 4985mm^2$ 按纵筋沿截面周边配置，且间距不大于 200mm，可配置 6 根纵筋，需配 6 根直径 36mm 钢筋，再按文献［8］进行保护层厚度的修正 $A_s = 4985 \times 0.86/0.76 = 5642mm^2$，实际配筋量 $6107.4mm^2$。

　　软件 RCM 配筋的结果为：柱计算长度 12.648m，长细比 31.62，控制内力组合号为 21，纵向配筋为 6Φ36（$6107.4mm^2$）。可见其与以上手算结果相同。

　　RCM 软件输入信息和简要计算结果见图 5-55。

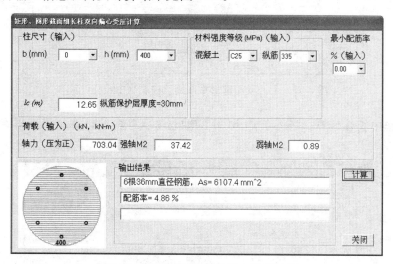

图 5-55　圆形截面细长柱偏心受压计算

　　RCM 软件给出的详细计算结果如下：

CC= 25.0 两方向上下支撑点间距离=　　12648. mm
DC=　　400. mm，Fy= 300 N/mm^2
作用弯矩M1= 37480664.0 （N-mm）；长细比= 31.6
曲率RDR1=1/r= 0.00001333
轴力=　　703040.0 （N）（n= 0.47）二阶M2=　　　　149955536.0 （N-mm）
一阶+二阶M1+M2=　　　187436192.0 （N-mm）
下端吕（5″）β,b,α=　　0.9021　　1.6663　　0.2871 RN1=　　0.10
RN1,RN2=　　0.099　　7.313
AS1=　　4539.　　4880. ASM　　4880. ASMAX
试配的纵筋根数 NBAR= 6
CRN=　　703.0 M=　37.5 bars 6D36 As= 6107.4 Rs=4.86（%）

　　如果不了解细长柱失稳的危害，将其当作中长柱计算，即错用 RCM 的中长柱计算，则结果如图 5-56 所示。

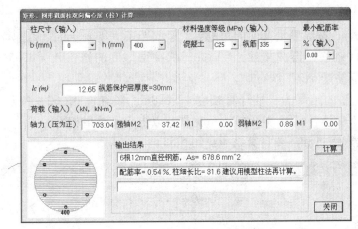

图 5-56　偏心受压圆形截面细长柱误当中长柱计算

将其当作中长柱计算，还不如用 RCM 的轴心受压柱配筋计算结果来得大，如图 5-57 所示。

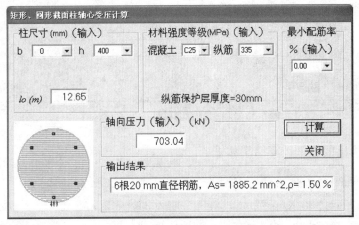

图 5-57　偏心受压圆形截面细长柱误当轴心受压柱计算

好在该算例还有地震作用组合[27]，如果是非抗震设计，即只有静力组合，柱按照规范方法配筋比按细长柱模型柱法计算配筋就小多了！

## 5.15　实配钢筋梁和纤维法计算柱承载力在结构弹塑性时程分析中的应用

2008 年 5 月 12 日，四川汶川发生了 8.0 级大地震，大量震害表明有整体浇筑（现浇）楼板的框架结构的塑性铰并未如预期地出现在梁端，反而出现在柱端[28-36]。究其原因主要是梁及其侧边楼板配筋偏多，规范规定除一级抗震等级的框架结构和 9 度地震设防的框架柱按梁端截面实配钢筋的承载力放大调整外，其余采用的是对柱内力乘以放大系数的方法，而该放大系数疑似偏小，2010 年颁布实施的国家标准《建筑抗震设计规范》GB 50011—2010[21]将该放大系数进行了适当提高。但实际工程中梁与其侧边整体现浇楼板配筋过多的问题还少有人顾及。

　　本书拟将梁部分钢筋配在梁侧楼板，即减少梁配置过多的钢筋来解决此问题[37]。现在的工程设计及施工造成整体现浇结构梁配筋过多，引起梁实际抗弯强度增大，而柱设计弯矩仍以梁未增大的设计弯矩基础上乘以放大系数，所以2010新抗震规范适当提高放大系数的做法对达到"强柱弱梁"的效果不甚明显，这点可从文献［38］的算例仍是柱塑性铰比梁塑性铰多的结果看出。

　　以下本书将分析梁配筋偏多的原因，探讨减少梁钢筋的可行性，再结合新抗震规范的内力调整系数，可做到改善框架结构抗震性能，减少梁钢筋降低房屋造价，缓解梁端钢筋拥挤方便施工，得到一举三得的成效。

　　梁部分钢筋配在梁侧楼板的依据和可行性分析如下：

　　梁配筋过多的原因是：现浇结构的梁侧楼板与（矩形）框架梁形成了T形或倒L形梁（视梁两侧还是一侧有楼板），在进行结构整体计算时，取T形或倒L形梁的惯性矩，即取2（或1.5）倍矩形梁的惯性矩，这样计算出梁的内力。工程设计中以由此得到的梁内力对梁配筋，然后将这些配筋全部放在梁的矩形截面内，而对于梁侧的楼板则按板上的竖向静荷载和构造要求另外配置钢筋。由于计算梁刚度时考虑了梁侧楼板的贡献，梁的内力和钢筋已包括了梁侧楼板的内力和钢筋，因此上面算出的梁的钢筋，不应全部放在梁的矩形截面内，而应有一部分放在梁侧的楼板内。而现在做法是梁侧楼板再另外配筋。这样，就造成梁的配筋偏多了！梁的配筋偏多，梁实际抗弯强度增大了，而柱设计弯矩仍以梁未增大的弯矩（抗弯能力）基础上乘以放大系数，所以只适当提高柱内力调整系数的做法仍未达到人们预期的"强柱弱梁"效果。

　　现行的欧洲建筑抗震规范[39]就规定计算出的现浇楼盖梁的钢筋要有一部分配置在梁矩形截面之外的楼板内，美国混凝土结构设计规范 ACI318、加拿大设计规范[40,41]也有将计算所得的负弯矩受拉钢筋部分配置在梁有效翼缘宽度内的要求，但它们都没规定这一部分的数值比例是多少。新西兰规范规定，在进行梁端截面抗负弯矩设计时，可以考虑板有效宽度范围内的与梁肋平行的上、下板面钢筋作为负弯矩受拉钢筋的组成部分[40]。国内设计人员对此认识不深，故本书拟通过工程算例时程分析结果说明这一概念，为摆脱"强梁弱柱"的困局作些尝试。以下参照新西兰规范的思想和国内蒋永生老师等[42]多年前试验结论，将梁上部负弯矩钢筋放在梁侧楼板内。因这部分钢筋还起到楼板抗弯钢筋的作用，故此部分板的抗弯钢筋就不需再行配置。

　　新颁布的《建筑抗震设计规范》GB 50010—2010 和绝大部分近年研究文章只着重了增大"强柱弱梁"的内力调整系数和要求计算梁的抗弯承载力时考虑梁侧楼板的贡献[38,42,43]。《建筑抗震设计规范》规定对一级抗震等级的框架结构和9度地震设防的一级抗震等级的框架要采用实配钢筋方法计算，而对于其余的抗震结构采用内力调整系数方法计算。"计算梁的抗弯承载力时考虑梁侧楼板的贡献"的要求对于实配钢筋计算方法会有作用。而对于内力调整系数方法，则由于该系数要应对梁侧无整体现浇楼板、装配整体式楼板、梁与楼板整体现浇诸多情况；而梁与楼板整体现浇时，梁侧有效楼板宽度内钢筋与梁上部纵筋的比例多少会影响到合理的内力调整系数取值。即便内力调整系数能选得合适，实际工程设计所采用的做法，即将算得的梁（包括梁侧楼板）的钢筋全部放在梁矩形截面内、梁侧楼板另外配筋的做法也造成了梁上部纵筋多配了（有些浪费），柱筋乃至框架节点钢筋也多配了或对框架屈服机制不利及造成施工困难。本书就是试图解决这些问题，确定与楼板整浇的梁上部纵筋可以减小多少，即确定可将多大比例的梁上部纵向钢筋放置在梁侧楼板较为合适。

以下对于 8 度地震设防的二级抗震等级的框架结构，假设与楼板整浇的梁上部纵筋减小 30%，使用两个算例考察本书思想的可行性和 2010 抗震规范内力调整系数的适用性。

**【例 5-31】实配钢筋梁和柱的承载力在结构时程分析中的例题 1**

8 度（0.20$g$）设防，第一设计分组，Ⅱ 类场地，3 跨 4 层现浇钢筋混凝土框架结构，丙类建筑，二级抗震等级。各层平面如图 5-58 所示。层高均为 3.3m，框架梁截面尺寸为 250mm×600mm，框架柱截面尺寸 500mm×500mm，角柱 600mm×600mm，层面和楼面均为现浇板，板厚按 1/35～1/40 板跨取为 120mm，C35 混凝土，柱、梁主筋为 HRB400 级钢筋，箍筋和楼板钢筋为 HPB300 级钢筋。

荷载参数：1～3 层恒荷载 5kN/m²；活荷载 2kN/m²；线荷载 2.5kN/m；屋顶恒荷载 6kN/m²；活荷载 0.5kN/m²；外圈女儿墙线荷载 0.3kN/m；结构各层单位面积质量分布：1～3 层 1345.8kg/m²，顶层 1329.3kg/m²。

使用 08（2010 年 9 月 26 日）版 PKPM-SATWE 软件设计，算得结构基本周期为 0.466s。小震下层间位移角最大值为 1/944，满足规范 1/550 的限值要求。

结构平面较规则，取中间一榀框架（图 5-58 中柱编号 5-25-26-27）做平面结构模型，如图 5-59 所示。使用平面弹塑性地震响应时程计算。为使平面结构与上述空间结构在线弹性阶段性能接近，略微调整平面结构的质量，使其基本周期也是 0.466s。平面结构大震下的阻尼比取为 0.05 再加上构件滞回阻尼。

图 5-58　各层平面图（图中尺寸单位：mm）　　　　图 5-59　平面计算模型

如按照 2001 版《建筑抗震设计规范》，即二级抗震等级柱内力调整系数 1.2，使用上述版本 SATWE 按单偏压配筋，其给出的上述平面框架实配纵筋结果见表 5-9。

框架配筋结果（mm²）　　　　　　　　　　　　　　　　　　　　表 5-9

| 楼层 | 一（$A_s$） | 二（$A_s$） | 三（$A_s$） | 四（$A_s$） |
|---|---|---|---|---|
| 中柱（截面一侧钢筋） | 4Φ20 | 4Φ20 | 2Φ18+2Φ16 | 4Φ16 |
| 边柱（截面一侧钢筋） | 4Φ16 | 4Φ16 | 4Φ16 | 4Φ16 |
| 梁上筋 | 2Φ25+1Φ22 (1362.1) | 2Φ25+1Φ22 (1362.1) | 1Φ25+2Φ20 (1118.9) | 1Φ20+2Φ16 (716.2) |
| 梁下筋 | 2Φ20+1Φ18 (882.5) | 2Φ20+1Φ18 (882.5) | 3Φ18 (763) | 3Φ18 (763) |

根据表 5-9 柱采用图 5-60 所示的布筋方式，每根柱所有的钢筋直径均相同，就是三层中柱调整为截面每侧为 4Φ18。

柱正截面受弯承载力用 RCM 软件的纤维法计算功能计算得出，本书【例 5-1】就是表

5-10 中的第一种配筋柱的计算例题。RCM 软件的纤维法计算，其基本原理是将截面划分成有限个小网格进行迭代计算，求出要求的结果，其依据的基本假定如下：（1）截面保持平截面假定;（2）压区混凝土的应力-应变关系采用《混凝土结构设计规范》GB 50010—2010[3] 的规定，即抛物线加平直线模型;（3）纵向钢筋的应力-应变关系采用理想弹塑性双直线模型;（4）不计混凝土的受拉强度和受压区混凝土收缩、徐变的影响。

材料强度取实测平均值并参考《混凝土结构设计规范》GB 50010—2010[3] 附录 C 取为，HRB400 级钢筋 $f_{sm} = 431 \text{N/mm}^2$，HPB300 级板钢筋 $f_{sm} = 327 \text{N/mm}^2$，C35 混凝土 $f_{cm} = 32 \text{N/mm}^2$。按前述的配筋结果和受力纵筋在柱截面的位置（图 5-60），使用 RCM 软件计算出柱的 $N$—$M$ 相关曲线（图 5-4$a$），采用三次多项式拟合（图 5-4$b$），其拟合系数数据见表 5-10，因截面对称，反方向弯矩的拟合数据相同。

图 5-60　宽 500mm 方柱钢筋配置

不同配筋柱 $N$-$M$ 曲线多项式系数及最小轴拉力表　　　表 5-10

| 柱 | $a_0$ | $a_1$ | $a_2$ | $a_3$ | $N_{min}$（kN） |
|---|---|---|---|---|---|
| 12 $\phi$ 16 | 221.4 | 0.2408 | $-0.4002e^{-4}$ | $0.1173e^{-8}$ | $-1042.3$ |
| 12 $\phi$ 18 | 281.1 | 0.2331 | $-0.3963e^{-4}$ | $0.1216e^{-8}$ | $-1319.2$ |
| 12 $\phi$ 20 | 345.7 | 0.2236 | $-0.3879e^{-4}$ | $0.1227e^{-8}$ | $-1628.6$ |
| 16 $\phi$ 20 | 448.9 | 0.2115 | $-0.3783e^{-4}$ | $0.1246e^{-8}$ | $-2171.5$ |

因开间不大，假定楼板的上、下部配筋均为构造配筋，即其配筋值为混凝土规范要求的最小配筋。由最小配筋率 $45f_t/f_y = 45 \times (1.57/270) \times 100\% = 0.262\% > 0.2\%$ 计算出单位宽度楼板配筋面积至少为：$0.00262 \times 1000 \times 120 = 314 \text{mm}^2/\text{m}$。配 $\phi$8@160，实配钢筋面积为 314.0$\text{mm}^2/\text{m}$。

梁每侧 6 倍（两侧共 12 倍）板厚宽度是有效翼缘宽度，此宽度内计算方向的板上下钢筋总量为 $2 \times 12 \times 120 \times 314/1000 = 904.32 \text{mm2}$。折算成纵筋相同强度，则相当 400 级钢筋的面积为 $904.32 \times 300/400 = 678.24 \text{mm2}$，将此数值与表 5-9 中梁上筋 $A'_s$ 比较，各楼层分别为 0.50$A'_s$、0.50$A'_s$、0.61$A'_s$、0.95$A'_s$，为简化计，统一假设将梁上部钢筋的 30% 放进了板中，所以在计算梁截面屈服弯矩时，取 70%$A'_s$ 及按板最小配筋率确定的钢筋一同参与计算。

以下分三种情况（对应模型一、二、三）进行地震时程响应计算。模型一是将算出的梁配筋全部放在梁的矩形截面内，且不计当梁侧楼板混凝土及其中的钢筋对梁抗弯能力的贡献；模型二是现在工程的做法，即梁钢筋同模型一，又考虑梁两侧各边 6 倍板厚宽度楼板的混凝土及其内钢筋的贡献；模型三的楼板同模型二，但梁上部配筋取前两模型配筋的70%，即假定 30% 梁上部纵筋配到了梁侧楼板中，相应的钢筋量从楼板的钢筋中扣除。材料强度取平均值，用 RCM 软件的实配钢筋梁正截面承载力计算功能计算出三模型各梁、梁与楼板的抗弯承载力如表 5-11 所示，本书【例 4-21】就是用 RCM 对表 5-11 中梁 11、梁 21、梁 31 的计算。

**框架梁及梁侧楼板抗弯承载力**（kN·m） 表5-11

| 模型 | 矩形梁（模型一） | | | 矩形梁及12倍板厚宽楼板（模型二） | | | 同模型二但梁取0.7上部钢筋（模型三） | | |
|---|---|---|---|---|---|---|---|---|---|
| | 梁11 | 梁12 | 梁13 | 梁21 | 梁22 | 梁23 | 梁31 | 梁32 | 梁33 |
| 负弯矩 | 306.0 | 251.4 | 160.9 | 453.9 | 399.3 | 308.8 | 362.1 | 323.9 | 260.5 |
| 正弯矩 | 198.2 | 171.4 | 171.4 | 198.2 | 171.4 | 174.3 | 198.2 | 171.4 | 171.4 |

表5-11中梁编号中2个数字的意义如下：前一个表示模型号；后一个为按表5-9中梁配筋多至少的序号。

由表5-11可见，模型二的梁所受负弯矩承载力分别是模型一（即没考虑梁侧12倍板厚度楼板配筋作用）的1.48、1.59、1.92倍。而受正弯矩承载力没有变化，这是因为考虑梁侧楼板并不改变受正弯矩作用的混凝土受压区高度。从该梁受负弯矩承载力增加的倍数看，就不难理解我们在前面讲的"2010版抗震规范二级抗震等级内力调整系数1.5还是偏小"，即地震响应模拟计算结果仍是柱铰为主的局面。

使用平面结构弹塑性地震响应分析软件NDAS2D[5]，分析中考虑材料和几何非线性。该软件配有集中塑性铰出现在杆端的梁、柱单元，可用图形方式给出结构塑性铰出现位置和顺序。

模型基底分别输入了唐山地震北京饭店记录波（1978.7.28，东西向）和El-Centro波（1940.5.18，南北向）。按照《建筑抗震设计规范》8度（0.2g）罕遇烈度的规定将加速度幅值调整到400伽。

北京波、El-Centro波分别作用下结构塑性铰分布及出现顺序见图5-61、图5-62，可见两地震波作用下结构塑性铰出现位置及次序规律相同。由图5-61（a）、图5-62（a）可见模型一（即计算中不考虑梁侧楼板内钢筋对梁抗弯能力贡献）呈现出接近较理想的出铰位置和顺序。这点通过汶川灾区无楼板的框架（空框架）结构中梁端出现塑性铰的震害现象得到印证。理想的出铰位置和顺序是：柱端不出现塑性铰，梁端出铰，待所有梁端几乎都出现了塑性铰以后，柱根（首层柱下端）再出现塑性铰。

由图5-61（b）、图5-62（b）可见模型二（即加入梁侧楼板及其钢筋对梁抗弯能力贡献）呈现出柱铰为主的梁柱铰混合的出铰位置和顺序。达不到期望的设计要求。

由图5-61（c）、图5-62（c）可见模型三（梁上部钢筋少配30%，即认为此部分钢筋配到了楼板中）呈现出的塑性铰出铰位置和顺序向模型一结果靠近，就是框架的抗震性能有所改善。

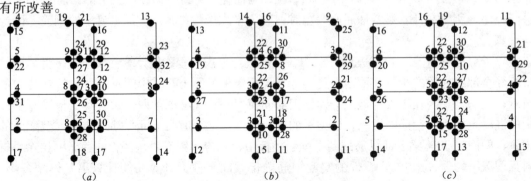

图5-61 北京波作用下例一模型一、二、三塑性铰出现位置及次序（内力调整系数1.2）
(a) 模型一；(b) 模型二；(c) 模型三

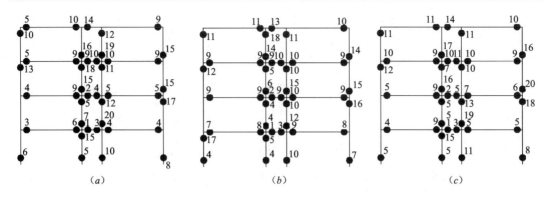

图 5-62　El-Centro 波作用下例一模型一、二、三塑性铰出现位置及次序（内力调整系数 1.2）
(a) 模型一；(b) 模型二；(c) 模型三

图 5-63 是北京波、El-Centro 波作用下模型一、二、三屋顶侧移时程曲线，可见模型一侧移较小，模型二侧移最大，模型三介于两者之间。两条波作用下结构层间位移角最大值如表 5-12 所示，可看出大震下结构层间侧移角随着梁配筋量的变化而变化。按《建筑抗震设计规范》评定，北京波作用下模型二已经倒塌，模型三接近倒塌，模型一不倒塌，符合"大震不倒"原则。

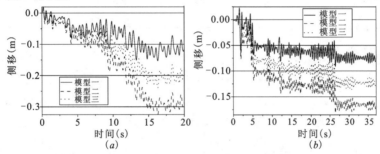

图 5-63　模型屋顶侧移时程曲线
(a) 北京波作用；(b) El-Centro 波作用

结构层间位移角最大值　　　　　　　　　　　　　　　表 5-12

| 地震波 | 按照 2001 抗震规范 | | | 按照 2010 抗震规范 | | |
|---|---|---|---|---|---|---|
| | 模型一 | 模型二 | 模型三 | 模型一 | 模型二 | 模型三 |
| 北京波 | 1/64.8 | 1/33.3 | 1/46.7 | 1/78.8 | 1/38.9 | 1/56.4 |
| El-Centro 波 | 1/124.4 | 1/64.2 | 1/88.3 | 1/140.3 | 1/70.0 | 1/101.5 |

如按照 2010 版《建筑抗震设计规范》，二级抗震等级柱内力调整系数由 2001 规范的 1.2（柱根 1.25）增大至 1.5，即柱设计弯矩增大 1.5/1.2 = 1.25（柱根 1.2）倍，柱轴力和梁的内力均不变。使用上述模型须将柱受弯承载力提高 1.25 倍，参照表 5-10 的第二、三栏钢筋直径每增加 2mm 截面正、负屈服弯矩约增加 1.25 倍，因由直径 20mm 增大为 22mm 使柱的受弯承载力增大超过 1.25 倍偏多些，故将纵筋根数增加 4 根，直径维持 20mm 不变。这样，柱配筋相应改变，其他参数不变，就可满足 2010 抗震规范的要求。

图 5-64～图 5-66 给出了同样地震波作用下的结构时程分析结果。

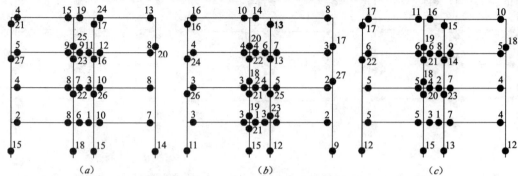

图 5-64　北京波作用下例一模型一、二、三塑性铰出现位置及次序（内力调整系数 1.5）

（a）模型一；（b）模型二；（c）模型三

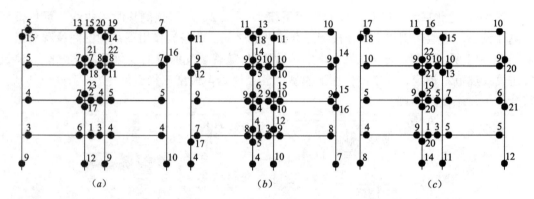

图 5-65　El-Centro 波作用下例一模型一、二、三塑性铰出现位置及次序（内力调整系数 1.5）

（a）模型一；（b）模型二；（c）模型三

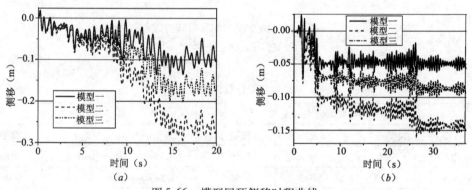

图 5-66　模型屋顶侧移时程曲线

（a）北京波作用；（b）El-Centro 波作用

可看出，内力调整系数增大至 1.5 后，柱端塑性铰减少了不少，但加入考虑梁侧楼板内钢筋作用后，柱端塑性铰还是太多。如果再加以减小梁配筋的措施，才可减小柱端的塑性铰数量，如模型三的计算结果所示。与内力调整系数为 1.2 的柱端塑性铰数量有所减少的情况相比，柱端塑性铰数量大为减少。说明只将内力调整系数增大至 1.5 还不足以扭转"强梁弱柱"的局面！只有将增大内力调整系数和减小梁的配筋同时实施，才有可能达到"强柱弱梁"的目的。

图 5-66 是北京波、El-Centro 波作用下 2010 版本抗震规范模型一、二、三屋顶侧移时程曲线，可见模型一侧移较小，模型二侧移最大，模型三介于两者之间。大震下结构层间侧移角最大值见表 5-12。由图 5-66 与图 5-63 和表 5-12 的比较可看出，内力调整系数增大至 1.5 后，结构顶点位移、结构层间位移角均有所减小，特别是模型一和模型三，这是柱端塑性铰减少的必然结果。

按照蒋永生等老师的试验结果：当梁柱节点组合试验体变形延性达到 3 时，达到最大受弯承载力，此时梁侧 6 倍楼板厚范围内板顶、底面钢筋均屈服。本算例梁每侧 6 倍（两侧共 12 倍）板厚宽度范围内板上、下钢筋总量为 678.24mm$^2$。是梁上部钢筋 1361.2mm$^2$（$2\underline{\Phi}25 + 1\underline{\Phi}22$ 截面面积）的近 50%。如按上述试验结论来做，可将多达 50% 或以上（除满足正常使用极限状态下裂缝宽度限值所需配筋外）的梁筋放在梁每侧 6 倍板厚范围内的楼板。如果照此去做，对本例就是可再减小模型三中的梁上部钢筋，使梁和梁侧板中钢筋总量达到模型一的量，从而其弹塑性计算的塑性铰出现次序和位置就是上述模型一的结果。对于内力调整系数是 1.5 的情况，即按照 2010 抗震规范设计的结构可达到图 5-64（a）、图 5-65（a）的塑性铰出现位置及次序，即达到理想的框架结构破坏机制。

**【例 5-32】实配钢筋梁和柱的承载力在结构时程分析中的例题 2**

分析对象为质量、刚度分布皆均匀、规则的 4 跨 ×2 跨六层空间框架，按照 8 度 0.2g 区、第一设计分组、Ⅱ 类场地，抗震等级二级设计。框架的轴线尺寸、层数、层高、结构布置等见图 5-67。框架楼面恒、活载标准值分别为 4.0kN/m$^2$、3.17kN/m$^2$（其中包含非固定轻质隔墙的自重），楼面周边框架梁的固定隔墙荷载为 8.2kN/m。屋面恒、活载标准值分别为 6.84kN/m$^2$、2.0kN/m$^2$，屋面周边框架梁的女儿墙荷载取为 3.5kN/m。此例与文献［38］算例几乎相同，只是文献［38］中是 3 跨 ×2 跨框架。分别按照 GB 50011—2001、GB 50011—2010 进行设计，其梁、板、柱混凝土强度等级皆为 C30。梁柱纵筋采用 400 级钢筋，板钢筋采用 300 级钢筋。楼板按 1/35 ~ 1/40 跨度取板厚为 100mm。各层单位面积质量分布：1 层 1357.8kg/m$^2$，2 ~ 5 层 1332.3kg/m$^2$，顶层 1459.8kg/m$^2$。

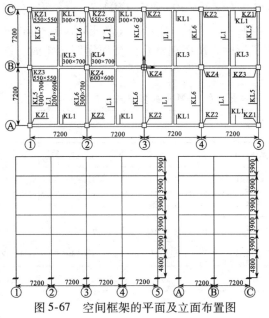

图 5-67　空间框架的平面及立面布置图

使用 2008 年 3 月 14 日发行的 2005 版 PKPM-SATWE 软件设计计算，算得结构基本周期为 1.411s，小震下层间位移角最大值为 1/601，满足规范 1/550 的限值要求。配筋结果如表 5-13 所示。首层 3 根中柱轴压比略微超出限值，需要采用复合螺旋箍筋，首层其他柱和二层柱轴压比接近规范限值。根据表 5-13 柱采用图 5-60 所示的布筋方式，每根柱所有的钢筋直径均相同，就是三层中柱调整为截面每侧为 4 $\phi$ 18。

取③轴的框架进行平面结构的弹塑性时程分析。材料强度，C30 混凝土取 $f_{cm}$ = 26.1N/mm²，其余同算例 5-12。按前述的配筋结果和受力纵筋在柱截面的位置（图 5-60）算出柱的 N-M 相关曲线，其特性点数据见表 5-14。

框架配筋结果（mm²）　　　　　　　表 5-13

| 楼层 | 一 $(A_s)$ | 二 $(A_s)$ | 三 $(A_s)$ | 四~五 $(A_s)$ | 六 $(A_s)$ |
|---|---|---|---|---|---|
| 中柱<br>（截面一侧钢筋） | 4 $\phi$ 25 | 4 $\phi$ 18 | 4 $\phi$ 18 | 4 $\phi$ 18 | 4 $\phi$ 18 |
| 边柱<br>（截面一侧钢筋） | 4 $\phi$ 20 | 4 $\phi$ 16 | 4 $\phi$ 16 | 4 $\phi$ 16 | 4 $\phi$ 16 |
| 梁上筋 | 2 $\phi$ 25 + 2 $\phi$ 22<br>(1742) | 2 $\phi$ 25 + 2 $\phi$ 22<br>(1742) | 2 $\phi$ 25 + 2 $\phi$ 22<br>(1742) | 4 $\phi$ 20<br>(1256) | 4 $\phi$ 20<br>(1256) |
| 梁下筋 | 2 $\phi$ 18 + 2 $\phi$ 16<br>(911) | 2 $\phi$ 18 + 2 $\phi$ 16<br>(911) | 4 $\phi$ 16<br>(804) | 4 $\phi$ 16<br>(804) | 2 $\phi$ 18 + 2 $\phi$ 16<br>(911) |

因开间不大，假定楼板的上、下部配筋均为构造配筋，即其配筋值为混凝土规范要求的最小配筋。由最小配筋率 $45f_t/f_y$ = 45 × (1.57/270) × 100% = 0.262% > 0.2% 计算出单位宽度楼板配筋面积至少为：0.00262 × 1000 × 100 = 262.0mm²/m。配 $\phi$8@140，实配钢筋面积为 279.0mm²/m。梁每侧 6 倍（两侧共 12 倍）板厚宽度是有效翼缘宽度，此宽度内计算方向的板上下钢筋总量为 2 × 12 × 100 × 279/1000 = 669.6mm²。折算成纵筋相同强度，则相当 400 级钢筋的面积为 669.6 × 300/400 = 502.2mm²，将此数值与表 5-9 中梁上筋 $A_s'$ 比较，各楼层分别为 0.29$A_s'$、0.29$A_s'$、0.29$A_s'$、0.40$A_s'$、0.40$A_s'$，为简化计，统一假设将梁上部钢筋的 30% 放进了板中，所以在计算梁截面屈服弯矩时，取 70% $A_s'$ 及按板最小配筋率确定的钢筋一同参与计算。

不同配筋柱 N-M 曲线多项式系数及最小轴拉力表　　　　　　表 5-14

| 柱截面边长<br>（mm） | 纵筋 | $a_0$ | $a_1$ | $a_2$ | $a_3$ | 受拉屈服力<br>$P_{yt}$(kN) |
|---|---|---|---|---|---|---|
| 600 | 12 $\phi$ 25 | 653.0 | 0.2505 | $-3.787e^{-5}$ | $1.030e^{-9}$ | 2544.7 |
| 600 | 12 $\phi$ 18 | 342.1 | 0.2876 | $-4.082e^{-5}$ | $1.021e^{-9}$ | 1319.2 |
| 550 | 12 $\phi$ 20 | 384.1 | 0.2439 | $-4.443e^{-5}$ | $1.461e^{-9}$ | 1628.6 |
| 550 | 12 $\phi$ 16 | 264.8 | 0.2637 | $-4.607e^{-5}$ | $1.413e^{-9}$ | 1042.3 |
| 600 | 16 $\phi$ 25 | 844.4 | 0.2321 | $-3.619e^{-5}$ | $1.007e^{-9}$ | 3392.9 |
| 600 | 12 $\phi$ 20 | 422.2 | 0.2788 | $-4.037e^{-5}$ | $1.049e^{-9}$ | 1628.6 |

续表

| 柱截面边长<br>（mm） | 纵筋 | $a_0$ | $a_1$ | $a_2$ | $a_3$ | 受拉屈服力<br>$P_{yt}$(kN) |
|---|---|---|---|---|---|---|
| 550 | 12$\Phi$22 | 461.7 | 0.2321 | $-4.310e^{-5}$ | $1.443e^{-9}$ | 1970.6 |
| 550 | 12$\Phi$18 | 311.7 | 0.2552 | $-4.559e^{-5}$ | $1.462e^{-9}$ | 1319.2 |

计算出三模型各梁、梁与楼板的受弯承载力如表 5-15 所示。

**框架梁及梁侧楼板受弯承载力**（kN·m）　　　　表 5-15

| 模型 | 矩形梁<br>（模型一） | | | | 矩形梁及 12 倍板厚宽楼板<br>（模型二） | | | | 同模型二但梁取 0.7 上部钢筋<br>（模型三） | | | |
|---|---|---|---|---|---|---|---|---|---|---|---|---|
| | 梁 11 | 梁 12 | 梁 13 | 梁 14 | 梁 21 | 梁 22 | 梁 23 | 梁 24 | 梁 31 | 梁 32 | 梁 33 | 梁 34 |
| 负弯矩 | 465.8 | 466.6 | 337.5 | 337.0 | 599.7 | 601.3 | 471.6 | 470.9 | 460.9 | 460.9 | 369.8 | 369.8 |
| 正弯矩 | 243.6 | 215.3 | 216.0 | 244.4 | 243.6 | 215.3 | 216.0 | 244.4 | 244.4 | 215.7 | 215.7 | 244.4 |

表 5-15 中梁编号中 2 个数字的意义如下：前一个表示模型号；后一个为按表 5-13 中梁配筋多至少的序号。

由表 5-15 可见，模型二的梁受负弯矩承载力分别是模型一（即考虑梁侧 12 倍板厚度楼板配筋是不考虑的）1.29、1.29、1.40、1.40 倍。与算例 5-30 比较此值偏小，原因是此例梁高大些、楼板薄些、板钢筋少些。

同算例 5-30 分三种情况（对应模型一、二、三）进行地震时程响应计算。模型基底分别输入了 Northridge 波（1994.6.17，南北向）和 El-Centro 波（1940.5.18，南北向）。按照《建筑抗震设计规范》8 度（0.2$g$）罕遇烈度的规定将加速度幅值调整到 400 伽。

因 2011 年 4 月 21 日的 PKPM2010 版与 05 版本算出自振周期不一致，所以仍采用以上内力结果，将柱端的受弯承载力放大至 1.5/1.2 = 1.25（柱根 1.5/1.25 = 1.2）倍来确定执行 2010 抗震设计规范的配筋，如表 5-14 所示。由表 5-14 第 3 列的正屈服弯矩值可见，该表中后 4 行是相应前 4 行的弯矩值的倍数符合上述新旧抗震规范的柱端弯矩差（非首层中柱屈服弯矩放大系数 1.223 略小于 1.25，但考虑到上面纵筋比 SATWE 配筋结果偏大，此屈服弯矩也满足 2010 抗震规范要求）。

Northridge 波、El-Centro 波分别作用下结构塑性铰分布及出现顺序见图 5-68 ~ 图 5-71，可见两地震波作用下结构塑性铰出现位置及次序规律相同。内力调整系数由 1.2 增大到 1.5 后柱上出现的塑性铰少了一些，但结构下部柱出现的塑性铰还是偏多。从图上可见，模型一比模型二柱上出现的塑性铰数量要少，模型三比模型一柱上出现的塑性铰数量还略少些；另从大震下结构层间侧移角最大值（表 5-16）可见，模型三的层间侧移也略小于模型一的，这是因为 1~3 楼层梁侧有效宽度楼板内钢筋略少于模型三扣除的梁上部纵筋的 30%（表 5-15）。如有必要，可进行更准确分析，根据梁侧有效宽度楼板内钢筋的多少来确定模型三梁上部纵筋的扣除量。

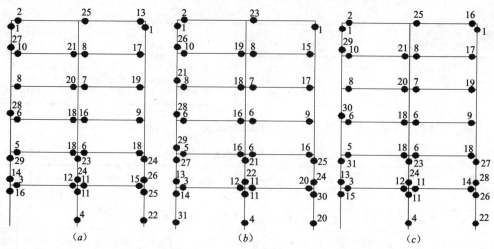

图 5-68　Northridge 波作用下例二模型一、二、三塑性铰出现位置及次序（内力调整系数 1.2）
(a) 模型一；(b) 模型二；(c) 模型三

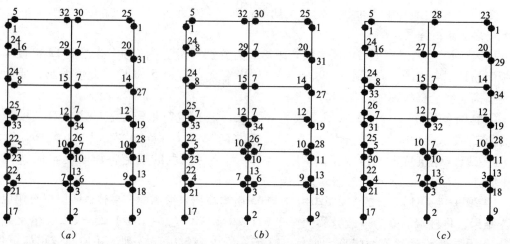

图 5-69　El-Centro 波作用下例二模型一、二、三塑性铰出现位置及次序（内力调整系数 1.2）
(a) 模型一；(b) 模型二；(c) 模型三

结构层间位移角最大值　　　　　　　　　　　　　表 5-16

| 地震波 | 按照 2001 抗震规范 | | | 按照 2010 抗震规范 | | |
|---|---|---|---|---|---|---|
| | 模型一 | 模型二 | 模型三 | 模型一 | 模型二 | 模型三 |
| Northridge 波 | 1/180.6 | 1/164.9 | 1/178.8 | 1/168.1 | 1/145.4 | 1/165.1 |
| El-Centro 波 | 1/104.8 | 1/104.8 | 1/102.5 | 1/106.5 | 1/110.1 | 1/106.8 |

　　本例计算结果的塑性铰分布与文献［38］中算例在 ACC00013 地震波作用下按三维空间结构计算的结果比较大致相同，本书结果比文献［38］的梁铰略多些，这可看作是对本书计算结果的印证。

　　两个算例（【例5-31】、【例5-32】）结果均表明，采用2010抗震规范内力调整系数比2001抗震规范的效果要好。按两个算例比较可见，减小梁纵筋方法对算例5-32的效果不如算例5-31的好，除算例5-32梁侧楼板钢筋占梁纵筋比例较少外，可能与该算例房间较大、楼层偏多（如文献［44］规定 8 度设防框架结构不宜超过 5 层）、轴压比较大有关。即使效果不很明显，按本文做法仍可得到减小配筋量、缓解钢筋拥挤、方便施工的益处。

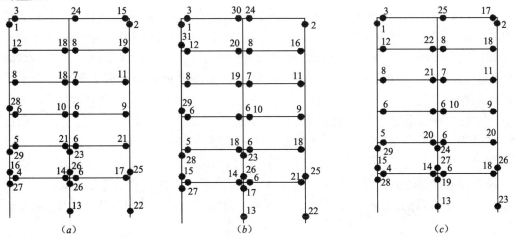

图 5-70　Northridge 波作用下例二模型一、二、三塑性铰出现位置及次序（内力调整系数 1.5）
(a) 模型一；(b) 模型二；(c) 模型三

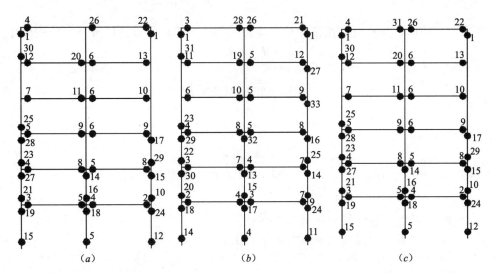

图 5-71　El-Centro 波作用下例二模型一、二、三塑性铰出现位置及次序（内力调整系数 1.5）
(a) 模型一；(b) 模型二；(c) 模型三

结论与建议：

本书算例表明，即使按照 2010 抗震规范设计的二级抗震等级框架结构和目前工程做法，即不将框架梁的部分钢筋放置在梁侧楼板中、楼板又另外配筋，仍较难以达到梁铰为主的梁柱铰混合的出铰位置和顺序，即较难以达到"强柱弱梁"的效果。

通过计算和分析将结构整体计算出的整体现浇框架结构梁的配筋中 70% 放在梁矩形截面内，而余下的 30% 钢筋放在梁侧一定宽度（梁有效翼缘宽度）楼板内，可使框架结构的抗震性能有所改观，特别是梁侧楼板相对较厚，板内钢筋相对较多时，基本上能做到人们期望的大震下"强柱弱梁"的破坏模式。从算例 5-31（楼板钢筋相对较多的结构）看，如果将梁侧楼板有效宽度内更多的钢筋都算做梁的钢筋，即再减小梁矩形截面内的钢筋数量（比70%更小），则效果会更好，至于多大比例较优，还有待研究。

本书思想对抗震设计的框架结构都适用，对于预期地震作用较小的抗震等级为三、四级框架结构，由于地震作用组合给出的梁上部配筋减小，而楼板钢筋仍由静载和最小配筋率构造要求确定，相对而言考虑楼板钢筋的梁受负弯矩承载力比矩形梁的增加倍数可能不比二级抗震等级的小（参见本书算例顶层梁），由此三、四级抗震等级的"矩形截面梁（即梁肋）"上部钢筋应更多地配置在梁侧楼板内。详见文献［45］及我们对混凝土异形柱框架结构的研究。

减少整体现浇框架结构梁的配筋，在不增加现有柱的配筋情况下，可达到"强柱弱梁"的效果，既取得提高建筑抗震性能的结果，又减小钢筋量，降低了建设成本，且缓解梁端钢筋拥挤方便施工，可谓一举多得！我国地震设防区占国土面积的绝大部分，眼下这十年又是住宅建设的高峰期，成果若被采用，其社会效益、经济效益都是可观的。我们已建议将此部分的思想引进到《混凝土异形柱结构技术规程》JGJ 149—201X 征求意见稿中。

## 5.16　对称配筋单偏压排架柱计算

混凝土结构设计规范对排架结构柱考虑二阶效应的弯矩设计值可按下列公式计算：

$$M = \eta_s M_0 \tag{5-73}$$

$$\eta_s = 1 + \frac{1}{1500 e_i / h_0} \left( \frac{l_0}{h} \right)^2 \zeta_c \tag{5-74}$$

$$\zeta_c = \frac{0.5 f_c A}{N} \tag{5-75}$$

$$e_i = e_0 + e_a \tag{5-76}$$

式中　$\zeta_c$——截面曲率修正系数；当 $\zeta_c > 1.0$ 时，取 $\zeta_c = 1.0$；

$\quad e_i$——初始偏心距；

$\quad M_0$——一阶弹性分析柱端弯矩设计值；

$\quad e_0$——轴向压力对截面重心的偏心距，$e_0 = M_0 / N$；

$\quad e_a$——附加偏心距；

$\quad l_0$——排架柱的计算长度，按混凝土结构设计规范[3]6.2.20 条规定取值；

$h$、$h_0$——分别为所考虑弯曲方向柱的截面高度和截面有效高度；

$\quad A$——柱的截面面积，对于 I 形截面取：$A = b \times h + 2(b_f - b) \times h'_f$。

得到设计弯矩后，就可按前面章节介绍的承载力计算公式确定截面配筋。

**【例5-33】排架柱配筋计算**

文献［46］173 页例题，金工车间单层厂房排架柱尺寸如图 5-72 所示。就地预制柱，混凝土强度等级为 C30，纵向钢筋为 HRB400 级钢筋，采用对称配筋。

上柱控制截面的内力设计值为：$M = 78.08 \text{kN·m}$，$N = 167.86 \text{kN}$。

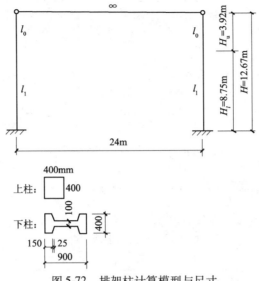

图 5-72　排架柱计算模型与尺寸

【解】A. 上柱配筋计算

1. 考虑二阶效应

$$e_0 = M/N = 78.08/167.86 = 465\text{mm}, \quad e_\text{a} = 20\text{mm}$$

$$A = b \times h = 400 \times 400 = 160000\text{mm}^2$$

$$\zeta_\text{c} = \frac{0.5 f_\text{c} A}{N} = \frac{0.5 \times 14.3 \times 160000}{167860} = 6.82 > 1$$

取 $\zeta_\text{c} = 1.0$

查表知 $l_0 = 2H_\text{u} = 2 \times 3.92 = 7.84\text{m}$

$$\eta_\text{s} = 1 + \frac{1}{1500 e_\text{i}/h_0}\left(\frac{l_0}{h}\right)^2 \zeta_\text{c} = 1 + \frac{360}{1500 \times (465 + 20)}\left(\frac{7.84}{0.4}\right)^2 \times 1 = 1.19$$

2. 截面设计

假设为大偏心受压，则

$$x = \frac{N}{\alpha_1 f_\text{c} b'_\text{f}} = \frac{167860}{1 \times 14.3 \times 400} = 29.35\text{mm} < 2a' = 80\text{mm}, \quad \text{此为大偏压。}$$

取 $x = 2a' = 80\text{mm}$ 计算

$$e' = \eta_\text{s} e_\text{i} - \frac{h}{2} + a' = 1.19 \times 485 - 400/2 + 40 = 417.15\text{mm}$$

$$A_\text{s} = A'_\text{s} = \frac{Ne'}{f_\text{y}(h_0 - a')} = \frac{167860 \times 417.15}{360 \times (360 - 40)} = 608\text{mm}^2$$

以上是文献［46］的做法，因 $\eta_\text{s}$ 是弯矩放大系数，作者认为较为合理的做法如下，且这样做也与本书前面章节做法一致。

$$e' = \eta_\text{s} e_0 + e_\text{a} - \frac{h}{2} + a' = 1.19 \times 465 + 20 - 400/2 + 40 = 413.35\text{mm}$$

$$A_\text{s} = A'_\text{s} = \frac{Ne'}{f_\text{y}(h_0 - a')} = \frac{167860 \times 413.35}{360 \times (360 - 40)} = 602.3\text{mm}^2$$

RCM 计算输入信息和简要计算结果如图 5-73 所示。RCM 计算详细计算结果为：

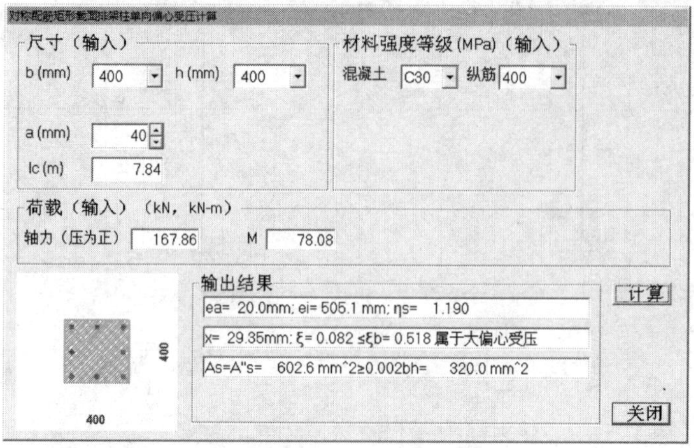

图 5-73　排架柱上部计算

```
对称配筋矩形偏心受压排架柱承载力计算
BC= 400. mm; HC=  400. mm; a= 40mm; H0=  360. mm
M=  78.08 kN-m; N= 167.86 kN; Fy= 360. N/mm^2
C30 两方向上下支撑点间距离=  7840. mm
长细比lc/i= 67.8; lc/h= 19.6; ζc=   1.000; M/N=  465.1 mm
ea=  20.0mm; ei= 505.1 mm; ηs=   1.190
计入ηs后ei= 573.5; e″= 413.55 mm
x=  29.35mm; ξ= 0.082 ≤ξb= 0.518 属于大偏心受压
As=A″s=    602.6 mm^2≥0.002bh=    320.0 mm^2
```

可见 RCM 与手算结果相同。

B. 下柱配筋计算

由内力组合表知，有二组不利内力

（$a$）$M = 452.15\text{kN·m}$，$N = 794.49\text{kN}$。

（$b$）$M = 249.00\text{kN·m}$，$N = 224.00\text{kN}$。

1. 按（$a$）组内力进行截面设计

$$e_0 = M/N = 452.15/794.49 = 569.1\text{mm}，\quad e_\text{a} = h/30 = 30\text{mm}$$

$$A = b \times h + 2(b_\text{f} - b)h_\text{f} = 100 \times 900 + 2(400 - 100)(150 + 12.5) = 187500\text{mm}^2$$

$$\zeta_\text{c} = \frac{0.5 f_\text{c} A}{N} = \frac{0.5 \times 14.3 \times 187500}{794490} = 1.69 > 1，\ \text{取}\ \zeta_\text{c} = 1.0$$

查表知 $l_0 = H_l = 8.75\text{m}$

$$\eta_\text{s} = 1 + \frac{1}{1500 e_i/h_0}\left(\frac{l_0}{h}\right)^2 \zeta_\text{c} = 1 + \frac{860}{1500 \times (569 + 30)}\left(\frac{8.75}{0.9}\right)^2 \times 1 = 1.09$$

假设为大偏心受压，且中和轴在翼缘内，则

$$x = \frac{N}{\alpha_1 f_\text{c} b'_\text{f}} = \frac{794490}{1 \times 14.3 \times 400} = 138.9\text{mm} > 2a' = 80\text{mm}，\ \text{且}\ 138.9\text{mm} < h'_\text{f} = 162.5\text{mm}$$

说明中和轴确实在翼缘内。

$$e' = \eta_s e_0 + e_a - \frac{h}{2} + a' = 1.09 \times 569.1 + 30 - 450 + 40 = 240.3\text{mm}$$

$$A_s = A'_s = \frac{Ne' - \alpha_1 f_c b'_f x \left( \frac{x}{2} - a' \right)}{f_y (h_0 - a')}$$

$$= \frac{794490 \times 240.3 - 1 \times 14.3 \times 400 \times 138.9 \times \left( \frac{138.9}{2} - 40 \right)}{360 \times (860 - 40)}$$

$$= 567.4\text{mm}^2$$

RCM 计算输入信息和简要计算结果如图 5-74 所示。

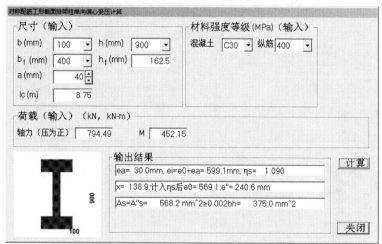

图 5-74　排架柱下柱（a）组内力下配筋

RCM 计算详细计算结果为：

```
工字形单向偏心受压排架柱承载力计算
B=  100; H=  900; Bf=  400; Hf= 162.5; H0=  860.mm
C30 计算长度= 8750. mm; Fy= 360. N/mm^2 Ac=        187500.
作用弯矩M= 452149984.0 N·mm; 长细比lo/i= 27.1
ζc=    1.000; M2/N=  569.1 mm; lo/h=  9.7
ea=  30.0mm; ei=e0+ea= 599.1mm; ηs=    1.090
N=        794490.0; a1FcBf=              5720.0 X=              138.9
计入ηs后e0= 569.1 mm; e″= 240.6 mm
As=  568.2 mm^2
As=A″s=        568.2 mm^2≥0.002bh=        375.0 mm^2
```

2. 按（b）组内力进行截面设计

$$e_0 = M/N = 249000/224 = 112\text{mm}, \quad e_a = h/30 = 30\text{mm}$$

$$\zeta_c = \frac{0.5 f_c A}{N} = \frac{0.5 \times 14.3 \times 187500}{224000} = 5.99 > 1, \quad \text{取} \ \zeta_c = 1.0$$

查表知 $l_0 = H_1 = 8.75\text{m}$

$$\eta_s = 1 + \frac{1}{1500 e_i / h_0} \left( \frac{l_0}{h} \right)^2 \zeta_c = 1 + \frac{860}{1500 \times 1142} \left( \frac{8.75}{0.9} \right)^2 \times 1 = 1.05$$

假设为大偏心受压，且中和轴在翼缘内，则

$$x = \frac{N}{\alpha_1 f_c b'_f} = \frac{224000}{1 \times 14.3 \times 400} = 39.16\text{mm} < 2a' = 80\text{mm}$$

取 $x = 2a' = 80$mm 计算

$$e' = \eta_s e_0 + e_a - \frac{h}{2} + a' = 1.05 \times 1112 + 30 - 900/2 + 40 = 787.6\text{mm}$$

$$A_s = A'_s = \frac{Ne'}{f_y(h_0 - a')} = \frac{224000 \times 787.6}{360 \times (860 - 40)} = 597.6\text{mm}^2$$

RCM 计算输入信息和简要计算结果如图 5-75 所示。

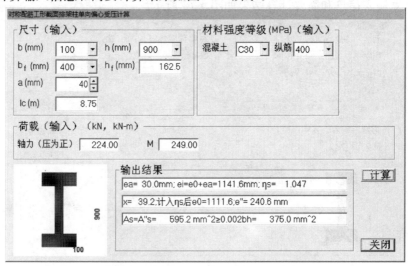

图 5-75　排架柱下柱（$b$）组内力下配筋

RCM 计算详细计算结果为：

```
工字形单向偏心受压排架柱承载力计算
B=  100; H=  900; Bf=  400; Hf= 162.5; H0=  860.mm
C30 计算长度= 8750. mm; Fy= 360. N/mm^2 Ac=        187500.
作用弯矩M= 249000000.0 N·mm; 长细比lo/i= 27.1
ζc=    1.000; M2/N= 1111.6 mm; lo/h=  9.7
ea=  30.0mm; ei=e0+ea=1141.6mm; ηs=    1.047
N=        224000.0; a1FcBf=        5720.0 X=        39.2
计入ηs后e0=1111.6 mm; e″= 240.6 mm
As=  595.2 mm^2
As=A″s=      595.2 mm^2≥0.002bh=      375.0 mm^2
```

可见 RCM 与手算结果相同。

### 【例 5-34】地震作用下排架柱配筋

文献［47］第 348 页例题，设有吊车的单层钢筋混凝土厂房，抗震设防烈度为 8 度，Ⅱ类场地。上柱高 $H_u = 3.0$m，下柱高 $H_1 = 6.0$m，上柱截面尺寸 $b \times h = 400\text{mm} \times 400\text{mm}$，采用 C25 混凝土，柱子纵向钢筋用 HRB400 级，箍筋用 HPB300 级，柱子对称配筋，在地震作用组合下的排架平面内的一阶弹性分析内力设计值，上柱的弯矩设计值

$M = 180 \text{kN} \cdot \text{m}$，轴力设计值 $N = 600 \text{kN}$。试计算考虑二阶效应影响的上柱纵向钢筋截面面积 $A_s = A'_s$。

【解】1. 由 8 度、单层厂房、Ⅱ类场地，查《混凝土结构设计规范》GB 50010—2010 表 11.1.3 知：单层厂房排架的抗震等级为二级。

2. 确定静载下内力设计值。先确定 $\gamma_{RE}$，$\mu_N = \dfrac{N}{f_c A} = \dfrac{600000}{11.9 \times 400 \times 400} = 0.315 > 0.15$

查《混凝土结构设计规范》GB 50010—2010 表 11.1.6 知：$\gamma_{RE} = 0.80$。

因 RCM 软件形式上只能计算静载下的排架柱，所以要将地震作用下的内力转换为静载下的内力。静载下的内力为地震作用下内力乘 $\gamma_{RE}$，于是静载下内力为：

上柱的弯矩设计值 $M = 0.8 \times 180 = 144 \text{kN} \cdot \text{m}$，轴力设计值 $N = 0.8 \times 600 = 480 \text{kN}$。

3. 判断偏压类型，对称配筋，界限破坏时的轴压力：

$N_b = \alpha_1 f_c b \xi_b h_0 = 1 \times 11.9 \times 400 \times 0.518 \times 360 = 887.6 \text{kN} > 480 \text{kN}$，属于大偏压。

$x = \dfrac{N}{\alpha_1 f_c b'} = \dfrac{144000}{1 \times 11.9 \times 400} = 101 \text{mm} > 2a' = 80 \text{mm}$，且 $101 \text{mm} < \xi_b h_0 = 186 \text{mm}$。

4. 考虑二阶效应，确定增大系数：

$$\zeta_c = \frac{0.5 f_c A}{N} = \frac{0.5 \times 11.9 \times 400 \times 400}{480000} = 1.98 > 1,\ \text{取}\ \zeta_c = 1.0$$

$e_0 = M/N = 144/480 = 300 \text{mm}$，$e_a = 20 \text{mm}$，

查表知 $l_0 = 2H_u = 2 \times 3 = 6 \text{m}$，

$$\eta_s = 1 + \frac{1}{1500 e_i / h_0} \left( \frac{l_0}{h} \right)^2 \zeta_c$$

$$= 1 + \frac{360}{1500 \times (300 + 20)} \left( \frac{6}{0.4} \right)^2 \times 1 = 1.169$$

5. 截面设计：

$$M = \eta_s M_0 = 1.169 \times 144 = 168.336$$

$$e_0 = M/N = 168.336/480 = 350.7 \text{mm},\ e_a = 20 \text{mm},$$

$$e_i = e_0 + e_a = 370.7 \text{mm}$$

$$e = e_i + \frac{h}{2} - a' = 370.7 + 400/2 - 40 = 530.7 \text{mm}$$

由 $Ne \leqslant \alpha_1 f_c b x \left( h_0 - \dfrac{x}{2} \right) + f'_y A'_s\ (h_0 - a')$，得

$$A_s = A'_s \geqslant \frac{Ne - \alpha_1 f_c b x\ (h_0 - x/2)}{f'_y\ (h_0 - a')}$$

$$= \frac{480000 \times 530.7 - 1 \times 11.9 \times 400 \times 101 \times (360 - 101/2)}{360 \times (360 - 40)}$$

$$= 920 \text{mm}^2$$

RCM 计算输入信息和简要计算结果如图 5-76 所示。

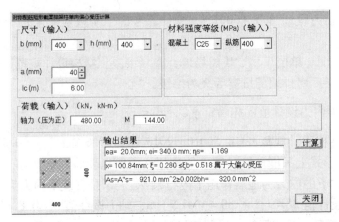

图5-76　地震作用组合内力排架柱配筋，附加偏心距取正值

RCM 计算详细计算结果为：

对称配筋矩形偏心受压排架柱承载力计算
BC= 400. mm；HC= 400. mm；a= 40mm；H0= 360. mm
M= 144. 00 kN-m；N= 480. 00 kN；Fy= 360. N/mm^2
C25 两方向上下支撑点间距离= 6000. mm
长细比lc/i= 51.9；lc/h= 15.0；ζc= 1.000；M/N= 300.0 mm
ea= 20.0mm；ei= 340.0 mm；ηs= 1.169
计入ηs后ei= 370.6；e″= 210.62 mm
x= 100.84mm；ξ= 0.280 ≤ ξb= 0.518 属于大偏心受压
计入ηs后ei= 370.6 mm；e= 530.6 mm
As=A″s= 921.0 mm^2≥0.002bh= 320.0 mm^2

可见其与手算结果及文献结果相同。

## 本章参考文献

[1] 王传志，滕智明. 钢筋混凝土结构理论［M］，北京：中国建筑工业出版社，1985.

[2] 混凝土结构设计规范 GB 50010—2002［S］. 北京：中国建筑工业出版社，2002.

[3] 混凝土结构设计规范 GB 50010—2010［S］. 北京：中国建筑工业出版社，2011.

[4] Monual De Calcul CEB-FIP, Flambement instabilite［S］，BulletinD'Information, No. 93, CEB, 1973.

[5] 王依群. 平面结构弹塑性地震响应分析软件 NDAS2D 及其应用［M］. 北京：中国水利水电出版社，2006.

[6] BRESLER B. Design criteria for reinforced columns under axial load and biaxial bending［J］. ACI J., 1960, 57（5），481-490.

[7] 王依群，温洪星，赵艳静. 双向偏压钢筋混凝土矩形柱正截面配筋计算［C］. 第二十届全国高层建筑结构学术会议论文，2008.

[8] 吕志涛、周燕勤等. 圆形或环形截面钢筋混凝土受力构件正截面承载力的简捷实用计算［J］，建筑结构，1996（5）16-23.

[9] 张庆芳. 混凝土结构复习与解题指导［M］，北京：中国建筑工业出版社，2013.

[10] 熊峰、李章政、李碧雄、钟声. 结构设计原理［M］. 北京：中国建筑工业出版社，2013.

[11] 国振喜. 简明钢筋混凝土结构计算手册（第二版）［M］. 北京：机械工业出版社，2012.

［12］郭继武. 混凝土结构［M］. 北京：中国建筑工业出版社，2011.

［13］施岚青. 注册结构工程师专业考试专题精讲-混凝土结构［M］. 北京：机械工业出版社，2013.

［14］刘立新等. 混凝土结构原理（新一版）［M］. 武汉：武汉理工大学出版社，2010.

［15］贡金鑫等. 中美欧混凝土结构设计［M］. 北京：中国建筑工业出版社，2007.

［16］本书编委会. 混凝土结构设计计算与实例［M］，北京：人民交通出版社，2008.

［17］梁兴文等. 混凝土结构设计原理（第二版）［M］，北京：中国建筑工业出版社，2011.

［18］蓝宗建. 钢筋混凝土双向偏心受压构件正截面承载力简捷计算法［J］. 工业建筑，1991，21（3）：43-46，55.

［19］蓝宗建、刘伟庆等. 混凝土结构（上册）［M］. 北京：中国电力出版社，2011.

［20］王依群、温洪星. 异形柱结构配筋软件 CRSC 的新功能［J］. 华中科技大学学报，城市科学版 2008，25（4）：119-122.

［21］建筑抗震设计规范 GB 50011—2010［S］. 北京：中国建筑工业出版社，2010.

［22］王亚勇，戴国莹. 建筑抗震设计规范算例［M］. 北京：中国建筑工业出版社，2006.

［23］混凝土结构设计规范算例编委会. 混凝土结构设计规范算例［M］. 北京：中国建筑工业出版社，2003.

［24］张维斌，李国胜. 混凝土结构设计：指导与实例精选［M］. 北京：中国建筑工业出版社，2007.

［25］张光纬，张勋斌，邵军，等. 大长细比钢筋混凝土细长柱承载力试验研究［J］. 建筑结构，2008，38（10）：99-101.

［26］王依群、孙福萍. 双向偏压钢筋混凝土细长柱的配筋计算［J］. 建筑结构，2010，40（1）：85-88.

［27］王依群、许贻懂. 偏心受压圆截面钢筋混凝土细长柱的计算［J］. 天津大学学报，2012（02）.

［28］中国建筑科学研究院. 2008 年汶川地震建筑震害图片集［M］. 北京：中国建筑工业出版社，2008.

［29］本书编委会. 汶川地震建筑震害调查与灾后重建分析报告［M］. 北京：中国建筑工业出版社，2008.

［30］李英民，刘立平. 汶川地震建筑震害与思考［M］. 重庆：重庆大学出版社，2008.

［31］同济大学土木工程防灾国家重点实验室. 汶川地震震害［M］. 上海：同济大学出版社，2008.

［32］冯远等. 来自汶川大地震亲历者的第一手资料—结构工程师的视界与思考［M］. 北京：中国建筑工业出版社，2009.

［33］王亚勇，黄卫. 汶川地震建筑震害启示录［M］. 北京：地震出版社，2009.

［34］徐有邻. 汶川地震震害调查及对建筑结构安全的反思［M］. 北京：中国建筑工业出版社，2009.

［35］清华大学等. 汶川地震建筑震害分析及设计对策［M］. 北京：中国建筑工业出版社，2009.

［36］王翠坤，杨沈. 汶川地震对建筑结构设计的启示［J］. 震灾防御技术 2008（3）：230-236.

［37］王依群，韩鹏，韩昀珈. 框架梁部分钢筋配在梁侧楼板改善现浇混凝土框架结构抗震性能［J］. 土木工程学报，2010，45（8）：55-66.

［38］杨红，王七林，白绍良. 双向水平地震作用下我国框架的"强柱弱梁"屈服机制［J］. 建筑结构，2010，40（8）：71-76.

［39］CEN. BS EN 199821：2004，Eurocode 8：Design of structures for earthquake resistance Part 1：General rules，seismic actions and rules for buildings［S］. London：British Standards Institution，2005.

［40］ACI Committee 318，Building code requirements for structural concrete（ACI318 – 08）and commentary（ACI318-08 and ACI318R – 08）［S］. Michigan，Farmington Hills，2008.

［41］吴勇，雷汲川，杨红，白绍良. 板筋参与梁端负弯矩承载力问题的探讨［J］. 重庆建筑大学学报，2002（3）：33-37.

［42］蒋永生，陈忠范，周绪平等．整浇梁板的框架节点抗震研究［J］．建筑结构学报，1994（06）：11-16．

［43］刘光明，杨红，邹胜斌，白绍良．基于新规范的钢筋混凝土框架抗震性能评价［J］．重庆建筑大学学报，2004（1）：40-49．

［44］北京市建筑设计研究院．建筑结构专业技术措施［M］．北京：中国建筑工业出版社，2007．

［45］赵盼．异形柱框架结构强柱弱梁内力调整系数研究［D］．天津：天津大学硕士学位论文，2011．

［46］东南大学，天津大学，同济大学．混凝土结构-中册（第五版）［M］．北京：中国建筑工业出版社，2012．

［47］兰定筠．一二级注册结构工程师专业考试应试技巧与题解（第5版上）［M］．北京：中国建筑工业出版社，2013．

# 第6章 偏心受拉柱配筋

## 6.1 柱大小偏心受拉的判断

混凝土受压强度较高，受拉时几乎没有强度，此情况下尤其是小偏心受拉时，主要靠柱中的钢筋承担拉力。因此规范对此有严格的设计规定。

为避免在地震作用组合作用下钢筋混凝土柱全截面受拉（即小偏心受拉），使纵筋受拉屈服，以后再受压时，由于包兴格效应，导致纵筋压屈，《建筑抗震设计规范》GB 50011—2010 第6.3.8 条规定柱纵筋总截面面积计算值增加25%。《混凝土结构设计规范》GB 50010—2010[1] 第6.2.23 条及钢筋混凝土结构教材只给出了矩形截面单向偏心受拉时大小偏心状态的判别公式。现在结构设计中普遍采用三维有限元软件计算，这些软件均可输出柱的轴向（拉）力和双向偏心距。如果在地震作用组合下柱受拉的话，结构中的绝大多数边、角柱均处于双向偏心受拉状态，另外，对于矩形和非矩形截面柱受拉时也无可用公式判别其属于全截面受拉与否。这给规范条文的执行带来障碍。例如，文献[2]第45页称："在双偏拉时由于无法确定是否为小偏心而无法考虑"，即未按抗震规范去做。因此很有必要给出简便易行的大小偏心受拉判别方法，以解设计之急需。这里提出下述方法[3]，供大家参考。

对于单向小偏心受拉（即全截面受拉）构件，《混凝土结构设计规范》GB 50010—2010[1] 第6.2.23 条的判别条件是轴向拉力作用在钢筋 $A_s$ 与 $A_p$ 的合力点和 $A'_s$ 与 $A'_p$ 的合力点之间。可看出，对于双向偏心受拉的矩形截面，只要轴向拉力作用点处于截面纵向钢筋包围的面积（图6-1 虚线所示）之内，则全截面均受拉，因其在截面两主轴方向均满足GB 50010 第6.2.23 条的判别条件，否则为大偏心受拉。

对于任意形状（如工字形、L形、T字形、十字形、Z形等）截面，当轴向拉力作用点处于截面外侧纵向钢筋连线围成的外凸的面积之内（例如图6-1 所示的十字形截面虚线），则属于全截面均受拉。对于工字形、L形、T字形、Z形等形状的截面也同样如此。以下以一偏心受拉的L形截面构件为例给出力学证明[3]。

图6-2 所示一 L形截面，轴向拉力作用在 $A$ 点，以 $A$ 为坐标原点，以垂直于L形截面纵筋位置连线围成的外凸面积相邻的边的直线为 $x$ 轴，以此轴的垂线为 $y$ 轴。由截面应变保持平面的假定，且不计混凝土的抗拉强度，截面上的力在 $x-y$ 平面的投影如图6-2 下部所示。根据绕 $y$ 轴的弯矩平衡，截面上所有的力对 $o$ 点取矩，可得：

$$M_y = \sum_{i=1}^{8} F_i x_i = 0 \tag{6-1}$$

式中　$F_i$——第 $i$ 根钢筋拉力（正为拉，负为压）；

$x_i$——第 $i$ 根钢筋的 $x$ 坐标。

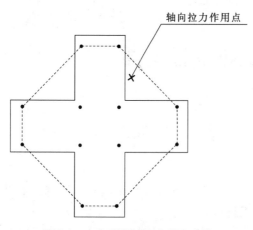

图 6-1　十字形截面柱小偏心受拉

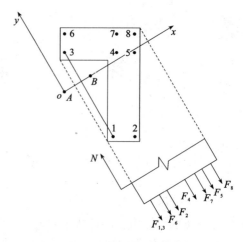

图 6-2　L 形截面力分布

由式（6-1）可见，如 $F_i$ 均为正，即所有钢筋均受拉力作用（小偏心受拉），要使式（6-1）成立，$x_i$ 必须不全为正或不全为负，此情况对应于外拉力作用在图中 B 点位置（以 B 点为坐标原点，$x_1 < 0$、$x_3 < 0$ 等），由此证明外拉力作用点在钢筋中心连线围成的外凸面积之内是小偏心受拉的必要条件。

反之，如果 $x_i$ 有正有负，即外拉力作用点在钢筋中心连线围成的外凸面积之内，所有钢筋力 $F_i$ 必定全为拉力。证明如下：若钢筋所受的力有拉力也有压力，由平截面假定，受拉力的钢筋和受压力的钢筋必各分布在截面的两不同端（图 6-3），对力 N 作用点取矩可见，这将不满足弯矩平衡方程式（6-1），就是讲这种情况是不存在的。由此证明了外拉力作用点在钢筋中心连线围成的外凸面积之内是小偏心受拉的充分条件。

对于外拉力正好作用在钢筋中心连线围成的外凸面积边线上的情况，由力的平衡，只有此线上的钢筋受力且与外力平衡，其他钢筋不受力，参照矩形截面小偏心受拉判断准则，此情况也定为小偏心受拉。

对于工字形、L 形、T 字形、Z 形等形状的截面也同样如此。只要给出截面形状及钢筋摆放位置，即可写出类似于 GB 50010 第 6.2.23 条的判别条件公式。因前者是一维问题，后者是二维问题，后者比前者略复杂些，手算略微麻烦些，好在大多数设计均使用计算机完成，可交给软件开发人员去做。

【算例】L 形柱截面如图 6-4 所示，受到水平地震作用、永久荷载、可变荷载组合后（关于截面形心）的内力为：$N = 10\text{kN}$；$M_x = 4\text{kN} \cdot \text{m}$、$M_y = 2\text{kN} \cdot \text{m}$。于是关于截面形心的偏心距 $e_x = M_x/N = 400\text{mm}$、$e_y = M_y/N = 200\text{mm}$。画出来为图 6-4 中的 A 点（400 + 235.5，200 + 235.5），这里 235.5 是截面形心轴至截面左下角的距离，根据本书判断准则和图形，显然这种内力组合下是大偏心受拉柱。若上面的拉力不变，两方向弯矩均减小至原来值的 1/2，则 $e_x = M_x/N = 200\text{mm}$、$e_y = M_y/N = 100\text{mm}$。画出来为图 6-4 中的 B 点（200 + 235.5，100 + 235.5），由图形判断此时为小偏心受拉（拉力作用点在钢筋中心连线围成的外凸面积之内）；此情况应按《建筑抗震设计规范》GB 50011—2010 第 6.3.8 条规定，对此内力组合下的计算所得柱纵筋总截面积值增加 25% 进行配筋。

书中提出了任意形状截面双向拉弯柱大、小偏心状态的判别方法，且简便易行。克服了《建筑抗震设计规范》GB 50011—2010 关于高地震烈度区钢筋混凝土框架柱小偏心受拉状态配筋规定执行的困难。

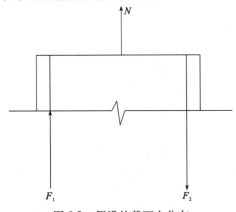

图 6-3　假设的截面力分布

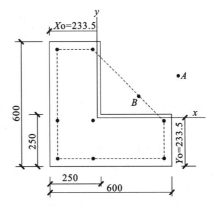

图 6-4　大小偏心受拉判断例题（长度单位：mm）

## 6.2　矩形截面对称配筋双向偏心受拉柱配筋计算

矩形柱双向偏心受拉计算 RCM 软件按照《混凝土结构设计规范》GB 50010—2010 第 6.2.25 条款规定执行，转录如下。

对称配筋的矩形截面钢筋混凝土双向偏心受拉构件，其正截面受拉承载力应符合下列规定：

$$N \leqslant \cfrac{1}{\cfrac{1}{N_{u0}} + \cfrac{e_0}{M_u}} \qquad (6\text{-}2)$$

式中　$N_{u0}$——构件的轴心受拉承载力设计值，$N_{uo} = f_y A_s$；

　　　$e_0$——轴向拉力作用点至截面重心的距离；

　　　$M_u$——按通过轴向拉力作用点的弯矩平面计算的正截面受弯承载力设计值。

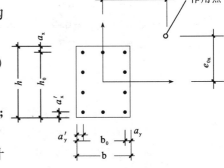

图 6-5　矩形截面双向偏心受拉构件偏心距和配筋布置

$$\cfrac{e_0}{M_u} = \sqrt{\left(\cfrac{e_{0x}}{M_{ux}}\right)^2 + \left(\cfrac{e_{0y}}{M_{uy}}\right)^2} \qquad (6\text{-}3)$$

式中　$e_{0x}$、$e_{0y}$——轴向拉力对通过截面重心的 $y$ 轴、$x$ 轴的偏心距；

　　　$M_{ux}$、$M_{uy}$——$x$ 轴、$y$ 轴方向的正截面受弯承载力设计值。

矩形柱截面双向偏心受拉时要判断是大偏心受拉，还是小偏心受拉状态，判断方法见第 6.1 节。当判断是小偏心受拉时，RCM 软件则按照 GB 50011 第 6.3.8 条规定柱纵筋总截面面积计算值增加 25%。增加 25% 纵筋面积的 RCM 软件的做法是在按以上公式强度计算配筋结果得到的钢筋直径的基础上（因 RCM 对于给定尺寸截面，纵筋根数的位置是事先确定好的，如图 5-7 所示），将钢筋直径增加一个等级，由表 6-1 可见，除由直径 20mm 增加到直径 22mm 钢筋面积增加不足 25% 外（但差距不大，再考虑到多数情况下配筋有富余且此小偏心受拉内力不一定是最终配筋面积的控制组合，可认为此时将直径 20mm 增加到直径 22mm 基本满足 GB 50011 要求），其余直径均满足要求。

**纵筋直径种类及其后一直径级别与前一级别直径的面积比**　　　表 6-1

| 直径（mm） | 12 | 14 | 16 | 18 | 20 | 22 | 25 | 28 | 32 | 36 | 40 | 50 |
|---|---|---|---|---|---|---|---|---|---|---|---|---|
| 截面积（mm²） | 113.1 | 153.9 | 201.1 | 254.5 | 314.2 | 380.1 | 490.9 | 615.8 | 804.2 | 1017.9 | 1256.6 | 1964 |
| 与前一级别钢筋截面积的比值 | — | 1.361 | 1.307 | 1.266 | 1.235 | 1.210 | 1.292 | 1.254 | 1.306 | 1.266 | 1.235 | 1.563 |

当增加 25% 钢筋面积时，如超过截面最大配筋率，应增大截面尺寸，重新进行内力计算和配筋。

圆形截面柱采用基于规范公式的简化方法，见文献[4]。CRSC 与文献[4]区别在于用 $f_c$ 代替了 $f_{cm}$（1989 年规范的混凝土弯曲受压强度），即按照现行规范设计，安全度略有提高。

### 【例 6-1】 偏心受拉矩形柱配筋算例

7 度（$0.15g$）地震设防结构中一根截面边长 350mm 的方柱，其所在楼层层高 2.7m。Ⅲ类场地，设计地震分组 1。C25 混凝土。该柱的抗震验算的等级为三级，采取构造措施的抗震等级为二级。该柱标准内力如下（风作用的内力略），其中轴力拉为正：

| （工况） | X 剪力 | Y 剪力 | 轴力 | X 底弯矩 | Y 底弯矩 | X 顶弯矩 | Y 顶弯矩 |
|---|---|---|---|---|---|---|---|
| $E_x$ | −6.8 | 0.6 | 385.0 | −0.7 | −9.5 | 0.8 | 9.0 |
| $E_y$ | 0.8 | −6.5 | 385.2 | 7.3 | 1.4 | 10.2 | −1.0 |
| $DD$ | 2.6 | 3.7 | −31.8 | −2.4 | 2.2 | −7.5 | −4.7 |
| $LD$ | 0.3 | 1.1 | −1.9 | −2.1 | 0.0 | −0.8 | −0.7 |

有地震作用组合的内力组合及内力组合系数如下：

| No. | $D-V$ | $L-V$ | $W-X$ | $W-Y$ | $E-X$ | $E-Y$ | $Z-E$ |
|---|---|---|---|---|---|---|---|
| 28 | 1.20 | 0.60 | 0.00 | 0.00 | 1.30 | 0.00 | 0.00 |
| 29 | 1.20 | 0.60 | 0.00 | 0.00 | −1.30 | 0.00 | 0.00 |
| 30 | 1.20 | 0.60 | 0.00 | 0.00 | 0.00 | 1.30 | 0.00 |
| 31 | 1.20 | 0.60 | 0.00 | 0.00 | 0.00 | −1.30 | 0.00 |
| 32 | 1.00 | 0.50 | 0.00 | 0.00 | 1.30 | 0.00 | 0.00 |
| 33 | 1.00 | 0.50 | 0.00 | 0.00 | −1.30 | 0.00 | 0.00 |
| 34 | 1.00 | 0.50 | 0.00 | 0.00 | 0.00 | 1.30 | 0.00 |
| 35 | 1.00 | 0.50 | 0.00 | 0.00 | 0.00 | −1.30 | 0.00 |

按上述组合公式算出各组合内力为：

| 组合 | 轴力 | X 剪力 | Y 剪力 | $M_x-B_{tm}$ | $M_y-B_{tm}$ | $M_x-T_{op}$ | $M_y-T_{op}$ |
|---|---|---|---|---|---|---|---|
| CMB（28） | 461.20 | −5.54 | 5.88 | −5.05 | −9.71 | −8.44 | 5.64 |
| CMB（29） | −539.80 | 12.14 | 4.32 | −3.23 | 14.99 | −10.52 | −17.76 |
| CMB（30） | 461.46 | 4.34 | −3.35 | 5.35 | 4.46 | 3.78 | −7.36 |
| CMB（31） | −540.06 | 2.26 | 13.55 | −13.63 | 0.82 | −22.74 | −4.76 |

| 组合 | 轴力 | X 剪力 | Y 剪力 | $M_x - B_{tm}$ | $M_y - B_{tm}$ | $M_x - T_{op}$ | $M_y - T_{op}$ |
|---|---|---|---|---|---|---|---|
| CMB（32） | 467.75 | -6.09 | 5.03 | -4.36 | -10.15 | -6.86 | 6.65 |
| CMB（33） | -533.25 | 11.59 | 3.47 | -2.54 | 14.55 | -8.94 | -16.75 |
| CMB（34） | 468.01 | 3.79 | -4.20 | 6.04 | 4.02 | 5.36 | -6.35 |
| CMB（35） | -533.51 | 1.71 | 12.70 | -12.94 | 0.38 | -21.16 | -3.75 |

以最大拉力的 34 号组合柱上端截面为例手算如下：

根据《混凝土结构设计规范》GB 50010—2010[1]第 11.1.6 条偏心受拉构件承载力抗震调整系数取 $\gamma_{RE} = 0.85$。内力设计值：$N = \gamma_{RE} \times 468010.0 = 397808.5$（N）；

$M_x = \gamma_{RE} \times 5360000 = 4556000 (N \cdot mm)$；$M_y = \gamma_{RE} \times 6350000 = 5397500 (N \cdot mm)$

$$e_{0x} = \frac{M_y}{N} = \frac{5397500}{397808.5} = 13.6mm ; \quad e_{0y} = \frac{M_x}{N} = \frac{4556000}{397808.5} = 11.5mm$$

由于矩形截面承载力关于截面主轴对称，可以简化为只计算第一象限的情况，故这里将弯矩值都取为正值。

$e_{0x}$、$e_{0y}$ 均小于柱截面纵向受力钢筋截面中心连线围成的方形边长的一半，故按本书第 6.1 节，此组合内力下柱为小偏心受拉状态。

矩形柱双向偏心受拉计算 CRSC 软件按照《混凝土结构设计规范》 GB 50010—2010 第 6.2.25 条规定执行，该条款也可见本书第 6.2 节的转录。

边长 350mm 正方形柱截面按构造要求沿其周边每边放 3 根纵筋、全截面共配置 8 根纵筋。8 根纵筋直径相同，当直径分别取不同值时，正截面受弯承载力设计值使用纤维方法求出，如图 6-6 所示。

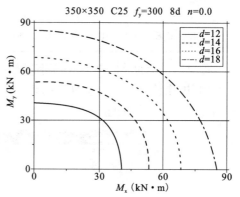

图 6-6　轴压比为零矩形截面双向受弯承载力曲线

由图 6-6 知，当截面配筋为 8 根直径 16mm 钢筋时，$M_{ux} = M_{uy} = 68.41kN \cdot m$。于是

$$\frac{e_{0x}}{M_{ux}} = \frac{13.6}{68410000} = 0.0000001988 ; \quad \frac{e_{0y}}{M_{uy}} = \frac{11.5}{68410000} = 0.0000001679$$

$$\frac{e_0}{M_u} = 0.2602 \times 10^{-6} ; \quad \frac{1}{N_{u0}} = \frac{1}{300 \times 1608} = \frac{1}{482400} = 2.0723 \times 10^{-6}$$

$$\frac{1}{\frac{1}{N_{u0}} + \frac{e_0}{M_u}} = \frac{10^6}{0.2602 + 2.0723} = 428720 \text{ N}$$

它大于作用拉力 $N = 397808$ N。

前面已判断此内力组合是小偏心受拉，纵筋配 8Φ16。如果是地震作用组合，则按 GB 50011—2010 第 6.3.8 条规定柱纵筋总截面面积计算值增加 25%，近似增加一级钢筋直径，即由直径 16mm 增加至直径 18mm，由表 6-1 可见钢筋截面积增大了 26.6%。此内力组合是截面配筋的控制组合，于是此柱最终配筋是 8 根直径 18mm 的钢筋。

CRSC 软件对此柱输出的详细配筋结果如下：

N–C=　　1(1)B*H= 350* 350 Ac=　　122500. C25 fy= 300 fyv= 210 aa=30 Clx= 1.18 Cly= 1.13 Lc= 2.70

(m)；3级验算

组合 28 双向小偏心受拉，拉力=　　392.02kN；EOX，EOY=　　　21.1　　　　10.9 mm

组合 30 双向小偏心受拉，拉力=　　392.24kN；EOX，EOY=　　　　9.7　　　　11.6 mm

组合 32 双向小偏心受拉，拉力=　　397.59kN；EOX，EOY=　　　21.7　　　　 9.3 mm

组合 34 双向小偏心受拉，拉力=　　397.81kN；EOX，EOY=　　　　8.6　　　　12.9 mm

组合 28 双向小偏心受拉，拉力=　　392.02kN；EOX，EOY=　　　12.2　　　　18.3 mm

组合 30 双向小偏心受拉，拉力=　　392.24kN；EOX，EOY=　　　15.9　　　　 8.2 mm

组合 32 双向小偏心受拉，拉力=　　397.59kN；EOX，EOY=　　　14.2　　　　14.7 mm

组合 34 双向小偏心受拉，拉力=　　397.81kN；EOX，EOY=　　　13.6　　　　11.5 mm

( 31 )CRN=　–540.1 Mx=　34.7 My=　 19.8 bars 8D18 As= 2035.8 Rs=1.66(%) Rss=0.62(%)

( 31 )N=　–540.1 kN Uc= 0.370；(34)t=　468.0 kN

(　8 )Nmin=　　–28.2 ( 21 )Vxsw　10.1 ( 21 )Vysw　10.1

( 34 )Nmin=　　468.0 ( 29 )Vxe=　13.4 ( 31 )Vye=　 14.9；2级构造

HDZ　500. d 8 s 100. (GZ) λv= 0.15 Rsv=1.22(%) Hj/B= 6.6 N–DZ s 140. (29)

　　可见，其纵筋 8Φ18 与手算结果相同。

　　用 RCM 计算时，两主轴方向较小弯矩值 M1 是无用的量，可不输入也可输入与 M2 相同的量值。本算例的输入信息和计算结果见图 6-7。

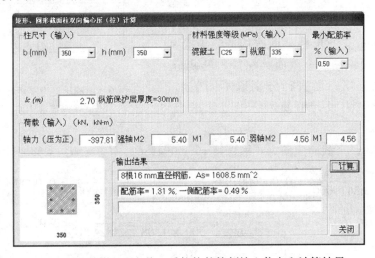

图 6-7　矩形截面双向偏心受拉构件算例输入信息和计算结果

　　RCM 软件给出的详细计算结果如下：

CC= 25.0 KSCH=　　 350035 MAXNS= 8 两方向上下支撑点间距离=　　　2700.　　　2700. mm

BC, HC=　　350.　　 350. mm, Fy=300 N/mm^2

ρmin=　　0.738(%),IDB=　1

ND2=12 MAXNS,MAXNA=　8　9

KSCH=　350035 号组合拉力PAN=　　397810. (N) Mx,My=　　5398000.　　4556000. (N–mm)

双向小偏心受拉, 拉力=　　397.81kN; e0x, e0y=　　11.5　　　13.6　mm

Mx0, My0=　　　37618004.　　　37618004.

Mux, Muy, e0/Mu=　　　37618004.　　　37618004.　0.4720E-06

ID=12 As=　　905. 抗力=　　240607. N

Mx0, My0=　　　55790004.　　　55790004.

Mux, Muy, e0/Mu=　　　55790004.　　　55790004.　0.3183E-06

ID=14 As=　　1232. 抗力=　　330580. N

Mx0, My0=　　　73962008.　　　73962008.

Mux, Muy, e0/Mu=　　　73962008.　　　73962008.　0.2401E-06

ID=16 As=　　1608. 抗力=　　432451. N

摆法1柱配筋根数= 8、直径=16（mm）

N=　-397.8 Mx=　　5.4 My=　　4.6 bars 8D16 As= 1608.5 Rs=1.31（%）Rss=0.49（%）

可见 RCM 软件与手算结果一致。

**【例 6-2】 偏心受拉圆形柱配筋算例**

已知一圆形截面的偏拉构件[4]，$D=400$mm，C25 混凝土，HRB335 钢筋，承受的设计拉力 $N=419$N，设计弯矩 $M=41.9$kN·m。求纵筋。

RCM 软件输入信息和简要计算结果见图 6-8。

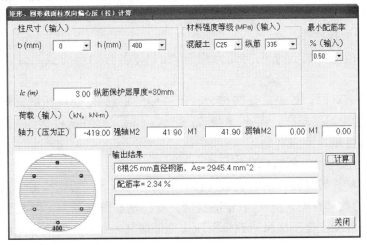

图 6-8　圆形截面偏心受拉构件算例输入信息和计算结果

RCM 软件给出的详细计算结果如下：

CC= 25.0 两方向上下支撑点间距离=　　3000. mm

DC=　　400. mm, Fy= 300 N/mm^2

作用弯矩M1=　41900000.0 长细比=　7.5

e0=M/N=　　100.0 mm, 判断大小偏拉

e0 ≤ R 小偏拉, 计算出的As=　　2567.4

试配的纵筋根数 NBAR= 6

CRN=　-419.0 M=　41.9 bars 6D25 As= 2945.4 Rs=2.34（%）

文献［4］根据1989年版《混凝土结构设计规范》公式和材料强度$f_{cm} = 11.0$（N/mm²）、$f_y = 310$（N/mm²）计算得：$A_s = 2408$mm²，按1989年版《混凝土结构设计规范》公式迭代计算结果是$A_s = 2326$mm²。可见 RCM 结果与此相当接近。

## 6.3 矩形截面非对称配筋单向偏心受拉柱配筋计算

本节内容包括采用非对称配筋方式的矩形截面单向偏心受拉（即$A_s \neq A'_s$）柱承载力计算。

按照《混凝土结构设计规范》GB 50010—2010 第6.2.23 条，首先要判断是大偏心受拉、还是小偏心受拉构件。因为是单向受力（即平面受力）情况，所以，比本书6.1 节的情况简单得多。

（1）小偏心受拉构件

这种状况对应于拉力位于纵向受力钢筋$A_s$、$A'_s$各自的合力点之间，即拉力偏心距$e_0 \leqslant 0.5h - a_s$。

小偏心受拉破坏时，构件全截面受拉，裂缝贯通整个截面，拉力全部由纵向钢筋承受。$A_s$、$A'_s$可能均达到屈服，也可能远离轴向拉力一侧的钢筋$A'_s$由于受力较小而未达到屈服。这里$A'_s$不表示"受压钢筋"，是为了与$A_s$区分，表示受拉力较小侧的纵向钢筋。

（2）大偏心受拉构件

这种状况对应于拉力位于纵向受力钢筋$A_s$、$A'_s$各自的合力点之外，即拉力偏心距$e_0 > 0.5h - a_s$。

大偏心受拉破坏时，首先是距离拉力较近一侧的钢筋$A_s$受拉屈服，最后受压混凝土被压坏。若$A_s$的配筋率较高，而$A'_s$的配筋率又过小时，$A_s$在构件达到破坏时未屈服，破坏无预兆，是脆性破坏，应避免。

1. 大偏心受拉构件正截面承载力计算

大偏心受拉构件破坏时，混凝土虽开裂，但还有受压区，否则拉力 N 得不到平衡。其破坏特征与$A_s$的数量有关，当$A_s$数量适当时，受拉钢筋首先屈服，然后受压钢筋的应力达到屈服强度，混凝土受压边缘达到极限压应变而破坏。图6-9 为矩形截面大偏心受拉构件计算简图。

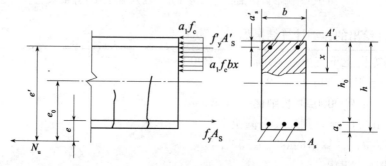

图6-9 矩形截面大偏心受拉

基本计算公式如下：

$$N = f_y A_s - f'_y A'_s - \alpha_1 f_c bx \tag{6-4}$$

$$Ne = \alpha_1 f_c bx(h_0 - x/2) + f'_y A'_s(h_0 - a'_s) \tag{6-5}$$

其中

$$e = e_0 - \frac{h}{2} + a_s \tag{6-6}$$

基本公式的适用条件是

$$x \leq \xi_b h_0, \quad x \geq 2a'_s$$

设计时为了使钢筋总用量（$A_s + A'_s$）最少，同偏心受压构件一样，取 $x = x_b$，代入式（6-4）及式（6-5），可得

$$A'_s = \frac{Ne - \alpha_1 f_c bx_b(h_0 - x_b/2)}{f'_y(h_0 - a'_s)} \tag{6-7}$$

式中　　$x_b$——界限破坏时受压区的高度，$x_b = \xi_b h_0$。

若解得 $A'_s \geq \rho'_{min} bh$，则使用式（6-8）计算 $A_s$

$$A_s \frac{\alpha_1 f_c bx_b + N}{f_y} + \frac{f'_y}{f_y} A'_s \tag{6-8}$$

若解得 $A'_s < \rho'_{min} bh$，则取 $A'_s = \rho'_{min} bh$，然后按 $A'_s$ 为已知的情况计算。

对称配筋时，由于 $A_s = A'_s$、$f_y = f'_y$，所以代入式（6-4）后求出的 $x$ 必然是负值，属于 $x < 2a'_s$ 的情况。可以取 $x = 2a'_s$，则对 $A'_s$ 的合力点取矩得

$$A_s = \frac{Ne'}{f_y(h'_0 - a_s)} \tag{6-9}$$

$$e' = e_0 + \frac{h}{2} - a'_s \tag{6-10}$$

### 【例 6-3】矩形水池壁配筋算例

某矩形水池（图 6-10），壁厚为 300mm，通过内力分析得跨中每米宽度上最大弯矩设计值 $M = 120kN \cdot m$，相应的每米宽度上最大轴向拉力设计值 $N = 240kN$，该水池的混凝土强度等级为 C25，钢筋为 HRB400 级钢筋。试求纵向受力钢筋截面面积。

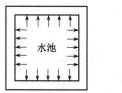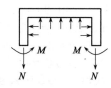

图 6-10　矩形水池池壁弯矩和拉力示意图

【解】$b \times h = 1000mm \times 300mm$，取 $a_s = a'_s = 45mm$

1. 求偏心距

$$e_0 = M/N = \frac{120 \times 1000}{240} = 500mm$$

为大偏心受拉。

$$e = e_0 - \frac{h}{2} + a_s = 500 - 150 + 45 = 395mm$$

2. 计算配筋 $A_s$ 及 $A'_s$

为了使钢筋总用量（$A_s + A'_s$）最少，取 $x = x_b = \xi_b h_0 = 0.518 \times 255 = 132mm$，来计算 $A'_s$ 值。

$$A'_s = \frac{Ne - \alpha_1 f_c b x_b (h_0 - x_b/2)}{f'_y (h_0 - a'_s)}$$

$$= \frac{240000 \times 395 - 1 \times 11.9 \times 1000 \times 132 \times (255 - 132/2)}{360 \times (255 - 45)} < 0$$

取 $A'_s = \rho'_{min} b\, h = 0.002 \times 1000 \times 300 = 600\text{mm}^2$，可选配 $\Phi 10@130$，$A'_s = 603.8\text{mm}^2$。

该题由求 $A_s$ 和 $A'_s$ 转化为已知 $A'_s$ 求 $A_s$ 的问题。此时，$x$ 不再是界限值 $x_b$，必须重新计算 $x$ 值。

由式（6-5）

$$\alpha_1 f_c b x^2/2 - \alpha_1 f_c b h_0 x + Ne - f'_y A'_s (h_0 - A'_s) = 0$$

代入数据得

$1.0 \times 11.9 \times 1000 \times x^2/2 - 1.0 \times 11.9 \times 1000 \times 255 x + 240000 \times 395 - 360 \times 603.8 \times (255 - 45) = 0$

$$5950x^2 - 3034500x + 49152720 = 0$$

$$x = \frac{3034500 - \sqrt{3034500^2 - 4 \times 5950 \times 49152720}}{2 \times 5950} = -439\text{mm}$$

取 $x = 2a'_s$，对 $A'_s$ 的合力点取矩得

$$A_s = \frac{Ne'}{f_y (h'_0 - a_s)} = \frac{240000 \times (500 + 150 - 45)}{360 \times (255 - 45)} = 1920.6\text{mm}^2$$

可选配 $\Phi 16@100$，$A_s = 2011\text{mm}^2$。

RCM 软件计算输入信息和简要输出信息见图 6-11、图 6-12。其中图 6-11 是不知 $A'_s$ 情况下，填 $A'_s = 0.0$，算出的按最小配筋率配筋，图 6-12 是选配 $A'_s$ 后填入其值 603.8 的计算结果。可见其对 $A_s$ 值无影响，从公式见也是如此。RCM 软件的详细输出信息如下：

```
非对称配筋矩形偏心受压（拉）柱承载力计算
N= -240.00 kN; M=  120.00 kN-m; 已知A"s=    603.8 mm^2
BC=1000.mm; a=a″= 45.mm; HC=  300.mm; HO=  255.mm
C25 Fy= 360 N/mm^2; Fc=11.9 N/mm^2; ξb=0.518
e0= 500.0 mm; e= 395.0 mm; e"= 605.0 mm
As=  1920.6; A"s=    603.8 mm^2≥0.002bh=  600.0 mm^2
```

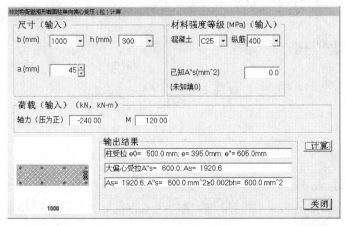

图 6-11　水池壁配筋

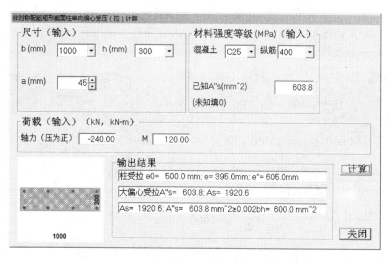

图 6-12　水池壁配筋（填入已知受压纵筋值）

可见，其与手算结果相同。

2. 小偏心受拉构件正截面承载力计算

在小偏心拉力作用下，临破坏时，截面全部裂通，拉力完全由钢筋承担，如图 6-13 所示。

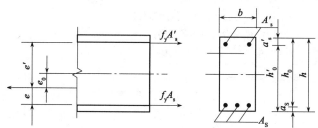

图 6-13　小偏心受拉计算图形

这种情况下，不考虑混凝土的受拉作用，假定构件破坏时，钢筋 $A_s$ 和 $A'_s$ 的应力相继达到屈服强度。根据内外力分别对钢筋的合力点取矩的平衡条件，可得下列公式：

$$Ne = f_y A'_s (h_0 - a'_s) \tag{6-11}$$

$$Ne' = f_y A_s (h'_0 - a_s) \tag{6-12}$$

其中：

$$e = \frac{h}{2} - e_0 - a_s \tag{6-13}$$

$$e' = \frac{h}{2} + e_0 - a'_s \tag{6-14}$$

**【例 6-4】矩形截面非对称配筋单向偏心受拉构件算例**

文献［5］第 113 页例题，混凝土偏心受拉构件，截面尺寸 $b \times h = 250\text{mm} \times 400\text{mm}$，$a_s = a'_s = 40\text{mm}$，混凝土强度等级为 C30，钢筋 HRB400 钢筋。截面上作用的轴向拉力 $N = 750\text{kN}$，弯矩 $M = 65\text{kN} \cdot \text{m}$，采用不对称配筋。试求纵向受力钢筋截面面积。

**【解】** 1. 求偏心距，判断受拉类型

$$e_0 M/N = 65000/750 = 86.7\text{mm} < 0.5h - a_s = 0.5 \times 400 - 40 = 160\text{mm}$$

故属于小偏心受拉。

2. 计算配筋 $A_s$ 及 $A'_s$

$$e = \frac{h}{2} - e_0 - a_s = 0.5 \times 400 - 40 - 86.7 = 73.3\text{mm}$$

$$e' = \frac{h}{2} + e_0 - a'_s = 0.5 \times 400 - 40 + 86.7 = 246.7\text{mm}$$

$$A'_s = \frac{Ne}{f_y(h_0 - a'_s)} = \frac{750 \times 10^3 \times 73.3}{360 \times (360 - 40)} = 477.2\text{mm}^2$$

$$A_s = \frac{Ne'}{f_y(h_0 - a'_s)} = \frac{750 \times 10^3 \times 246.7}{360 \times (360 - 40)} = 1606.1\text{mm}^2$$

$$45\frac{f_t}{f_y} = 45 \times 1.43/360 = 0.179\% < 0.2\%，故 \rho'_{\min} = 0.2\%。$$

可见其满足截面单侧最小配筋率 $\rho'_{\min} bh = 0.2\%$。

RCM 软件计算输入信息和简要输出信息见图 6-14。RCM 软件的详细输出信息如下：

```
非对称配筋矩形偏心受压（拉）柱承载力计算
N= -750.00 kN; M=   65.00 kN-m
BC= 250.mm; a=a"= 40.mm; HC=  400.mm; H0=  360.mm
C30 Fy= 360 N/mm^2; Fc=14.3 N/mm^2; ξb=0.518
e0=  86.7 mm; e=  73.3 mm; e"= 246.7 mm
As=  1605.9; A"s=    477.4 mm^2≥0.002bh=  200.0 mm^2
```

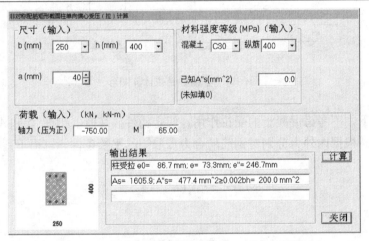

图 6-14　矩形截面对称配筋单向偏心受拉杆配筋算例

可见 RCM 软件的计算结果与手算结果相同。

## 6.4　矩形截面对称配筋单向偏心受拉柱配筋计算

本节内容包括采用普通配筋方式的矩形截面单向偏心受拉对称配筋（即 $A_s = A'_s$）柱

承载力计算。

按照《混凝土结构设计规范》GB 50010—2010 第 6.2.23 条第 3 款，对称配筋的矩形截面偏心受拉构件，不论大、小偏心受拉情况，均可按式（6-9）计算。

即

$$A'_s = A_s = \frac{Ne'}{f_y(h'_0 - a_s)}$$

**【例6-5】矩形截面对称配筋单向偏心受拉杆配筋算例**

某混凝土偏心拉杆，$b \times h = 250\text{mm} \times 400\text{mm}$，$a_s = a'_s = 35\text{mm}$，混凝土强度等级为 C30，钢筋 HRB400 钢筋，$f_y = 360 \text{ N/mm}^2$。截面上作用的轴向拉力 $N = 500\text{kN}$，弯矩 $M = 60\text{kN} \cdot \text{m}$，采用对称配筋。试求纵向受力钢筋截面面积。

**【解】** 1. 求偏心距

$$e_0 = M/N = 0.12\text{m} = 120\text{mm}$$

$$e' = \frac{h}{2} + e_0 - a'_s = 400/2 + 120 - 40 = 280\text{mm}$$

2. 计算配筋 $A_s$ 及 $A'_s$

$$A_s = A'_s \geqslant \frac{Ne'}{f_y(h'_0 - a_s)} = \frac{500 \times 10^3 \times 280}{360 \times (360 - 40)} = 1215.3\text{mm}^2$$

其满足截面单侧最小配筋率 0.2%。

RCM 软件计算输入信息和简要输出信息见图 6-15。杆件受拉时不考虑附加偏心距，所以选项"附加偏心距取正值"可不填。RCM 软件的详细输出信息如下：

```
对称配筋矩形偏心受压（拉）柱承载力计算
BC= 250.mm; HC= 400.mm; H0= 360.mm
C30 两方向上下支撑点间距离=    4000. mm
Fy= 360 N/mm^2
e0= 120.0 mm; e"= 280.0 mm
As=A"s=      1215.3 mm^2≥0.002bh=      200.0 mm^2
```

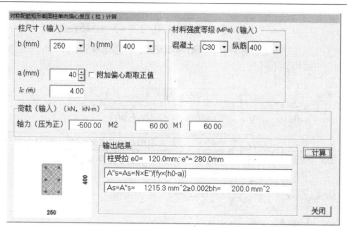

图 6-15　矩形截面对称配筋单向偏心受拉杆配筋算例

可见 RCM 软件的计算结果与手算结果相同。

## 6.5 矩形截面单向偏心受拉构件承载力复核

偏心受拉构件截面承载力复核时，截面尺寸 $b \times h$、截面配筋 $A_s$ 和 $A_s'$、混凝土强度等级和钢筋种类以及截面上作用的 $N$ 和 $M$ 均为已知，要求验算是否满足承载力的要求。

（1）如果 $e_0 \leqslant \dfrac{h}{2} - a_s$，按小偏心受拉构件计算

利用基本方程式（6-11）和式（6-12）各解一个 $N_u$，取小者，即为该截面能够承受的纵向拉力设计值。

（2）如果 $e_0 > \dfrac{h}{2} - a_s$，按大偏心受拉构件计算

由基本方程（6-4）和式（6-5）中消去 $N_u$，解出 $\xi$，即

$$\xi = \left(1 + \frac{e}{h_0}\right) - \sqrt{\left(1 + \frac{e}{h_0}\right)^2 - \frac{2(f_y A_s e - f_y' A_s' e')}{\alpha_1 f_c b h_0^2}} \tag{6-15}$$

如果 $\dfrac{2a_s'}{h_0} \leqslant \xi \leqslant \xi_b$，将 $\xi$ 代入式（6-4）计算 $N_u$；如果 $\xi < \dfrac{2a_s'}{h_0}$，则按上式计算的 $\xi$ 无效，应按式（6-12）计算 $N_u$；如果 $\xi > \xi_b$，则说明受压钢筋数量不足，可近似取 $\xi = \xi_b$，由式（6-4）和式（6-5）各计算一个 $N_u$，取小值。

**【例 6-6】 单向大偏心受拉构件复核算例**

文献［6］第 183 页例题。钢筋混凝土偏心受拉构件，截面尺寸 $b = 250\text{mm}$，$h = 400\text{mm}$，$a_s = a_s' = 45\text{mm}$，$A_s' = 603\text{mm}^2$（3Φ16），$A_s = 1520\text{mm}^2$（4Φ22）。构件承受轴向拉力设计值 $N = 115\text{kN}$，弯矩设计值 $M = 92\text{kN}\cdot\text{m}$。混凝土强度等级为 C25，纵筋采用 HRB335 级钢筋。问截面是否能够满足承载力的要求。

**【解】** $\quad e_0 = \dfrac{M}{N} = \dfrac{92 \times 10^6}{115 \times 10^3} = 800\text{mm} > \dfrac{h}{2} - a_s = \dfrac{400}{2} - 45 = 155\text{mm}$

故属于大偏心受拉构件。

$$e = \xi - \xi + \xi = 800 - 400/2 + 45 = 645\text{mm}$$
$$\xi = \xi + \xi - \xi = 800 + 400/2 - 45 = 955\text{mm}$$

将已知条件代入式（6-15）

$$\begin{aligned}
\xi &= \left(1 + \frac{e}{h_0}\right) - \sqrt{\left(1 + \frac{e}{h_0}\right)^2 - \frac{2(f_y A_s e - f_y' A_s' e')}{\alpha_1 f_c b h_0^2}} \\
&= \left(1 + \frac{645}{355}\right) - \sqrt{\left(1 + \frac{645}{355}\right)^2 - \frac{2 \times 300(1520 \times 645 - 603 \times 955)}{1 \times 11.9 \times 250 \times 355^2}} \\
&= 0.117 < \frac{2a_s'}{h_0} = \frac{2 \times 45}{355} = 0.254
\end{aligned}$$

应按式（6-12）计算 $N_u$，即

$$N_u = \frac{f_y A_s (h_0 - a_s')}{e'} = \frac{300 \times 1520 \times (355 - 45)}{955} = 148.02\text{kN} > N = 115\text{kN}$$

满足要求。

RCM 软件计算输入信息和简要输出信息见图 6-16。RCM 软件的详细输出信息如下：

矩形单向偏心受拉构件承载力复核
N= 115.00 kN; M= 92.00 kN-m; As= 1520.0; A″s= 603.0 mm^2
BC= 250. mm; a=a″= 45. mm; HC= 400. mm; HO= 355. mm
C25 Fy=F″y= 300 N/mm^2; Fc=11.9 N/mm^2; ξb=0.550
e0= 800.0 mm; e= 645.0 mm; e″= 955.0 mm,ξ=0.117
大偏心受拉e0= 800.0 mm; Nu= 148.02 kN

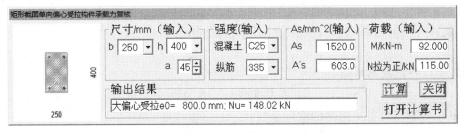

图 6-16 矩形截面单向大偏心受拉构件复核

可见 RCM 软件的计算结果与手算结果相同。

**本章参考文献**

［1］混凝土结构设计规范 GB 50010—2010［S］．北京：中国建筑工业出版社，2011．

［2］中国建科院 PKPMcad 工程部．新规范 PKPM 设计软件实用手册［M］．

［3］王依群，梁发强．任意形状截面双向偏心受拉构件大小偏心的判别［J］．工程抗震与加固改造，2006（06）：78-80．

［4］吕志涛，周燕勤等．圆形或环形截面钢筋砼受力构件正截面承载力的简捷实用计算［J］．建筑结构，1996（05）：16-23．

［5］张庆芳．混凝土结构复习与解题指导［M］．北京：中国建筑工业出版社，2013．

［6］梁兴文，史庆轩．混凝土结构设计原理（第二版）［M］．北京：中国建筑工业出版社，2011．

# 第7章 轴心受压柱的配筋及算例

本章内容包括采用普通配筋方式的矩形、圆形截面轴心受压柱承载力计算及复核、配置螺旋式间接钢筋的圆形截面轴心受压柱承载力计算和复核。

## 7.1 采用普通配筋方式的矩形、圆形截面轴心受压柱承载力计算及复核

轴心受压柱正截面承载力按下式计算：

$$N \le 0.9\varphi(f_c A + f'_y A'_s) \tag{7-1}$$

式中 $\varphi$ ——钢筋混凝土构件的稳定系数。

按《混凝土结构设计规范》GB 50010—2010 第 6.2.15 条条文说明中给出的公式有：

$$\varphi = \left[ 1 + 0.002 \left( \frac{l_0}{b} - 8 \right)^2 \right]^{-1} \tag{7-2}$$

式中 $b$ ——矩形截面的宽，对于圆形截面取 $b = \dfrac{\sqrt{3}\,d}{2}$；

$d$ ——矩形截面的直径。

手算时，$\varphi$ 也可由《混凝土结构设计规范》GB 50010—2010 表 6.2.15 即这里的表 7-1 查得。

钢筋混凝土轴心受压构件的稳定系数　　　　　　　表 7-1

| $l_0/b$ | ≤8 | 10 | 12 | 14 | 16 | 18 | 20 | 22 | 24 | 26 | 28 |
|---|---|---|---|---|---|---|---|---|---|---|---|
| $l_0/d$ | ≤7 | 8.5 | 10.5 | 12 | 14 | 15.5 | 17 | 19 | 21 | 22.5 | 24 |
| $l_0/i$ | ≤28 | 35 | 42 | 48 | 55 | 62 | 69 | 76 | 83 | 90 | 97 |
| $\varphi$ | 1.00 | 0.98 | 0.95 | 0.92 | 0.87 | 0.81 | 0.75 | 0.70 | 0.65 | 0.60 | 0.56 |
| $l_0/b$ | 30 | 32 | 34 | 36 | 38 | 40 | 42 | 44 | 46 | 48 | 50 |
| $l_0/d$ | 26 | 28 | 29.5 | 31 | 33 | 34.5 | 36.5 | 38 | 40 | 41.5 | 43 |
| $l_0/i$ | 104 | 111 | 118 | 125 | 132 | 139 | 146 | 153 | 160 | 167 | 174 |
| $\varphi$ | 0.52 | 0.48 | 0.44 | 0.40 | 0.36 | 0.32 | 0.29 | 0.26 | 0.23 | 0.21 | 0.19 |

注：$b$—矩形截面的短边尺寸；$d$—圆形截面的直径；$i$—截面的最小回转半径。

现浇框架结构柱轴心受压时计算长度按照《混凝土结构设计规范》GB 50010－2010 第 6.2.20－2 条执行，即按现浇楼盖的底层柱取层高、非底层柱取 1.25 倍层高。

当纵向普通钢筋的配筋率大于 3% 时，式（7-1）中的 $A$ 应改用（$A - A'_s$）代替。

### 【例7-1】轴心受压柱配筋算例

文献[1]第 117 页算例，钢筋混凝土轴心受压柱，截面尺寸为 $b = h = 400\text{mm}$、$a = a' = 40\text{mm}$。截面承受轴向压力设计值 $N = 2950\text{kN}$。计算长度为 4.9m。混凝土强度等级为 C30，纵筋为 HRB500 钢筋。求纵向钢筋面积。

**【解】**

求稳定系数：$l_0/b = 4900/400 = 12.25$，$\varphi = [1 + 0.002(12.25 - 8)^2]^{-1} = 0.9651$。

计算纵筋面积：$A'_s = \dfrac{\dfrac{N}{0.9\varphi} - f_c A}{f'_y} = \dfrac{\dfrac{2950000}{0.9 \times 0.9651} - 14.3 \times 400 \times 400}{410} = 2703 \ mm^2$

RCM 软件输入信息和简要计算结果见图 7-1。因 RCM 软件采取所有纵向钢筋直径相同，如采用更细直径即 20mm 的钢筋，则截面积为 $A'_s = 8 \times 314.2 = 2513 mm^2$，不满足要求，故与计算结果较接近的是 8 根直径 22mm 的钢筋。

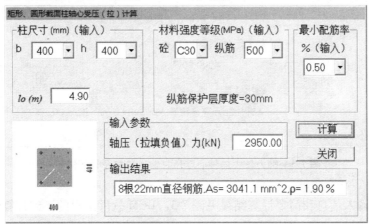

图 7-1　【例 7-1】轴心受压柱输入信息及计算结果

通过相应的菜单项还可查看详细的计算结果文件，见图 7-2。

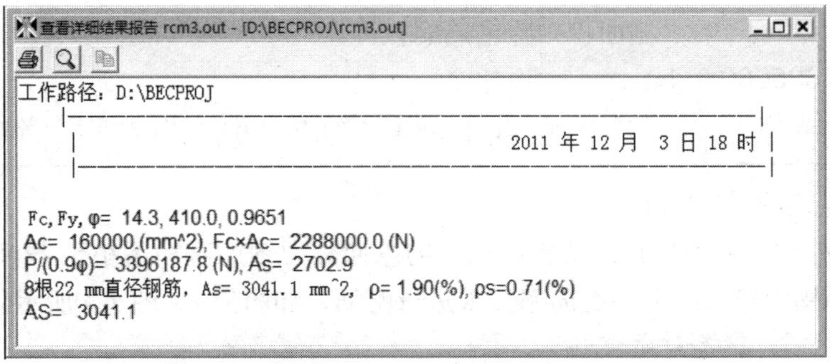

```
X查看详细结果报告 rcm3.out - [D:\BECPROJ\rcm3.out]              _ |□|X|
🖶 🔍 🖹

工作路径: D:\BECPROJ
|———————————————————————————————————————————|
|                                 2011 年 12 月 3 日 18 时|
|———————————————————————————————————————————|

Fc, Fy, φ= 14.3, 410.0, 0.9651
Ac= 160000.(mm^2), Fc×Ac= 2288000.0 (N)
P/(0.9φ)= 3396187.8 (N), As= 2702.9
8根22 mm直径钢筋, As= 3041.1 mm^2, ρ= 1.90(%), ρs=0.71(%)
AS= 3041.1
```

图 7-2　【例 7-1】轴心受压柱详细计算结果

如果压力相对较大，配筋率大于 3% 时，软件会将混凝土截面积扣除钢筋面积再算，如图 7-3、图 7-4 所示。

手算过程为：$A'_s = \dfrac{\dfrac{N}{0.9\varphi} - f_c A}{f'_y} = \dfrac{\dfrac{4000000}{0.9 \times 0.9651} - 14.3 \times 400 \times 400}{410}$

$$= \dfrac{4605000 - 2288000}{410} = 5651.2 \ mm^2$$

配筋率 $\rho = 5651.2/(400 \times 400) = 0.0353 > 0.03$，按规范扣除混凝土中的钢筋面积再算，改写式（7-1）得：

$$N \leqslant 0.9\varphi[f_c(A - A'_s) + f'_y A'] \tag{7-3}$$

$$A'_s = \frac{\dfrac{N}{0.9\varphi} - f_c A}{(f'_y - f_c)} = \frac{\dfrac{4000000}{0.9 \times 0.9651} - 14.3 \times 400 \times 400}{410 - 14.3} = \frac{4605000 - 2288000}{395.7} = 5855.4 \text{mm}^2$$

图7-3　轴力较大的轴心受压柱输入信息及计算结果

RCM软件输入信息和简要计算结果见图7-3。RCM软件给出的详细计算结果如下：

Fc, Fy, φ=  14.3, 410.0, 0.9651
Ac=  160000.(mm^2), Fc×Ac=  2288000.0 (N)
P/(0.9φ)=  4605000.0 (N), As=  5651.2
配筋率= 3.53% 大于 3%，截面积扣除钢筋面积再算
P/(0.9φ)=  4605000.0 (N), As=  5848.3
8根32 mm直径钢筋，As= 6434.0 mm^2，ρ= 4.02(%),单侧配筋率ρs=1.51(%)

可见，其与手算结果相同。

如果作用的轴力较小，软件则会按规范的纵向受力钢筋直径不小于12mm、最大纵筋间距200mm和用户输入的最小配筋率要求进行配筋，如图7-4、图7-5所示。

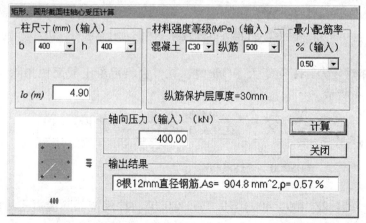

图7-4　轴力较小的轴心受压柱输入信息及计算结果

图 7-5　轴力较小的轴心受压柱详细计算结果

## 【例 7-2】 轴心受压圆形截面柱配筋算例

混凝土圆截面轴心受压柱，截面尺寸为 $D = 400\text{mm}$。截面承受轴向压力设计值 $N = 2706\text{kN}$。计算长度为 4.2m。混凝土强度等级为 C30，纵筋为 HRB400 钢筋。求纵向钢筋面积。

【解】对于圆形截面取 $b = \sqrt{3}d/2 = 1.732 \times 400/2 = 346.4\text{mm}$，$l_0/d = 4200/400 = 10.5$，查表 7-1 得 $\varphi = 0.95$，则：

$$A'_s = \cfrac{\cfrac{N}{0.9\varphi} - f_c A}{f'_y} = \cfrac{\cfrac{2706000}{0.9 \times 0.95} - 14.3 \times 3.1416 \times 200^2}{360} = \frac{3165000 - 1797000}{360} = 3799.8\text{mm}^2$$

配筋率 $\rho = 3799.8/(3.1416 \times 200 \times 200) = 0.0302 > 0.03$，按规范扣除混凝土中的钢筋面积再算，由式（7-3）得：

$$A'_s = \cfrac{\cfrac{N}{0.9\varphi} - f_c A}{(f'_y - f_c)} = \cfrac{\cfrac{2706000}{0.9 \times 0.95} - 14.3 \times 3.1416 \times 200^2}{360 - 14.3} = \frac{3165000 - 1797000}{345.7} = 3957.2\text{mm}^2。$$

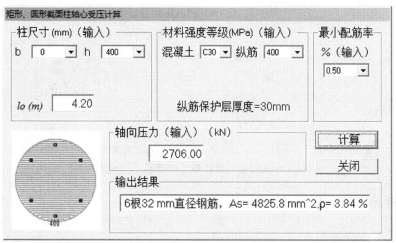

图 7-6　圆形轴心受压柱计算结果

软件输出的详细计算过程如下：

```
CC= 30.0 Fc= 14.3 两方向上下支撑点间距离=    4200. mm
DC=   400. mm,Fy= 360 N/mm^2， 截面积=    125664. mm^2
长细比lo/d=  10.50 稳定系数φ= 0.950
计算出的As=  3799.8
配筋率= 3.02% 大于 3%，截面积扣除钢筋面积再算
P/(0.9φ)=  3164912.2 (N), As=  3950.7
试配的纵筋根数 NBAR= 6
CRN=  2706.0 bars 6D32 As= 4825.8 Rs=3.84(%)
```

可见，其与手算结果相同。

### 【例 7-3】 小截面轴心受压矩形柱正截面承载力复核

某现浇框架柱截面尺寸为 $b \times h = 250\text{mm} \times 250\text{mm}$，由两端支承情况决定其钢筋作为受力钢筋，构件混凝土强度等级为 C30。柱的轴向压力设计值 $N = 950\text{kN}$，柱内配有 4 $\Phi$20 的纵向钢筋（$A'_s = 1256\text{mm}^2$），试校核该柱是否安全。

**【解】**

$$l_0/b = 3000/250 = 12，查得 7\text{-}1 得：\varphi = 0.95$$

$$N_u = 0.9\varphi(f_cA + f'_yA'_s) = 0.9 \times 0.95 \times (14.3 \times 250 \times 250 + 360 \times 1520)N = 1150.8\text{kN} >$$

$$N = 950\text{kN}$$

所以该柱是安全的。

RCM 软件计算输入信息和简要输出信息见图 7-7。

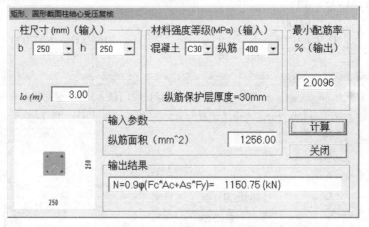

图 7-7　小截面轴心受压矩形柱正截面承载力复核

RCM 软件的详细输出信息如下：

```
轴心受压柱承载力复核
B,H=   250.,   250. mm; Ac=  62500. mm^2; Lo=     3.000 (m); As= 1256.0 mm^2
C30; Fyk= 400 N/mm^2; 配筋率=2.010%
φ= 0.9500
N=0.9φ(Fc*Ac+As*Fy)=    1150.75 (kN)
```

可见 RCM 软件的计算结果与手算结果及文献结果相同。

**【例 7-4】 轴心受压矩形柱正截面承载力复核**

文献［2］第 74 页算例：某多层框架结构，楼盖为装配式，楼层高 $H=5.5\text{m}$，底层柱的截面尺寸为 $b \times h = 400\text{mm} \times 400\text{mm}$，承受轴向压力设计值 $N=2115\text{kN}$，混凝土强度等级为 C30，柱内配有 4Φ25 的纵向钢筋（$A'_s=1964\text{mm}^2$）试校核该柱是否安全。

**【解】** 1. 求稳定系数

$$l_0 = 1.25H = 1.25 \times 5.5\text{m} = 6.875\text{m}$$

则

$$l_0/b = 6875/400 = 17.19$$

查表 7-1 得：$\varphi = 0.8343$

2. 确定混凝土截面面积

由于 $\rho = A'_s/bh = 1964/(400 \times 400) = 1.23\% < 3\%$，所以混凝土面积 $A$ 不必扣除 $A'_s$。

3. 求 $N_u$

$$N_u = 0.9\varphi(f_c A + f'_y A'_s) = 0.9 \times 0.8343 \times (14.3 \times 400 \times 400 + 300 \times 1964) = 2160.4\text{kN} >$$
$$N = 2115\text{kN}$$

所以该柱是安全的。

RCM 输入信息和简要计算结果如图 7-8 所示。

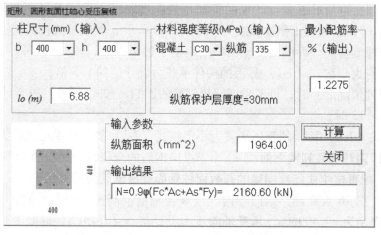

图 7-8　轴心受压矩形柱正截面承载力复核

RCM 软件的详细输出信息如下，可见与文献结果相同：

```
轴心受压柱承载力复核
B,H=   400.,   400. mm; Ac=  160000. mm^2; Lo=      6.875 (m); As= 1964.0 mm^2
C30; Fyk= 335 N/mm^2; 配筋率=1.227%
φ= 0.8344
N=0.9φ(Fc*Ac+As*Fy)=    2160.60 (kN)
```

## 7.2　采用螺旋式配筋的圆形截面轴心受压柱承载力计算及复核

钢筋混凝土轴心受压构件，当配置螺旋箍筋或焊接环式间接钢筋时，如图 7-9 所示，其正截面受压承载力按下式计算：

$$N \leqslant 0.9(f_c A_{cor} + f'_y A'_s + 2\alpha f_{yv} A_{ss0}) \qquad (7\text{-}4)$$

式中　$f_{yv}$——间接钢筋的抗拉强度设计值；

　　　$A_{cor}$——构件的核心截面面积，即间接钢筋内表面范围内的混凝土面积；

$$A_{cor} = \frac{\pi d_{cor}^2}{4}$$

　　　$d_{cor}$——构件的核心截面直径，即间接钢筋内表面之间的距离；

　　　$A_{ss0}$——螺旋式或焊接环式间接钢筋的换算截面面积，按下式计算：

$$A_{ss0} = \frac{\pi d_{cor} A_{ss1}}{s} \qquad (7\text{-}5)$$

　　　$A_{ss1}$——螺旋式或焊接环式单根间接钢筋的截面面积；

　　　$s$——沿构件轴线方向间接钢筋的间距；

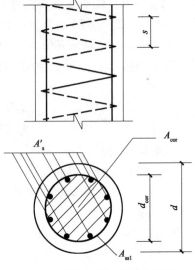

图 7-9　配置螺旋式间接钢筋的
钢筋混凝土轴心受压构件

　　　$\alpha$——间接钢筋对混凝土约束的折减系数：当混凝土强度等级不超过 C50 时，取 1.0，当混凝土强度等级为 C80 时，取 0.85，其间按线性内插法取用。

　　为了保证螺旋箍筋外面的混凝土保护层不至于过早剥落，按式（7-4）算得的构件承载力设计值不应大于按式（7-1）算得的构件承载力设计值的 1.5 倍。

　　当遇到下列情况之一时，可不考虑间接钢筋的影响，按式（7-1）进行计算：

1）$l_0/d > 12$ 时；

2）当按式（7-4）算得的受压承载力小于按式（7-1）算得的受压承载力时；

3）当间接钢筋的换算截面面积 $A_{ss0}$ 小于纵向钢筋的全部截面面积的 25% 时。

**【例 7-5】配置螺旋式间接钢筋的圆截面柱轴心受压承载力计算例 1**

　　文献 [2] 第 76 页算例：某门厅内底层现浇钢筋混凝土圆形截面柱，计算长度 $l_0 = 4.6\text{ m}$。柱的直径为 $d = 400\text{mm}$，承受轴向压力设计值 $N = 2815\text{kN}$，混凝土强度等级 C30，纵向钢筋采用 HRB400 级钢筋，箍筋采用 HRB335 级钢筋，试设计该截面。

**【解】** 1. 确定是否考虑间接钢筋

$l_0/d = 4600/400 = 11.5 < 12$，所以需考虑间接钢筋，可设计成螺旋箍筋柱。

由表 7-1 查得 $\varphi = 0.93$

2. 求 $A'_s$

假定纵向钢筋配筋率为 $\rho = 2.5\%$

$$A = \frac{\pi d^2}{4} = \frac{\pi \times 400^2}{4} = 125664\text{mm}^2$$

则　$A'_s = 2.5\% A = 0.25 \times 125664 = 3142\text{mm}^2$

选用 10 $\Phi$ 22，相应的 $A'_s = 3142\text{mm}^2$

3. 求 $A_{ss0}$

假定纵筋的保护层厚度 30mm，则混凝土核心直径

$d_{cor} = 400 - 60 = 340\text{mm}$

$$A_{cor} = \frac{\pi d_{cor}^2}{4} = \frac{\pi \times 340^2}{4} = 90792 \text{mm}^2$$

则由式（7-4）得所需螺旋筋的面积为

$$A_{ss0} = \frac{\dfrac{N}{0.9} - (f_c A_{cor} + f'_y A'_s)}{2\alpha f_{yv}}$$

$$= \frac{\dfrac{2815000}{0.9} - (14.3 \times 90792 + 360 \times 3142)}{2 \times 1 \times 300} = 1164 \text{mm}^2 > 0.25 \times 3142 = 786 \text{mm}^2$$

满足构造要求。

4. 选择箍筋

假定箍筋直径为 10mm，则单肢箍筋截面面积 $A_{ss1} = 78.5 \text{mm}^2$，则由式（7-5）得螺旋箍筋的最大间距为

$$s = \frac{\pi d_{cor} A_{ss1}}{A_{ss0}} = \frac{\pi \times 340 \times 78.5}{1164} = 72 \text{mm}$$

取 $s = 60 \text{mm}$，由于 $40 \text{mm} \leqslant s < 80 \text{mm}$，且 $s = \dfrac{d_{cor}}{5} = \dfrac{340}{5} < 68 \text{mm}$，所以满足构造要求。

5. 复核柱的承载力

按以上要求配置纵筋和螺旋箍筋后，得

$$A_{ss0} = \frac{\pi d_{cor} A_{ss1}}{s} = \frac{\pi \times 340 \times 78.5}{60} = 1397 \text{mm}^2$$

由式（7-4）得

$$N_u = 0.9(f_c A_{cor} + f'_y A'_s + 2\alpha f_{yv} A_{ss0})$$
$$= 0.9 \times (14.3 \times 90792 + 360 \times 3142 + 2 \times 1 \times 300 \times 1397) = 2941 \text{kN}$$

由于 $1.5 \times 0.9 \varphi (f_c A + f'_y A'_s) = 1.5 \times 0.9 \times 0.93 \times (14.3 \times 125664 + 360 \times 3142) = 3676 \text{kN} > N_u$

满足要求。

RCM 输入信息和简要计算结果如图 7-10 所示，可见与文献结果相同。

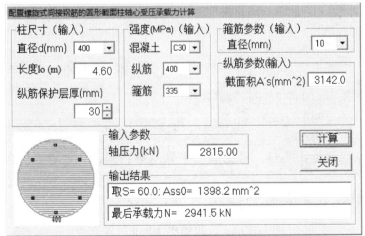

图 7-10　配置螺旋式间接钢筋的圆截面柱轴心受压承载力计算例 1

RCM 的详细计算结果如下：

```
Lo/D=  11.50≤12可以采用螺旋式配筋。
CC, Fc, IS, JS, =30. 14.3  400  335；箍筋直径=10(mm)；Lo=    4.600 (m)
D=   400. mm; Ac=  125664. mm^2; N=2815.00 kN
dcor= 340. ; Acor=   90792.mm^2, Fc×Acor=  1298328.9 (N)
As=  3142.0; Fy=  360. ; Fyv=  300.
Ass0=(3127778. - (1298329. +1131120.))/ 600. =   1164.
取S= 60.0； Ass0=  1398.2 mm^2
采用螺旋式配筋的承载力N=   2941.5 kN
0.9φ(Fc×Ac+F"y×A"s)=    2450.8 kN
最后取的承载力N=  2941.5 kN
```

### 【例 7-6】 配置螺旋式间接钢筋的圆截面柱轴心受压承载力计算例 2

文献［3］第 163 页算例：某建筑门厅现浇的圆形钢筋混凝土柱直径为 400mm，承受轴向压力设计值 $N = 3892$kN，从基础顶面到一层楼盖顶面的距离 $H = 4.2$m，混凝土强度等级为 C40，柱中纵向钢筋及箍筋均采用 HRB400 级钢筋，采用螺旋箍筋配筋形式，试设计该柱配筋。

### 【解】

柱计算长度：$l_0 = 1.0H = 4200$mm，$l_0 / d = 4200/400 = 10.5 < 12$，适合采用螺旋式箍筋柱。

一类环境取纵筋保护层厚 30mm，则 $d_{cor} = 400 - 2 \times 30 = 340$mm，$A_{cor} = \pi \times 340^2 / 4 = 90792$mm$^2$

如初选间接钢筋直径为 8mm，则有 $A_{ss1} = 50.3$mm$^2$

设 $\rho = 3\%$，则计算得

$$A'_s = 0.03A = 0.03 \times \frac{\pi \times 400^2}{4} = 3679.9 \text{mm}^2$$

选 10$\Phi$22，实配 $A'_s = 3801$mm$^2$，则由式（7-4）得所需螺旋筋的面积为

$$A_{ss0} = \frac{\frac{N}{0.9} - (f_c A_{cor} + f'_y A'_s)}{2\alpha f_{yv}}$$

$$= \frac{\frac{3892000}{0.9} - (19.1 \times 90792 + 360 \times 3801)}{2 \times 1 \times 360} = 1697.2 \text{mm}^2 > 0.25 \times 3801 = 942.5 \text{mm}^2$$

满足构造要求。应用式（7-5）计算，得

$s = \dfrac{\pi d_{cor} A_{ss1}}{A_{ss0}} = \dfrac{\pi \times 340 \times 50.3}{1697.2} = 31.66$mm，取整得 30mm，小于规范要求值。RCM 软件输入数据和计算结果见图 7-11，可见其与手算结果相同，并且给出了选用较粗箍筋的建议。

如选间接钢筋直径为 10mm，则有 $A_{ss1} = 78.5$mm$^2$，则

$s = \dfrac{\pi d_{cor} A_{ss1}}{A_{ss0}} = \dfrac{\pi \times 340 \times 78.5}{1697.2} = 49$mm，取整得 40mm，符合 40mm≤$s$≤80mm 及 $s$≤$d_{cor}/5$

=68mm 的规定。

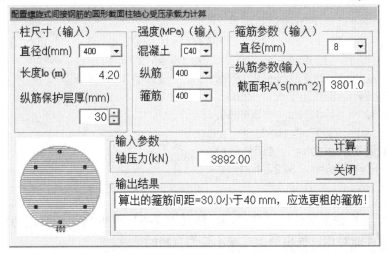

图 7-11　配置螺旋式间接钢筋的圆截面柱轴心受压承载力计算例 3（箍筋直径 8mm）

复核承载力，验算保护层是否过早脱落。

$$A_{ss0} = \frac{\pi d_{cor} A_{ss1}}{s} = \frac{\pi \times 340 \times 78.5}{40} = 2096\,\text{mm}^2$$

代入公式得

$N = 0.9(f_c A_{cor} + f'_y A'_s + 2\alpha f_{yv} A_{ss0})$

　　$= 0.9 \times (19.1 \times 90792 + 360 \times 3801 + 2 \times 1.0 \times 360 \times 2096) = 4151.7\,\text{kN} > 3892\,\text{kN}$

如按普通柱配筋，根据长细比查表 7-1 得 $\varphi = 0.95$，则

$N' = 0.9\varphi(f_c A_c + f'_y A'_s) = 0.9 \times 0.95 \times (19.1 \times 125663.7 + 360 \times 3801) = 3222\,\text{kN} < $

$4151.7\,\text{kN}$

又由于 $1.5N' = 4833\,\text{kN} > 4151.7\,\text{kN}$，说明柱保护层不会过早脱落，所设计的螺旋式配筋柱符合要求。

RCM 软件输入数据和计算结果如图 7-12 所示。

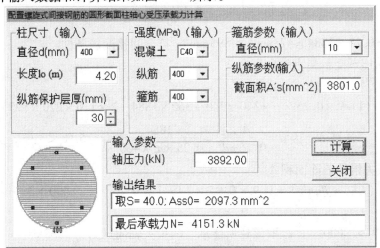

图 7-12　配置螺旋式间接钢筋的圆截面柱轴心受压承载力计算例 3（箍筋直径 10mm）

RCM 的详细计算结果如下：

```
Lo/D=   10.50≤12可以采用螺旋式配筋。
CC, Fc, IS, JS, =40. 19.1  400  400; 箍筋直径=10(mm); Lo=    4.200 (m)
D=   400. mm; Ac=  125664. mm^2; N=3892.00 kN
dcor= 340. ; Acor=   90792.mm^2, Fc×Acor=  1734131.8 (N)
As=  3801.0; Fy=  360. ; Fyv=  360.
Ass0=(4324444. - (1734132. +1368360.)) / 720. =   1697.
取S= 40.0; Ass0=  2097.3 mm^2
采用螺旋式配筋的承载力N=   4151.3 kN
0.9φ(Fc×Ac+F"y×A"s)=   3222.1 kN
最后取的承载力N=   4151.3 kN
```

可见 RCM 计算结果与手算结果相同。从【例 7-6】可见当初步假定的箍筋直径不合适时，RCM 软件能对用户提出增大或减小箍筋直径的建议。

**【例 7-7】配置螺旋式间接钢筋的圆截面柱轴心受压承载力复核题**

文献［3］第 166 页算例：已知圆形截面轴心受压柱，直径 400mm，计算长度 4.2m，混凝土强度等级为 C40，纵向钢筋采用 6 根直径 20mm 的 HRB400 钢筋，间接钢筋采用 HRB300 级钢筋，$\phi 8$ 螺旋式，间距 $s = 60mm$。求该柱所能承受的最大轴向压力。

**【解】1. 已知计算数据**

圆柱截面直径 $d = 400mm$，计算长度 $l_0 = 4.2m$，混凝土强度等级 C40，纵向钢筋采用 HRB400 级 $6 \oplus 20$，$A'_s = 1884mm^2$，$f'_y = 360N/mm^2$，间接钢筋 HRB300 级，$f_{yv} = 270N/mm^2$，$\phi 8$ 螺旋式，$A_{ss1} = 50.3mm^2$，间距 $s = 60mm$。

2. 确定是否考虑间接钢筋

因为 $l_0/d = 4200/400 = 10.5 < 12$，适合采用螺旋式箍筋柱。

由于 $= 10.5$，查表 7-1 查得 $\varphi = 0.95$

3. 求 $A_{ss0}$

由式（7-5）计算间接钢筋的换算截面面积 $A_{ss0}$，得

$$A_{ss0} = \frac{\pi d_{cor} A_{ss1}}{s} = \frac{\pi \times 340 \times 50.3}{60} = 895mm^2$$

$0.25A'_s = 0.25 \times 1884 = 471mm^2 < 895mm^2$，符合间接配筋条件。

4. 求柱所能承受的最大轴向压力 $N$

$N = 0.9(f_c A_{cor} + f'_y A'_s + 2\alpha f_{yv} A_{ss0})$

$= 0.9 \times (11.9 \times 0.25 \times \pi \times 340 \times 340 + 360 \times 1884 + 2 \times 1.0 \times 270 \times 895) = 2606kN$

由式（7-1）计算 $N$。因 $\rho = \frac{A'_s}{0.25\pi d^2} = \frac{1884}{0.25 \times \pi \times 400^2} = 1.5\% < 3\%$，故构件截面面积 $A$ 中不必减去钢筋截面面积 $A'_s$。

$N' = 0.9\varphi(f_c A_c + f'_y A'_s) = 0.9 \times 0.95 \times (19.1 \times 0.25 \times \pi \times 400 \times 400 + 360 \times 1884) = 2632kN$

则 2632kN > 2606kN，故取该柱所能承受的最大轴向压力为 2632kN。

RCM 计算结果如图 7-13 所示，可见与文献结果相同。

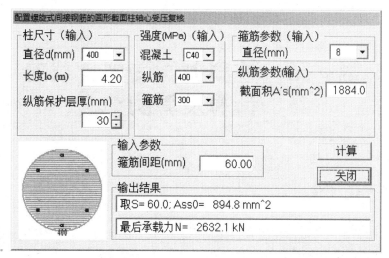

图 7-13　配置螺旋式间接钢筋的圆截面柱轴心受压承载力复核题

RCM 的详细计算结果如下：

Lo/D=　10.50≤12可以采用螺旋式配筋。
CC, Fc, IS, JS, =40. 19.1　400　300；箍筋直径= 8（mm）；Lo=　4.200　（m）
D=　400. mm；Ac=　125664. mm^2；S=　60.00 mm
dcor= 340. ；Acor=　90792.mm^2，Fc×Acor=　1734131.8 （N）
As=　1884.0；Fy=　360. ；Fyv=　270.
取S= 60.0；Ass0=　894.8 mm^2
采用螺旋式配筋的承载力N=　2606.0 kN
0.9φ(Fc×Ac+F"y×A"s)=　2632.1 kN
最后取的承载力N=　2632.1　kN

**本章参考文献**

［1］梁兴文等. 混凝土结构设计原理（第二版）［M］. 北京：中国建筑工业出版社，2011.

［2］周爱军，白建方等. 混凝土结构设计与施工细部计算示例（第二版）［M］. 北京：机械工业出版社，2011.

［3］国振喜. 简明钢筋混凝土结构计算手册（第二版）［M］. 北京：机械工业出版社，2012.

# 第8章 柱斜截面受剪承载力
## 计算及算例

## 8.1 柱剪力设计值

柱剪力设计值在无地震作用组合直接使用有限元方法计算得到的柱剪力组合得到。即取静载和/或风载作用组合下的剪力设计值。

按《混凝土结构设计规范》GB 50010—2010[1]，考虑地震作用组合的框架柱、框支柱的剪力设计值为：

$$V_c = \eta\left(\frac{M_c^t + M_c^b}{H_n}\right) \tag{8-1a}$$

式中　　$\eta$——增大系数，见《混凝土结构设计规范》GB 50010—2010，角柱再乘1.1，转换层及以下层的柱再乘1.25；

$M_c^t + M_c^b$——分别为有地震作用组合，且经调整后的框架柱上、下端弯矩设计值；

$H_n$——柱的净高。

如何在计算机编程和设计中实现，现有文献存在着两种方法。文献［2］主张"直接用框架计算简图中的层高代替柱净高，省却柱端弯矩考虑支座弯矩消减的麻烦"。就是说可直接采用有限元算出的杆端剪力代替"柱上下端弯矩和除以柱净高"（因有限元算出的杆端剪力和弯矩形成了力平衡）。文献［3、4］将有限元算得的杆端弯矩代入式（8-1a）计算柱的剪力设计值。显然两种方法不同，造成结果差异很大。到底哪种方法计算结果更合理和接近实际呢？下面以一算例加以分析[5]。

取文献［2］第238页算例，只计算其在水平力（左风荷载）作用下的内力。平面框架计算简图见图8-1。C20混凝土，梁截面尺寸 $b \times h = 0.3\text{m} \times 0.75\text{m}$；内、外柱截面尺寸 $b \times h = 0.4\text{m} \times 0.4\text{m}$、$0.4\text{m} \times 0.5\text{m}$。使用文献［6］的NDAS2D软件进行计算。算得底层边、中柱剪力分别为：22kN、15kN，底层剪力（各柱剪力和）为74kN，其与总外力 $12.2 + 23.3 + 20.9 + 17.5 = 73.9\text{kN}$ 相吻合。

NDAS2D软件算得的边柱上、下端弯矩为81、62kN·m；中柱上、下端弯矩为49kN·m、48kN·m。按文献［3、4］的做法，即不考虑柱端支座弯矩消减，由式（8-1a）（取增大系数=1）得边、中柱剪力：

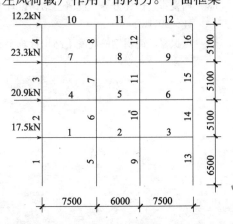

图8-1　算例尺寸、单元编号、荷载分布

$$V_c = \eta\left(\frac{M_c^t + M_c^b}{H_n}\right) = (81 + 62)/5.75 = 24.87\text{kN}$$

$$V_c = \eta\left(\frac{M_c^t + M_c^b}{H_n}\right) = (49 + 48)/5.75 = 16.87\text{kN}$$

则整个底层的剪力为：$2 \times (24.87 + 16.87) = 83.48$kN

如按文献〔5〕的做法，即考虑柱端支座弯矩消减，由式（8-1$a$）（取增大系数 =1）得边、中柱剪力：

$$V_c = \eta\left(\frac{M_c^t + M_c^b}{H_n}\right) = \left[(81 + 62)/5.75\right] \times 5.75/6.5 = 22\text{kN} \tag{8-1$b$}$$

$$V_c = \eta\left(\frac{M_c^t + M_c^b}{H_n}\right) = \left[(49 + 48)/5.75\right] \times 5.75/6.5 = 14.92\text{kN}$$

则整个底层的剪力为：$2 \times (22 + 14.92) = 73.84$kN。此与作用于结构的外力 73.9kN 相吻合，各柱的剪力也与有限元算得的剪力相吻合。可见文献〔2〕的做法可行，它与《混凝土结构设计规范》GB 50010—2010 第 11.4.3 条规定相当接近。文献〔3、4〕结果偏大是因为其没考虑柱端支座（梁柱重叠区）弯矩消减，本例如用文献〔3、4〕的方法则结果会偏大 $83.48/73.84 = 1.143$ 倍。由文献〔3、4〕式（8-1$b$）可见，柱剪力就是有限元输出的柱两端弯矩和除以层高（柱单元高）。

再考察中间层，例如二层柱的剪力值。NDAS2D 软件算得的二层边柱上、下端弯矩为 37kN·m、27kN·m；中柱上、下端弯矩为 40kN·m、40kN·m。假设水平荷载作用下反弯点在柱净高的中点，即离开二层地面$(5.1 - 0.75)/2 = 2.175$m，因有限元柱单元自楼层地面划分，只对柱上端弯矩折减、即柱上端弯矩乘 $2.175/(2.175 + 0.75) = 0.7436$。由式（8-1$a$）（取增大系数 =1）得边、中柱剪力：

$$V_c = \eta\left(\frac{M_c^t + M_c^b}{H_n}\right) = (37 \times 0.7436 + 27)/4.35 = 12.53\text{kN}$$

$$V_c = \eta\left(\frac{M_c^t + M_c^b}{H_n}\right) = (40 \times 0.7436 + 40)/4.35 = 16.03\text{kN}$$

而 NDAS2D 输出该边、中柱的剪力分别为：13kN 和 16kN，可见文献〔5〕方法同样可较好地取得规范方法的结果。整个楼层的剪力 $2 \times (13 + 16) = 58$kN 与作用在此楼层以上的水平荷载 56.4kN 也较好地吻合（注：NDAS2D 输出数值位数限制，也造成了部分差异）。若按文献〔3、4〕方法，不考虑柱端支座弯矩消减，则该层中柱剪力将达到 $(40 + 40)/4.35 = 18.39$kN(偏大 1.147 倍)。

如果柱反弯点不是像假设的在柱净高中点，可能结果会有些变化，不过因楼层高度和梁高变化幅度有限，估计误差不会太大。

以上以风荷载为例说明柱剪力的计算，对于地震作用，随着楼层的增高层剪力逐渐减小，直接使用有限元柱端剪力产生的误差的绝对值会很小，不会对设计产生影响。

本文以算例展示了水平荷载作用下框架柱剪力设计值两种方法计算的过程，表明文献〔2〕建议的直接使用有限元柱端剪力的方法与规范手算公式方法效果相当，且简便可行。文献〔3、4〕算例计算时因没扣除柱端梁高范围的弯矩，算得的柱剪力过大，过大的程度随梁高与楼层高之比的加大而加大，将造成设计浪费。

由以上分析,式(8-1a)右端括号值使用有限元方法计算得到的柱剪力即可,柱剪力设计值就是该剪力乘增大系数 $\eta$ 再考虑角柱或框支柱的调整。

因 RCM 软件本章的功能是让用户输入剪力设计值,对于 1 级抗震等级框架结构柱或其他需要用实配钢筋计算柱剪力设计值的情况,按式(9-3)确定柱剪力设计值,然后输入 RCM 软件,让它来算柱的受剪承载力和配筋。

## 8.2　柱斜截面受剪承载力计算

矩形截面柱斜截面承载力的计算:一般情况下柱同时受到 $x$、$y$ 两方向剪力作用,《混凝土结构设计规范》GB 50010 - 2010 第 6.3.19 条规定,当斜向剪力设计值 $V$ 的作用方向与 $x$ 轴的夹角 $\theta = \arctan(V_y/V_x)$ 在 $0° \sim 10°$ 或 $80° \sim 90°$ 时,可仅按单向受剪构件进行截面承载力计算。

1. 矩形柱斜截面受剪承载力按单向计算时,《混凝土结构设计规范》GB 50010 - 2010 规定如下。

(1)矩形截面框架柱的斜截面应满足以下规定:

无地震作用组合:

$$V \leqslant 0.25\beta_c f_c bh_0 \tag{8-2a}$$

有地震作用组合: $\lambda > 2$ 时

$$V \leqslant \frac{1}{\gamma_{RE}}(0.2\beta_c f_c bh_0) \tag{8-2b}$$

$\lambda \leqslant 2$ 时 $\quad V \leqslant \frac{1}{\gamma_{RE}}(0.15\beta_c f_c bh_0) \tag{8-2c}$

式中 $\quad \lambda$——剪跨比,取柱上、下端弯矩较大值 $M$ 与相应的剪力 $V$ 和柱截面有效高度 $h_0$ 的比值,即 $\lambda = M/(Vh_0)$;当框架结构的框架柱的反弯点在柱层高范围时,取 $\lambda = H_n/(2h_0)$, $H_n$ 为柱的净高;当 $\lambda < 1.0$ 时,取 $\lambda = 1.0$;当 $\lambda > 3$ 时,取 $\lambda = 3$;

$b$、$h_0$——剪力作用方向的柱截面厚度、有效高度,两者乘积是截面有效面积。

(2) 当柱截面不出现拉力时的斜截面受剪承载力计算:

无地震作用组合 $\quad V \leqslant \frac{1.75}{\lambda + 1}f_t bh_0 + f_{yv}\frac{A_{sv}}{s}h_0 + 0.07N \tag{8-3a}$

有地震作用组合 $\quad V \leqslant \frac{1}{\gamma_{RE}}\left(\frac{1.05}{\lambda + 1}f_t bh_0 + f_{yv}\frac{A_{sv}}{s}h_0 + 0.056N\right) \tag{8-3b}$

(3) 当柱截面出现拉力时的斜截面受剪承载力计算:

无地震作用组合 $\quad V \leqslant \frac{1.75}{\lambda + 1}f_t bh_0 + f_{yv}\frac{A_{sv}}{s}h_0 - 0.2N \tag{8-4a}$

有地震作用组合 $\quad V \leqslant \frac{1}{\gamma_{RE}}\left(\frac{1.05}{\lambda + 1}f_t bh_0 + f_{yv}\frac{A_{sv}}{s}h_0 - 0.2N\right) \tag{8-4b}$

式 (8-4a) 右边、式 (8-4b) 右边括号内的计算值小于 $f_{yv}\frac{A_{sv}}{s}h_0$ 时, 取等于 $f_{yv}\frac{A_{sv}}{s}h_0$ , 且

$f_{yv}\dfrac{A_{sv}}{s}h_0$ 值不得小于 $0.36f_tbh_0$ ，即要求 $\dfrac{A_{sv}}{s}\geqslant 0.36\dfrac{f_tb}{f_{yv}}$ 。

上述各式中：

$N$——不考虑地震作用组合时为与剪力设计值相应的轴向压力或拉力设计值；考虑地震作用组合时为框架柱的轴向压力或拉力设计值；当 $N>0.3f_cA$ 时，取 $N=0.3f_cA$ ，此处 $A$ 为柱全截面面积；

$A_{sv}$——验算方向的柱肢截面厚度 $b$ 范围内同一截面内箍筋各肢的全部截面面积；

$s$——沿柱高度方向上的箍筋间距；

$h_0$——剪力作用方向的柱截面有效高度。

2. 矩形柱斜截面受剪承载力按斜向计算时，《混凝土结构设计规范》GB 50010 规定如下。

（1）静载作用下双向受剪的钢筋混凝土框架柱，其受剪截面应符合下列条件：

$$V_x\leqslant 0.25\beta_cf_cbh_0\cos\theta；\qquad V_y\leqslant 0.25\beta_cf_cb_0h\sin\theta \qquad (8\text{-}5)$$

式中　$V_x$——$x$ 轴方向的剪力值，对应的截面有效高度为 $h_0$ ，截面宽度为 $b$ ；

$V_y$——$y$ 轴方向的剪力值，对应的截面有效高度为 $b_0$ ，截面宽度为 $h$ ；

$\theta$——斜向剪力设计值 $V$ 的作用方向与 $x$ 轴的夹角，$\theta=\arctan(V_y/V_x)$ 。

地震作用组合下双向受剪的钢筋混凝土框架柱，其受剪截面应符合下列条件：

剪跨比 $\lambda$ 大于 2 的框架柱

$$V_x\leqslant\frac{1}{\gamma_{RE}}0.2\beta_cf_cbh_0\cos\theta；\qquad V_y\leqslant\frac{1}{\gamma_{RE}}0.2\beta_cf_cb_0h\sin\theta \qquad (8\text{-}6a)$$

框支柱和剪跨比 $\lambda$ 不大于 2 的框架柱

$$V_x\leqslant\frac{1}{\gamma_{RE}}0.15\beta_cf_cbh_0\cos\theta；\qquad V_x\leqslant\frac{1}{\gamma_{RE}}0.15\beta_cf_cb_0h\sin\theta \qquad (8\text{-}6b)$$

注意，这里式（8-6）与《混凝土结构设计规范》GB 50010—2010 的规定不同，是因为《混凝土结构设计规范》GB 50010—2010 没有划分一般柱还是短柱、框支柱，这与非斜向受剪承载力计算公式（8-2）不能衔接。

（2）承载力计算：

双向受剪的框架柱，其斜截面受剪承载力应符合下列条件：

$$V_x\leqslant V_{ux}/\sqrt{1+(V_{ux}\tan\theta/V_{uy})^2}；\qquad V_y\leqslant V_{uy}/\sqrt{1+(V_{uy}/V_{ux}\tan\theta)^2} \qquad (8\text{-}7)$$

静载且在轴向偏心压力作用下在 $x$ 轴、$y$ 轴方向的斜截面受剪承载力设计值 $V_{ux}$ 、$V_{uy}$ 按下列公式计算：

$$V_{ux}\leqslant\frac{1.75}{\lambda_x+1}f_tbh_0+f_{yv}\frac{A_{svx}}{s}h_0+0.07N \qquad (8\text{-}8a)$$

$$V_{uy}\leqslant\frac{1.75}{\lambda_y+1}f_thb_0+f_{yv}\frac{A_{svy}}{s}b_0+0.07N \qquad (8\text{-}8b)$$

静载且在轴向偏心拉力作用下在 $x$ 轴、$y$ 轴方向的斜截面受剪承载力设计值 $V_{ux}$ 、$V_{uy}$ 按下列公式计算：

$$V_{ux}\leqslant\frac{1.75}{\lambda_x+1}f_tbh_0+f_{yv}\frac{A_{svx}}{s}h_0-0.2N \qquad (8\text{-}9a)$$

$$V_{uy} \leqslant \frac{1.75}{\lambda_y + 1} f_t h b_0 + f_{yv} \frac{A_{svy}}{s} b_0 - 0.2N \tag{8-9b}$$

式（8-9a）、式（8-9b）右边的计算值小于 $f_{yv} \frac{A_{svx}}{s} h_0$、$f_{yv} \frac{A_{svy}}{s} b_0$ 时，取等于 $f_{yv} \frac{A_{svx}}{s} h_0$、$f_{yv} \frac{A_{svy}}{s} b_0$，且 $f_{yv} \frac{A_{svx}}{s} h_0$、$f_{yv} \frac{A_{svy}}{s} b_0$ 值分别不得小于 $0.36 f_t b h_0$、$0.36 f_t h b_0$。

地震作用组合且在轴向偏心压力作用下在 $x$ 轴、$y$ 轴方向的斜截面受剪承载力设计值 $V_{ux}$、$V_{uy}$ 按下列公式计算：

$$V_{ux} = \frac{1}{\gamma_{RE}} \Big[ \frac{1.05}{\lambda_x + 1} f_t b h_0 + f_{yv} \frac{A_{svx}}{s} h_0 + 0.056N \Big] \tag{8-10a}$$

$$V_{uy} = \frac{1}{\gamma_{RE}} \Big[ \frac{1.05}{\lambda_y + 1} f_t h b_0 + f_{yv} \frac{A_{svy}}{s} b_0 + 0.056N \Big] \tag{8-10b}$$

地震作用组合且在轴向偏心拉力作用下在 $x$ 轴、$y$ 轴方向的斜截面受剪承载力设计值 $V_{ux}$、$V_{uy}$ 按下列公式计算：

$$V_{ux} = \frac{1}{\gamma_{RE}} \Big[ \frac{1.05}{\lambda_x + 1} f_t b h_0 + f_{yv} \frac{A_{svx}}{s} h_0 - 0.2N \Big] \tag{8-11a}$$

$$V_{uy} = \frac{1}{\gamma_{RE}} \Big[ \frac{1.05}{\lambda_y + 1} f_t h b_0 + f_{yv} \frac{A_{svy}}{s} b_0 - 0.2N \Big] \tag{8-11b}$$

式（8-11a）、式（8-11b）右边括号内的计算值小于 $f_{yv} \frac{A_{svx}}{s} h_0$、$f_{yv} \frac{A_{svy}}{s} b_0$ 时，取等于 $f_{yv} \frac{A_{svx}}{s} h_0$、$f_{yv} \frac{A_{svy}}{s} b_0$，且 $f_{yv} \frac{A_{svx}}{s} h_0$、$f_{yv} \frac{A_{svy}}{s} b_0$ 值分别不得小于 $0.36 f_t b h_0$、$0.36 f_t h b_0$。

式中　$\lambda_x$、$\lambda_y$——框架柱的计算剪跨比；

$A_{svx}$、$A_{svy}$——配置在同一截面内平行于 $x$ 轴、$y$ 轴的箍筋各肢截面面积的总和；

$N$——与剪力设计值相应的轴向力设计值；当为压力且 $N > 0.3 f_c A$ 时，取 $N = 0.3 f_c A$，此处 $A$ 为柱的全截面面积。

配筋计算时假设 $\frac{V_{ux}}{V_{uy}} = 1$，则式（8-7）成为 $V_x \leqslant V_{ux} \cos\theta$；$V_y \leqslant V_{uy} \sin\theta$，从而简化了计算。

式（8-9）、式（8-11）是《混凝土结构设计规范》GB 50010—2010 公式（11.4.8），即本节公式（8-4b）的延伸。就是《混凝土结构设计规范》GB 50010—2010 只给出了拉和单向剪受力情况的计算公式，有必要给出拉和斜向剪受力的计算公式，以适应当前三维结构地震作用分析需要。

3. 柱箍筋的构造要求如下：

（1）箍筋直径不应小于 $d/4$，$d$ 为纵向钢筋直径，且不应小于 6mm。

（2）箍筋间距不应大于 400mm 及构件截面的短边尺寸，且不应大于 $15d$，$d$ 为纵向钢筋的最小直径。

（3）柱中全部纵向钢筋的配筋率大于 3% 时，箍筋直径不应小于 8mm，间距不应大于 $10d$，且不应大于 200mm。

4. 抗震设计的框架柱还应遵守下列构造要求：

柱箍筋加密区内的箍筋肢距：一级抗震等级不宜大于 200mm；二、三级抗震等级不宜大于 250mm 和 20 倍箍筋直径中的较大值；四级抗震等级不宜大于 300mm。

箍筋加密区箍筋的体积配筋率应符合下列规定：

（1）柱箍筋加密区箍筋的体积配筋率应符合：

$$\rho_{v} \geqslant \lambda_{v} \frac{f_{c}}{f_{yv}} \tag{8-12}$$

式中    $\rho_{v}$——柱箍筋加密区的体积配筋率，计算中应扣除重叠部分的箍筋体积；

$f_{c}$——混凝土轴心抗压强度设计值；当强度等级低于 C35 时，按 C35 取值；

$\lambda_{v}$——最小配箍特征值，按《混凝土结构设计规范》GB 50010—2010 表 11.4.17 采用。

（2）对一、二、三、四级抗震等级的柱，其箍筋加密区的箍筋体积配筋率分别应不小于 0.8%、0.6%、0.4% 和 0.4%。

（3）框支柱宜采用复合螺旋箍或井字复合箍，其最小配箍特征值应按《混凝土结构设计规范》GB 50010—2010 表 11.4.17 中的数值增加 0.02 采用，且体积配筋率不应小于 1.5%。

（4）当剪跨比 $\lambda$ 不大于 2 时，宜采用复合螺旋箍或井字复合箍，其箍筋体积配筋率不应小于 1.2%；9 度设防烈度一级抗震等级时，不应小于 1.5%。

使用 RCM 软件时输入数据的说明：RCM 软件对话框如图 8-2 所示，其中轴力和双向剪力均要求输入设计值。如是抗震设计，角柱、框支柱应输入按抗震规范乘了放大系数后的（见例 8-4）。框支柱的剪压比限值与短柱的剪压比限值相同，所以利用 RCM 计算不是短柱的框支柱时，可缩短柱的净长度，即使其表示为短柱，这样就可以验算该柱的剪压比了。框支柱的体积配筋率还需用户遵照上述规范规定进行调整。RCM 软件内部考虑了抗震承载力调整系数 $\gamma_{RE}$，无需将剪力乘以 $\gamma_{RE}$ 后再输入，只需要用户注意输入正确的抗震等级。因没要求用户输入结构类型所以与结构类型相关的柱轴压比限值也没有检验。

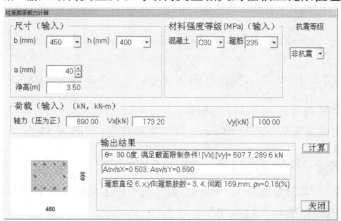

图 8-2  柱斜截面双向受剪配筋算例 1 的 RCM 输入和简要输出信息

如果用户输入了抗震等级，RCM 软件会按规范构造要求配置柱端加密区的箍筋，但对于是否箍筋全高加密也由用户自己加上，底层柱加密区长度也由用户自己确定修改。

**【例 8-1】** 非抗震设计柱斜截面双向受剪配筋算例

文献[7] 第 232 页题 4-10，矩形截面框架柱，400mm×450mm，柱净高 3.5m，承受轴向压力 890kN，斜向剪力 200kN，斜向剪力作用方向与 $x$ 轴夹角为 30°，弯矩反弯点在层高范围内，采用 C30 混凝土，箍筋采用 HPB235。试配置箍筋。

【解】1. 求 $V_x$、$V_y$

$$V_x = V\cos\theta = 200 \times \cos30° = 173.2\text{kN}$$
$$V_y = V\sin\theta = 200 \times \sin30° = 100.0\text{kN}$$

2. 验算截面尺寸，取纵向钢筋重心至截面近边的距离为40mm，由式（8-5）得：

$$0.25\beta_a f_c bh_0\cos\theta = 0.25 \times 1.0 \times 14.3 \times 400 \times 410 \times \cos30° = 507.8\text{kN} > V_x$$

$0.25\beta_a f_c b_0 h\sin\theta = 0.25 \times 1.0 \times 14.3 \times 450 \times 360 \times \sin30° = 507.8\text{kN} > V_y$，满足要求。

3. 求 $V_{ux}$、$V_{uy}$，由式（8-7），并近似取 $V_{ux}/V_{uy} = 1$，则式（8-7）成为 $V_x \leqslant V_{ux}\cos\theta$；$V_y \leqslant V_{uy}\sin\theta$

$$V_{ux} = \frac{V_x}{\cos\theta} = 173.2/0.866 = 200\text{kN}$$

$$V_{uy} = \frac{V_y}{\sin\theta} = 100.0/0.5 = 200\text{kN}$$

4. 求 $A_{sv}/s$，剪跨比如下：$\lambda_x = \dfrac{H_n}{2h_0} = \dfrac{3500}{2 \times 410} = 4.3$，取 $\lambda_x = 3$；$\lambda_y = \dfrac{H_n}{2b_0} = \dfrac{3500}{2 \times 360} = 4.9$，取 $\lambda_x = 3$

因 $N = 890\text{kN} > 0.3 f_c A = 0.3 \times 14.3 \times 450 \times 400 = 772.200\text{kN}$，故在式（8-8）中 $N$ 取用772.200kN。由式（8-8）得：

$$\frac{A_{svx}}{s} = \frac{1}{f_{yv}h_0}\left(V_{ux} - \frac{1.75}{\lambda_x + 1}f_t bh_0 - 0.07N\right)$$

$$= \frac{1}{210 \times 410}\left(200000 - \frac{1.75}{3 + 1}1.43 \times 400 \times 410 - 0.07 \times 772200\right) = 0.50\text{mm}^2/\text{mm}$$

$$\frac{A_{svy}}{s} = \frac{1}{f_{yv}h_0}\left(V_{uy} - \frac{1.75}{\lambda_y + 1}f_t hb_0 - 0.07N\right)$$

$$= \frac{1}{210 \times 360}\left(200000 - \frac{1.75}{3 + 1}1.43 \times 450 \times 360 - 0.07 \times 772200\right) = 0.59\text{mm}^2/\text{mm}$$

这里与文献〔7〕中的 $\dfrac{A_{sv}}{s}$ 不同，是因为文献〔7〕中误将 $N = 890\text{kN}$ 代入上式计算的，除此之外，其余结果均与文献〔7〕的相同。

RCM 软件根据箍筋肢距不大于200mm，设定箍筋肢数：$x$ 向为3肢，$y$ 向为4肢，试用直径6mm箍筋，由 $\dfrac{A_{sv}}{s}$ 可得，$s_x = \dfrac{A_{svx}}{0.50} = \dfrac{3 \times 28.3}{0.50} = 169.8\text{mm}$；$s_y = \dfrac{A_{svy}}{0.59} = \dfrac{4 \times 28.3}{0.59} = 191.9\text{mm}$。取两方向间距相等，即取箍筋间距为169mm。此与图8-1显示的 RCM 软件计算结果相同。

RCM 软件输出的详细计算结果如下：

```
按斜向受剪计算
ZYB=0.346 柱截面x,y方向尺寸mm=   450.0   400.0
抗震等级= 5 柱净高,Bc,Hc=      3.50   450.00   400.00
假定纵筋直径20mm,柱净高= 3500.0（m）；λx,λy=    3.89    4.38
两方向剪力设计值Vx, Vy=         173.2         100.0（kN-m）
检验静载下柱斜截面受剪尺寸限制条件
θ=   30.0度；0.25βcFcBHocosθ= 507746.9；0.25βcFcHBosinθ= 289581.4
```

```
Vux= 200.0; Vuy= 200.0 (kN)
N/(FcA)= 0.346
FTBHX,FTBHY= 234520.0 231660.0
VCCX,VCCXN=  102602.  156656.; VCCY,VCCYN=  101351.  155405.
Asv/sX=0.503; Asv/sY=0.590
初选箍筋直径= 6; X,Y向箍筋肢数为:     3   4
计算所得X向箍筋截面积和箍筋间距分别为:        84.8 168.5
计算所得Y向箍筋截面积和箍筋间距分别为:        113.1 191.7
取二者较小值得箍筋间距= 168.5 mm
```

可见，其与手算结果相同。

### 【例8-2】非抗震设计柱斜截面单向受剪配筋算例

文献[7]第231页题4-9，矩形截面框架柱，400mm×400mm，柱净高3.0m，承受轴向压力700kN，剪力180kN，弯矩反弯点在层高范围内，采用C30混凝土，箍筋采用HPB235。试配置箍筋。

### 【解】

1. 验算截面尺寸，取纵向钢筋重心至截面近边的距离为40mm，由式（8-2）得：

$0.25\beta_c f_c b h_0 = 0.25 \times 1.0 \times 14.3 \times 400 \times 360 = 514800\text{N} > 180000\text{N}$，满足要求。

2. 求 $\dfrac{A_{sv}}{s}$，剪跨比如下：$\lambda = \dfrac{H_n}{2h_0} = \dfrac{3000}{2 \times 360} = 4.17$，取 $\lambda = 3$。

因 $N = 700\text{kN} > 0.3 f_c A = 0.3 \times 14.3 \times 400 \times 400 = 686.400\text{kN}$，故在式（8-8）中 $N$ 取用 686.400kN。$\dfrac{1.75}{\lambda + 1.0} f_t b h_0 + 0.07N = \dfrac{1.75}{3 + 1.0}1.43 \times 400 \times 360 + 0.07 \times 686400 = 90090 + 48048 = 138138\text{N} < 180000\text{N}$ 由式（8-8）得：

$$\frac{A_{sv}}{s} = \frac{1}{f_{yv}h_0}\Big(V_u - \frac{1.75}{\lambda + 1}f_t b h_0 - 0.07N\Big) = (180000 - 138138)/(210 \times 360) = 0.55$$

如采用3肢直径6mm箍筋，则箍筋间距为 $s \leqslant 3 \times 28.3/0.55 = 154.4\text{mm}$。

RCM软件输入和简要计算结果如图8-3所示。

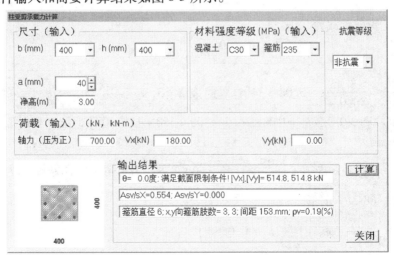

图8-3　柱斜截面单向受剪配筋算例1的RCM输入和简要输出信息

RCM 软件输出的详细计算结果如下：

```
按单向受剪计算
ZYB=0.306 柱截面x,y方向尺寸mm=　400.0　400.0
抗震等级= 5 柱净高,Bc,Hc=　　　3.00　400.00　400.00
假定纵筋直径20mm,柱净高=　3000.0　(m)；λx,λy=　3.75　3.75
两方向剪力设计值Vx, Vy=　　　　　180.0　　　　　0.0　(kN-m)
检验静载下柱斜截面受剪尺寸限制条件
0.25βcFcBHo= 514800.0; 0.25βcFcHBo= 514800.0
N/(FcA)= 0.306
FtBHx,FtBHy= 205920.0 205920.0
VcX,VcXn=　90090.　138138.; VcY,VcYn=　90090.　138138.
Asv/sX=0.554; Asv/sY=0.000
初选箍筋直径= 6；X,Y向箍筋肢数为：　　3　3
计算所得X向箍筋截面积和箍筋间距分别为：　　84.8 153.2
计算所得Y向箍筋截面积和箍筋间距分别为：　　84.8 300.0
取二者较小值得箍筋间距= 153.2 mm。
```

## 【例8-3】抗震设计柱斜截面单向受剪配筋算例

文献〔8〕第146页例题，某框架中柱，抗震等级二级。轴向压力设计值 $N = 2690\text{kN}$，柱端弯矩设计值分别为 $M_c^t = 728\text{kN} \cdot \text{m}$ 和 $M_c^b = 772\text{kN} \cdot \text{m}$。选用柱截面 $500\text{mm} \times 600\text{mm}$，梁截面 $300\text{mm} \times 700\text{mm}$，层高 $4.2 \text{ m}$。混凝土强度等级 C30，箍筋 HPB235 级钢筋。要求柱箍筋配置。

【解】1. 剪力设计值

$$V_c = 1.2 \times \frac{M_c^t + M_c^b}{H_n} = 1.2 \times \frac{728 + 772}{4.2 - 0.75} = 521.74\text{kN}$$

由于 $\lambda > 2$，剪压比应满足式（8-2b）

$$\frac{1}{\lambda_{RE}}(0.2\beta_c f_c b h_0) = \frac{1}{0.85}(0.2 \times 14.3 \times 500 \times 560) = 942.12\text{kN} > 521.74\text{kN}$$

满足。

2. 混凝土受剪承载力

$$V_c = \frac{1.05}{\lambda + 1}f_t b h_0 + 0.056N$$

取 $\lambda = \frac{H_n}{2h_0} = \frac{3.45}{2 \times 0.56} = 3.08 > 3$，计算时取 $\lambda = 3$。

$N = 2690000\text{N} > 0.3f_c b h_0 = 0.3 \times 14.3 \times 500 \times 560 = 1287000\text{N}$，故计算时取 $N = 1287\text{kN}$

由此

$$V_c = \frac{1.05}{\lambda + 1}f_t b h_0 + 0.056N = \frac{1.05}{3 + 1} \times 1.43 \times 500 \times 560 + 0.056 \times 1287000 = 177177 \text{ N}$$

所需箍筋由式（8-3b）计算

$$V_c \leq \frac{1}{\lambda_{RE}}\left(\frac{1.05}{\lambda + 1.0}f_t b h_0 + f_{yv}\frac{A_{sv}}{s}h_0 + 0.056N\right)$$

即　　　　　　　$521740 = \dfrac{1}{0.85}\left(177177 + 210 \times \dfrac{A_{sv}}{s} \times 560\right)$

$$\frac{A_{sv}}{s} = \frac{266302}{210 \times 560} = 2.26\,\text{mm}^2/\text{mm}$$

按规范要求，柱箍筋加密区间距取 100mm，则箍筋间距内箍筋用量至少为 $A_{sv} = 100 \times 2.26 = 226\,\text{mm}^2$。选用 4 肢 $\phi10$，得 $A_{sv} = 4 \times 78.5 = 314\,\text{mm}^2$。非加密区箍筋间距可用到 $s = 314/2.26 = 138.9\,\text{mm}$。

经计算轴压比满足规范要求。选用 4 肢 $\phi10@100$，柱箍筋加密区配筋率、配箍特征值也满足要求，并比规范要求值略高。

RCM 软件输入信息及计算结果如图 8-4 所示。

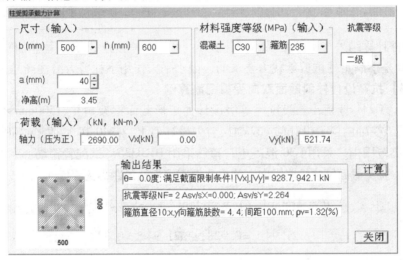

图 8-4　抗震设计柱单向受剪承载力计算

RCM 软件输出的详细计算结果如下：

按单向受剪计算
轴向压力N= 　2690.000；剪力Vx= 　　　　0.000；剪力Vy= 　　　521.740 kN
C30；Fc= 14.3；Ft= 1.43；βc= 1.00；Fyv=210.
ZYB= 0.627 柱截面x,y方向尺寸mm= 　500.0　600.0；a= 40 mm
抗震等级= 2 柱净高,Bc,Hc= 　　　3.45 　500.00　　600.00
假定纵筋直径20mm,柱净高= 　3450.0　(m)；λx,λy= 　3.75　　3.08
0.20βcFcBHo/γRE= 928658.8；0.20βcFcHBo/γRE= 942117.6
柱净高/柱截面高Hj/B= 5.75；BC,HC= 　　500.　　600.(mm)　λ= 3.08
FtBHx,FtBHy= 　　　394680.　　　400400.　N=2690000.　FYV= 210.
VCx=1.05FtHBo/(λ+1)= 　　103603.5；VCy=1.05FtBHo/(λ+1)= 　　105105.0
考虑轴压力修正后 Vcnx= 　175675.5；Vcny= 　177177.0
0.85Vx-Vc,Asvx/s= 　-175676.；0.00 0.85Vy-Vc,Asvy/s= 　　266302.；2.26
抗震等级NF= 2 Asv/sX=0.000；Asv/sY=2.264

```
初选箍筋直径= 8；X,Y向箍筋肢数为：   4  4
计算所得X向箍筋截面积和箍筋间距分别为：    201.1 300.0
计算所得Y向箍筋截面积和箍筋间距分别为：    201.1  88.8
取二者较小值得箍筋间距= 88.8 mm
箍筋间距太小，改选箍筋直径=10 mm
计算所得X向箍筋截面积和箍筋间距分别为：    314.2 300.0
计算所得Y向箍筋截面积和箍筋间距分别为：    314.2 138.7
取二者较小值得非加密区箍筋间距= 138.7 mm
2级抗震等级要求加密区的λv=0.150 相应的配箍率ρv=1.193 %
Bc=   500. Hc=   600. 纵筋保护层厚= 30. 箍筋内表面Bcor,Hcor=  440.0  540.0
IDG= 10 As1=   78.5 CL=     3984. Acor=      237600. S=  100.0 ρV= 0.01317
HDZ   600. d10 s 100.； λv= 0.17 ρv=1.32(%) Hj/B= 5.8 非加密区s=138. mm
```

可见软件计算结果与手算结果相同。文献［8］有一概念错误，其非加密区箍筋取4肢 $\phi10@200$ 是不满足柱抗剪承载力要求的，因水平力作用下柱剪力沿柱高是不变的。

### 【例8-4】抗震设计柱斜截面双向受剪配筋算例

文献［7］第241页题，二级抗震等级设计的矩形截面框架角柱，500mm×500mm，柱净高3.3m，承受轴向压力设计值827kN，剪力设计值 $V_x = 249.0$kN，$V_y = 100.3$kN，弯矩反弯点在层高范围内，采用C30混凝土，箍筋采用HRB335。试配置箍筋。

**【解】** 1. 验算截面尺寸，取纵向钢筋重心至截面近边的距离为40mm，由式（8-5）得：

$$\theta = \arctan\left(\frac{V_y}{V_x}\right) = \arctan\left(\frac{100.3}{249.0}\right) = 21.94°$$

$$\cos21.94° = 0.928, \sin21.94° = 0.374$$

$$\lambda_x = \lambda_y = \frac{H_n}{2h_0} = \frac{3300}{2 \times 460} = 3.59, \text{取} \lambda_x = \lambda_y = 3$$

$(0.2\beta_c f_c bh_0\cos\theta)/\gamma_{RE} = (0.2 \times 1.0 \times 14.3 \times 500 \times 460 \times 0.928)/0.85 = 718.2$kN $> V_x = 249.0$kN

$(0.2\beta_c f_c bh_0\sin\theta)/\gamma_{RE} = (0.2 \times 1.0 \times 14.3 \times 500 \times 460 \times 0.374)/0.85 = 289.4$kN $> V_y = 100.3$kN

满足要求。

2. 斜截面受剪计算：

$$V_{ux} = V_x/\cos\theta = 249.0/0.928 = 268200\text{N}$$

$$V_{uy} = V_y/\sin\theta = 100.3/0.374 = 268200\text{N}$$

因 $N = 827$kN $< 0.3f_c A = 0.3 \times 14.3 \times 500 \times 500 = 1072.500$kN，故在式（8-10）中 $N$ 取用827.00kN。

由式（8-10）得：

$$\frac{A_{sv}}{s} = \frac{1}{f_{yv}h_0}\left(0.85V_u - \frac{1.05}{\lambda + 1}f_t bh_0 - 0.056N\right)$$

$$= \frac{\left(0.85 \times 268200 - \dfrac{1.05}{3 + 1}1.43 \times 500 \times 460 - 0.056 \times 827000\right)}{300 \times 460}$$

$$= \frac{(227970 - 86336 - 46312)}{300 \times 460} = \frac{95322}{138000} = 0.691\text{mm}^2/\text{mm}$$

3. 配箍筋，根据二级抗震等级要求选箍筋直径 8mm 的箍筋，再根据截面尺寸，选用 4 肢箍，于是箍筋间距 $s \leqslant 4 \times 50.3/0.691 = 291.1$mm。

按照二级抗震等级柱加密区箍筋间距不大于 100mm 的要求，取箍筋间距为 100mm。

4. 验算配筋率，当轴压比不大于 0.3 时，二级抗震等级柱加密区配箍特征值 $\lambda_v = 0.08$，最小体积配箍率为：

$$\rho_{v,min} = \rho_v \geqslant \lambda_v \frac{f_c}{f_{yv}} = 0.08 \times 16.7/300 = 0.00445$$

考虑到箍筋肢距、箍筋最小直径、箍筋最大间距所配箍筋量算出的体积配筋率为：

$$\rho_v = \frac{\Sigma A_{si} l_i}{A_{cor} s} = 2 \times 4 \times 50.3 \times 440/(440 \times 440 \times 100) = 0.00915 \geqslant \rho_{v,min}$$

满足要求。

RCM 软件输入和简要计算结果如图 8-5 所示。RCM 软件输出的详细计算结果如下：

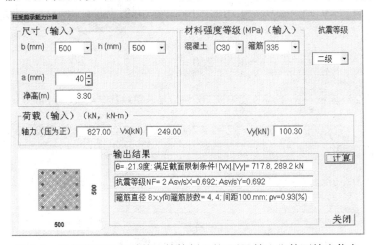

图 8-5 柱斜截面双向受剪配筋算例 2 的 RCM 输入和简要输出信息

```
按斜向受剪计算
轴向压力N=     827.000；剪力Vx=     249.000；剪力Vy=     100.300 kN
C30；Fc= 14.3；Ft= 1.43；βc= 1.00；Fyv=300.
ZYB= 0.231 柱截面x,y方向尺寸mm=   500.0   500.0；a= 40 mm
抗震等级= 2 柱净高,Bc,Hc=     3.30   500.00   500.00
假定纵筋直径20mm,柱净高=   3300.0（m）；λx，λy=   3.59   3.59
θ= 21.94度；   0.20βcFcBHocosθ／γRE= 717833.7；0.20βcFcHBosinθ／γRE=
289151.5
柱净高/柱截面高Hj/B=   6.60；BC,HC=     500.    500.（mm）  λ= 3.59
FtBHx,FtBHy=     328900.     328900. N= 827000. FYV=   300.
Vux= 268.4；Vuy= 268.4（kN）
VCx=1.05FtBHo/（λ+1）=     86336.2；VCy=1.05FtBHo/（λ+1）=     86336.2
考虑轴压力修正后 Vcnx=   132648.2；Vcny=   132648.2
0.85Vx-Vc,Asvx/s=     95527.；0.69 0.85Vy-Vc,Asvy/s=     95527.；0.69
抗震等级NF= 2 Asv/sX=0.692；Asv/sY=0.692
初选箍筋直径= 8；X,Y向箍筋肢数为：   4   4
```

计算所得X向箍筋截面积和箍筋间距分别为：　　　201.1　290.5
计算所得Y向箍筋截面积和箍筋间距分别为：　　　201.1　290.5
取二者较小值得非加密区箍筋间距= 290.5 mm
2级抗震等级要求加密区的 λv=0.080 相应的配箍率 ρv=0.445 %
Bc=　　500.  Hc=　　500.  纵筋保护层厚= 30.  箍筋内表面Bcor,Hcor=　440.0　440.0
IDG=　8 As1=　50.3 CL=　　3584.  Acor=　　　193600.  S=　100.0  ρV=　0.00931
HDZ　　550.  d 8 s 100.;　λv= 0.17  ρv=0.93(%) Hj/B= 6.6 非加密区 s=200.  mm

### 【例8-5】 受拉剪构件配筋算例

文献[9]第186页，桁架下弦杆，截面为 $250mm \times 300mm$，承受轴力 $N = 70kN$ 净跨长 6m，在 3m 处悬挂 100kN 的荷载（计算截面剪力 $V = 50kN$），混凝土强度等级 C30，箍筋 为 HPB300 钢筋，纵向受力钢筋为 HRB335 钢筋。试求该桁架下弦的箍筋数量。

【解】 1. 验算截面尺寸，取纵向钢筋重心至截面近边的距离为40mm，由式(8-5)得：

$0.25\beta_c f_c bh_0 = 0.25 \times 1.0 \times 14.3 \times 250 \times 260 = 232375N > 50000N$，满足要求。

2. 求箍筋：

$$\lambda = \frac{a}{h_0} = 3000/260 = 11.5 > 3, \ \text{取} \ \lambda = 3$$

$$\frac{1.75}{\lambda + 1.0}f_t bh_0 - 0.2N = \frac{1.75}{3+1.0}1.43 \times 250 \times 260 - 0.2 \times 70000 = 40666 - 14000 = 26666N < 50000N$$

$$A_{sv}/s = (50000 - 26666)/(270 \times 260) = 23333/70200 = 0.332 \text{mm}^2/\text{mm}$$

检验箍筋的下限条件

$0.36f_t bh_0 = 0.36 \times 1.43 \times 250 \times 260 = 33462N > f_{yv}\frac{A_{sv}}{s}h_0 = 70200 \times 0.332 = 23306N$，不 满足要求。

应按 $f_{yv}\frac{A_{sv}}{s}h_0 \geq 0.36f_t bh_0$ ，即 $\frac{A_{sv}}{s} \geq 0.36\frac{f_t b}{f_{yv}}$ 进行配箍。

$$A_{sv}/s \geq 0.36\frac{f_t b}{f_{yv}} = 0.36 \times 1.43 \times 250/270 = 0.477 \text{mm}^2/\text{mm}$$

取 2 肢6mm 直径箍筋，则箍筋间距 $s = 2 \times 28.3/0.477 = 118.7mm$。

RCM 软件输入和简要计算结果如图 8-6 所示。

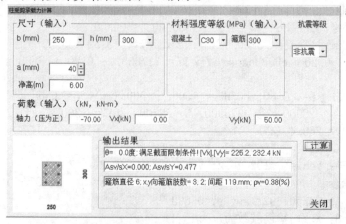

图 8-6　受拉剪构件配筋算例 RCM 输入和简要输出信息

RCM 软件输出的详细计算结果如下：

```
按单向受剪计算
轴向拉力N=        70.000；剪力Vx=        0.000；剪力Vy=        50.000 kN
C30；Fc= 14.3；Ft= 1.43；βc= 1.00；Fyv=270.
ZYB=-0.065 柱截面x,y方向尺寸mm=  250.0  300.0；a= 40 mm
抗震等级= 5 柱净高,Bc,Hc=        6.00   250.00    300.00
假定纵筋直径20mm,柱净高=  6000.0 (m)；λx,λy=  14.29  11.54
检验静载下柱斜截面受剪尺寸限制条件
0.25βcFcBHo= 225225.0；0.25βcFcHBo= 232375.0
FtBHx,FtBHy=  90090.0  92950.0
VcX,VcXn=  39414.    25414.；VcY,VcYn=    40666.    26666.
Asv/sX=0.000；Asv/sY=0.332
y方向不满足0.36Ftbho,按此配箍,Asv/sY=0.477
初选箍筋直径= 6；X,Y向箍筋肢数为：    3    2
计算所得X向箍筋截面积和箍筋间距分别为：        84.8 300.0
计算所得Y向箍筋截面积和箍筋间距分别为：        56.5 118.6
取二者较小值得箍筋间距= 118.6 mm
```

可见其与手算结果相同。

**本章参考文献**

[1] 混凝土结构设计规范 GB 50010—2010 [S]．北京：中国建筑工业出版社，2011.

[2] 侯建国．钢筋混凝土结构分析程序设计 [M]．武汉：武汉工业大学出版社，2004.

[3] 混凝土结构设计规范算例编委会．混凝土结构设计规范算例 [M]．北京：中国建筑工业出版社，2003.

[4] 王亚勇，戴国莹．建筑抗震设计规范算例 [M]．北京：中国建筑工业出版社，2006.

[5] 王依群．柱剪力设计值计算，第十九届全国高层建筑结构学术会议论文集 [C]．2006：737-740.

[6] 王依群．平面结构弹塑性地震响应分析软件 NDAS2D 及其应用 [M]．北京：中国水利水电出版社，2006.

[7] 张维斌，李国胜．混凝土结构设计：指导与实例精选 [M]．北京：中国建筑工业出版社，2007.

[8] 李爱群，丁幼亮．工程结构抗震设计（第二版）[M]．北京：中国建筑工业出版社，2010.

[9] 顾祥林．混凝土结构基本原理（第二版）[M]．上海：同济大学出版社，2011.

# 第9章　按梁实配钢筋计算柱纵筋和箍筋及算例

《建筑抗震设计规范》GB 50011—2010 和《混凝土结构设计规范》GB 50010—2010 对 9 度设防的框架和一级抗震等级的框架柱要求按梁实配钢筋计算柱的配筋。因一般情况下框架柱在两个正交的水平方向均有框架梁与之相连，一般认为规范公式是按柱截面的一个主轴方向，即只有这个方向梁传来的弯矩来计算柱的配筋，造成按两个主轴方向单偏压计算柱的配筋。因为地震作用可能沿结构主轴成一定角度的方向作用，即沿柱两主轴方向同时有作用，最不利情况就是两个水平方向梁的弯矩都达到其所能承受的最大弯矩。就是地震作用不能简单地分解为沿柱两个主轴方向作用的叠加，而应是按两方向弯矩同时作用，即双向偏心受压计算。本章先按两个单向梁实配钢筋计算柱受到的弯矩和配筋，然后再用这样得到的双向弯矩计算柱的配筋。

## 9.1　按单向梁实配钢筋计算柱配筋及算例

《混凝土结构设计规范》GB 50010—2010 规定：一级抗震等级的框架结构和 9 度设防的一级抗震等级框架，除框架顶层柱、轴压比小于 0.15 的柱节点外，框架柱节点上、下端的截面弯矩设计值应符合下列要求：

$$\Sigma M_{c} = 1.2\Sigma M_{bua} \tag{9-1}$$

式中　$\Sigma M_{c}$——考虑地震作用组合的节点上、下柱端的弯矩设计值之和；柱端弯矩值的确定，一般情况下，可将上式计算的弯矩之和，按上、下柱端弹性分析所得的考虑地震组合的弯矩比进行分配；

　　　$\Sigma M_{bua}$——同一节点左、右梁端按顺时针和逆时针方向采用实配钢筋和材料强度标准值，且考虑承载力抗震调整系数计算的正截面受弯承载力所对应的弯矩值之和的较大值；当有现浇板时，梁端的实配钢筋应包含梁有效翼缘宽度范围内楼板的纵向钢筋。

其中的 $M_{bua}$ 按《混凝土结构设计规范》GB 50010—2010 第 11.3.2 条的条文说明给出的公式计算：

$$M_{bua} = \frac{M_{buk}}{\gamma_{RE}} \approx \frac{1}{\gamma_{RE}} f_{yk} A_{s}^{a} (h_0 - a') \tag{9-2}$$

式中　$A_{s}^{a}$——梁端实配钢筋，其中计入受压钢筋及有效宽度范围内的板筋。

这里的板筋指有效板宽范围内平行框架梁方向的板内实配钢筋。按规范建议，取梁每侧 6 倍板厚的范围作为"有效板宽"。

由式（9-2）可知，对于柱一侧有梁的情况，用梁端上部纵向钢筋受拉时的标准强度乘以上下部钢筋合力点之间的距离，是因为梁端上部钢筋（包括楼板内钢筋）多于梁下部钢筋，取的是顺时针或逆时针两方向受弯承载力较大的情况。对于柱两侧边都有梁的情况，顺时针或逆时针两方向时，一侧梁上部钢筋受拉，另一侧梁下部钢筋受拉。$\Sigma M_{bua}$ 中的两个 $M_{bua}$ 都要按式（9-2）计算，其中的 $A_s^a$ 左侧梁取上部钢筋加上有效板宽内板筋，右侧梁取梁下部钢筋，算得 $\Sigma M_{bua}$；然后再将左侧梁取下部钢筋，右侧梁取上部钢筋加上有效板宽内板筋，算得 $\Sigma M_{bua}$，取两次算得的 $\Sigma M_{bua}$ 较大值，作为式（9-1）所用的值。

板上皮钢筋和板下皮钢筋在软件中均简化处理为加到梁上部钢筋中，就是认为板钢筋的合力点与梁上部钢筋合力点相同。这对于一级抗震等级的梁误差不大，因为一级抗震等级的梁高与板厚比相对较大，即相对于梁高来说，板厚较薄。

当不知上、下柱端弹性分析所得的考虑地震组合的弯矩时，因很多情况下不知道内力组合值，特别是对既有建筑的抗震性能评估时。可采取文献［1］的按上、下柱的线刚度比分配公式（9-1）计算的弯矩之和。

《混凝土结构设计规范》GB 50010—2010 还规定：一级抗震等级的框架结构和 9 度设防的一级抗震等级框架柱的剪力设计值应按下式计算：

$$V_c = 1.2(M_{cua}^t + M_{cua}^b)/H_n \tag{9-3}$$

式中　　$M_{cua}^t$、$M_{cua}^b$ ——框架柱上、下端按实配钢筋截面面积和材料强度标准值，且考虑承载力抗震调整系数计算的正截面抗震承载力所对应的弯矩值；

$H_n$ ——柱的净高。

由此可知采用式（9-1）~式（9-3）计算所需要的输入数据，列出在图 9-1 所示的对话框中。其中的数据说明如下：

上层层高填 0 表示本层是顶层，下层层高填 0 表示本层是底层、即第一层。柱根填弯矩设计值，此功能是针对（一级）抗震设计的，输入的弯矩值是不经乘 $\gamma_{RE}$ 调整的，即程序内部考虑了 $\gamma_{RE}$ 的调整。如已知内力组合的值，可通过输入其上、下层的层高来达到上、下层弯矩的比值要求（具体见下面例题）。

按上、下层柱线刚度比确定梁实配钢筋弯矩的分配，因本软件目前上、下柱截面尺寸相同，所以也就是按上、下层层高分配。

楼板厚度填 0 表示不计楼板及其板内钢筋对梁受弯承载力的贡献。楼板的混凝土强度等级与梁的相同。不勾选"柱单侧有梁"表示柱双侧（一个主轴方向）都有梁，不勾选"梁单侧有板"表示梁双侧都有板。梁一侧有板时，板的有效宽度按照规范要求，采取 6 倍板厚，梁两侧有板时，板的有效宽度采取 12 倍板厚。

勾选"角柱"则 RCM 软件将计算得到的柱弯矩和剪力均放大 1.1 倍后再进行配筋。

**【例 9-1】按单向梁实配钢筋计算柱配筋算例**

引自文献［2］第一章框架结构算例（一）第一层 KZ-2 柱（框架边柱）。柱截面尺寸 700mm×700mm，混凝土强度等级 C30，纵向受力钢筋采用 HRB400 钢筋，箍筋采用 HRB335 钢筋，纵向受力钢筋混凝土保护层厚度 30mm，净高 $H_n = 6000 - 900 = 5100$mm。梁的配筋见图 9-2。

以下先按不考虑楼板的纵向钢筋对梁抵抗弯矩的提高作用进行计算，以便与文献［2］手算结果比较。

根据《混凝土结构设计规范》GB 50010—2010 第 11.3.2 条的条文说明：

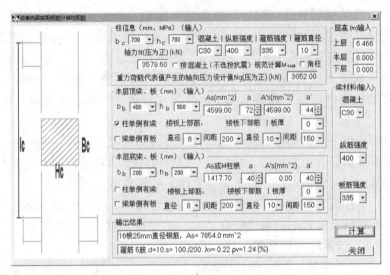

图 9-1　按单向梁实配钢筋计算柱配筋的对话框

$$M_{\text{bua}} = f_{\text{yk}} A_{\text{s}}^{\text{a}} (h_0 - a') / \gamma_{\text{RE}}$$

柱上端仅左侧与梁 KL-4 相连。

该梁端支座截面实配钢筋截面面积为 $A_{\text{s}}^{\text{a}} = 4599\text{mm}^2$ （图 9-2）。

故 $\sum M_{\text{c}} = 1.2 \sum M_{\text{bua}} = 1.2 \times 400 \times 4599 \times (828 - 44)/0.75 = 2307.6\text{kN} \cdot \text{m}$

上、下柱端弹性分析所得的考虑地震组合的弯矩分别为：$M_{\text{y}}^{\text{u}} = 811.93\text{kN} \cdot \text{m}$ 和 $M_{\text{y}}^{\text{d}} = 754.94\text{kN} \cdot \text{m}$

将其按上、下柱端弹性分析所得的考虑地震组合的弯矩比进行分配，得到考虑地震作用效应组合的柱上端的弯矩设计值为：

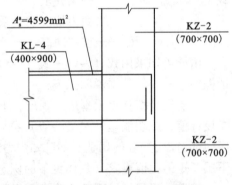

图 9-2　［例 9-1］梁尺寸及配筋

$$M_{\text{c}} = 2307.6 \times \frac{754.94}{754.94 + 811.93} = 2307.6 \times 0.4818 = 1111.83\text{kN} \cdot \text{m}$$

由于 RCM 软件是靠相邻两层层高比来分配柱的总弯矩，本层层高不能变（因计算柱纵筋时要用到），可通过改变上层或下层的层高来达到目的。本例上层层高 $H$ 可通过下式求出：

$\dfrac{6}{H + 6} = 0.4818$；由此 $H = 6.466\text{m}$。至此，RCM 软件算出的柱上端弯矩为 1110.67kN·m 与上述结果手算结果，也是文献［2］的结果一致。

因是第一层的柱，柱下端的弯矩设计值按规范要求是用柱下端弯矩乘内力调整系数得到，文献［2］得到的该值为 1417.7kN·m。

以下可按《混凝土结构设计规范》GB 50010—2010 单向偏心受压柱进行设计，例如使用 RCM 软件偏压中长柱配筋功能，得到柱纵向受力钢筋，如图 9-3 所示（其中输入的弯矩值是乘了 $\gamma_{\text{RE}} = 0.80$ 的）。柱每侧配 5 根 25mm 直径的钢筋，截面积为：$2454\text{mm}^2$。文献［2］因按 2002 年版本的《混凝土结构设计规范》设计，得到的结果是 6 根 28mm 直径的钢筋，截面积为：$3695\text{mm}^2$。两者有差别的原因是文献［2］使用 2002 规范计算二阶效应，得偏心距增大系数 $\eta = 1.152$（本书按 2010 规范得弯矩增大系数 $C_m\eta_{ns} = 1.035$），造成文献［2］配筋结果较大。

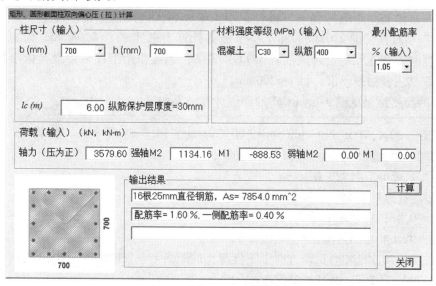

图 9-3　用求得的柱弯矩按本书第 4 章方法计算配筋

下面手算确定柱剪力设计值。

根据《混凝土结构设计规范》GB 50010—2010 第 11.4.3 条的条文说明：

$$M_{cua}^t = M_{cua}^b = 0.5\gamma_{RE}Nh\left(1 - \frac{\gamma_{RE}N}{\alpha_1 f_{ck}bh}\right) + \frac{f_{yk}A_s^{a'}}{\gamma_{RE}}(h_0 - a')$$

上式中的 $N$ 取重力荷载代表值产生的轴向力，根据文献［2］，$N = 3052\text{kN}$。

$$M_{cua}^b = 0.5 \times 3052000 \times 700 \times \left(1 - \frac{0.8 \times 3052000}{1 \times 20.1 \times 700 \times 700}\right) + \frac{400 \times 2454}{0.8}(657 - 43)$$

$$= 1068200000 \times (1 - 0.2479) + 1227000 \times 614 = 803393220 + 746016000$$

$$= 1549.41\text{kN} \cdot \text{m}$$

由式（9-2），柱的剪力为：

$$V_c = 1.2(M_{cua}^t + M_{cua}^b)/H_n = 1.2 \times 2 \times 1549.41/5.1 = 729.13\text{kN}$$

柱的受剪截面应符合下述条件：

$$V_c \leqslant (0.2\beta_c f_c bh_0)/\gamma_{RE} = 0.2 \times 1 \times 14.3 \times 700 \times 657/0.85 = 1540.4\text{kN} > 729.13\text{kN}$$

根据《混凝土结构设计规范》GB 50010—2010 第 11.4.7 条，斜截面受剪承载力应按下式计算：

$$V_c \leqslant \frac{1}{\gamma_{RE}}\left(\frac{1.05}{\lambda + 1}f_t bh_{c0} + f_{yv}\frac{A_{sv}}{s}h_{c0} + 0.056N\right) \tag{9-4}$$

$0.3f_c A = 0.3 \times 14.3 \times 700 \times 700 = 2102100\text{N} < 3052000\text{N}$，式（9-4）中 $N$ 取 2102100N。

$$729130 \leqslant \frac{1}{0.85}\left(\frac{1.05}{3 + 1}1.43 \times 700 \times 657 + 300 \times \frac{A_{sv}}{s} \times 657 + 0.056 \times 2102100\right)$$

$$\frac{A_{sv}}{s} \geqslant \frac{0.85 \times 729130 - (1.05 \times 1.43 \times 700 \times 657/4 + 0.056 \times 2102100)}{300 \times 657} = 1.68\text{mm}^2/\text{mm}$$

解得：$A_{sv}/s = 1.68\text{mm}$，考虑一级抗震构造要求，箍筋肢距不大于 200mm，箍直径不小于 10mm，间距不大于 100mm，需要配 5 肢 10mm 直径箍筋且间距 100mm。实配 $A_{sv}/s = 3.92\text{mm}^2/\text{mm}$。

非加密区箍筋间距应符合三个条件：不大于加密区间距的一倍，即 200mm；不大于 10 倍纵向钢筋直径，即 280mm；和不小于受剪计算要求 $A_{sv}/s = 1.68\text{mm}$，即 $s = 233\text{mm}$。注意：根据《混凝土结构设计规范》第 11.4.3 条，地震作用下柱剪力设计值沿柱全高是不变的！取其三者的最小值，得 $s = 200\text{mm}$。

RCM 的简要结果见图 9-1，RCM 的详细计算结果如下：

```
矩形 B×H= 700× 700; Bb= 400 Bh= 900 C30 Fc= 14.3 fyv= 300.,1级构造
HFL=    6.00 上层柱底压力=    3579.60 kN
只一侧有梁, Mbua   1923.0 kN-m
乘过1.2后, 柱上端ΣMc=    2307.59 kN-m
分配系数= 0.48; 柱上端Mcu=   1110.67 kN-m
M=0.8×M; M2=   1134.16 M1=     888.53 kN-m
KSCH=     700070 MAXNS=11 两方向上下支撑点间距离=     6000.     6000. mm
BC,HC=    700.    700. mm, Fy=360 N/mm^2
ix,iy=    202.07   202.07 mm, lc/ix,lc/iy=   29.7   29.7
Mx1,Mx2,My1,My2=     888532992.  1134160000.        0.        0. N-m
Mx1/Mx2,My1/My2= 0.783 0.000 [lc/ix,lc/iy]= 24.60 46.00
ea=  23.33 ζc=      0.979
Cmx=  0.935 ηnsx=  1.107
Cmx×ηnsx,Cmy×ηnsy=  1.035   1.000
AN=        3579600. N,Mx2,My2=     1174280192.        0. N-mm
KSCH,JDB,MAXNS=      700070  3 11,α=,         0.000
考虑P-δ后Mx, My=  1174.280      0.000 （kN-m）
PJR,KSCH,IDB,MAXNA= 700070  3 11 CC= 30. 轴压比=0.511 作用弯矩Sm= 1174.3 kN-m
摆法,NOD,ID,Mx0,My0,幂,Rm=0.99*Rm= 1 11 40  1964.3   1964.3  1.985   1944.7
摆法,NOD,ID,Mx0,My0,幂,Rm=0.99*Rm= 1 10 36  1760.0   1760.0  1.805   1742.4
摆法,NOD,ID,Mx0,My0,幂,Rm=0.99*Rm= 1  9 32  1555.8   1555.8  1.633   1540.2
摆法,NOD,ID,Mx0,My0,幂,Rm=0.99*Rm= 1  8 28  1351.5   1351.5  1.553   1337.9
摆法,NOD,ID,Mx0,My0,幂,Rm=0.99*Rm= 1  7 25  1198.2   1198.2  1.453   1186.3
摆法,NOD,ID,Mx0,My0,幂,Rm=0.99*Rm= 1  6 22  1045.0   1045.0  1.380   1034.6
摆法1柱配筋根数=16、直径=25 （mm）
N= 3579.6 Mx= 1174.3 My=     0.0 bars16D25 As= 7854.0 ρs=1.60(%) ρss=0.40(%)
柱每侧纵筋根数NSBar= 5 直径ID=25 每侧纵筋截面积Ass=    2454.
NG/(α1FckAc)= 0.3099 iss=   400 ib= 700
按抗规5.5.1说明算出的柱Mcua=    818.04 +    755.95 =   1573.99 kN-m
柱净高= 5100.00 mm; λ= 3.86; 柱剪力Vc=     740.70 kN; ho= 660
```

满足非短柱截面限制条件！0.2βcFcB\*H0/0.85=　　　1554.49 kN
VCx=1.05FtHBo/(λ+1)=　　　172897.7; VCy=1.05FtBHo/(λ+1)=　　　172897.7
计算出需要的箍筋Asv/s= 1.72 mm
1级抗震等级要求的λv=0.150　相应的配箍率ρv=0.835 %
计算出的箍筋间距s=　228.6 mm
箍筋肢数= 5　箍直径10　间距100. Asv/s= 3.92 mm, λv= 0.22 ρv= 1.24 %
非加密区箍筋间距=200.0 mm

**【例 9-2】按考虑梁侧楼板内钢筋的单侧梁实配钢筋计算柱配筋算例**

基本数据同例 9-1，但按 2010 混凝土规范要求考虑有现浇板，梁端的实配钢筋应包含梁有效翼缘宽度范围内楼板的纵向钢筋。

文献［2］给出了上面算例的楼板厚度为 110mm，板底用 HRB335 钢筋，直径 10mm，间距 150mm。因是简支板端，板上皮钢筋按构造要求配 8mm 直径，间距 200mm。输入信息如下（图 9-4）。手算楼板钢筋引起的梁受弯承载力如下：

楼板有效宽度 $12 \times 110 = 1320$mm，其内含板钢筋根数，板上皮筋根数 $1320/200 = 6.6$，板下皮筋根数 $1320/150 = 8.8$，有效宽度楼板内钢筋总量 $6.6 \times 50.3 + 8.8 \times 78.5 = 331.98 + 690.8 = 1021.8$mm$^2$。

$$M_{\text{bua}} = f_{yk}A_s^a(h_0 - a')/\gamma_{RE} = 335 \times 1021.8 \times (828 - 44)/0.75 = 357.8\text{kN} \cdot \text{m}$$

加上前面求出的没有楼板的弯矩：

$$\sum M_c = 2307.6 + 1.2 \times 357.8 = 2736.96\text{kN} \cdot \text{m}$$，RCM 软件算出来的为 2737.44kN·m，可见相同。

分配到该柱上端的弯矩为 $0.4818 \times 2737.44 = 1318.9$kN·m，弯矩增大系数 $C_m\eta_{ns}$ 达到 1.084，使得柱纵筋和箍筋加大。

RCM 软件输入和简要计算结果如图 9-4 所示。

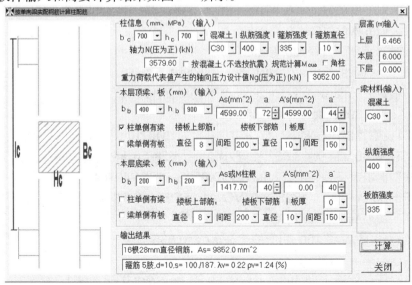

图 9-4　考虑梁侧楼板按单向梁实配钢筋计算柱配筋

RCM 的详细计算结果如下：

矩形 B×H= 700× 700; Bb= 400 Bh= 900 C30 Fc= 14.3 fyv= 300., 1级构造
上, 下楼板厚=110. 0. ; 上, 下筋直径= 8 10; 上, 下筋间距= 200 150; Fykp= 335.
HFL= 6.00 上层柱底压力= 3579.60 kN
柱上楼板筋面积和= 1022.9; Mp= 358.2
只一侧有梁, Mbua 2281.2 kN-m
乘过1.2后, 柱上端ΣMc= 2737.44 kN-m
分配系数= 0.48; 柱上端Mcu= 1317.56 kN-m
M=0.8×M; M2= 1134.16 M1= 1054.04 kN-m
KSCH= 700070 MAXNS=11 两方向上下支撑点间距离= 6000. 6000. mm
BC, HC= 700. 700. mm, Fy=360 N/mm^2
ix, iy= 202.07 202.07 mm, lc/ix, lc/iy= 29.7 29.7
Mx1, Mx2, My1, My2= 1054044928. 1134160000. 0. 0. N-m
Mx1/Mx2, My1/My2= 0.929 0.000 [lc/ix, lc/iy]= 22.85 46.00
ea= 23.33 ζc= 0.979
Cmx= 0.979 ηnsx= 1.107
Cmx×ηnsx, Cmy×ηnsy= 1.084 1.000
AN= 3579600. N, Mx2, My2= 1229262464. 0. N-mm
KSCH, JDB, MAXNS= 700070 3 11, α=, 0.000
考虑P-δ后Mx, My= 1229.262 0.000 (kN-m)
PJR, KSCH, IDB, MAXNA= 700070 3 11 CC= 30. 轴压比=0.511 作用弯矩Sm= 1229.3 kN-m
摆法, NOD, ID, Mx0, My0, 幂, Rm=0.99*Rm= 1 11 40 1964.3 1964.3 1.985 1944.7
摆法, NOD, ID, Mx0, My0, 幂, Rm=0.99*Rm= 1 10 36 1760.0 1760.0 1.805 1742.4
摆法, NOD, ID, Mx0, My0, 幂, Rm=0.99*Rm= 1 9 32 1555.8 1555.8 1.633 1540.2
摆法, NOD, ID, Mx0, My0, 幂, Rm=0.99*Rm= 1 8 28 1351.5 1351.5 1.553 1337.9
摆法, NOD, ID, Mx0, My0, 幂, Rm=0.99*Rm= 1 7 25 1198.2 1198.2 1.453 1186.3
摆法1柱配筋根数=16、直径=28 (mm)
N= 3579.6 Mx= 1229.3 My= 0.0 bars16D28 As= 9852.0 **ρs=2.01(%) ρss=0.50(%)**
柱每侧纵筋根数NSBar= 5 直径ID=28 每侧纵筋截面积Ass= 3079.
NG/(α1FckAc)= 0.3099 iss= 400 ib= 700
按抗规5.5.1说明算出的柱Mcua= 818.04 + 942.10 = 1760.14 kN-m
柱净高= 5100.00 mm; **λ= 3.86**; 柱剪力Vc= 828.30 kN; ho= 660
满足非短柱截面限制条件! 0.2βcFcB*H0/0.85= 1554.49 kN
VCx=1.05FtHBo/(λ+1)= 172372.2; VCy=1.05FtBHo/(λ+1)= 172372.2
计算出需要的箍筋Asv/s= 2.10 mm
1级抗震等级要求的λv=0.150 相应的配箍率ρv=0.835 %
计算出的箍筋间距s= 186.6 mm
箍筋肢数= 5 箍直径10 间距100. Asv/s= 3.92 mm, **λv= 0.22 ρv= 1.24 %**
非加密区箍筋间距=186.6 mm

## 9.2　按双向梁实配钢筋计算柱配筋

按两个单向梁实配钢筋计算柱受到的弯矩和剪力，将这样得到的双向弯矩连同轴向力输入到本书第 5 章的双向偏压柱计算中，进行柱的正截面承载力配筋计算；将这样得到的双向剪力连同轴向力输入到本书第 8 章双向受剪柱计算中，进行柱的斜截面承载力配筋计算。

**本章参考文献**

[1] 高小旺，龚思礼，苏经宇，易方民. 建筑抗震设计规范理解与应用［M］. 北京：中国建筑工业出版社，2002.

[2] 混凝土结构设计规范算例编委会. 混凝土结构设计规范算例［M］. 北京：中国建筑工业出版社，2003.

# 第10章 梁柱节点的配筋及算例

## 10.1 9度设防烈度的一级框架中的梁柱节点

顶层中间节点和端节点的剪力设计值：

$$V_j = 1.15 \frac{\sum M_{\text{bua}}}{h_{b0} - a'} \tag{10-1}$$

其他层中间节点和端节点的剪力设计值：

$$V_j = 1.15 \frac{\sum M_{\text{bua}}}{h_{b0} - a'} \left( 1 - \frac{h_{b0} - a'}{H_c - h_b} \right) \tag{10-2}$$

节点核心区的受剪水平截面应符合以下条件：

$$V_j \leqslant \frac{1}{\gamma_{\text{RE}}} (0.3 \eta_j \beta_c f_c b_j h_j) \tag{10-3}$$

节点的抗震受剪承载力应符合以下条件：

$$V_j \leqslant \frac{1}{\gamma_{\text{RE}}} \left[ 0.9 \eta_j f_t b_j h_j + \frac{f_{yv} A_{svj}}{s} (h_{b0} - a') \right] \tag{10-4}$$

式中　$\eta_j$——正交梁对节点的约束影响系数，当楼板为现浇、梁柱中线重合、四侧各梁截面宽度不小于该侧柱截面宽度1/2，且正交方向梁高度不小于较高框架梁高度的3/4时，可取 $\eta_j$ 为1.5，但对9度设防烈度宜取 $\eta_j$ 为1.25；当不满足上述条件时，应取 $\eta_j$ 为1.0；

$\sum M_{\text{bua}}$——节点左、右两侧的梁端反时针或顺时针方向实配的正截面受弯承载力所对应的弯矩值之和，可根据实配钢筋面积（计入纵向受压钢筋）和材料强度标准值，且考虑承载力抗震调整系数确定；

$b_j$——框架节点核心区的截面有效验算宽度，当梁宽 $b_b \geqslant b_c/2$ 时取 $b_j = b_c$；当 $b_b < b_c/2$ 时取（$b_b + 0.5 h_c$）和 $b_c$ 中的较小值；当梁与柱的中线不重合，且偏心距 $e_0 \leqslant b_c/4$ 时，取（$0.5 b_b + 0.5 b_c + 0.25 h_c - e_0$）、（$b_b + 0.5 b_c$）和 $b_c$ 三者中的最小值；

$h_j$——框架节点核心区的截面高度，可取验算方向的柱截面高度；

$f_c$——混凝土轴心抗压强度；

$\beta_c$——混凝土强度影响系数；

$f_{yv}$——箍筋的抗拉强度设计值；

$s$——箍筋间距；

$\gamma_{\text{RE}}$——承载力抗震调整系数；

$h_{b0}$、$h_b$——分别为梁的截面有效高度、截面高度，当节点两侧梁高不相同时，取两侧梁高的平均值；

$H_c$——节点上柱和下柱反弯点之间的距离；

$a'$——梁纵向受压钢筋合力点至截面近边的距离；

$A_{svj}$——同一截面验算方向的拉筋和非圆形箍筋各肢的全部截面面积。

RCM 输入信息见图 10-2，注意顶层节点输入"柱反弯点间距"为 0、"轴力"输入 0，RCM 软件据此判断是顶层节点，进行相应的计算。

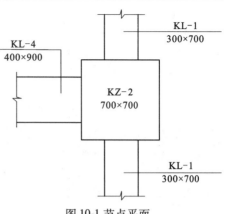

图 10-1　节点平面

**【例 10-1】中间楼层边柱节点配筋算例**

文献[1]第 49 页二层楼面边部梁柱节点如图 10-1 所示。柱截面尺寸 $b_c \times h_c = 700\text{mm} \times 700\text{mm}$，验算方向梁 $b_b \times h_b = 400\text{mm} \times 900\text{mm}$，配有纵向受力钢筋为：下部钢筋截面面积 $A_s = 4599\text{mm}^2$，钢筋合力点至截面近边距离 $a = a' = 44\text{mm}$，正交方向梁截面尺寸 $b_b \times h_b = 300\text{mm} \times 700\text{mm}$，混凝土强度等级 C30，梁纵向受力钢筋强度等级 HRB400。柱反弯点间距离 5.215m。试计算该节点强度与配筋。

**【解】** $M_{bua}^l = f_{yk}A_s(h_{b0} - a')/\gamma_{RE} = 400 \times 4599 \times (828-44)/0.75 = 1923.0\text{kN} \cdot \text{m}$

$$V_j = 1.15 \frac{\sum M_{bua}}{h_{b0} - a'}\left(1 - \frac{h_{b0} - a'}{H_c - h_b}\right) = 1.15 \frac{1923.0}{784}\left(1 - \frac{784}{5215 - 900}\right) = 2308.22\text{kN}$$

节点核心区的受剪水平截面应符合的条件：

$$V_j \leqslant \frac{1}{\gamma_{RE}}(0.3\eta_j\beta_a f_c b_j h_j) = 0.3 \times 1.0 \times 1.0 \times 14.3 \times 700 \times 700/0.85 = 2473.1\text{kN}$$

满足截面条件。

节点核心区的受剪承载力按下式计算：

$$V_j \leqslant \frac{1}{\gamma_{RE}}\left[0.9\eta_j f_t b_j h_j + \frac{f_{yv}A_{svj}}{s}(h_{b0} - a')\right]$$

即 $2308220 \leqslant \dfrac{1}{0.85}\left[0.9 \times 1.0 \times 1.43 \times 700 \times 700 + \dfrac{300A_{svj}}{s} \times 784\right]$，故 $\dfrac{A_{svj}}{s} \geqslant 5.65\text{mm}$，

再由一级抗震等级，节点核心区箍筋间距取 100mm，则 $A_{svj} \geqslant 5.65 \times 100 = 565\text{mm}^2$。再按一级抗震箍筋肢距不宜大于 200mm，采用 5 肢直径 12mm 的箍筋，则 $A_{svj} = 565\text{mm}^2$，正好与计算要求相等。

RCM 软件输入和简要计算结果如图 10-2 所示，RCM 的详细计算结果如下：

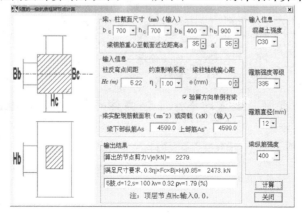

图 10-2　一级抗震等级框架结构中间楼层边柱节点配筋算例

矩形B×H= 700× 700；Bb= 400 Bh= 900 C30 Fc= 14.3 fyv= 300.，1级构造

柱反弯点间距离HF=5220.00（mm）

Fyk= 400. As= 4599.0 Hb0-asdot= 830.0（mm）

只一侧有梁，Mbua 2035.8 kN-m

左、右梁ΣMbua= 2035.8 kN-m

(1.0-(HB0-ASDOT)/(Hc-Hb))= 0.808 节点剪力Vj(kN) 2278.8

η j= 1.00 Bc= 700. Hc= 700. E0= 0.

Bj= 700. Hj= 700. Fc=14.30（MPa）；0.3×η j×Fc×Bj×Hj/0.85= 2473058.8

Ft= 1.43；0.9×η j×Bj×Hj×Ft 630629.9 RVJc= 630629.9

Vj= 2278776.0(MPa)；RVJc= 630629.9(N)；RS=(0.85*Vje-RVjc)= 1306329.8

5肢，箍筋截面积Asv,Fyv,Hbo= 565.0 300.0 865.0 箍筋间距S= 107

Asvj/s=5.650 实配箍筋承载力Rvs= 1645147.0 总抗力Rv= 2387064.5

Bc= 700. Hc= 700. 纵筋保护层厚= 30. 箍筋内表面Bcor,Hcor= 640.0 640.0

IDG= 12 As1= 113.1 CL= 6480. Acor= 409600. S= 100.0 ρV= 0.01789

IDG=12 S=100 Bc,Hc= 700. 700. RSV 1.78924 Fyv= 300. Fc= 14.30

d12 s 100 λv= 0.32 ρv=1.79(%) Vjmax= 2278.78 kN

可见其结果与手算结果完全相同。

**【例10-2】9度抗震设防一级抗震等级框架节点配筋算例**

文献［2］第141页算例和文献［3］第401页例题，某9度抗震设防一级抗震等级框架节点，柱截面尺寸$b_c \times h_c$ =500mm×600mm，验算方向梁$b_b \times h_b$ =250mm×650mm，配有纵向受力钢筋为：下部钢筋4根直径25mm、$A_s$ =1964mm$^2$，上部钢筋4根直径20mm、$A'_s$ =1256mm$^2$，钢筋合力点至截面近边距离$a = a'$ =35mm，正交方向梁截面尺寸$b_b \times h_b$ =300mm×650mm，混凝土强度等级C35，梁纵向受力钢筋强度等级HRB335。柱反弯点间距离3.30m。试计算该节点强度与配筋。

**【解】** 先计算节点剪力，与文献［2］、［3］不同，本书按照规范要求在求梁端实配钢筋承载力时，考虑（除）了抗震承载力调整系数$\gamma_{RE}$。

$$M^l_{bua} = f_{yk}A_s(h_{b0} - a')/\gamma_{RE} = 335 \times 1964 \times (650 - 2 \times 35)/0.75 = 508.8 \text{kN} \cdot \text{m}$$

$$M^r_{bua} = f_{yk}A'_s(h'_{b0} - a)/\gamma_{RE} = 335 \times 1256 \times (650 - 2 \times 35)/0.75 = 325.3 \text{kN} \cdot \text{m}$$

$$V_j = 1.15 \frac{M^l_{bua} + M^r_{bua}}{h_{b0} - a'}\left(1 - \frac{h_{b0} - a'}{H_c - h_b}\right) = 1.15 \times \frac{508.8 + 325.3}{0.650 - 0.070} \times \left(1 - \frac{650 - 70}{3300 - 650}\right)$$

$$= 1.15 \times \frac{834.1}{0.580} \times 0.781 = 1291.63 \text{kN}$$

因节点四侧边均有梁，梁宽均不小于该侧柱宽的1/2，四侧边梁高又相同，故取$\eta_j = 1.25$。

节点核心区的受剪水平截面应符合的条件：

$$V_j \leq \frac{1}{\gamma_{RE}}(0.3\eta_j\beta_c f_c b_j h_j) = \frac{0.3 \times 1.25 \times 16.7 \times 500 \times 600}{0.85} = 2210.29 \text{kN}$$

满足截面条件。

节点核心区的受剪承载力按式（10-4）计算：

$$\frac{A_{svj}}{s} \geqslant \frac{\gamma_{RE}V_j - 0.9\eta_j f_t b_j h_j}{f_{yv}(h_{b0} - a')} = \frac{0.85 \times 1291600 - 0.9 \times 1.25 \times 1.57 \times 500 \times 600}{270 \times (650 - 70)}$$

$$= \frac{1097900 - 529827}{270 \times 580} = 3.628\ \mathrm{mm^2/mm}$$

根据柱宽 500mm，箍筋间距不大于 200mm，确定采用 12mm 直径的 4 肢箍筋，

$s \leqslant A_{svj}/3.628 = 452/3.628 = 124.6\mathrm{mm}$，RCM 软件算出"箍筋间距 $s = 123$"

再考虑一级抗震等级的构造措施，因不知轴压比有多大，设其小于 0.3，查《混凝土结构设计规范》GB 50010—2010 表 11.4.17，节点按柱箍筋加密区要求，其体积配箍率应满足 $\rho_v \geqslant 0.1 f_c/f_{yv}$ 的条件。

$0.1 f_c/f_{yv} = 0.1 \times 16.7/270 = 0.00619$

$\Sigma l = (600 - 2 \times 25) \times 4 + (500 - 2 \times 25) \times 4 = (550 + 450) \times 4 = 4000\mathrm{mm}$

$\rho_v = \dfrac{4000 \times 113.1}{540 \times 440 \times 100} = 0.0190 > 0.00619$

RCM 软件输入和简要计算结果如图 10-3 所示，RCM 的详细计算结果如下：

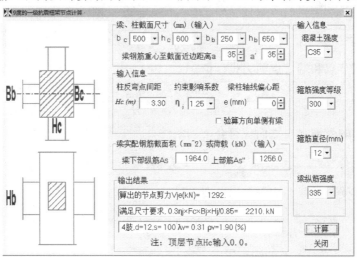

图 10-3　一级抗震等级框架结构中节点配筋算例

矩形B×H= 500× 600；Bb= 250 Bh= 650 C35 Fc= 16.7 fyv= 270.，1级构造

柱反弯点间距离HF=3300.00 （mm）

Fyk= 335. As= 1964.0 Hb0-asdot= 580.0 （mm）

两侧有梁，一侧梁的Mbua 508.8 kN-m

左、右梁ΣMbua= 834.2 kN-m

(1.0-(HB0-ASDOT)/(Hc-Hb))= 0.781 节点剪力Vj(kN) 1292.0

ηj= 1.25 Bc= 500. Hc= 600. E0= 0.

Bj= 500. Hj= 600. Fc=16.70 (MPa)；0.3×ηj×Fc×Bj×Hj/0.85= 2210294.0

Ft= 1.57；0.9×ηj×Bj×Hj×Ft= 529874.9 RVJc= 529874.9

```
Vj=        1291997.6(MPa); RVJc=        529874.9(N); RS=(0.85*Vje-RVjc)=        568323.1
4肢,箍筋截面积Asv,Fyv,Hbo   452.0   270.0 615.0  箍筋间距S=     123
Asvj/s=4.520  实配箍筋承载力Rvs=                825564.7  总抗力Rv=        1448947.0
Bc=    500.  Hc=    600.  纵筋保护层厚= 30.  箍筋内表面Bcor,Hcor=  440.0  540.0
IDG= 12 As1=  113.1 CL=        3984.  Acor=            237600. S=  100.0 ρV=  0.01896
IDG=12 S=100 Bc,Hc=       500.    600. RSV  1.89638 Fyv=  270. Fc= 16.70
d12 s 100 λv= 0.31 ρv=1.90(%) Vjmax=   1292.00 kN
```

可见其结果与手算结果完全相同。

## 10.2  一般情况的梁柱节点承载力计算及算例

一般情况的梁柱节点指不是一级抗震等级的框架结构也不是 9 度设防烈度的一级框架中的梁柱节点。

顶层中间节点和端节点剪力设计值：

$$V_j = \eta_{jb} \frac{\sum M_b}{h_{b0} - a'} \tag{10-5}$$

其他层中间节点和端节点剪力设计值：

$$V_j = \eta_{jb} \frac{\sum M_b}{h_{b0} - a'} \left(1 - \frac{h_{b0} - a'}{H_c - h_b}\right) \tag{10-6}$$

节点核心区的受剪水平截面应符合下列条件：

$$V_j \leqslant \frac{1}{\gamma_{RE}} (0.3 \eta_j \beta_c f_c b_j h_j) \tag{10-7}$$

节点的抗震受剪承载力应符合以下要求：

$$V_j \leqslant \frac{1}{\gamma_{RE}} \left[1.1 \eta_j f_t b_j h_j + 0.05 \eta_j N \frac{b_j}{b_c} + \frac{f_{yv} A_{sv}}{s} (h_{b0} - a')\right] \tag{10-8}$$

式中    $\eta_j$——正交梁对节点的约束影响系数；

$\sum M_b$——节点左、右两侧的梁端反时针或顺时针方向组合弯矩设计值之和，一级抗震等级框架节点左右梁端均为负值弯矩时，绝对值较小的弯矩应取零；

$N$——地震作用组合的节点上柱底的轴向压力，当 $N > 0.5 f_c b_c h_c$ 时，取 $N = 0.5 f_c b_c h_c$；$N < 0$ 时，取 $N = 0$。

顶层端节点处梁上部纵向钢筋的截面面积 $A_s$ 应符合下列规定：

$$A_s \leqslant \frac{0.35 \beta_c f_c b_b h_0}{f_y}$$

RCM 输入信息见图 10-5。对话框中的"构造抗震等级"是 RCM 软件确定配筋率的依据，软件不对剪力值进行调整，故节点剪力要输入剪力设计值，即是经内力调整后的值。

**【例 10-3】二级抗震等级框架中节点配筋算例**

位于 8 度半 II 类场地设计地震分组为一组的 6 层钢筋混凝土框架结构，抗震等级 2 级。标准层平面如图 10-4 所示。首层层高 4.6m、其他层 3.6m。首层单位面积质量

1.046t/m²、其他层 1.014t/m²。为简单化，不计风荷载作用。在 SATWE 输入柱（节点）箍筋设计强度 210（N/mm²），箍筋最大间距 100（mm）；梁、柱纵筋设计强度 360（N/mm²），混凝土强度等级 C40。使用 2011 年 3 月 31 日版本的 SATWE 软件算出结构基本周期为：0.727s。

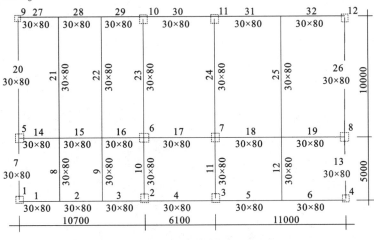

图 10-4　标准层平面

以二层 6 号柱上节点 $X$ 向剪力为例，手算校核 SATWE 和 CRSC 软件计算结果。SATWE 输出的二层 6 号节点左、右侧梁的弯矩、剪力如表 10-1 所示。

二层第 6 号柱左、右侧梁端单元弯矩（kN·m）　　　　　　　表 10-1

| 荷载或作用 | 梁 16 的 J 端 | | | 梁 17 的 I 端 | | |
|---|---|---|---|---|---|---|
| | $M$（kN·m） | $V$（kN） | 折减后 $M$ | $M$（kN·m） | $V$（kN） | 折减后 $M$ |
| 永久荷载 | −520.6 | 251.4 | −426.33 | −164.5 | 95.0 | −128.88 |
| 可变荷载 | −183.0 | 86.7 | −150.49 | −47.6 | 24.1 | −38.56 |
| $X$ 向地震 | −599.5 | 115.2 | −556.30 | 842.8 | 270.7 | 741.29 |

6 号柱截面尺寸为 750mm×750mm。表 10-1 中的"折减后 $M$"为将柱中点的弯矩 $M$ 通过公式"折减后 $M=M-0.375V$"折算到柱边的弯矩。

4 号内力组合下节点 X 方向剪力最大，4 号内力组合公式为：

　　1.2（永久荷载效应 +0.5×可变荷载效应）+1.3×$X$ 向水平地震作用效应

以此为例计算如下：

　　$M_{\mathrm{b}}^{l} = 1.2 \times (-426.33) + 0.6 \times (-150.49) + 1.3 \times (-556.3) = -1325.08 \mathrm{kN \cdot m}$

　　$M_{\mathrm{b}}^{\mathrm{r}} = 1.2 \times (-128.88) + 0.6 \times (-38.56) + 1.3 \times 741.29 = 785.87 \mathrm{kN \cdot m}$

两侧梁截面尺寸均为 0.3m×0.8m。取两侧梁平均高度，取绕节点顺时针旋转为正，将两者相加得节点剪力：

$$V_{j} = \eta_{jb} \frac{M_{\mathrm{b}}^{l} + M_{\mathrm{b}}^{\mathrm{r}}}{h_{\mathrm{b}0} - a'} \left(1 - \frac{h_{\mathrm{b}0} - a'}{H_{\mathrm{c}} - h_{\mathrm{b}}}\right) = 1.35 \frac{1325.08 + 785.87}{0.8 - 0.07} \left(1 - \frac{0.8 - 0.07}{3.6 - 0.8}\right) = 2885.98 \mathrm{kN}$$

此与 CRSC 算出的该节点剪力 2886.04kN 吻合。

SATWE 输出的该节点上柱（三层 6 号柱）内力如下：

```
(iCase)  Shear-X   Shear-Y    Axial    Mx-Btm   My-Btm    Mx-Top   My-Top
-----------------------------------------------------------------------------
N-C =  6  Node-i=    67,  Node-j=    45,  DL= 3.600(m),   Angle=  0.000
( 1 )   -416.6    -34.6     309.4     60.9   -730.7      63.8    770.9
( 2 )     16.0   -461.3    -443.1    820.7     27.9     841.6    -29.6
( 3 )    -47.3     18.9   -2263.5    -13.4    -29.0     -54.5    141.2
( 4 )    -35.6     17.7    -654.0    -29.5    -63.6     -34.2     64.7
```

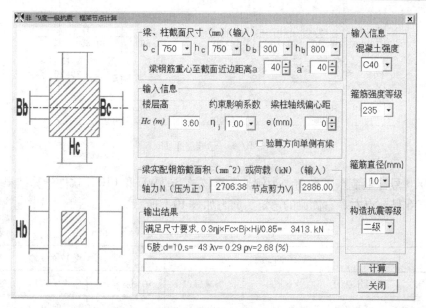

图 10-5　二级抗震等级框架中节点配筋算例

由此可手算出该节点上柱（三层 6 号柱）底的轴向压力为：

$$1.2 \times (-2263.5 + 0.5 \times -654.0) + 1.3 \times 309.4 = -3108.6 + 402.22 = -2706.38\text{kN}$$

其绝对值即压力值，满足 2706.38kN $< 0.5 f_c b_c h_c$

由式（10-8）有：

$$A_{\text{sv}}/s = \left[ \gamma_{\text{RE}} V_j - \left( 1.1 \eta_j f_t b_j h_j + 0.05 \eta_j N \frac{b_j}{b_c} \right) \right] / [f_{\text{yv}}(h_{b0} - a')] \tag{10-9}$$

$$A_{\text{sv}}/s = [0.85 \times 3415000 - (1.1 \times 1.71 \times 675 \times 750 + 0.05 \times 2706380 \times 675/750)] / [210 \times (800 - 70)]$$

$$= [2902750 - (952256 + 121787)]/15330 = 11.93\text{mm}^2/\text{mm}$$

如不计式（10-9）中的第二项，则为：

$$A_{\text{sv}}/s = [0.85 \times 3415000 - (1.1 \times 1.71 \times 675 \times 750)] / [210 \times (800 - 70)]$$

$$= (2902750 - 952256)/153300 = 12.72\text{mm}^2/\text{mm}$$

再代入事先输入的箍筋间距 $s = 100\text{mm}$，则得箍筋截面积 $1272\text{mm}^2$。此与 SATWE 计算结果 $A_{\text{svjx}} = 1235$ 接近。由此可见，SATWE 计算节点配箍时没计入节点上压力对节点受剪承载力的提高作用。

CRSC 软件输出的该节点的配筋结果为：

```
N-N=    6 矩形 B*H= 750* 750 C40 fyv= 210.,2级验算,2级构造
方向 1   d10 s  43 （  4 ）λv= 0.29 Rsv=2.68(%) Vjmax=   2886.04 kN
方向 2   d10 s  43 （  7 ）λv= 0.29 Rsv=2.68(%) Vjmax=   2656.63 kN
```

$$A_{sv}/s = \left[0.85 \times 2886040 - (1.1 \times 1.71 \times 675 \times 750 + 121787)\right] / \left[210(800-70)\right]$$
$$= \left[2453134 - (952256 + 121787)\right] / 153300 = 9.0 \text{mm}^2/\text{mm}$$

据柱截面尺寸 $750\text{mm} \times 750\text{mm}$，上面结果中 d10 表示配直径 10mm 箍筋，再据二级抗震等级箍筋肢距不得大于 200mm，知配 5 肢箍筋，由此得到箍筋间距 $s = A_{sv}/9.0 = 5A_{sv1}/9.0 = 5 \times 78.5/9.0 = 43.6\text{mm}$，此手算结果与 CRSC 软件或 RCM 软件输出结果相符。

RCM 的详细计算结果如下：

```
矩形 B×H= 750× 750; Bb= 300 Bh= 800 C40 Fc= 19.1 fyv= 210.,2级构造
Hc=    3.60 上层柱底压力=    2706.38
箍径10 截面积 157.0
地震下节点剪力Vje(N)  2886040.00
FN=    2706380.00(N); zyb=  0.252 ec=   0 (mm)
抗震等级=2 Bb,Bj,Hj=     300.0    750.0     750.0 ec=     0. mm
ηj= 1.00 Bc=     750. Hc=     750. E0=     0.
Bj=    675. Hj=     750. Fc=19.10 (MPa); 0.3×ηj×Fc×Bj×Hj/0.85=     3412720.8
Ft= 1.71 1.1×Bj×Hj×Ft=    952256.2; 0.05×ηj×N×Bj/BC=   121787.1 RVJc=   1074043.4
Vj=   2886040.0(MPa); RVJc=     1074043.4(N); RS=(0.85*Vje-RVjc)=   1379090.8
5肢, 箍筋截面积Asv, Fyv, Hbo=   392.5  210.0 760.0  箍筋间距S=     43
实配RS=Rvs=    1623693.5 总抗力Rv=    2887274.0
Ac, N, ZYB, RVC, RVS, RVMIN 0.562E+06 0.271E+07 0.252 0.107E+07  0.162E+07
0.289E+07
FyvAsv/S=, 329.7
Bc=   750. Hc=    750. 纵筋保护层厚=   30. 箍筋内表面Bcor,Hcor=  690.0  690.0
IDG= 10 As1=    78.5 CL=      6980. Acor=         476100. S=     43.0 ρV=   0.02678
IDG=10 S= 43 Bc,Hc=      750.     750. RSV 2.67781 Fyv=   210. Fc= 19.10
d10 s   43 λv= 0.29 ρv=2.68(%) Vjmax=   2886.04 kN
```

如果将箍筋强度等级改为 HRB400 或 HRB500 后，重新用 CRSC 计算，则得结果为：

```
N-N=    6 矩形 B*H= 750* 750 C40 fyv= 360.,2级验算,2级构造
 方向 1   d10 s  74 （  4 ）λv= 0.29 Rsv=1.56(%) Vjmax=   2886.04 kN
 方向 2   d10 s  74 （  7 ）λv= 0.29 Rsv=1.56(%) Vjmax=   2656.63 kN
```

将箍筋直径由 10mm 调整到 12mm，则可得到箍筋间距为 100mm（抗震构造要求箍筋间距不大于 100mm）。

> **N-N=**　　6 R形 B*H= 750* 750 C40 fyv= 360.,2级验算,2级构造
> 方向 1　d12 s 100（　4 ）λv= 0.31 Rsv=1.66(%) Vjmax=　2886.04 kN
> 方向 2　d12 s 100（　7 ）λv= 0.31 Rsv=1.66(%) Vjmax=　2656.63 kN

通过以上计算，我们分析了 2010 版本 SATWE 算出的框架节点的剪力和配筋相差较大的原因。其疑似原因有 3 个：①梁端弯矩不是取自梁端，而是取自节点中心；②柱计算高度没取上下柱反弯点之间距离（即层高），而是取了 1.25 倍层高；③节点配箍时没计入节点上压力对节点受剪承载力的提高作用。

### 【例10-4】二级抗震等级框架边节点配筋算例

文献[1]第一章 36 页算例 1 第二层 KZ－2 柱梁柱节点核心区（图 10-6）计算。

节点及相连梁的截面尺寸如图 10-6 所示，楼层高 5m，混凝土为 C30，箍筋为 HRB335 级钢筋。节点所受剪力 1232.41kN，节点上柱底的轴向压力设计值 $N = 1499$kN。

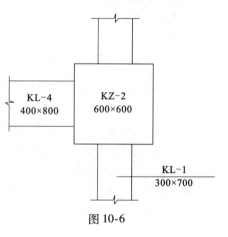

图 10-6

节点水平截面验算

$\eta_j = 1.0$，$b_b = 400$mm $> 0.5 b_c$，故取 $b_j = b_c = 600$mm，$h_j = h_c = 600$mm

$0.3\eta_j\beta_c f_c b_j h_j / \gamma_{RE} = 0.3 \times 1.0 \times 1.0 \times 14.3 \times 600 \times 600/0.85 = 1816941$N $> 1232410$N 满足要求。

节点核心区的受剪承载力计算：

$$0.5 f_c b_c h_c = 0.5 \times 14.3 \times 600 \times 600 = 2574000\text{N} > 1499\text{kN}$$

计算中取 $N = 1499$kN，根据下式

$$V_j \leqslant \frac{1}{\gamma_{RE}}\Big[ 1.1\eta_j f_t b_j h_j + 0.05\eta_j N \frac{b_j}{b_c} + \frac{f_{yv}A_{sv}}{s}(h_{b0} - a') \Big]$$

得：　$A_{sv}/s \geqslant (\gamma_{RE}V_j - 1.1\eta_j f_t b_j h_j - 0.05\eta_j N b_j/b_c)/[f_{yv}(h_{b0} - a')]$

$= (0.85 \times 1232410 - 1.1 \times 1.0 \times 1.43 \times 600 \times 600 - 0.05 \times 1.0 \times 1499000 \times 600/600)/[300 \times (756-44)] = 1.9$mm$^2$/mm。

根据二级抗震等级设计要求，箍筋直径采用 8mm，间距 100mm，四肢箍。如果用 1499kN 作为作用在节点上的轴压力，轴压比为 $1499/(14.3 \times 600 \times 600) = 0.29$，查《混凝土结构设计规范》GB 50010—2010 表 11.4.17，节点按柱箍筋加密区要求，其体积配箍率应满足 $\rho_v \geqslant 0.08 f_c/f_{yv}$ 的条件。

$A_{svj} = 1.9 \times 100 = 190$mm$^2 < 4 \times 50.3 = 201$mm$^2$

$0.08 f_c/f_{yv} = 0.08 \times 16.7/300 = 0.00445$（混凝土强度等级按 C35 计算）

$\Sigma l = (600 - 2 \times 25) \times 8 = 550 \times 8 = 4400$mm

$\rho_v = \dfrac{4400 \times 50.3}{540 \times 540 \times 100} = 0.00758 > 0.00445$

RCM 软件输入和简要计算结果如图 10-7 所示，RCM 的详细计算结果如下：

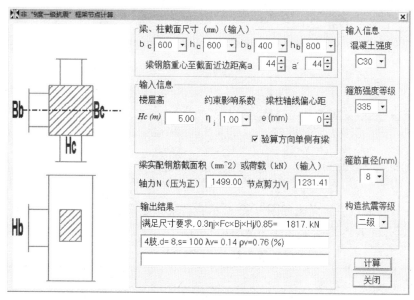

图 10-7　二级抗震等级框架边节点配筋

矩形 B×H= 600× 600; Bb= 400 Bh= 800 C30 Fc= 14.3; ft= 1.43 fyv= 300.,2级构造
Hc=　5.00 上层柱底压力=　1499.00
地震下节点剪力Vje(N)　1231410.00
FN=　　1499000.00(N); zyb=　0.291 ec=　0　(mm)
抗震等级=2 Bb,Bj,Hj=　　400.0　600.0　600.0 ec=　　0.　mm
　η j= 1.00 Bc=　600. Hc=　600. E0=　0.
Bj=　　600. Hj=　600. Fc=14.30 (MPa); 0.3× η j×Fc×Bj×Hj/0.85=　　1816941.1
Ft= 1.43 1.1×Bj×Hj×Ft=　　566280.0; 0.05× η j×N×Bj/BC=　74950.0 RVJc=　641230.0
Vj=　　1231410.0(MPa); RVJc=　　641230.0(N); RS=(0.85*Vje-RVjc)=　405468.5
4肢,箍筋截面积Asv,Fyv,Hbo=　202.0　300.0 756.0 箍筋间距S=　107
实配RS=Rvs=　　510465.9 总抗力Rv=　　1264854.1
Ac,N,ZYB,RVC,RVS,RVMIN 0.360E+06　0.150E+07　0.291 0.641E+06　0.510E+06　0.126E+07
FyvAsv/S=,　303.0
Bc=　600. Hc=　600. 纵筋保护层厚=　30. 箍筋内表面Bcor,Hcor=　540.0　540.0
IDG= 8 As1=　50.3 CL=　　4384. Acor=　　291600. S= 100.0 ρV=　0.00756
IDG= 8 S=100 Bc,Hc=　　600.　600. RSV 0.75571 Fyv=　300. Fc= 14.30
d 8 s 100 λv= 0.14 ρv=0.76(%) Vjmax=　1231.41 kN

可见其结果与手算结果完全相同。

【例 10-5】偏心梁柱节点配筋算例

某二层框架结构[4]，平面图如图 10-8 所示。首层高 6m、二层高 6.5m，房屋总高也就是大房间高为 12.5m，即一层只有几个小房间有楼板。大房间进深 9.5m。基本风压 0.42（kN/m²）。地震烈度 8 度，Ⅱ类场地，设计地震分组为二组。二级抗震等级。C30 混凝土，大房间周边柱截面尺寸为 400mm×700mm；大房间顶梁截面尺寸为 300mm×900mm。

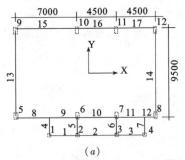 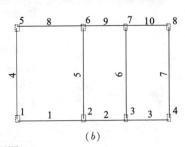

图 10-8 结构平面图

（a）首层结构平面图；（b）二层结构平面图

首层 10 号柱节点平面详图如图 10-9 所示。右梁、左梁编号分别为 16 和 15。2010 年 9 月 26 日版本 SATWE 内力结果文件 WWNL1. OUT 给出两段梁的部分内力，见表 10-2。

首层第 10 号柱右、左侧梁端弯矩剪力 表 10-2

| 荷载或作用 | 梁 16 的 I 端 | | | 梁 15 的 J 端 | | |
|---|---|---|---|---|---|---|
| | $M$（kN·m） | $V$（kN） | 折减后 $M$（kN·m） | $M$（kN·m） | $V$（kN） | 折减后 $M$（kN·m） |
| 永久荷载 | − 150.1 | 147.4 | − 120.62 | − 239.9 | 223.4 | − 195.22 |
| 可变荷载 | − 5.9 | 5.7 | − 4.76 | − 13.1 | 10.7 | − 10.96 |
| X 向地震作用 | 117.8 | 52.2 | 107.36 | − 149.7 | 47.4 | − 140.22 |

将梁端弯矩减去梁端剪力与 1/2 柱宽（ =0.2m）的乘积得节点剪力计算式所需的弯矩值，即表 10-2 中的"折减后 M"。

以节点剪力最大的第 28 号内力组合为例计算首层 10 号节点受剪承载力如下。

第 28 号内力组合式为：$1.2 \times$ 永久荷载效应 $+0.6 \times$ 可变荷载效应 $+1.3 \times x$ 向地震作用效应，计算如下：

$$M_b^l = 1.2 \times (-120.62) + 0.6 \times (-4.76) + 1.3 \times (107.36) = -8.83 \text{kN·m}$$

$$M_b^r = 1.2 \times (-195.22) + 0.6 \times (-10.96) - 1.3 \times 140.22 = -423.13 \text{kN·m}$$

左梁截面 $b \times h = 250 \text{mm} \times 700 \text{mm}$、右梁截面 $b \times h = 250 \text{mm} \times 600 \text{mm}$，对于两者中间节点梁计算高度 $h_b$ 取两者平均值 650mm。假定节点上下柱反弯点在柱高中点，则两点间高差为：$H_c = (6.0 + 6.5)/2 = 6.25 \text{m}$。左梁、右梁梁端上部均受拉（图 10-10），对中间节点两侧弯矩相减，按 2010 抗震规范，乘二级抗震等级节点内力调整系数 1.35，代入规范[2] 公式得节点剪力：

$$V_j = \eta_{jb} \frac{M_b^l + M_b^r}{h_{b0} - a'_s} \times \left(1 - \frac{h_{b0} - a'_s}{H_c - h_b}\right) = 1.35 \times \frac{-8.83 + 423.13}{0.615 - 0.035} \times \left(1 - \frac{0.615 - 0.035}{6.25 - 0.65}\right) = 846.01 \text{kN}$$

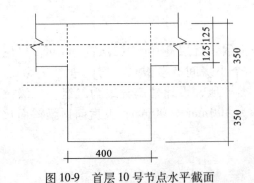 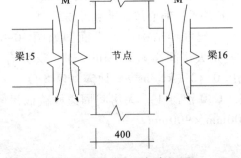

图 10-9 首层 10 号节点水平截面

图 10-10 节点两侧弯矩图

矩形截面柱框架节点受剪的水平截面应符合式（10-7）的条件[5]：

$$V_j \leqslant \frac{1}{\gamma_{RE}}(0.3\eta_j f_c b_j h_j)$$

式中　$b_j$——框架节点核心区的截面有效验算宽度，当梁宽 $b_b \geqslant b_c/2$ 时取 $b_j = b_c$；当 $b_b < b_c/2$ 时取（$b_b + 0.5h_c$）和 $b_c$ 中的较小值。当梁与柱的中线不重合，且偏心距 $e_0 \leqslant b_c/4$ 时，取（$0.5b_b + 0.5b_c + 0.25h_c - e_0$）、（$b_b + 0.5b_c$）和 $b_c$ 三者中的最小值。

　　RCM 软件考虑了梁与柱的中线不重合，当偏心距 $e_0 \leqslant b_c/4$ 时，RCM 按上述规范公式计算。当偏心距 $e_0 > b_c/4$ 时，RCM 按上述规范公式 $e_0 = b_c/4$ 的情况计算，并给出梁水平加腋建议的提示。

　　参照图 10-9，偏心距 $e_0 = 350 - 125 = 225\text{mm} > b_c/4 = 700/4 = 175\text{mm}$。RCM 按 $e_0 = b_c/4$ 的情况计算。

$$b_j = 0.5b_b + 0.5b_c + 0.25h_c - e_0 = 125 + 350 + 100 - 225 = 350\text{mm}$$

$$V_{j\max} = \frac{1}{\gamma_{RE}}(0.3\eta_j f_c b_j h_j) = 0.3 \times 1.0 \times 14.3 \times 350 \times 400/0.85 = 706.588\text{kN}$$

RCM 配筋结果见图 10-11，与手算结果相同。

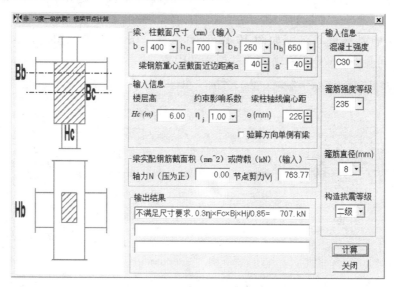

图 10-11　偏心梁柱节点配筋算例

　　RCM 的详细计算结果如下：

```
矩形 B×H= 400× 700；Bb= 250 Bh= 650 C30 Fc= 14.3 fyv= 210.,2级构造
Hc=   6.25 上层柱底压力=      0.00
箍径 8 截面积 101.0
地震下节点剪力Vje(N)    763770.00
FN=         0.00(N)；zyb=  0.000 ec= 225 (mm)
抗震等级=2 Bb,Bj,Hj=    250.0    700.0    400.0 ec=    225. mm
```

```
ηj= 1.00 Bc=        700. Hc=        400. E0=     225.
节点有效宽Bj=0.5×Bb+0.5×Bc+0.25×Hc-E0=            350. mm
节点梁柱中心线偏心距    225. mm，大于1/4柱宽，应加水平腋
Bj=      350. Hj=      400. Fc=14.30（MPa）；0.3×ηj×Fc×Bj×Hj/0.85=        706588.2
Ft= 1.43 1.1×Bj×Hj×Ft=      220220.0；0.05×ηj×N×Bj/BC=        0.0 RVJc=      220220.0
矩形柱上节点，不满足尺寸要求！Vjmax=    763.77 >       706.59 kN
```

按照文献［6］的试验结果和文献［7］的规定，此种梁、柱轴线距离较大的节点应进行梁侧水平加腋处理。如果对梁进行水平加腋，按照文献［7］203页规定，腋的厚度取梁截面高度，腋宽度为梁宽的2/3。则节点计算宽度为：

$$b_j = 5b_b/3 = 5 \times 250/3 = 417\text{mm}$$

$$V_{jmax} = \frac{1}{\gamma_{RE}}(0.3\eta_j f_c b_j h_j) = 0.3 \times 1.0 \times 14.3 \times 417 \times 400/0.85 = 841.176\text{kN}$$

可见，加腋后此节点仍不能满足受剪承载力要求。

2010年9月26日的SATWE软件算出的该节点剪力为：906kN。按此剪力结果，即便梁水平加腋，也不满足受剪承载力要求。但该软件并没有输出截面配筋超限的错误信息！

如果不考虑梁柱偏心，则如图10-12计算一样，节点所能承担的最大水平剪力为：908kN，由此可见SATWE没有考虑梁柱偏心的因素。

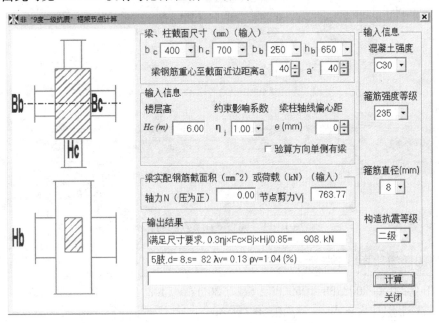

图10-12　偏心梁柱节点当作非偏心节点计算

偏心梁柱节点受剪承载力计算是较麻烦的事情，本书通过算例表明RCM软件能准确地按照《建筑抗震设计规范》GB 50011—2010进行计算，可节省结构设计人员的精力与时间。

感谢网易土木在线结构论坛网友提供的算例。

**【例 10-6】框架梁柱节点配筋算例**

文献 [8] 例 4-10：对图 10-13 所示横向框架节点进行验算。已知节点左右梁截面为 300mm × 700mm，柱截面为 550mm × 550mm，纵梁（正交梁）截面为 250mm × 500mm，梁柱混凝土强度等级均为 C30，使用 HRB335 箍筋。楼板现浇，梁柱中线重合。框架抗震等级为二级（2002 规范），不利的左右梁端组合弯矩设计值之和为 $\Sigma M_b = 924.8 \text{kN} \cdot \text{m}$，不利的组合轴压力 $N = 1806 \text{kN}$。楼层高 3.5m。

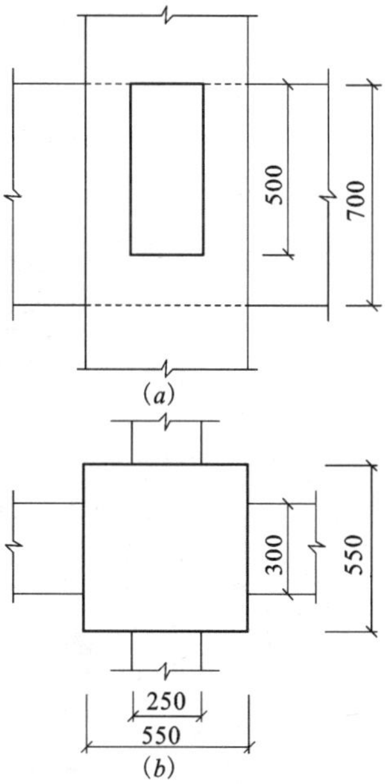

**【解】** 梁截面高 700mm，梁截面有效高度 665mm，梁受压钢筋合力点至受压边缘的距离 = 35mm。由于梁宽 300mm 大于柱宽 550mm 的一半，因此 $b_j$ 取柱宽 550mm。节点核心区截面高度 $h_j = 550$mm。

图 10-13 节点计算简图

1. 确定节点核心区组合的剪力设计值，由式（10-6）得：

$$V_j = \eta_{jb} \frac{M_b^l + M_b^r}{h_{b0} - a'} \left( 1 - \frac{h_{b0} - a'}{H_c - h_b} \right)$$

$$= 1.2 \times \frac{924800}{0.665 - 0.035} \times \left( 1 - \frac{0.665 - 0.035}{3.533 - 0.7} \right) = 1370 \text{kN}$$

（注：2002 规范二级抗震节点剪力增大系数为 1.2）

2. 验算截面限制条件，正交梁的约束影响系数 $\eta_j$，因正交梁的宽度小于该侧柱截面宽度的一半，所以取 $\eta_j = 1$。

各数据代入式（10-7）得：

$0.3 \eta_j \beta_c f_c b_j h_j / \gamma_{RE} = 0.3 \times 1.0 \times 1.0 \times 14.3 \times 550 \times 550 / 0.85 = 1527 \text{kN} > 1370 \text{kN}$，满足要求。

可见节点剪力满足截面尺寸要求。

3. 节点核心区截面抗震受剪承载力验算：

注意：$0.5 f_c b_c h_c = 0.5 \times 14.3 \times 550 \times 550 = 2163 \text{kN} > 1806 \text{kN}$

如配置 4 肢的井字复合箍，$\phi 10@100$，代入式（10-8）得：

$$V_j \leq \frac{1}{\gamma_{RE}} \left[ 1.1 \eta_j f_t b_j h_j + 0.05 \eta_j N \frac{b_j}{b_c} + \frac{f_{yv} A_{sv}}{s} (h_{b0} - a') \right]$$

$$V = \frac{1.1 \times 1 \times 1.43 \times 550 \times 550}{0.85} + \frac{0.05 \times 1 \times 1806000 \times 550/550}{0.85} + \frac{300 \times 314}{0.85} \times \frac{665 - 35}{100}$$

$$= 1364226 \text{N} \approx 1370000 \text{N} = V_j$$

可见受剪承载力稍小于作用剪力。RCM 软件的输入信息和计算结果如图 10-14 所示。算出的箍筋间距 98mm 略小于假定的 100mm，正好与上面手算结果一致。

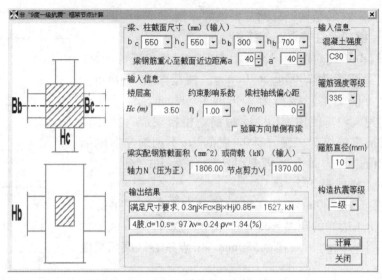

图 10-14　二级抗震等级框架节点配筋

RCM 的详细计算结果如下：

矩形 B×H= 550× 550; Bb= 300 Bh= 700 C30 Fc= 14.3 fyv= 300.,2级构造
Hc= 3.53 上层柱底压力= 1806.00
箍径10 截面积 157.0
地震下节点剪力Vje(N) 1370000.00
FN= 1806000.00(N); zyb= 0.417 ec= 0 (mm)
抗震等级=2 Bb,Bj,Hj= 300.0 550.0 550.0 ec= 0. mm
η j= 1.00 Bc= 550. Hc= 550. E0= 0.
Bj= 550. Hj= 550. Fc=14.30 (MPa); 0.3×η j×Fc×Bj×Hj/0.85= 1526735.2
Ft= 1.43 1.1×Bj×Hj×Ft= 475832.5; 0.05×η j×N×Bj/BC= 90300.0 RVJc= 566132.5
Vj= 1370000.0(MPa); RVJc= 566132.5(N); RS=(0.85*Vje-RVjc)= 598367.6
4肢,箍筋截面积Asv,Fyv,Hbo= 314.0 300.0 665.0 箍筋间距S= 98
实配RS=Rvs= 706782.7 总抗力Rv= 1372820.9
Ac,N,ZYB,RVC,RVS,RVMIN 0.302E+06 0.181E+07 0.417 0.566E+06 0.707E+06 0.137E+07
FyvAsv/S=, 471.0
Bc= 550. Hc= 550. 纵筋保护层厚= 30. 箍筋内表面Bcor,Hcor= 490.0 490.0
IDG= 10 As1= 78.5 CL= 3984. Acor= 240100. S= 98.0 ρ V= 0.01330
IDG=10 S= 98 Bc,Hc= 550. 550. RSV 1.32982 Fyv= 300. Fc= 14.30
d10 s 98 λ v= 0.24 ρ v=1.33(%) Vjmax= 1370.00 kN

# 10.3　圆柱框架的梁柱节点承载力计算及算例

节点剪力设计值：见式（10-1）、式（10-2）或式（10-5）、式（10-6）。

当梁中线与柱中线重合时，节点核心区的受剪水平截面应符合下列条件：

$$V_j \leqslant \frac{1}{\gamma_{RE}}(0.3\eta_j\beta_c f_c A_j) \tag{10-10}$$

当梁中线与柱中线重合时，节点的抗震受剪承载力应符合下列规定：

1. 9 度设防烈度的一级抗震等级框架

$$V_j \leqslant \frac{1}{\gamma_{RE}}\left[1.2\eta_j f_t A_j + 1.57 f_{yv}A_{sh}\frac{h_{b0}-a'}{s} + \frac{f_{yv}A_{svj}}{s}(h_{b0}-a')\right] \tag{10-11}$$

2. 其他情况的抗震框架

$$V_j \leqslant \frac{1}{\gamma_{RE}}\left[1.5\eta_j f_t A_j + 0.05\eta_j\frac{N}{D^2}A_j + 1.57 f_{yv}A_{sh}\frac{h_{b0}-a'}{s} + f_{yv}A_{svj}\frac{h_{b0}-a'}{s}\right] \tag{10-12}$$

式中　$A_j$——节点核心区有效截面面积，当梁宽 $b_b \geqslant 0.5D$ 时，取 $A_j = 0.8D^2$；当 $0.4D \leqslant b_b < 0.5D$，取 $A_j = 0.8D(b_b + 0.5D)$；

　　　$N$——地震作用组合的节点上柱底的轴向压力，当 $N > 0.5f_cA_c$ 时，取 $N = 0.5f_cA_c$，$A_c = 0.8D^2$，$N < 0$ 时，取 $N = 0$；

　　　$b_b$——梁的截面宽度；

　　　$h_{b0}$——梁截面有效高度；

　　　$A_{sh}$——单根圆形箍筋的截面面积；

　　　$A_{svj}$——同一截面验算方向的拉筋和非圆形箍筋各肢的全部截面面积。

RCM 软件计算时假设圆形箍筋与非圆形箍筋是相同强度等级、相同直径。并根据箍筋间距不大于200mm，在圆柱截面直径处确定箍筋肢数，如同矩形截面柱确定箍筋肢数相同，圆形箍筋占其中的两肢。例如，圆截面直径600mm，箍筋肢数 $n$ 是 4，其中圆形箍筋占 2 肢，非圆形箍筋占 $n-2 = 2$ 肢，软件输入的箍筋肢数是这里的 $n$。当读者输入箍筋直径后，式（10-11）、式（10-12）就只有一个未知数，即箍筋间距。这样问题就可以很容易求解。

例如，对于 9 度设防烈度的一级抗震等级框架，由式（10-11）得箍筋间距：

$$s \leqslant \frac{(1.57+n-2)f_{yv}A_{sh}(h_{b0}-a')}{\gamma_{RE}V_j - 1.2\eta_j f_t A_j} \tag{10-13}$$

对于其他情况的抗震框架，由式（10-12）得箍筋间距：

$$s \leqslant \frac{(1.57+n-2)f_{yv}A_{sh}(h_{b0}-a')}{\gamma_{RE}V_j - 1.5\eta_j f_t A_j - 0.05\eta_j\dfrac{N}{D^2}A_j} \tag{10-14}$$

RCM 软件对圆截面柱框架节点没考虑梁中线与柱中线不重合的情况，请用户输入梁柱偏心距离为零。如填了非零数据，RCM 软件将报错。

**【例 10-7】** 圆截面柱框架顶层边节点配筋算例

算例摘自文献[3]第 404 页的两个节点。三级抗震等级框架结构，圆柱的直径为600mm，大梁截面尺寸 300mm × 700mm，走道梁 300mm × 500mm。混凝土强度等级为C35，一、二层柱反弯点间距离为 3.27m，箍筋 HPB235。

顶层边节点，梁端弯矩为 378.7kN·m。

$$V_j = \eta_{jb}\frac{M_b^l + M_b^r}{h_{b0}-a'} = 1.2\frac{378.7}{0.65-0.035} = 738.9\text{kN}$$

$$A_j = 0.8D^2 = 0.8 \times 600 \times 600 = 288000\text{mm}^2$$

$(0.3\eta_j\beta_a f_c A_j)/\gamma_{RE} = 0.3 \times 1 \times 16.7 \times 10^{-3} \times 288000/0.85 = 1697.5\text{kN} > 738.9\text{kN}$

混凝土的抗力：$1.5\eta_j f_t A_j = 1.5 \times 1 \times 1.57 \times 288000 = 678240.0\text{N}$

由式（10-14）

$$s \leqslant \frac{(1.57 + 4 - 2)210 \times 50.3(650 - 70)}{0.85 \times 738900 - 678240} = \frac{3.57 \times 210 \times 50.3 \times 580}{628000 - 678240}$$

分母小于 0，表示混凝土项抗剪能力足够，箍筋按构造要求配置。

三级抗震等级箍筋最小直径 8mm，最大间距 150mm。如此，配箍率为：

$\sum l = 3.1416 \times (600 - 2 \times 30 + 10) + 4 \times 0.75 \times (600 - 2 \times 30) = 1717.9 + 1620 = 3338\text{mm}$

$A_{cor} = 0.25 \times 3.1416 \times (600 - 2 \times 30) \times (600 - 2 \times 30) = 229023\text{mm}^2$

$\rho_v = \dfrac{3338 \times 50.3}{229023 \times 150} = 0.00489 > 0.004$，满足配箍率的要求。

$\lambda_v = \rho_v f_{yv}/f_c = 0.00489 \times 210/16.7 = 0.0615 < 0.08$，不满足配箍特征值的要求。

调整箍筋间距，$s = 150 \times 0.0615/0.08 = 115.2\text{mm}$，从而 $\rho_v = \dfrac{3338 \times 50.3}{229023 \times 115.2} =$

$0.0064$，$\lambda_v = 0.0064 \times 210/16.7 = 0.08$。

RCM 软件输入和简要计算结果如图 10-15 所示。RCM 软件计算的详细结果输出如下：

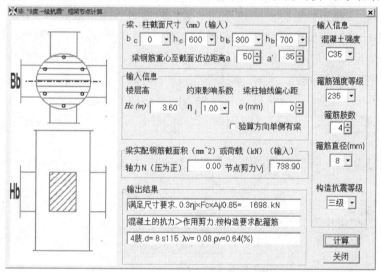

图 10-15 圆柱框架顶层边节点配筋计算

圆形柱，直径 H= 600；Bb= 300 Bh= 700 C35 Fc= 16.7；ft= 1.57 fyv= 210.，3 级构造

Hc=     0.00 上层柱底压力=       0.00

上两数均为零，表示此为顶层节点

地震下节点剪力 Vje(N)     738900.00

顶层节点，节点核心区有效截面积 Aj=      288000.  mm

满足尺寸要求，0.3ηj×Fc×Aj/0.85=     1698. kN

ηj= 1.0；混凝土的抗力 1.5ηjFtAj=     678240.0

上柱底压力产生的抗力　0.05ηjNAj/D^2=　　　　　　0.0

混凝土的抗力 ＋ 上柱底压力产生的抗力 Rvjc=　　　678240.0

混凝土 ＋ 上柱底压力产生的抗力 ＞ 作用剪力，按构造要求配箍筋

按混凝土规范表11.4.12-2中非柱根的规定构造要求配箍筋

不满足混凝土规范表11.6.8配箍特征值要求，修改箍间距

箍筋直径= 8 单肢截面积= 50.3 肢数(包括圆形箍筋)= 4

4肢,d= 8 s115. λv= 0.08 ρv=0.64(%) Vjmax=　　738.90 kN

为检验 RCM 软件对圆形柱节点所配的抗剪箍筋的能力，假设同一节点受到节点剪力 1400kN，以下手算并与软件计算对比。

由式（10-14）

$$s \leqslant \frac{(1.57+4-2)210 \times 50.3(650-35)}{0.85 \times 1400000 - 678240} = \frac{3.57 \times 210 \times 50.3 \times 615}{1190000 - 678240} = \frac{23191595}{511760} = 45.3 \text{mm}$$

RCM 软件输入和简要计算结果如图 10-16 所示，RCM 软件计算的详细结果输出如下：

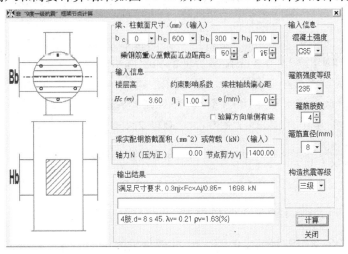

图 10-16　受较大剪力的圆柱框架顶层边节点配筋计算

圆形柱，直径H= 600; Bb= 300 Bh= 700 C35 Fc= 16.7 fyv= 210.,3级构造

Hc=　　0.00 上层柱底压力=　　　　0.00

上两数均为零，表示此为顶层节点

地震下节点剪力Vje(N)　　1400000.00

顶层节点,节点核心区有效截面积Aj=　　　　288000. mm

混凝土的抗力 1.5ηjFtAj=　　678240.0

上柱底压力产生的抗力 0.05ηjNAj/D^2=　　　　　0.0

混凝土的抗力 ＋ 上柱底压力产生的抗力 Rvjc=　　　678240.0

箍筋直径= 8 单肢截面积= 50.3 肢数(包括圆形箍筋)= 4

HB0=　　650. 箍直径 8 箍间距　　　45.3

4肢,d= 8 s 45 λv= 0.21 ρv=1.63(%) Vjmax=　　1400.00 kN

可见，RCM 软件计算结果与手算结果相同。

**【例 10-8】 圆截面柱框架首层中节点配筋算例**

同上例的框架首层中节点，上层柱底轴向压力 2456.5kN，梁端弯矩 1100.9kN·m

$(0.3\eta_j\beta_a f_c A_j)/\gamma_{RE} = 0.3 \times 1.5 \times 16.7 \times 10^{-3} \times 0.8 \times 600 \times 600/0.85 = 2546.3kN > 1100.9kN$

据三级抗震等级柱端加密区箍筋最小直径、最大箍筋间距，设圆形箍筋直径为 8mm，箍筋间距为 150mm，由此节点内有 $6[(0.65-0.035)/0.1 \approx 6]$ 层箍筋。

上层柱底轴向压力 $2456500N > 0.5 f_c A_c = 0.5 \times 16.7 \times 0.25 \times 3.1416 \times 600 \times 600 = 2361000N$，配箍筋计算公式中 $N$ 取 2361000N。

$$\frac{1}{\gamma_{RE}}\left[1.5\eta_j f_t A_j + 0.05\eta_j \frac{N}{D^2}A_j + 1.57 f_{yv} A_{sh}\frac{h_{b0}-a'}{s} + f_{yv}A_{svj}\frac{h_{b0}-a'}{s}\right]$$

其中，混凝土的抗力：$1.5\eta_j f_t A_j = 1.5 \times 1.5 \times 1.57 \times 288000 = 1017360.0N$

上柱底压力产生的抗力：$0.05\eta_j \frac{N}{D^2}A_j = 0.05 \times 1.5 \times 2361000 \times 0.8 = 141660N$

括号内前两项 $=(1017360+141660)/0.85$，其大于式左端的作用剪力。即可按构造要求配箍筋。

需要满足 GB 50010—2010 表 11.4.12-2 中的箍筋最小直径、最大间距的规定构造要求和 GB 50010—2010 第 11.6.8 条配箍特征值和配箍率的要求。

三级抗震等级箍筋最小直径 8mm，最大间距 150mm。如此，配箍率为：

$\sum l = 3.1416 \times (600 - 2 \times 30 + 10) + 4 \times 0.75 \times (600 - 2 \times 30) = 1717.9 + 1620 = 3338mm$

$A_{cor} = 0.25 \times 3.1416 \times (600 - 2 \times 30) \times (600 - 2 \times 30) = 229023mm^2$

$\rho_v = \dfrac{3338 \times 50.3}{229023 \times 150} = 0.00489 > 0.004$，满足配箍率的要求。

$\lambda_v = \rho_v f_{yv}/f_c = 0.00489 \times 210/16.7 = 0.0615 < 0.08$，不满足配箍特征值的要求。

调整箍筋间距，$s = 150 \times 0.0615/0.08 = 115.2mm$，从而 $\rho_v = \dfrac{3338 \times 50.3}{229023 \times 115.2} = 0.0064$，$\lambda_v = 0.0064 \times 210/16.7 = 0.08$。RCM 软件输入和简要计算结果如图 10-17 所示。

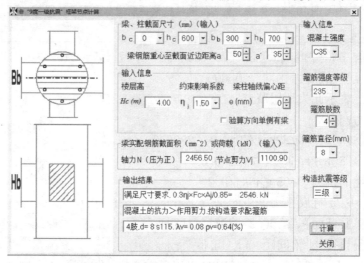

图 10-17　圆柱框架首层中节点配筋计算

RCM 软件计算的详细结果输出如下:

---

圆形柱，直径H= 600；Bb= 300 Bh= 550 C35 Fc= 16.7；ft= 1.57 fyv= 210.，3级构造

Hc=　3.27 上层柱底压力=　　2456.50

地震下节点剪力Vje(N)　1100900.00

中间层节点，节点核心区有效截面积Aj=　　　288000.　mm

满足尺寸要求，0.3ηj×Fc×Aj/0.85=　　2546. kN

ηj= 1.5；混凝土的抗力 1.5ηjFtAj=　　1017359.9

上柱底压力产生的抗力 0.05ηjNAj/D^2=　　141654.7

混凝土的抗力 ＋ 上柱底压力产生的抗力 Rvjc=　1159014.8

混凝土 ＋ 上柱底压力产生的抗力 ＞ 作用剪力，按构造要求配箍筋

按混凝土规范表11.4.12-2中非柱根的规定构造要求配箍筋

不满足混凝土规范表11.6.8配箍特征值要求，修改箍间距

箍筋直径= 8 单肢截面积=　50.3 肢数(包括圆形箍筋)= 4

4肢，d= 8 s115. λv= 0.08 ρv=0.64(%) Vjmax=　1100.90 kN

---

**本章参考文献**

［1］混凝土结构设计规范算例编委会．混凝土结构设计规范算例［M］．北京：中国建筑工业出版社，2003.

［2］高小旺，龚思礼，苏经宇，易方民．建筑抗震设计规范理解与应用［M］．北京：中国建筑工业出版社，2002.

［3］龚思礼．建筑抗震设计手册［M］．北京：中国建筑工业出版社，2002.

［4］王依群，孙福萍，李辉．CRSC软件偏心梁柱节点受剪承载力及配筋计算实例，第二届全国建筑结构技术交流会论文集［C］．2009.

［5］混凝土结构设计规范 GB 50010—2010［S］．北京：中国建筑工业出版社，2011.

［6］郑琪，方鄂华，柯长华，等．钢筋混凝土大偏心梁柱节点抗震性能的试验研究［J］，建筑结构学报，1999（2）.

［7］中国有色工程有限公司．混凝土结构构造手册（第四版）［M］．北京：中国建筑工业出版社，2012.

［8］卢存恕，常伏德．建筑抗震设计手算与构造［M］．北京：机械工业出版社，2005.

# 第11章　矩形、T形截面受扭构件承载力计算及算例

钢筋混凝土杆件受扭转或复合扭转开裂后，杆件表面出现多条和杆件轴线成大约45°的斜向裂缝。杆件内箍筋和纵向钢筋均承受拉力，裂缝间混凝土承受斜向压应力作用。故可将受扭矩作用的杆件模拟成空间桁架，纵向钢筋相当于受拉弦杆，箍筋相当于横向受拉腹杆，杆件表面斜裂缝间混凝土相当于斜向受压腹杆。杆件受扭承载力计算公式是由这种空间桁架模型推导来的。

在弯矩、剪力和扭矩共同作用下，$h_w/b$ 不大于 6 的矩形，T 形、I 形截面和 $h_w/t_w$ 不大于 6 的箱形截面构件，其截面应符合下列条件：

当 $h_w/b$（或 $h_w/t_w$）不大于 4 时

$$\frac{V}{bh_0} + \frac{T}{0.8W_t} \leq 0.25 \beta_c f_c \tag{11-1}$$

当 $h_w/b$（或 $h_w/t_w$）等于 6 时

$$\frac{V}{bh_0} + \frac{T}{0.8W_t} \leq 0.20 \beta_c f_c \tag{11-2}$$

当 $h_w/b$（或 $h_w/t_w$）大于 4 但小于 6 时，按线性内插法确定，即

$$\frac{V}{bh_0} + \frac{T}{0.8W_t} \leq (0.35 - 0.025 h_w/b) \beta_c f_c \tag{11-3}$$

式中　$T$——扭矩设计值；

　　　$b$——矩形截面宽度；

　　　$W_t$——受扭构件的截面受扭塑性抵抗矩；

　　　$h_w$——截面的腹板高度，对矩形截面，取有效高度 $h_0$。

在弯矩、剪力和扭矩共同作用下的构件，当符合下列要求时，可不进行构件受剪扭承载力计算，但应按 GB 50010—2010 第 9.2.5 条、第 9.2.9 条和 9.2.10 条的规定配置构造纵向钢筋和箍筋。

$$\frac{V}{bh_0} + \frac{T}{W_t} \leq 0.7 f_t + 0.07 \frac{N}{bh_0} \tag{11-4}$$

式中　$N$——轴向压力设计值，当 $N$ 大于 $0.3 f_c A$ 时，取 $0.3 f_c A$。

受扭构件的截面受扭塑性抵抗矩 $W_t$ 可按下列公式计算：

对矩形截面

$$W_t = \frac{b^2}{6}(3h - b) \tag{11-5}$$

对 T 形和 I 形截面　　　　　$W_t = W_{tw} + W'_{tf} + W_{tf}$

其中腹板、受压翼缘和受拉翼缘部分的矩形截面受扭塑性抵抗矩 $W_{tw}$、$W'_{tf}$ 和 $W_{tf}$ 可按下面规定计算：

1）腹板

$$W_{\mathrm{tw}} = \frac{b^2}{6}(3h - b) \tag{11-6}$$

2）受压翼缘

$$W'_{\mathrm{tf}} = \frac{h'^2_{\mathrm{f}}}{2}(b'_{\mathrm{f}} - b) \tag{11-7}$$

3）受拉翼缘

$$W_{\mathrm{tf}} = \frac{h^2_{\mathrm{f}}}{2}(b_{\mathrm{f}} - b) \tag{11-8}$$

式中　　$b$、$h$——分别为截面的腹板宽度、截面高度；

$b'_{\mathrm{f}}$、$b_{\mathrm{f}}$——分别为截面受压区、受拉区的翼缘宽度；

$h'_{\mathrm{f}}$、$h_{\mathrm{f}}$——分别为截面受压区、受拉区的翼缘高度。

计算时取用的翼缘宽度尚应符合 $b'_{\mathrm{f}}$ 不大于 $b + 6h'_{\mathrm{f}}$ 及 $b_{\mathrm{f}}$ 不大于 $b + 6h_{\mathrm{f}}$ 的规定。

矩形截面纯扭构件的受扭承载力应符合下列规定：

$$T \leqslant 0.35 f_{\mathrm{t}} W_{\mathrm{t}} + 1.2\sqrt{\zeta} f_{\mathrm{yv}} \frac{A_{\mathrm{st1}} A_{\mathrm{cor}}}{s} \tag{11-9}$$

$$\zeta = \frac{f_{\mathrm{y}} A_{\mathrm{st}l} s}{f_{\mathrm{yv}} A_{\mathrm{st1}} u_{\mathrm{cor}}} \tag{11-10}$$

式中　　$\zeta$——受扭的纵向普通钢筋与箍筋的配筋强度比值，$\zeta$ 值不应小于 0.6，当 $\zeta$ 大于 1.7 时，取 1.7，$\zeta$ 值大些，纵向钢筋就多配些，箍筋就配得少些；反之纵向钢筋少配些，箍筋就配得多些，总体效果差不多；RCM 软件默认设定为 $\zeta = 1.2$，用户可在 1.0、1.1、1.2、1.3 和 1.4 中选择输入；

$A_{\mathrm{st}l}$——受扭计算中取对称布置的全部纵向普通钢筋截面面积；

$A_{\mathrm{st1}}$——受扭计算中沿截面周边配置的箍筋单肢截面面积；

$A_{\mathrm{cor}}$——截面核心部分的面积，取为 $b_{\mathrm{cor}} h_{\mathrm{cor}}$，此处，$b_{\mathrm{cor}}$、$h_{\mathrm{cor}}$ 分别为箍筋内表面范围内截面核心部分的短边、长边尺寸。RCM 软件内部设定为纵筋保护层厚为 30mm，因而 $b_{\mathrm{cor}}$、$h_{\mathrm{cor}}$ 分别等于 $b$、$h$ 减 60mm；

$u_{\mathrm{cor}}$——截面核心部分的周长，取为 $2(b_{\mathrm{cor}} + h_{\mathrm{cor}})$。

T 形和 I 形截面纯扭构件，可将其截面划分为几个矩形截面，分别进行纯扭承载力计算。矩形截面的扭矩设计值可按下列规定计算：

1）腹板

$$T_{\mathrm{w}} = \frac{W_{\mathrm{tw}}}{W_{\mathrm{t}}} T \tag{11-11}$$

2）受压翼缘

$$T'_{\mathrm{f}} = \frac{W'_{\mathrm{tf}}}{W_{\mathrm{t}}} T \tag{11-12}$$

3）受拉翼缘

$$T_{\mathrm{f}} = \frac{W_{\mathrm{tf}}}{W_{\mathrm{t}}} T \tag{11-13}$$

式中　$T_w$——腹板所能承担的扭矩设计值；

$T'_f$、$T_f$——分别为截面受压翼缘、受拉翼缘所能承担的扭矩设计值。

在轴向压力和扭矩共同作用下的矩形钢筋混凝土构件的受扭承载力应符合下列规定：

$$T \leqslant \left(0.35f_t + 0.07\frac{N}{A}\right)W_t + 1.2\sqrt{\zeta}f_{yv}\frac{A_{st1}A_{cor}}{s} \tag{11-14}$$

式中　$N$——轴向压力设计值，当 $N$ 大于 $0.3f_cA$ 时，取 $0.3f_cA$。

在轴向拉力和扭矩共同作用下的矩形钢筋混凝土构件的受扭承载力应符合下列规定：

$$T \leqslant \left(0.35f_t - 0.2\frac{N}{A}\right)W_t + 1.2\sqrt{\zeta}f_{yv}\frac{A_{st1}A_{cor}}{s} \tag{11-15}$$

式中　$N$——轴向拉力设计值，当 $N$ 大于 $1.75f_tA$ 时，取 $1.75f_tA$。

在剪力和扭矩共同作用下的普通钢筋混凝土矩形截面剪扭构件，其受剪扭承载力应符合下列规定：

1. 一般剪扭构件

1）受剪承载力

$$V \leqslant (1.5 - \beta_t)0.7f_tbh_0 + f_{yv}\frac{A_{sv}}{s}h_0 \tag{11-16}$$

$$\beta_t = \frac{1.5}{1 + 0.5\dfrac{VW_t}{Tbh_0}} \tag{11-17}$$

式中　$A_{sv}$——受剪承载力所需的箍筋截面面积；

$\beta_t$——一般剪扭构件混凝土受扭承载力降低系数：当 $\beta_t$ 小于 0.5 时，取 0.5；当 $\beta_t$ 大于 1.0 时，取 1.0。

2）受扭承载力

$$T \leqslant \beta_t 0.35f_tW_t + 1.2\sqrt{\zeta}f_{yv}\frac{A_{st1}A_{cor}}{s} \tag{11-18}$$

2. 集中荷载作用下的剪扭构件

1）受剪承载力

$$V \leqslant (1.5 - \beta_t)\frac{1.75}{\lambda + 1}f_tbh_0 + f_{yv}\frac{A_{sv}}{s}h_0 \tag{11-19}$$

$$\beta_t = \frac{1.5}{1 + 0.2(\lambda + 1)\dfrac{VW_t}{Tbh_0}} \tag{11-20}$$

式中　$\lambda$——计算截面的剪跨比，按本书规定取用；

$\beta_t$——集中荷载作用下剪扭构件混凝土受扭承载力降低系数：当 $\beta_t$ 小于 0.5 时，取 0.5；当 $\beta_t$ 大于 1.0 时，取 1.0。

2）受扭承载力

受扭承载力仍应按式（11-18）计算，但式中的 $\beta_t$ 应按式（11-17）计算。

在弯矩、剪力和扭矩共同作用下的矩形截面的弯剪扭构件，可按下列规定进行承载力计算：

① 当 $V$ 不大于 $0.35f_t bh_0$ 时，可仅计算受弯构件的正截面受弯承载力和纯扭构件的受扭承载力；

② 当 $T$ 不大于 $0.175f_t W_t$ 时，可仅验算受弯构件的正截面受弯承载力和斜截面受剪承载力。

在轴向拉力、弯矩、剪力和扭矩共同作用下的钢筋混凝土矩形截面框架柱，当 $T \le (0.175f_t - 0.1N/A)W_t$ 时，可仅计算偏心受拉构件的正截面承载力和斜截面受剪承载力。

梁内受扭纵向钢筋的最小配筋率 $\rho_{tl,\min}$ 应符合下列要求：

$$\rho_{tl,\min} = 0.6\sqrt{\frac{T}{Vb}}\frac{f_t}{f_y}$$

当 $T/(Vb) > 2.0$ 时，取 $T/(Vb) = 2.0$，即 $\rho_{tl,\min} = 0.85f_t/f_y$。

在弯剪扭构件中，箍筋的配筋率 $\rho_{sv}$ 不应小于 $0.28f_t/f_{yv}$。

因为《混凝土结构设计规范》没有 T 形截面同时受压、弯、剪、扭作用的相应计算公式，只有受弯、剪、扭作用的计算公式，所以 RCM 软件对 T 形截面构件不能输入压或拉力值。

### 【例 11-1】 受纯扭矩形截面构件配筋算例

文献 [1] 第 119 页题目，截面尺寸 200mm × 450mm，混凝土强度等级 C25，纵向钢筋采用 HRB335，箍筋采用 HPB235 钢筋，一类环境，扭矩设计值 $T = 10$kN·m，试求该纯扭构件所需纵筋和箍筋的数量。

【解】 1. 求 $A_{cor}$、$u_{cor}$，$W_t$

因环境为一类，纵筋保护层厚取 30mm。

$b_{cor} = 200 - 2 \times 30 = 140$mm，$h_{cor} = 450 - 2 \times 30 = 390$mm

$A_{cor} = b_{cor}h_{cor} = 140 \times 390 = 54600$mm$^2$，

$u_{cor} = 2(b_{cor} + h_{cor}) = 2 \times (140 + 390) = 1060$mm

受扭塑性抵抗矩 $W_t = b^2(3h - b)/6 = 200^2 \times (3 \times 450 - 200)/6 = 7.67 \times 10^6$mm$^3$

2. 截面尺寸验算

当 $h_w/b = 415/200 = 2.1$ 不大于 4 时

$\dfrac{T}{0.8W_t} = \dfrac{10 \times 10^6}{0.8 \times 7.67 \times 10^6} = 1.630 \le 0.25\beta_c f_c = 0.25 \times 1 \times 11.9 = 2.98$，截面尺寸满足要求。

3. 计算箍筋量

假设受扭的纵向普通钢筋与箍筋的配筋强度比值 $\zeta = 1.2$，即处于其适用范围的中值。并假定箍筋直径为 8mm，则由式（11-5）箍筋间距为：

$$s \le \frac{1.2\sqrt{\zeta}f_{yv}A_{st1}A_{cor}}{T - 0.35f_t W_t} = \frac{1.2\sqrt{1.2} \times 210 \times 50.3 \times 54600}{10 \times 10^6 - 0.35 \times 1.27 \times 7.67 \times 10^6} = \frac{758.14 \times 10^6}{10 \times 10^6 - 3.409 \times 10^6} = 115\text{mm}$$

为方便施工，取 10mm 进位的距离，即取 $s = 110$mm。

4. 计算抗扭纵筋截面面积

由式（11-6）有：

$$A_{stl} = \frac{\zeta f_{yv} A_{st1} u_{cor}}{f_y s} = \frac{1.2 \times 50.3 \times 210 \times 1060}{300 \times 110} = 407.16 mm^2$$

**5. 验算配筋率**

配箍率 $\rho_{sv} = \frac{n A_{st1}}{bs} = 2 \times 50.3/(200 \times 110) = 0.00457 \geqslant \rho_{sv,min} = 0.28 f_t/f_{yv} = 0.28 \times$

$1.27/210 = 0.0017$

纵筋配筋率 $\rho_{stl} = \frac{A_{st1}}{bh} = 407.16/(200 \times 450) = 0.00452 \geqslant \rho_{tl,min} = 0.6 \sqrt{\frac{T}{Vb}} \frac{f_t}{f_y} = 0.6 \times$

$\sqrt{2} \times 1.27/300 = 0.00359$

满足要求。

RCM 软件输入信息和简要计算结果见图 11-1。RCM 软件输出的详细结果如下：

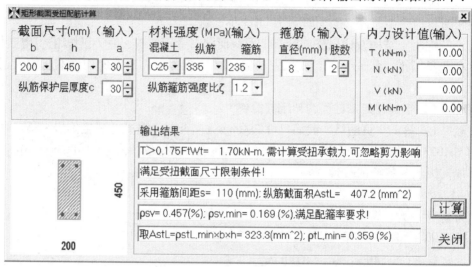

图 11-1　纯扭构件算例输入信息和简要输出结果

```
C25; Fc= 11.9; Ft= 1.27; Fy=  300.; Fyv=   210.
T=    10.00(kN-m); N=     0.00(kN); V=      0.00(kN); M=     0.00(kN-m)
Bcor=  140.; Hcor=  390.; Acor=   54600.; Ucor=    1060.
T>0.175FtWt=     1.70kN，计算受扭承载力
Wt=      7666666.; Hw/B=  2.10
满足受扭截面尺寸限制条件!
单肢箍面积= 50.3; 计算出箍筋间距s= 115.0 (mm)
采用的箍筋间距s=  110 (mm)
纵向钢筋截面积=     407.2
ρsv= 0.457(%); ρsv,min= 0.169 (%),满足配箍率要求!
ρstL= 0.452(%); ρtL,min= 0.359 (%),满足配筋率要求!
```

可见，RCM 软件计算结果与手算结果相同。

如想少配些纵筋，加密箍筋为 $s = 100$，可通过修改抗扭纵筋强度与抗扭箍筋强度的比

值来达到，计算如图 11-2 所示。

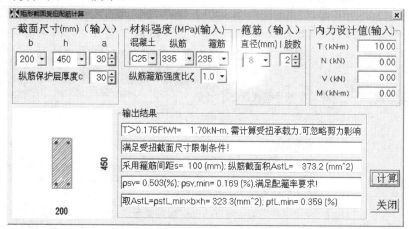

图 11-2　纯扭构件算例修改抗扭纵筋强度与抗扭箍筋强度的输入信息和简要输出结果

### 【例 11-2】受压扭矩形截面构件配筋算例

同【例 11-1】，只是还作用有轴向压力设计值 $N = 100\text{kN}$，试求该压扭构件所需纵筋和箍筋的数量。

【解】步骤 1、2 同【例 11-1】。

3. 计算箍筋量

假设受扭的纵向普通钢筋与箍筋的配筋强度比值 $\zeta = 1.2$，即处于其适用范围的中值。并假定箍筋直径为 8mm，则由式（11-7）箍筋间距为

$$N = 100\text{kN} = 100000\text{N} < 0.3f_cA = 0.3 \times 11.9 \times 200 \times 450 = 321300\text{N}$$

$$s \leqslant \frac{1.2\sqrt{\zeta}f_{yv}A_{st1}A_{cor}}{T - (0.35f_t + 0.07N/A)W_t} = \frac{1.2\sqrt{1.2} \times 210 \times 50.3 \times 54600}{10 \times 10^6 - \left(0.35 \times 1.27 + 0.07 \times \dfrac{100000}{(200 \times 450)}\right) \times 7.67 \times 10^6}$$

$$= \frac{758.14 \times 10^6}{10 \times 10^6 - (3.409 + 0.597) \times 10^6} = 126.5\text{mm}$$

为方便施工，取 10mm 进位的距离，即取 $s = 120\text{mm}$。

4. 计算抗扭纵筋截面面积

由式（11-6）有：

$$A_{stl} = \frac{\zeta f_{yv}A_{st1}u_{cor}}{f_ys} = \frac{1.2 \times 50.3 \times 210 \times 1060}{300 \times 120} = 373.23\text{mm}^2$$

5. 验算配筋率

配箍率 $\rho_{sv} = \dfrac{nA_{st1}}{bs} = 2 \times 50.3/(200 \times 120) = 0.00419 \geqslant \rho_{sv,min} = 0.28\dfrac{f_t}{f_{yv}} = 0.28 \times 1.27/$ 

$210 = 0.0017$

纵筋配筋率 $\rho_{stl} = \dfrac{A_{stl}}{bh} = 373.23/(200 \times 450) = 0.00415 \geqslant \rho_{tl,min} = 0.6\sqrt{\dfrac{T}{Vb}}\dfrac{f_t}{f_y} = 0.6 \times$

$\sqrt{2} \times 1.27/300 = 0.00359$

满足要求。

RCM 软件输入信息和简要计算结果见图 11-3。

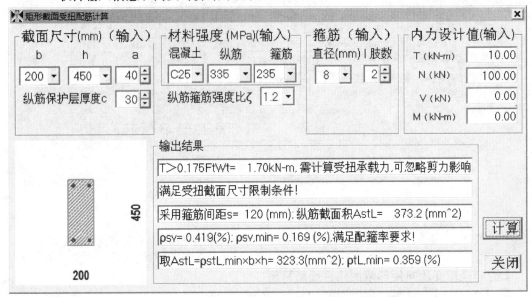

图 11-3 压扭构件算例输入信息和简要输出结果

RCM 软件输出的详细结果如下：

---

C25; Fc= 11.9; Ft= 1.27; Fy= 300.; Fyv= 210.

T= 10.00(kN-m); N= 100.00(kN); V= 0.00(kN); M= 0.00(kN-m)

Bcor= 140.; Hcor= 390.; Acor= 54600.; Ucor= 1060.

T>0.175FtWt= 1.70kN, 计算受扭承载力

Wt= 7666666.; Hw/B= 2.10

满足受扭截面尺寸限制条件！

ZLJ= 100000. 0.07*ZLJ/(BB*HB)= 0.083

单肢箍面积= 50.3; 计算出箍筋间距s= 127.3 (mm)

采用的箍筋间距s= 120 (mm)

纵向钢筋截面积= 373.2

ρsv= 0.419(%); ρsv,min= 0.169 (%),满足配箍率要求！

ρstL= 0.415(%); ρtL,min= 0.359 (%),满足配筋率要求！

---

可见，RCM 软件计算结果与手算结果相同。

**【例 11-3】受拉扭矩形截面构件配筋算例**

同【例 11-1】，只是还作用有轴向拉力设计值 $N = 100\text{kN}$，试求该拉扭构件所需纵筋和箍筋的数量。

**【解】** 步骤 1、2 同【例 11-1】。

**3. 计算箍筋量**

假设受扭的纵向普通钢筋与箍筋的配筋强度比值 $\zeta = 1.2$，即处于其适用范围的中值。并假定箍筋直径为 8mm，则由式（11-15），箍筋间距为：

$$N = 100\text{kN} = 100000\text{N} < 1.75f_{t}A = 1.75 \times 1.27 \times 200 \times 450 = 200025\text{N}$$

$$
\begin{aligned}
s &\leqslant \frac{1.2\sqrt{\zeta}f_{yv}A_{stl}A_{cor}}{T - (0.35f_{t} - 0.2N/A)W_{t}} = \frac{1.2\sqrt{1.2} \times 210 \times 50.3 \times 54600}{10 \times 10^{6} - (0.35 \times 1.27 - 0.2 \times 100000/(200 \times 450)) \times 7.67 \times 10^{6}} \\
&= \frac{758.14 \times 10^{6}}{10 \times 10^{6} - (3.409 - 1.704) \times 10^{6}} = 91.4\text{mm}
\end{aligned}
$$

为方便施工，取 10mm 进位的距离，即取 $s = 90$mm。

4. 计算抗扭纵筋截面面积

由式（11-6）有：

$$A_{stl} = \frac{\zeta f_{yv}A_{stl}u_{cor}}{f_{y}s} = \frac{1.2 \times 50.3 \times 210 \times 1060}{300 \times 90} = 497.64\text{mm}^{2}$$

5. 验算配筋率

配箍率 $\rho_{sv} = \dfrac{nA_{stl}}{bs} = 2 \times 50.3/(200 \times 90) = 0.00559 \geqslant \rho_{sv,min} = 0.28f_{t}/f_{yv} = 0.28 \times 1.27/$

$210 = 0.0017$

纵筋配筋率 $\rho_{stl} = \dfrac{A_{stl}}{bh} = 497.64/(200 \times 450) = 0.00553 \geqslant \rho_{tl,min} = 0.6\sqrt{\dfrac{T}{Vb}}\dfrac{f_{t}}{f_{y}} = 0.6 \times$

$\sqrt{2} \times 1.27/300 = 0.00359$

满足要求。

RCM 软件输入信息和简要计算结果见图 11-4。

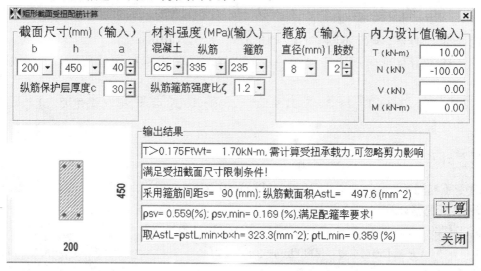

图 11-4　拉扭构件算例输入信息和简要输出结果

RCM 软件输出的详细结果如下：

```
C25; Fc= 11.9; Ft= 1.27; Fy=  300.; Fyv=  210.
T=    10.00(kN-m); N=  -100.00(kN); V=      0.00(kN); M=      0.00(kN-m)
Bcor=  140.; Hcor=  390.; Acor=    54600.; Ucor=    1060.
T>0.175FtWt=      1.70kN，计算受扭承载力
```

Wt=　　　　7666666.；Hw/B=　2.10

满足受扭截面尺寸限制条件！

轴拉力ZLJ=　100000.　0.2*ZLJ/(Bb*Hb)=　　　　　0.222

单肢箍面积= 50.3；计算出箍筋间距s=　91.4（mm）

采用的箍筋间距s=　90（mm）

纵向钢筋截面积=　　497.6

ρsv= 0.559(%)；ρsv,min= 0.169 (%)，满足配箍率要求！

ρstL= 0.553(%)；ρtL,min= 0.359 (%)，满足配筋率要求！

可见，RCM 软件计算结果与手算结果相同。

### 【例 11-4】 受纯扭 T 形截面构件配筋算例

文献［2］第 169 页题，钢筋混凝土 T 形截面纯扭构件截面尺寸为：$b = 200\text{mm}$、$h = 450\text{mm}$、$b'_\text{f} = 400\text{mm}$、$h'_\text{f} = 80\text{mm}$，纵筋保护层厚度 25mm，承受扭矩设计值 $T = 12.6\text{kN} \cdot \text{m}$。混凝土强度等级 C30，纵筋采用 HRB335 钢筋，箍筋采用 HPB235 钢筋，试设计其配筋。

【解】 1. 验算构件截面尺寸

$$W_\text{tw} = \frac{b^2}{6}(3h - b) = \frac{200^2}{6}(3 \times 450 - 200) = 7.67 \times 10^6 \text{mm}^3$$

$$W'_\text{tf} = \frac{h'^2_\text{f}}{2}(b'_\text{f} - b) = \frac{80^2}{2}(400 - 200) = 0.64 \times 10^6 \text{mm}^3$$

$$W_\text{t} = W_\text{tw} + W'_\text{tf} = (7.67 + 0.64) \times 10^6 \text{mm}^3 = 8.31 \times 10^6 \text{mm}^3$$

只是还作用有轴向压力设计值 $N = 100\text{kN}$，试求该压扭构件所需纵筋和箍筋的数量。

$$0.2\beta_\text{c}f_\text{c}W_\text{t} = 0.2 \times 1 \times 14.3 \times 8.31 \times 10^6 = 2.38 \times 10^6 \text{N} \cdot \text{mm} > \text{T}（满足要求）$$

2. 扭矩分配

对腹板 $T_\text{w} = \dfrac{W_\text{tw}}{W_\text{t}}T = \dfrac{7.67 \times 10^6}{8.31 \times 10^6} \times 12.6 = 11.63\text{kN} \cdot \text{m}$

对受压翼缘 $T'_\text{f} = T - T_\text{w} = 12.6 - 11.63 = 0.97\text{kN} \cdot \text{m}$

3. 腹板配筋计算

$b_\text{cor} = 200 - 2 \times 25 = 150\text{mm}$，$h_\text{cor} = 450 - 2 \times 25 = 400\text{mm}$

$A_\text{cor} = b_\text{cor}h_\text{cor} = 150 \times 400 = 60000\text{mm}^2$，$u_\text{cor} = 2(b_\text{cor} + h_\text{cor}) = 2 \times (150 + 400) = 1100\text{mm}$

取 $\zeta = 1.2$，则

$$\frac{A_\text{stl}}{s} = \frac{T_\text{w} - 0.35f_\text{t}W_\text{tw}}{1.2\sqrt{\zeta}f_\text{yv}A_\text{cor}} = \frac{11.63 \times 10^6 - 0.35 \times 1.43 \times 7.67 \times 10^6}{1.2\sqrt{1.2} \times 210 \times 60000} = 0.471 \text{mm}^2/\text{mm}$$

取用 8mm 直径的箍筋，则

$s = 50.3/0.471 = 106.8\text{mm}$，取 $s = 100\text{mm}$，则抗扭纵筋面积为

$$A_\text{stl} = \frac{\zeta f_\text{yv}A_\text{stl}u_\text{cor}}{f_\text{y}s} = \frac{1.2 \times 50.3 \times 210 \times 1100}{300 \times 100} = 464.8\text{mm}^2$$

$464.8\text{mm}^2 > \rho_{u,\min}bh = 0.85 \ bhf_\text{t}/f_\text{y} = 0.85 \times 200 \times 450 \times 1.43/300 = 365\text{mm}^2$（满足要求）

4. 上翼缘配筋计算

$b'_{f,cor} = 400 - 200 - 2 \times 25 = 150\text{mm}$，$h'_{f,cor} = 80 - 2 \times 50 = 30\text{mm}$

$A'_{f,cor} = b'_{f,cor} h'_{f,cor} = 150 \times 30 = 4500\text{mm}^2$，$u'_{f,cor} = 2( b'_{f,cor} + h'_{f,cor} ) = 2 \times (150 + 30) = 360\text{mm}$

如取 $\zeta = 1.2$，则

$$\frac{A'_{stl}}{s} = \frac{T'_f - 0.35f_t W'_{tf}}{1.2\sqrt{\zeta}f_{yv}A'_{f,cor}} = \frac{0.97 \times 10^6 - 0.35 \times 1.43 \times 0.64 \times 10^6}{1.2 \times \sqrt{1.2} \times 210 \times 4500} = 0.523\text{mm}^2/\text{mm}$$

取用 8mm 直径的箍筋，则

$s = 50.3/0.502 = 100.2\text{mm}$，取 $s = 100\text{mm}$，则抗扭纵筋面积为：

$$A_{stl} = \frac{\zeta f_{yv} A'_{stl} u'_{cor}}{f_y s} = \frac{1.2 \times 50.3 \times 210 \times 360}{300 \times 100} = 158.2\text{mm}^2$$

$158.2\text{mm}^2 > \rho_{tl,min}bh = 0.85 b'_f h'_f f_t/f_y = 0.85 \times 200 \times 80 \times 1.43/300 = 65\text{mm}^2$（满足要求）

根据纵筋最小直径要求，采用 10mm 直径的纵筋，根数为 4 根，则 $A_{stl} = 314\text{mm}^2$。

RCM 软件输入信息和简要计算结果见图 11-5。RCM 软件输出的详细结果如下：

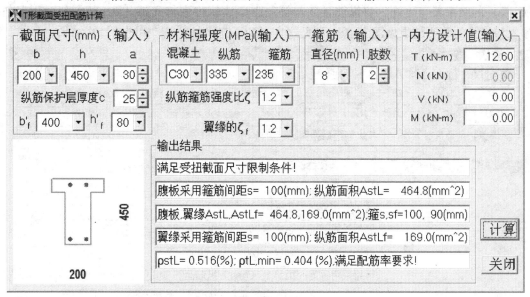

图 11-5　T 形纯扭构件算例输入信息和简要输出结果

```
C30；Fc= 14.3；Ft= 1.43；Fy=  300.；Fyv=  210.
B=  200.；H=  450.；Bf=  400.；Hf=   80.
T=    12.60(kN-m)；N=      0.00(kN)；V=      0.00(kN)；M=      0.00(kN-m)
Bcor= 150.；Hcor=  400.；Acor=  60000.；Ucor=    1100.
Wtw=  7666666.；Wtf=      640000.；Wt=   8306666.
Wt=        8306666.；Hw/B：  2.10
满足受扭截面尺寸限制条件！
满足尺寸条件，T>0.175FtWt=    2.08kN，需计算受扭承载力
```

Tw=　　11.63(kN-m)；Tf=　　0.97(kN-m)
单肢箍面积= 50.3；计算出箍筋间距s= 106.9 （mm）
采用的箍筋间距s=　100 （mm）
腹板抗扭纵向钢筋截面积=　　464.8 （mm^2）
腹板采用箍筋间距s=100；2肢；直径 8 （mm）；纵筋截面积AstL=　　464.8 （mm^2）
Bfcor=　150.；Hfcor=　　30.；Afcor=　　4500.；Ufcor=　　360.
单肢箍面积= 50.3；计算出箍筋间距sf= 96.1 （mm）
采用的箍筋间距sf=　90 （mm）
翼缘抗扭纵向钢筋截面积f=　　169.0 （mm^2）
翼缘采用箍筋间距s=　90；2肢；直径 8 （mm）；纵筋截面积AstL=　　464.8 （mm^2）
ρsv= 0.559(%)；ρsv,min= 0.191 (%)，满足配箍率要求！
ρstL= 0.516(%)；ρtL,min= 0.404 (%)，满足配筋率要求！

因文献［2］对腹板取 = 1.1，翼缘取 1.3，本书均取 = 1.2，所以以上手算结果与文献［2］的结果略有不同。将纵筋强度与箍筋强度比值改为与文献［2］相同值，用 RCM 输入和计算的简要结果见图 11-6，可见这样得到了与文献［2］相同的计算结果。

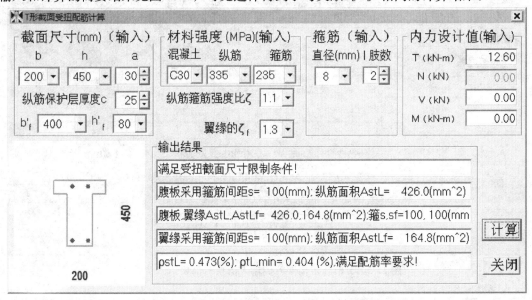

图 11-6　T 形纯扭构件算例输入信息和简要输出结果

### 【例 11-5】受剪扭矩形截面构件配筋算例

截面尺寸 250mm×350mm，混凝土强度等级 C25，纵向钢筋采用 HRB335，箍筋采用 HPB235 钢筋，一类环境，剪力设计值 $V = 40$kN，扭矩设计值 $T = 10$kN·m，试求该剪扭构件所需纵筋和箍筋的数量。

【解】1. 求 $A_{cor}$、$u_{cor}$，$W_t$

因环境为一类，纵筋保护层厚取 30mm。$b_{cor} = 250 - 2 \times 30 = 190$mm，$h_{cor} = 350 - 2 \times 30 = 290$mm。

$A_{cor} = b_{cor}h_{cor} = 190 \times 290 = 55100 \text{mm}^2$，$u_{cor} = 2(b_{cor} + h_{cor}) = 2 \times (190 + 290) = 960 \text{mm}$。

受扭塑性抵抗矩 $W_t = b^2(3h - b)/6 = 250^2 \times (3 \times 350 - 250)/6 = 8.33 \times 10^6 \text{mm}^3$

2. 验算是否可忽略剪力

$$\frac{V}{bh_0} = \frac{40 \times 10^3}{250 \times 310} = \frac{40 \times 10^3}{77500} = 0.516 \text{N/mm}^2 > 0.35 f_t = 0.35 \times 1.27 = 0.445 \text{N/mm}^2，不$$

能忽略剪力。

3. 验算是否可忽略扭矩

$$\frac{T}{W_t} = \frac{10 \times 10^6}{8333333} = 1.20 > 0.175 f_t = 0.175 \times 1.27 = 0.222，不能忽略扭矩。$$

4. 验算截面尺寸条件

$h_w/b = 310/250 = 1.24$ 不大于 4 时

$$\frac{V}{bh_0} + \frac{T}{0.8 W_t} = 0.445 + 1.20/0.8 = 1.945 \leqslant 0.25 \beta_c f_c = 0.25 \times 1 \times 11.9 = 2.98，截面尺$$

寸满足要求。

5. 验算可否构造配筋

$$\frac{V}{bh_0} + \frac{T}{W_t} = 0.445 + 1.20 = 1.645 > 0.7 f_t = 0.7 \times 1.27 = 0.89，须计算配筋。$$

6. 混凝土受扭承载力降低系数

$$\beta_t = \frac{1.5}{1 + 0.5 \dfrac{V W_t}{T b h_0}} = \frac{1.5}{1 + 0.5 \dfrac{0.445}{1.2}} = \frac{1.5}{1 + 0.185} = 1.266 > 1，取 \beta_t = 1$$

7. 抗扭箍筋间距

设箍筋直径 8mm，有：

$$s_T \leqslant \frac{1.2\sqrt{\zeta} f_{yv} A_{st1} A_{cor}}{T - \beta_t 0.35 f_t W_t} = \frac{1.2\sqrt{1.2} \times 210 \times 50.3 \times 55100}{10 \times 10^6 - 0.35 \times 1.27 \times 8.33 \times 10^6}$$

$$= \frac{765.09 \times 10^6}{10 \times 10^6 - 3.703 \times 10^6} = 121.5 \text{mm}$$

8. 抗剪箍筋间距

设箍筋直径 8mm，有：

$$s_V \leqslant \frac{f_{yv} A_{sv} h_0}{V - (1 - \beta_t) 0.7 f_t b h_0} = \frac{210 \times 2 \times 50.3 \times 310}{40 \times 10^3 - 0.5 \times 0.7 \times 1.27 \times 250 \times 310}$$

$$= \frac{6.549 \times 10^6}{40 \times 10^3 - 34449} = \frac{6549000}{5551} = 1180 \text{mm}$$

9. 抗扭又抗剪的箍筋间距

$$s \leqslant \frac{1}{\dfrac{1}{s_T} + \dfrac{1}{s_V}} = \frac{1}{\dfrac{1}{121.5} + \dfrac{1}{1180}} = \frac{1}{0.00823 + 0.000847} = 110.17 \text{mm}，可取 s = 110 \text{mm}$$

10. 抗扭纵筋截面积

由式（11-10）有：

$$\zeta = 1.2 = \frac{f_y A_{stl} s}{f_{yv} A_{st1} u_{cor}}$$

$$A_{stl} = \frac{1.2 f_{yv} A_{stl} u_{cor}}{f_y s} = \frac{1.2 \times 210 \times 50.3 \times 960}{300 \times 110} = \frac{12168576}{33000} = 368.7 \text{mm}^2$$

11. 验算配筋率

配箍率 $\rho_{sv} = \dfrac{n A_{st1}}{bs} = 2 \times 50.3/(250 \times 110) = 0.00366 \geqslant \rho_{sv,min} = 0.28 f_t/f_{yv} = 0.28 \times$ 1.27/210 = 0.0017

纵筋配筋率 $\rho_{stl} = \dfrac{A_{stl}}{bh} = 368.7/(250 \times 350) = 0.00421 \geqslant \rho_{tl,min}$

$$\rho_{tl,min} = 0.6 \sqrt{\frac{T}{Vb}} \frac{f_t}{f_y} = 0.6 \times \sqrt{\frac{10 \times 10^6}{40000 \times 250}} \times 1.27/300 = 0.00254$$

满足要求。

RCM 软件输入信息和简要计算结果见图 11-7。RCM 软件输出的详细结果如下：

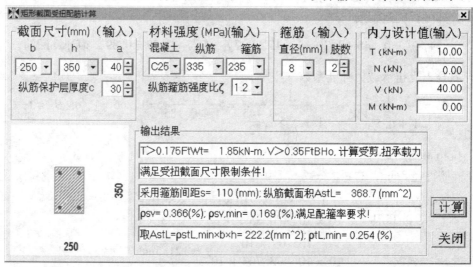

图 11-7　剪扭构件算例输入信息和简要输出结果

C25; Fc= 11.9; Ft= 1.27; Fy= 300.; Fyv= 210.
T= 10.00(kN-m); N= 0.00(kN); V= 40.00(kN); M= 0.00(kN-m)
Bcor= 190.; Hcor= 290.; Acor= 55100.; Ucor= 960.
T>0.175FtWt= 1.85kN, V>0.35FtBHo= 34.45kN, 计算受剪,扭承载力
Wt= 8333334.; Hw/B= 1.24
满足受扭截面尺寸限制条件！
混凝土受扭承载力降低系数βt=1.235; 取βt=1.000
单肢箍面积= 50.3; 计算出箍筋间距St= 121.5 (mm)
计算出箍筋间距Sv=1179.7 (mm)
S=1/(1/St+1/Sv)= 110. 采用的箍筋间距s= 110 (mm)

纵向钢筋截面积= 368.7

ρsv= 0.366(%); ρsv,min= 0.169 (%),满足配箍率要求!

ρstL= 0.421(%); ρtL,min= 0.254 (%),满足配筋率要求!

可见,RCM 软件计算结果与手算结果相同。

### 【例 11-6】 受弯剪扭矩形截面构件配筋算例

文献 [2] 第 178 页的例题,均布荷载作用下的钢筋混凝土矩形截面构件,其截面尺寸为 $b \times h = 250\text{mm} \times 600\text{mm}$,纵向钢筋保护层厚度 $c = 25\text{mm}$,承受弯矩设计值 $M = 175\text{kN} \cdot \text{m}$,剪力设计值 $V = 155\text{kN}$,扭矩设计值 $T = 13.95\text{kN} \cdot \text{m}$。混凝土强度等级 C30,纵向钢筋用 HRB335 钢筋,箍筋采用 HPB235 钢筋。试计算其配筋。

【解】 1. 验算构件截面尺寸

$h_0 = 600 - 35 = 565\text{mm}$

受扭塑性抵抗矩 $W_t = b^2(3h - b)/6 = 250^2 \times (3 \times 600\text{-}250)/6 = 16.15 \times 10^6 \text{mm}^3$

$$\frac{V}{bh_0} + \frac{T}{0.8W_t} = \frac{155000}{250 \times 565} + \frac{13.95 \times 10^6}{0.8 \times 16.15 \times 10^6} = 1.10 + 1.08 = 2.18 \leqslant 0.25\beta_c f_c = $$

$0.25 \times 1 \times 14.3 = 3.58$,满足要求。

2. 求抗弯纵向钢筋

截面弹塑性抵抗矩系数 $\alpha_s = \dfrac{M}{\alpha_1 f_c bh_0^2} = \dfrac{175 \times 10^6}{1.0 \times 14.3 \times 250 \times 565^2} = 0.153$

相对界限受压区高度 $\xi = 1 - \sqrt{1 - 2\alpha_s} = 0.167 < \xi_b = 0.550$,$\gamma_s = 0.916$

$$A_s = \frac{M}{\gamma_s f_y h_0} = \frac{175 \times 10^6}{0.916 \times 300 \times 565} = 1127\text{mm}^2$$

3. 混凝土受扭承载力降低系数

$$\beta_t = \frac{1.5}{1 + 0.5\dfrac{VW_t}{Tbh_0}} = \frac{1.5}{1 + 0.5\dfrac{1.10}{1.08 \times 0.8}} = \frac{1.5}{1 + 0.185} = 0.917$$

4. 抗剪箍筋

$$\frac{A_{sv}}{s} = \frac{V - 0.7(1.5 - \beta_t)f_t bh_0}{f_{yv}h_0} = \frac{155000 - 0.7 \times (1.5 - 0.917) \times 1.43 \times 250 \times 565}{210 \times 565} = 0.612\text{mm}^2/\text{mm}$$

5. 抗扭箍筋和纵向钢筋

$b_{cor} = 250 - 2 \times 25 = 200\text{mm}$,$h_{cor} = 600 - 2 \times 25 = 550\text{mm}$

$A_{cor} = b_{cor}h_{cor} = 200 \times 550 = 110000\text{mm}^2$,$u_{cor} = 2(b_{cor} + h_{cor}) = 2 \times (200 + 550) = 1500\text{mm}$。

取 $\zeta = 1.2$,则

$$\frac{A_{stl}}{s} \leqslant \frac{T - 0.35\beta_t f_t W_t}{1.2\sqrt{\zeta}f_{yv}A_{cor}} = \frac{13.95 \times 10^6 - 0.35 \times 0.917 \times 1.43 \times 16.15 \times 10^6}{1.2\sqrt{1.2} \times 210 \times 110000} = \frac{6.538 \times 10^6}{30.366 \times 10^6} = 0.215\text{mm}^2/\text{mm}$$

$$A_{stl} = \frac{\zeta f_{yv}A_{stl}u_{cor}}{f_y s} = \frac{1.2 \times 0.215 \times 210 \times 1500}{300} = 271\text{mm}^2$$

6. 钢筋配置

设用双肢箍筋,箍筋单肢用量 $\dfrac{A_{stl}}{s} + \dfrac{A_{sv}}{2s} = 0.215 + 0.612/2 = 0.521\text{mm}^2/\text{mm}$。取用直径

8mm 的钢筋，则 $s \leqslant \dfrac{50.3}{0.521} = 96.5\text{mm}$，可取 $s = 90\text{mm}$。

纵向抗扭钢筋可沿截面周边（间距不大于 200mm）配置，沿截面高方向放 4 根，沿截面宽方向放 2 根，共 8 根。抗弯钢筋配置在截面弯曲时的受拉边。

算出的纵筋面积为 1398mm²，箍筋单肢用量 $\dfrac{A_{st1}}{s} + \dfrac{A_{sv}}{2s} = 0.521\text{mm}^2/\text{mm}$，与文献 [2] 的 1410mm²、$\dfrac{A_{st1}}{s} + \dfrac{A_{sv}}{2s} = 0.457\text{mm}^2/\text{mm}$ 比较相近，微小差别原因是文献 [2] 采用的是 2002 混凝土规范，抗剪公式中箍筋项前系数是 1.25，新规范是 1.0，另文献 [2] 计算中取 $\zeta = 1.3$。

RCM 软件输入信息和简要计算结果见图 11-8。可见，RCM 软件计算结果与手算结果相同。

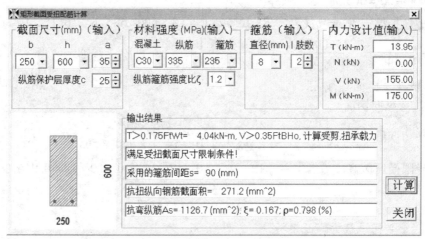

图 11-8　弯剪扭构件算例输入信息和简要输出结果

**【例 11-7】受弯剪扭 T 形截面构件配筋算例**

文献 [1] 第 126 页题，钢筋混凝土 T 形梁，截面尺寸为：$b = 250\text{mm}$、$h = 500\text{mm}$、$b'_f = 400\text{mm}$、$h'_f = 100\text{mm}$，纵筋保护层厚度 25mm。承受弯矩设计值 $M = 70\text{kN} \cdot \text{m}$，剪力设计值 $V = 95\text{kN}$，扭矩设计值 $T = 10\text{kN} \cdot \text{m}$。混凝土强度等级 C25，纵筋采用 HRB335 钢筋，箍筋采用 HPB235 钢筋，试设计其配筋。

**【解】** 1. 验算构件截面尺寸

$h_0 = 500 - 35 = 465\text{mm}$

$$W_{tw} = \frac{b^2}{6}(3h - b) = \frac{250^2}{6}(3 \times 500 - 250) = 13.021 \times 10^6\text{mm}^3$$

$$W'_{tf} = \frac{h'^2_f}{2}(b'_f - b) = \frac{100^2}{2}(400 - 250) = 0.75 \times 10^6\text{mm}^3$$

$$W_t = W_{tw} + W'_{tf} = (13.021 + 0.75) \times 10^6\text{mm}^3 = 13.771 \times 10^6\text{mm}^3$$

$$\frac{V}{bh_0} + \frac{T}{0.8W_t} = \frac{95000}{250 \times 465} + \frac{10 \times 10^6}{0.8 \times 13.771 \times 10^6} = 0.817 + 0.908 = 1.725$$

$\leqslant 0.25\beta_c f_c = 0.25 \times 1 \times 11.9 = 2.98$，满足要求。

验算可否构造配筋：

$\dfrac{V}{bh_0} + \dfrac{T}{W_t} = 0.817 + 0.726 = 1.543 \text{N/mm}^2 > 0.7 f_t = 0.7 \times 1.27 = 0.89 \text{N/mm}^2$，须计算配筋。

2. 确定计算方法

因 $0.35 f_t bh_0 = 0.35 \times 1.27 \times 250 \times 465 = 51.673 \text{kN} < V = 95 \text{kN}$，不能忽略剪力的影响。

因 $0.175 f_t W_t = 0.175 \times 1.27 \times 13.771 \times 10^6 = 3.061 \text{kN} \cdot \text{m} < T = 10 \text{kN} \cdot \text{m}$，不能忽略扭矩的影响。

故应按弯剪扭构件计算。

3. 确定受弯纵向钢筋

由于 $M_f = \alpha_1 f_c b'_f h'_f (h_0 - 0.5 h'_f) = 1.0 \times 11.9 \times 400 \times 100 \times (465 - 100/2) = 197.54 \text{kN} \cdot \text{m} > 70 \text{kN} \cdot \text{m}$

属于第一种类型的 T 形梁。

截面弹塑性抵抗矩系数 $\alpha_s = \dfrac{M}{\alpha_1 f_c bh_0^2} = \dfrac{70 \times 10^6}{1.0 \times 11.9 \times 400 \times 465^2} = 0.068$

相对界限受压区高度 $\xi = 1 - \sqrt{1 - 2\alpha_s} = 0.0705 < \xi_b = 0.518$

纵向钢筋截面积 $A_s = \alpha_1 \xi bh_0 f_c / f_y = 1.0 \times 0.0705 \times 400 \times 465 \times 11.9/300 = 520.0 \text{mm}^2$

4. 计算受剪和受扭钢筋

1）腹板和受压翼缘承担的扭矩

对腹板 $T_w = \dfrac{W_{tw}}{W_t} T = \dfrac{13.021 \times 10^6}{13.771 \times 10^6} \times 10 = 9.46 \text{kN} \cdot \text{m}$

对受压翼缘 $T'_f = T - T_w = 10 - 9.46 = 0.54 \text{kN} \cdot \text{m}$

2）腹板配筋计算

$$\beta_t = \dfrac{1.5}{1 + 0.5 \dfrac{VW_t}{Tbh_0}} = \dfrac{1.5}{1 + 0.5 \dfrac{95000}{9.64 \times 10^6} \times \dfrac{13.021 \times 10^6}{250 \times 465}} = 0.967$$

$b_{cor} = 250 - 2 \times 25 = 200 \text{mm}, h_{cor} = 500 - 2 \times 25 = 450 \text{mm}$

$A_{cor} = b_{cor} h_{cor} = 200 \times 450 = 90000 \text{mm}^2, u_{cor} = 2(b_{cor} + h_{cor}) = 2 \times (200 + 450) = 1300 \text{mm}$。

取 $\zeta = 1.2$，则

$$\dfrac{A_{st1}}{s} = \dfrac{T_w - 0.35 \beta_t f_t W_{tw}}{1.2 \sqrt{\zeta} f_{yv} A_{cor}} = \dfrac{9.46 \times 10^6 - 0.35 \times 0.967 \times 1.27 \times 13.021 \times 10^6}{1.2 \sqrt{1.2} \times 210 \times 90000} =$$

$0.155 \text{mm}^2/\text{mm}$

抗剪箍筋为

$$\dfrac{A_{sv}}{s} = \dfrac{V - 0.7 (1.5 - \beta_t) f_t bh_0}{f_{yv} h_0} = \dfrac{95000 - 0.7 \times (1.5 - 0.967) \times 1.27 \times 250 \times 465}{210 \times 465} =$$

$0.409 \text{mm}^2/\text{mm}$

腹板所需单肢箍筋总面积为：

$\dfrac{A_{st1}}{s} + \dfrac{A_{sv}}{2s} = 0.155 + 0.409/2 = 0.360 \text{mm}^2$

取用 8mm 直径的箍筋，则

$s = 50.3/0.360 = 139.7\text{mm}$，取 $s = 130\text{mm}$，则抗扭纵筋面积为：

$$A_{\text{stl}} = \frac{\zeta f_{\text{yv}} A_{\text{stl}} u_{\text{cor}}}{f_y s} = \frac{1.2 \times 50.3 \times 210 \times 1300}{300 \times 130} = 422.5\text{mm}^2$$

梁底所需受弯和受扭纵筋截面面积为：

$$A_s + A_{\text{stl}} \frac{b_{\text{cor}}}{u_{\text{cor}}} = 520 + 422.5 \times \frac{200}{1300} = 520 + 65 = 585\text{mm}^2$$

选用 3 根直径 16mm 钢筋，截面积为 603mm。

注意！此处不能将 $\frac{A_{\text{stl}}}{s} = 0.155\text{mm}^2/\text{mm}$ 代入公式 $A_{\text{stl}} = \frac{\zeta f_{\text{yv}} A_{\text{stl}} u_{\text{cor}}}{f_y s}$ 中计算，否则可能会造成规范不允许的少（纵）筋破坏。下面我们进行试算：

$$A_{\text{stl}} = \frac{\zeta f_{\text{yv}} A_{\text{st1}} u_{\text{cor}}}{f_y s} = \frac{1.2 \times 0.155 \times 210 \times 1300}{300} = 169.26\text{mm}^2$$

如果真用此数或略比此数大一些去配筋，则会出现受扭的纵向普通钢筋与箍筋的配筋强度比值：

$$\zeta = \frac{f_y A_{\text{stl}} s}{f_{\text{yv}} A_{\text{st1}} u_{\text{cor}}} = \frac{300 \times 169.26 \times 130}{300 \times 50.3 \times 1300} = 0.337$$

即出现了违反规范的规定：$\zeta$ 值不应小于 0.6 的情况。就是 $A_{\text{stl}}$ 还是要取 422.5mm²，而不能取 169.26mm²。提醒大家，加大箍筋量（如减小箍筋间距）时，一定要验算一下 $\zeta$ 值，不然会造成纵筋偏少，违反规范的结果。

梁每侧边所需受扭纵筋截面面积：

$$A_{\text{stl}} \frac{h_{\text{cor}}}{u_{\text{cor}}} = 422.5 \times \frac{450}{1300} = 146.3\text{mm}^2$$

梁顶面所需受扭纵筋截面面积：

$$A_{\text{stl}} \frac{b_{\text{cor}}}{u_{\text{cor}}} = 422.5 \times \frac{200}{1300} = 65\text{mm}^2$$

梁每侧边和梁顶面均可配 2 根直径 10mm 钢筋，截面积为 157mm²。

3）受压翼缘配筋计算

$b'_{\text{f,cor}} = 400 - 200 - 2 \times 25 = 150\text{mm}$，$h'_{\text{f,cor}} = 80 - 2 \times 15 = 50\text{mm}$

$A'_{\text{f,cor}} = b'_{\text{f,cor}} h'_{\text{f,cor}} = 100 \times 50 = 5000\text{mm}^2$，$u'_{\text{f,cor}} = 2(b'_{\text{f,cor}} + h'_{\text{f,cor}}) = 2 \times (100 + 50) = 300\text{mm}$。

如取 $\zeta = 1.0$，则

$$\frac{A'_{\text{stl}}}{s} = \frac{T'_f - 0.35 f_t W'_{\text{tf}}}{1.2\sqrt{\zeta} f_{\text{yv}} A'_{\text{f,cor}}} = \frac{0.54 \times 10^6 - 0.35 \times 1.27 \times 0.75 \times 10^6}{1.2\sqrt{1.0} \times 210 \times 5000} = 0.164\text{mm}^2/\text{mm}$$

取用 8mm 直径的箍筋，则箍筋间距为：

$$s \leqslant \frac{50.3}{0.164} = 306.7\text{mm}，可取 s = 300\text{mm}$$

抗扭纵筋面积为：

$$A_{\text{stl}} = \frac{\zeta f_{\text{yv}} A'_{\text{stl}} u'_{\text{cor}}}{f_y s} = \frac{1 \times 210 \times 50.3 \times 300}{300 \times 300} = 35.2\text{mm}^2$$

可选用 4 根直径 10mm 的钢筋，面积为 314mm²。

**5. 验算最小配筋率**

腹板配箍率 $\rho_{sv} = \dfrac{nA_{st1}}{bs} = 2 \times 50.3/(250 \times 130) = 0.0031 \geqslant \rho_{sv,min} = 0.28f_t/f_{yv} = 0.28 \times$

$1.27/210 = 0.0017$

腹板弯曲受拉边纵筋配筋率为：

$$\rho_{min} = 45f_t/f_y = 45 \times 1.27/300 = 0.191\% < 0.20\%，取 \rho_{min} = 0.20\%$$

$$\rho_{tl,min} = 0.6\sqrt{\frac{T}{Vb}}\frac{f_t}{f_y} = 0.6 \times \sqrt{\frac{9.46 \times 10^6}{95000 \times 250}} \times 1.27/300 = 0.0016$$

截面受拉边的纵向受力钢筋最小配筋量为：

$$\rho_{min}bh + \rho_{tl,min}bh\frac{603 - 520}{6 \times 157 + (603 - 520)} = (0.002 + 0.0016 \times 83/1025) \times 250 \times 500 =$$

$266.2\text{mm}^2$

现配 $603\text{mm}^2$（满足要求）。

翼缘配筋率满足要求，验算过程略。

RCM 软件输入信息和简要计算结果见图 11-9。可见，RCM 软件计算结果与手算结果相同。

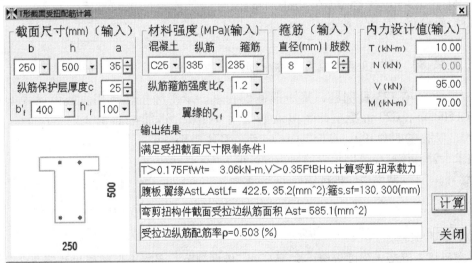

图 11-9　弯剪扭 T 形截面构件算例输入信息和简要输出结果

RCM 输出的详细信息如下：

```
C25; Fc= 11.9; Ft= 1.27; Fy=  300.; Fyv=  210.; ζ=1.2; ζf=1.0
B=  250.; H=  500.; Bf=  400.; Hf=  100.; H0=  465.
T=     10.00(kN-m); V=     95.00(kN); M=     70.00(kN-m)
Bcor=  200.; Hcor=  450.; Acor=   90000.; Ucor=     1300.
Wtw=  13020833.; Wtf=     750000.; Wt=   13770833.
Wt=          13770833.; Hw/B=  1.86
满足受扭截面尺寸限制条件！
```

T＞0.175FtWt=    3.06kN, V＞0.35FtBHo=    51.67kN，计算受剪,扭承载力
Tw=    9.46（kN-m）; Tf=    0.54（kN-m）
混凝土受扭承载力降低系数βt=0.960；取βt=0.960
单肢箍面积= 50.3；计算出箍筋间距St= 303.0 （mm）
计算出箍筋间距Sv= 250.7 （mm）
S=1/（1/St+1/Sv）= 137. 采用的箍筋间距s= 130 （mm）
腹板抗扭纵向钢筋截面积=    422.5 （mm^2）
Bfcor= 100.；Hfcor= 50.；Afcor=    5000.；Ufcor=    300.
单肢箍面积= 50.3；计算出箍筋间距sf= 300.0 （mm）
采用的箍筋间距sf= 300 （mm）
翼缘抗扭纵向钢筋截面积f=    35.2 （mm^2）
翼缘承担的弯矩 Mf=    197.5 kN-m
属于第一种类型梁，即截面翼缘就可承担给定的弯矩
αs= 0.068 αsmax= 0.399；ξb= 0.550
T形截面受拉钢筋面积 As=    520.1 mm^2
As=   520.1 α1=1.000；ξ= 0.070；ρ=0.503（%）
弯剪扭构件截面受拉边纵筋面积 Ast= 585.1

## 【例 11-8】 受纯扭矩形截面构件配筋复核算例

文献［3］第 123 页例题，某矩形截面构件，承受纯扭转作用。截面尺寸 $b \times h = 250\text{mm} \times 500\text{mm}$，C20 混凝土，受扭纵筋采用 6 Φ 12，钢筋截面积 $A_{stl} = 678\text{mm}^2$，箍筋 HPB300，双肢箍 φ8@100。安全等级为二级，环境类别一类。

要求：计算该截面可以承受的扭矩设计值。

【解】 1. 计算截面塑性抵抗矩

$$W_t \frac{b^2}{6}(3h - b) = \frac{250^2}{6} \times (3 \times 500 - 250) = 1.302 \times 10^7 \text{mm}^3$$

2. 计算几何指标

一类环境，混凝土强度等级不大于 C25，依据规范，混凝土保护层最小厚度为 25mm。今箍筋为 φ8，故这里取纵筋保护层厚度 $c = 25 + 8 = 33\text{mm}$。

$$b_{cor} = b - 2c = 250 - 2 \times 33 = 184\text{mm}, h_{cor} = h - 2c = 500 - 2 \times 33 = 434\text{mm}$$

$$A_{cor} = b_{cor} \times h_{cor} = 184 \times 434 = 79856\text{mm}^2$$

$$u_{cor} = 2 \times (b_{cor} + h_{cor}) = 2 \times (184 + 434) = 1236\text{mm}$$

3. 验算受扭纵筋的最小配筋率

$$\rho_{stl} = \frac{A_{stl}}{bh} = \frac{678}{250 \times 500} = 0.542\%$$

由于 $V = 0$，$\frac{T}{Vb} > 2.0$，应取 $\frac{T}{Vb} = 2.0$ 计算，于是：

$$\rho_{stl,min} = 0.6\sqrt{\frac{T}{Vb}} \cdot \frac{f_t}{f_y} = 0.6\sqrt{2} \times \frac{1.1}{300} = 0.311\% < \rho_{stl} = 0.542\%$$

故受扭纵筋最小配筋率满足要求。

4. 验算受扭箍筋的最小配筋率

$$\rho_{st} = \frac{A_{st}}{bs} = \frac{101}{250 \times 100} = 0.402\%$$

$$\rho_{st,min} = 0.28\frac{f_t}{f_{yv}} = 0.28 \times \frac{1.1}{270} = 0.114\% < \rho_{st} = 0.402\%$$

满足要求。

5. 求 $\zeta$

$$\zeta = \frac{f_y A_{stl} s}{f_{yv} A_{stl} u_{cor}} = \frac{300 \times 678 \times 100}{270 \times 50.3 \times 1236} = 1.212$$

配筋强度比 $\zeta$ 介于 0.6 ~ 1.7 之间，满足要求。

6. 求

$$T_u = 0.35 f_t W_t + 1.2\sqrt{\zeta} f_{yv} \frac{A_{stl} A_{cor}}{s}$$

$$= 0.35 \times 1.1 \times 1.302 \times 10^7 + 1.2 \times \sqrt{1.212} \times 270 \times \frac{50.3 \times 79856}{100}$$

$$= 19.34 \times 10^6 \, N \cdot mm = 19.34 \, kN \cdot m$$

7. 检查截面尺寸

$a = c + d/2 = 33 + 12/2 = 39mm$，$h_0 = h - a = 500 - 39 = 461mm$

由于 $\dfrac{h_w}{b} = \dfrac{h_0}{b} = \dfrac{461}{250} = 1.84 < 4$，故应满足

$$\frac{T}{0.8W_t} \le 0.25\beta_c f_c$$

今混凝土强度等级为 C20，$\beta_c = 1.0$，将其他数值代入，可得：

$$\frac{T}{0.8W_t} = \frac{19.34 \times 10^6}{0.8 \times 1.302 \times 10^7} = 1.86 N/mm^2$$

$$0.25\beta_c f_c = 0.25 \times 1 \times 9.6 = 2.4 N/mm^2$$

满足要求。

RCM 软件输入和输出的简要信息见图 11-10。

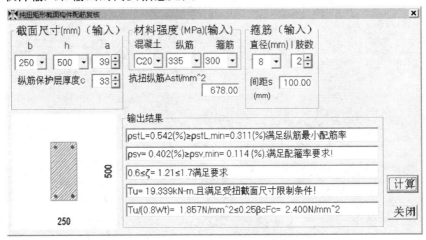

图 11-10　I 形截面受弯构件挠度算例

RCM 输出的详细信息如下：

```
b= 250; h= 500; C20; Fc= 9.6; Ft= 1.10; Fy= 300.; Fyv= 270.
Astl=    678.00(mm^2); s= 100.(mm)
Bcor= 184.; Hcor= 434.; Acor=    79856.; Ucor=    1236.
ρstL=0.542(%)≥ρstL,min=0.311(%)满足纵筋最小配筋率
ρsv= 0.402(%)≥ρsv,min= 0.114 (%),满足配箍率要求!
Wt=        13020833.(mm^3); Hw/B=  1.84
0.6≤ζ= 1.21≤1.7满足要求
Tu= 19.339kN-m,且满足受扭截面尺寸限制条件!
Tu/(0.8Wt)=  1.857N/mm^2≤0.25βcFc=  2.400N/mm^2
```

可见 RCM 软件计算结果与手算及文献的相同。

**本章参考文献**

[1] 王社良、熊仲明等. 混凝土结构设计原理题库及题解 [M]. 北京：中国水利水电出版社，2004.

[2] 蓝宗建. 混凝土结构设计原理 [M]. 南京：东南大学出版社，2008.

[3] 张庆芳. 混凝土结构复习与解题指导 [M]. 北京：中国建筑工业出版社，2013.

# 第12章　受冲切构件承载力计算及算例

楼板或基础板，还有板柱结构中的无梁楼板与柱的节点须计算冲切承载力。

## 12.1　受冲切平板构件承载力计算规定

《混凝土结构设计规范》GB 50010—2010 规定：在局部荷载或集中反力作用下，不配置箍筋也不配弯起钢筋的板的受冲切承载力应符合下列规定（图 12-1）：

无地震作用组合时

$$F_l \leq 0.7\beta_h f_t \eta u_m h_0 \qquad (12-1)$$

有地震作用组合时

$$F_l \leq 0.56\beta_h f_t \eta u_m h_0 / \gamma_{RE} \qquad (12-2)$$

公式中的系数 $\eta$，应按下列两个公式计算，并取其中较小值：

$$\eta_1 = 0.4 + \frac{1.2}{\beta_s} \qquad (12-3)$$

$$\eta_2 = 0.5 + \frac{\alpha_s h_0}{4u_m} \qquad (12-4)$$

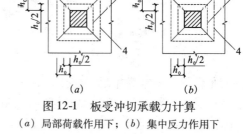

图 12-1　板受冲切承载力计算

（a）局部荷载作用下；（b）集中反力作用下
1—冲切破坏锥体的斜截面；2—计算截面；
3—计算截面的周长；4—冲切破坏锥体的底面线

式中　$F_l$——局部荷载设计值或集中反力设计值，板柱节点，取柱所承受的轴向压力设计值的层间差值减去柱顶冲切破坏锥体范围内板所承受的荷载设计值；当有不平衡弯矩时，$F_l$ 应以等效集中反力设计值 $F_{l,eq}$ 代替；

$\beta_h$——截面高度影响系数：当 $h$ 不大于 800mm 时，取 $\beta_h$ 为 1.0；当 $h$ 不小于 2000mm 时，取 $\beta_h$ 为 0.9，其间按线性内插法取用；

$f_t$——混凝土轴心抗拉强度设计值；

$u_m$——计算截面的周长，取距离局部荷载或集中反力作用面积周边 $h_0/2$ 处板垂直截面的最不利周长；

$h_0$——截面有效高度，取两个方向配筋的截面有效高度平均值；

$\eta_1$——局部荷载或集中反力作用面积形状的影响系数；

$\eta_2$——计算截面周长与板截面有效高度之比的影响系数；

$\beta_s$——局部荷载或集中反力作用面积为矩形时的长边与短边尺寸的比值，$\beta_s$ 不宜大于 4；当 $\beta_s$ 小于 2 时取 2；对圆形冲切面，$\beta_s$ 取 2；

$\alpha_s$——柱位置影响系数；中柱，$\alpha_s$ 取 40；边柱，$\alpha_s$ 取 30；角柱，$\alpha_s$ 取 20；

$\gamma_{RE}$——承载力抗震调整系数。

当局部荷载不是由柱传来时，软件在 $\alpha_s$ 输入中设有"非柱"选项，如选此项则软件计算中取 $\eta = \eta_1$。

　　地震作用属于反复作用，在反复作用下混凝土的强度要比在一、二次单调作用下的强度要低。《混凝土结构设计规范》GB 50010—2010 受冲切截面限制条件式（11.9.4-1）没考虑反复作用下混凝土强度降低是欠妥的，要像受剪截面限制条件一样，考虑反复作用下混凝土强度折减，不然就是静力作用计算公式安全度偏高了。式（12-2）是参照受剪截面限制条件，抗震设计的值比非抗震设计的值降低 20%，且考虑 $\gamma_{RE}$ 给出的。

　　当板开有孔洞且孔洞至局部荷载或集中反力作用面积边缘的距离不大于 $6h_0$ 时，受冲切承载力计算中取用的计算截面周长，应扣除局部荷载或集中反力作用面积中心至开孔外边画出两条切线之间所包含的长度（图 12-2）。

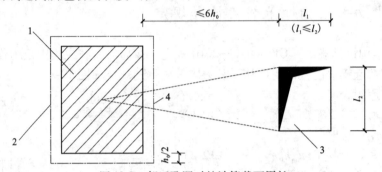

图 12-2　邻近孔洞时的计算截面周长

1 —局部荷载或集中反力作用面；2 —计算截面周长；3 —孔洞；4 —应扣除的长度

注：当图中 $l_1$ 大于 $l_2$ 时，孔洞边长 $l_2$ 用 $\sqrt{l_1 l_2}$ 代替。

　　在局部荷载或集中反力作用下，当受冲切承载力不满足式（12-1）或式（12-2）的要求且板厚受到限制时，可配置箍筋或弯起钢筋，并应符合混凝土结构设计规范第 9.1.11 条的构造规定。此时，受冲切截面及受冲切承载力应符合下列要求：

　　1. 受冲切截面：

　　无地震作用组合时

$$F_l \leqslant 1.2 f_t \eta u_m h_0 \tag{12-5}$$

　　有地震作用组合时

$$F_l \leqslant 0.96 f_t \eta u_m h_0 / \gamma_{RE} \tag{12-6}$$

　　式（12-6）是参照受剪截面限制条件，抗震设计的值比非抗震设计的值降低 20%，且考虑 $\gamma_{RE}$ 给出的。

　　2. 配置箍筋、弯起钢筋时的受冲切承载力：

　　无地震作用组合时

$$F_l \leqslant 0.5 f_t \eta u_m h_0 + 0.8 f_{yv} A_{svu} + 0.8 f_y A_{sbu} \sin\alpha \tag{12-7}$$

　　有地震作用组合时

$$F_l \leqslant \frac{1}{\gamma_{RE}} [0.3 f_t \eta u_m h_0 + 0.8 f_{yv} A_{svu}] \tag{12-8}$$

　　3. 对配置抗冲切钢筋的冲切破坏锥体以外的截面，应按下式进行受冲切承载力验算：

　　无地震作用组合时

$$F_l \leqslant 0.7 \beta_h f_t \eta u_m h_0 \tag{12-9}$$

　　有地震作用组合时

$$F_l \leqslant 0.56 \beta_h f_t \eta u_m h_0 / \gamma_{RE} \tag{12-10}$$

式中 $f_{yv}$——箍筋的抗拉强度设计值;

$A_{svu}$——与呈 45° 冲切破坏锥体斜截面相交的全部箍筋截面面积;

$A_{sbu}$——与呈 45° 冲切破坏锥体斜截面相交的全部弯起钢筋截面面积;

$\alpha$——弯起钢筋与板底面的夹角。

这里式(12-10)比《混凝土结构设计规范》公式(11.9.4-3)的第一项多乘了 $\beta_h$,即这里比规范公式(11.9.4-3)多考虑了无梁楼板厚度超过 800mm 时,无腹筋楼板受冲切承载力增长幅度变小的现象。

RCM 对话框(图 12-4)中截面尺寸短边输入 0 时,表示是圆形柱,此时,截面长边输入圆截面的直径。对于圆的冲切周长有孔洞影响时,因计算截面周长是个圆圈,所以输入的应扣除的长度应按其影响圆弧计算,而不是输入弦长。如输入弦长,扣除长度就少算了,造成不安全。

### 【例 12-1】楼盖受冲切配筋算例

文献［1］第 192 页的例题,钢筋混凝土楼盖的柱网尺寸 6m × 6m,中柱截面尺寸为 400mm × 400mm,楼盖承受的荷载设计值(包括自重)为 20kN/m²,柱帽尺寸如图 12-3 所示,混凝土强度等级为 C30。试验算受冲切承载力。

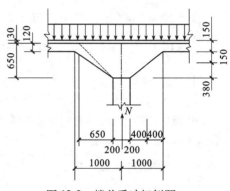

图 12-3 楼盖受冲切例题

【解】1. 验算柱边受冲切承载力

$h_0 = 650\text{mm}$

$b_b = h_b = b_t + 2h_0 = 400 + 2 \times 650 = 1700\text{mm}$

$u_m = 4 \times \dfrac{b_t + b_b}{2} = 4 \times \dfrac{400 + 1700}{2} = 4200\text{mm}$

柱承受的轴向力设计值为:

$N = 20 \times 6 \times 6 = 720\text{kN}; F_l = 720 - 20 \times (0.4 + 2 \times 0.65)^2 = 660.1\text{kN}$

$\beta_s = 400/400 = 1 < 2.0$,取 $\beta_s = 2.0$

$\eta_1 = 0.4 + \dfrac{1.2}{\beta_s} = 1.0$; $\alpha_s = 40$, $\eta_2 = 0.5 + \dfrac{\alpha_s h_0}{4u_m} = 0.5 + \dfrac{40 \times 650}{4 \times 4200} = 2.04$

取 $\eta = \min(\eta_1, \eta_2) = 1.0$

$F_{lu} = 0.7\beta_h f_t \eta u_m h_0 = 0.7 \times 1.0 \times 1.43 \times 1.0 \times 4200 \times 650 = 2733\text{kN} > F_l$(满足要求)

RCM 软件输入和输出的简要信息见图 12-4。RCM 输出的详细信息如下:

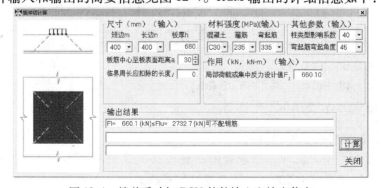

图 12-4 楼盖受冲切 RCM 软件输入和输出信息

ho=650.0；bb= 1700.；um=4200.；考虑开洞后um=4200.；βs= 2.00

η1= 1.00；η2= 2.05；η= 1.00

βh= 1.00；Ft= 1.43；Flu= 2732.7 (kN)

Fl= 660.1 (kN)≤Flu可不配钢筋.

2. 验算柱帽边受冲切承载力

$h_0 = 120\text{mm}$；$b_t = h_t = 2000\text{mm}$

$b_b = h_b = b_t + 2h_0 = 2000 + 2 \times 120 = 2240\text{mm}$

$u_m = 4 \times \dfrac{b_t + b_b}{2} = 4 \times \dfrac{2000 + 2240}{2} = 8480\text{mm}$

柱承受的轴向力设计值为：

$F_l = 720 - 20 \times (2.0 + 2 \times 0.12)^2 = 620.0\text{kN}$

$\beta_s = 2000/2000 = 1 < 2.0$ 取 $\beta_s = 2.0$

$\eta_1 = 0.4 + \dfrac{1.2}{\beta_s} = 1.0$；$\alpha_s = 40$，$\eta_2 = 0.5 + \dfrac{\alpha_s h_0}{4u_m} = 0.5 + \dfrac{40 \times 120}{4 \times 8480} = 0.642$

取 $\eta = \min(\eta_1, \eta_2) = 0.642$

$F_{lu} = 0.7\beta_h f_t \eta u_m h_0 = 0.7 \times 1.0 \times 1.43 \times 0.642 \times 8480 \times 120 = 653.9\text{kN} > F_l$（满足要求）

RCM 软件输入和输出的简要信息见图 12-5。RCM 输出的详细信息如下：

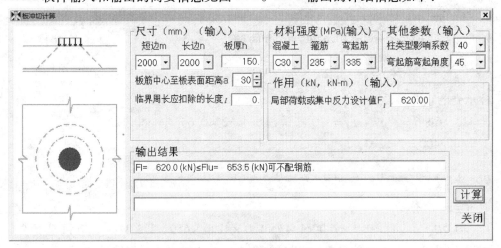

图 12-5 楼盖柱帽边受冲切 RCM 软件输入和输出信息

ho=120.0；bb= 2240.；um=8480.；考虑开洞后um=8480.；βs= 2.00

η1= 1.00；η2= 0.64；η= 0.64

βh= 1.00；Ft= 1.43；Flu= 653.5 (kN)

Fl= 620.0 (kN)≤Flu可不配钢筋.

**【例 12-2】圆形柱楼板冲切算例**

圆形中柱截面直径 950mm，柱承受的荷载设计值（包括自重）为 600.0kN，楼板厚 200mm，混凝土强度等级为 C30。试验算受冲切承载力。

**【解】** 验算柱边受冲切承载力

$h_0 = 200 - 20 = 180\text{mm}$

冲切周长直径：$h_b + 2h_0 = 950 + 180 = 1130\text{mm}$

$u_m = 3.1416 \times 1130 = 3550\text{mm}$，对圆形冲切面 $\beta_s$ 取 2

$\eta_1 = 0.4 + \dfrac{1.2}{\beta_s} = 1.0$；$\alpha_s = 40$，$\eta_2 = 0.5 + \dfrac{\alpha_s h_0}{4 u_m} = 0.5 + \dfrac{40 \times 180}{4 \times 3550} = 1.007$，取 $\eta = \min(\eta_1, \eta_2) = 1$

$F_{lu} = 0.7 \beta_h f_t \eta u_m h_0 = 0.7 \times 1.0 \times 1.43 \times 1 \times 3550 \times 180 = 639.6\text{kN} > F_l$（满足要求）

RCM 软件输入和输出的简要信息见图 12-6。

图 12-6　圆形柱楼板冲切例题

RCM 输出的详细信息如下：

```
ho=180.0; 圆直径=   950; um=3550.; 考虑开洞后um=3550.;  β s=2
η 1=1.000;  η 2=1.007;  η =1.000
β h= 1.00; Ft= 1.43; Flu=0.7*β h*Ft* η *Um*HO=          639.6 (kN)
Fl=        600.0 (kN)≤Flu可不配钢筋.
```

### 【例 12-3】 柱旁带孔洞楼板受冲切配筋算例

文献 [2] 第 122 页的例题，柱旁带孔洞楼板平面如图 12-7 所示，无梁楼盖，柱网尺寸为 $7.5\text{m} \times 7.5\text{m}$，板厚 200mm，中柱截面尺寸 $600\text{mm} \times 600\text{mm}$，C30 混凝土，HPB235 级钢筋，在距柱边 700 处开有 $700\text{mm} \times 500\text{mm}$ 的孔洞，安全等级二级，环境类别为一类。静载下楼板受到的冲切集中反力设计标准值为 $F_l = 669.5\text{kN}$。试验算板的受冲切承载力是否安全。

**【解】** 1. 计算 $u_m$，先按无洞计算

$$u_m = 4 \times \frac{b_t + b_b}{2} = 4 \times \frac{600 + 180}{2} = 3120\text{mm}$$

因板开有洞口，且 $6h_0 = 6 \times 180 = 1080\text{mm} > 700\text{mm}$，应考虑洞口的影响。

由图 12-7 可知：$\dfrac{AB}{700} = \dfrac{300 + 180/2}{300 + 700}$；故 $AB = 273\text{mm}$

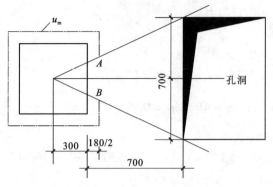

图 12-7　柱旁带孔洞楼板平面

2. 求冲切承载力，因集中反力作用面积为正方形，取 $\beta_s = 2.0$，得

$\eta_1 = 0.4 + \dfrac{1.2}{\beta_s} = 1.0$；$\alpha_s = 40$，$\eta_2 = 0.5 + \dfrac{\alpha_s h_0}{4u_m} = 0.5 + \dfrac{40 \times 180}{4 \times 2847} = 1.13$，取 $\eta = \min(\eta_1, \eta_2) = 1.0$

$F_{lu} = 0.7\beta_h f_t \eta u_m h_0 = 0.7 \times 1.0 \times 1.43 \times 1.0 \times 2847 \times 180 = 513.0 \mathrm{kN} < F_l$（不满足要求，需要配钢筋）

3. 验算截面限制条件

1. $2f_t \eta u_m h_0 = 1.2 \times 1.43 \times 1.0 \times 2847 \times 180 = 879.4 \mathrm{kN} > F_l = 669.5 \mathrm{kN}$（满足要求）

4. 求仅采用箍筋作为受冲切钢筋所需的箍筋面积，由式（12-7）

$$A_{svu} = \frac{F_l - 0.5f_t \eta u_m h_0}{0.8f_{yv}} = \frac{669500 - 0.5 \times 1.43 \times 1 \times 2847 \times 180}{0.8 \times 210} = 1804 \mathrm{mm}^2$$

5. 求仅采用弯起钢筋作为受冲切钢筋所需的弯起钢筋面积，由式（12-7）

$$A_{shu} = \frac{F_l - 0.5f_t \eta u_m h_0}{0.8f_y \sin\alpha} = \frac{669500 - 366409}{0.8 \times 300 \times 0.707} = 1786 \mathrm{mm}^2$$

注意 $A_{svu}$ 和 $A_{shu}$ 与文献 [2] 例题的不同，这里偏小些，是因为 RCM 依据的 GB 50010—2010 与文献 [2] 依据的 GB 50010—2002 式（12-7）中混凝土项前系数不同所致。

RCM 软件输入和输出的简要信息见图 12-8。RCM 输出的详细信息如下：

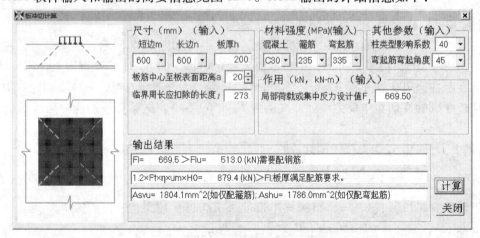

图 12-8　柱旁带孔洞楼板冲切承载力计算

```
ho=180.0; bb=    960.; um=3120.; 考虑开洞后um=2847.; βs= 2.00
η1= 1.00; η2= 1.13; η= 1.00
βh= 1.00; Ft= 1.43; Flu=         513.0 (kN)
Fl=        669.5 (kN)＞Flu需要配钢筋.
1.2*Ft*η*um*H0=         879.4 (kN)
Fl=        669.5; 0.5*Ft*η*um*H0=         366.4 (kN)
Fyv=210.0; Fy=300.0; Asvu=1804.1
α= 45; SINα= 0.707
Ashu=1786.0mm^2(如仅配弯起筋)
```

可见，它们与手算的结果相同。

### 【例 12-4】无腹筋板受冲切承载力复核算例

文献［3］第264页例题，钢筋混凝土板上作用一个局部荷载，如图12-9所示，该荷载均布于300mm×650mm 范围内，板采用 C25 混凝土，HRB335 级钢筋，板厚120mm，板内纵筋为10。安全等级为二级，环境类别为一类。取 $\alpha_s = 20$mm。

试问：板按抗冲切承载力所能承受的最大均布荷载设计值（含自重）。

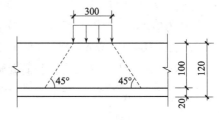

图 12-9 无腹筋板受冲切

【解】$\beta_h = 1.0$。

$h_0 = h - a_s = 120 - 20 = 100$mm，另一方向 $h_0 = h - a_s - d = 120 - 20 - 10 = 90$mm，取两者平均值 $h_0 = 95$mm。

$$\beta_s = \frac{650}{300} = 2.167，2 < 2.167 < 4，故取 \beta_s = 2.167$$

$$\eta = \eta_1 = 0.4 + \frac{1.2}{\beta_s} = 0.954$$

$$u_m = 2 \times (300 + 95 + 650 + 95) = 2280 \text{mm}$$

$$0.7\beta_h f_t \eta u_m h_0 = 0.7 \times 1.0 \times 1.27 \times 0.954 \times 2280 \times 95 = 183.7 \text{ kN}$$

$$q_{max} = 183700/A = 183700/(300 \times 650) = 0.942 \text{ N/mm}^2 = 942 \text{ kN/m}^2$$

RCM 软件计算输入信息和简要输出信息见图 12-10。RCM 软件的详细输出信息如下：

图 12-10 无腹筋板受矩形均布荷载冲切复核算例

```
b=   650; h=   300; a= 20mm; C25
ho= 95.0; bb=     490.; um=2280.; 考虑开洞后um=2280.; βs= 2.17
βh= 1.00; η=η1=0.954
Ft= 1.27; Flu=0.7*βh*Ft*η*Um*H0=     183.7 (kN);Qmax=   941.9(kN/m^2)
```

可见 RCM 软件的计算结果与手算结果相同。

若局部荷载均布于直径 300mm 圆形范围内，其他条件均不变。试问，该板能承受的最大均布荷载设计值（含自重）。

【解】由上述结果知，$\beta_h = 1.0$。$h_0 = 95$mm。由混凝土结构设计规范第 6.5.1 条，$\beta_s = 2$。

$$\eta = \eta_1 = 0.4 + \frac{1.2}{\beta_s} = 1.0$$

$$u_m = \pi \times (300 + h_0) = 3.14 \times (300 + 95) = 1240.3 \text{mm}$$

$$0.7\beta_h f_t \eta u_m h_0 = 0.7 \times 1.0 \times 1.27 \times 1 \times 1240.3 \times 95 = 104719.5 \text{ N}$$

$$q_{max} = 104719.5/A = 183700/(0.25 \times 3.14 \times 300 \times 300) = 1.483 \text{ N/mm}^2 = 1483 \text{ kN/m}^2$$

RCM 软件计算输入信息和简要输出信息见图 12-11。

图 12-11 无腹筋板受圆形均布荷载冲切复核算例

RCM 软件的详细输出信息如下：

```
b=   300; h=     0; a= 20mm; C25
ho= 95.0; 圆直径=   300; um=1241.; 考虑开洞后um=1241.; βs=2
η=η1=1.000
βh= 1.00; Ft= 1.27; Flu=0.7*βh*Ft*η*Um*H0=     104.8 (kN);Qmax= 1482.7(kN/m^2)
```

可见 RCM 软件的计算结果与手算结果相同。

## 12.2 矩形柱阶形基础受冲切承载力计算规定

矩形截面柱的阶形基础，在柱与基础交接处和基础弯阶处的受冲切承载力应符合下列规定（图 12-12）：

$$F_l \leqslant 0.7\beta_h f_t b_m h_0 \tag{12-11}$$

$$F_l \leqslant p_s A \tag{12-12}$$

$$b_m = \frac{b_t + b_b}{2} \tag{12-13}$$

式中　$h_0$——柱与基础交接处或基础弯阶处的截面有效高度，取两个方向配筋的截面有效
高度平均值；

　　　　$p_s$——按荷载效应基本组合计算并考虑结构重要性系数的基础底面地基反力设计值
（可扣除基础自重及其上的土重），当基础偏心受力时，可取用最大的地基反
力设计值；

　　　　$A$——考虑冲切荷载时取用的多边形面积（图 12-12 中的阴影面积 ABCDEF）；

　　　　$b_t$——冲切破坏锥体最不利一侧斜截面的上边长：当计算柱与基础交接处的受冲切
承载力时，取柱宽；当计算基础变阶处的受冲切承载力时，取上阶宽；

　　　　$b_b$——柱与基础交接处或基础变阶处的冲切破坏锥体最不利一侧斜截面的下边长，
取：$b_t + 2h_0$。

考虑冲切荷载时取用的多边形面积 $A$（图 12-12 中的阴影面积 ABCDEF）按下式计算：

$$A = \left(\frac{a}{2} - \frac{a_t}{2} - h_0\right)b - \left(\frac{b}{2} - \frac{b_t}{2} - h_0\right)^2 \tag{12-14}$$

式中　$b$——基础底面沿 $y$ 方向的长度（与 $b_t$ 或 $b_b$ 相平行）；

　　　　$a$——基础底面沿 $x$ 方向的长度；

　　　　$b_t$——冲切破坏锥体斜截面沿 $y$ 方向的上边长；

　　　　$a_t$——冲切破坏锥体斜截面沿 $x$ 方向的上边长。

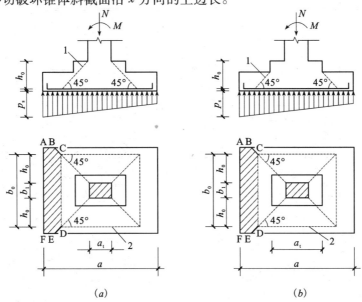

图 12-12　计算阶形基础的受冲切承载力截面位置

（$a$）柱与基础交接处；（$b$）基础变阶处

1—冲切破坏锥体最不利一侧斜截面；2—冲切破坏锥体的底面线

对于偏心受压基础，由于在弯矩作用平面的长边尺寸较大，可能出现冲切破坏锥体的底面线不完全落在基础底面范围内的情况（图 12-13），也就是出现 $b < b_t + 2h_0$ 的情况。这时，A 和 $b_m$ 按下列式计算：

$$A = \left( \frac{a}{2} - \frac{a_t}{2} - h_0 \right) b \qquad (12\text{-}15)$$

当 $b < b_t + 2h_0$

$$b_m = \frac{b_t + b}{2} \qquad (12\text{-}16)$$

当 $b \geqslant b_t + 2h_0$，则应用式（12-13），即

$$b_m = \frac{b_t + b_b}{2}$$

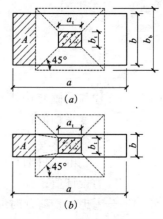

图 12-13　冲切破坏锥体的底面线不完全落在基础底面范围内的情况

### 【例 12-5】矩形柱阶形基础受冲切承载力算例

文献［1］第 193 页的例题，钢筋混凝土矩形截面柱的矩形基础尺寸如图 12-14 所示。柱截面尺寸为 $400\text{mm} \times 600\text{mm}$，基础底面尺寸为 $a \times b = 3000\text{mm} \times 2500\text{mm}$，基础顶面承受的轴向力设计值 $N = 1200\text{kN}$，弯矩设计值 $M = 200\text{kN} \cdot \text{m}$，混凝土强度等级为 C20。试验算基础的受冲切承载力。

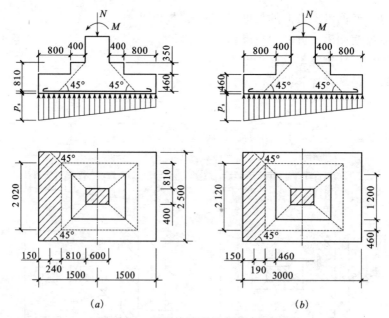

图 12-14　矩形柱阶形基础受冲切例题

### 【解】1. 验算柱边受冲切承载力

$h_0 = 810\text{mm}$

$a_t = 600\text{mm}$，$b_t = 400\text{mm}$，

$b_b = b_t + 2h_0 = 400 + 2 \times 810 = 2020\text{mm}$

$b_m = \dfrac{b_t + b_b}{2} = \dfrac{400 + 2020}{2} = 1210\text{mm}$

$$A = \left(\frac{a}{2} - \frac{a_t}{2} - h_0\right)b - \left(\frac{b}{2} - \frac{b_t}{2} - h_0\right)^2 = \left(\frac{3000}{2} - \frac{600}{2} - 810\right) \times 2500 - \left(\frac{2500}{2} - \frac{400}{2} - 810\right)^2 =$$

917400mm²

$$\beta_h = 1 - 0.1 \times \frac{850 - 800}{1200} = 1 - 0.0042 = 0.9958$$

$$e_0 = \frac{M}{N} = \frac{200000}{1200} = 167\text{mm} \quad 柱承受的轴向力设计值为：$$

$$p_s = \frac{N}{ab}\left(1 + \frac{6e_0}{a}\right) = \frac{1200000}{3000 \times 2500}\left(1 + \frac{6 \times 167}{3000}\right) = 0.213\text{N/mm}^2$$

$$F_l = p_s A = 0.213 \times 917400 = 195.7\text{kN}$$

$$F_{lu} = 0.7\beta_h f_t b_m h_0 = 0.7 \times 0.9958 \times 1.1 \times 1210 \times 810 = 751507\text{N} = 751.5\text{kN} > F_l = 195.7\text{kN}$$

（满足要求）

RCM 软件输入和输出的简要信息见图 12-15。

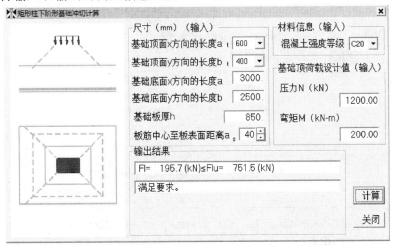

图 12-15　矩形柱阶形基础受冲切例题输入及简要输出信息

RCM 输出的详细信息如下：

```
at= 600.；bt= 400.；ho= 810.；bb= 2020.（mm）；βh=0.9958
bm= 1210.；A=   917400.
e0=   167.；ps=    0.2133
C20；Ft= 1.10
Fl=    195.7；Flu=      751.5 (kN)
Fl=    195.7 (kN)≤Flu=       751.5 （kN）
```

满足要求。

2. 验算基础变阶处的受冲切承载力

$$h_0 = 460\text{mm}, \quad a_t = 1400\text{mm}, \quad b_t = 1200\text{mm}, \quad b_b = b_b + 2h_0 = 1200 + 2 \times 460 = 2120\text{mm}$$

$$b_m = \frac{b_t + b_b}{2} = \frac{1200 + 2120}{2} = 1660\text{mm}$$

$$A = \left(\frac{a}{2} - \frac{a_t}{2} - h_0\right)b - \left(\frac{b}{2} - \frac{b_t}{2} - h_0\right)^2$$

$$= \left(\frac{3000}{2} - \frac{1400}{2} - 460\right) \times 2500 - \left(\frac{2500}{2} - \frac{1200}{2} - 460\right)^2 = 813900 \text{mm}^2$$

$F_l = p_s A = 0.213 \times 813900 = 173.4 \text{kN}$，$\beta_h = 1$

$F_{lu} = 0.7\beta_h f_t b_m h_0 = 0.7 \times 1 \times 1.1 \times 1660 \times 460 = 588000 \text{N} = 588 \text{kN} > F_l = 173.4 \text{kN}$（满足要求）

RCM 软件输入和输出的简要信息见图 12-16。RCM 输出的详细信息如下：

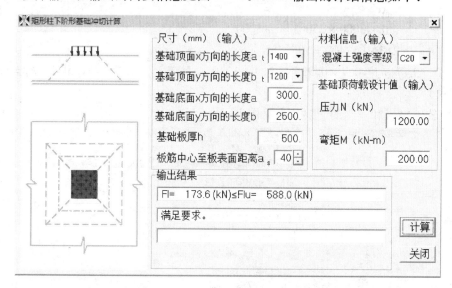

图 12-16　矩形柱阶形基础变阶处受冲切例题

```
at=1400.; bt=1200.; ho= 460.; bb= 2120. (mm); βh=1.0000
 bm= 1660.; A=  813900.
  e0=  167.; ps=   0.2133
  C20; Ft= 1.10
  Fl=     173.6; Flu=      588.0 (kN)
  Fl=     173.6 (kN)≤Flu=     588.0  (kN)
```

满足要求。

## 12.3　板柱节点受冲切承载力计算

抗冲切计算是板柱结构的重要内容，规范对板柱节点有冲切承载力验算要求，对一、二、三级抗震等级的板柱节点有更严格的计算规定。

混凝土结构设计规范规定：地震组合下，在竖向荷载、水平荷载作用下的板柱节点受冲切承载力计算，应考虑板柱节点受冲切破坏临界截面上传递不平衡弯矩所产生的剪应力。其集中反力设计值，应以等效集中反力设计值 $F_{l,eq}$ 代替，其值可分情况按下列方法确定。一、二、三级抗震等级板柱节点处的等效集中反力设计值 $F_{l,eq}$ 还应分别乘以增大系数

1.7、1.5、1.3 确定。

在地震作用组合下，配置箍筋或栓钉的板柱节点，受冲切截面及受冲切承载力应符合下列要求：

1. 受冲切截面应符合式（12-6）的要求：

$$F_l \leqslant 0.96 f_t \eta u_m h_0 / \gamma_{RE}$$

2. 受冲切承载力应符合式（12-8）的要求：

$$F_l \leqslant \frac{1}{\gamma_{RE}} [0.3 f_t \eta u_m h_0 + 0.8 f_{yv} A_{svu}]$$

3. 对配置抗冲切钢筋的冲切破坏锥体以外的截面，尚应按式（12-10）进行受冲切承载力验算：

$$F_l \leqslant 0.56 \beta_h f_t \eta u_m h_0 / \gamma_{RE}$$

式中　$u_m$——临界截面的周长，式（12-6）、式（12-8）中的 $u_m$ 取距离局部荷载或集中反力作用面积周边 $h_0/2$ 处板垂直截面的最不利周长；式（12-10）中的 $u_m$ 取最外排抗冲切钢筋周边以外 $h_0/2$ 处的最不利周长。

受冲切承载力计算中所用的等效集中反力设计值 $F_{l,eq}$ 按下列情况确定：

1. 传递单向不平衡弯矩的板柱节点：

当不平衡弯矩作用平面与柱矩形截面两个轴线之一相重合时，可按下列两种情况进行计算：

1）由节点受剪传递的单向不平衡弯矩 $\alpha_0 M_{unb}$，当其作用的方向指向图 12-17 的 AB 边时，等效集中反力设计值可按下列公式计算：

$$F_{l,eq} = F_l + \frac{\alpha_0 M_{unb} a_{AB}}{I_c} u_m h_0 \tag{12-17}$$

$$M_{unb} = M_{unb,c} - F_l e_g \tag{12-18}$$

2）由节点受剪传递的单向不平衡弯矩 $\alpha_s M_{unb}$，当其作用的方向指向图 12-17 的 CD 边时，等效集中反力设计值可按下列公式计算：

$$F_{l,eq} = F_l + \frac{\alpha_0 M_{unb} a_{CD}}{I_c} u_m h_0 \tag{12-19}$$

$$M_{unb} = M_{unb,c} + F_l e_g \tag{12-20}$$

式中　$F_l$——在竖向荷载、水平荷载作用下，柱所承受的轴向压力设计值的层间差值减去柱顶冲切破坏锥体范围内板所承受的荷载设计值；

　　$\alpha_0$——计算系数，按本节式（12-26）、式（12-31）、式（12-35）、式（12-40）计算；

　　$M_{unb}$——竖向荷载、水平荷载引起对临界截面周长重心轴（图 12-17 中的轴线 2）处的不平衡弯矩值；

　　$M_{unb,c}$——竖向荷载、水平荷载引起对临界截面周长重心轴（图 12-17 中的轴线 1）处的不平衡弯矩值；

$a_{AB}$、$a_{CD}$——临界截面周长重心轴至 AB、CD 边缘的距离；

　　$I_c$——按临界截面计算的类似惯性矩，按本节式（12-23）、式（12-27）、式（12-32）、式（12-36）计算；

$e_g$——在弯矩作用平面内柱截面重心轴至临界截面周长重心轴的距离，按本节式（12-25）、式（12-30）、式（12-34）、式（12-39）计算；对中柱截面和弯矩作用平面等于自由边的边柱截面，$e_g = 0$。

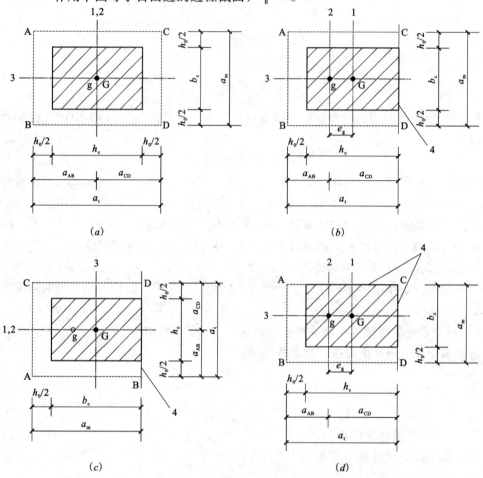

图 12-17　矩形柱及受冲切承载力计算的几何参数
（$a$）中柱截面；（$b$）边柱截面（弯矩作用平面垂直于自由边）；
（$c$）边柱截面（弯矩作用平面平行于自由边）；（$d$）角柱截面
1—柱截面重心 G 的轴线；2—临界截面周长重心 g 的轴线；3—不平衡弯矩作用平面；4—自由边

2. 传递双向不平衡弯矩的板柱节点：

当节点受剪传递到临界截面周长两个方向的不平衡弯矩为 $\alpha_{0x}M_{unb,x}$、$\alpha_{0y}M_{unb,y}$ 时，等效集中反力设计值可按下列公式计算：

$$F_{l,eq} = F_l + \tau_{unb,max} u_m h_0 \tag{12-21}$$

$$\tau_{unb,max} = \frac{\alpha_{0x}M_{unb,x}a_x}{I_{cx}} + \frac{\alpha_{0y}M_{unb,y}a_y}{I_{cy}} \tag{12-22}$$

式中　$\tau_{unb,max}$——由受剪传递的双向不平衡弯矩在临界截面上产生的最大剪应力设计值；

$M_{unb,x}$、$M_{unb,y}$——竖向荷载、水平荷载引起的对临界截面周长重心处 $x$ 轴、$y$ 轴方向的不平衡弯矩设计值，可按式（12-18）或式（12-20）同样的方法确定；

$\alpha_{0x}$、$\alpha_{0y}$——$x$ 轴、$y$ 轴的计算系数,按本节式(12-26)、式(12-31)、式(12-35)、式(12-40)确定;

$I_{cx}$、$I_{cy}$——对 $x$ 轴、$y$ 轴按临界截面计算的类似极惯性矩,按本节式(12-23)、式(12-27)、式(12-32)、式(12-36)确定;

$a_x$、$a_y$——最大剪应力 $\tau_{max}$ 的作用点至 $x$ 轴、$y$ 轴的距离。

3. 当考虑不同的荷载组合时,应取其中的较大值作为板柱节点冲切承载力计算用的等效集中反力设计值。

板柱节点考虑受剪传递单向不平衡弯矩的受冲切承载力计算中,与等效集中反力设计值有关的参数和图 12-17 中所示的几何尺寸,可按下列公式计算:

1. 中柱处临界截面的类似极惯性矩、几何尺寸及计算系数可按下列公式计算(图 12-17a):

$$I_c = \frac{h_0 a_t^3}{6} + 2h_0 a_m \left(\frac{a_t}{2}\right)^2 \tag{12-23}$$

$$a_{AB} = a_{CD} = \frac{a_t}{2} \tag{12-24}$$

$$e_g = 0 \tag{12-25}$$

$$\alpha_0 = 1 - \frac{1}{1 + \frac{2}{3}\sqrt{\frac{h_c + h_0}{b_c + h_0}}} \tag{12-26}$$

2. 边柱处临界截面的类似极惯性矩、几何尺寸及计算系数可按下列公式计算:

1)弯矩作用平面垂直于自由边(图 12-17b)

$$I_c = \frac{h_0 a_t^3}{6} + h_0 a_m a_{AB}^2 + 2h_0 a_t \left(\frac{a_t}{2} - a_{AB}\right)^2 \tag{12-27}$$

$$a_{AB} = \frac{a_t^2}{a_m + 2a_t} \tag{12-28}$$

$$a_{CD} = a_t - a_{AB} \tag{12-29}$$

$$e_g = a_{CD} - \frac{h_c}{2} \tag{12-30}$$

$$\alpha_0 = 1 - \frac{1}{1 + \frac{2}{3}\sqrt{\frac{h_c + h_0/2}{b_c + h_0}}} \tag{12-31}$$

2)弯矩作用平面平行于自由边(图 12-17c)

$$I_c = \frac{h_0 a_t^3}{12} + 2h_0 a_m \left(\frac{a_t}{2}\right)^2 \tag{12-32}$$

$$a_{AB} = a_{CD} = \frac{a_t}{2} \tag{12-33}$$

$$e_g = 0 \tag{12-34}$$

$$\alpha_0 = 1 - \frac{1}{1 + \frac{2}{3}\sqrt{\frac{h_c + h_0}{b_c + h_0/2}}} \tag{12-35}$$

3. 角柱处临界截面的类似极惯性矩、几何尺寸及计算系数可按下列公式计算（图 12-17d）：

$$I_c = \frac{h_0 a_t^3}{12} + h_0 a_m a_{AB}^2 + h_0 a_t \left(\frac{a_t}{2} - a_{AB}\right)^2 \tag{12-36}$$

$$a_{AB} = \frac{a_t^2}{2(a_m + a_t)} \tag{12-37}$$

$$a_{CD} = a_t - a_{AB} \tag{12-38}$$

$$e_g = a_{CD} - \frac{h_c}{2} \tag{12-39}$$

$$\alpha_0 = 1 - \frac{1}{1 + \frac{2}{3}\sqrt{\frac{h_c + h_0/2}{b_c + h_0/2}}} \tag{12-40}$$

在按式（12-21）、式（12-22）进行板柱节点考虑传递双向不平衡弯矩的受冲切承载力计算中，将上述式（12-23）～式（12-40）视作 $x$ 轴（或 $y$ 轴）的类似极惯性矩、几何尺寸及计算参数，则与其相应的 $y$ 轴（或 $x$ 轴）的类似极惯性矩、几何尺寸及计算参数，可将前述 $x$ 轴（或 $y$ 轴）的相应参数进行置换确定。

当边柱、角柱部位有悬臂板时，临界截面周长可计算至垂直于自由边的板端处，按此计算的临界截面周长应与按中柱计算的临界截面周长相比较，并取两者中的较小值。在此基础上，应按前述的原则，确定板柱节点考虑受剪传递不平衡的受冲切承载力计算所用等效集中反力设计值 $F_{l,eq}$ 的有关参数。

关于 RCM 软件使用说明：RCM 软件板柱节点承载力计算对话框如图 12-18 所示。当用户输入 4 级抗震等级或非抗震时，RCM 软件放大系数取 1，抗震承载力调整系数 $\gamma_{RE}$ 也取 1。"边柱弯矩作用平面与自由边"选项只对柱类型影响系数取 30（即边柱）时才起作用。如果只验算截面限制条件，用不到箍筋强度，箍筋强度可不选。

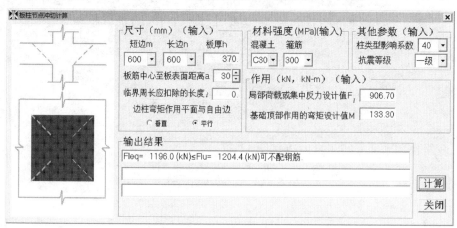

图 12-18　板柱节点受冲切承载力计算对话框

## 【例 12-6】板柱节点受冲切承载力算例

文献 [4] 第 367 页的例题，某板柱-剪力墙结构的楼层中柱，所承受的轴向压力

设计值层间差值 $N = 930\text{kN}$，板所承受的荷载设计值 $q = 13\text{kN}/\text{m}^2$，水平地震作用节点不平衡弯矩 $M_{\text{unb}} = 133.3\text{kN} \cdot \text{m}$，楼板设置平托板（图 12-19），混凝土强度等级 C30，中柱截面 $600\text{mm} \times 600\text{mm}$，试计算等效集中反力设计值及冲切承载力验算，抗震等级一级。

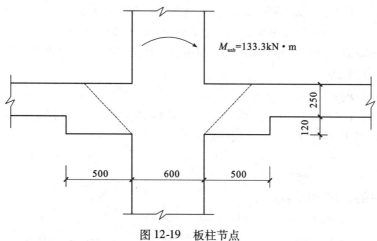

图 12-19 板柱节点

【解】1. 验算平托板冲切承载力

$h_0 = 250 + 120 - 30 = 340\text{mm}$，$h_c = b_c = 600\text{mm}$

$a_t = b_c + h_0 = 600 + 340 = 940\text{mm}$，$a_{\text{AB}} = a_{\text{CD}} = a_t/2 = 470\text{mm}$，$e_g = 0$

$$\alpha_0 = 1 - \frac{1}{1 + \dfrac{2}{3}\sqrt{\dfrac{h_c + h_0}{b_c + h_0}}} = 0.4$$

中柱临界截面极惯性矩为：

$$I_c = \frac{h_0 a_t^3}{6} + 2h_0 a_m \left(\frac{a_t}{2}\right)^2 = \frac{340 \times 940^3}{6} + 2 \times 340 \times 940 \times 470^2 = 1882.65 \times 10^8 \text{mm}^4$$

节点上压力为：

$$F_l = N - qA' = 930 - 13 \times (0.6 + 2 \times 0.37) = 906.7\text{kN}$$

等效集中反力设计值为：

$$\begin{aligned}
F_{l,\text{eq}} &= F_l + \left(\frac{\alpha_0 M_{\text{unb}} a_{\text{AB}}}{I_c} u_m h_0\right)\eta_{\text{vb}} = 906.7 + \left(\frac{0.4 \times 133.3 \times 10^6 \times 470}{1882.65 \times 10^8 \times 1000} \times 3760 \times 340\right) \times 1.7 \\
&= 906.7 + 289.29 = 1195.99\text{kN}
\end{aligned}$$

验算冲切承载力：

因 $h < 800\text{mm}$，$\beta_h = 1$，因集中反力作用面积为正方形，取 $\beta_s = 2.0$，得

$\eta_1 = 0.4 + \dfrac{1.2}{\beta_s} = 1.0$；$\alpha_s = 40$，$\eta_2 = 0.5 + \dfrac{\alpha_s h_0}{4u_m} = 0.5 + \dfrac{40 \times 340}{4 \times 3760} = 1.4$，取 $\eta = \min(\eta_1, \eta_2) = 1.0$

由式（12-10）有：

$[F_l] = 0.56\beta_h f_t \eta u_m h_0 / \gamma_{\text{RE}} = 0.56 \times 1 \times 1.43 \times 3760 \times 1 \times 340/0.85 = 903300\text{N} =$

$1204.4 \text{kN} > F_{l,\text{eq}}$

$[F_l] > F_{l,\text{eq}}$，满足截面条件要求，可不配钢筋。

RCM 软件输入和输出的简要信息见图 12-18。RCM 输出的详细信息如下：

```
ho=340.0; bb=  1280.; um=3760.; 考虑开洞后um=3760.; β s= 2.00
抗震等级=1; At=   940.0; Aab=   470.; Acd= 470.; A0= 0.40
Ic=  188265709568.; 1.0E6*A0*XM*AAB*UM*H0*ETAE/XIC=        289289.
FLeq=        1195.99 kN
 η 1=1.000;  η 2=1.404;  η =1.000
 β h= 1.00; Ft= 1.43; Flu=0.56* β h*Ft* η *Um*H0/0.85=       1204.4  (kN)
Fleq=        1196.0  (kN)≤Flu可不配钢筋.
```

可见其与手算结果相同。

2. 验算平托板边冲切承载力

$h_0 = 250 - 20 = 230 \text{mm}$，$h_c = b_c = 1600 \text{mm}$

$a_t = 1600 + 230 = 1830 \text{mm}$，$a_{AB} = a_{CD} = a_t / 2 = 915 \text{mm}$，$e_g = 0$，$\alpha_0 = 0.4$

中柱临界截面极惯性矩为：

$$I_c = \frac{h_0 a_t^3}{6} + 2h_0 a_m \left(\frac{a_t}{2}\right)^2 = \frac{230 \times 1830^3}{6} + 2 \times 230 \times 1830 \times 915^2 = 9.4 \times 10^{11} \text{mm}^4$$

$$F_l = N - qA' = 930 - 13 \times (1.6 + 2 \times 0.23) = 874.83 \text{kN}$$

等效集中反力设计值为：

$$F_{l,\text{eq}} = F_l + \left(\frac{\alpha_0 M_{\text{unb}} a_{AB}}{I_c} u_m h_0\right)\eta_{\text{vb}} = 874.83 + \left(\frac{0.4 \times 133.3 \times 10^6 \times 915}{9.4 \times 10^{11} \times 1000} \times 7320 \times 230\right) \times 1.7$$

$$= 874.83 + 148.55 = 1023.4 \text{kN}$$

验算冲切承载力：

因 $h < 800 \text{mm}$，$\beta_h = 1$，因集中反力作用面积为正方形，取 $\beta_s = 2.0$，得

$$\eta_1 = 0.4 + \frac{1.2}{\beta_s} = 1.0; \quad \alpha_s = 40, \quad \eta_2 = 0.5 + \frac{\alpha_s h_0}{4u_m} = 0.5 + \frac{40 \times 230}{4 \times 7320} = 0.814, \quad \text{取 } \eta =$$

$\min(\eta_1, \eta_2) = 0.814$

由式（12-10）有：

$[F_l] = 0.56\beta_h f_t \eta u_m h_0 / \gamma_{\text{RE}} = 0.56 \times 1 \times 1.43 \times 7320 \times 0.814 \times 230 / 0.85 = 1291126 \text{N} =$

$1291.1 \text{kN} > F_{l,\text{eq}}$

$[F_l] > F_{l,\text{eq}}$，满足截面条件要求，可不配钢筋。

RCM 软件输入和输出的简要信息见图 12-20。

RCM 输出的详细信息如下：

图 12-20 板柱节点平托板受冲切承载力计算

ho=230.0; bb= 2060.; um=7320.; 考虑开洞后um=7320.; βs= 2.00

抗震等级=1; At= 1830.0; Aab= 915.; Acd= 915.; A0= 0.40

Ic= 939701370880.; 1.0E6*A0*XM*AAB*UM*H0*ETAE/XIC= 148597.

FLeq= 1023.42 kN

η1=1.000; η2=0.814; η=0.814

βh= 1.00; Ft= 1.43; Flu=0.56*βh*Ft*η*Um*H0/0.85= 1291.5 (kN)

Fleq= 1023.4 (kN)≤Flu可不配钢筋.

可见其与手算结果相同。文献［4］计算过程有误，故其计算结果与本书结果不同。

**本章参考文献**

［1］蓝宗建. 混凝土结构设计原理［M］. 南京：东南大学出版社，2008.

［2］张维斌，李国胜. 混凝土结构设计：指导与实例精选［M］. 北京：中国建筑工业出版社，2007.

［3］兰定筠. 一二级注册结构工程师专业考试应试技巧与题解（第 5 版上）［M］. 北京：中国建筑工业出版社，2013.

［4］张维斌. 多层及高层钢筋混凝土结构设计释疑及工程实例（第二版）［M］. 北京：中国建筑工业出版社，2011.

# 第 13 章 剪力墙配筋计算

## 13.1 剪力墙正截面承载力计算

在承载力计算中，剪力墙的翼缘计算宽度[1]可取剪力墙的间距、门窗洞间翼墙的宽度、剪力墙厚度加两侧各 6 倍翼缘厚度、剪力墙墙肢总高度的 1/10 四者中的最小值。

1. 偏心受压剪力墙正截面承载力计算

（1）《混凝土结构设计规范》GB 50010—2010 算法

沿截面腹部均匀配置纵向普通钢筋的矩形、T 形或 I 形截面钢筋混凝土偏心受压构件（图 13-1），其正截面受压承载力宜符合下列规定：

$$N \leqslant \alpha_1 f_c \left[ \xi b h_0 + (b'_f - b) h'_f \right] + f'_y A'_s - \sigma_s A_s + N_{sw} \tag{13-1}$$

$$Ne \leqslant \alpha_1 f_c \left[ \xi (1 - 0.5\xi) b h_0^2 + (b'_f - b) h'_f \left( h_0 - \frac{h'_f}{2} \right) \right] + f'_y A'_s (h_0 - a'_s) + M_{sw} \tag{13-2}$$

$$N_{sw} = \left( 1 + \frac{\xi - \beta_1}{0.5 \beta_1 \omega} \right) f_{yw} A_{sw} \tag{13-3}$$

$$M_{sw} = \left[ 0.5 - \left( \frac{\xi - \beta_1}{\beta_1 \omega} \right)^2 \right] f_{yw} A_{sw} h_{sw} \tag{13-4}$$

$$e = e_i + \frac{h}{2} - a \tag{13-5}$$

$$e_i = e_0 + e_a \tag{13-6}$$

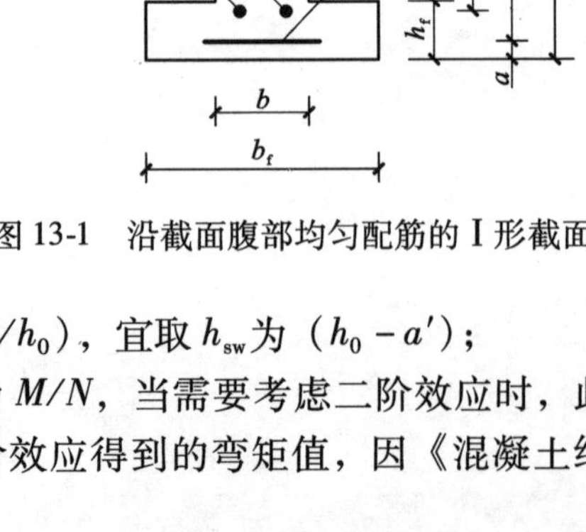

式中　$A_{sw}$——沿截面腹部均匀配置的全部纵向
　　　　　　普通钢筋截面面积；

　　　$f_{yw}$——沿截面腹部均匀配置的纵向普通
　　　　　　钢筋的强度设计值；

　　　$N_{sw}$——沿截面腹部均匀配置的纵向普通
　　　　　　钢筋所承担的轴向压力，当 $\xi$ 大
　　　　　　于 $\beta_1$ 时，取为 $\beta_1$ 进行计算；

　　　$M_{sw}$——沿截面腹部均匀配置的纵向普通
　　　　　　钢筋的内力对 $A_s$ 重心的力矩，当
　　　　　　$\xi$ 大于 $\beta_1$ 时，取为 $\beta_1$ 进行计算；

　　　$\omega$——均匀配置纵向普通钢筋区段的高
　　　　　　度 $h_{sw}$ 与截面有效高度 $h_0$ 的比值（$h_{sw}/h_0$），宜取 $h_{sw}$ 为（$h_0 - a'$）；

　　　$e_0$——轴向压力对截面重心的偏心距，取为 $M/N$，当需要考虑二阶效应时，此处
　　　　　　$M$ 是在内力计算阶段考虑了重力二阶效应得到的弯矩值，因《混凝土结构

图 13-1　沿截面腹部均匀配筋的 I 形截面

设计规范》第 6.2.4 条规定，对剪力墙及核心筒墙取挠曲二阶效应放大系数为 1，即不计挠曲二阶效应，本书也就没考虑。

计算时，$\sigma_s$ 按大偏心受压破坏或小偏心受压破坏两情况取不同的值。

首先假设是大偏心受压破坏，即 $\xi \leqslant \xi_b$，这时，取 $\sigma_s = f_y$，由式（13-1）、式（13-3），可求出：

$$\xi = \frac{N - \left(1 - \dfrac{2}{\omega}\right) f_{yw} A_{sw}}{\dfrac{f_{yw} A_{sw}}{0.5 \beta_1 \omega} + \alpha_1 f_c b h_0} \tag{13-7}$$

若 $\xi \leqslant \xi_b$，即确实是大偏心受压破坏，如前取 $\sigma_s = f_y$；

若 $\xi > \xi_b$，是小偏心受压破坏，钢筋应力按式（2-11）计算，即取 $\sigma_{si} = \dfrac{f_y}{\xi_b - \beta_1}\left(\dfrac{x}{h_{0i}} - \beta_1\right)$。

（2）《高层建筑混凝土结构技术规程》JGJ 3—2010 算法

① 持久、短暂设计状况

$$N \leqslant A'_s f'_y - A_s \sigma_s - N_{sw} + N_c \tag{13-8}$$

$$N\left(c_0 + h_{w0} - \frac{h_w}{2}\right) \leqslant A'_s f'_y (h_{w0} - a') + M_{sw} + M_c \tag{13-9}$$

当 $x > h'_f$ 时

$$N_c = \alpha_1 f_c b_w x + \alpha_1 f_c (b'_f - b_w) h'_f \tag{13-10}$$

$$M_c = \alpha_1 f_c b_w x \left(h_{w0} - \frac{x}{2}\right) + \alpha_1 f_c (b'_f - b_w) h'_f \left(h_{w0} - \frac{h'_f}{2}\right) \tag{13-11}$$

当 $x \leqslant h'_f$ 时

$$N_c = \alpha_1 f_c b'_f x \tag{13-12}$$

$$M_c = \alpha_1 f_c b'_f x \left(h_{w0} - \frac{x}{2}\right) \tag{13-13}$$

当 $x \leqslant \xi_b h_{w0}$ 时

$$\sigma_s = f_y \tag{13-14}$$

$$N_{sw} = (h_{w0} - 1.5x) b_w f_{yw} \rho_w \tag{13-15}$$

$$M_{sw} = \frac{1}{2}(h_{w0} - 1.5x)^2 b_w f_{yw} \rho_w \tag{13-16}$$

当 $x > \xi_b h_{w0}$ 时

$$\sigma_s = \frac{f_y}{\xi_b - 0.8}\left(\frac{x}{h_{w0}} - \beta_1\right) \tag{13-17}$$

$$N_{sw} = 0 \tag{13-18}$$

$$M_{sw} = 0 \tag{13-19}$$

式中　$\rho_w$——剪力墙竖向分布钢筋配筋率。

② 地震设计状况

式（13-8）、式（13-9）右端均应除以承载力抗震调整系数 $\gamma_{RE}$，$\gamma_{RE}$ 取 0.85。

2. 偏心受拉剪力墙正截面承载力计算

当水平荷载较大时，剪力墙墙肢可能出现偏心受拉的应力状态。

矩形截面偏心受拉剪力墙正截面承载力按下列近似公式计算：

$$N \leqslant \frac{1}{\dfrac{1}{N_{u0}} + \dfrac{e_0}{M_u}} \tag{13-20}$$

$$N_{u0} = 2f_y A_s + f_{yw} A_{sw} \tag{13-21}$$

$$M_u = f'_y A'_s \ (h_0 - a') \ + f_{yw} A_{sw} \frac{(h_0 - a')}{2} \tag{13-22}$$

式中　$N_{u0}$——剪力墙的轴心受拉承载力设计值；

　　　$e_0$——轴向拉力作用点至截面重心的距离；

　　　$M_u$——剪力墙的正截面受弯承载力设计值。

对于工字形、T 形剪力墙大偏心受拉正截面承载力计算可见文献 [1] 的介绍。

有地震作用组合时，计算方法与上述相同，但应在式（13-1）、式（13-2）、式（13-20）的右端除以承载力抗震调整系数 $\gamma_{RE}$（$=0.85$）；式（13-7）中的 $N$ 以 $\gamma_{RE} N$ 代替。

非地震作用组合，若结构重要性系数 $\gamma_0$ 不是 1 时，应在式（13-1）、式（13-2）、式（13-8）、式（13-9）、式（13-20）的左端乘以结构重要性系数 $\gamma_0$。

## 13.2　剪力墙斜截面承载力计算

1. 静力组合作用下

截面限制条件，钢筋混凝土剪力墙的受剪截面应符合下列条件：

$$V \leqslant 0.25 \beta_c f_c b h_0 \tag{13-23}$$

式中　$\beta_c$——混凝土强度影响系数：当混凝土强度等级不超过 C50 时，$\beta_c$ 取为 1.0，当混凝土强度等级为 C80 时，$\beta_c$ 取为 0.8，其间按线性内插法确定。

钢筋混凝土剪力墙在偏心受压时的斜截面受剪承载力应符合下列规定：

$$V \leqslant \frac{1}{\lambda - 0.5} \left( 0.5 f_t b h_0 + 0.13 N \frac{A_w}{A} \right) + f_{yv} \frac{A_{sh}}{s} h_0 \tag{13-24}$$

式中　$N$——与剪力设计值 $V$ 相应的轴向压力设计值，当 $N$ 大于 $0.2 f_c b h$ 时，取 $0.2 f_c b h$；

　　　$A$——剪力墙的截面面积；

　　　$A_w$——T 形、I 形截面剪力墙腹板的截面面积，对矩形截面剪力墙，取为 $A$；

　　　$A_{sh}$——配置于同一截面内的水平分布钢筋的全部截面面积；

　　　$s$——水平分布钢筋的竖向间距；

　　　$\lambda$——计算截面的剪跨比，取为 $M/(V h_0)$；当 $\lambda$ 小于 1.5 时，取 1.5，当 $\lambda$ 大于 2.2 时，取 2.2；此处 $M$ 为与剪力设计值 $V$ 相应的弯矩设计值；当计算截面与墙底之间的距离小于 $h_0/2$ 时，$\lambda$ 可按距墙底 $h_0/2$ 处的弯矩值与剪力值计算。

当剪力设计值 $V$ 不大于式（13-24）中右边第一项时，水平分布钢筋可按构造要求配置。

钢筋混凝土剪力墙在偏心受拉时的斜截面受剪承载力应符合下列规定：

$$V \leqslant \frac{1}{\lambda - 0.5} \left( 0.5 f_t b h_0 - 0.13 N \frac{A_w}{A} \right) + f_{yv} \frac{A_{sh}}{s} h_0 \tag{13-25}$$

式中　$N$——与剪力设计值 $V$ 相应的轴向拉力设计值。

当上式右边的计算值小于 $f_{yv}\dfrac{A_{sh}}{s}h_0$ 时，取等于 $f_{yv}\dfrac{A_{sh}}{s}h_0$。

2. 地震组合作用下

1）剪力设计值

地震作用组合下有强剪弱弯的要求，剪力设计值 $V_w$ 为：

一级抗震等级

$$V_w = 1.6V \tag{13-26a}$$

二级抗震等级

$$V_w = 1.4V \tag{13-26b}$$

三级抗震等级

$$V_w = 1.2V \tag{13-26c}$$

四级抗震等级取地震组合下的剪力值 $V$。

2）截面限制条件，钢筋混凝土剪力墙的受剪截面应符合下列条件：

当剪跨比大于 2.5 时

$$V \leqslant 0.20\beta_c f_c b h_0 / \gamma_{RE} \tag{13-27}$$

当剪跨比不大于 2.5 时

$$V \leqslant 0.15\beta_c f_c b h_0 / \gamma_{RE} \tag{13-28}$$

3）钢筋混凝土剪力墙在偏心受压时的斜截面抗震受剪承载力应符合下列规定：

$$V \leqslant \frac{1}{\lambda - 0.5}\left(0.4 f_t b h_0 + 0.1 N \frac{A_w}{A}\right) + 0.8 f_{yv}\frac{A_{sh}}{s} h_0 \tag{13-29}$$

式中　$N$——考虑地震组合的剪力墙轴向压力设计值中的较小者；当 $N$ 大于 $0.2 f_c bh$ 时，取 $0.2 f_c bh$；

　　　$\lambda$——计算截面的剪跨比，取为 $M/(Vh_0)$；当 $\lambda$ 小于 1.5 时，取 1.5，当 $\lambda$ 大于 2.2 时，取 2.2；此处 $M$ 为与剪力计算值 $V$ 相应的弯矩计算值（即是内力调整前的值，混凝土规范此处有误）；当计算截面与墙底之间的距离小于 $h_0/2$ 时，$\lambda$ 可按距墙底 $h_0/2$ 处的弯矩值与剪力值计算。

4）钢筋混凝土剪力墙在偏心受拉时的斜截面抗震受剪承载力应符合下列规定：

$$V \leqslant \frac{1}{\lambda - 0.5}\left(0.4 f_t b h_0 - 0.1 N \frac{A_w}{A}\right) + 0.8 f_{yv}\frac{A_{sh}}{s} h_0 \tag{13-30}$$

式中　$N$——考虑地震组合的剪力墙轴向拉力设计值中的较大者。

当上式右边的计算值小于 $0.8 f_{yv}\dfrac{A_{sh}}{s}h_0$ 时，取等于 $0.8 f_{yv}\dfrac{A_{sh}}{s}h_0$。

抗震等级为一级的剪力墙，水平施工缝的抗滑移应符合下式要求：

$$V_{wj} \leqslant \frac{1}{\gamma_{RE}}(0.6 f_y A_s + 0.8N) \tag{13-31}$$

式中　$V_{wj}$——剪力墙水平施工缝处剪力设计值中；

　　　$A_s$——水平施工缝处剪力墙腹板内竖向分布钢筋和边缘构件中的竖向钢筋总面积（不包括两侧翼墙），以及在墙体中有足够锚固长度的附加竖向插筋面积；

$f_y$——竖向钢筋抗拉强度设计值；

$N$——水平施工缝处考虑地震作用组合的轴向力设计值，压力取正值，拉力取负值。

## 13.3 墙肢构造要求

1. 混凝土强度等级

筒体结构的核心筒和内筒的混凝土强度等级不低于C30，其他结构剪力墙的混凝土强度等级不低于C20。抗震设计时，剪力墙的混凝土强度等级不宜高于C60。

2. 最小截面尺寸

墙肢的截面尺寸，应满足承载力的要求，还要满足最小墙厚的要求。

以 $h$ 表示楼层高度，以 $l$ 表示剪力墙的无支长度，无支长度是指与该剪力墙垂直的相邻两道剪力墙的间距，见图13-2。

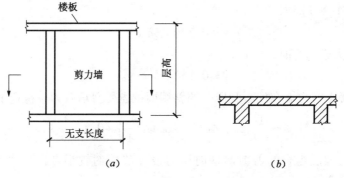

图13-2 剪力墙无支长度示意

($a$) 立面图；($b$) 剖面图

为保证剪力墙在轴力的侧向力作用下平面外稳定，防止平面外失稳破坏以及有利于混凝土的浇筑质量，有端柱或有翼墙时，剪力墙的最小厚度列于表13-1，抗震设计时，取三个数值的最大值。

有端柱或翼墙的剪力墙最小厚度　　　　　　　　　表13-1

| 部位 | 抗震等级 | | 非抗震 |
|---|---|---|---|
| | 一、二级 | 三、四级 | |
| 底部加强部位 | 200mm，$h/16$，$l/16$ | 160mm，$h/20$，$l/20$ | 160mm |
| 其他部位 | 160mm，$h/20$，$l/20$ | 140mm，$h/25$，$l/25$ | |

剪力墙结构无端柱或无翼墙的剪力墙，底部加强部位的墙厚：一、二级不小于220mm、$h/12$ 或 $l/12$，三、四级不小于180mm、$h/16$，或 $l/16$；其他部位的墙厚：一、二级不小于180mm、$h/16$，或 $l/16$，三、四级不小于160mm、$h/20$，或 $l/20$。无端柱或无翼墙是指墙的两端（不包括洞口两侧）为一字形的矩形截面。

框架—剪力墙结构中的剪力墙厚度，底部加强部位不小于 200mm、$h/16$，或 $l/16$；其他部位的墙厚不小于 160mm、$h/20$，或 $l/20$。

抗震设计的板柱—剪力墙结构中的剪力墙厚度，不小于 160mm、$h/20$，或 $l/20$；房屋高度大于 12 m 时，墙厚不小于 200mm。

### 3. 分布钢筋

剪力墙结构墙竖向和横向分布钢筋的最小配筋见表 13-2，表中 $b_w$ 为墙肢的厚度。框架—剪力墙、板柱—剪力墙、筒中筒、框架—核心筒结构中，剪力墙墙肢的竖向和横向分布钢筋的最小配筋率，抗震设计时不小于 0.25%，非抗震设计时不小于 0.20%，钢筋直径不小于 10mm，间距不大于 300mm。

在温度热胀冷缩影响较大的部位，如房屋顶层的剪力墙、长矩形平面房屋的楼梯间和电梯间剪力墙、端开间纵向剪力墙以及端山墙等，墙肢的竖向和横向分布钢筋的最小配筋率者不小于 0.25%，钢筋间距不大于 200mm。

剪力墙结构墙肢竖向和横向分布钢筋的最小配筋　　　　　表 13-2

| 抗震等级或部位 | 最小配筋率（%） | 最大间距（mm） | 最小直径（mm） | 最大直径（mm） |
|---|---|---|---|---|
| 一、二、三级 | 0.25 | 300 | 8 | $b_w/10$ |
| 四级、非抗震 | 0.20 | | | |
| 部分框支剪力墙结构的落地剪力墙底部加强部位 | 0.30 | 200 | | |

剪力墙墙肢竖向和横向分布钢筋的配筋率可分别按下式计算：

$$\rho_{sw} = A_{sw}/(b_w s) \tag{13-32}$$

$$\rho_{sh} = A_{sh}/(b_w s) \tag{13-33}$$

式中　$\rho_{sw}$、$\rho_{sh}$——分别为竖向、横向分布钢筋的配筋率；

$A_{sw}$、$A_{sh}$——分别为同一截面内竖向、横向钢筋各肢面积之和；

$s$——竖向或横向钢筋间距。

墙的厚度不大于 400mm 时，可采用双排配筋；大于 400mm、不大于 700mm 时，可采用 3 排配筋；大于 700mm 时，可采用 4 排配筋。各排分布钢筋之间设置拉筋，拉筋间距不大于 600mm，可按梅花形布置，直径不小于 6mm，在底部加强部位，拉筋间距适当加密。

### 4. 轴压比限值

重力荷载代表值作用下，一、二、三级剪力墙墙肢的轴压比不宜超过表 13-3 的限值。

剪力墙墙肢的轴压比限值　　　　　表 13-3

| 抗震等级 | 一级（9 度） | 一级（6、7、8 度） | 二、三级 |
|---|---|---|---|
| 轴压比限值 | 0.4 | 0.5 | 0.6 |

注：墙肢轴压比是指重力荷载代表值作用下墙肢承受的轴压力设计值与墙肢的全截面面积和混凝土轴心抗压强度设计值乘积之比值。

### 5. 边缘构件

剪力墙两端和洞口两侧应设置边缘构件，并应符合下列规定：

一、二、三级剪力墙底层墙肢截面的轴压比大于表 13-4 的规定值时，以及部分框支剪力墙结构的剪力墙，应在底部加强部位及相邻的上一层设置约束边缘构件；除上述部位外，剪力墙应设置构造边缘构件；B 级高度的高层建筑，其高度比较高，为避免边缘构件的箍筋急剧减少不利于抗震，剪力墙在约束边缘构件与构造边缘构件层之间宜设置 1～2 层过渡层，过渡层剪力墙边缘构件箍筋的配置要求，可低于约束边缘构件的要求，应高于构造边缘构件的要求。

**剪力墙可不设约束边缘构件的最大轴压比**　　　　　　　　　表 13-4

| 抗震等级 | 一级（9 度） | 一级（6、7、8 度） | 二、三级 |
|---|---|---|---|
| 轴压比 | 0.1 | 0.2 | 0.3 |

约束边缘构件包括暗柱（端部为矩形截面）、端柱和翼墙（图 13-3）三种形式。端柱截面边长不应小于 2 倍墙厚，翼墙长度不应小于其 3 倍厚度，不足时视为无端柱或无翼墙，按暗柱要求设置约束边缘构件；部分框支剪力墙结构落地剪力墙（指整片墙，不是指墙肢）的两端应有端柱或与另一方向的剪力墙相连。

约束边缘构件的构造要求主要包括三个方面：沿墙肢的长度 $l_c$、箍筋配箍特征值 $\lambda_v$ 及竖向钢筋最小配筋率。表 13-5 列出了约束边缘构件沿墙肢的长度 $l_c$ 及箍筋配箍特征值 $\lambda_v$、竖向钢筋等配筋要求。约束边缘构件沿墙肢的长度除应符合表 13-5 的要求外，约束边缘构件为暗柱时，还不应小于墙厚和 400mm 的较大者，有翼墙或端柱时，还不应小于翼墙厚度或端柱沿墙肢方向截面高度加 300mm。计算约束边缘构件竖向钢筋面积时，$A_c$ 为图 13-3 中阴影部分的面积。

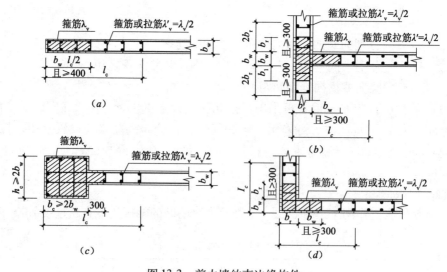

图 13-3　剪力墙约束边缘构件
（$a$）暗柱；（$b$）有翼墙；（$c$）有端柱；（$d$）转角墙（L 形墙）

由表 13-5 可以看出，约束边缘构件沿墙肢长度、配箍特征值与设防烈度、剪力墙的抗震等级和墙肢轴压比有关，而约束边缘构件沿墙肢长度还与其形式有关。

**剪力墙约束边缘构件沿墙肢长度及配筋要求** 表 13-5

| 项目 | 一级（9度） | | 一级（6、7、8度） | | 二、三级 | |
|---|---|---|---|---|---|---|
| | $\mu_N \leqslant 0.2$ | $\mu_N > 0.2$ | $\mu_N \leqslant 0.3$ | $\mu_N > 0.3$ | $\mu_N \leqslant 0.4$ | $\mu_N > 0.4$ |
| $l_c$（暗柱） | $0.20h_w$ | $0.25h_w$ | $0.15h_w$ | $0.20h_w$ | $0.15h_w$ | $0.20h_w$ |
| $l_c$（翼墙或端柱） | $0.15h_w$ | $0.20h_w$ | $0.10h_w$ | $0.15h_w$ | $0.10h_w$ | $0.15h_w$ |
| $\lambda_v$ | 0.12 | 0.20 | 0.12 | 0.20 | 0.12 | 0.20 |
| 竖向钢筋（取较大值） | $0.012A_c$，8φ16 | | $0.012A_c$，8φ16 | | $0.010A_c$，6φ16（三级6φ14） | |
| 箍筋及拉筋沿竖向间距 | 100mm | | 100mm | | 150mm | |

由配箍特征值不能直接确定箍筋的配置，需要换算为体积配箍率，才能确定箍筋的直径、肢数和间距。箍筋体积配箍率 $\rho_v$ 按下式计算：

$$\rho_v = \lambda_v \frac{f_c}{f_{yv}} \tag{13-34}$$

计算 $\rho_v$ 时，混凝土强度等级低于 C35 时，应取 C35 的混凝土轴心抗压强度设计值。计算约束边缘构件的实际体积配箍率时，除了计算箍筋、拉筋外，还可计入在墙端有可靠锚固的水平分布钢筋，水平分布钢筋之间应设置足够的拉筋形成复合箍。由于水平分布钢筋同时为抗剪钢筋，且竖向间距往往大于约束边缘构件的箍筋间距，因此，计入的水平分布钢筋的体积配箍率不应大于总体积配箍率的30%。

约束边缘构件长度范围内的箍筋配置分为两部分：图 13-3 中的阴影部分为墙肢端部，其轴向压应力大，要求的约束程度高，其配箍特征值应符合表 13-4 的规定，且应配置箍筋；图 13-3 中的无阴影部分，这部分的配箍特征值可为表 13-4 规定值的一半，即 $\lambda_v/2$，且不必全部为箍筋，可以配置拉筋。

一、二级筒体结构的核心筒转角部位的约束边缘构件要加强：底部加强部位，约束边缘构件沿墙肢的长度不小于墙肢截面长度的 1/4，约束边缘构件长度范围内宜全部采用箍筋；底部加强部位以上部位按图 13-3 转角墙的要求配置约束边缘构件。

构造边缘构件沿墙肢的长度按图 13-4 阴影部分确定。构造边缘构件的配筋应符合承载力的要求，且不小于表 13-6 的构造要求。箍筋、拉筋沿水平方向的间距不大于 300mm，且不大于竖向钢筋间距的 2 倍；端柱承受集中荷载时，其竖向钢筋、箍筋直径和间距按框架柱的构造要求配置。非抗震设计的剪力墙，墙肢端应配置不少于 4 根直径 12mm 的竖向钢筋，沿竖向钢筋配置直径不小于 6mm、间距为 250mm 的拉筋。

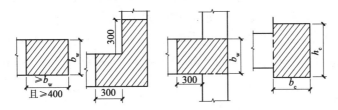

图 13-4 剪力墙的构造边缘构件范围

**墙肢构造边缘构件的构造配筋要求**　　　　　　　　　　　　　表 13-6

| 抗震等级 | 底部加强部位 | | | 其他部位 | | |
|---|---|---|---|---|---|---|
| | 竖向钢盘最小量（取较大值） | 箍筋 | | 竖向钢筋最小量（取较大值） | 拉筋 | |
| | | 最小直径（mm） | 沿竖向最大间距（mm） | | 最小直径（mm） | 沿竖向最大间距（mm） |
| 一 | $0.010A_c$，$6\phi16$ | 8 | 100 | $0.008A_c$，$6\phi14$ | 8 | 150 |
| 二 | $0.008A_c$，$6\phi14$ | 8 | 150 | $0.006A_c$，$6\phi12$ | 8 | 200 |
| 三 | $0.006A_c$，$6\phi12$ | 6 | 150 | $0.005A_c$，$4\phi12$ | 6 | 200 |
| 四 | $0.005A_c$，$4\phi12$ | 6 | 200 | $0.004A_c$，$4\phi12$ | 6 | 250 |

表中 $A_c$ 为边缘构件的截面面积，即图 13-4 剪力墙墙肢的阴影部分；其他部位的拉筋，水平间距不应大于竖向钢筋间距的 2 倍，转角处宜用箍筋。

RCM 输入信息的对话框如图 13-3 所示，读者选上"抗震等级"是"一、二、三、四"级，软件就按上述考虑了 $\gamma_{RE}$（$=0.85$）的因素。软件内部没有对荷载（弯矩、轴力）设计值进行必要的放大，如对一级抗震等级的剪力墙加强部位以上部位墙体的弯矩值没有乘以 1.2 的放大系数，这需要读者输入的荷载值是放大了以后的荷载值。为保证剪跨比计算正确，软件要求输入未调整前的弯矩、剪力，故对一、二、三抗震等级剪力墙的剪力值软件内部乘了相应的放大系数，见式（13-26）。

对话框中的墙高 $l_c$ 是指相应主轴方向上下支撑点之间的距离，当进行垂直受力方向的轴心受压计算时，所采用的计算长度 $l_0$，按照混凝土结构设计规范第 6.2.20 条取为 $1.25H$。

### 【例 13-1】大偏心受压剪力墙配筋算例

文献［2］第 12 页、48 页题，已知剪力墙 $b=180$mm，$h=4020$mm，假设墙高 4.0m。采用混凝土强度等级为 C25。配有 HPB235 的竖向分布钢筋 $2\phi8@250$mm。墙肢两端 200mm 范围内配置纵向钢筋，采用 HRB335 钢筋。作用在墙肢计算截面上的内力设计值为 $M=1600$kN·m，$N=250$kN（压），$V=240$kN。试确定墙肢的纵向钢筋截面面积 $A_s$、$A'_s$ 和水平分布钢筋的数量。

【解】1. 确定计算数据

$a=a'=100$mm，则：$h_0=h-a=4020-100=3920$mm

沿截面腹部均匀配置竖向分布钢筋区段的高度为：

$$h_{sw}=h_0-a'=3920-100=3820\text{mm}$$

$$\omega=h_{sw}/h_0=3820/3920=0.974$$

竖向钢筋的排数 $n=3820/250+1=15.48$，取为 16 排，则：$A_{sw}=2\times16\times50.3=1610\text{mm}^2$

竖向分布钢筋的配筋率 $\rho=1620/(3820\times180)=0.00234>\rho_{min}=0.002$，满足构造要求。

2. 求偏心距

$$C_m\eta_{ns}=1，\quad e_0=\frac{M}{N}=\frac{1600\times10^6}{250\times10^3}=6400\text{mm}，\quad e_a=\frac{4020}{30}=134\text{mm}$$

$$e_i=e_0+e_a=6400+134=6543\text{mm}，\quad e=e_i+h/2-a=6534+5020/2-100=8444\text{mm}$$

3. 判断大小偏心受压

采用对称配筋：

$$\xi = \frac{N - \left(1 - \frac{2}{\omega}\right) f_{yw} A_{sw}}{\dfrac{f_{yw} A_{sw}}{0.5 \beta_1 \omega} + \alpha_1 f_c b h_0} = \frac{250000 - \left(1 - \frac{2}{0.974}\right) 210 \times 1610}{\dfrac{210 \times 1610}{0.5 \times 0.8 \times 0.974} + 1 \times 11.9 \times 180 \times 3920} = 0.0654 < \xi_b = 0.55$$

为大偏心受压。

4. 校核 $\xi$ 值

$$2a'/h_0 = 2 \ (1 - \omega) \ = 2 \ (1 - 0.974) \ = 0.052 < \xi = 0.654$$

5. 求 $M_{sw}$

$$M_{sw} = \left[0.5 - \left(\frac{\xi - \beta_1}{\beta_1 \omega}\right)^2\right] f_{yw} A_{sw} h_{sw} = \left[0.5 - \left(\frac{0.0654 - 0.8}{0.8 \times 0.974}\right)^2\right] \times 210 \times 1610 \times 3820$$

$$= -502.15 \times 10^6 \text{N} \cdot \text{mm}$$

6. 求 $A_s$、$A'_s$

$$A_s = A'_s = \frac{Ne - \alpha_1 f_c b h_0^2 \xi (1 - 0.5\xi) - M_{sw}}{f'_y (h_0 - a')}$$

$$= \frac{250000 \times 8444 - 1 \times 11.9 \times 180 \times 3920^2 \times 0.0654 \times (1 - 0.5 \times 0.0654) + 502.15 \times 10^6}{300 \times (3920 - 100)}$$

$$= 463 \text{mm}^2$$

垂直弯矩作用平面的轴心受压承载力计算

$l_0/b = 1.25 \times 4000/180 = 27.78$，查 GB 50010—2010 表 6.2.15 得 $\varphi = 0.561$

$$A'_s = \frac{\dfrac{N}{0.9\varphi} - f_c A}{f'_y} = \frac{\dfrac{250000}{0.9 \times 0.561} - 11.9 \times 180 \times 4020}{300} = \frac{495148 - 8610840}{300} < 0，\text{不起控制}$$

作用。

选用 4 根直径 14mm 的钢筋，$A_s = A'_s = 615 \text{mm}^2$。

7. 验算斜截面尺寸条件

$0.25 \beta_c f_c b h_0 = 0.25 \times 1 \times 11.9 \times 180 \times 3920 = 2.1 \times 10^6 \text{N} > V = 240 \times 10^3 \text{N}$，满足。

8. 判断是否按构造配置水平分布钢筋

剪跨比 $\lambda = M/(V h_0) = 1600 \times 10^6/(240000 \times 3920) = 1.7$，$1.5 < \lambda < 2.2$

$$0.2 f_c b h = 0.2 \times 11.9 \times 180 \times 4020 = 1722168 \text{N} > V = 250 \times 10^3 \text{N}$$

$$V_u = \frac{1}{\lambda - 0.5} \left(0.5 f_t b h_0 + 0.13 N \frac{A_w}{A}\right)$$

$$= \frac{1}{1.7 - 0.5}(0.5 \times 1.27 \times 180 \times 3920 + 0.13 \times 250000 \times 1) = 400.5 \times 10^3 \text{N}$$

$V_u > V = 240 \times 10^3 \text{N}$，按构造配置水平分布钢筋。可配 2 根 $\phi 8 @ 280$，$\rho_{min} = 101/(180 \times 280) = 0.002$。

RCM 软件计算输入信息和简要输出信息见图 13-5。

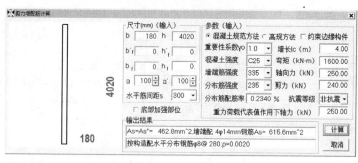

图 13-5　大偏心受压剪力墙配筋算例

图 13-5 对话框中 "水平分布筋 s" 选项对按构造配水平分布筋时不起作用, 按计算配水平分布筋时起作用, 见【例 13-5】。

RCM 软件的详细输出信息如下:

B= 180.; H= 4020.; H0= 3920.0 (mm)
M= 1600.00 (kN-m); N= 250.00 (kN); V= 240.00 (kN)
均匀配置纵向分布钢筋区段的高度= 3820. mm
均匀配置纵向分布钢筋区段高度与截面有效高度的比值ω= 0.974
纵向分布钢筋的总面积= 1609.0 mm^2
偏心距e= 8444.0; e0, ea= 6400.0 134.0 mm
ξ= 0.065＜ξb,是大偏心受压
Msw= -500766944. N-mm
As″= 462.8 mm^2
φ= 0.561, Asa= -28178.8 mm^2
As=As″= 462.8 mm^2,配置4根直径14mm钢筋As= 615.6
剪力满足截面限制条件! Vsize= 2099.2 kN
M/(VHo)= 1.70 计算用的λ= 1.70
按构造配水平分布钢筋φ8@ 280; ρmin=0.002

可见 RCM 软件的计算结果与手算结果相同。

**【例 13-2】小偏心受压剪力墙配筋算例**

文献［2］第 13 页、51 页题, 已知剪力墙 $b = 180$mm, $h = 3400$mm, 假设墙高 3.0m。采用混凝土强度等级为 C25。配有 HPB235 的竖向分布钢筋 2φ8 @ 250mm。墙肢两端 200mm 范围内配置纵向钢筋, 采用 HRB335 钢筋。作用在墙肢计算截面上的内力设计值为 $M = 2030$kN·m, $N = 5000$kN (压)。试确定墙肢的纵向钢筋截面面积 $A_s$、$A'_s$。

**【解】**1. 确定计算数据

设纵向钢筋集中配置在两端 200mm 范围内, 则钢筋合力点至截面近边的距离为:
$a = a' = 100$mm, 则截面有效高度: $h_0 = h - a = 3400 - 100 = 3300$mm

沿截面腹部均匀配置竖向分布钢筋区段的高度为:
$$h_{sw} = h_0 - a' = 3300 - 100 = 3200\text{mm}$$

均匀配置纵向分布钢筋区段的高度与截面有效高度的比值
$$\omega = h_{sw}/h_0 = 3200/3300 = 0.970$$

竖向钢筋的排数 $n = (3400 - 2 \times 200)/250 + 1 = 13$，取为 13 排，则钢筋总面积：$A_{sw} = 2 \times 13 \times 50.3 = 1308 mm^2$ 竖向分布钢筋的配筋率：$\rho = 1308/(3200 \times 180) = 0.0023 > \rho_{min} = 0.002$，满足构造要求。

2. 求偏心距

$$C_m \eta_{ns} = 1, \quad e_0 = \frac{M}{N} = \frac{2030 \times 10^6}{5000 \times 10^3} = 406 mm, \quad e_a = \frac{3400}{30} = 113 mm, \quad e_i = e_0 + e_a = 519 mm$$

$$e = e_i + h/2 - a = 519 + 3400/2 - 100 = 2119 mm$$

3. 判断大小偏心受压

采用对称配筋，先假定构件为大偏心受压且受压区进入腹板，由式（13-1）、式（13-3）得混凝土相对受压区高度为：

$$\xi = \frac{N - \left(1 - \frac{2}{\omega}\right) f_{yw} A_{sw}}{\frac{f_{yw} A_{sw}}{0.5\beta_1 \omega} + \alpha_1 f_c b h_0} = \frac{5000000 - \left(1 - \frac{2}{0.97}\right) \times 210 \times 1308}{\frac{210 \times 1308}{0.5 \times 0.8 \times 0.97} + 1 \times 11.9 \times 180 \times 3300} = \frac{5000000 + 291671}{707938 + 7068600} = 0.68$$

由于 $\xi > \xi_b = 0.55$，构件是小偏心受压。

4. 求 $A_s$、$A'_s$

采用迭代法计算，令

$$x_1 = \frac{(\xi + \xi_b) h_0}{2} = \frac{(0.68 + 0.55) \times 3300}{2} = 2029.5 mm, 则 \xi_1 = x_1/h_0 = 2029.5/3300 = 0.615$$

$$M_{sw} = \left[0.5 - \left(\frac{\xi_1 - \beta_1}{\beta_1 \omega}\right)^2\right] f_{yw} A_{sw} h_{sw} = \left[0.5 - \left(\frac{0.615 - 0.8}{0.8 \times 0.97}\right)^2\right] \times 300 \times 1308 \times 3200$$

$$= 556.5 \times 10^6 N \cdot mm。$$

按式（13-2）求受压钢筋面积

$$A'_s = \frac{\gamma_0 Ne - \alpha_1 f_c b h_0^2 \xi (1 - 0.5\xi) - M_{sw}}{f'_y (h_0 - a')}$$

$$= \frac{5000000 \times 2119 - 1 \times 11.9 \times 180 \times 3300^2 \times 0.615 \times (1 - 0.5 \times 0.615) - 556.5 \times 10^6}{300 \times (3300 - 100)}$$

$$= \frac{1}{960000} \{10595 \times 10^6 - 9934.4 \times 10^6 - 556.5 \times 10^6\} = 104.1 \times 10^6/960000 = 108.4 mm^2$$

由式（2-11）、式（13-1）求出新的混凝土受压区高度

$$x_2 = \frac{\gamma_0 N - \frac{\xi_b}{\xi_b - \beta_1} f_y A'_s - \left(1 - \frac{2}{\omega}\right) f_{yw} A_{sw}}{\alpha_1 f_c b h_0 + \frac{f_{yw} A_{sw}}{0.5\beta_1 \omega} - \frac{1}{\xi_b - \beta_1} f_y A'_s} h_0 = \frac{5000000 - \frac{0.55 \times 300 \times 108.4}{0.55 - 0.8} + 297671}{7068600 + 707938 - \frac{300 \times 108.4}{0.55 - 0.8}} \times 3300$$

$$= 2241 mm$$

重复上述迭代过程，最后求得同时满足式（13-1）、式（13-2）的混凝土受压区高度及受压钢筋面积

$$x = 2262.9 mm, \quad A'_s = A_s < 0 mm^2$$

文献 [2] 算得 $A'_s = A_s < 0 mm^2$，可见两者相同，按构造配 4 根直径 12mm 钢筋。

RCM 软件计算输入信息和简要输出信息见图 13-6。

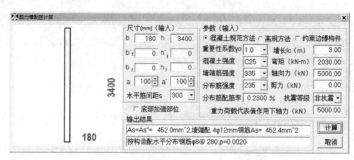

图 13-6　剪力墙小偏心受压配筋算例

RCM 软件的详细输出信息如下：

```
bf=      0. ; hf=      0. ; b″f=      0. ; h″f=      0. (mm)
B=    180. ; H=  3400. ; H0= 3300.0 (mm)
M=  2030.00(kN-m); N=  5000.00(kN); V=      0.00(kN)
均匀配置纵向分布钢筋区段的高度=    3200. mm
均匀配置纵向分布钢筋区段高度与截面有效高度的比值ω=    0.970
纵向分布钢筋的总面积=    1324.8 mm^2
Ac=    612000.(mm^2); Be=    180. (mm)
偏心距e=    2119.3; e0, ea=    406.0      113.3 mm
ξ=        0.680＞ξb,是小偏心受压
X1=        2029.757; ξ1=    0.615
Msw=    394545152. N-mm
As″=      278.1 mm^2
X2=        2226.860; ξ1=    0.615
Msw=    421946336. N-mm
As″=      -265.7 mm^2
X2=        2262.855; ξ1=    0.675
φ= 0.752
Asa=      -585.0 mm^2
As=As″=      452.0 mm^2,配置 4根直径12mm钢筋As=      452.4
剪力满足截面限制条件! Vsize=    1767.1 kN
按构造配水平分布钢筋φ8@ 280; ρmin=0.002
```

### 【例 13-3】带边框柱剪力墙小偏心受压正截面承载力算例

文献 [3] 第 184 页例题。已知某工字形截面剪力墙，$b = 200mm$，$h = 4000mm$，$b'_f = b_f = 600mm$、$h'_f = h_f = 600mm$，计算长度 $l_0 = 3600mm$，混凝土强度等级 C40。采用 HRB335 钢筋，轴向压力设计值 $N = 15000kN$（压），弯矩设计值 $M = 16000kN \cdot m$，$\gamma_0 = 1.0$，截面腹部纵向分布钢筋配筋率 $\rho_{sv} = 0.2\%$，求所需钢筋截面面积（对称配筋）。

### 【解】1. 确定计算数据

设纵向钢筋集中配置在两端 600mm 范围内，则钢筋合力点至截面近边的距离为：

$a = a' = 300\text{mm}$，则截面有效高度：$h_0 = h - a = 4000 - 300 = 3700\text{mm}$

沿截面腹部均匀配置竖向分布钢筋区段的高度为：

$$h_{sw} = h_0 - a' = 3700 - 300 = 3400\text{mm}$$

均匀配置纵向分布钢筋区段的高度与截面有效高度的比值为：

$$\omega = h_{sw}/h_0 = 3400/3700 = 0.919$$

纵向分布钢筋总面积为：

$$A_{sw} = \rho_{sv} h_{sw} b = 0.002 \times 3400 \times 200 = 1360\text{mm}^2$$

工字形截面几何特性为：

$$A = bh + (b_f - b)h_f + (b'_f - b)h'_f = 200 \times 4000 + 2 \times (600 - 200) \times 600 = 1.28 \times 10^6 \text{mm}^2$$

$$I_x = \frac{bh^3}{12} + 2\left[\frac{(b_f - b)h_f^2}{12} + (b_f - b)h_f\left(\frac{h}{2} - \frac{h_f}{2}\right)^2\right] = 2468.27 \times 10^9 \text{mm}^4$$

$$I_y = \frac{1}{12}(h - 2h_f)b^3 + 2 \times \frac{1}{12}h_f b_f^3 = 23.47 \times 10^9 \text{mm}^4$$

2. 求偏心距

$$C_m \eta_{ns} = 1，e_0 = \frac{M}{N} = \frac{16000 \times 10^6}{15000 \times 10^3} = 1066.67\text{mm}，e_a = \frac{4000}{30} = 133.33\text{mm}，e_i = e_0 + e_a = 1200\text{mm}$$

$$e = e_i + h/2 - a = 1200 + 4000/2 - 300 = 2900\text{mm}$$

3. 判断大小偏心受压

采用对称配筋，先假定构件为大偏心受压且受压区进入腹板，由式（13-1）、式（13-3）得混凝土相对受压区高度

$$\xi = \frac{\gamma_0 N - \left(1 - \dfrac{2}{\omega}\right)f_{yw}A_{sw} - \alpha_1 f_c(b'_f - b)h'_f}{\dfrac{f_{yw}A_{sw}}{0.5\beta_1\omega} + \alpha_1 f_c b h_0}$$

$$= \frac{1 \times 15000000 - \left(1 - \dfrac{2}{0.919}\right)300 \times 1360 - 1 \times 19.1 \times (600 - 200) \times 600}{\dfrac{300 \times 1360}{0.5 \times 0.8 \times 0.919} + 1 \times 19.1 \times 200 \times 3700}$$

$$= \frac{15000000 + 479922 - 4584000}{1109902 + 14134000}$$

$$= 0.715$$

由于 $\xi > \xi_b = 0.55$，构件是小偏心受压。

4. 求 $A_s$、$A'_s$

采用迭代法计算，令

$$x_1 = \frac{(\xi + \xi_b)h_0}{2} = \frac{(0.715 + 0.55) \times 3700}{2} = 2340\text{mm}，则 \xi_1 = x_1/h_0 = 2340/3700 = 0.632$$

$$M_{sw} = \left[0.5 - \left(\frac{\xi_1 - \beta_1}{\beta_1\omega}\right)^2\right]f_{yw}A_{sw}h_{sw} = \left[0.5 - \left(\frac{0.632 - 0.8}{0.8 \times 0.919}\right)^2\right] \times 300 \times 1360 \times 3400$$

$$= 621.2 \times 10^6 \text{N} \cdot \text{mm}。$$

按式（13-2），受压钢筋面积为：

$$A'_s = \frac{\gamma_0 Ne - \alpha_1 f_c bh_0^2 \xi(1-0.5\xi) - \alpha_1 f_c(b'_f - b)h'_f(h_0 - 0.5h'_f) - M_{sw}}{f'_y(h_0 - a')}$$

$$= \frac{1}{300 \times (3700-300)}\{1 \times 15000000 \times 2900 - 1 \times 19.1 \times 0.632 \times (1-0.5 \times 0.632)$$

$$\times 200 \times 3700^2 - 1 \times 19.1 \times (600-200) \times 600 \times (3700 - 300/2) - 621.2 \times 10^6\}$$

$$= \frac{1}{1020000}\{43500 \times 10^6 - 22607 \times 10^6 - 15586 \times 10^6 - 621.2 \times 10^6\} = 4594 \text{mm}^2$$

由式（2-11）、式（13-1）求出新的混凝土受压区高度为：

$$x_2 = \frac{\gamma_0 N - \dfrac{\xi_b}{\xi_b - \beta_1}f_y A'_s - \alpha_1 f_c(b'_f - b)h'_f - \left(1 - \dfrac{2}{\omega}\right)f_{yw}A_{sw}}{\alpha_1 f_c bh_0 + \dfrac{f_{yw}A_{sw}}{0.5\beta_1 \omega} - \dfrac{1}{\xi_b - \beta_1}f_y A'_s} h_0$$

$$= \frac{15000000 - \dfrac{0.55 \times 300 \times 4594}{0.55 - 0.8} + 479922 - 4584000}{1109902 + 14134000 - \dfrac{1}{0.55 - 0.8} \times 300 \times 4594} \times 3700$$

$$= 2483 \text{mm}$$

重复上述迭代过程，最后求得同时满足式（13-1）、式（13-2）的混凝土受压区高度及受压钢筋面积

$$x = 2502.3 \text{mm}, \quad A'_s = A_s = 3867.5 \text{mm}^2$$

文献［3］算得此二值为：$x = 2504.55 \text{mm}$，$A_s' = A_s = 3748.9 \text{mm}^2$，可见两者很接近。

5. 垂直弯矩作用平面的轴心受压承载力计算

$$b_e = \sqrt{12\frac{I_y}{A}} = \sqrt{12\frac{23.47 \times 10^9}{1.28 \times 10^6}} = 469 \text{mm}$$

$l_0/b_e = 1.25 \times 3600/469 = 9.595$，查 GB 50010—2010 表6.2.15 得 $\varphi = 0.995$

轴心受压所需的钢筋截面面积：

$$A'_s = \frac{\dfrac{\gamma_0 N}{0.9\varphi} - f_c A - f_{yw}A_{sw}}{f'_y} = \frac{\dfrac{1 \times 15000000}{0.9 \times 0.995} - 19.1 \times 1.28 \times 10^6 - 300 \times 1360}{300} < 0，\text{不起控制}$$

作用。

根据 $A'_s = A_s = 3867.5 \text{mm}^2$，可选 8 根 25mm 直径钢筋，$A_s = 3927.2 \text{mm}^2$

RCM 软件计算输入信息和简要输出信息见图 13-7。

图 13-7　带边框柱剪力墙小偏心受压配筋算例

RCM 软件的详细输出信息如下：

```
bf=    600.; hf=    600.; b″f=    600.; h″f=    600.  (mm)
B=    200.; H=   4000.; HO=  3700.0 (mm)
M= 16000.00(kN-m); N= 15000.00(kN); V=       0.00(kN)
均匀配置纵向分布钢筋区段的高度=     3400. mm
均匀配置纵向分布钢筋区段高度与截面有效高度的比值ω=     0.919
纵向分布钢筋的总面积=    1360.0 mm^2
Ac=  1280000.(mm^2); Be=    469. (mm)
偏心距e=    2900.0; e0,ea=    1066.7       133.3  mm
     ξ=              0.715＞ξb,是小偏心受压
X1=          2339.830; ξ1=   0.632
Msw=    621485504. N-mm
As″=       4586.9 mm^2
X2=          2482.925; ξ1=   0.632
Msw=    650924800. N-mm
As″=       3867.5 mm^2
X2=          2502.372; ξ1=   0.671
Φ= 0.995
Asa=       3544.6 mm^2
As=As″=      3867.5 mm^2,配置 8根直径25mm钢筋As=      3927.2
剪力满足截面限制条件！Vsize=    3533.5 kN
按构造配水平分布钢筋Φ8@ 252；ρmin=0.002
```

可见 RCM 软件的计算结果与手算结果相同。

### 【例 13-4】偏心受拉剪力墙正截面承载力算例

文献［3］第 188 页例题。已知某工字形截面剪力墙，$b = 300mm$，$h = 1500mm$，计算长度 $l_0 = 4000mm$，混凝土强度等级 C30。采用 HRB335 钢筋，轴向拉力设计值 $N = 1000kN$，弯矩设计值 $M = 500kN \cdot m$，$\gamma_0 = 1.0$，截面腹部纵向分布钢筋配筋率 $\rho_{sv} = 0.2\%$，求所需钢筋截面面积（对称配筋）。

**【解】** 1. 确定计算数据

设纵向钢筋集中配置在两端 200mm 范围内，则钢筋合力点至截面近边的距离为：

$a = a' = 100mm$，则截面有效高度：$h_0 = h - a = 1500 - 100 = 1400mm$

沿截面腹部均匀配置竖向分布钢筋区段的高度为：

$$h_{sw} = h_0 - a' = 1400 - 100 = 1300mm$$

纵向分布钢筋总面积为：

$$A_{sw} = \rho_{sv} h_{sw} b = 0.002 \times 1300 \times 300 = 780mm^2$$

轴向拉力对截面重心的偏心距 $e_0 = \dfrac{M}{N} = \dfrac{500 \times 10^6}{1000 \times 10^3} = 500mm$

2. 计算

3. 求 $A_s$，$A'_s$

由式（13-21）、式（13-22）得

$$N_{u0} = 2f_y A_s + f_{yw} A_{sw} = 600A_s + 234000$$

$$M_u = f'_y A'_s (h_0 - a') + f_{yw} A_{sw} \frac{(h_0 - a')}{2} = 300 \times 1300A_s + 780 \times 300 \times 1300/2$$

$$= 390000A_s + 1.521 \times 10^8$$

式（13-20）取等号后，再改写为：

$$M_u + e_0 N_{u0} = \frac{N_{u0} M_u}{\gamma_0 N}$$

将 $N_{u0}$、$M_u$ 代入，得：

$$390000A_s + 1.521 \times 10^8 + 500 \times 10^6 \times (600A_s + 234000)$$

$$= (600A_s + 234000) \times (390000A_s + 1.521 \times 10^8)/1000000$$

整理，得：

$$A_s^2 - 2169A_s - 997000 = 0$$

解，得：

$$A_s = 2558.6 \text{mm}^2$$

它大于构造要求的最小配筋，故答案是：$A'_s = A_s = 2558.6 \text{mm}^2$，可选 6 根 25mm 直径钢筋，$A_s = 2945.4 \text{mm}^2$。

RCM 软件计算输入信息和简要输出信息见图 13-8。

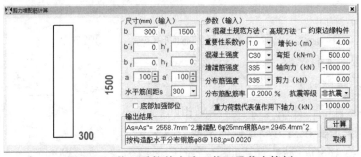

图 13-8　偏心受拉剪力墙正截面承载力算例

RCM 软件的详细输出信息如下：

```
bf=     0.；hf=     0.；b″f=     0.；h″f=     0. （mm）
B=   300.；H=  1500.；H0= 1400.0 （mm）
M=   500.00(kN-m)；N= -1000.00(kN)；V=     0.00(kN)
均匀配置纵向分布钢筋区段的高度=    1300. mm
均匀配置纵向分布钢筋区段高度与截面有效高度的比值ω=    0.929
纵向分布钢筋的总面积Asw=      780.0 mm^2
Ac=    450000.(mm^2)；Be=   300. （mm）
剪力墙偏心受拉承载力计算，γo= 1.0; e0=     500.0 （mm）
As=As″=     2558.7 mm^2,配置 6根直径25mm钢筋As=    2945.4
剪力满足截面限制条件！Vsize=    1501.5 kN
按构造配水平分布钢筋φ8@ 168; ρmin=0.002
```

可见 RCM 软件的计算结果与手算结果相同。

## 【例 13-5】 剪力墙斜截面承载力算例

文献 [3] 第 191 页例题。某一级抗震等级矩形截面剪力墙，$b = 300mm$，$h = 1500mm$，截面有效高度 $h_0 = 1300mm$，计算长度 $l_0 = 4000mm$，混凝土强度等级 C40。采用 HRB335 钢筋，轴向压力设计值 $N = 1000kN$，剪力值 $V = 625kN$，弯矩值 $M = 1625kN \cdot m$，水平分布钢筋的竖向间距 $s = 200mm$，求所需水平分布钢筋截面面积。

【解】 剪力设计值 $V = 1.6 \times 625 = 1000kN$

剪跨比 $\lambda = \dfrac{M}{Vh_0} = \dfrac{1625 \times 10^6}{625 \times 10^3 \times 1300} = 2 \leqslant 2.5$

$0.15\beta_c f_c bh_0 / \gamma_{RE} = 0.15 \times 1 \times 19.1 \times 300 \times 1300 / 0.85 = 1.31 \times 106 \, N > V = 1000kN$，截面尺寸满足要求。

由于 $0.2f_c bh = 0.2 \times 19.1 \times 300 \times 1500 = 1719kN > N$，又有矩形截面 $A_w / A = 1$，据式（13-29）得配置在同一水平截面内的水平分布钢筋的全部截面面积：

$$A_{sh} = \frac{\gamma_{RE} V - \dfrac{1}{\lambda - 0.5}(0.4f_t bh_0 + 0.1N)}{0.8f_{yv}h_0}s$$

$$= \frac{0.85 \times 1000000 - \dfrac{1}{2 - 0.5}(0.4 \times 1.71 \times 300 \times 1300 + 0.1 \times 1000000)}{0.8 \times 300 \times 1300} \times 200 = 388.14mm^2$$

规范要求的抗震设计剪力墙最小配筋率 $\rho_{sh,min} = 0.0025$，由此确定最小配筋面积为 $\rho_{sh,min}bs = 0.0025 \times 300 \times 200 = 150mm^2$，所以结果取 $A_{sh} = 388.14mm^2$，可配 2 根 16mm 直径钢筋，实配 $A_{sh} = 402.2mm^2$。

RCM 软件计算输入信息和简要输出信息见图 13-9。

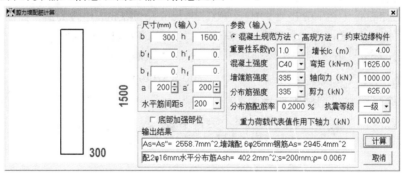

图 13-9　剪力墙斜截面承载力算例

RCM 软件的详细输出信息如下：

```
按混凝土结构设计规范GB50010-2010方法计算剪力墙正截面承载力
翼缘尺寸bf=    0.；hf=    0.；b″f=    0.；h″f=  0.（mm）
B=   300.；H= 1500.；H0= 1300.0（mm）；C40;竖向、水平筋 335、 335级
M= 1625.00(kN-m)；N= 1000.00(kN)；V=    625.00(kN),抗震等级= 1
均匀配置纵向分布钢筋区段的高度=    1100. mm
均匀配置纵向分布钢筋区段高度与截面有效高度的比值ω=    0.846
```

纵向分布钢筋的总面积Asw= 660.0 mm^2
Ac= 450000.(mm^2); Be= 300. (mm)
偏心距e= 2225.0; e0,ea= 1625.0 50.0 mm
ξ = 0.139≤ξb,是大偏心受压
Φ= 0.869
垂直弯矩平面的轴心受压钢筋Asa= 0.0 mm^2
As=As″= 3870.8 mm^2,墙端配 8Φ25mm钢筋As= 3927.2mm^2
剪跨比λ= 2.00; 剪力设计值= 1000.0 kN
剪力满足截面限制条件！[V]=αβcBH0/0.85= 1314.5 kN
M/(VHo)= 2.00 计算用的λ= 2.00
砼抗力(1/0.85)*(0.4*FT*B*H0+0.1*N*AW/A)/(λ-0.5)= 287.65(kN)
Ash/S= 1.94; S=200; 算得Ash= 388.1; 考虑配筋率要求后Ash= 388.1mm^2
配2Φ16mm水平分布筋Ash= 402.2mm^2;s=200mm; ρ= 0.0067

### 【例 13-6】剪力墙正截面承载力高规方法算例 1

文献［4］第 171 页例题。已知二级抗震等级剪力墙，截面尺寸 $b=250$mm，$h=6000$mm。混凝土强度等级 C30，纵筋采用 HRB335 钢筋，箍筋 HPB235 级钢筋。竖向分布钢筋为双排 $\phi10@200$mm，墙肢底部加强部位的截面作用有考虑地震作用组合的弯矩值 $M=18000$kN·m，轴力值 $N=3200$kN，重力荷载代表值作用下墙肢轴向力设计值 $N=2980$kN，剪力值 $V=2600$kN。求所需纵向钢筋截面面积。

【解】1. 轴压比

$$\mu_N = \frac{N}{f_c A} = \frac{2980000}{14.3 \times 250 \times 6000} = 0.14 \ < 0.6（满足要求）$$

2. 纵向钢筋配筋范围沿墙肢方向的高度

取，b=250mm，$l_c/2 = 0.2h/2 = 0.2 \times 6000/2 = 600$mm，400mm 中较大值，即取 600mm（注：查表 13-5，$l_c$ 应为 0.15h，$l_c/2 = 450$mm，但为了与文献［4］对照，这里也取 600mm）。

纵向受力钢筋全力点到近边缘的距离 $a' = 600/2 = 300$mm。

剪力墙截面有效高度 $h_0 = h - a' = 6000 - 300 = 5700$mm。

3. 剪力墙竖向分布钢筋配筋率

$$\rho_w = \frac{nA_{sv}}{bs} = \frac{2 \times 78.5}{250 \times 200} = 0.314\% > \rho_w^{min} = 0.25\%$$

4. 配筋计算

假定 $x \leq \xi_b h_{w0}$，即 $\sigma_s = f_y$。因 $A_s = A'_s$，故 $A'_s f'_y - A_s \sigma_s = 0$，应用式（13-8）

$$N \leq \frac{1}{\gamma_{RE}} (A'_s f'_y - A_s \sigma_s - N_{sw} + N_c)$$

由式（13-10）         $N_c = \alpha_1 f_c b_w x = 1.0 \times 14.3 \times 250x$

由式（13-15）         $N_{sw} = (h_{w0} - 1.5x)b_w f_{yw}\rho_w$

$$= (5700 - x) \times 250 \times 210 \times 0.314\%$$

$$= 939645 - 247.3x$$

合并三式得

$$3200000 = \frac{1}{0.85} (0 - 939645 + 247.3x + 3575x)$$

得 $x = 957\text{mm} \leqslant \xi_b h_{w0} = 0.55 \times 5700 = 3135\text{mm}$，原假定符合。

由式（13-11）

$$M_c = \alpha_1 f_c b_w x \left( h_{w0} - \frac{x}{2} \right)$$

$$= 1.0 \times 14.3 \times 250 \times 957 \times (5700 - 957/2) = 17864 \times 10^6 \text{ N} \cdot \text{mm}$$

由式（13-16）

$$M_{sw} = \frac{1}{2} (h_{w0} - 1.5x)^2 b_w f_{yw} \rho_w$$

$$= 0.5 \times (5700 - 1.5 \times 957)^2 \times 250 \times 210 \times 0.314\% = 1499 \times 10^6 \text{ N} \cdot \text{mm}$$

$$e_0 = \frac{M}{N} = \frac{18000 \times 10^6}{3200 \times 10^3} = 5625\text{mm}$$

由式（13-9）

$$N \left( e_0 - h_{w0} - \frac{h_w}{2} \right) \leqslant \frac{1}{\gamma_{RE}} \left[ A'_s f'_y (h_{w0} - a') - M_{sw} + M_c \right]$$

$$A_s = A'_s = \frac{\gamma_{RE} N (e_0 + h_{w0} - h_w/2) + M_{sw} - M_c}{f'_y (h_{w0} - a')}$$

$$= \frac{0.85 \times 3200000 \times (5625 + 5700 - 6000/2) + 1499 \times 10^6 - 17864 \times 10^6}{300 \times (5700 - 300)}$$

$$= 3876\text{mm}^2$$

纵向钢筋的最小配筋面积

$$A_{s,\min} = 1\% \times 250 \times 600 = 1500\text{mm}^2$$

并不应小于 6 $\Phi$ 14，取 8 $\Phi$ 25，$A_s = 3927\text{mm}^2$。

RCM 软件计算输入信息和简要输出信息见图 13-10。

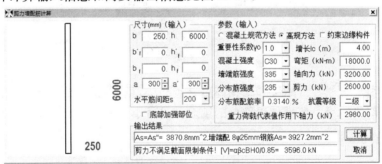

图 13-10　剪力墙正截面承载力高规方法算例

RCM 软件的详细输出信息如下：

```
按高层建筑混凝土结构技术规程JGJ3-2010方法计算剪力墙正截面承载力
翼缘尺寸bf=    0.；hf=    0.；b″f=    0.；h″f=    0.（mm）
B=   250.；H=  6000.；H0= 5700.0（mm）；C30;竖向、水平筋 335、 235级
M= 18000.00(kN-m)；N=  3200.00(kN)；V=  2600.00(kN),抗震等级= 2
重力荷载代表值下轴力N=   2980.0（kN）
纵向分布钢筋的总面积Asw=     4710.0 mm^2
```

```
Ac=     1500000.(mm^2); Be=     250. (mm)
偏心距e=    8525.0; e0, ea=    5625.0       200.0 mm
Nb=  20204406.0
a1FcB=   3575.0; FywAsw= 939645.0; 1.5FywAsw/H0=     247.3
X=     957.5; ξ1=    0.168
Mc=   17871851520.; Msw=     1498501120.; As= 3870.8
φ= 0.776
垂直弯矩平面的轴心受压钢筋Asa=           0.0 mm^2
As=As″=  3870.8 mm^2,墙端配 8φ25mm钢筋As= 3927.2mm^2
剪跨比λ= 1.21; 剪力设计值     3640.0 kN
剪力不满足截面限制条件！[V]=αβcBH0/0.85=     3596.0 kN
```

可见，其与手算结果一样。

### 【例 13-7】 剪力墙正截面承载力高规方法算例 2

文献 [5] 第 236 页例题。16 层剪力墙结构，层高 3.2 m，8 度抗震设防，设计基本加速度 0.2g，设计地震分组为第一组，Ⅱ类场地，C30 级混凝土，墙肢端部竖向钢筋和分布钢筋、连梁抗弯钢筋和箍筋采用 HRB400 级钢筋。图 13-11 所示为该结构一片剪力墙的截面，墙厚为 200mm。墙肢 1 在重力荷载代表值作用下底截面的轴压力为 4536.2kN，底截面的最不利组合的内力设计值：$M = 2684.6$kN·m，$N = 551.8$kN，$V = 190.5$kN。试计算墙肢 1 底部加强部位的配筋。

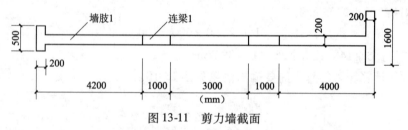

图 13-11　剪力墙截面

### 【解】

由结构类型、抗震设计烈度和结构高度，查高层建筑混凝土结构技术规程，该结构剪力墙的抗震等级为二级。底部加强部位的墙厚满足最小厚度的要求（不小于 200mm）。

1. 轴压比

$$\mu_N = \frac{N}{f_c A} = \frac{4536200}{14.3 \times 200 \times 4200} = 0.378 \; > \; 0.3$$

轴压比大于 0.3，由表 13-4，二级剪力墙底部加强部位墙肢两端应设置约束边缘构件。墙肢左端有翼墙，但其长度为 500mm，小于翼墙厚的 3 倍（600mm），视为无翼墙。由表 13-5，轴压比小于 0.4 时，约束边缘构件的长度 $l_c = 0.15h_w = 630$mm；设置箍筋长度范围为 $0.075h_w = 320$mm，在此长度范围内竖向钢筋的配筋率不小于 1.0%；纵向钢筋钢筋合力点至截面近边缘的距离取 $a' = 160$mm，因此 $h_{w0} = (4200 - 160) = 4040$mm。

2. 墙肢竖向钢筋计算

竖向分布钢筋取 φ8@200，双层钢筋网，配筋率为：

$$\rho_w = \frac{2 \times 50.3}{200 \times 200} = 0.25\% \geqslant \rho_w^{min} = 0.25\%$$

满足二级剪力墙竖向和水平分布钢筋配筋率的要求。

假定 $x \leqslant \xi_b h_{w0}$，即 $\sigma_s = f_y$。因 $A_s = A'_s$，故 $A'_s f_y - A_s \sigma_s = 0$，应用式（13-8）

$$N \leqslant \frac{1}{\gamma_{RE}} (A'_s f'_y - A_s \sigma_s - N_{sw} + N_c)$$

由式（13-10）　　　$N_c = \alpha_1 f_c b_w x = 1.0 \times 14.3 \times 200x = 2860x$

由式（13-15）　　　$N_{sw} = (h_{w0} - 1.5x) b_w f_{yw} \rho_w$

$$= (4040 - x) \times 200 \times 360 \times 0.25\%$$

$$= 727200 - 270x$$

合并三式得

$$551800 = \frac{1}{0.85} (0 - 727200 + 270x + 2860x)$$

得 $x = 382.2\text{mm} \leqslant \xi_b h_{w0} = 0.518 \times 4040 = 2093\text{mm}$，与原假定符合。

由式（13-11）

$$M_c = \alpha_1 f_c b_w x \left( h_{w0} - \frac{x}{2} \right)$$

$$= 1.0 \times 14.3 \times 200 \times 382.2 \times (4040 - 382/2) = 4206 \times 10^6 \text{ N} \cdot \text{mm}$$

由式（13-16）

$$M_{sw} = \frac{1}{2} (h_{w0} - 1.5x)^2 b_w f_{yw} \rho_w$$

$$= 0.5 \times (4040 - 1.5 \times 382.2)^2 \times 200 \times 360 \times 0.25\% = 1082 \times 10^6 \text{ N} \cdot \text{mm}$$

$$e_0 = \frac{M}{N} = \frac{2684.6 \times 10^6}{551.8 \times 10^3} = 4865\text{mm}$$

由式（13-9）

$$N \left( e_0 + h_{w0} - \frac{h_w}{2} \right) \leqslant \frac{1}{\gamma_{RE}} \left[ A'_s f'_y (h_{w0} - a') - M_{sw} + M_c \right]$$

$$A_s = A'_s = \frac{\gamma_{RE} N(e_0 + h_{w0} - h_w/2) + M_{sw} - M_c}{f'_y (h_{w0} - a')}$$

$$= \frac{0.85 \times 551800 \times (4865 + 4040 - 4200/2) + 1082 \times 10^6 - 4206 \times 10^6}{360 \times (4040 - 160)}$$

$$= 48.5\text{mm}^2$$

纵向钢筋的最小配筋面积

$$A_{s,min} = 1\% \times 200 \times 320 = 640\text{mm}^2$$

并不应小于 6 ⏀ 16，取 6 ⏀ 16，$A_s = 1206\text{mm}^2$。

3. 墙肢水平钢筋计算

由式（13-26）计算剪力设计值

$$V_w = 1.4V = 1.4 \times 190.5 = 266.7\text{kN}$$

按剪压比验算截面尺寸：

剪跨比 $\lambda = M^c / (V^c h_{w0}) = 2684.6 \times 10^3 / (190.5 \times 4040) = 3.49 > 2.5$

用式（13-27）校核截面尺寸：

$$0.20\beta_c f_c bh_0 / \gamma_{RE} = (0.2 \times 1 \times 14.3 \times 200 \times 4040) / 0.85 = 2719\text{kN} > 266.7\text{kN}$$

满足要求。

用式（13-29）计算截面受剪承载力

$$0.85V_w \le \frac{1}{\lambda - 0.5}\left(0.4f_tbh_0 + 0.1N\frac{A_w}{A}\right) + 0.8f_{yv}\frac{A_{sh}}{s}h_0$$

$$0.85 \times 266700 = \frac{1}{2.2 - 0.5}(0.4 \times 1.43 \times 200 \times 4040 + 0.1 \times 551800) + 0.8 \times 360 \times 4040 \times \frac{A_{sh}}{s}$$

算出$\frac{A_{sh}}{s}$小于0，故按构造要求配筋，由表13-2，二级抗震等级配直径8mm水平钢筋，配箍率取0.25%，得间距$s = 202$mm。实配可采用φ8@200，双层钢筋网。

剪力墙边缘构件的箍筋计算可由 RCM 软件的专用菜单项完成。

RCM 软件计算输入信息和简要输出信息见图13-12。

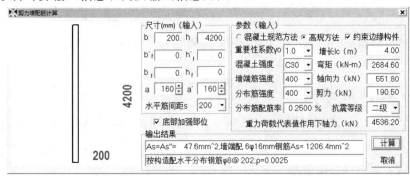

图 13-12　剪力墙正截面承载力高规方法算例

RCM 软件的详细输出信息如下：

> 按高层建筑混凝土结构技术规程JGJ3-2010方法计算剪力墙正截面承载力
> 翼缘尺寸bf= 0.；hf= 0.；b″f= 0.；h″f= 0. (mm)
> B= 200.；H= 4200.；H0= 4040.0 (mm)；C30；竖向、水平筋 400、 400级
> M= 2684.60(kN-m)；N= 551.80(kN)；V= 190.50(kN)，抗震等级= 2
> 重力荷载代表值下轴力N= 4536.2 (kN)
> 纵向分布钢筋的总面积Asw= 2100.0 mm^2
> Ac= 840000.(mm^2)；Be= 200. (mm)
> 偏心距e= 6945.2；e0, ea= 4865.2 140.0 mm
> Nb= 11385811.0
> a1FcB= 2860.0；FywAsw= 727200.0；1.5FywAsw/H0= 270.0
> X= 382.2；ξ1= 0.095
> Mc= 4207014400.；Msw= 1081637504.；As= 47.6
> φ= 0.634
> 垂直弯矩平面的轴心受压钢筋Asa= 0.0 mm^2
> As=As″= 452.0 mm^2，墙端配 6φ12mm钢筋As= 678.6mm^2
> 剪跨比λ= 3.49；剪力设计值= 266.7 kN
> 剪力满足截面限制条件！[V]=αβcBH0/0.85= 2718.7 kN
> M/(VHo)= 3.49 计算用的λ= 2.20
> 砼抗力(1/0.85)*(0.4*FT*B*H0+0.1*N*AW/A)/(λ-0.5)= 358.03(kN)
> 按构造配水平分布钢筋φ8@ 202；ρ=0.0025

可见，其与手算结果一样。本文结果与文献［5］手算结果略有差别，是因为文献［5］所用公式与本文公式稍有不同。

## 13.4　剪力墙连梁承载力计算

跨高比（$l/h$）小于 5 的连梁按本节方法设计，跨高比不小于 5 的连梁宜按框架梁设计。

1. 连梁的正截面承载力计算

非抗震设计中，连梁的正截面承载力计算同一般框架梁，见本书第 4 章。

抗震设计中，当采用对称配筋时，其正截面受弯承载力应符合下列规定：

$$M_{\mathrm{b}} \leqslant \frac{1}{\gamma_{\mathrm{RE}}} \left[ f_{\mathrm{y}} A_{\mathrm{s}} \left( h_0 - a' \right) + f_{\mathrm{yd}} A_{\mathrm{sd}} z_{\mathrm{sd}} \cos\alpha \right] \tag{13-35}$$

式中　$M_{\mathrm{b}}$——考虑地震组合的剪力墙连梁梁端弯矩设计值；

$\quad\ f_{\mathrm{y}}$——纵向钢筋抗拉强度设计值；

$\quad\ f_{\mathrm{yd}}$——对角斜筋抗拉强度设计值；

$\quad\ A_{\mathrm{s}}$——单侧受拉纵向钢筋截面面积；

$\quad\ a'$——受压区全部纵向钢筋合力点至截面受压边缘的距离；

$\quad\ A_{\mathrm{sd}}$——单向对角斜筋截面面积、无斜筋时取 0；

$\quad\ z_{\mathrm{sd}}$——计算截面对角斜筋至截面受压区合力点的距离；

$\quad\ \alpha$——对角斜筋与梁纵轴线夹角；

$\quad\ h_0$——连梁截面有效高度；

$\quad\ \gamma_{\mathrm{RE}}$——承载力抗震调整系数。

2. 连梁的斜截面承载力计算

非抗震设计的剪力墙连梁及筒体洞口连梁，当配置普通箍筋时，其截面限制条件及斜截面受剪承载力应符合下列规定：

受剪截面应符合下列要求：

$$V \leqslant 0.25\beta_{\mathrm{c}} f_{\mathrm{c}} b h_0 \tag{13-36}$$

连梁的斜截面受剪承载力应符合下列要求：

$$V \leqslant 0.7 f_{\mathrm{t}} b h_0 + f_{\mathrm{yv}} \frac{A_{\mathrm{sv}}}{s} h_0 \tag{13-37}$$

抗震设计的剪力墙连梁及筒体洞口连梁，当配置普通箍筋时，其截面限制条件及斜截面受剪承载力应符合下列规定：

1）跨高比大于 2.5 时

受剪截面应符合下列要求：

$$V \leqslant \frac{1}{\gamma_{\mathrm{RE}}} (0.20\beta_{\mathrm{c}} f_{\mathrm{c}} b h_0) \tag{13-38}$$

连梁的斜截面受剪承载力应符合下列要求：

$$V \leqslant \frac{1}{\gamma_{\mathrm{RE}}} \left( 0.42 f_{\mathrm{t}} b h_0 + f_{\mathrm{yv}} \frac{A_{\mathrm{sv}}}{s} h_0 \right) \tag{13-39}$$

2）跨高比不大于 2.5 时

受剪截面应符合下列要求：

$$V \leqslant \frac{1}{\gamma_{RE}}(0.15\beta_c f_c bh_0) \tag{13-40}$$

连梁的斜截面受剪承载力应符合下列要求：

$$V \leqslant \frac{1}{\gamma_{RE}}\left(0.38f_t bh_0 + 0.9f_{yv}\frac{A_{sv}}{s}h_0\right) \tag{13-41}$$

式中　$f_t$——混凝土抗拉强度设计值；

　　　$f_{yv}$——箍筋抗拉强度设计值；

　　　$A_{sv}$——配置在同一截面内的箍筋截面面积。

3. 连梁的构造要求

跨高比（$l/h$）不大于 1.5 的连梁，非抗震设计时，其纵向钢筋的最小配筋率可取为 0.2%；抗震设计时，其纵向钢筋的最小配筋率宜符合表 13-7 的要求；跨高比大于 1.5 的连梁，其纵向钢筋的最小配筋率可按框架梁的要求执行。

抗震设计跨高比不大于 1.5 的连梁纵向钢筋的最小配筋率（%）　　　　　表 13-7

| 跨高比 | 最小配筋率（采用较大值） |
| --- | --- |
| $l/h \leqslant 0.5$ | 0.20，$45f_t/f_y$ |
| $0.5 < l/h \leqslant 1.5$ | 0.25，$55f_t/f_y$ |

非抗震设计时，剪力墙结构连梁顶面及底面单侧纵向钢筋的最大配筋率不宜大于 2.5%；抗震设计时，顶面及底面单侧纵向钢筋的最大配筋率宜符合表 13-8 的要求。如不满足，则应按实配钢筋进行连梁强剪弱弯的验算。

抗震设计连梁纵向钢筋的最大配筋率（%）　　　　　表 13-8

| 跨高比 | 最大配筋率 |
| --- | --- |
| $l/h \leqslant 1.0$ | 0.6 |
| $1.0 < l/h \leqslant 2.0$ | 1.2 |
| $2.0 < l/h \leqslant 2.5$ | 1.5 |

连梁的配筋构造，见图 13-13。

① 连梁顶面、底面纵向水平钢筋伸入墙肢的长度，抗震设计时不应小于 $l_{aE}$，非抗震设计时不应小于 $l_a$，且均不应小于 600mm。

② 抗震设计时，沿连梁全长箍筋的构造应符合框架梁梁端箍筋加密区的箍筋构造要求；非抗震设计时，沿连梁全长的箍筋直径不应小于 6mm，间距不应大于 150mm。

③ 顶层连梁纵向水平钢筋伸入墙肢的长度范围内应配置箍筋，箍筋间距不宜大于150mm，直径应与该连梁的箍筋直径相同。

④ 连梁高度范围内的墙肢水平分布钢筋应在连梁内拉通作为连梁的腰筋。连梁截面高度大于 700mm 时，其两侧腰筋的直径不应小于 8mm，间距不应大于 200mm；跨高比不大于 2.5 的连梁，其两侧腰筋的总面积配筋率不应小于 0.3%。

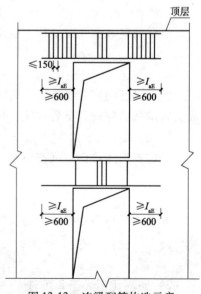

图 13-13　连梁配筋构造示意

注：非抗震设计时图中 $l_{aE}$ 取 $l_a$。

《混凝土结构设计规范》GB 50010—2010 还规定连梁沿上、下边缘单侧纵向钢筋不宜小于2$\phi$12。

**【例 13-8】 剪力墙连梁承载力算例**

文献［3］第 192 页例题。已知一级抗震等级剪力墙连梁，截面尺寸 $b = 300\text{mm}$，$h = 800\text{mm}$，截面有效高度 $h_0 = 765\text{mm}$，连梁跨度 $l_n = 2400\text{mm}$，混凝土强度等级 C40。采用 HRB335 钢筋，剪力设计值 $V = 750\text{kN}$，弯矩设计值 $M = 350\text{kN} \cdot \text{m}$，箍筋间距 $s = 100\text{mm}$，求所需纵向钢筋和箍筋截面面积。

**【解】** 梁正截面承载力抗震调整系数 $\gamma_{RE} = 0.75$。

由式（13-35）求得纵向受拉钢筋面积

$$A_s = \frac{\gamma_{RE} M}{f'_y (h_0 - a')} = \frac{0.75 \times 350 \times 10^6}{300 \times (765 - 35)} = 1199\text{mm}^2$$

跨高比 $l/h = 2400/800 = 3.0$，按一级抗震等级框架梁最小配筋率 $\rho_{min} = 80 f_t / f_{yv} = 80 \times 1.71/300 = 0.456\% > 0.40\%$，由此确定最小箍筋面积为 $A_{s,min} = \rho_{min} bh = 0.00456 \times 300 \times 800 = 1094.4\text{mm}^2$，因为 $A_s > A_{s,min}$，所以结果取 $A_s = 1199\text{mm}^2$，可配 2 根 20mm 直径钢筋，实配 $A_s = 1256.8\text{mm}^2$。

梁斜截面承载力抗震调整系数 $\gamma_{RE} = 0.85$。跨高比 $\dfrac{l_n}{h} = 3 > 2.5$

$$\frac{1}{\gamma_{RE}}(0.20\beta_c f_c b h_0) = (0.2 \times 19.1 \times 1 \times 300 \times 765)/0.85 = 1000000 \text{ N} > V$$

可知截面尺寸满足要求。

配置在同一截面内各肢箍筋的截面面积总和应由式（13-39）确定：

$$A_{sv} = \frac{\gamma_{RE} V - 0.42 f_t b h_0}{f_{yv} h_0} s = \frac{0.85 \times 750000 - 0.42 \times 1.71 \times 300 \times 765}{300 \times 765} \times 100 = 205.96\text{mm}^2$$

规范要求的一级抗震等级框架梁最小配筋率 $\rho_{sv,min} = 0.30 f_t / f_{yv} = 0.3 \times 1.71/300 = 0.00171$，由此确定最小箍筋面积为 $A_{sv,min} = \rho_{sv,min} bs = 0.00171 \times 300 \times 100 = 51.3\text{mm}^2$，因为 $A_{sv} > A_{sv,min}$，所以结果取 $A_{sv} = 205.96\text{mm}^2$，可配 2 根 16mm 直径钢筋，实配 $A_{sh} = 402.2\text{mm}^2$。

RCM 软件计算输入信息和简要输出信息见图 13-14。

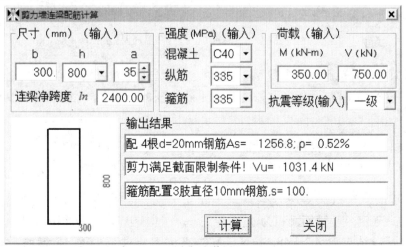

图 13-14　一级抗震等级剪力墙连梁算例

　　RCM 软件的详细输出信息如下：

```
B=    300. ; H=    800. ; a=    35. ; H0=  765.0 (mm)
Ln=  2400. (mm); M=   350.00 (kN-m); V=   750.00 (kN)
C40; Fc:  19.1; Fy: 300.0; Fyv: 300.0 (MPa); 1级抗震等级
Ac=    240000. (mm^2); Be=    300. (mm)
算出的As=    1198.6 mm^2; ρ = 0.0052
构造要求的ρmin=    0.0046
算得As=As"=    1198.6 mm^2, 配置 4根直径20mm钢筋As=    1256.8
L/H=3.00; Vu=SCALE*βc*FC*B*H0=0.235×1.00×19.1× 300.× 765.=   1031.4 kN
剪力满足截面限制条件! Vu=    1031.4 kN
Asv/s=    2.060 mm;配置3肢直径10mm钢筋
算出的S=    114.4 mm
构造要求的最大箍筋间距Smax=       100.0 mm
```

　　可见，其与手算结果一致。

### 【例 13-9】 小跨高比连梁承载力算例

　　文献［4］第 174 页例题。已知二级抗震等级剪力墙连梁，截面尺寸 $b = 160\text{mm}$，$h = 900\text{mm}$，截面有效高度 $h_0 = 865\text{mm}$，连梁跨度 $l_n = 900\text{mm}$，混凝土强度等级 C30。纵筋采用 HRB335 钢筋，箍筋采用 HPB235 钢筋，由地震作用产生的连梁剪力设计值 $V = 152\text{kN}$，要求配置钢筋。

　　【解】1. 连梁弯矩
$$M_b = Vl_n/2 = 152000 \times 900/2 = 68.4 \times 10^6 \text{N} \cdot \text{mm} = 68.4\text{kN} \cdot \text{m}$$

正截面承载力抗震调整系数 $\gamma_{RE} = 0.75$。

由式（13-35）求得纵向受拉钢筋面积
$$A_s = \frac{\gamma_{RE}M}{f'_y(h_0 - a')} = \frac{0.75 \times 68.4 \times 10^6}{300 \times (865 - 35)} = 206\text{mm}^2，\text{箍筋间距 } s = 100\text{mm}$$

跨高比 $l/h = 900/900 = 1.0$，由表 13-7 知梁的最小配筋率为：$\rho_{min} = 55f_t/f_{yv} = 55 \times 1.43/300 = 0.262\% > 0.25\%$，由此确定最小箍筋面积为 $A_{s,min} = \rho_{min}bh = 0.00262 \times 160 \times 900 = 377.6\text{mm}^2$，因为 $A_s < A_{s,min}$，所以结果取 $A_s = 377.6\text{mm}^2$，可配 2 根 16mm 直径钢筋，实配 $A_s = 402\text{mm}^2$。

　　2. 连梁受剪承载力
$$V_b = \frac{1.2 \times (M_b^l + M_b^r)}{l_n} = \frac{1.2 \times (2 \times 68.4 \times 10^6)}{900} = 182400 \text{ N}$$

梁斜截面承载力抗震调整系数 $\gamma_{RE} = 0.85$。又跨高比 $l/h = 1 < 2.5$
$$\frac{1}{\gamma_{RE}}(0.15\beta_a f_c bh_0) = (0.15 \times 14.3 \times 1 \times 160 \times 865)/0.85 = 349000 \text{ N} > V$$

可知截面尺寸满足要求。

　　配置在同一截面内各肢箍筋的截面面积总和应由式（13-41）确定：
$$A_{sv} = \frac{\gamma_{RE}V_b - 0.38f_t bh_0}{0.9f_{yv}h_0}s = \frac{0.85 \times 182400 - 0.38 \times 1.43 \times 160 \times 865}{0.9 \times 210 \times 865} \times 100 = 48.8\text{mm}^2$$

规范要求的二级抗震等级框架梁最小配筋率 $\rho_{sv,min} = 0.28f_t/f_{yv} = 0.28 \times 1.43/210 = 0.00191$，由此确定最小箍筋面积为 $A_{sv,min} = \rho_{sv,min}bs = 0.00191 \times 160 \times 100 = 30.5\text{mm}^2$，因为 $A_{sv} > A_{sv,min}$，所以结果取 $A_{sv} = 48.8\text{mm}^2$，又二级抗震要求至少配 φ8 箍筋，故可配 2 根

8mm 直径钢筋，实配 $A_{sh} = 101 \text{mm}^2$。

RCM 软件计算输入信息和简要输出信息见图 13-15。

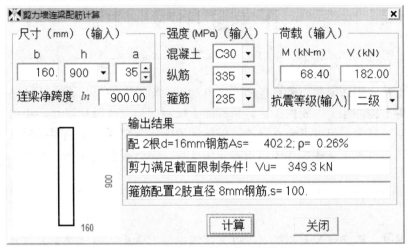

图 13-15　跨高比较小的连梁算例

RCM 软件的详细输出信息如下：

```
B=    160.; H=    900.; a=      35.; H0=    865.0 (mm)
Ln=    900.(mm); M=      68.40(kN-m); V=    182.00(kN)
C30; Fc=  14.3; Fy= 300.0; Fyv= 210.0(MPa); 2级抗震等级
Ac=    144000.(mm^2); Be=    160. (mm)
算出的As=    206.0 mm^2; ρ = 0.0015
构造要求的ρmin=     0.0026
按构造要求实配的ρ =     0.0026; As=    377.52
算得As=As″=      377.5 mm^2,配置 2根直径16mm钢筋As=      402.2
L/H=1.00; Vu=SCALE*βc*FC*B*H0=0.176×1.00×14.3× 160.× 865.=    349.3 kN
剪力满足截面限制条件! Vu=    349.3 kN
Asv/s=      0.486 mm;配置2肢直径 8mm钢筋
算出的S=    206.8 mm
构造要求的最大箍筋间距Smax=      100.0 mm
```

可见，其与手算结果一致。文献〔4〕手算结果与本文唯一差别在于文献〔4〕梁纵向钢筋配 2Φ14，因其遗漏了最小配筋率要求检验。

**本章参考文献**

〔1〕蓝宗建. 混凝土结构设计原理〔M〕. 南京：东南大学出版社，2008.

〔2〕熊仲明、王社良. 高层结构设计题库及题解〔M〕. 北京：中国水利水电出版社，2004.

〔3〕陈岱林、金新阳、张志宏. 钢筋混凝土构件设计原理及算例〔M〕. 北京：中国建筑工业出版社，2005.

〔4〕李爱群、丁幼亮. 工程结构抗震设计（第二版）〔M〕. 北京：中国建筑工业出版社，2010.

〔5〕钱稼茹、赵作周、叶列平. 高层建筑结构设计（第二版）〔M〕. 北京：中国建筑工业出版社，2012.

# 第14章 正常使用极限状态验算

构件的正常使用极限状态验算包括两个方面：裂缝宽度验算；变形（挠度）验算。

钢筋混凝土构件除了可能由于达到承载能力极限状态发生破坏以外，还可能由于达到裂缝宽度和变形过大，超过了允许限值，使结构不能正常使用，即达到或超过了正常使用极限状态。因此，对于某些构件还应根据使用条件，进行裂缝宽度和变形验算。

## 14.1 裂缝宽度计算

对钢筋混凝土构件应按下列规定进行受拉边缘应力或正截面裂缝宽度验算：钢筋混凝土构件的最大裂缝宽度可按荷载准永久组合并考虑长期作用影响的效应计算。最大裂缝宽度应符合下列要求：

$$w_{max} \leqslant w_{lim} \tag{14-1}$$

在矩形、T形、倒T形和I形截面的钢筋混凝土受拉、受弯和偏心受压构件中，按荷载标准组合或准永久组合并考虑长期作用影响的最大裂缝宽度可按下列公式计算：

$$w_{max} = \alpha_{cr} \psi \frac{\sigma_s}{E_s} \left( 1.9 c_s + 0.08 \frac{d_{eq}}{\rho_{te}} \right) \tag{14-2}$$

$$\psi = 1.1 - 0.65 \frac{f_{tk}}{\rho_{te} \sigma_s} \tag{14-3}$$

$$d_{eq} = \frac{\sum n_i d_i^2}{\sum n_i v_i d_i} \tag{14-4}$$

$$\rho_{te} = \frac{A_s}{A_{te}} \tag{14-5}$$

式中　$\alpha_{cr}$——构件的受力特征系数，按表 14-1 采用；

　　　$\psi$——裂缝间纵向受拉钢筋应变不均匀系数：当 $\psi < 0.2$ 时，取 $\psi = 0.2$；$\psi > 1.0$ 时，取 $\psi = 1.0$；对直接承受重复荷载的构件，取 $\psi = 1.0$；

　　　$\sigma_s$——按荷载准永久组合计算的钢筋混凝土构件纵向受拉钢筋应力；

　　　$E_s$——钢筋的弹性模量，按本书表 1-13 采用；

　　　$f_{tk}$——混凝土轴心抗拉强度标准值；

　　　$c_s$——最外层纵向受拉钢筋外边缘至受拉区底边的距离（mm）：当 $c_s < 20$ 时，取 $c_s = 20$；$c_s > 65$ 时，取 $c_s = 65$；

　　　$\rho_{te}$——按有效受拉混凝土截面面积计算的纵向受拉钢筋配筋率；在最大裂缝宽度计算中，当 $\rho_{te} < 0.01$ 时，取 $\rho_{te} = 0.01$；

　　　$A_{te}$——有效受拉混凝土截面面积：对轴心受拉构件，取构件截面面积；对受弯、偏心受压和偏心受拉构件，取 $A_{te} = 0.5bh + (b_f - b)h_f$，此处，$b_f$、$h_f$ 为受拉翼缘的宽度、高度；

$A_s$——受拉区纵向钢筋截面面积；

$d_{eq}$——受拉区纵向钢筋的等效直径（mm）；

$d_i$——受拉区第 $i$ 种纵向钢筋的公称直径（mm）；

$n_i$——受拉区第 $i$ 种纵向钢筋的根数；

$v_i$——受拉区第 $i$ 种纵向钢筋的相对粘结特性系数，按表 14-2 采用。

注：1. 对承受吊车荷载但不需作疲劳验算的受弯构件，或将计算求得的最大裂缝宽度乘以系数 0.85。

2. 对配置表层钢筋网片的梁，按式（14-1）计算的裂缝最大宽度可适当折减，折减系数可取 0.7。

3. 对 $e_0/h_0 \leqslant 0.55$ 的偏心受压构件，可不验算裂缝宽度。

**构件受力特征系数 $\alpha_{cr}$**　　　　**表 14-1**

| 类　　型 | 钢筋混凝土构件 | 预应力混凝土构件 |
|---|---|---|
| 受弯、偏心受压 | 1.9 | 1.5 |
| 偏心受拉 | 2.4 | — |
| 轴心受拉 | 2.7 | 2.2 |

**钢筋的相对粘结特性系数 $v_i$**　　　　**表 14-2**

| 钢筋类别 | 钢　　筋 | | 先张法预应力筋 | | | 后张法预应力筋 | | |
|---|---|---|---|---|---|---|---|---|
| | 光圆钢筋 | 带肋钢筋 | 带肋钢筋 | 螺旋肋钢丝 | 钢绞线 | 带肋钢筋 | 钢绞线 | 光面钢丝 |
| $v_i$ | 0.7 | 1.0 | 1.0 | 0.8 | 0.6 | 0.8 | 0.5 | 0.4 |

《混凝土结构设计规范》GB 50010—2010 还规定，在荷载准永久组合或标准组合下，钢筋混凝土构件开裂截面处受压边缘混凝土压应力、不同位置处钢筋的拉应力宜按下列假定计算：

1）截面应变保持平面；

2）受压区混凝土的法向应力图取为三角形；

3）不考虑受拉区混凝土的抗拉强度；

4）采用换算截面。

在荷载准永久组合或标准组合下，钢筋混凝土构件受拉区纵向钢筋的应力可按下列公式计算：

1）轴心受拉构件

$$\sigma_{sq} = \frac{N_q}{A_s} \tag{14-6}$$

2）偏心受拉构件

$$\sigma_{sq} = \frac{N_q e'}{A_s(h_0 - a')} \tag{14-7a}$$

$$e' = e_0 + y_c - a' \tag{14-7b}$$

3）受弯构件

$$\sigma_{sq} = \frac{M_q}{0.87 h_0 A_s} \tag{14-8}$$

4）偏心受压构件

$$\sigma_{sq} = \frac{N_q(e-z)}{A_s z} \qquad (14\text{-}9)$$

$$z = \left[0.87 - 0.12(1-\gamma'_f)\left(\frac{h_0}{e}\right)^2\right]h_0 \qquad (14\text{-}10)$$

$$e = \eta_s e_0 + y_s \qquad (14\text{-}11)$$

$$\gamma'_f = \frac{(b'_f - b)h'_f}{b h_0} \qquad (14\text{-}12)$$

$$\eta_s = 1 + \frac{1}{4000 e_0/h_0}\left(\frac{l_0}{h}\right)^2 \qquad (14\text{-}13)$$

式中　$A_s$——受拉区纵向钢筋截面面积：对轴心受拉构件，取全部纵向钢筋截面面积；对偏心受拉构件，取受拉较大边的纵向钢筋截面面积；对受弯、偏心受压构件，取受拉区纵向钢筋截面面积；

$N_q$、$M_q$——按荷载准永久组合计算的轴向力值、弯矩值；

$e'$——轴向拉力作用点至受压区或受拉较小边钢筋合力点的距离；

$e$——轴向压力作用点至纵向受拉钢筋合力点的距离；

$e_0$——荷载准永久组合下的初始偏心距，取为 $M_q/N_q$；

$h_0$——截面有效高度；

$a'$——受压区全部纵向钢筋合力点至截面受压边缘的距离；

$z$——纵向受拉钢筋合力点至截面受压区合力点的距离，且不大于 $0.87 h_0$；

$\eta_s$——使用阶段的轴向压力偏心距增大系数，当 $l_0/h$ 不大于 14 时，取 1.0；

$y_c$——截面重心轴至截面较小受拉边缘（小偏心受拉）或受压边缘（大偏心受拉）的距离（图 14-1）[1]；

$l_0$——偏心受压柱裂缝宽度计算用的计算长度，按《混凝土结构设计规范》GB 50010—2010 第 6.2.20 条确定；

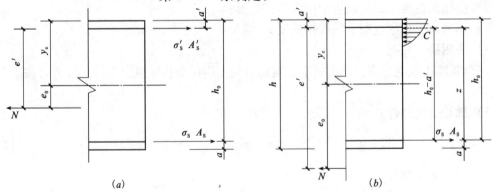

图 14-1　钢筋混凝土偏心受拉构件裂缝截面计算应力图形

$y_s$——截面重心至纵向受拉钢筋合力点的距离；

$\gamma'_f$——受压翼缘截面面积与腹板有效截面面积的比值；

$b'_f$、$h'_f$——分别为受压翼缘的宽度、高度；在式（14-12）中，当 $h'_f$ 大于 $0.2 h_0$ 时，取 $0.2 h_0$。

**【例 14-1】 轴心受拉构件裂缝宽度算例**

文献［2］第 36、135 页，已知某钢筋混凝土屋架下弦，$b \times h = 200\text{mm} \times 200\text{mm}$，承受荷载效应准永久组合的轴心拉力 $N_q = 130\text{kN}$，有 HRB335 级 4 根直径 14 的受拉钢筋，混凝土强度等级为 C30，纵向钢筋的保护层厚度 $c = 25\text{mm}$，$w_{\text{lim}} = 0.2\text{mm}$。验算裂缝宽度是否满足？若不满足时如何处理？

**【解】**　　　　　$E_s = 200000\text{N}/\text{mm}^2$，$d_{\text{eq}} = 14\text{mm}$，$A_s = 615\text{mm}^2$，

$$\rho_{\text{te}} = \frac{A_s}{bh} = \frac{615}{200 \times 200} = 0.0154，\quad \sigma_{sq} = \frac{N_q}{A_s} = \frac{130000}{615} = 211\text{N}/\text{mm}^2，$$

$$\psi = 1.1 - 0.65\frac{f_{\text{tk}}}{\rho_{\text{te}}\sigma_s} = 1.1 - 0.65 \times \frac{2.01}{0.0154 \times 211} = 0.698$$

$$w_{\text{max}} = \alpha_{\text{cr}}\psi\frac{\sigma_s}{E_s}\left(1.9c_s + 0.08\frac{d_{\text{eq}}}{\rho_{\text{te}}}\right) = 2.7 \times 0.698 \times \frac{211}{200000} \times \left(1.9 \times 25 + 0.08 \times \frac{14}{0.0154}\right)$$

$$= 0.239\text{mm} > w_{\text{lim}}$$

裂缝宽度不满足要求。

RCM 软件输入和输出的简要信息见图 14-2。

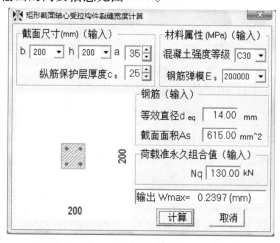

图 14-2　轴心受拉构件截面裂缝宽度计算

RCM 输出的详细信息如下：

```
b= 200. ; h= 200; ho= 165. ; c=  25. (mm)
ρte=   0.0154; σsk=    211.38 (MPa); ψ=    0.6980
Wmax=     0.2397 (mm)
```

可见 RCM 软件计算结果与手算的相同。

按文献［2］做法，改用 6 根直径 12mm 钢筋，$d_{\text{eq}} = 12\text{mm}$，$A_s = 678\text{mm}^2$

$$\rho_{\text{te}} = \frac{A_s}{bh} = \frac{678}{200 \times 200} = 0.01695，\quad \sigma_{sq} = \frac{N_q}{A_s} = \frac{130000}{678} = 192\text{N}/\text{mm}^2$$

$$\psi = 1.1 - 0.65\frac{f_{\text{tk}}}{\rho_{\text{te}}\sigma_{sq}} = 1.1 - 0.65 \times \frac{2.01}{0.01695 \times 192} = 0.6985$$

$$w_{\max} = \alpha_{cr}\psi\frac{\sigma_s}{E_s}\left(1.9c_s + 0.08\frac{d_{eq}}{\rho_{te}}\right) = 2.7 \times 0.6985 \times \frac{192}{200000} \times \left(1.9 \times 25 + \frac{0.08 \times 12}{0.01695}\right)$$

$$= 0.1885\text{mm} < w_{\lim}$$

裂缝宽度满足要求。

RCM 软件输入和输出的简要信息见图 14-3。

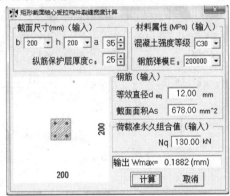

图 14-3　增加钢筋面积的轴心受拉构件截面裂缝宽度计算

RCM 输出的详细信息如下：

```
b= 200. ; h= 200; ho= 165. ; c=   25. (mm)
ρte=    0.0170; σsk     191.74 (MPa); ψ=      0.6980
Wmax=     0.1882 (mm)
```

可见 RCM 软件计算结果与手算的相同。由此可以看出，对于轴心受拉构件，减小钢筋应力（即增加受拉钢筋截面面积）是减小裂缝的有效办法。

**【例 14-2】偏心受拉构件裂缝宽度算例**

文献［1］第 233 页例题。矩形截面偏心受拉构件的截面尺寸 $b \times h = 160\text{mm} \times 200\text{mm}$，混凝土强度等级为 C25，配 4 根直径 16mm 的 HRB335 纵向受力钢筋，纵向钢筋的保护层厚度 $c = 25\text{mm}$，承受荷载准永久组合并考虑长期作用影响效应的轴心拉力 $N_q = 144\text{kN}$，偏心距 $e_0 = 30\text{mm}$，最大裂缝宽度限值 $w_{\lim} = 0.3\text{mm}$。试验算最大裂缝宽度是否满足要求。

**【解】** $E_s = 200000\text{N}/\text{mm}^2$，$d_{eq} = 16\text{mm}$，$A_s = A'_s = 402\text{mm}^2$，$a = a' = 25 + 16/2 = 33\text{mm}$

$h_0 = 200 - 33 = 167\text{mm}$，$e' = e_0 + y_c - a' = 30 + 0.5 \times 200 - 33 = 97\text{mm}$

$$\rho_{te} = \frac{A_s}{0.5bh} = \frac{402}{0.5 \times 160 \times 200} = 0.0251,$$

$$\sigma_{sq} = \frac{N_q e'}{A_s(h_0 - a')} = \frac{144000 \times 97}{402 \times (167 - 33)} = 259.3\text{N}/\text{mm}^2$$

$$\psi = 1.1 - 0.65\frac{f_{tk}}{\rho_{te}\sigma_s} = 1.1 - 0.65 \times \frac{1.78}{0.0251 \times 259.3} = 0.922$$

$$w_{\max} = \alpha_{cr}\psi\frac{\sigma_s}{E_s}\left(1.9c_s + 0.08\frac{d_{eq}}{\rho_{te}}\right) = 2.4 \times 0.922 \times \frac{259.3}{200000} \times \left(1.9 \times 25 + \frac{0.08 \times 16}{0.0251}\right)$$

$$= 0.2827\text{mm} < w_{\lim}$$

裂缝宽度满足要求。

RCM 软件输入和输出的简要信息见图 14-4。

图 14-4　偏心受拉构件截面裂缝宽度计算

RCM 输出的详细信息如下：

```
b= 160. ; h= 200; ho= 167. ;  c=  25. (mm)
e″=     97.0; σsk=    259.30 (MPa)
ρte=    0.0251; ψ=    0.9224
Wmax=     0.2826 (mm)
```

可见 RCM 软件计算结果与手算的相同。

### 【例 14-3】 矩形截面受弯构件裂缝宽度算例

文献［3］第 167 页例题。矩形截面钢筋混凝土梁如图 14-5 所示，截面尺寸为 $b \times h = 200\text{mm} \times 500\text{mm}$，环境类别为一类，混凝土强度等级为 C30，梁底配 2 根直径 16mm 和 2 根直径 20mm 的 HRB500 级纵向受力钢筋，纵向钢筋的保护层厚度 $c = 25\text{mm}$，承受荷载效应的准永久组合弯矩 $M_q = 100\text{kN·m}$，最大裂缝宽度限值 $w_{\text{lim}} = 0.3\text{mm}$。试验算最大裂缝宽度是否满足要求。

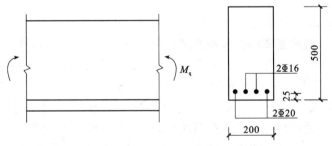

图 14-5　受弯构件及其截面

【解】本题已知钢筋配置，截面有效高度 $h_0$ 可用准确值，但为与文献［3］比较，所以这里还是与文献［3］取值相同。$h_0 = 465\text{mm}$，$E_s = 200000\text{N/mm}^2$，$A_s = 1030\text{mm}^2$，HRB500 钢筋相对粘结特征系数 = 1.0。

受拉钢筋等效直径：$d_{eq} = \dfrac{\sum n_i d_i^2}{\sum n_i v_i d_i} = \dfrac{2 \times 16^2 + 2 \times 20^2}{2 \times 1 \times 16 + 2 \times 1 \times 20} = 18.22 \text{mm}$

$\rho_{te} = \dfrac{A_s}{bh} = \dfrac{1030}{0.5 \times 200 \times 500} = 0.0206$，$\sigma_{sq} = \dfrac{M_q}{0.87 h_0 A_s} = \dfrac{100 \times 10^6}{0.87 \times 465 \times 1030} = 240 \text{N/mm}^2$

$$\psi = 1.1 - 0.65 \dfrac{f_{tk}}{\rho_{te}\sigma_s} = 1.1 - 0.65 \times \dfrac{2.01}{0.0206 \times 240} = 0.836$$

$$w_{max} = \alpha_{cr}\psi \dfrac{\sigma_s}{E_s}\left(1.9 c_s + 0.08 \dfrac{d_{eq}}{\rho_{te}}\right) = 1.9 \times 0.836 \times \dfrac{240}{200000} \times \left(1.9 \times 25 + 0.08 \times \dfrac{18.22}{0.0206}\right)$$

$$= 0.225 \text{mm} < w_{lim}$$

裂缝宽度满足要求。

RCM 软件输入和输出的简要信息见图 14-6。RCM 输出的详细信息如下：

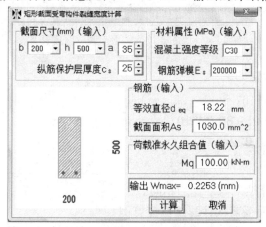

图 14-6　矩形截面受弯构件裂缝宽度计算

```
b= 200. ; h= 500; ho= 465. ; c= 25. (mm)
ρte=    0.0206; σsk=    239.99 (MPa); ψ=    0.8357
Wmax=    0.2253 (mm)
```

可见 RCM 软件计算结果与手算的相同。

**【例 14-4】T 形截面受弯构件裂缝宽度算例**

文献［4］第 306 页例题。T 形截面钢筋混凝土梁如图 14-7 所示，截面尺寸为 $b \times h = 300\text{mm} \times 800\text{mm}$，环境类别为一类，混凝土强度等级为 C20，$f_{tk} = 1.54\text{N/mm}^2$，承受荷载效应的准永久组合弯矩 $M_q = 440\text{kN} \cdot \text{m}$，钢筋弹性模量 $E_s = 200000\text{N/mm}^2$，$A_s = 2945\text{mm}^2$，$h_0 = 740\text{mm}$，纵向钢筋的保护层厚度 $c = 25\text{mm}$。试计算最大裂缝宽度。

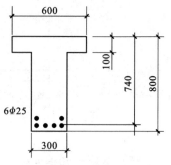

图 14-7　T 形梁截面和配筋

**【解】**

$$\rho_{te} = \dfrac{A_s}{bh} = \dfrac{2945}{0.5 \times 300 \times 800} = 0.0245$$

$$\sigma_{sq} = \frac{M_q}{0.87 h_0 A_s} = \frac{440 \times 10^6}{0.87 \times 740 \times 2945} = 232 \text{N}/\text{mm}^2$$

$$\psi = 1.1 - 0.65 \frac{f_{tk}}{\rho_{te} \sigma_{sq}} = 1.1 - 0.65 \times \frac{1.54}{0.0245 \times 232} = 0.924$$

$$w_{max} = \alpha_{cr} \psi \frac{\sigma_s}{E_s} \left( 1.9c + 0.08 \frac{d_{eq}}{\rho_{te}} \right) = 1.9 \times 0.924 \times \frac{232}{200000} \times \left( 1.9 \times 25 + 0.08 \times \frac{25}{0.0245} \right)$$

$$= 0.263 \text{mm} < w_{lim}$$

RCM 软件输入和输出的简要信息见图 14-8。此题可以不输入翼缘，是因为《混凝土结构设计规范》GB 50010—2010 对 T 形截面和矩形截面使用的是同一公式计算的，即忽略了受压翼缘的存在。

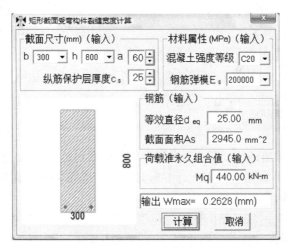

图 14-8　T 形截面受弯构件裂缝宽度算例 RCM 输入和简要输出信息

另外，本书与文献 [4] 的结果略有不同，主要是因为所依据的规范版本不同，二是文献 [4] 计算中有点误差。

RCM 输出的详细信息如下：

b= 300.; h= 800; ho= 740.; c= 25.(mm)

ρte= 0.0245; σsk= 232.07 (MPa)

ρte= 0.0245; Ftk= 1.54; ψ= 0.9242

Wmax= 0.2628 (mm)

可见 RCM 软件计算结果与手算的相同。

【例 14-5】 工形截面受弯构件裂缝宽度算例

工形截面和倒 T 形截面受弯构件裂缝宽度计算与矩形受弯截面裂缝宽度计算的差别在于截面受拉边配筋率的计算要考虑截面下边翼缘混凝土的作用。

文献 [5] 第 257 页例题。已知工形屋面梁，截面尺寸如图 14-9 所示。混凝土强度等级为 C30，$f_{tk} = 2.01$ N/mm²，受拉钢筋为 HRB335 级钢筋 $E_s = 200000$ N/mm²，分两层布置，6 Φ25，$A_s = 2945$mm²，纵向钢筋的保护层厚度 $c = 25$mm，承受荷载效应的准永久组合弯矩 $M_q = 610$ kN·m，最大裂缝宽度限值 $w_{lim} = 0.3$mm。试验算最大裂缝宽度是否满足要求。

【解】 有效受拉混凝土截面面积

$$A_{te} = 0.5bh + (b_f - b)h_f$$
$$= 0.5 \times 80 \times 860 + (220 - 80) \times (140 + 50/2)$$
$$= 57500 mm^2$$

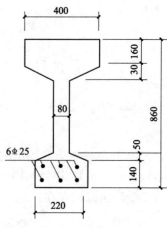

图14-9　工形梁截面和配筋

有效受拉混凝土截面面积的纵向钢筋配筋率

$$\rho_{te} = \frac{A_s}{bh} = \frac{2945}{57500} = 0.0512$$

$$\sigma_{sq} = \frac{M_q}{0.87h_0 A_s} = \frac{610 \times 10^6}{0.87 \times 790 \times 2945} = 301.4 \ N/mm^2$$

$$\psi = 1.1 - 0.65 \frac{f_{tk}}{\rho_{te}\sigma_{sq}} = 1.1 - \frac{0.65 \times 2.01}{0.0512 \times 301.4} = 1.015 > 1,$$

取 $\psi = 1$

最大裂缝宽度

$$w_{max} = \alpha_{cr}\psi \frac{\sigma_s}{E_s}\left(1.9c + 0.08\frac{d_{eq}}{\rho_{te}}\right)$$

$$= 1.9 \times 1 \times \frac{301.4}{200000} \times \left(1.9 \times 25 + 0.08 \times \frac{25}{0.0512}\right) = 0.248 mm < w_{lim} = 0.3 mm$$

满足要求。

　　RCM 软件输入和输出的简要信息见图14-10。此题可以不输入受压翼缘，是因为《混凝土结构设计规范》GB 50010—2010 对工形截面和倒 T 形截面使用的是同一公式计算的，即忽略了受压翼缘的存在。

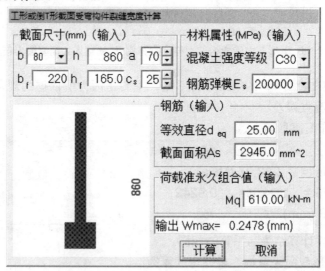

图14-10　工形截面受弯构件裂缝宽度算例 RCM 输入和简要输出信息

　　RCM 输出的详细信息如下：

```
b=  80. ; h= 860; bf= 220; hf=165.0; a=70; ho= 790. ; c=  25. (mm)
As= 2945.0; deq= 25.00mm; ρte=   0.0512; σsk=    301.37 (MPa)
Es= 200000.; Ftk=  2.01; ψ=   1.0000; αcr=1.90
Mq= 610.00 kN-m; Wmax=    0.2478 (mm)
```

可见 RCM 软件计算结果与手算的相同。

**【例 14-6】 矩形截面偏心受压构件裂缝宽度算例 1**

文献 [1] 第 233 页例题。矩形截面偏心受压柱的截面尺寸 $b \times h = 400\text{mm} \times 600\text{mm}$，混凝土强度等级为 C30，受压钢筋和受拉钢筋均为 4 根直径 20mm 的 HRB335 纵向受力钢筋，钢筋弹性模量 $E_s = 200000\text{N/mm}^2$，纵向钢筋的保护层厚度 $c = 40\text{mm}$，承受荷载准永久组合并考虑长期作用影响效应的轴心压力 $N_q = 324\text{kN}$、弯矩值 $M_q = 162\text{kN} \cdot \text{m}$，柱的计算长度 $l_0 = 4\text{m}$，最大裂缝宽度限值 $w_{\text{lim}} = 0.2\text{mm}$。试验算最大裂缝宽度是否满足要求。

**【解】** $E_s = 200000\text{N/mm}^2$，$d_{\text{eq}} = 20\text{mm}$，$A_s = A'_s = 1256\text{mm}^2$，$a = 40 + 20/2 = 50\text{mm}$

$h_0 = 600 - 50 = 550\text{mm}$，$e_0 = \dfrac{M_q}{N_q} = \dfrac{162000}{324} = 500\text{mm}$，$l_0/h = 4000/600 = 6.67 < 14$，取 $\eta_s = 1.0$，$e = \eta_s e_0 + \dfrac{h}{2} - a = 500 + 300 - 50 = 750\text{mm}$

矩形截面　　　　$\gamma'_f = 0, z = \left[0.87 - 0.12(1 - \gamma'_f)\left(\dfrac{h_0}{e}\right)^2\right] h_0$

$$= \left[0.87 - 0.12 \times \left(\dfrac{550}{750}\right)^2\right] \times 550 = 0.805 \times 550 = 443\text{mm}$$

$$\sigma_{sq} = \dfrac{N_q(e - z)}{A_s z} = \dfrac{324000 \times (750 - 443)}{1256 \times 443} = 178.77\text{N/mm}^2,$$

$$\rho_{te} = \dfrac{A_s}{0.5bh} = \dfrac{1256}{0.5 \times 400 \times 600} = 0.01047$$

$$\psi = 1.1 - 0.65\dfrac{f_{tk}}{\rho_{te}\sigma_s} = 1.1 - 0.65 \times \dfrac{2.01}{0.01047 \times 178.77} = 1.1 - 0.698 = 0.402$$

$$w_{\text{max}} = \alpha_{cr}\psi\dfrac{\sigma_s}{E_s}\left(1.9c_s + 0.08\dfrac{d_{\text{eq}}}{\rho_{te}}\right) = 1.9 \times 0.402 \times \dfrac{178.77}{200000} \times \left(1.9 \times 40 + \dfrac{0.08 \times 20}{0.01047}\right)$$

$$= 0.1562\text{mm} < w_{\text{lim}}$$

裂缝宽度满足要求。这里与文献 [1] 的差别在于 $\alpha_{cr}$ 新规范取值为 1.9，而旧规范取值为 2.1。

RCM 软件输入和输出的简要信息见图 14-11。

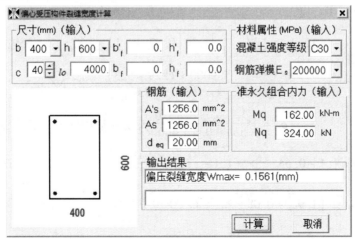

图 14-11　矩形截面偏心受压构件裂缝宽度算例 1

RCM 输出的详细信息如下：

```
b=  400; h=  600; a=50.00; Deq= 20.0; lo= 4000. (mm)
bf=  0.0; hf=  0.0; bfa=  0.0; hfa=  0.0 (mm)
C30; Ftk= 2.01; Ho=  550.0; Es= 200000.
As= 1256.0; A″s= 1256.0; Mq=  162.00 kN-m; Nq= 324.00 kN
lo/h=  6.67; ηs=  1.00
eo=  500.00; e=  750.00; ρte= 0.01047
σsq=  178.76; 0.65*FTK/(PTE*XGMSK)=  0.6983
Z=  443.0 σsq=  178.76 (MPa); ψ=  0.4017
偏压裂缝宽度WMAX=  0.1561 (mm)
```

可见 RCM 软件计算结果与手算的相同。

### 【例 14-7】 矩形截面偏心受压构件裂缝宽度算例 2

文献［5］第 479 页例题，已知钢筋混凝土矩形截面偏心受压构件的截面尺寸为 $b \times h = 400\text{ mm} \times 700\text{mm}$。混凝土强度等级为 C30，$f_{tk} = 2.01\text{ N/mm}^2$，受拉钢筋为 HRB400 级钢筋 $E_s = 200000\text{ N/mm}^2$，受拉钢筋和受压钢筋均为 4 $\Phi$ 22，$A_s = A'_s = 1520\text{mm}^2$，纵向钢筋的保护层厚度 $c = 30\text{mm}$，按荷载效应的准永久组合计算的轴向压力值 $N_q = 589\text{ kN}$、弯矩值 $M_q = 306\text{ kN} \cdot \text{m}$，柱的计算长度 $l_0 = 6500\text{mm}$，最大裂缝宽度限值 $w_{lim} = 0.3\text{mm}$。试验算最大裂缝宽度是否满足要求。

### 【解】

纵向受拉钢筋合力点及受压钢筋合力点至截面近边的距离为：

$$a_s = a'_s = c_s + \frac{d}{2} = 30 + 22/2 = 41\text{mm}$$

截面有效高度为

$$h_0 = h - a_s = 700 - 41 = 659\text{mm}$$

轴向力作用点至截面重心的距离为

$$e_0 = M_q/N_q = 306000/589 = 520\text{mm}$$

因为 $l_0/h = 6500/700 = 9.3 < 14$，则取 $\eta_s = 1$。

$$e = \eta_s e_0 + 0.5h - a_s = 1 \times 520 + 0.5 \times 700 - 41 = 829\text{mm}$$

矩形截面 $\gamma'_f = 0$，有：

$$z = \left[0.87 - 0.12(1 - \gamma'_f)\left(\frac{h_0}{e}\right)^2\right]h_0 = \left[0.87 - 0.12 \times \left(\frac{659}{829}\right)^2\right] \times 659 = 523\text{mm}$$

$$\sigma_{sq} = \frac{N_q(e-z)}{A_s z} = \frac{589000 \times (829 - 523)}{1520 \times 523} = 227\text{ N/mm}^2$$

$$\rho_{te} = \frac{A_s}{0.5bh} = \frac{1520}{0.5 \times 400 \times 700} = 0.0109$$

$$\psi = 1.1 - 0.65\frac{f_{tk}}{\rho_{te}\sigma_s} = 1.1 - \frac{0.65 \times 2.01}{0.0109 \times 227} = 1.1 - 0.528 = 0.572$$

$$w_{max} = \alpha_{cr}\psi\frac{\sigma_s}{E_s}\left(1.9c_s + 0.08\frac{d_{eq}}{\rho_{te}}\right) = 1.9 \times 0.572 \times \frac{227}{2000} \times \left(1.9 \times 30 + \frac{0.08 \times 22}{0.0109}\right) =$$

$0.269\text{mm} < w_{lim}$

裂缝宽度满足要求。

RCM 软件输入和输出的简要信息见图 14-12。

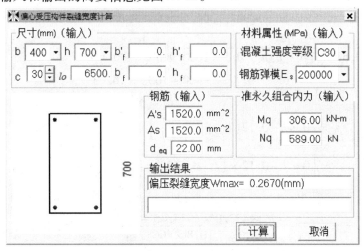

图 14-12　矩形截面偏心受压构件裂缝宽度算例 2

RCM 输出的详细信息如下：

```
b=  400; h=  700; a=41.00; Deq= 22.0; lo= 6500.  (mm)
bf=   0.0; hf=   0.0; bfa=   0.0; hfa=   0.0 (mm)
C30; Ftk=  2.01; Ho=  659.0; Es= 200000.
As= 1520.0; A″s= 1520.0; Mq=  306.00 kN-m; Nq= 589.00 kN
lo/h=     9.29; ηs=     1.00
eo=   519.52; e=   828.52; ρte= 0.01086
σsq=    226.02; 0.65*FTK/(PTE*XGMSK)=    0.5324
Z=   523.3 σsq=    226.02 (MPa); ψ=    0.5676
偏压裂缝宽度WMAX=   0.2670  (mm)
```

可见 RCM 软件计算结果与手算的相同。

**【例 14-8】** 工形截面偏心受压构件裂缝宽度算例

文献 〔6〕第 186 页例题，已知钢筋混凝土工形截面偏心受压构件的截面尺寸见图 5-72。混凝土强度等级为 C30，$f_{tk} = 2.01$ N/mm$^2$，受拉钢筋为 HRB400 级钢筋 $E_s = 200000$ N/mm$^2$，受拉钢筋和受压钢筋均为 4$\phi$18，$A_s = A'_s = 1018$mm$^2$，纵向钢筋的保护层厚度 $c = 31$mm，按荷载效应的准永久组合计算的轴向压力值 $N_q = 443.72$ kN、弯矩值 $M_q = 223.7$ kN·m，柱的计算长度 $l_0 = 8750$mm，最大裂缝宽度限值 $w_{lim} = 0.3$mm。试验算最大裂缝宽度是否满足要求。

**【解】**

纵向受拉钢筋合力点及受压钢筋合力点至截面近边的距离为：

$$a_s = a'_s = c_s + \frac{d}{2} = 31 + 18/2 = 40\text{mm}$$

截面有效高度为

$$h_0 = h - a_s = 900 - 40 = 860\text{mm}$$

轴向力作用点至截面重心的距离为

$$e_0 = M_q/N_q = 223700/443.72 = 504.15 \text{mm}$$

因为 $l_0/h = 8750/900 = 9.72 < 14$，则取 $\eta_s = 1$。

$$e = \eta_s e_0 + 0.5h - a_s = 1 \times 504.15 + 0.5 \times 900 - 40 = 914.15 \text{mm}$$

$$\rho_{te} = \frac{A_s}{0.5bh + (b_f - b)h_f} = \frac{1018}{0.5 \times 100 \times 900 + (400 - 100) \times 162.5} = 0.011$$

$$\gamma'_f = \frac{(b'_f - b)h'_f}{b \times h} = \frac{(400 - 100) \times 162.5}{100 \times 900} = 0.542$$

$$z = \left[ 0.87 - 0.12(1 - \gamma'_f)\left(\frac{h_0}{e}\right)^2 \right] h_0$$

$$= \left[ 0.87 - 0.12 \times (1 - 0.542) \times \left(\frac{860}{914.15}\right)^2 \right] \times 860$$

$$= 706 \text{mm}$$

$$\sigma_{sq} = \frac{N_q(e - z)}{A_s z} = \frac{443720 \times (914.15 - 706)}{1018 \times 706} = 128.51 \text{ N/mm}^2$$

$$\psi = 1.1 - 0.65\frac{f_{tk}}{\rho_{te}\sigma_s} = 1.1 - \frac{0.65 \times 2.01}{0.011 \times 128.51} = 0.176 < 0.2, \text{取 } \psi = 0.2$$

$$w_{max} = \alpha_{cr}\psi\frac{\sigma_s}{E_s}\left(1.9c_s + 0.08\frac{d_{eq}}{\rho_{te}}\right)$$

$$= 1.9 \times 1 \times \frac{128.51}{200000} \times \left(1.9 \times 31 + 0.08 \times \frac{18}{0.011}\right) = 0.0463 \text{mm} < w_{lim}$$

裂缝宽度满足要求。

RCM 软件输入和输出的简要信息见图 14-13。

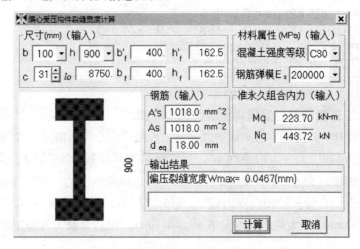

图 14-13　工形截面偏心受压构件裂缝宽度算例

RCM 输出的详细信息如下：

```
b=  100; h=  900; a=40.00; Deq= 18.0; lo= 8750. (mm)
bf= 400.0; hf= 162.5; bfa= 400.0; hfa= 162.5 (mm)
C30; Ftk=  2.01; Ho=  860.0; Es= 200000.
As= 1018.0; A″s= 1018.0; Mq=  223.70 kN-m; Nq= 443.72 kN
lo/h=    9.72; ηs=    1.00
eo=  504.15; e=  914.15; ρte= 0.01086
σsq=    128.24; 0.65*FTK/(PTE*XGMSK)=    0.9383
Z=  706.3 σsq=    128.24 (MPa); ψ=    0.2000
偏压裂缝宽度WMAX=  0.0467 (mm)
```

可见 RCM 软件计算结果与手算的相同。

## 14.2　受弯构件挠度计算

匀质弹性材料受弯构件的挠度，可以利用材料力学的公式求出，如计算跨度为 $l_0$、承受最大弯矩为 $M$ 的梁的挠度为：

$$f = S \frac{Ml_0^2}{EI} \tag{14-14}$$

其中 $S$ 是与荷载形式、支承条件有关的系数。例如对均布荷载的简支构件跨中，$S = 5/48$。

由于混凝土不是匀质弹性材料，其变形模量随着荷载的增大而减小，在受拉区混凝土开裂后，开裂截面的惯性矩也发生变化，因此，钢筋混凝土受弯构件的抗弯刚度不是一个常数。

钢筋混凝土受弯构件的挠度计算的关键就在于确定该构件在使用状态下的截面抗弯刚度。求得截面的抗弯刚度后，就可以利用材料力学的公式计算该构件的挠度。

在等截面构件中，可假定各同号弯矩区段内的刚度相等，并取用该区段内最大弯矩处的刚度。当计算跨度内的支座截面刚度不大于跨中截面刚度的 2 倍或不小于跨中截面刚度的 1/2 时，该跨也可按等刚度构件进行计算，其构件刚度可取跨中最大弯矩截面的刚度。

钢筋混凝土受弯构件刚度 $B$ 是在该构件短期刚度的基础上考虑荷载长期作用的影响后确定的。

钢筋混凝土受弯构件的短期刚度 $B_s$ 按下式计算：

$$B_s = \frac{E_s A_s h_0^2}{1.15\psi + 0.2 + \dfrac{6\alpha_E \rho}{1 + 3.5\gamma'_f}} \tag{14-15}$$

式中　$\psi$——裂缝间纵向受拉钢筋应变不均匀系数，用式（14-3）计算；当 $\psi < 0.2$ 时，取 $\psi = 0.2$；$\psi > 1.0$ 时，取 $\psi = 1.0$；对直接承受重复荷载的构件，取 $\psi = 1.0$；

$\alpha_E$——钢筋弹性模量与混凝土弹性模量的比值，即 $E_s/E_c$；

$\rho$——纵向受拉钢筋配筋率，对钢筋混凝土受弯构件，取为 $A_s/(bh_0)$；

$\gamma'_f$——受压翼缘截面面积与腹板有效截面面积的比值，$\gamma'_f = \dfrac{(b'_f - b)h'_f}{bh_0}$。

钢筋混凝土矩形、T 形、倒 T 形和 I 形截面受弯构件考虑荷载长期作用影响的刚度按下列公式确定：

1）采用荷载标准组合时

$$B = \frac{M_k}{M_q(\theta - 1) + M_k} B_s \tag{14-16}$$

2）采用荷载准永久组合时

$$B = \frac{B_s}{\theta} \tag{14-17}$$

式中　$M_k$——按荷载标准组合计算的弯矩，取计算区段内的最大弯矩值；

　　　$M_q$——按荷载的准永久组合计算的弯矩，取计算区段内的最大弯矩值；

　　　$B_s$——按荷载的准永久组合计算的钢筋混凝土受弯构件计算的短期刚度；

　　　$\theta$——考虑荷载长期作用对挠度增大的影响系数。

钢筋混凝土受弯构件的考虑荷载长期作用对挠度增大的影响系数 $\theta$ 按下面规定采用：当 $\rho' = 0$ 时，取 $\theta = 2.0$；当 $\rho' = \rho$ 时，取 $\theta = 1.6$；当 $\rho'$ 为中间值时，$\theta$ 按线性内插法取用，即 $\theta = 1.6 + 0.4\left(1 - \frac{\rho'}{\rho}\right)$。此处 $\rho' = A'_s/(bh_0)$，$\rho = A_s/(bh_0)$。对翼缘位于受拉区的倒 T 形截面，$\theta$ 应增加 20%。

### 【例 14-9】 矩形截面受弯构件挠度算例

文献［3］第 172 页例题。矩形截面钢筋混凝土简支梁如图 14-14 所示，截面尺寸为 $b \times h = 200\text{mm} \times 500\text{mm}$，环境类别为一类，混凝土强度等级为 C30，梁底配 2 根直径 16mm 和 2 根直径 20mm 的 HRB500 钢筋，梁顶配 2 根直径 14mm 的 HRB500 受压钢筋，纵向钢筋的保护层厚度 $c = 25\text{mm}$，承受荷载效应的准永久组合弯矩 $M_q = 100\text{kN} \cdot \text{m}$，计算跨度 $l_0 = 6\text{m}$，挠度限值 $[f] = l_0/200$。试验算挠度是否满足要求。

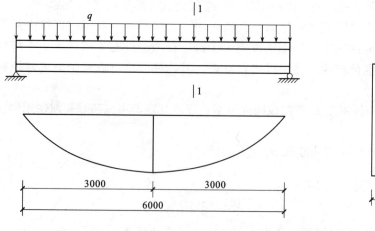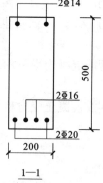

图 14-14　双筋矩形受弯构件及其截面

【解】　由题目已知条件可知：$A_s = 1030\text{mm}^2$，$A'_s = 308\text{mm}^2$，$E_s = 200000\text{N/mm}^2$，$E_c = 30000\text{N/mm}^2$，$h_0 = 465\text{mm}$，则各参数计算如下：

$$\alpha_E = E_s/E_c = 6.67, \rho = A_s/(bh_0) = 1030/(200 \times 465) = 0.0111,$$

$$\rho' = A'_s/(bh_0) = 308/(200 \times 465) = 0.0033$$

$$\rho_{te} = \frac{A_s}{bh} = \frac{1030}{0.5 \times 200 \times 500} = 0.0206, \sigma_{sq} = \frac{M_q}{0.87h_0A_s} = \frac{100 \times 10^6}{0.87 \times 465 \times 1030} = 240\text{N/mm}^2$$

$$\psi = 1.1 - 0.65\frac{f_{tk}}{\rho_{te}\sigma_{sq}} = 1.1 - 0.65 \times \frac{2.01}{0.0206 \times 240} = 0.836$$

矩形截面 $\gamma'_f = 0$，则短期刚度为：

$$B_s = \frac{E_s A_s h_0^2}{1.15\psi + 0.2 + \frac{6\alpha_E\rho}{1 + 3.5\gamma'_f}} = \frac{200000 \times 1030 \times 465^2}{1.15 \times 0.836 + 0.2 + \frac{6 \times 6.67 \times 0.0111}{1 + 3.5 \times 0}} = 2.774 \times 10^{13}\,\mathrm{N \cdot mm^2}$$

$$\theta = 1.6 + 0.4\left(1 - \frac{\rho'}{\rho}\right) = 1.6 + 0.4 \times \left(1 - \frac{0.0033}{0.0111}\right) = 1.881$$

长期刚度为：

$$B = \frac{B_s}{\theta} = \frac{2.774 \times 10^{13}}{1.881} = 1.475 \times 10^{13}\,\mathrm{N \cdot mm}$$

则构件跨中挠度为：

$$f = \frac{5}{48}\frac{Ml_0^2}{B} = \frac{5}{48}\frac{100 \times 10^6 \times 6000^2}{1.475 \times 10^{13}} = 25.42\,\mathrm{mm} < [f] = l_0/200 = 6000/200 = 30\,\mathrm{mm}$$

满足要求。

RCM 软件输入和输出的简要信息见图 14-15。RCM 输出的详细信息如下：

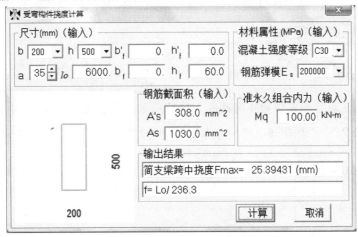

图 14-15　矩形截面受弯构件挠度算例 RCM 输入和简要输出信息

b= 200; b= 200; h= 500; bf= 0.0; hf= 60.0; B″f= 0.0; H″f= 0.0; \
C30; Ho= C30; Ho= 465.0 \
Ec= 3000Ec= 30000.; Es= 200000.; αe=6.667 \
纵筋配筋率纵筋配筋率ρ= 0.01108; ρ″= 0.00331; ρte= 0.02060 \
σsq= 2:σsq= 239.99 (MPa); ψ= 0.8357 \
矩形截面,矩形截面,受压翼缘截面面积与腹板有效面积的比值γ″f=0 \
短期刚度分短期刚度分母= 1.6041 \
短期刚度B短期刚度Bs= 0.2777E+14 (N-mm²) \
ρ″/ρ= 0.29ρ″/ρ= 0.299 θ= 1.880 \
长期刚度B长期刚度B(=短期刚度/θ)= 0.148E+14(N-mm²) \
简支梁跨中简支梁跨中挠度Fmax= 25.39431 （mm）

可见 RCM 软件计算结果与手算的相同。

### 【例 14-10】 I 形截面受弯构件挠度算例

文献［1］第 241 页例题。图 14-16 所示八孔空心板，配置 9 根直径 6mm 钢筋，混凝土强度等级 C30，混凝土保护层厚度 10mm，按荷载效应准永久组合计算的跨中弯矩值 $M_q = 3.5\text{kN}\cdot\text{m}$，计算跨度 $l_0 = 3.04\text{m}$，挠度限值 $[f] = l_0/200$。试验算挠度是否满足要求。

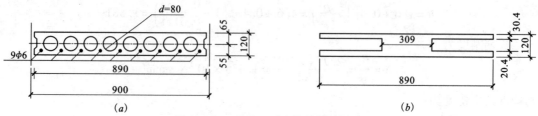

图 14-16　I 形截面受弯构件挠度算例

（a）截面尺寸；（b）计算截面

### 【解】 1. 截面特征

按截面形心位置、面积和对形心轴惯性矩不变的原则，将圆孔换算成的 $b_e \times h_e$ 矩形孔，即 $b_e \times h_e = \dfrac{\pi}{4}d_h^2$，$\dfrac{b_e h_e^3}{12} = \dfrac{\pi}{64}d_h^4$

则
$$h_e = \frac{\sqrt{3}}{2}d_h = \frac{\sqrt{3}}{2} \times 80 = 69.2\text{mm}, \quad b_e = \frac{\pi}{2\sqrt{3}}d_h = \frac{3.14}{2\sqrt{3}} \times 80 = 72.6\text{mm}$$

于是，将圆孔板截面换算成 I 形截面。换算后的 I 形截面尺寸（图 14-12）为：

$b = 890 - 72.6 \times 8 = 309\text{mm}$，近似取 $b = 300\text{mm}$，$h'_f = 65 - 69.2/2 = 30.4\text{mm}$，$h_f = 55 - 69.2/2 = 20.4\text{mm}$

$h_0 = 120 - (10 + 6/2) = 107\text{mm}$，$A_s = 9 \times 28.3 = 254.7\text{mm}^2$，$E_s = 210000\text{N/mm}^2$，$E_c = 30000\text{N/mm}^2$

2. 挠度验算

$$\rho_{te} = \frac{A_s}{0.5bh + (b_f - b)h_f} = \frac{254.7}{0.5 \times 300 \times 120 + (890 - 300) \times 20.4} = 0.00848$$

$$\sigma_{sq} = \frac{M_q}{0.87h_0 A_s} = \frac{3.5 \times 10^6}{0.87 \times 107 \times 254.7} = 147.6 \text{ N/mm}^2$$

$$\psi = 1.1 - 0.65\frac{f_{tk}}{\rho_{te}\sigma_{sq}} = 1.1 - 0.65 \times \frac{2.01}{0.00848 \times 147.6} = 0.0562$$

$$\frac{h'_f}{h_0} = 30.4/107 = 0.284 > 0.2，取\ h'_f = 0.2h_0$$

$$\gamma'_f = \frac{(b'_f - b)h'_f}{bh_0} = 0.2 \times (890 - 300)/300 = 0.393$$

则短期刚度为：

$$B_s = \frac{E_s A_s h_0^2}{1.15\psi + 0.2 + \dfrac{6\alpha_E \rho}{1 + 3.5\gamma'_f}} = \frac{210000 \times 254.7 \times 107^2}{1.15 \times 0.0562 + 0.2 + \dfrac{6 \times 0.0555}{1 + 3.5 \times 0.393}}$$

$$= \frac{210000 \times 254.7 \times 107^2}{0.0646 + 0.2 + 0.1402} = 1.513 \times 10^{12} \text{N} \cdot \text{mm}^2$$

$\theta = 2.0$，有翼缘在受拉区，增加 20%，$\theta = 2.4$

长期刚度为：$B = \dfrac{B_s}{\theta} = 6.303 \times 10^{11} \text{N} \cdot \text{mm}$

$f = \dfrac{5}{48} \dfrac{Ml_0^2}{B} = \dfrac{5 \times 3.5 \times 10^6 \times 3040^2}{48 \times 6.303 \times 10^{11}} = 5.346 \text{mm} < [f] = l_0/200 = 3040/200 = 15.2 \text{mm}$，

满足要求。

RCM 软件输入和输出的简要信息见图 14-17。

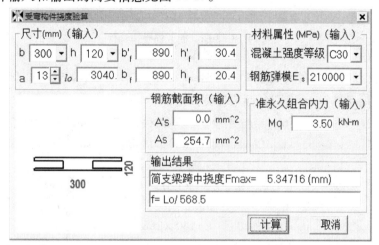

图 14-17　I 形截面受弯构件挠度算例

RCM 输出的详细信息如下：

```
b=  300; h=  120; bf=  890.0; hf=   20.4; B″f=  890.0; H″f=   30.4 （mm）
C30; Ho=  107.0; As=  254.7
Ec=  30000. ; Es= 210000. ; αe=7.000
纵筋配筋率ρ= 0.00793; ρ″= 0.00000; ρte= 0.00848
σsq=    147.62 (MPa); ψ=    0.0563
有受压翼缘截面 γ″f=  0.393
短期刚度分母=    0.4049
短期刚度Bs= 0.1512E+13 (N-mm²)
ρ″/ρ = 0.000  θ =    2.0
有翼缘在受压区, θ 增加20%,  θ =     2.4
长期刚度B(=短期刚度/ θ)=   0.630E+12 (N-mm²)
简支梁跨中挠度Fmax=     5.34716  （mm）
```

可见 RCM 软件计算结果与手算的相同。

**【例 14-11】I 形截面双筋受弯构件挠度算例**

文献 [7] 第 142 页例题。某工字形截面受弯构件，截面尺寸如图 14-18 所示，混凝土强度等级为 C30，受拉区配置 6 根 20mm 直径、受压区配置 6 根 12mm 直径 HRB335 钢筋，纵筋的混凝土保护层厚度 $c = 25$mm，计算跨度 $l_0 = 9$m，按荷载效应准永久组合计算的

跨中弯矩值 $M_q = 400\text{kN} \cdot \text{m}$，挠度限值 $[f] = l_0/300$。试验算挠度是否满足要求。

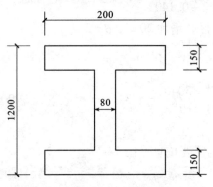

图 14-18　I 形截面双筋受弯构件

【解】由题目已知条件可知：$A_s = 1884\text{mm}^2$，$A'_s = 678\text{mm}^2$，$E_s = 200000\text{N/mm}^2$，$E_c = 30000\text{N/mm}^2$，$h_0 = 1140\text{mm}$，则各参数计算如下：

$$\alpha_E = E_s/E_c = 6.67, \quad \rho = A_s/(bh_0) = 1884/(80 \times 1140) = 0.0206,$$

$$\rho' = A'_s/(bh_0) = 678/(80 \times 1140) = 0.0074$$

$$\rho_{te} = \frac{A_s}{0.5bh + (b_f - b)h_f} = \frac{1884}{0.5 \times 80 \times 1200 + (200 - 80) \times 150} = 0.0285$$

$$\sigma_{sq} = \frac{M_q}{0.87h_0 A_s} = \frac{400 \times 10^6}{0.87 \times 1140 \times 1884} = 214.07\text{N/mm}^2$$

$$\psi = 1.1 - 0.65\frac{f_{tk}}{\rho_{te}\sigma_{sq}} = 1.1 - 0.65 \times \frac{2.01}{0.0285 \times 214.07} = 0.8862$$

$$\gamma'_f = \frac{(b'_f - b)h'_f}{bh_0} = \frac{(200 - 80) \times 150}{80 \times 1140} = 0.197$$

则短期刚度为：

$$B_s = \frac{E_s A_s h_0^2}{1.15\psi + 0.2 + \dfrac{6\alpha_E\rho}{1 + 3.5\gamma'_f}} = \frac{200000 \times 1884 \times 1140^2}{1.15 \times 0.8862 + 0.2 + \dfrac{6 \times 6.67 \times 0.02066}{1 + 3.5 \times 0.197}}$$

$$= \frac{200000 \times 1884 \times 1140^2}{1.0191 + 0.2 + 0.4914} = \frac{200000 \times 1884 \times 1140^2}{1.7078} = 2.867 \times 10^{14}\text{N} \cdot \text{mm}^2$$

$$\theta = 1.6 + 0.4\left(1 - \frac{\rho'}{\rho}\right) = 1.6 + 0.4 \times \left(1 - \frac{0.0074}{0.0206}\right) = 1.856，有翼缘在受拉区，增加$$

$20\%$，则 $\theta = 2.227$

长期刚度为：$B = \dfrac{B_s}{\theta} = 2.867 \times 10^{14}/2.227 = 1.287 \times 10^{13}\text{N} \cdot \text{mm}^2$

$$f = \frac{5}{48}\frac{Ml_0^2}{B} = \frac{5}{48}\frac{400 \times 10^6 \times 9000^2}{1.287 \times 10^{13}} = 26.22\text{mm} < [f] = l_0/300 = 9000/300 = 30\text{mm}$$

满足要求。

RCM 软件输入和输出的简要信息见图 14-19。RCM 输出的详细信息如下：

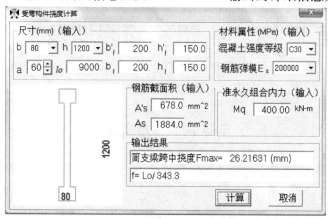

图 14-19　I 形截面双筋受弯构件挠度算例 RCM 软件输入和输出的简要信息

b=　　80; h= 1200; bf=　200.0; hf=　150.0; B″f=　200.0; H″f=　150.0 （mm）

C30; Ho= 1140.0

Ec=　30000. ; Es= 200000. ; αe=6.667

纵筋配筋率ρ= 0.02066; ρ″= 0.00743; ρte= 0.02855

σsq=　　214.07 (MPa); ψ=　　0.8862

有受压翼缘截面γ″f=　0.197

短期刚度分母=　　　1.7078

短期刚度Bs= 0.2867E+15（N-mm²）

ρ″/ρ= 0.360 θ=　　　1.856

有翼缘在受压区，θ增加20%, θ=　　2.227

长期刚度B(=短期刚度/θ)=　0.129E+15(N-mm²)

简支梁跨中挠度Fmax=　　26.21631　（mm）

可见 RCM 软件计算结果与手算的相同。

**本章参考文献**

［1］蓝宗建．混凝土结构设计原理［M］．南京：东南大学出版社，2008.

［2］王社良、熊仲明等．混凝土结构设计原理题库及题解［M］．北京：中国水利水电出版社，2004.

［3］刘立新等．混凝土结构原理（新一版）［M］．武汉：武汉理工大学出版社，2010.

［4］顾祥林．混凝土结构基本原理（第二版）［M］．上海：同济大学出版社，2011.

［5］国振喜．高层建筑混凝土结构设计手册［M］．北京：中国建筑工业出版社，2012.

［6］东南大学，天津大学，同济大学．混凝土结构-中册（第五版）［M］．北京：中国建筑工业出版社，2012.

［7］张洪学、张峻然．钢筋混凝土结构概念计算与设计［M］．北京：中国建筑工业出版社，1992.

# 第15章 牛腿配筋原理及算例

## 15.1 柱牛腿的截面尺寸与纵向受力钢筋的计算

对于竖向力作用点至下柱边缘的水平距离 $a$ 不大于 $h_0$ 的柱牛腿（图15-1），其截面尺寸应符合下列要求：

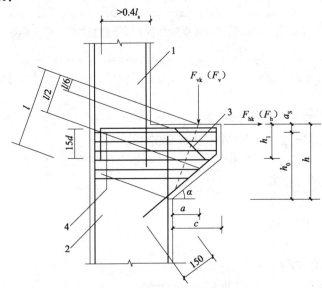

图15-1 牛腿的外形及钢筋配置

注：图中尺寸单位为 mm。

1—上柱；2—下柱；3—弯起钢筋；4—水平箍筋

（1）牛腿的裂缝控制要求如下：

$$F_{vk} \leqslant \beta \left(1 - 0.5 \frac{F_{hk}}{F_{vk}}\right) \frac{f_{tk} b h_0}{0.5 + \dfrac{a}{h_0}} \tag{15-1}$$

式中 $F_{vk}$——作用于牛腿顶部按荷载效应标准组合计算的竖向力值；

$F_{hk}$——作用于牛腿顶部按荷载效应标准组合计算的水平拉力值；

$\beta$——裂缝控制系数：支承吊车梁的牛腿取 0.65；其他牛腿取 0.80；

$a$——竖向力作用点至下柱边缘的水平距离，应考虑安装偏差 20mm；当考虑安装偏差后的竖向力作用点仍位于下柱截面以内时取等于 0；

$b$——牛腿宽度；

$h_0$——牛腿与下柱交接处的垂直截面有效高度，取 $h_1 - a_s + c \cdot \tan\alpha$，当 $\alpha$ 大于 45°时，取 45°；$c$ 为下柱边缘到牛腿外边缘的水平长度。

由此，可计算牛腿截面有效高度

$$h_0 = \frac{0.5F_{vk} + \sqrt{(0.5F_{vk})^2 + 4\beta ab F_{vk} f_{tk}\left(1 - 0.5\dfrac{F_{hk}}{F_{vk}}\right)}}{2\beta b f_{tk}\left(1 - 0.5\dfrac{F_{hk}}{F_{vk}}\right)} \tag{15-2}$$

（2）牛腿外边缘高度 $h_1$ 不应小于 $h/3$，且不应小于 200mm。

（3）在牛腿顶受压面上，竖向力所引起的局部压应力 $F_{vk}$ 不应超过 $0.75f_c$。

在牛腿中，由承受竖向力所需的受拉钢筋截面面积和承受水平拉力所需的锚筋截面面积所组成的纵向受力钢筋的总截面面积，应符合下列规定：

$$A_s \geqslant \frac{F_v a}{0.85 f_y h_0} + 1.2\frac{F_h}{f_y} \tag{15-3}$$

当 $a$ 小于 $0.3h_0$ 时，取 $a$ 等于 $0.3h_0$。

式中　$F_v$——作用在牛腿顶部的竖向力设计值；

　　　$F_h$——作用在牛腿顶部的水平拉力设计值。

## 15.2　柱牛腿钢筋配置及构造要求

沿牛腿顶部配置的纵向受力钢筋，宜采用 HRB400 级或 HRB500 级热轧带肋钢筋。全部纵向受力钢筋及弯起钢筋宜沿牛腿外边缘向下伸入柱内 150mm 后截断（图 15-1）。

纵向受力钢筋及弯起钢筋伸入上柱的锚固长度，当采用直线锚固时不应小于受拉钢筋锚固长度 $l_a$；当上柱尺寸不足时，钢筋的锚固应符合梁上部钢筋在框架中间层端节点中带 90°弯折的锚固规定。此时，锚固长度应从上柱内边算起。

承受竖向力所需的纵向受力钢筋的配筋率不应小于 0.2% 和 $45f_t/f_y$，也不宜大于 0.6%，钢筋数量不宜少于 4 根直径 12mm 的钢筋。

当牛腿设于上柱柱顶时，宜将牛腿对边的柱外侧纵向受力钢筋沿柱顶水平弯入牛腿，作为牛腿纵向受拉钢筋使用。当牛腿顶面纵向受拉钢筋与牛腿对边的柱外侧纵向钢筋分开配置时，牛腿顶面纵向受拉钢筋应弯入柱外侧，并应符合受拉钢筋搭接的规定。

牛腿应设置水平箍筋，箍筋直径宜为 6～12mm，间距宜为 100～150mm；在上部 $2h_0/3$ 范围内的箍筋总截面面积不宜小于承受竖向力的受拉钢筋截面面积的 1/2。

当牛腿的剪跨比不小于 0.3 时，宜设置弯起钢筋。弯起钢筋宜采用 HRB400 级或 HRB500 级热轧带肋钢筋，并宜使其与集中荷载作用点到牛腿斜边下端点连线的交点位于牛腿上部 $l/6 \sim l/2$ 之间的范围内，$l$ 为该连线的长度（图 15-1）。弯起钢筋截面面积不宜小于承受竖向力的受拉钢筋截面面积的 1/2，且不宜小于 2 根直径 12mm 的钢筋。纵向受拉钢筋不得兼作弯起钢筋。

牛腿计算，竖向力作用下受拉钢筋的最小配筋率采用截面高度 $h$（与国振喜手册[1]不同），最大配筋率用截面有效高度 $h_0$ 计算，并取最小配筋率为 0.2% 和 $45f_t/f_y$ 的较大值，就是按梁的配筋率执行。

RCM 软件对话框中的水平箍筋强度项是无用的，因规范只对箍筋截面积有要求，而对箍筋强度无要求，可选用一级钢。输出的箍筋总面积 $A_{sh}$ 是牛腿高度 $h$ 范围内的，它是由 2/3 牛腿 $h_0$ 的 $A_{sh}$ 乘 $1.5h/h_0$ 得出的。

## 15.3 柱牛腿配筋算例

### 【例 15-1】 柱牛腿配筋算例 1

文献［1］第 585 页算例：仅有竖向力作用下的柱牛腿。牛腿宽度 $b = 400\text{mm}$（与柱同宽）。吊车梁的肋宽为 $b_1 = 250\text{mm}$。作用于牛腿顶部按荷载效应标准组合计算的竖向力值 $F_{vk} = 702.7\text{kN}$，作用于牛腿顶部的竖向力设计值 $F_v = 966\text{kN}$，作用于牛腿顶部按荷载效应标准组合计算的水平拉力值 $F_{hk} = 0$，作用于牛腿顶部的水平拉力设计值 $F_h = 0$。竖向力的作用点至下柱边缘的水平距离 $a = 120\text{mm}$（包括已考虑安装偏差 20mm 在内），牛腿底面倾斜角采用 $\alpha \leqslant 45°$。混凝土强度等级为 C30，承受竖向力所需的纵向钢筋采用 HRB335 级钢筋，水平箍筋采用 HPB300 级钢筋。牛腿的外边缘高度采用 $h_1 = h/2$（$h$ 为牛腿高度）。柱牛腿计算简图见图 15-2。

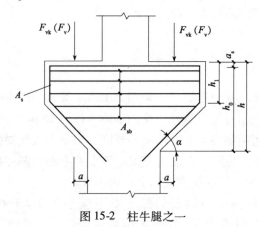

图 15-2 柱牛腿之一

试求：该牛腿的高度 h 和配筋。

【解】 1. 已知条件

$$f_c = 14.3 \text{ N/mm}^2, \; f_y = 300 \text{ N/mm}^2, \; \beta = 0.65。$$

2. 计算牛腿高度 h

因 $F_{hk} = 0$，则由式（15-2）

$$h_0 = \frac{0.5F_{vk} + \sqrt{(0.5F_{vk})^2 + 4\beta ab F_{vk} f_{tk}}}{2\beta b f_{tk}}$$

$$= \frac{0.5 \times 702700 + \sqrt{(0.5 \times 702700)^2 + 4 \times 0.65 \times 120 \times 400 \times 702700 \times 2.01}}{2 \times 0.65 \times 400 \times 2.01} = 860\text{mm}$$

取 $a_s = 40\text{mm}$，则 $h = 860 + 40 = 900\text{mm}$，$h_1 = h/2 = 450\text{mm}$。

3. 牛腿局部受压承载力计算

$$\sigma = \frac{F_{vk}}{A} = \frac{702700}{250 \times 400} = 7.027 \text{ N/mm}^2 < 0.75f_c = 0.75 \times 14.3 = 10.725 \text{ N/mm}^2$$

满足要求。

4. 求承受竖向力所需的纵向受拉钢筋截面面积

因为 $\dfrac{a}{h_0} = 120/860 = 0.14 < 0.3$，取 $\dfrac{a}{h_0} = 0.3$ 计算。

由式 (15-3)

$$A_s = \frac{F_v a}{0.85 f_y h_0} = \frac{966000 \times 0.3}{0.85 \times 300} = 1136 \text{mm}^2$$

配筋率 $\rho = 1136/(400 \times 900) = 0.00316$，介于最小和最大配筋率之间，满足要求。

5. 求牛腿的水平箍筋面积

根据规范对牛腿的构造要求，在牛腿上部 $2h_0/3$ 范围内的水平箍筋总截面面积不宜小于承受竖向力的受拉钢筋截面面积的 $1/2$。

即在 $2h_0/3 = 2 \times 860/3 = 573 \text{mm}$ 范围内的水平箍筋总截面面积不宜小于 $A_s/2 = 1136/2 = 568 \text{mm}^2$

水平箍筋选用 $\phi 8$，间距 $s = 100 \text{mm}$，双肢箍，在 573mm 范围内有 6 层水平箍筋，则算得

$$A_{sh} = 2 \times 50.3 \times 6 = 604 \text{mm}^2 > 568 \text{mm}^2$$

满足要求。

则在牛腿高度（$h = 900 \text{mm}$）范围内，总的水平箍筋截面面积为

$$604 \times 3 \times 900/(860 \times 2) = 948 \text{mm}^2$$

6. 求弯起钢筋

因为 $\dfrac{a}{h_0} = 120/860 = 0.14 < 0.3$，可不设弯起钢筋，即 $A_{sb} = 0$。

RCM 软件计算输入信息和简要输出信息见图 15-3。

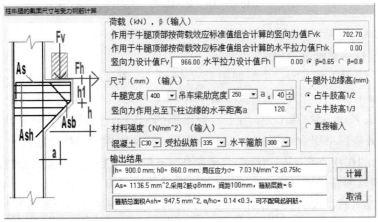

图 15-3　柱牛腿配筋算例 1

软件在算出牛腿高度后，会跳出图 15-4 所示的对话框，让用户选择和确认牛腿高度，这时用户可选择不小于软件算出的牛腿高度，为方便施工可取整数，输入并确认，按 "确定" 后，软件继续计算。

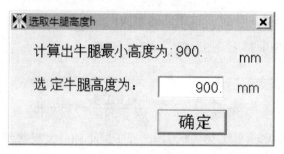

图 15-4　柱牛腿高度选择及确认对话框

RCM 软件的详细输出信息如下：

牛腿计算：牛腿宽b= 400.0 mm；吊车梁肋宽h1= 250 mm
作用，Fvk= 702.70 kN；Fv= 966.00 kN
作用，Fhk= 0.00 kN；Fh= 0.00 kN
Fv作用点至下柱边缘水平距离（包括安装偏差）a= 120 mm
混凝土强度等级C30；钢筋设计强度Fy= 300.；Fyv= 270. N/mm^2
牛腿外边缘高度h1采用（牛腿高度/2）。
计算结果：h0= 859.9 mm；1-0.5Fhk/Fvk=1.000
h= 900.0 mm；h0= 860.0 mm；局压应力σ= 7.03 N/mm^2 ≤0.75fc
As,min= 772.2 mm^2 ＜As= 1136.5 ＜ As,max= 2064.0 mm^2
竖向力所需的纵向受拉钢筋截面积As= 1136.5 mm^2；As/2= 568.2 mm^2
总面积As= 1136.51 mm^2；假定箍筋间距100mm，箍筋层数= 6
试采用2肢直径8mm箍筋，箍筋间距100mm，箍筋层数= 6；2/3牛腿h0的Ash= 603.6 mm^2
采用2肢直径8mm箍筋，箍筋间距100mm，箍筋层数= 6；2/3牛腿h0的Ash= 603.6 mm^2
箍筋总面积Ash= 947.5 mm^2，a/ho= 0.14 ＜0.3，可不配弯起钢筋。

可见 RCM 软件的计算结果与手算结果及文献结果相同。

【例 15-2】　柱牛腿配筋算例 2

文献［1］第 587 页算例：牛腿如图 15-1 所示，一支承钢筋混凝土梁的柱牛腿。牛腿宽度 $b = 400\text{mm}$（与柱同宽）。梁的宽度 $b_1 = 300\text{mm}$。作用于牛腿顶部按荷载效应标准组合计算的竖向力值 $F_{vk} = 942.7\text{kN}$，作用于牛腿顶部的竖向力设计值 $F_v = 1159\text{kN}$，作用于牛腿顶部按荷载效应标准组合计算的水平拉力值 $F_{hk} = 0$，作用于牛腿顶部的水平拉力设计值 $F_h = 0$。竖向力的作用点至下柱边缘的水平距离 $a = 170\text{mm}$（包括已考虑安装偏差 20mm 在内），牛腿底面倾斜角采用 $\alpha \le 45°$。混凝土强度等级为 C40，承受竖向力所需的纵向钢筋采用 HRB400 级钢筋，水平箍筋采用 HPB300 级钢筋。牛腿的外边缘高度采用 $h_1 = h/2$（$h$ 为牛腿高度）。

试求：该牛腿的高度 $h$ 和配筋。

【解】　1. 已知条件，$f_c = 19.1 \text{ N/mm}^2$，$f_y = 360 \text{ N/mm}^2$，$\beta = 0.80$。

2. 计算牛腿高度 $h$

因 $F_{hk} = 0$，则由式（15-2）

$$h_0 = \frac{0.5F_{vk} + \sqrt{(0.5F_{vk})^2 + 4\beta abF_{vk}f_{tk}}}{2\beta bf_{tk}}$$

$$= \frac{0.5 \times 942700 + \sqrt{(0.5 \times 942700)^2 + 4 \times 0.8 \times 170 \times 400 \times 942700 \times 2.39}}{2 \times 0.8 \times 400 \times 2.39} = 860 \text{mm}$$

取 $a_s = 40 \text{mm}$，则 $h = 860 + 40 = 900 \text{mm}$，$h_1 = h/2 = 450 \text{mm}$。

3. 牛腿局部受压承载力计算

$$\sigma = \frac{F_{vk}}{A} = \frac{942700}{300 \times 400} = 7.86 \text{ N/mm}^2 < 0.75 f_c = 0.75 \times 19.1 = 14.325 \text{ N/mm}^2$$

满足要求。

4. 求承受竖向力所需的纵向受拉钢筋截面面积

因为 $\dfrac{a}{h_0} = 170/860 = 0.2 < 0.3$，取 $\dfrac{a}{h_0} = 0.3$ 计算。

由式（15-3）

$$A_s = \frac{F_v a}{0.85 f_y h_0} = \frac{1159000 \times 0.3}{0.85 \times 360} = 1136 \text{mm}^2$$

配筋率 $\rho = 1136/(400 \times 900) = 0.00316$，介于最小和最大配筋率之间，满足要求。

5. 求牛腿的水平箍筋面积

根据规范对牛腿的构造要求，在牛腿上部 $2h_0/3$ 范围内的水平箍筋总截面面积不宜小于承受竖向力的受拉钢筋截面面积的 $1/2$。

即在 $2h_0/3 = 2 \times 860/3 = 573 \text{mm}$ 范围内的水平箍筋总截面面积不宜小于 $A_s/2 = 1136/2 = 568 \text{mm}^2$

水平箍筋选用 $\Phi 8$，间距 $s = 100 \text{mm}$，双肢箍，在 573mm 范围内有 6 层水平箍筋，则算得

$$A_{sh} = 2 \times 50.3 \times 6 = 604 \text{mm}^2 > 569 \text{mm}^2$$

满足要求。

则在牛腿高度（$h = 900 \text{mm}$）范围内，总的水平箍筋截面面积为

$$604 \times 3 \times 900/(860 \times 2) = 948 \text{mm}^2$$

6. 求弯起钢筋

因为 $\dfrac{a}{h_0} = 170/860 = 0.2 < 0.3$，可不设弯起钢筋，即 $A_{sb} = 0$。

RCM 计算输入信息和简要输出结果如图 15-5 所示，可见与手算结果相同。

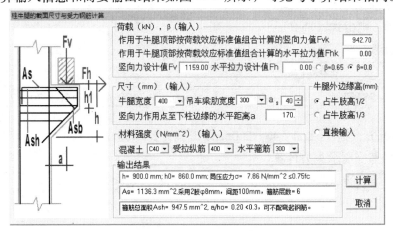

图 15-5　柱牛腿配筋算例 2

RCM 软件的详细输出信息如下：

```
牛腿计算：牛腿宽b=  400.0 mm；吊车梁肋宽h1= 300 mm
作用，Fvk= 942.70 kN；Fv=1159.00 kN
作用，Fhk=   0.00 kN；Fh=   0.00 kN
Fv作用点至下柱边缘水平距离（包括安装偏差）a=  170 mm
混凝土强度等级C40；钢筋设计强度Fy= 360.；Fyv= 270. N/mm^2
牛腿外边缘高度h1采用（牛腿高度/2）。
计算结果：h0=  860.0 mm；1-0.5Fhk/Fvk=1.000
h=  900.0 mm；h0=  860.0 mm；局压应力σ=   7.86 N/mm^2 ≤0.75fc
As,min=   769.5 mm^2 <As=  1136.3 < As,max=  2064.0 mm^2
竖向力所需的纵向受拉钢筋截面积As=  1136.3 mm^2；As/2=   568.1 mm^2
总面积As= 1136.31 mm^2；假定箍筋间距100mm，箍筋层数= 6
试采用2肢直径8mm箍筋，箍筋间距100mm，箍筋层数= 6；2/3牛腿h0的Ash=   603.6 mm^2
采用2肢直径8mm箍筋，箍筋间距100mm，箍筋层数= 6；2/3牛腿h0的Ash=   603.6 mm^2
箍筋总面积Ash=  947.5 mm^2，a/ho=  0.20 <0.3，可不配弯起钢筋。
```

### 【例 15-3】柱牛腿配筋算例 3

文献 [1] 第 588 页算例：牛腿如图 15-1 所示，一支承钢筋混凝土吊车梁的牛腿。牛腿宽度 $b = 350$mm（与柱同宽）。吊车梁的宽度 $b_1 = 250$mm。作用于牛腿顶部按荷载效应标准组合计算的竖向力值 $F_{vk} = 563.67$kN，作用于牛腿顶部的竖向力设计值 $F_v = 683$kN，作用于牛腿顶部按荷载效应标准组合计算的水平拉力值 $F_{hk} = 0$，作用于牛腿顶部的水平拉力设计值 $F_h = 0$。竖向力的作用点至下柱边缘的水平距离 $a = 170$mm（包括已考虑安装偏差 20mm 在内），牛腿底面倾斜角采用 $\alpha \leq 45°$。混凝土强度等级为 C30，承受竖向力所需的纵向钢筋采用 HRB335 级钢筋，水平箍筋采用 HPB300 级钢筋。牛腿的外边缘高度采用 $h_1 = h/2$（$h$ 为牛腿高度）。

试求：该牛腿的高度 $h$ 和配筋。

【解】1. 已知条件

$$f_c = 14.3 \text{ N/mm}^2, \ f_y = 300 \text{ N/mm}^2, \ \beta = 0.65$$

2. 计算牛腿高度 $h$

因 $F_{hk} = 0$，则由式（15-2）

$$h_0 = \frac{0.5F_{vk} + \sqrt{(0.5F_{vk})^2 + 4\beta ab F_{vk} f_{tk}}}{2\beta b f_{tk}}$$

$$= \frac{0.5 \times 563670 + \sqrt{(0.5 \times 563670)^2 + 4 \times 0.65 \times 170 \times 350 \times 563670 \times 2.01}}{2 \times 0.65 \times 350 \times 2.01} = 860\text{mm}$$

取 $a_s = 40$mm，则 $h = 860 + 40 = 900$mm，$h_1 = h/2 = 450$mm。

3. 牛腿局部受压承载力计算

$$\sigma = \frac{F_{vk}}{A} = \frac{563670}{250 \times 350} = 6.44 \text{ N/mm}^2 < 0.75f_c = 0.75 \times 14.3 = 10.725 \text{ N/mm}^2$$

满足要求。

4. 求承受竖向力所需的纵向受拉钢筋截面面积

因为 $\dfrac{a}{h_0} = 170/860 = 0.2 < 0.3$，取 $\dfrac{a}{h_0} = 0.3$ 计算。

由式（15-3）

$$A_s = \frac{F_v a}{0.85 f_y h_0} = \frac{683000 \times 0.3}{0.85 \times 300} = 804 \, \text{mm}^2$$

配筋率 $\rho = 804/(350 \times 900) = 0.00255$，介于最小和最大配筋率之间，满足要求。

5. 求牛腿的水平箍筋面积

根据规范对牛腿的构造要求，在牛腿上部 $2h_0/3$ 范围内的水平箍筋总截面面积不宜小于承受竖向力的受拉钢筋截面面积的 $1/2$。

即在 $2h_0/3 = 2 \times 860/3 = 573 \, \text{mm}$ 范围内的水平箍筋总截面面积不宜小于 $A_s/2 = 804/2 = 402 \, \text{mm}^2$

水平箍筋选用 $\Phi 8$，间距 $s = 125 \, \text{mm}$，双肢箍，在 573mm 范围内有 5 层水平箍筋，则算得

$$A_{sh} = 2 \times 50.3 \times 5 = 503 \, \text{mm}^2 > 402 \, \text{mm}^2$$

满足要求。

则在牛腿高度（$h = 900 \, \text{mm}$）范围内，总的水平箍筋截面面积为

$$503 \times 3 \times 900/(860 \times 2) = 789.6 \, \text{mm}^2$$

6. 求弯起钢筋

因为 $\dfrac{a}{h_0} = 170/860 = 0.2 < 0.3$，可不设弯起钢筋，即 $A_{sb} = 0$。

RCM 计算输入信息和简要输出结果如图 15-6 所示，可见与手算结果相同。

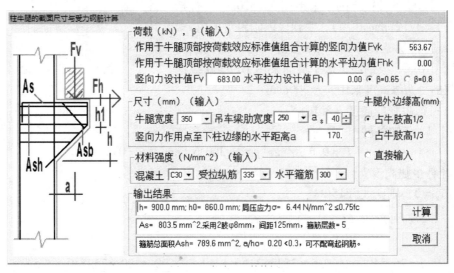

图 15-6　柱牛腿配筋算例 3

RCM 软件的详细输出信息如下：

牛腿计算：牛腿宽b= 350.0 mm；吊车梁肋宽h1= 250 mm
作用，Fvk= 563.67 kN；Fv= 683.00 kN
作用，Fhk= 0.00 kN；Fh= 0.00 kN
Fv作用点至下柱边缘水平距离（包括安装偏差）a= 170 mm
混凝土强度等级C30；钢筋设计强度Fy= 300.；Fyv= 270. N/mm^2
牛腿外边缘高度h1取值为：300 mm
计算结果：h0= 860.0 mm；1-0.5Fhk/Fvk=1.000
h= 900.0 mm；h0= 860.0 mm；局压应力σ= **6.44 N/mm^2** ≤0.75fc
As,min= 675.7 mm^2 <As= 803.5 < As,max= 1806.0 mm^2
竖向力所需的纵向受拉钢筋截面积As= 803.5 mm^2；As/2= 401.8 mm^2
总面积As= 803.51 mm^2；假定箍筋间距100mm，箍筋层数= 6
试采用2肢直径8mm箍筋，箍筋间距100mm，箍筋层数= 6；2/3牛腿h0的Ash= 603.6 mm^2
采用2肢直径8mm箍筋，箍筋间距125mm，箍筋层数= 5；2/3牛腿h0的Ash= 503.0 mm^2
箍筋总面积Ash= 789.6 mm^2，a/ho= 0.20 <0.3，可不配弯起钢筋。

### 【例15-4】柱牛腿配筋算例4

文献［1］第590页算例：牛腿如图15-7所示，一
支承钢筋混凝土大梁的柱牛腿。牛腿宽度 b =400mm
（与柱同宽）。大梁的宽度 $b_1$ =300mm。作用于牛腿顶
部按荷载效应标准组合计算的竖向力值 $F_{vk}$ =252.54kN，
作用于牛腿顶部的竖向力设计值 $F_v$ =329.43kN，作用
于牛腿顶部按荷载效应标准组合计算的水平拉力值
$F_{hk}$ =0，作用于牛腿顶部的水平拉力设计值 $F_h$ =0。竖
向力的作用点至下柱边缘的水平距离 a =520mm（包括
已考虑安装偏差20mm在内），牛腿底面倾斜角采用α≤
45°。混凝土强度等级为 C20，承受竖向力所需的纵向
钢筋采用 HRB335 级钢筋，水平箍筋采用 HPB300 级钢
筋。牛腿的外边缘高度采用 $h_1$ =300mm。

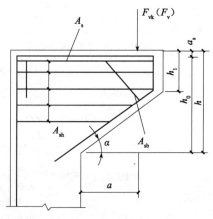

图15-7 柱牛腿之二

试求：该牛腿的高度 h 和配筋。

**【解】** 1. 已知条件

$$f_c =9.6 \ N/mm^2, \ f_y =300 \ N/mm^2, \ \beta =0.8$$

2. 计算牛腿高度 h

因 $F_{hk}$ =0，则由式（15-2）

$$h_0 = \frac{0.5F_{vk} + \sqrt{(0.5F_{vk})^2 + 4\beta abF_{vk}f_{tk}}}{2\beta bf_{tk}}$$

$$= \frac{0.5 \times 252540 + \sqrt{(0.5 \times 252540)^2 + 4 \times 0.8 \times 520 \times 400 \times 252540 \times 1.54}}{2 \times 0.8 \times 400 \times 1.54} = 660mm$$

取 $a_s$ =40mm，则 h =660+40=700mm，$h_1$ =300mm。

3. 牛腿局部受压承载力计算

$$\sigma = \frac{F_{vk}}{A} = \frac{252540}{300 \times 400} = 2.105 \ N/mm^2 < 0.75f_c = 0.75 \times 9.6 = 7.2 \ N/mm^2$$

满足要求。

4. 求承受竖向力所需的纵向受拉钢筋截面面积

因为 $\dfrac{a}{h_0} = 520/660 = 0.788 > 0.3$，按实际采用。

由式（15-3）

$$A_s = \frac{F_v a}{0.85 f_y h_0} = \frac{329430 \times 520}{0.85 \times 300 \times 660} = 1018\,\text{mm}^2$$

配筋率 $\rho = 1018/(400 \times 700) = 0.00364$，介于最小和最大配筋率之间，满足要求。

5. 求牛腿的水平箍筋面积

根据规范对牛腿的构造要求，在牛腿上部 $2h_0/3$ 范围内的水平箍筋总截面面积不宜小于承受竖向力的受拉钢筋截面面积的 $1/2$。

即在 $2h_0/3 = 2 \times 660/3 = 440\,\text{mm}$ 范围内的水平箍筋总截面面积不宜小于 $A_s/2 = 1018/2 = 509\,\text{mm}^2$

水平箍筋选用 Φ10，间距 $s = 125\,\text{mm}$，双肢箍，在 509mm 范围内有 4 层水平箍筋，则算得

$$A_{sh} = 2 \times 78.5 \times 4 = 628\,\text{mm}^2 > 509\,\text{mm}^2$$

满足要求。

则在牛腿高度（$h = 700\,\text{mm}$）范围内，总的水平箍筋截面面积为

$$628 \times 3 \times 700/(660 \times 2) = 999.1\,\text{mm}^2$$

6. 求弯起钢筋

因为 $\dfrac{a}{h_0} = 520/660 = 0.788 > 0.3$，宜设置弯起钢筋，按规范要求，弯起钢筋截面面积不宜小于承受竖向力的受拉钢筋截面面积的 $1/2$，即 $A_{sb} = 1018/2 = 509\,\text{mm}^2$。

RCM 计算输入信息和简要输出结果如图 15-8 所示，可见与手算结果相同。

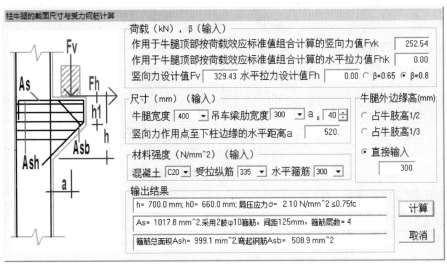

图 15-8　柱牛腿配筋算例 4

RCM 软件的详细输出信息如下：

牛腿计算：牛腿宽b=  400.0 mm；吊车梁肋宽h1= 300 mm

作用，Fvk= 252.54 kN；Fv= 329.43 kN

作用，Fhk=   0.00 kN；Fh=   0.00 kN

Fv作用点至下柱边缘水平距离（包括安装偏差）a=  520 mm

混凝土强度等级C20；钢筋设计强度Fy= 300.；Fyv= 270. N/mm^2

牛腿外边缘高度h1取值为：300 mm

计算结果：h0=  660.0 mm；1-0.5Fhk/Fvk=1.000

h=  700.0 mm；h0=  660.0 mm；局压应力σ=   **2.10 N/mm^2**  ≤0.75fc

As,min=   560.0 mm^2 ＜As=  1017.8 ＜ As,max=  1584.0 mm^2

竖向力所需的纵向受拉钢筋截面积As=  1017.8 mm^2；As/2=  508.9 mm^2

总面积As= 1017.81 mm^2；假定箍筋间距100mm，箍筋层数= 5

试采用2肢直径10mm箍筋，箍筋间距100mm，箍筋层数= 5；2/3牛腿h0的Ash=  785.0 mm^2

采用2肢直径10mm箍筋，箍筋间距125mm，箍筋层数= 4；2/3牛腿h0的Ash=  628.0 mm^2

箍筋总面积Ash=  999.1 mm^2，弯起钢筋Asb=  508.9 mm^2

### 【例 15-5】柱牛腿配筋算例 5

文献［1］第 594 页算例：牛腿如图 15-7 所示，一支承钢筋混凝土大梁的柱牛腿。牛腿宽度 $b = 400mm$（与柱同宽）。大梁的宽度 $b_1 = 250mm$。作用于牛腿顶部按荷载效应标准组合计算的竖向力值 $F_{vk} = 679.50kN$，作用于牛腿顶部的竖向力设计值 $F_v = 992.20kN$，作用于牛腿顶部按荷载效应标准组合计算的水平拉力值 $F_{hk} = 0$，作用于牛腿顶部的水平拉力设计值 $F_h = 0$。竖向力的作用点至下柱边缘的水平距离 $a = 270mm$（包括已考虑安装偏差 20mm 在内），牛腿底面倾斜角采用 $\alpha \leqslant 45°$。混凝土强度等级为 C30，承受竖向力所需的纵向钢筋采用 HRB400 级钢筋，水平箍筋采用 HPB300 级钢筋。牛腿的外边缘高度采用 $h_1 = h/2$（$h$ 为牛腿高度）。

试求：该牛腿的高度 $h$ 和配筋。

**【解】** 1. 已知条件

$$f_c = 14.3 \ N/mm^2, \ f_y = 360 \ N/mm^2, \ \beta = 0.8$$

2. 计算牛腿高度 $h$

因 $F_{hk} = 0$，则由式（15-2）

$$h_0 = \frac{0.5F_{vk} + \sqrt{(0.5F_{vk})^2 + 4\beta abF_{vk}f_{tk}}}{2\beta bf_{tk}}$$

$$= \frac{0.5 \times 679500 + \sqrt{(0.5 \times 679500)^2 + 4 \times 0.8 \times 270 \times 400 \times 679500 \times 2.01}}{2 \times 0.8 \times 400 \times 2.01} = 860mm$$

取 $a_s = 40mm$，则 $h = 860 + 40 = 900mm$，$h_1 = 450mm$。

3. 牛腿局部受压承载力计算

$$\sigma = \frac{F_{vk}}{A} = \frac{679500}{250 \times 400} = 6.795 \ N/mm^2 < 0.75f_c = 0.75 \times 14.3 = 10.725 \ N/mm^2$$

满足要求。

4. 求承受竖向力所需的纵向受拉钢筋截面面积

因为 $\frac{a}{h_0} = 270/860 = 0.314 > 0.3$，按实际采用。

由式（15-3）

$$A_s = \frac{F_v a}{0.85 f_y h_0} = \frac{992200 \times 270}{0.85 \times 360 \times 860} = 1018 \, \text{mm}^2$$

配筋率 $\rho = 1018/(400 \times 900) = 0.00283$，介于最小和最大配筋率之间，满足要求。

5. 求牛腿的水平箍筋面积

根据规范对牛腿的构造要求，在牛腿上部 $2h_0/3$ 范围内的水平箍筋总截面面积不宜小于承受竖向力的受拉钢筋截面面积的 $1/2$。

即在 $2h_0/3 = 2 \times 860/3 = 574 \, \text{mm}$ 范围内的水平箍筋总截面面积不宜小于 $A_s/2 = 1018/2 = 509 \, \text{mm}^2$

水平箍筋选用 $\Phi 8$，间距 $s = 100 \, \text{mm}$，双肢箍，在 574mm 范围内有 6 层水平箍筋，则算得

$$A_{sh} = 2 \times 50.3 \times 6 = 606 \, \text{mm}^2 > 509 \, \text{mm}^2$$

满足要求。

则在牛腿高度（$h = 900 \, \text{mm}$）范围内，总的水平箍筋截面面积为

$$606 \times 3 \times 900/(860 \times 2) = 951.3 \, \text{mm}^2$$

6. 求弯起钢筋

因为 $\dfrac{a}{h_0} = 270/860 = 0.314 > 0.3$，宜设置弯起钢筋，按规范要求，弯起钢筋截面面积不宜小于承受竖向力的受拉钢筋截面面积的 $1/2$，即 $A_{sb} = 1018/2 = 509 \, \text{mm}^2$。

RCM 计算输入信息和简要输出结果如图 15-9，可见与手算结果相同。

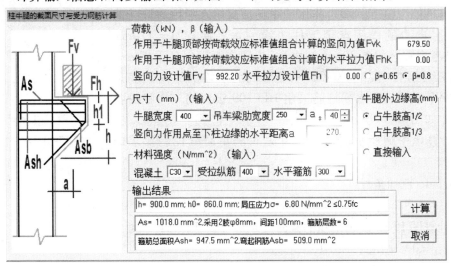

图 15-9　柱牛腿配筋算例 5

RCM 软件的详细输出信息如下：

牛腿计算：牛腿宽b= 400.0 mm；吊车梁肋宽h1= 250 mm
作用，Fvk= 679.50 kN；Fv= 992.20 kN
作用，Fhk=  0.00 kN；Fh=  0.00 kN
Fv作用点至下柱边缘水平距离（包括安装偏差）a=  270 mm
混凝土强度等级C30；钢筋设计强度Fy= 360.；Fyv= 270. N/mm^2
牛腿外边缘高度h1采用（牛腿高度/2）。
计算结果：h0=  859.9 mm；1-0.5Fhk/Fvk=1.000
h=  900.0 mm；h0=  860.0 mm；局压应力σ=  **6.80 N/mm^2** ≤0.75fc
As,min=   720.0 mm^2 ＜As=   1018.0 ＜ As,max=  2064.0 mm^2
竖向力所需的纵向受拉钢筋截面积As=  1018.0 mm^2；As/2=   509.0 mm^2
总面积As= 1018.01 mm^2；假定箍筋间距100mm，箍筋层数= 6
试采用2肢直径8mm箍筋，箍筋间距100mm，箍筋层数= 6；2/3牛腿h0的Ash=   603.6 mm^2
采用2肢直径8mm箍筋，箍筋间距100mm，箍筋层数= 6；2/3牛腿h0的Ash=   603.6 mm^2
箍筋总面积Ash=  947.5 mm^2，弯起钢筋Asb=   509.0 mm^2

### 【例15-6】柱牛腿配筋算例6

文献［1］第593页算例：牛腿如图15-10所示，一支承钢筋混凝土吊车梁的柱牛腿。牛腿宽度 $b = 400$mm（与柱同宽）。吊车梁的宽度 $b_1 = 250$mm。吊车梁中心线到厂房轴线（即柱外边缘）的距离为750mm。作用于牛腿顶部按荷载效应标准组合计算的竖向力值 $F_{vk} = 541$kN，作用于牛腿顶部的竖向力设计值 $F_v = 820$kN，作用于牛腿顶部按荷载效应标准组合计算的水平拉力值 $F_{hk} = 0$，作用于牛腿顶部的水平拉力设计值 $F_h = 0$。竖向力的作用点至下柱边缘的水平距离 $a = 170$mm（包括已考虑安装偏差20mm在内），牛腿底面倾斜角采用 $\alpha \leq 45°$。混凝土强度等级为C40，承受竖向力所需的纵向钢筋采用HRB400级钢筋，水平箍筋采用HPB300级钢筋。牛腿的各部位尺寸如图15-10所示。

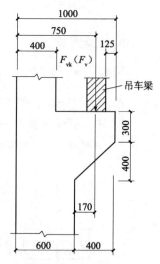

图15-10　柱牛腿之三

试计算该牛腿所示的截面尺寸是否满足裂缝控制要求的配筋。

【解】1. 已知条件

$f_c = 14.3$ N/mm$^2$，$f_y = 360$ N/mm$^2$，$\beta = 0.65$，$h_0 = 700 - 40 = 660$mm

2. 计算图15-10所示牛腿的截面尺寸是否满足裂缝控制要求

因 $F_{hk} = 0$，则由式（15-1）

$$\frac{\beta f_{tk} b h_0}{0.5 + \dfrac{a}{h_0}} = \frac{0.65 \times 2.39 \times 400 \times 660}{0.5 + \dfrac{170}{660}} = 541.36\text{kN} > F_{vk} = 541\text{kN}$$

即该牛腿截面尺寸满足裂缝控制要求。

3. 牛腿局部受压承载力计算

$$\sigma = \frac{F_{vk}}{A} = \frac{541000}{250 \times 400} = 5.41 \text{ N/mm}^2 < 0.75 f_c = 0.75 \times 19.1 = 14.325 \text{ N/mm}^2$$

满足要求。

4. 求承受竖向力所需的纵向受拉钢筋截面面积

因为 $\dfrac{a}{h_0} = 170/660 = 0.258 < 0.3$，取 $\dfrac{a}{h_0} = 0.3$ 计算。

由式（15-3）

$$A_s = \frac{F_v a}{0.85 f_y h_0} = \frac{820000 \times 0.3}{0.85 \times 360} = 804 \text{mm}^2$$

配筋率 $\rho = 804/(400 \times 700) = 0.00287$，介于最小和最大配筋率之间，满足要求。

5. 求牛腿的水平箍筋面积

根据规范对牛腿的构造要求，在牛腿上部 $2h_0/3$ 范围内的水平箍筋总截面面积不宜小于承受竖向力的受拉钢筋截面面积的 $1/2$。

即在 $2h_0/3 = 2 \times 660/3 = 440 \text{mm}$ 范围内的水平箍筋总截面面积不宜小于 $A_s/2 = 804/2 = 402 \text{mm}^2$

水平箍筋选用 $\Phi 8$，间距 $s = 100 \text{mm}$，双肢箍，在 $440 \text{mm}$ 范围内有 5 层水平箍筋，则算得

$$A_{sh} = 2 \times 50.3 \times 5 = 503 \text{mm}^2 > 440 \text{mm}^2$$

满足要求。

则在牛腿高度（$h = 700 \text{mm}$）范围内，总的水平箍筋截面面积为

$$503 \times 3 \times 700/(660 \times 2) = 800.2 \text{mm}^2$$

6. 求弯起钢筋

因为 $\dfrac{a}{h_0} = 170/660 = 0.258 < 0.3$，可不设弯起钢筋，即 $A_{sb} = 0$。

RCM 计算输入信息和简要输出结果如图 15-11 所示，可见与手算结果相同。

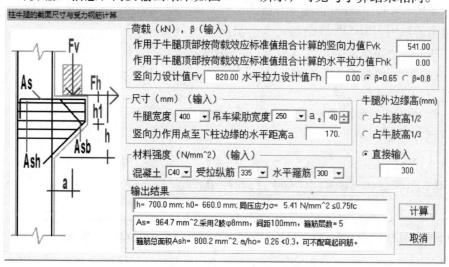

图 15-11　柱牛腿配筋算例 6

RCM 软件的详细输出信息如下：

牛腿计算：牛腿宽b=　400.0 mm；吊车梁肋宽h1= 250 mm
作用，Fvk= 541.00 kN；Fv= 820.00 kN
作用，Fhk=　0.00 kN；Fh=　0.00 kN
Fv作用点至下柱边缘水平距离（包括安装偏差）a=　170 mm
混凝土强度等级C40；钢筋设计强度Fy= 360.；Fyv= 270. N/mm^2
牛腿外边缘高度h1取值为：300 mm
计算结果：h0= 659.7 mm；1-0.5Fhk/Fvk=1.000
h= 700.0 mm；h0=´660.0 mm；局压应力σ=　**5.41 N/mm^2** ≤0.75fc
As,min=　598.5 mm^2 〈As=　803.9 〈 As,max= 1584.0 mm^2
竖向力所需的纵向受拉钢筋截面积As=　803.9 mm^2；As/2=　402.0 mm^2
总面积As= 803.91 mm^2；假定箍筋间距100mm，箍筋层数= 5
试采用2肢直径8mm箍筋，箍筋间距100mm，箍筋层数= 5；2/3牛腿h0的Ash=　503.0 mm^2
采用2肢直径8mm箍筋，箍筋间距100mm，箍筋层数= 5；2/3牛腿h0的Ash=　503.0 mm^2
箍筋总面积Ash=　800.2 mm^2，a/ho=　0.26 〈0.3，可不配弯起钢筋。

### 【例 15-7】柱牛腿配筋算例 7

文献［1］第 594 页算例：牛腿如图 15-12 所示，一支承钢筋混凝土屋面梁的柱牛腿。牛腿宽度 $b = 400$mm（与柱同宽）。屋面梁的宽度 $b_1 = 300$mm。作用于牛腿顶部按荷载效应标准组合计算的竖向力值 $F_{vk} = 512.429$kN，作用于牛腿顶部的竖向力设计值 $F_v = 831.388$kN，作用于牛腿顶部按荷载效应标准组合计算的水平拉力值 $F_{hk} = 153.729$kN，作用于牛腿顶部的水平拉力设计值 $F_h = 157$kN。竖向力的作用点至下柱边缘的水平距离 $a = 320$mm（包括已考虑安装偏差20mm在内），牛腿底面倾斜角采用 $\alpha \leqslant 45°$。混凝土强度等级为 C30，承受竖向力所需的纵向钢筋采用 HRB335 级钢筋，水平箍筋采用 HPB300 级钢筋。牛腿的外边缘高度采用 $h_1 = h/3$（$h$ 为牛腿高度）。

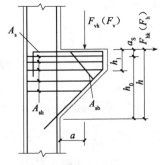

图 15-12　柱牛腿之四

试求：该牛腿的高度 $h$ 和配筋。

【解】1. 已知条件
$$f_c = 14.3 \text{ N/mm}^2,\ f_y = 300 \text{ N/mm}^2,\ \beta = 0.8$$

2. 计算牛腿高度 $h$

由式（15-2）

$$h_0 = \frac{0.5F_{vk} + \sqrt{(0.5F_{vk})^2 + 4\beta abF_{vk}f_{tk}\ (1 - 0.5F_{hk}/F_{vk})}}{2\beta bf_{tk}\ (1 - 0.5F_{hk}/F_{vk})}$$

$$= \frac{0.5 \times 512429 + \sqrt{(0.5 \times 512429)^2 + 4 \times 0.8 \times 320 \times 400 \times 512429 \times 2.01 \times \left(1 - 0.5 \times \dfrac{153729}{512429}\right)}}{2 \times 0.8 \times 400 \times 2.01 \times \left(1 - 0.5 \times \dfrac{153729}{512429}\right)}$$

$= 830$mm

取 $a_s = 70$mm，则 $h = 830 + 70 = 900$mm，$h_1 = 300$mm。

3. 牛腿局部受压承载力计算

$$\sigma = \frac{F_{vk}}{A} = \frac{512429}{300 \times 400} = 4.27 \ \text{N/mm}^2 < 0.75 f_c = 0.75 \times 14.3 = 10.725 \ \text{N/mm}^2$$

满足要求。

4. 求承受竖向力所需的纵向受拉钢筋截面面积

因为 $\frac{a}{h_0} = 320/830 = 0.386 > 0.3$，按实际采用。

由式（15-3）

$$A_s \geq \frac{F_v a}{0.85 f_y h_0} + 1.2 \frac{F_h}{f_y} = \frac{831388 \times 320}{0.85 \times 300 \times 830} + \frac{1.2 \times 157000}{300} = 1257 + 628 = 1885 \ \text{mm}^2$$

配筋率 $\rho = 1257/(400 \times 900) = 0.00349$，介于最小和最大配筋率之间，满足要求。

5. 求牛腿的水平箍筋面积

根据规范对牛腿的构造要求，在牛腿上部 $2h_0/3$ 范围内的水平箍筋总截面面积不宜小于承受竖向力的受拉钢筋截面面积的 $1/2$。

即在 $2h_0/3 = 2 \times 830/3 = 553\text{mm}$ 范围内的水平箍筋总截面面积不宜小于 $A_s/2 = 1257/2 = 628.5\text{mm}^2$

水平箍筋选用 $\phi 10$，间距 $s = 100\text{mm}$，双肢箍，在 553mm 范围内有 6 层水平箍筋，则算得

$$A_{sh} = 2 \times 78.5 \times 6 = 942 \ \text{mm}^2 > 628 \ \text{mm}^2$$

满足要求。

则在牛腿高度（$h = 900\text{mm}$）范围内，总的水平箍筋截面面积为

$$942 \times 3 \times 900/(830 \times 2) = 1532.2 \ \text{mm}^2$$

6. 求弯起钢筋

因为 $\frac{a}{h_0} = 320/860 = 0.386 > 0.3$，宜设置弯起钢筋，按规范要求，弯起钢筋截面面积不宜小于承受竖向力的受拉钢筋截面面积的 $1/2$，即 $A_{sb} = 1257/2 = 628.5\text{mm}^2$。

RCM 计算输入信息和简要输出结果如图 15-13 所示，可见与手算结果相同。

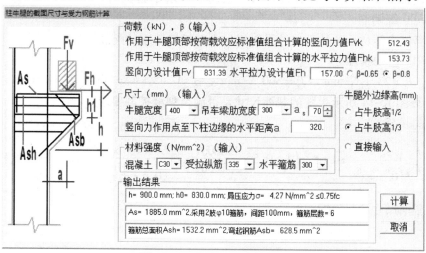

图 15-13　柱牛腿配筋算例 7

RCM 的详细计算结果如下：

> 牛腿计算：牛腿宽b= 400.0 mm；吊车梁肋宽h1= 300 mm
> 作用，Fvk= 512.43 kN；Fv= 831.39 kN
> 作用，Fhk= 153.73 kN；Fh= 157.00 kN
> Fv作用点至下柱边缘水平距离（包括安装偏差）a= 320 mm
> 混凝土强度等级C30；钢筋设计强度Fy= 300.；Fyv= 270. N/mm^2
> 牛腿外边缘高度h1采用（牛腿高度/3）。
> 计算结果：h0= 830.0 mm；1-0.5Fhk/Fvk=0.850
> h= 900.0 mm；h0= 830.0 mm；局压应力σ=　4.27 N/mm^2 ≤0.75fc
> As,min= 772.2 mm^2 ＜As= 1257.0 ＜ As,max= 1992.0 mm^2
> As= 1257.0 mm^2；1.2Fh/Fy= 628.0 mm^2；As/2= 628.5 mm^2
> 总面积As= 1885.01 mm^2；假定箍筋间距100mm，箍筋层数= 6
> 试采用2肢直径10mm箍筋，箍筋间距100mm，箍筋层数= 6；2/3牛腿h0的Ash= 942.0 mm^2
> 采用2肢直径10mm箍筋，箍筋间距100mm，箍筋层数= 6；2/3牛腿h0的Ash= 942.0 mm^2
> 箍筋总面积Ash= 1532.2 mm^2，弯起钢筋Asb= 628.5 mm^2

可见 RCM 计算结果与手算结果相同。

### 【例 15-8】 柱牛腿配筋算例 8

文献［1］第 596 页算例：牛腿如图 15-14 所示，一支承钢筋混凝土吊车梁的柱牛腿。牛腿宽度 $b=400$mm（与柱同宽）。吊车梁的肋宽 $b_1=250$mm。吊车梁中心线距上柱内边缘线的距离为 350mm。作用于牛腿顶部按荷载效应标准组合计算的竖向力值 $F_{vk}=512$kN，作用于牛腿顶部的竖向力设计值 $F_{hk}=854.4$kN，作用于牛腿顶部按荷载效应标准组合计算的水平拉力值 $F_{hk}=153.6$kN，作用于牛腿顶部的水平拉力设计值 $F_h=188$kN。竖向力的作用点至下柱边缘的水平距离 $a=370$mm（包括已考虑安装偏差 20mm 在内），牛腿底面倾斜角采用 $\alpha \le 45°$。混凝土强度等级为 C50，承受竖向力所需的纵向钢筋采用 HRB400 级钢筋，水平箍筋采用 HPB300 级钢筋。

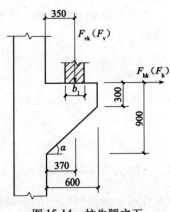

图 15-14　柱牛腿之五

试计算该牛腿所示的截面尺寸是否满足裂缝控制要求的配筋。

【解】 1. 已知条件

$$f_c=23.1 \text{ N/mm}^2，f_y=360 \text{ N/mm}^2，\beta=0.65，h_0=900-70=830\text{mm}$$

2. 计算图 15-14 所示牛腿的截面尺寸是否满足裂缝控制要求

则由式（15-1）

$$\beta\left(1-0.5\frac{F_{hk}}{F_{vk}}\right)\frac{f_{tk}bh_0}{0.5+\frac{a}{h_0}}=0.65\times\left(1-0.5\times\frac{153600}{512000}\right)\times\frac{2.64\times400\times830}{0.5+\frac{370}{830}}=512.02\text{kN}>F_{vk}=512\text{kN}$$

即该牛腿截面尺寸满足裂缝控制要求。

3. 牛腿局部受压承载力计算

$$\sigma = \frac{F_{vk}}{A} = \frac{512000}{250 \times 400} = 5.12 \text{ N/mm}^2 < 0.75 f_c = 0.75 \times 23.1 = 17.325 \text{ N/mm}^2$$

满足要求。

4. 求承受竖向力所需的纵向受拉钢筋截面面积

因为 $\frac{a}{h_0} = 370/830 = 0.45 > 0.3$，按实际采用。

由式（15-3）

$$A_s \geqslant \frac{F_v a}{0.85 f_y h_0} + 1.2 \frac{F_h}{f_y} = \frac{854400 \times 370}{0.85 \times 360 \times 830} + \frac{1.2 \times 188000}{360} = 1245 + 627 = 1872 \text{ mm}^2$$

配筋率 $\rho = 1245/(400 \times 900) = 0.00346$，介于最小和最大配筋率之间，满足要求。

5. 求牛腿的水平箍筋面积

根据规范对牛腿的构造要求，在牛腿上部 $2h_0/3$ 范围内的水平箍筋总截面面积不宜小于承受竖向力的受拉钢筋截面面积的 $1/2$。

即在 $2h_0/3 = 2 \times 830/3 = 553 \text{ mm}$ 范围内的水平箍筋总截面面积不宜小于 $A_s/2 = 1245/2 = 622.5 \text{ mm}^2$

水平箍筋选用 $\phi 10$，间距 $s = 125 \text{ mm}$，双肢箍，在 $553 \text{ mm}$ 范围内有 5 层水平箍筋，则算得

$$A_{sh} = 2 \times 78.5 \times 5 = 785 \text{ mm}^2 > 628 \text{ mm}^2$$

满足要求。

则在牛腿高度（$h = 900 \text{ mm}$）范围内，总的水平箍筋截面面积为

$$785 \times 3 \times 900/(830 \times 2) = 1276.8 \text{ mm}^2$$

6. 求弯起钢筋

因为 $\frac{a}{h_0} = 370/830 = 0.45 > 0.3$，宜设置弯起钢筋，按规范要求，弯起钢筋截面面积不宜小于承受竖向力的受拉钢筋截面面积的 $1/2$，即 $A_{sb} = 1257/2 = 628.5 \text{ mm}^2$。

RCM 计算输入信息和简要输出结果如图 15-15 所示，可见与手算结果相同。

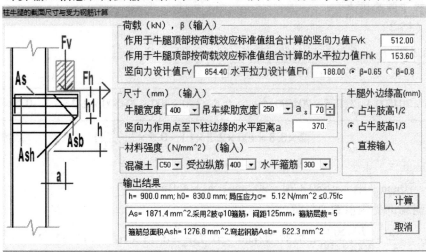

图 15-15　柱牛腿配筋算例 8

RCM 的详细计算结果如下：

```
牛腿计算：牛腿宽b= 400.0 mm；吊车梁肋宽h1= 250 mm
作用，Fvk= 512.00 kN；Fv= 854.40 kN
作用，Fhk= 153.60 kN；Fh= 188.00 kN
Fv作用点至下柱边缘水平距离（包括安装偏差）a= 370 mm
混凝土强度等级C50；钢筋设计强度Fy= 360.；Fyv= 270. N/mm^2
牛腿外边缘高度h1采用（牛腿高度/3）。
计算结果：h0= 830.0 mm；1-0.5Fhk/Fvk=0.850
h= 900.0 mm；h0= 830.0 mm；局压应力σ= 5.12 N/mm^2 ≤0.75fc
As,min= 850.5 mm^2 <As= 1244.7 < As,max= 1992.0 mm^2
As= 1244.7 mm^2；1.2Fh/Fy= 626.7 mm^2；As/2= 622.3 mm^2
总面积As= 1871.41 mm^2；假定箍筋间距100mm，箍筋层数= 6
试采用2肢直径10mm箍筋，箍筋间距100mm，箍筋层数= 6；2/3牛腿h0的Ash= 942.0 mm^2
采用2肢直径10mm箍筋，箍筋间距125mm，箍筋层数= 5；2/3牛腿h0的Ash= 785.0 mm^2
箍筋总面积Ash= 1276.8 mm^2，弯起钢筋Asb= 622.3 mm^2
```

可见 RCM 计算结果与手算结果相同。

### 【例 15-9】柱牛腿配筋算例 9

文献［1］第 597 页算例：如图 15-1 所示，一支承钢筋混凝土梁的柱牛腿。牛腿宽度 $b = 400\text{mm}$（与柱同宽）。钢筋混凝土梁宽 $b_1 = 300\text{mm}$。混凝土梁作用于牛腿顶部按荷载效应标准组合计算的竖向力值 $F_{vk} = 704.5\text{kN}$，作用于牛腿顶部的竖向力设计值 $F_v = 1038\text{kN}$，作用于牛腿顶部按荷载效应标准组合计算的水平拉力值 $F_{hk} = 211.32\text{kN}$，作用于牛腿顶部的水平拉力设计值 $F_h = 282\text{kN}$。竖向力的作用点至下柱边缘的水平距离 $a = 170\text{mm}$（包括已考虑安装偏差 20mm 在内），牛腿底面倾斜角采用 $\alpha \leqslant 45°$。混凝土强度等级为 C35，承受竖向力所需的纵向钢筋采用 HRB400 级钢筋，水平箍筋采用 HPB300 级钢筋。牛腿的外边缘高度采用 $h_1 = h/2$（$h$ 为牛腿高度）。

试求：该牛腿的高度 $h$ 和配筋。

【解】1. 已知条件

$$f_c = 16.7 \text{ N/mm}^2, \ f_y = 360 \text{ N/mm}^2, \ \beta = 0.8$$

2. 计算牛腿高度 $h$

由式（15-2）

$$h_0 = \frac{0.5F_{vk} + \sqrt{(0.5F_{vk})^2 + 4\beta ab F_{vk} f_{tk}(1 - 0.5F_{hk}/F_{vk})}}{2\beta b f_{tk}(1 - 0.5F_{hk}/F_{vk})}$$

$$= \frac{0.5 \times 704500 + \sqrt{(0.5 \times 704500)^2 + 4 \times 0.8 \times 170 \times 400 \times 704500 \times 2.2 \times \left(1 - 0.5 \times \frac{211320}{704500}\right)}}{2 \times 0.8 \times 400 \times 2.2 \times \left(1 - 0.5 \times \frac{211320}{704500}\right)}$$

$$= 830\text{mm}$$

取 $a_s = 70\text{mm}$，则 $h = 830 + 70 = 900\text{mm}$，$h_1 = 450\text{mm}$。

3. 牛腿局部受压承载力计算

$$\sigma = \frac{F_{vk}}{A} = \frac{704500}{300 \times 400} = 5.87 \text{ N/mm}^2 < 0.75f_c = 0.75 \times 16.7 = 12.525 \text{ N/mm}^2$$

满足要求。

**4. 求承受竖向力所需的纵向受拉钢筋截面面积**

因为 $\dfrac{a}{h_0} = 170/830 = 0.205 < 0.3$，则取 $\dfrac{a}{h_0} = 0.3$。

由式（15-3）

$$A_s \geqslant \frac{F_v a}{0.85 f_y h_0} + 1.2 \frac{F_h}{f_y} = \frac{1038000 \times 0.3}{0.85 \times 360} + \frac{1.2 \times 282000}{360} = 1018 + 940 = 1958\,\text{mm}^2$$

配筋率 $\rho = 1018/(400 \times 900) = 0.00283$，介于最小和最大配筋率之间，满足要求。

**5. 求牛腿的水平箍筋面积**

根据规范对牛腿的构造要求，在牛腿上部 $2h_0/3$ 范围内的水平箍筋总截面面积不宜小于承受竖向力的受拉钢筋截面面积的 $1/2$。

即在 $2h_0/3 = 2 \times 830/3 = 553\,\text{mm}$ 范围内的水平箍筋总截面面积不宜小于 $A_s/2 = 1018/2 = 509\,\text{mm}^2$

水平箍筋选用 $\Phi 8$，间距 $s = 100\,\text{mm}$，双肢箍，在 $553\,\text{mm}$ 范围内有 6 层水平箍筋，则算得

$$A_{sh} = 2 \times 50.3 \times 6 = 603.6\,\text{mm}^2 > 509\,\text{mm}^2$$

满足要求。

则在牛腿高度（$h = 900\,\text{mm}$）范围内，总的水平箍筋截面面积为

$$603 \times 3 \times 900/(830 \times 2) = 980.8\,\text{mm}^2$$

**6. 求弯起钢筋**

因为 $\dfrac{a}{h_0} = 170/860 = 0.205 < 0.3$，可不设弯起钢筋，即 $A_{sb} = 0$。

RCM 计算输入信息和简要输出结果如图 15-16 所示，可见与手算结果相同。

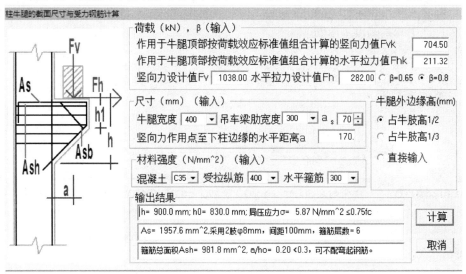

图 15-16　柱牛腿配筋算例 9

RCM 的详细计算结果如下：

牛腿计算：牛腿宽b= 400.0 mm；吊车梁肋宽h1= 300 mm
作用，Fvk= 704.50 kN；Fv=1038.00 kN
作用，Fhk= 211.32 kN；Fh= 282.00 kN
Fv作用点至下柱边缘水平距离（包括安装偏差）a= 170 mm
混凝土强度等级C35；钢筋设计强度Fy= 360.；Fyv= 270. N/mm^2
牛腿外边缘高度h1取值为：350 mm
计算结果：h0= 829.8 mm；1-0.5Fhk/Fvk=0.850
h= 900.0 mm；h0= 830.0 mm；局压应力σ=　　5.87 N/mm^2 ≤0.75fc
As,min= 720.0 mm^2 <As= 1017.6 < As,max= 1992.0 mm^2
As= 1017.6 mm^2；1.2Fh/Fy= 940.0 mm^2；As/2= 508.8 mm^2
总面积As= 1957.6 mm^2；假定箍筋间距100mm，箍筋层数= 6
试采用2肢直径8mm箍筋，箍筋间距100mm，箍筋层数= 6；2/3牛腿h0的Ash= 603.6 mm^2
采用2肢直径8mm箍筋，箍筋间距100mm，箍筋层数= 6；2/3牛腿h0的Ash= 603.6 mm^2
箍筋总面积Ash= 981.8 mm^2，a/ho= 0.20 <0.3，可不配弯起钢筋。

可见 RCM 计算结果与手算结果相同。

### 【例15-10】 柱牛腿配筋算例10

文献 [1] 第 599 页算例：如图 15-1 所示，一支承钢筋混凝土梁的柱牛腿。牛腿宽度 $b=400$mm（与柱同宽）。钢筋混凝土梁宽 $b_1=300$mm。混凝土梁作用于牛腿顶部按荷载效应标准组合计算的竖向力值 $F_{vk}=686.5$kN，作用于牛腿顶部的竖向力设计值 $F_v=1141.4$kN，作用于牛腿顶部按荷载效应标准组合计算的水平拉力值 $F_{hk}=205.8$kN，作用于牛腿顶部的水平拉力设计值 $F_h=228$kN。竖向力的作用点至下柱边缘的水平距离 $a=270$mm（包括已考虑安装偏差 20mm 在内），牛腿底面倾斜角采用 $\alpha \leqslant 45°$。混凝土强度等级为 C45，承受竖向力所需的纵向钢筋采用 HRB400 级钢筋，水平箍筋采用 HPB300 级钢筋。牛腿的外边缘高度采用 $h_1=350$mm。

试求：该牛腿的高度 $h$ 和配筋。

【解】1. 已知条件

$$f_c=21.1 \text{ N/mm}^2, \quad f_y=360 \text{ N/mm}^2, \quad \beta=0.8$$

2. 计算牛腿高度 $h$

由式（15-2）

$$h_0=\frac{0.5F_{vk}+\sqrt{(0.5F_{vk})^2+4\beta abF_{vk}f_{tk}(1-0.5F_{hk}/F_{vk})}}{2\beta bf_{tk}(1-0.5F_{hk}/F_{vk})}$$

$$=\frac{0.5\times686500+\sqrt{(0.5\times686500)^2+4\times0.8\times270\times400\times686500\times2.51\times\left(1-0.5\times\dfrac{205800}{686500}\right)}}{2\times0.8\times400\times2.51\times\left(1-0.5\times\dfrac{205800}{686500}\right)}$$

$$=830\text{mm}$$

取 $a_s=70$mm，则 $h=830+70=900$mm，$h_1=350$mm。

3. 牛腿局部受压承载力计算

$$\sigma=\frac{F_{vk}}{A}=\frac{686500}{300\times400}=5.72 \text{ N/mm}^2<0.75f_c=0.75\times21.1=15.825 \text{ N/mm}^2$$

满足要求。

4. 求承受竖向力所需的纵向受拉钢筋截面面积

因为 $\dfrac{a}{h_0}=270/830=0.325>0.3$，按实际采用。

由式（15-3）

$$A_s \geqslant \frac{F_v a}{0.85 f_y h_0}+1.2\frac{F_h}{f_y}=\frac{1141400\times270}{0.85\times360\times830}+\frac{1.2\times282000}{360}=1213+760=1973\,\mathrm{mm}^2$$

配筋率 $\rho=1213/(400\times900)=0.00337$，介于最小和最大配筋率之间，满足要求。

5. 求牛腿的水平箍筋面积

根据规范对牛腿的构造要求，在牛腿上部 $2h_0/3$ 范围内的水平箍筋总截面面积不宜小于承受竖向力的受拉钢筋截面面积的 $1/2$。

即在 $2h_0/3=2\times830/3=553\,\mathrm{mm}$ 范围内的水平箍筋总截面面积不宜小于 $A_s/2=1213/2=607\,\mathrm{mm}^2$

水平箍筋选用 $\Phi10$，间距 $s=125\,\mathrm{mm}$，双肢箍，在 $553\,\mathrm{mm}$ 范围内有 5 层水平箍筋，则算得

$$A_{sh}=2\times78.5\times5=782\,\mathrm{mm}^2>607\,\mathrm{mm}^2$$

满足要求。

则在牛腿高度（$h=900\,\mathrm{mm}$）范围内，总的水平箍筋截面面积为

$$785\times3\times900/(830\times2)=1276.8\,\mathrm{mm}^2$$

6. 求弯起钢筋

因为 $\dfrac{a}{h_0}=270/830=0.325>0.3$，宜设置弯起钢筋，按规范要求，弯起钢筋截面面积不宜小于承受竖向力的受拉钢筋截面面积的 $1/2$，即 $A_{sb}=1213/2=607\,\mathrm{mm}^2$。

RCM 计算输入信息和简要输出结果如图 15-17 所示，可见与手算结果相同。

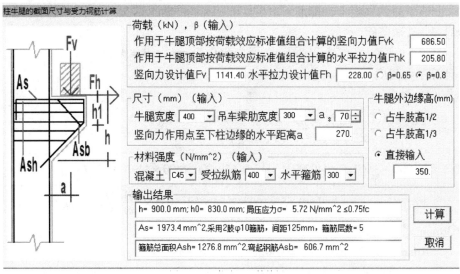

图 15-17　柱牛腿配筋算例 10

RCM 的详细计算结果如下：

```
牛腿计算：牛腿宽b=  400.0 mm；吊车梁肋宽h1= 300 mm
作用，Fvk= 686.50 kN；Fv=1141.40 kN
作用，Fhk= 205.80 kN；Fh= 228.00 kN
Fv作用点至下柱边缘水平距离（包括安装偏差）a=  270 mm
混凝土强度等级C45；钢筋设计强度Fy= 360.；Fyv= 270. N/mm^2
牛腿外边缘高度h1取值为：350 mm
计算结果：h0=  829.8 mm；1-0.5Fhk/Fvk=0.850
h=  900.0 mm；h0=  830.0 mm；局压应力σ=    5.72 N/mm^2 ≤0.75fc
As,min=   810.0 mm^2 〈As=  1213.4 〈 As,max=   1992.0 mm^2
As=  1213.4 mm^2；1.2Fh/Fy   760.0 mm^2；As/2=   606.7 mm^2
假定箍筋间距100mm，箍筋层数= 6
试采用2肢直径10mm箍筋，箍筋间距100mm，箍筋层数= 6；2/3牛腿h0的Ash=  942.0 mm^2
采用2肢直径10mm箍筋，箍筋间距125mm，箍筋层数= 5；2/3牛腿h0的Ash=   785.0 mm^2
箍筋总面积Ash= 1276.8 mm^2,弯起钢筋Asb=   606.7 mm^2
```

可见 RCM 计算结果与手算结果相同。

### 【例 15-11】 柱牛腿配筋算例 11

文献〔1〕第 600 页算例：牛腿如图 15-1 所示，一支承钢筋混凝土吊车梁的柱牛腿。牛腿宽度 $b=400$mm（与柱同宽）。吊车梁的肋宽 $b_1=250$mm。作用于牛腿顶部按荷载效应标准组合计算的竖向力值 $F_{vk}=449.2$kN，作用于牛腿顶部的竖向力设计值 $F_v=703$kN，作用于牛腿顶部按荷载效应标准组合计算的水平拉力值 $F_{hk}=134.7$kN，作用于牛腿顶部的水平拉力设计值 $F_h=152.6$kN。竖向力的作用点至下柱边缘的水平距离 $a=220$mm（包括已考虑安装偏差 20mm 在内），牛腿底面倾斜角采用 $\alpha \leqslant 45°$。混凝土强度等级为 C55，承受竖向力所需的纵向钢筋采用 HRB400 级钢筋，水平箍筋采用 HPB300 级钢筋。牛腿的外边缘高度采用 $h_1=350$mm。

试求：该牛腿的高度 $h$ 和配筋。

【解】1. 已知条件

$$f_c=25.3 \text{ N/mm}^2, \ f_y=360 \text{ N/mm}^2, \ \beta=0.65$$

2. 计算牛腿高度 $h$

由式（15-2）

$$h_0=\frac{0.5F_{vk}+\sqrt{(0.5F_{vk})^2+4\beta abF_{vk}f_{tk}(1-0.5F_{hk}/F_{vk})}}{2\beta bf_{tk}(1-0.5F_{hk}/F_{vk})}$$

$$=\frac{0.5\times449200+\sqrt{(0.5\times449200)^2+4\times0.65\times220\times400\times449200\times2.74\times\left(1-0.5\times\frac{134700}{449200}\right)}}{2\times0.65\times400\times2.74\times\left(1-0.5\times\frac{134700}{449200}\right)}$$

$$=630\text{mm}$$

取 $a_s=70$mm，则 $h=630+70=700$mm，$h_1=30$mm。

3. 牛腿局部受压承载力计算

$$\sigma=\frac{F_{vk}}{A}=\frac{449200}{250\times400}=4.492 \text{ N/mm}^2<0.75f_c=0.75\times25.3=18.795 \text{ N/mm}^2$$

满足要求。

4. 求承受竖向力所需的纵向受拉钢筋截面面积

因为 $\dfrac{a}{h_0} = 220/630 = 0.35 > 0.3$，按实际采用。

由式（15-3）

$$A_s \geqslant \frac{F_v a}{0.85 f_y h_0} + 1.2 \frac{F_h}{f_y} = \frac{703000 \times 220}{0.85 \times 360 \times 630} + \frac{1.2 \times 152600}{360} = 802 + 509 = 1311\,\text{mm}^2$$

配筋率 $\rho = 802/(400 \times 700) = 0.00286$，介于最小和最大配筋率之间，满足要求。

5. 求牛腿的水平箍筋面积

根据规范对牛腿的构造要求，在牛腿上部 $2h_0/3$ 范围内的水平箍筋总截面面积不宜小于承受竖向力的受拉钢筋截面面积的 $1/2$。

即在 $2h_0/3 = 2 \times 630/3 = 420\,\text{mm}$ 范围内的水平箍筋总截面面积不宜小于 $A_s/2 = 802/2 = 401\,\text{mm}^2$

水平箍筋选用 $\phi 8$，间距 $s = 100\,\text{mm}$，双肢箍，在 420mm 范围内有 5 层水平箍筋，则算得

$$A_{sh} = 2 \times 50.3 \times 5 = 503\,\text{mm}^2 > 401\,\text{mm}^2$$

满足要求。

则在牛腿高度（$h = 700\,\text{mm}$）范围内，总的水平箍筋截面面积为

$$503 \times 3 \times 700/(630 \times 2) = 838.3\,\text{mm}^2$$

6. 求弯起钢筋

因为 $\dfrac{a}{h_0} = 220/630 = 0.35 > 0.3$，宜设置弯起钢筋，按规范要求，弯起钢筋截面面积不宜小于承受竖向力的受拉钢筋截面面积的 $1/2$，即 $A_{sb} = 802/2 = 401\,\text{mm}^2$。

RCM 计算输入信息和简要输出结果如图 15-18 所示。

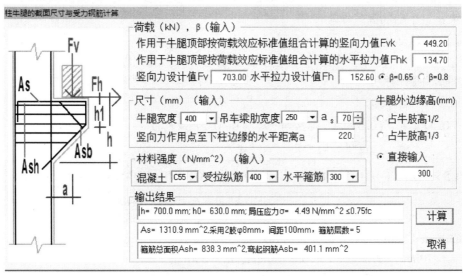

图 15-18　柱牛腿配筋算例 11

RCM 的详细计算结果如下：

> 牛腿计算：牛腿宽b= 400.0 mm；吊车梁肋宽h1= 250 mm
> 作用，Fvk: 449.20 kN；Fv= 703.00 kN
> 作用，Fhk: 134.70 kN；Fh= 152.60 kN
> Fv作用点至下柱边缘水平距离（包括安装偏差）a= 220 mm
> 混凝土强度等级C55；钢筋设计强度Fy= 360.；Fyv= 270. N/mm^2
> 牛腿外边缘高度h1取值为：300 mm
> 计算结果：h0= 629.9 mm；1-0.5Fhk/Fvk=0.850
> h= 700.0 mm；h0= 630.0 mm；局压应力σ= **4.49 N/mm^2** ≤0.75fc
> As,min= 686.0 mm^2 ＜As= 802.3 ＜ As,max= 1512.0 mm^2
> As= 802.3 mm^2；1.2Fh/Fy= 508.7 mm^2；As/2= 401.1 mm^2
> 假定箍筋间距100mm，箍筋层数= 5
> 试采用2肢直径8mm箍筋，箍筋间距100mm，箍筋层数= 5；2/3牛腿h0的Ash= 503.0 mm^2
> 采用2肢直径8mm箍筋，箍筋间距100mm，箍筋层数= 5；2/3牛腿h0的Ash= 503.0 mm^2
> 箍筋总面积Ash= 838.3 mm^2，弯起钢筋Asb= 401.1 mm^2

可见 RCM 计算结果与手算结果相同。

### 【例 15-12】 柱牛腿配筋算例 12

文献 [1] 第 602 页算例：牛腿如图 15-1 所示，一支承钢筋混凝土吊车梁的柱牛腿。牛腿宽度 $b=400$mm（与柱同宽）。吊车梁的肋宽 $b_1=250$mm。作用于牛腿顶部按荷载效应标准组合计算的竖向力值 $F_{vk}=480.3$kN，作用于牛腿顶部的竖向力设计值 $F_v=703$kN，作用于牛腿顶部按荷载效应标准组合计算的水平拉力值 $F_{hk}=144$kN，作用于牛腿顶部的水平拉力设计值 $F_h=188.4$kN。竖向力的作用点至下柱边缘的水平距离 $a=220$mm（包括已考虑安装偏差 20mm 在内），牛腿底面倾斜角采用 $\alpha \leqslant 45°$。混凝土强度等级为 C65，承受竖向力所需的纵向钢筋采用 HRB400 级钢筋，水平箍筋采用 HPB300 级钢筋。牛腿的外边缘高度采用 $h_1=300$mm。

试求：该牛腿的高度 $h$ 和配筋。

**【解】** 1. 已知条件

$$f_c=29.7 \text{ N/mm}^2, f_y=360 \text{ N/mm}^2, \beta=0.65$$

2. 计算牛腿高度 $h$

由式（15-2）

$$h_0 = \frac{0.5F_{vk} + \sqrt{(0.5F_{vk})^2 + 4\beta abF_{vk}f_{tk}(1-0.5F_{hk}/F_{vk})}}{2\beta bf_{tk}(1-0.5F_{hk}/F_{vk})}$$

$$= \frac{0.5 \times 480300 + \sqrt{(0.5 \times 480300)^2 + 4 \times 0.65 \times 220 \times 400 \times 480300 \times 2.93 \times \left(1-0.5 \times \frac{144000}{480300}\right)}}{2 \times 0.65 \times 400 \times 2.93 \times \left(1-0.5 \times \frac{144000}{480300}\right)}$$

$$=630\text{mm}$$

取 $a_s=70$mm，则 $h=630+70=700$mm，$h_1=300$mm。

3. 牛腿局部受压承载力计算

$$\sigma = \frac{F_{vk}}{A} = \frac{480300}{250 \times 400} = 4.803 \text{ N/mm}^2 < 0.75f_c = 0.75 \times 29.7 = 22.275 \text{ N/mm}^2$$

满足要求。

**4. 求承受竖向力所需的纵向受拉钢筋截面面积**

因为 $\dfrac{a}{h_0} = 220/630 = 0.35 > 0.3$，按实际采用。

由式（15-3）

$$A_s \geqslant \frac{F_v a}{0.85 f_y h_0} + 1.2 \frac{F_h}{f_y} = \frac{703000 \times 220}{0.85 \times 360 \times 630} + \frac{1.2 \times 188400}{360} = 802 + 628 = 1430 \text{mm}^2$$

配筋率 $\rho = 802/(400 \times 700) = 0.00286$，介于最小和最大配筋率之间，满足要求。

**5. 求牛腿的水平箍筋面积**

根据规范对牛腿的构造要求，在牛腿上部 $2h_0/3$ 范围内的水平箍筋总截面面积不宜小于承受竖向力的受拉钢筋截面面积的 $1/2$。

即在 $2h_0/3 = 2 \times 630/3 = 420 \text{mm}$ 范围内的水平箍筋总截面面积不宜小于 $A_s/2 = 802/2 = 401 \text{mm}^2$

水平箍筋选用 $\phi 8$，间距 $s = 100 \text{mm}$，双肢箍，在 $420 \text{mm}$ 范围内有 5 层水平箍筋，则算得

$$A_{sh} = 2 \times 50.3 \times 5 = 503 \text{mm}^2 > 401 \text{mm}^2$$

满足要求。

则在牛腿高度（$h = 700 \text{mm}$）范围内，总的水平箍筋截面面积为

$$503 \times 3 \times 700/(630 \times 2) = 838.3 \text{mm}^2$$

**6. 求弯起钢筋**

因为 $\dfrac{a}{h_0} = 220/630 = 0.35 > 0.3$，宜设置弯起钢筋，按规范要求，弯起钢筋截面面积不宜小于承受竖向力的受拉钢筋截面面积的 $1/2$，即 $A_{sb} = 802/2 = 401 \text{mm}^2$。

RCM 计算输入信息和简要输出结果如图 15-19 所示。

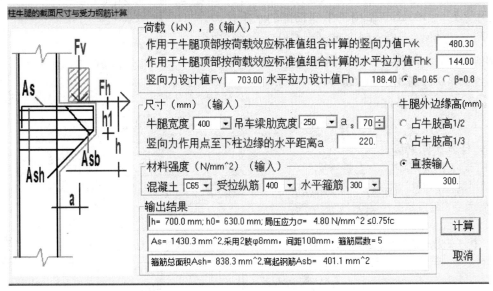

图 15-19　柱牛腿配筋算例 12

RCM 的详细计算结果如下：

---

牛腿计算：牛腿宽b= 400.0 mm；吊车梁肋宽h1= 250 mm

作用，Fvk= 480.30 kN；Fv= 703.00 kN

作用，Fhk= 144.00 kN；Fh= 188.40 kN

Fv作用点至下柱边缘水平距离（包括安装偏差）a= 220 mm

混凝土强度等级C65；钢筋设计强度Fy= 360.；Fyv= 270. N/mm^2

牛腿外边缘高度h1取值为：300 mm

计算结果：h0= 629.9 mm；1-0.5Fhk/Fvk=0.850

h= 700.0 mm；h0= 630.0 mm；局压应力σ= 4.80 N/mm^2 ≤0.75fc

As,min= 731.5 mm^2 ＜As= 802.3 ＜ As,max= 1512.0 mm^2

As= 802.3 mm^2；1.2Fh/Fy= 628.0 mm^2；As/2= 401.1 mm^2

假定箍筋间距100mm，箍筋层数= 5

试采用2肢直径8mm箍筋，箍筋间距100mm，箍筋层数= 5；2/3牛腿h0的Ash= 503.0 mm^2

采用2肢直径8mm箍筋，箍筋间距100mm，箍筋层数= 5；2/3牛腿h0的Ash= 503.0 mm^2

箍筋总面积Ash= 838.3 mm^2，弯起钢筋Asb= 401.1 mm^2

---

可见 RCM 计算结果与手算结果相同。

### 【例15-13】 柱牛腿配筋算例13

文献［2］第156页算例：某支承屋面大梁的牛腿，如图 15-20 所示。牛腿宽度 $b = 400$mm（与柱同宽）。竖向力的作用点至下柱边缘的水平距离 $a = 280$mm（包括已考虑安装偏差20mm在内），牛腿底面倾斜角 $\alpha = 45°$。牛腿的外边缘高度采用 $h_1 = 300$mm。作用于牛腿顶部按荷载效应标准组合计算的竖向力值 $F_{vk} = 507$kN，作用于牛腿顶部的竖向力设计值 $F_v = 811$kN，作用于牛腿顶部按荷载效应标准组合计算的水平拉力值 $F_{hk} = 165$kN，作用于牛腿顶部的水平拉力设计值 $F_h = 171$kN。混凝土强度等级为 C30，承受竖向力所需的纵向钢筋采用 HRB335 级钢筋，水平箍筋采用 HPB300 级钢筋。求该牛腿的高度 $h$ 和配筋。

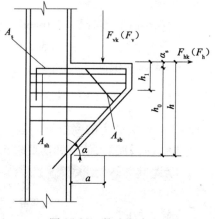

图 15-20 柱牛腿之六

【解】1. 已知条件

$$f_c = 14.3 \text{ N/mm}^2, \quad f_y = 300 \text{ N/mm}^2, \quad \beta = 0.8$$

2. 计算牛腿高度 $h$

由式（15-2）

$$h_0 = \frac{0.5F_{vk} + \sqrt{(0.5F_{vk})^2 + 4\beta ab F_{vk} f_{tk}(1 - 0.5F_{hk}/F_{vk})}}{2\beta b f_{tk}(1 - 0.5F_{hk}/F_{vk})}$$

$$= \frac{0.5 \times 507000 + \sqrt{(0.5 \times 507000)^2 + 4 \times 0.8 \times 280 \times 400 \times 507000 \times 2.01 \times \left(1 - 0.5 \times \frac{165000}{507000}\right)}}{2 \times 0.8 \times 400 \times 2.01 \times \left(1 - 0.5 \times \frac{165000}{507000}\right)}$$

$$= 800\text{mm}$$

取 $a_s = 50\text{mm}$，则 $h_0 = 800 + 50 = 850\text{mm}$，$h_1 = 300\text{mm}$。

### 3. 求承受竖向力所需的纵向受拉钢筋截面面积

因为 $\dfrac{a}{h_0} = 280/800 = 0.35 > 0.3$，按实际采用。

由式（15-3）

$$A_s \geqslant \frac{F_v a}{0.85 f_y h_0} + 1.2 \frac{F_h}{f_y} = \frac{811000 \times 280}{0.85 \times 300 \times 800} + \frac{1.2 \times 171000}{300} = 1113 + 684 = 1797\text{mm}^2$$

配筋率 $\rho = 1113/(400 \times 850) = 0.00327$，介于最小和最大配筋率之间，满足要求。

### 4. 求牛腿的水平箍筋面积

根据规范对牛腿的构造要求，在牛腿上部 $2h_0/3$ 范围内的水平箍筋总截面面积不宜小于承受竖向力的受拉钢筋截面面积的 $1/2$。

即在 $2h_0/3 = 2 \times 800/3 = 533\text{mm}$ 范围内的水平箍筋总截面面积不宜小于 $A_s/2 = 1113/2 = 556.5\text{mm}^2$

水平箍筋选用 $\phi 8$，间距 $s = 100\text{mm}$，双肢箍，在 $533\text{mm}$ 范围内有 6 层水平箍筋，则算得

$$A_{sh} = 2 \times 50.3 \times 6 = 603.6\text{mm}^2 > 556.5\text{mm}^2$$

满足要求。

则在牛腿高度（$h = 850\text{mm}$）范围内，总的水平箍筋截面面积为

$$603.6 \times 3 \times 850/(800 \times 2) = 962\text{mm}^2$$

### 5. 求弯起钢筋

因为 $\dfrac{a}{h_0} = 280/800 = 0.35 > 0.3$，宜设置弯起钢筋，按规范要求，弯起钢筋截面面积不宜小于承受竖向力的受拉钢筋截面面积的 $1/2$，即 $A_{sb} = 1113/2 = 556.5\text{mm}^2$。

RCM 计算输入信息和简要输出结果如图 15-21 所示。箍筋用的是 $8\text{mm}$ 直径，间距 $100\text{mm}$，其余与文献结果相同。

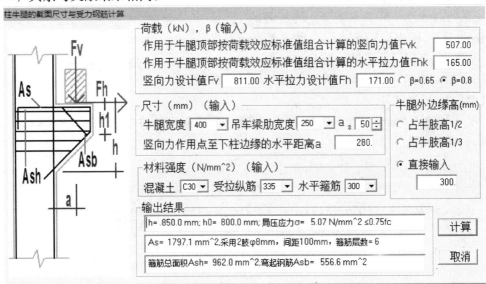

图 15-21　柱牛腿配筋算例 13

RCM 的详细计算结果如下：

```
牛腿计算：牛腿宽b= 400.0 mm；吊车梁肋宽h1= 250 mm
作用，Fvk= 507.00 kN；Fv= 811.00 kN
作用，Fhk= 165.00 kN；Fh= 171.00 kN
Fv作用点至下柱边缘水平距离（包括安装偏差）a= 280 mm
混凝土强度等级C30；钢筋设计强度Fy= 300.；Fyv= 270. N/mm^2
牛腿外边缘高度h1取值为：300 mm
计算结果：h0= 800.2 mm；1-0.5Fhk/Fvk=0.837
h= 850.0 mm；h0= 800.0 mm；局压应力σ=    5.07 N/mm^2 ≤0.75fc
As,min=   729.3 mm^2 ＜As=  1113.1 ＜ As,max=  1920.0 mm^2
As=  1113.1 mm^2；1.2Fh/Fy=  684.0 mm^2；As/2=   556.6 mm^2
假定箍筋间距100mm，箍筋层数= 6
试采用2肢直径8mm箍筋，箍筋间距100mm，箍筋层数= 6；2/3牛腿h0的Ash=   603.6 mm^2
采用2肢直径8mm箍筋，箍筋间距100mm，箍筋层数= 6；2/3牛腿h0的Ash=   603.6 mm^2
箍筋总面积Ash=  962.0 mm^2,弯起钢筋Asb=   556.6 mm^2
```

可见 RCM 计算结果与手算结果相同。

### 【例 15-14】柱牛腿配筋算例 14

文献〔2〕第 157 页算例：已知一支承起重机梁的柱牛腿，如图 15-22 所示，牛腿宽度 $b = 400$mm（与柱同宽）。竖向力的作用点至下柱边缘的水平距离 $a = 160$mm（包括已考虑安装偏差 20mm 在内），牛腿底面倾斜角 $\alpha = 45°$。牛腿的外边缘高度采用 $h_1 = h/2$。作用于牛腿顶部按荷载效应标准组合计算的竖向力值 $F_{vk} = 549.47$kN，作用于牛腿顶部的竖向力设计值 $F_v = 659.6$kN。混凝土强度等级为 C30，承受竖向力所需的纵向钢筋采用 HRB335 级钢筋，水平箍筋采用 HPB300 级钢筋。求该牛腿的高度 $h$ 和配筋。

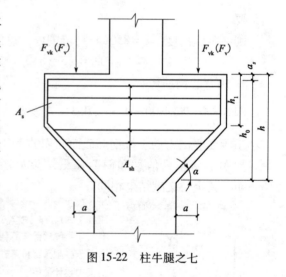

图 15-22　柱牛腿之七

【解】1. 已知条件

$f_c = 14.3$ N/mm$^2$，$f_y = 300$ N/mm$^2$，因属于支承起重机的牛腿，故取 $\beta = 0.65$

2. 计算牛腿高度 $h$

$$h_0 = \frac{0.5F_{vk} + \sqrt{(0.5F_{vk})^2 + 4\beta ab F_{vk} f_{tk}}}{2\beta b f_{tk}}$$

$$= \frac{0.5 \times 549470 + \sqrt{(0.5 \times 549470)^2 + 4 \times 0.65 \times 160 \times 400 \times 549470 \times 2.01}}{2 \times 0.65 \times 400 \times 2.01}$$

$$= 750\text{mm}$$

取 $a_s = 50$mm，则 $h = 750 + 50 = 800$mm，$h_1 = h/2 = 400$mm。

3. 求承受竖向力所需的纵向受拉钢筋截面面积

因为 $\frac{a}{h_0} = 160/750 = 0.213 < 0.3$，取 $\frac{a}{h_0} = 0.3$ 计算。

由式（15-3）

$$A_s \geqslant \frac{F_v a}{0.85 f_y h_0} = \frac{695640 \times 0.3}{0.85 \times 300} = 776 \text{mm}^2$$

配筋率 $\rho = 776/(400 \times 800) = 0.00243$，介于最小和最大配筋率之间，满足要求。

4. 求牛腿的水平箍筋面积

根据规范对牛腿的构造要求，在牛腿上部 $2h_0/3$ 范围内的水平箍筋总截面面积不宜小于承受竖向力的受拉钢筋截面面积的 $1/2$。

即在 $2h_0/3 = 2 \times 750/3 = 500$mm 范围内的水平箍筋总截面面积不宜小于 $A_s/2 = 776/2 = 388$mm$^2$

水平箍筋选用 $\phi 8$，间距 $s = 125$mm，双肢箍，在 500mm 范围内有 5 层水平箍筋，则算得

$$A_{sh} = 2 \times 50.3 \times 5 = 503 \text{mm}^2 > 388 \text{mm}^2$$

满足要求。

则在牛腿高度（$h = 800$mm）范围内，总的水平箍筋截面面积为

$$503 \times 3 \times 800/(750 \times 2) = 804.8 \text{mm}^2$$

5. 求弯起钢筋

因为 $\frac{a}{h_0} = 160/750 = 0.213 < 0.3$，可不设弯起钢筋，即 $A_{sb} = 0$。

RCM 软件计算输入信息和简要输出信息见图 15-23。

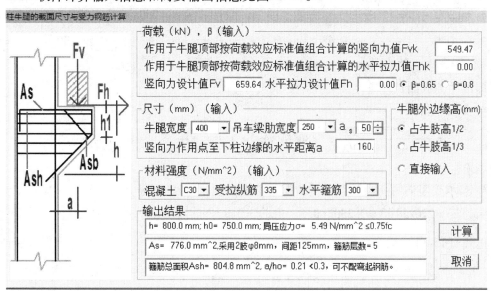

图 15-23　柱牛腿配筋算例 14

RCM 的详细计算结果如下：

牛腿计算：牛腿宽b= 400.0 mm；吊车梁肋宽h1= 250 mm
作用，Fvk= 549.47 kN；Fv= 659.64 kN
作用，Fhk= 0.00 kN；Fh= 0.00 kN
Fv作用点至下柱边缘水平距离（包括安装偏差）a= 160 mm
混凝土强度等级C30；钢筋设计强度Fy= 300.；Fyv= 270. N/mm^2
牛腿外边缘高度h1采用（牛腿高度/2）。
计算结果：h0= 750.0 mm；1-0.5Fhk/Fvk=1.000
h= 800.0 mm；局压应力σ= 5.49 N/mm^2 ≤0.75fc
As,min= 686.4 mm^2 ＜As= 776.0 ＜ As,max= 1800.0 mm^2
竖向力所需的纵向受拉钢筋截面积As= 776.0 mm^2；As/2= 388.0 mm^2
假定箍筋间距100mm，箍筋层数= 6
试采用2肢直径8mm箍筋，箍筋间距100mm，箍筋层数= 6；2/3牛腿h0的Ash= 603.6 mm^2
采用2肢直径8mm箍筋，箍筋间距125mm，箍筋层数= 5；2/3牛腿h0的Ash= 503.0 mm^2
箍筋总面积 Ash= 804.8 mm^2，a/ho= 0.21 ＜0.3，可不配弯起钢筋。

可见 RCM 计算结果与手算结果相同。

**【例 15-15】 柱牛腿配筋算例 15**

文献［3］第 375 页例题：某柱牛腿承受按荷载效应的标准组合计算的竖向力值 $F_{vk}$ = 580kN，竖向力设计值 $F_v$ = 812kN，按荷载效应标准组合计算的水平力 $F_{hk}$ = 9.9kN，水平力设计值 $F_h$ = 13.8kN。竖向力的作用点至下柱边缘的水平距离 $a$ = 250mm。柱子宽度 $b$ = 400mm，承压宽度为 250mm，需进行疲劳验算，混凝土强度等级为 C20，承受竖向力所需的纵向钢筋采用 HRB335 级钢筋。试设计该牛腿。

**【解】** 1. 确定牛腿高度 $h$

按式（15-1）计算，假定牛腿高度为 1200mm，需进行疲劳验算，故 β=0.65。

$h_0 = 1200 - 40 = 1160$mm，考虑施工误差，取计算的 $a = 250 + 20 = 270$mm。

$$\beta\left(1 - 0.5\frac{F_{hk}}{F_{vk}}\right)\frac{f_{tk}bh_0}{0.5 + \frac{a}{h_0}} = 0.65 \times \left(1 - 0.5 \times \frac{9900}{580000}\right) \times \frac{1.54 \times 400 \times 1160}{0.5 + \frac{270}{1160}} = 628kN > F_{vk} = 595$$

即该牛腿截面尺寸满足裂缝控制要求。

2. 牛腿局部受压承载力计算

$$\sigma = \frac{F_{vk}}{A} = \frac{580000}{250 \times 400} = 5.80 \text{ N/mm}^2 < 0.75f_c = 0.75 \times 9.6 = 7.2 \text{ N/mm}^2$$

满足要求。

3. 求承受竖向力所需的纵向受拉钢筋截面面积

因为 $\frac{a}{h_0} = 270/1160 = 0.233 < 0.3$，取 $\frac{a}{h_0} = 0.3$。

由式（15-3）

$$A_s \geqslant \frac{F_v a}{0.85f_y h_0} + 1.2\frac{F_h}{f_y} = \frac{812000 \times 0.3}{0.85 \times 300} + \frac{1.2 \times 13800}{300} = 955.3 + 55.2 = 1010.5 \text{mm}^2$$

配筋率 $\rho$ = 955.3/(400 × 1200) = 0.00199，0.45$f_t/f_y$ = 0.45 × 1.1/300 = 0.00165 < 0.002，最小配筋率为 0.002，相差不多，可认为满足要求。

4. 求牛腿的水平箍筋面积

根据规范对牛腿的构造要求，在牛腿上部 $2h_0/3$ 范围内的水平箍筋总截面面面积不宜小于承受竖向力的受拉钢筋截面面积的 $1/2$。

即在 $2h_0/3 = 2 \times 1160/3 = 773.3$mm 范围内的水平箍筋总截面面积不宜小于 $A_s/2 = 955.3/2 = 478$mm$^2$

水平箍筋选用 $\phi 8$，间距 $s = 125$mm，双肢箍，在 $773.3$mm 范围内有 7 层水平箍筋，则算得

$$A_{sh} = 2 \times 50.3 \times 7 = 704\text{mm}^2 > 478\text{mm}^2$$

满足要求。

则在牛腿高度（$h = 900$mm）范围内，总的水平箍筋截面面积为

$$704 \times 3 \times 1200/(1160 \times 2) = 1092.7\text{mm}^2$$

RCM 输入信息及简要计算结果如下，可见与手算结果相同。

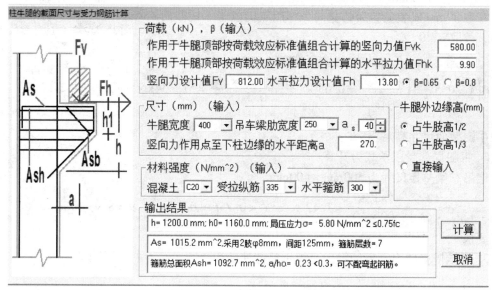

图 15-24　柱牛腿配筋算例 15

RCM 的详细计算结果如下：

牛腿计算：牛腿宽b=　400.0 mm；吊车梁肋宽h1= 250 mm
作用，Fvk= 580.00 kN；Fv= 812.00 kN
作用，Fhk=　9.90 kN；Fh= 13.80 kN
Fv作用点至下柱边缘水平距离（包括安装偏差）a=　270 mm
混凝土强度等级C20；钢筋设计强度Fy= 300.；Fyv= 210. N/mm^2
牛腿外边缘高度h1采用（牛腿高度/3）。
计算结果：h0= 1091.8 mm；1-0.5Fhk/Fvk=0.991
h= 1200.0 mm；h0= 1160.0 mm；局压应力σ=　5.80 N/mm^2 ≤0.75fc
As,min=　792.0 mm^2 <As=　955.3 < As,max= 2784.0 mm^2
As=　955.3 mm^2；1.2Fh/Fy=　55.2 mm^2；As/2=　477.6 mm^2
假定箍筋间距100mm，箍筋层数= 8
试采用2肢直径8mm箍筋，箍筋间距100mm，箍筋层数= 8；2/3牛腿h0的Ash=　804.8 mm^2
采用2肢直径8mm箍筋，箍筋间距125mm，箍筋层数= 7；2/3牛腿h0的Ash=　704.2 mm^2
箍筋总面积 Ash= 1092.7 mm^2，a/ho=　0.23 <0.3，可不配弯起钢筋。

可见 RCM 计算结果与手算结果相同。

**【例 15-16】柱牛腿配筋算例 16**

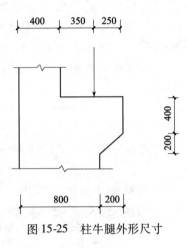

图 15-25　柱牛腿外形尺寸

文献［4］第 411 页例题：支承吊车梁牛腿尺寸如图 15-25 所示。柱截面宽度 $b = 400\text{mm}$，$a_s = 40\text{mm}$。作用于牛腿顶部按荷载效应标准组合计算的竖向力值 $F_{vk} = 284.24\text{kN}$，作用于牛腿顶部的竖向力设计值 $F_v = 391.34\text{kN}$。混凝土强度等级为 C25，承受竖向力所需的纵向钢筋采用 HRB400 级钢筋，水平箍筋采用 HPB300 级钢筋。求该牛腿的高度 $h$ 和配筋。

**【解】1. 牛腿截面尺寸验算**

考虑 20mm 安装偏差后的竖向力作用点仍位于下柱截面以内，故取 $a = 0$。

$$h_0 = 600 - 40 = 560\text{mm}$$

$$\beta\left(1 - 0.5\frac{F_{hk}}{F_{vk}}\right)\frac{f_{tk}bh_0}{0.5 + \frac{a}{h_0}} = 0.65 \times \frac{1.78 \times 400 \times 560}{0.5} = 518.34\text{kN} > F_{vk} = 284.24\text{kN}$$

即该牛腿截面尺寸满足要求。

**2. 牛腿局部受压承载力计算**

取吊车梁垫板尺寸为 500mm × 400mm

$$\sigma = \frac{F_{vk}}{A} = \frac{284240}{500 \times 400} = 1.42\ \text{N/mm}^2 < 0.75f_c = 0.75 \times 11.9 = 8.93\ \text{N/mm}^2$$

满足要求。

**3. 求承受竖向力所需的纵向受拉钢筋截面面积**

因为 $\dfrac{a}{h_0} = 0 < 0.3$，取 $\dfrac{a}{h_0} = 0.3$。

由式（15-3）

$$A_s \geqslant \frac{F_v a}{0.85 f_y h_0} + 1.2\frac{F_h}{f_y} = \frac{391340 \times 0.3}{0.85 \times 360} = 384\text{mm}^2$$

配筋率 $\rho = 384/(400 \times 600) = 0.0016$，$0.45 f_t/f_y = 0.45 \times 1.43/360 = 0.00179 < 0.002$，最小配筋率为 0.002，取 $A_s = 0.002 \times 400 \times 600 = 480\text{mm}^2$。

**4. 求牛腿的水平箍筋面积**

根据规范对牛腿的构造要求，在牛腿上部 $2h_0/3$ 范围内的水平箍筋总截面面积不宜小于承受竖向力的受拉钢筋截面面积的 $1/2$。

即在 $2h_0/3 = 2 \times 600/3 = 400\text{mm}$ 范围内的水平箍筋总截面面积不宜小于 $A_s/2 = 480/2 = 240\text{mm}^2$

水平箍筋选用 φ8，间距 $s = 125\text{mm}$，双肢箍，在 400mm 范围内有 3 层水平箍筋，则算得

$$A_{sh} = 2 \times 50.3 \times 3 = 301.8\text{mm}^2 > 240\text{mm}^2$$

满足要求。

则在牛腿高度（$h = 900\text{mm}$）范围内，总的水平箍筋截面面积为

$$301.8 \times 3 \times 600/(560 \times 2) = 485.0 \mathrm{mm}^2$$

RCM 输入信息及简要计算结果如图 15-26 所示，可见与手算结果相同。

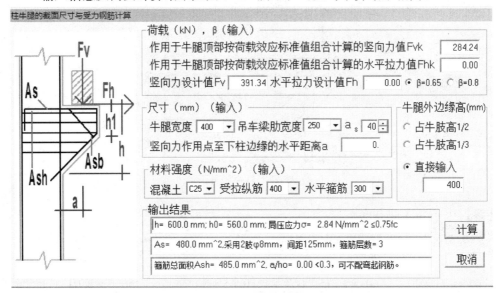

图 15-26　柱牛腿配筋算例 16

RCM 的详细计算结果如下：

牛腿计算：牛腿宽b= 400.0 mm；吊车梁肋宽h1= 250 mm
作用，Fvk= 284.24 kN；Fv= 391.34 kN
作用，Fhk= 0.00 kN；Fh= 0.00 kN
Fv作用点至下柱边缘水平距离（包括安装偏差）a= 0 mm
混凝土强度等级C25；钢筋设计强度Fy= 360.；Fyv= 210. N/mm^2
牛腿外边缘高度h1取值为：400 mm
计算结果：h0= 307.1 mm；1-0.5Fhk/Fvk=1.000
h= 600.0 mm；局压应力σ= 2.84 N/mm^2 ≤0.75fc
As,min= 381.0 mm^2 〈As= 383.7 〈 As,max= 1344.0 mm^2
竖向力所需的纵向受拉钢筋截面积As= 383.7 mm^2；As/2= 191.8 mm^2
假定箍筋间距100mm，箍筋层数= 4
试采用2肢直径8mm箍筋，箍筋间距100mm，箍筋层数= 4；2/3牛腿h0的Ash= 402.4 mm^2
采用2肢直径8mm箍筋，箍筋间距125mm，箍筋层数= 3；2/3牛腿h0的Ash= 301.8 mm^2
箍筋总面积 Ash= 485.0 mm^2，a/ho= 0.00 〈0.3，可不配弯起钢筋。

可见 RCM 计算结果与手算结果相同。

**【例 15-17】柱牛腿配筋算例 17**

文献［4］第 412 页例题：已知支承吊车梁的柱牛腿如图 15-27 所示，宽度 $b=$ 500mm，竖向力的作用点至下柱边缘的水平距离 $a=50$mm（已考虑安装偏差 20mm）。牛腿底面倾斜角采用 $\alpha \leqslant 45°$。作用在牛腿顶部的按荷载效应的标准组合计算的竖向力值 $F_{\mathrm{vk}}$ $=715$kN，竖向力设计值 $F_{\mathrm{v}}=915$kN。吊车梁肋宽为 250mm，混凝土强度等级为 C30，承受竖向力所需的纵向钢筋采用 HRB400 级钢筋，水平箍筋采用 HPB300 级钢筋。牛腿的外

边缘高度采用 $h_1 = h/2$。试设计该牛腿。

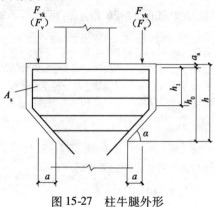

图 15-27 柱牛腿外形

【解】 1. 确定牛腿高度 $h$

$$h_0 = \frac{0.5F_{vk} + \sqrt{(0.5F_{vk})^2 + 4\beta abF_{vk}f_{tk}}}{2\beta bf_{tk}}$$

$$= \frac{0.5 \times 715000 + \sqrt{(0.5 \times 715000)^2 + 4 \times 0.65 \times 50 \times 400 \times 715000 \times 2.01}}{2 \times 0.65 \times 500 \times 2.01}$$

$$= 635 \text{mm}$$

取 $a_s = 40\text{mm}$，则 $h = 635 + 40 = 675\text{mm}$，取 $h = 750\text{mm}$，$h_0 = 710\text{mm}$，$h_1 = h/2 = 375\text{mm}$。

2. 牛腿局部受压承载力计算

取吊车梁垫板尺寸为 $500\text{mm} \times 400\text{mm}$

$$\sigma = \frac{F_{vk}}{A} = \frac{715000}{250 \times 500} = 5.72 \text{ N/mm}^2 < 0.75f_c = 0.75 \times 11.9 = 8.93 \text{ N/mm}^2$$

满足要求。

3. 求承受竖向力所需的纵向受拉钢筋截面面积

因为 $\dfrac{a}{h_0} = 50/710 = 0.07 < 0.3$，取 $\dfrac{a}{h_0} = 0.3$ 计算。

由式（15-3）

$$A_s \geqslant \frac{F_v a}{0.85f_y h_0} + 1.2\frac{F_h}{f_y} = \frac{915000 \times 0.3}{0.85 \times 360} + 0 = 897 \text{mm}^2$$

配筋率 $\rho = 897/(500 \times 750) = 0.00239$，$0.45f_t/f_y = 0.45 \times 1.43/360 = 0.00179 < 0.002$，最小配筋率为 $0.002$，满足最小配筋率要求。

4. 求牛腿的水平箍筋面积

根据规范对牛腿的构造要求，在牛腿上部 $2h_0/3$ 范围内的水平箍筋总截面面积不宜小于承受竖向力的受拉钢筋截面面积的 $1/2$。

即在 $2h_0/3 = 2 \times 710/3 = 473.3\text{mm}$ 范围内的水平箍筋总截面面积不宜小于 $A_s/2 = 897/2 = 449\text{mm}^2$

水平箍筋选用 $\phi 8$，间距 $s = 100\text{mm}$，双肢箍，在 $473.3\text{mm}$ 范围内有 $5$ 层水平箍筋，则算得

$$A_{sh} = 2 \times 50.3 \times 5 = 503\text{mm}^2 > 449\text{mm}^2$$

满足要求。

则在牛腿高度（$h=750\text{mm}$）范围内，总的水平箍筋截面面积为

$$503 \times 3 \times 750/(710 \times 2) = 797.0\text{mm}^2$$

RCM 输入信息及简要计算结果如下，可见与手算结果相同。

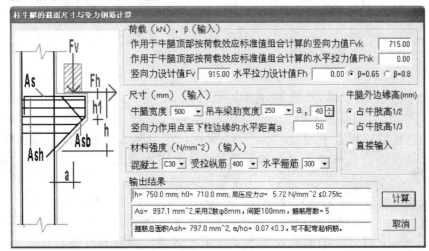

图 15-28　柱牛腿配筋算例 16

RCM 的详细计算结果如下：

牛腿计算：牛腿宽b= 500.0 mm；吊车梁肋宽h1= 250 mm
作用，Fvk= 715.00 kN；Fv= 915.00 kN
作用，Fhk=   0.00 kN；Fh=   0.00 kN
Fv作用点至下柱边缘水平距离（包括安装偏差）a=   50 mm
混凝土强度等级C30；钢筋设计强度Fy= 360.；Fyv= 270. N/mm^2
牛腿外边缘高度h1采用（牛腿高度/2）。
计算结果：h0=  633.6 mm；1-0.5Fhk/Fvk=1.000
h=  750.0 mm；局压应力σ=  **5.72 N/mm^2** ≤0.75fc
As,min=   670.3 mm^2 ＜As=   897.1 ＜ As,max=  2130.0 mm^2
竖向力所需的纵向受拉钢筋截面积As=   897.1 mm^2；As/2=   448.5 mm^2
假定箍筋间距100mm，箍筋层数= 5
试采用2肢直径8mm箍筋，箍筋间距100mm，箍筋层数= 5；2/3牛腿h0的Ash=  503.0 mm^2
采用2肢直径8mm箍筋，箍筋间距100mm，箍筋层数= 5；2/3牛腿h0的Ash=  503.0 mm^2
箍筋总面积Ash=  797.0 mm^2，a/ho=  0.07 ＜0.3，可不配弯起钢筋。

可见 RCM 计算结果与手算结果相同。

**本章参考文献**

[1] 国振喜. 简明钢筋混凝土结构计算手册（第二版）[M]. 北京：机械工业出版社，2012.
[2] 周爱军，白建方等. 混凝土结构设计与施工细部计算示例（第二版）[M]. 北京：机械工业出版社，2011.
[3] 蓝宗建. 混凝土结构设计原理 [M]. 南京：东南大学出版社，2008.
[4] 施岚青. 注册结构工程师专业考试专题精讲—混凝土结构（第二版）[M]. 北京：机械工业出版社，2012.

# 第16章 预埋件计算原理及算例

## 16.1 由锚板和对称配置的直锚筋所组成的受力预埋件

受力预埋件的锚板宜采用 Q235、Q345 级钢，锚板厚度应根据受力情况计算确定，且不宜小于锚筋直径的 60%；受拉和受弯预埋件的锚板厚度尚宜大于 $b/8$，$b$ 为锚筋的间距。

受力预埋件的锚筋应采用 HRB400 或 HPB300 钢筋，不应采用冷加工钢筋。

直锚筋与锚板应采用 T 形焊接。当锚筋直径不大于 20mm 时宜采用压力埋弧焊；当锚筋直径大于 20mm 时宜采用塞孔焊。当采用手工焊时，焊缝高度不宜小于 6mm，且对 300MPa 级钢筋不宜小于 $0.5d$，对其他钢筋不宜小于 $0.6d$，$d$ 为锚筋的直径。

由锚板和对称配置的直锚筋所组成的受力预埋件（图 16-1），其锚板的总截面面积应符合下列规定：

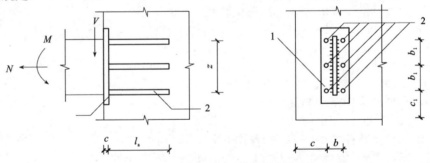

图 16-1 由锚板和直锚筋组成的预埋件
1—锚板；2—直锚筋

（1）当有剪力、法向拉力和弯矩共同作用时，应按下列两个公式计算，并取其中较大值：

$$A_s \geq \frac{V}{\alpha_r \alpha_v f_y} + \frac{N}{0.8\alpha_b f_y} + \frac{M}{1.3\alpha_r \alpha_b f_y z} \tag{16-1}$$

$$A_s \geq \frac{N}{0.8\alpha_b f_y} + \frac{M}{0.4\alpha_r \alpha_b f_y z} \tag{16-2}$$

（2）当有剪力、法向压力和弯矩共同作用时，应按下列两个公式计算，并取其中的较大值：

$$A_s \geq \frac{V - 0.3N}{\alpha_r \alpha_v f_y} + \frac{M - 0.4Nz}{1.3\alpha_r \alpha_b f_y z} \tag{16-3}$$

$$A_s \geq \frac{M - 0.4Nz}{0.4\alpha_r \alpha_b f_y z} \tag{16-4}$$

当 M 小于 $0.4Nz$ 时，取 $0.4Nz$。

上述公式中的系数 $\alpha_v$、$\alpha_v$，应按下列公式计算：

$$\alpha_v = (0.4 - 0.08d) + \sqrt{\frac{f_c}{f_y}} \qquad (16\text{-}5)$$

$$\alpha_b = 0.6 + 0.25\,\frac{t}{d} \leqslant 1 \qquad (16\text{-}6)$$

当 $\alpha_v$ 大于 0.7 时，取 0.7；当采取防止锚板弯曲变形的措施时，可取 $\alpha_b$ 等于 1.0。

式中　$f_y$——锚筋的抗拉强度设计值，但不应大于 $300\text{N/mm}^2$；

　　　$V$——剪力设计值；

　　　$N$——法向拉力或法向压力设计值，法向压力设计值不应大于 $0.5f_cA$，此处，$A$ 为锚板的面积；

　　　$M$——弯矩设计值；

　　　$\alpha_r$——锚板层数的影响系数；当锚板按等间距布置时：两层取 1.0；三层取 0.9；四层取 0.85；

　　　$\alpha_v$——锚筋的受剪承载力系数；

　　　$d$——锚筋直径；

　　　$\alpha_b$——锚板的弯曲变形折减系数，注意 $\alpha_b \leqslant 1$ 是本书作者加上的，如因 $\dfrac{t}{d}$ 过大，$\alpha_b > 1$ 则不合理；

　　　$t$——锚板厚度；

　　　$z$——沿剪力作用方向最外层锚筋中心线之间的距离。

RCM 软件使用时，N 输入负值代表是法向拉力。

（3）构造要求如下：

预埋件锚筋中心至锚板边缘的距离不应小于 $2d$ 和 20mm。预埋件的位置应使锚筋位于构件的外层主筋的内侧。

预埋件的受力直锚筋直径不宜小于 8mm，且不宜大于 25mm。直锚筋数量不宜少于 4 根，且不宜多于 4 排；受剪预埋件的直锚筋可采用 2 根。

对受拉和受弯预埋件（图 16-1），其锚筋的间距 $b$、$b_1$ 和锚筋至构件边缘的距离 $c$、$c_1$，均不应小于 $3d$ 和 45mm。

对受剪预埋件（图 16-1），其锚筋的间距 $b$ 及 $b_1$ 不应大于 300mm，且 $b_1$ 不应小于 $6d$ 和 70mm；锚筋至构件边缘的距离 $c_1$ 不应小于 $6d$ 和 70mm，$b$、$c$ 均不应小于 $3d$ 和 45mm。

受拉直锚筋和弯折锚筋的锚固长度不应小于受拉钢筋锚固长度；当锚筋采用 HPB300 级钢筋时末端还应有弯钩。当无法满足锚固长度的要求时，应采取其他有效的锚固措施。受剪和受压直锚筋的锚固长度不应小于 $15d$，$d$ 为锚筋的直径。

软件输入信息见图 16-2 的对话框，如实际工程锚板附有加劲垫板或加劲肋，加强了锚板的弯曲刚度，达到 $\alpha_b$ 可取 1 的情况，因软件没设相应输入信息，这时可通过人为输入超过实际锚板厚度的值来达到此效果，参见本书【例 16-9】。由式（16-6）可见，此时输入的锚板厚度值 $t$ 应不小于 $1.6d$。

**【例16-1】 受拉直锚筋预埋件算例**

文献［1］第605页算例及手算解答过程如下。

已知承受拉力设计值 $N = 172.19$kN 的直锚筋预埋件，构件的混凝土强度等级为 C25，锚筋为 HRB400 级钢筋，锚板采用 Q235 钢，厚度 t = 10mm。求预埋件直锚筋的总截面面积及直径。

**【解】** 假设锚筋直径 $d = 14$mm，由式（16-6），得

$$\alpha_{\text{b}} = 0.6 + 0.25 \times 10/14 = 0.779$$

由式（16-2），$M = 0$，得

$$A_{\text{s}} \geqslant \frac{N}{0.8\alpha_{\text{b}}f_{\text{y}}} = \frac{172190}{0.8 \times 0.779 \times 300} = 921\text{mm}^2$$

选用锚筋 $6\Phi14$，$A_{\text{s}} = 924\text{mm}^2 > 921\text{mm}^2$，满足要求。

按混凝土强度等级 C25，由《混凝土结构设计规范》GB 50010—2010 第 8.3.1 条得锚固长度 $l_{\text{a}} = 463$mm。

又 $t/d = 10/14 = 0.7 > 0.6$，锚板厚度 $t$ 符合要求。

RCM 软件计算输入信息和简要输出信息见图 16-2。RCM 软件的详细输出信息如下：

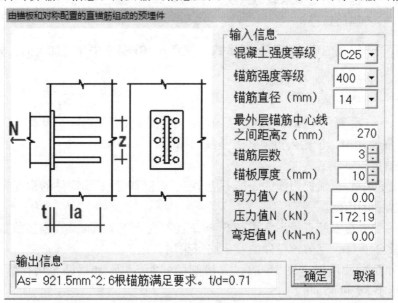

图 16-2 受拉直锚筋预埋件算例

锚筋层数= 3；锚筋直径d= 14 mm；外层锚筋间距z= 270 mm；锚板厚t= 10 mm
混凝土强度等级C25；Fc= 11.9 N/mm^2；箍筋设计强度 Fy= 300. N/mm^2
N= -172.19 kN负为拉力；V= 0.00 kN；M= 0.00 kN-m
αb= 0.779；αr= 0.90；αv= 0.574
按规范(9.7.2-1)As= 0.0+ 921.5+ 0.0= 921.5
按规范(9.7.2-2)As= 921.5+ 0.0= 921.5
计算结果：As= 921.5 mm^2；配 6 根锚筋( 923.6)满足要求。t/d=0.71

可见 RCM 软件的计算结果与手算结果及文献结果相同。

**【例 16-2】受剪直锚筋预埋件算例**

文献［1］第 606 页算例 9-2 及手算解答过程如下。

已知承受剪力设计值 $V=266.12\text{kN}$ 的直锚筋预埋件，构件的混凝土强度等级为 C30，锚筋为 HRB400 级钢筋，锚板采用 Q235 钢，厚度 $t=14\text{mm}$。求预埋件锚筋的总截面面积及直径。

**【解】**　设锚筋为三层，则 $\alpha_r=0.9$，假设锚筋直径 $d=20\text{mm}$，由式（16-5），得

$$\alpha_v=(0.4-0.08d)\sqrt{\frac{f_c}{f_y}}=(0.4-0.08\times20)\sqrt{\frac{14.3}{300}}=0.524<0.7$$

由式（16-1），$N=0$，$M=0$，得

$$A_s\geqslant\frac{V}{\alpha_r\alpha_v f_y}=\frac{266120}{0.9\times0.524\times300}=1881\text{mm}^2$$

选用锚筋 $6\,\Phi\,20$，$A_s=1884\text{mm}^2>1881\text{mm}^2$，满足要求。

按混凝土强度等级 C25，由《混凝土结构设计规范》GB 50010—2012 第 8.3.1 条得锚固长度 $l_a=15d=300\text{mm}$。

又 $t/d=14/20=0.7>0.6$，锚板厚度 $t$ 符合要求。

RCM 软件计算输入信息和简要输出信息见图 16-3。RCM 软件的详细输出信息如下：

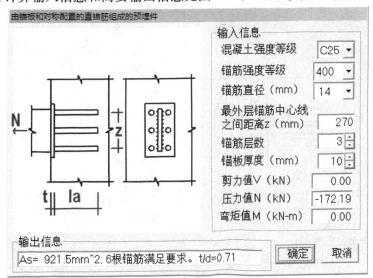

图 16-3　受剪直锚筋预埋件算例

```
锚筋层数= 3; 锚筋直径d=  20 mm; 外层锚筋间距z= 270 mm; 锚板厚t=   14 mm
混凝土强度等级C30; Fc= 14.3 N/mm^2; 箍筋设计强度 Fy= 300. N/mm^2
N=    0.00 kN负为拉力; V= 266.12 kN; M=    0.00 kN-m
α b= 0.775; α r= 0.90; α v= 0.524
按规范(9.7.2-1)As=1881.0+   0.0+   0.0=1881.0
按规范(9.7.2-2)As=   0.0+   0.0=   0.0
计算结果: As= 1881.0 mm^2;配 6 根锚筋( 1885.0)满足要求。t/d=0.70
```

可见 RCM 软件的计算结果与手算结果及文献结果相同。

### 【例 16-3】 受拉剪直锚筋预埋件算例

文献［1］第 606 页算例 9-3 及手算解答过程如下。

已知承受法向拉力设计值 $N = 178\text{kN}$，剪力设计值 $V = 152.52\text{kN}$ 的焊有直锚筋的预埋件，构件的混凝土强度等级为 C30，锚筋为 HRB400 级钢筋，锚板采用 Q235 钢，厚度 $t = 14\text{mm}$。求预埋件直锚筋的总截面面积及直径。

【**解**】　设锚筋为四层，则 $\alpha_r = 0.85$，假设锚筋直径 $d = 18\text{mm}$，由式（16-6），得
$$\alpha_b = 0.6 + 0.25 \times 14/18 = 0.794$$

由式（16-5），得
$$\alpha_v = (0.4 - 0.08d)\sqrt{\frac{f_c}{f_y}} = (0.4 - 0.08 \times 18)\sqrt{\frac{14.3}{300}} = 0.559 \ < \ 0.7$$

由式（16-1），$M = 0$，得
$$A_s \geqslant \frac{N}{0.8\alpha_b f_y} + \frac{V}{\alpha_r \alpha_v f_y} = \frac{178000}{0.8 \times 0.794 \times 300} + \frac{152520}{0.85 \times 0.559 \times 300} = 2004\text{mm}^2$$

选用锚筋 8 $\Phi$ 18，$A_s = 2036\text{mm}^2 > 2004\text{mm}^2$，满足要求。

又 $t/d = 14/18 = 0.78 \ > 0.6$，锚板厚度 $t$ 符合要求。

RCM 软件计算输入信息和简要输出信息见图 16-4。RCM 软件的详细输出信息如下：

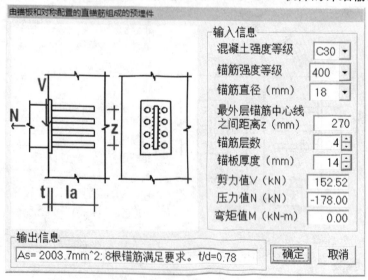

图 16-4　受拉剪直锚筋预埋件算例

锚筋层数= 4；锚筋直径d=　18 mm；外层锚筋间距z=　270 mm；锚板厚t=　　14 mm
混凝土强度等级C30；Fc= 14.3 N/mm^2；箍筋设计强度 Fy= 300. N/mm^2
N= -178.00 kN负为拉力；V=　152.52 kN；M=　　0.00 kN-m
αb= 0.794；αr= 0.85；αv= 0.559
按规范(9.7.2-1)As=1070.1+ 933.6+　0.0=2003.7
按规范(9.7.2-2)As= 933.6+　0.0= 933.6
计算结果：As= 2003.7 mm^2；配 8根锚筋( 2035.8)满足要求。t/d=0.78

可见 RCM 计算结果与手算结果相同。

### 【例 16-4】受拉弯直锚筋预埋件算例

文献［1］第 607 页算例 9-5 及手算解答过程如下。

已知承受偏心拉力设计值 N = 131kN 的直锚筋预埋件，如图 16-5 所示。作用拉力对锚筋截面重心的偏心距 $e_0 = 90mm$，构件的混凝土强度等级为 C25，锚筋为 HRB400 级钢筋，锚板采用 Q235 钢，厚度 $t = 10mm$。外层锚筋中心线之间的距离 $z = 270mm$。求预埋件直锚筋的总截面面积及锚筋直径。

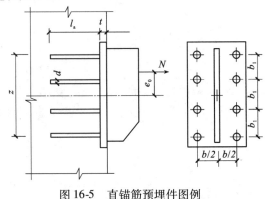

图 16-5　直锚筋预埋件图例

【解】　设锚筋为四层，则 $\alpha_r = 0.85$，假设锚筋直径 $d = 14mm$，由偏心拉力产生的弯矩设计值为：

$$M = Ne_0 = 131000 \times 90 = 11.79 \times 10^6 \text{ N} \cdot \text{mm}$$

由式（16-6），得

$$\alpha_b = 0.6 + 0.25 \times 10/14 = 0.779$$

由式（16-1），$V = 0$，得

$$A_s \geq \frac{N}{0.8\alpha_b f_y} + \frac{M}{0.4\alpha_r \alpha_b f_y z} = \frac{131000}{0.8 \times 0.779 \times 300} + \frac{11790000}{0.4 \times 0.85 \times 0.779 \times 300 \times 270}$$
$$= 1250.3 \text{mm}^2$$

试算结果见图 16-6。

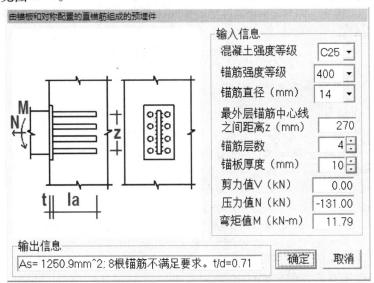

图 16-6　受拉弯直锚筋预埋件算例试算

选用锚筋 8 ⏀ 14，$A_S = 1231mm^2 < 1250.3mm^2$ 不满足要求。

又 $t/d = 10/14 = 0.71 > 0.6$，锚板厚度 $t$ 符合要求。

文献［1］手算 $A_s = 1230mm^2$ 有误，正确的应为 $A_s = 1250.3mm^2$。RCM 输入信息和简要输出信息如图 16-6 所示，可知配置 8 根直径 14mm 锚筋不满足要求。

于是换直径 16mm 的锚筋，重新计算如下：

$$\alpha_b = 0.6 + 0.25\frac{t}{d} = 0.6 + 0.25 \times \frac{10}{16} = 0.756$$

$$A_s = \frac{N}{0.8\alpha_b f_y} + \frac{M}{0.4\alpha_t \alpha_b f_y z} = \frac{131000}{0.8 \times 0.756 \times 300} + \frac{11790000}{0.4 \times 0.85 \times 0.756 \times 300 \times 270}$$
$$= 722.0 + 566.3 = 1288.3 \text{mm}^2$$

RCM 软件计算输入信息和简要输出信息见图 16-7。

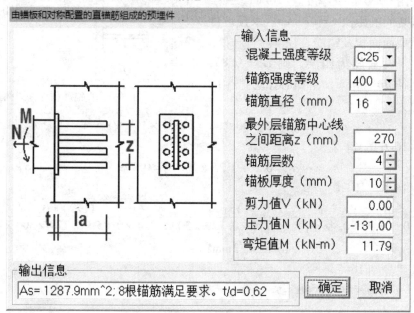

图 16-7　受拉弯直锚筋预埋件算例

RCM 的详细计算结果如下：

```
锚筋层数= 4；锚筋直径d=   16 mm；外层锚筋间距z=  270 mm；锚板厚t=   10 mm
混凝土强度等级C25；Fc= 11.9 N/mm^2；箍筋设计强度 Fy= 300. N/mm^2
N= -131.00 kN负为拉力；V=   0.00 kN；M=   11.79 kN-m
αb= 0.756；αr= 0.85；αv= 0.542
按规范(9.7.2-1)As=   0.0+ 721.8+ 174.2= 895.9
按规范(9.7.2-2)As= 721.8+ 566.1=1287.9
计算结果：As= 1287.9 mm^2；配 8根锚筋（ 1608.5)满足要求。t/d=0.62
```

可见 RCM 计算结果与手算结果相同。

## 【例 16-5】受压弯直锚筋预埋件算例

文献 [1] 第 608 页算例 9-6 及手算解答过程如下。

已知焊有直锚筋的预埋件承受法向压力设计值 $N = 458\text{kN}$，偏心距 $e_0 = 150\text{mm}$，构件的混凝土强度等级为 C25，锚筋为 HRB400 级钢筋，锚板采用 Q235 钢，厚度 $t = 10\text{mm}$。锚筋为四层，外层锚筋中心线之间的距离 $z = 270\text{mm}$。求预埋件直锚筋的总截面面积及锚筋直径。

**【解】**　由偏心压力产生的弯矩为：$M = Ne_0 = 458000 \times 150 = 68.7 \times 10^6 \text{ N} \cdot \text{mm}$

锚筋为四层，则 $\alpha_r = 0.85$，假设锚筋直径 $d = 12\text{mm}$

由式（16-6），得

$$\alpha_b = 0.6 + 0.25 \times 10/12 = 0.808$$

由式（16-4），得

$$A_s = \frac{M - 0.4Nz}{0.4\alpha_r\alpha_b f_y z} = \frac{68700000 - 0.4 \times 458000 \times 270}{0.4 \times 0.85 \times 0.808 \times 300 \times 270} = 864\text{mm}^2$$

选用锚筋 $8 \, \Phi 12$，$A_s = 904\text{mm}^2 > 864\text{mm}^2$，满足要求。

又 $t/d = 10/12 = 0.833 > 0.6$，锚板厚度 $t$ 符合要求。

RCM 软件计算输入信息和简要输出信息见图 16-8。

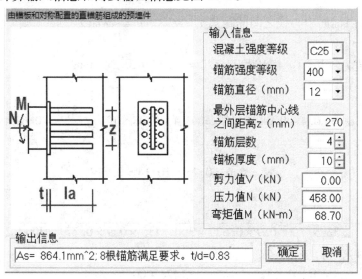

图 16-8　受压弯直锚筋预埋件算例

　　RCM 的详细计算结果如下：

锚筋层数= 4；锚筋直径d=　12 mm；外层锚筋间距z=　270 mm；锚板厚t=　　10 mm
混凝土强度等级C25；Fc= 11.9 N/mm^2；箍筋设计强度 Fy= 300. N/mm^2
N=　458.00 kN负为拉力；V=　　0.00 kN；M=　68.70 kN-m
　α b= 0.808；α r= 0.85；α v= 0.605
按规范(9.7.2-3)As=As1+As2=-889.9+ 265.9=-624.1；按规范(9.7.2-4)As= 864.1
计算结果：As=　864.1 mm^2;配 8 根锚筋(　904.8)满足要求。t/d=0.83

可见 RCM 计算结果与手算结果相同。

**【例 16-6】受弯剪直锚筋预埋件算例**

文献［1］第 608 页算例 9-7 及手算解答过程如下。

如图 16-9 所示，作用于倒 T 形钢牛腿的剪力为 $V = 119\text{kN}$，荷载作用点到预埋件的锚板边的距离为 $a = 120\text{mm}$，构件的混凝土强度等级为 C30，锚筋为 HRB400 级钢筋，锚板采用 Q235 钢，厚度 $t = 10\text{mm}$。锚筋为三层，锚筋之间的距离 $b_1 = 120\text{mm}$。求预埋件直锚筋的总截面面积及锚筋直径。

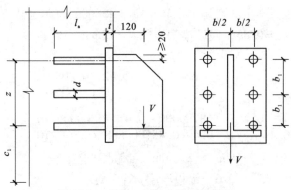

图 16-9　受弯、剪的直锚筋预埋件

**【解】**　　外层锚筋中心线之间的距离为 $z = 240 \text{mm}$。锚筋为三层，则 $\alpha_r = 0.9$，假设锚筋直径 $d = 14 \text{mm}$。

弯矩设计值为：$M = Va = 119000 \times 120 = 14.28 \times 10^6 \text{ N} \cdot \text{mm}$

由式（16-5），得

$$\alpha_v = (0.4 - 0.08d) \sqrt{\frac{f_c}{f_y}} = (0.4 - 0.08 \times 14) \sqrt{\frac{14.3}{300}} = 0.629$$

由式（16-6），得

$$\alpha_b = 0.6 + 0.25 \times 10/14 = 0.779$$

由式（16-1），得

$$A_s = \frac{V}{\alpha_r \alpha_v f_y} + \frac{M}{1.3 \alpha_r \alpha_b f_y z} = \frac{119000}{0.9 \times 0.629 \times 300} + \frac{14280000}{1.3 \times 0.9 \times 0.779 \times 300 \times 240} = 918 \text{mm}^2$$

由式（16-4），得

$$A_s = \frac{M - 0.4Nz}{0.4 \alpha_r \alpha_b f_y z} = \frac{14280000}{0.4 \times 0.9 \times 0.779 \times 300 \times 240} = 707 \text{mm}^2$$

比较计算结果，选用 $A_s = 918 \text{mm}^2$，选用 6$\Phi$14，$A_s = 923 \text{mm}^2 > 918 \text{mm}^2$，满足要求。

又 $t/d = 10/14 = 0.714 > 0.6$，锚板厚度符合要求。

RCM 软件计算输入信息和简要输出信息见图 16-10。

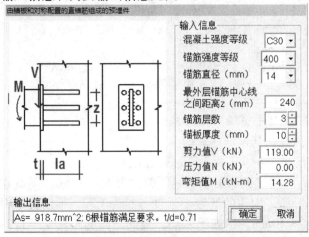

图 16-10　受弯剪直锚筋预埋件算例

RCM 的详细计算结果如下：

```
锚筋层数= 3；锚筋直径d=    14 mm；外层锚筋间距z=   240 mm；锚板厚t=    10 mm
混凝土强度等级C30；Fc= 14.3 N/mm^2；箍筋设计强度 Fy= 300. N/mm^2
N=     0.00 kN负为拉力；V=  119.00 kN；M=    14.28 kN-m
α b= 0.779；α r= 0.90；α v= 0.629
按规范(9.7.2-1)As= 700.9+   0.0+ 217.7= 918.7
按规范(9.7.2-2)As=    0.0+ 707.6= 707.6
计算结果：As=  918.7 mm^2；配 6根锚筋(  923.6)满足要求。t/d=0.71
```

可见 RCM 计算结果与手算结果相同。

### 【例 16-7】受拉弯剪直锚筋预埋件算例

文献［1］第 609 页算例 9-8 及手算解答过程如下。

如图 16-11 所示，已知预埋件承受斜向偏心拉力 $N_\alpha = 178\text{kN}$，斜向力作用点和预埋锚板之间的夹角 $\alpha = 45°$，对锚筋截面重心的偏心距 $e_0 = 50\text{mm}$，厚度 $t = 12\text{mm}$，锚筋为四层，锚筋之间的距离 $b_1 = 100\text{mm}$，$b = 120\text{mm}$。锚板采用 Q235 钢，预埋件直锚筋为 HRB400 级钢筋。构件的混凝土强度等级为 C30。求预埋件直锚筋的总截面面积及锚筋直径。

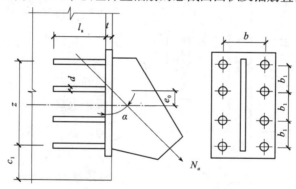

图 16-11　受斜向拉力的直锚筋预埋件

【解】　锚筋为四层，则 $\alpha_r = 0.85$。外层锚筋中心线之间的距离为 $z = 3b_1 = 300\text{mm}$。假设锚筋直径 $d = 16\text{mm}$。

由式（16-5），得

$$\alpha_v = (0.4 - 0.08d)\sqrt{\frac{f_c}{f_y}} = (0.4 - 0.08 \times 16)\sqrt{\frac{14.3}{300}} = 0.594 \ < 0.7$$

由式（16-6），得

$$\alpha_b = 0.6 + 0.25 \times 12/16 = 0.788$$

由 $N_\alpha = 178\text{kN}$，$\alpha = 45°$，计算 $V$、$N$、$M$ 为

$$V = N_\alpha \cos\alpha = 178000 \times \cos 45° = 125865 \text{ N}$$

$$N = N_\alpha \sin\alpha = 178000 \times \sin 45° = 125865 \text{ N}$$

$$M = N_\alpha e_0 = 125865 \times 50 = 6293250 \text{ N} \cdot \text{mm}$$

由式（16-1），得

$$A_s = \frac{V}{\alpha_r \alpha_v f_y} + \frac{N}{0.8\alpha_b f_y} + \frac{M}{1.3\alpha_r \alpha_v f_y z}$$

$$= \frac{125865}{0.85 \times 0.594 \times 300} + \frac{125865}{0.8 \times 0.788 \times 300} + \frac{6293250}{1.3 \times 0.85 \times 0.788 \times 300 \times 300}$$

$$= 1577 \text{mm}^2$$

由式（16-2），得

$$A_s = \frac{N}{0.8\alpha_b f_y} + \frac{M}{0.4\alpha_r\alpha_b f_y z} = \frac{125865}{0.8 \times 0.788 \times 300} + \frac{6293250}{0.4 \times 0.85 \times 0.788 \times 300 \times 300}$$

$$= 927 \text{mm}^2$$

比较计算结果，选用 $A_s = 1577 \text{mm}^2$，选用 8 $\Phi$ 16，$A_s = 1608 \text{mm}^2 > 1577 \text{mm}^2$，满足要求。

又 $t/d = 12/16 = 0.75 > 0.6$，锚板厚度符合要求。

RCM 软件计算输入信息和简要输出信息见图 16-12。

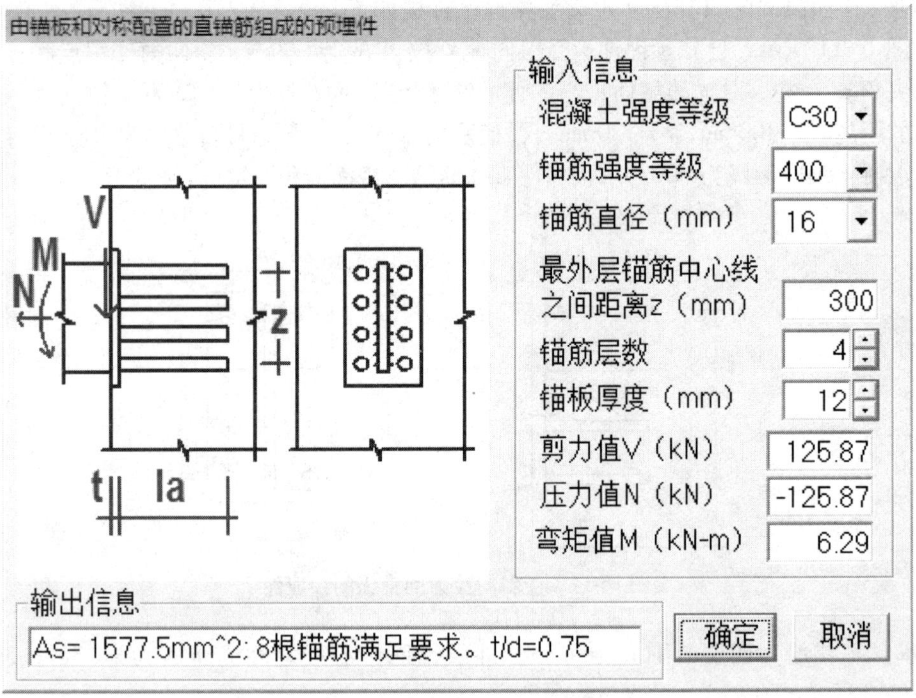

图 16-12　受拉弯剪直锚筋预埋件算例

RCM 的详细计算结果如下：

```
锚筋层数= 4；锚筋直径d=   16 mm；外层锚筋间距z=  300 mm；锚板厚t=   12 mm
混凝土强度等级C30；Fc= 14.3 N/mm^2；箍筋设计强度 Fy= 300. N/mm^2
N= -125.87 kN负为拉力；V=  125.87 kN；M=    6.29 kN-m
 αb= 0.788；αr= 0.85；αv= 0.594
按规范(9.7.2-1)As= 831.2+ 666.0+  80.3=1577.5
按规范(9.7.2-2)As= 666.0+ 261.0= 927.0
计算结果：As= 1577.5 mm^2；配 8根锚筋（ 1608.5)满足要求。t/d=0.75
```

可见 RCM 计算结果与手算结果相同。

**【例 16-8】受压弯剪直锚筋预埋件算例**

文献［1］第 609 页算例 9-9 及手算解答过程如下。

如图 16-13 所示，已知预埋件承受斜向偏心压力 $N_\alpha = 469$kN，斜向力作用点对锚筋截面重心的偏心距 $e_0 = 50$mm，斜向压力与预埋件锚板平面间的夹角 $\alpha = 30°$，锚板采用 Q235 钢，锚板厚度 $t = 14$mm，锚筋为四层，锚筋之间的距离 $b_1 = 100$mm，$b = 120$mm，锚板尺寸为 $190$mm $\times 370$mm。预埋件直锚筋为 HRB400 级钢筋。构件的混凝土强度等级为 C30。求预埋件直锚筋的总截面面积及锚筋直径。

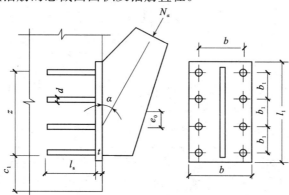

图 16-13 受斜向压力的直锚筋预埋件

**【解】** 锚筋为四层，则 $\alpha_r = 0.85$。外层锚筋中心线之间的距离为 $z = 3b_1 = 300$mm。假设锚筋直径 $d = 20$mm。

由式（16-5），得

$$\alpha_v = (0.4 - 0.08d)\sqrt{\frac{f_c}{f_y}}v = (0.4 - 0.08 \times 20)\sqrt{\frac{14.3}{300}} = 0.524 < 0.7$$

由 $N_\alpha = 469$kN，$\alpha = 30°$，计算 $V$、$N$、$M$ 为

$$V = N_\alpha \cos\alpha = 469000 \times \cos 30° = 406166 \text{ N}$$

$$N = N_\alpha \sin\alpha = 469000 \times \sin 30° = 234500 \text{ N}$$

$$M = N_\alpha e_0 = 234500 \times 50 = 11725000 \text{ N} \cdot \text{mm}$$

$$0.4Nz = 0.4 \times 234500 \times 300 = 28140000 \text{ N} \cdot \text{mm}$$

则 $M = 11725000$ N·mm $< 0.4Nz = 28140000$ N·mm 故取 $M - 0.4Nz = 0$，则只需按式（16-3）计算。

又 $0.5fcA = 0.5 \times 14.3 \times 190 \times 370 = 502645$N $> 234500$N 则 $N$ 按实际取用。

由式（16-3）计算，得

$$A_s = \frac{V - 0.3N}{\alpha_r \alpha_v f_y} = \frac{406166 - 0.3 \times 234500}{0.85 \times 0.524 \times 300} = 2513 \text{mm}^2$$

选用 8 $\Phi$ 20，$A_s = 2513$mm² 满足要求。

又 $t/d = 14/20 = 0.7 > 0.6$，锚板厚度符合要求。

RCM 软件计算输入信息和简要输出信息见图 16-14。RCM 的详细计算结果如下：

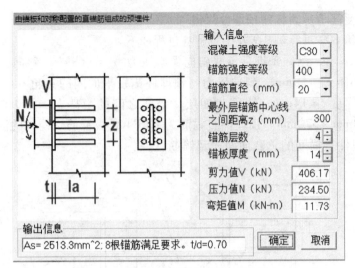

图 16-14　受压弯剪直锚筋预埋件算例

锚筋层数= 4；锚筋直径d=　20 mm；外层锚筋间距z=　300 mm；锚板厚t=　14 mm
混凝土强度等级C30；Fc= 14.3 N/mm^2；箍筋设计强度 Fy= 300. N/mm^2
N=　234.50 kN负为拉力；V=　406.17 kN；M=　11.73 kN-m
α b= 0.775；α r= 0.85；α v= 0.524
按规范(9.7.2-3)As=As1+As2=2513.3+　0.0=2513.3；按规范(9.7.2-4)As=　0.0
计算结果：As= 2513.3 mm^2;配 8根锚筋( 2513.3)满足要求。t/d=0.70

可见 RCM 计算结果与手算结果相同。

### 【例16-9】受压弯剪的直锚筋预埋件算例

文献［2］第 807 页例题。已知图 16-15 所示的压弯剪预埋件，构件混凝土为 C30，锚筋为 HRB400 级钢筋，锚板为 Q235B 级钢。作用在预埋件上的压力 $N_c = 200\text{kN}$，剪力 $V = 70\text{kN}$，弯矩 $M = 20\text{kN}\cdot\text{m}$。由于垫板与柱顶预埋件焊接，加强了锚板的弯曲刚度，可取 $\alpha_b = 1$。求预埋件所配锚筋能否满足要求。

【解】　锚筋为二层，则 $\alpha_r = 1$。外层锚筋中心线之间的距离为 $z = 150\text{mm}$。

由式（16-5），得

$$\alpha_v = (0.4 - 0.08d)\sqrt{\frac{f_c}{f_y}} = (0.4 - 0.08 \times 12)\sqrt{\frac{14.3}{300}}$$

$$= 0.664 < 0.7$$

又　$0.5f_cA = 0.5 \times 14.3 \times 300 \times 320 = 686000\text{N}$
$> 200000\text{N}$

则 $N$ 按实际取用。

锚板尺寸满足要求。

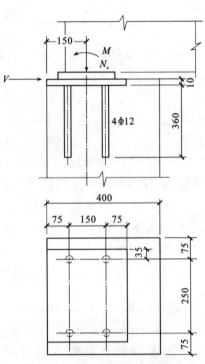

图 16-15　直锚筋压弯剪预埋件

$$0.4Nz = 0.4 \times 200000 \times 150 = 12000000 \text{ N} \cdot \text{mm}$$

则 $M = 20000000 \text{ N} \cdot \text{mm} > 0.4Nz = 12000000 \text{ N} \cdot \text{mm}$

由式（16-3）计算，得

$$
\begin{aligned}
A_s &\geqslant \frac{V - 0.3N}{\alpha_r \alpha_v f_y} + \frac{M - 0.4Nz}{1.3 \alpha_r \alpha_b f_y z} \\
&= \frac{70000 - 0.3 \times 20000}{1 \times 0.664 \times 300} + \frac{20000000 - 0.4 \times 200000 \times 150}{1.3 \times 1 \times 1 \times 300 \times 150} \\
&= 50.2 + 136.8 = 187 \text{mm}^2
\end{aligned}
$$

由式（16-4）计算，得

$$
\begin{aligned}
A_s &\geqslant \frac{M - 0.4Nz}{0.4 \alpha_r \alpha_b f_y z} \\
&= \frac{20000000 - 0.4 \times 200000 \times 150}{0.4 \times 1 \times 1 \times 300 \times 150} = 444.4 \text{mm}^2
\end{aligned}
$$

现配有 $4 \oplus 12$，$A_s = 452 \text{mm}^2$ 满足要求。

RCM 软件计算输入信息和简要输出信息见图 16-16，为使 $\alpha_b = 1$，输入锚板厚度不小于 $1.6d = 19.2 \text{mm}$，取输入 20mm。

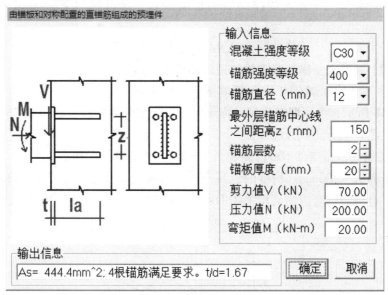

图 16-16　受压弯剪直锚筋预埋件

RCM 的详细计算结果如下：

```
锚筋层数= 2；锚筋直径d=  12 mm；外层锚筋间距z=  150 mm；锚板厚t=  20 mm
混凝土强度等级C30；Fc= 14.3 N/mm^2；箍筋设计强度 Fy= 300. N/mm^2
N=  200.00 kN负为拉力；V=  70.00 kN；M=  20.00 kN-m
α b= 1.000；α r= 1.00；α v= 0.664
按规范(9.7.2-3)As=As1+As2=  50.2+ 136.8= 187.0；按规范(9.7.2-4)As= 444.4
计算结果：As=  444.4 mm^2;配 4根锚筋（  452.4)满足要求。t/d=1.67
```

可见 RCM 计算结果与手算结果相同。

## 16.2　由锚板和对称配置的弯折锚筋及直锚筋共同承受剪力的预埋件

由锚板和对称配置的弯折锚筋及直锚筋共同承受剪力的预埋件（图16-17），其弯折锚筋的截面面积 $A_{sb}$ 应符合下列规定：

$$A_{sb} \geq 1.4 \frac{V}{f_y} - 1.25\alpha_v A_s \qquad (16\text{-}7)$$

式中系数 $\alpha_v$ 按式（16-5）取用。当直锚筋按构造要求设置时，$A_s$ 应取为0。

当进行强度复核计算，即已知构件混凝土和钢筋强度等级，直锚筋和弯折锚筋的直径和根数、锚板面积和厚度，计算其能承受的剪力设计值 $V$ 时，计算公式可由式（16-7）变换得到。

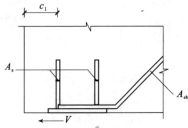

图16-17　由锚板和弯折锚筋及直锚筋组成的预埋件

$$V = \frac{A_{sb}}{1.4} f_y + \frac{1.25}{1.4} \alpha_v A_s f_y = (0.714 A_{sb} + 0.893\alpha_v A_s) f_y$$

将式中系数取整，并考虑锚筋层数的影响系数，就得到与文献〔2〕相同的公式，如下：

$$V = f_y (0.9\alpha_r \alpha_v A_s + 0.72 A_{sb}) \qquad (16\text{-}8)$$

**【例16-10】受剪弯折锚筋及直锚筋预埋件计算例题**

文献〔1〕第610页算例9-10及手算解答过程如下。

如图16-18所示，由预埋钢板和对称于力作用线配置的弯折锚筋与直锚筋共同承受剪力的预埋件，已知承受的剪力设计值 $V = 240.6$kN，直锚筋直径 $d = 14$mm，为4根，$A_s = 615$mm$^2$，弯折钢筋与预埋件钢板面间夹角 $\alpha = 25°$，直锚筋间的距离 $b = b_1 = 100$mm，弯折锚筋之间的距离 $b_2 = 100$mm。构件的混凝土强度等级为C35。锚板采用Q235钢，锚板厚度 $t = 10$mm，直锚筋与弯折锚筋均采用HRB400级钢筋。求弯折锚筋的总截面面积及锚筋直径。

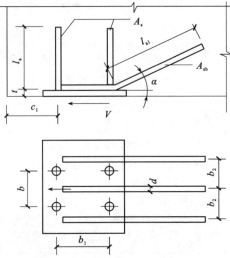

图16-18　弯折锚筋和直锚筋预埋件

【解】　由式（16-5），得

$$\alpha_\mathrm{v} = (0.4 - 0.08d)\sqrt{\frac{f_\mathrm{c}}{f_\mathrm{y}}} = (0.4 - 0.08 \times 14)\sqrt{\frac{16.7}{300}} = 0.68 < 0.7$$

由式（16-7）计算，得

$$A_\mathrm{sb} = 1.4\frac{V}{f_\mathrm{y}} - 1.25\alpha_\mathrm{v}A_\mathrm{s} = 1.4 \times \frac{240600}{300} - 1.25 \times 0.68 \times 615 = 600\mathrm{mm}^2$$

选用 3 $\Phi$ 16，$A_\mathrm{s} = 603\mathrm{mm}^2 > 600\mathrm{mm}^2$ 满足要求。

RCM 软件计算输入信息和简要输出信息见图 16-19。

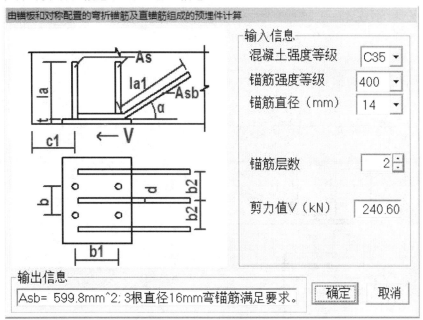

图 16-19　受压弯剪直锚筋预埋件算例

RCM 的详细计算结果如下：

> 锚筋层数= 2；锚筋直径d=　 14 mm；V=　240.60 kN；**αv= 0.680**
> 混凝土强度等级C35；Fc= 16.7 N/mm^2；箍筋设计强度 Fy= 300. N/mm^2
> 计算结果：Asb=　599.8 mm^2；配 3 根直径 16mm（　603.2mm^2）弯锚筋满足要求。

可见 RCM 计算结果与手算结果相同。

**【例 16-11】受剪弯折锚筋及直锚筋预埋件复核例题**

文献〔2〕第 799 页算例及手算解答过程如下。

如图 16-20 所示，由预埋钢板和对称于力作用线配置的弯折锚筋与直锚筋共同承受剪力的预埋件，直锚筋直径 $d = 12\mathrm{mm}$，为 4 根，$A_\mathrm{s} = 452\mathrm{mm}^2$，弯折钢筋与预埋件钢板面间夹角 $\alpha = 25°$。构件的混凝土强度等级为 C30。锚板采用 Q235 钢，锚板厚度 $t = 10\mathrm{mm}$，直锚筋与弯折锚筋均采用 HRB400 级钢筋。求预埋件的受剪承载力设计值 $V$。

**【解】**    由式（16-5），得

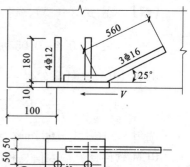

$$\alpha_v = (0.4 - 0.08d)\sqrt{\frac{f_c}{f_y}}$$

$$= (0.4 - 0.08 \times 12)\sqrt{\frac{14.3}{300}}$$

$$= 0.664 \ < \ 0.7$$

弯锚筋 3 $\Phi$ 16，$A_s = 603 \text{mm}^2$，由式（16-8）计算，得

$$V = f_y(0.9\alpha_r\alpha_v A_s + 0.72A_{sb})$$

$$= 300 \times (0.9 \times 1 \times 0.664 \times 452 + 0.72 \times 603)$$

$$= 211.28 \text{kN}$$

RCM 软件计算输入信息和简要输出信息见图 16-21。

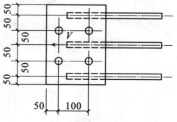

图 16-20  弯折锚筋和直锚筋预埋件

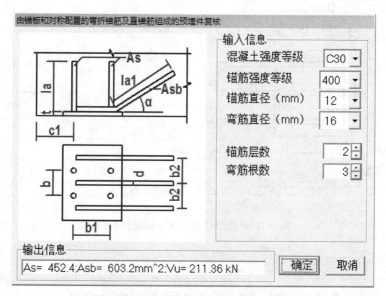

图 16-21  受压弯剪直锚筋预埋件算例

RCM 的详细计算结果如下：

混凝土强度等级C30；Fc= 14.3 N/mm^2；箍筋设计强度 Fy= 300. N/mm^2
锚筋层数= 2；锚筋直径d=   12 mm；αr= 1.000；αv= 0.664
计算结果：Asb=  603.2 mm^2；As=  452.4 mm^2；Vu= 211.36 kN

可见 RCM 计算结果与手算结果相同。

**本章参考文献**

［1］国振喜. 简明钢筋混凝土结构计算手册（第二版）［M］. 北京：机械工业出版社，2012.

［2］中国有色工程有限公司. 混凝土结构构造手册（第四版）［M］. 北京：中国建筑工业出版社，2012.

# 第17章 柱、剪力墙边缘构件配箍率和配箍特征值计算

本章内容包括采用普通箍、复合箍配筋方式的矩形截面柱和剪力墙约束边缘构件的体积配箍率及配箍特征值的计算，剪力墙构造边缘构件面积计算。

使用软件计算柱体积配箍率和配箍特征值的好处：①速度快，否则翻厚重的设计手册至少十分钟才能找到；②箍筋间距 $s$ 不是100mm 的也能得到，不像设计手册只能给出 $s$ 是整数的情况。

## 17.1 矩形截面柱体积配箍率及配箍特征值计算

《高层建筑混凝土结构技术规程》JGJ 3—2010[1]第6.4.7 条规定如下：

柱加密区范围内箍筋的体积配箍率，应符合下列规定：

（1）柱箍筋加密区箍筋的体积配箍率，应符合式（17-1）要求：

$$\rho_v \geq \lambda_v f_c / f_{yv} \tag{17-1}$$

式中   $\rho_v$——柱箍筋的体积配箍率；

     $\lambda_v$——柱最小配箍特征值，宜按表17-1 采用；

     $f_c$——混凝土轴心抗压强度设计值，当柱混凝土强度等级低于 C35 时，应按 C35 计算；

     $f_{yv}$——柱箍筋或拉筋的抗拉强度设计值。

**柱端箍筋加密区最小配箍特征值 $\lambda_v$**      表 17-1

| 抗震等级 | 箍筋形式 | 柱 轴 压 比 | | | | | | | | |
|---|---|---|---|---|---|---|---|---|---|---|
| | | ≤0.30 | 0.40 | 0.50 | 0.60 | 0.70 | 0.80 | 0.90 | 1.00 | 1.05 |
| 一 | 普通箍、复合箍 | 0.10 | 0.11 | 0.13 | 0.15 | 0.17 | 0.20 | 0.23 | — | — |
| | 螺旋箍、复合或连续复合螺旋箍 | 0.08 | 0.09 | 0.11 | 0.13 | 0.15 | 0.18 | 0.21 | — | — |
| 二 | 普通箍、复合箍 | 0.08 | 0.09 | 0.11 | 0.13 | 0.15 | 0.17 | 0.19 | 0.22 | 0.24 |
| | 螺旋箍、复合或连续复合螺旋箍 | 0.06 | 0.07 | 0.09 | 0.11 | 0.13 | 0.15 | 0.17 | 0.20 | 0.22 |
| 三 | 普通箍、复合箍 | 0.06 | 0.07 | 0.09 | 0.11 | 0.13 | 0.15 | 0.17 | 0.20 | 0.22 |
| | 螺旋箍、复合或连续复合螺旋箍 | 0.05 | 0.06 | 0.07 | 0.09 | 0.11 | 0.13 | 0.15 | 0.18 | 0.20 |

注：普通箍指单个矩形箍或单个圆形箍；螺旋箍指单个连续螺旋箍筋；复合箍指由矩形、多边形、圆形或拉筋组成的箍筋；复合螺旋箍指由螺旋箍与矩形、多边形、圆形箍或拉筋组成的箍筋；连续复合螺旋箍指全部螺旋箍由同一根钢筋加工而成的箍筋。

（2）对一、二、三、四级框架柱，其箍筋加密区范围内箍筋的体积配箍率尚且分别不应小于0.8%、0.6%、0.4%和0.4%。

（3）剪跨比不大于2的柱宜采用复合螺旋箍或井字复合箍，其体积配箍率不应小于1.2%；设防烈度为9度时，不应小于1.5%。

（4）计算复合螺旋箍筋的体积配箍率时，其非螺旋箍筋的体积应乘以换算系数0.8。

《混凝土结构设计规范》GB 50010—2010[2]第11.4.3条对混凝土强度等级高于C60时补充规定：混凝土强度等级高于C60时，箍筋宜采用复合箍、复合螺旋箍或连续复合矩形螺旋箍，当轴压比不大于0.6时，其加密区的最小配箍特征值宜按表17-1中数值增加0.02；当轴压比大于0.6时，宜按表中数值增加0.03。

另《混凝土结构设计规范》GB 50010—2010第11.4.17条第1款规定计算柱体积配箍率时应扣除重叠部分的箍筋体积。《高规》出的勘误也更正了"不扣除重叠部分箍筋体积"为"应扣除重叠部分箍筋体积"。本文执行此两本规范、规程的规定。

箍筋的体积配箍率按下式计算：

普通箍筋或复合箍筋矩形柱截面见图17-1。

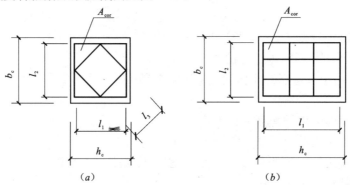

图17-1　普通箍筋或复合箍筋矩形柱截面

其中图17-1（$a$）适用于250mm $< b_c \le$ 400mm且250mm $< h_c \le$ 400mm，即矩形箍加菱形箍的形式；图17-1（$b$）适用于其他截面尺寸的柱。

$$\rho_v = \frac{n_1 A_{s1} l_1 + n_2 A_{s2} l_2 + n_3 A_{s3} l_3}{A_{cor} s}$$

式中　$n_1 A_{s1} l_1 \sim n_3 A_{s3} l_1$——沿1~3方向的箍筋肢数、肢截面积及肢长；

　　　　$A_{cor}$——普通箍筋或复合箍筋范围内最大的混凝土核心面积；

　　　　$s$——箍筋沿柱高度方向的间距。

箍筋的肢长均按箍筋中至中距离计算，如图17-2所示。故箍筋在截面高度方向的肢长$l_1$和宽度方向的肢长$l_2$分别为柱截面高度$h$和宽度$b$减去2倍最外层钢筋的保护层厚度$c$和箍筋半径$\phi/2$之和[3]。

单肢拉筋应勾住外圈箍筋，所以其长度比同方向外圈箍筋肢长些，尽管如此，计算中取其同方向外圈箍筋的长度。

$$l_1 = h_c - 2 \times (c + \phi/2)$$
$$l_2 = h_c - 2 \times (c + \phi/2)$$

混凝土核心面积为箍筋内表面包围的面积

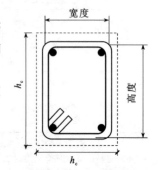

图17-2　箍筋肢长

$$A_{cor} = b_{cor} \times h_{cor}$$
$$b_{cor} = b_c - 2 \times (c + \Phi)$$
$$h_{cor} = h_c - 2 \times (c + \Phi)$$

截面尺寸为 $250\,\text{mm} < b_c \leqslant 400\,\text{mm}$ 且 $250\,\text{mm} < h_c \leqslant 400\,\text{mm}$ 的柱，RCM 软件可采用矩形箍加菱形箍的形式箍筋。当柱截面尺寸在上述范围内时，如在 RCM 相应对话框的"宽度 $b$ 内箍筋肢数"和"高度 $h$ 内箍筋肢数"中均填 4，RCM 软件则按矩形箍加菱形箍的形式箍筋、即该对话框左图配箍方式，计算配箍率及配箍特征值。详见【例 17-2】。

### 【例 17-1】方形截面柱体积配箍率及配箍特征值算例

一类环境下的柱截面尺寸及钢筋配置如图 17-3 所示。混凝土强度等级为 C35，箍筋强度等级为 HPB300，箍筋直径 10mm，箍筋间距 100mm。试计算箍筋体积配箍率及配箍特征值。

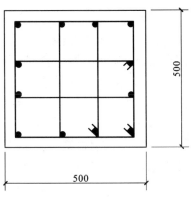

【解】箍筋肢长 $l = 500 - 2 \times (20 + 10/2) = 450\,\text{mm}$，
$A_{cor} = [500 - 2(20 + 10)]^2 = 193600\,\text{mm}^2$

$$\rho_v = \frac{nA_s l}{A_{cor}s} = \frac{8 \times 78.5 \times 450}{193600 \times 100} = 1.4597\% \ ;$$

$$\lambda_v = \rho_v \frac{f_{yv}}{f_c} = 0.014597 \times 270/16.7 = 0.236$$

图 17-3　柱截面尺寸及钢筋配置

RCM 软件计算输入信息和简要输出信息见图 17-4。
RCM 软件的详细输出信息如下：

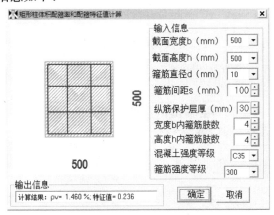

图 17-4　方形截面柱体积配箍率及配箍特征值算例

```
柱截面宽b=   500 mm；截面高h=   500 mm；纵筋保护层厚a=    30 mm
箍筋直径d=    10 mm；箍筋间距s=   100 mm；箍筋肢数：b边= 4 ；h边= 4
混凝土强度等级C35；箍筋设计强度 Fyv= 270. N/mm^2
Lx=   450. mm；Ly=   450. mm；Acor=       193600. mm^2
计算结果：ρv=   1.460 %；λv= 0.236
```

可见 RCM 软件的计算结果与手算结果相同。

### 【例 17-2】矩形箍加菱形箍小截面矩形柱体积配箍率及配箍特征值算例

文献［3］第 156 页例题，并增加计算箍筋加密区配箍率及配箍特征值。如下：

某钢筋混凝土多层框架结构的底层中柱，截面尺寸如图 17-5 所示，抗震等级为四级，混凝土强度等级为 C30。纵向受力钢筋采用 HRB400 级钢筋，箍筋采用 HPB300 级钢筋，纵向钢筋的配置为 4 Φ20（角筋）+4 Φ12，经验算可按构造要求配置箍筋。

要求：该柱加密区和非加密区箍筋的配置。

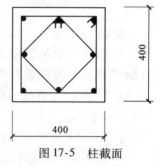

图 17-5　柱截面

【解】1. 该结构为多层房屋，故按《混凝土结构设计规范》的规定回答。

根据《混凝土结构设计规范》GB 50010—2010 表 11.4.12-2，四级抗震时底层柱底加密区箍筋最小直径为 Φ8。箍筋最大间距为 $s = \min(8d, 100) = \min(8 \times 12, 100) = 96 \text{mm}$。

根据《混凝土结构设计规范》GB 50010—2010 第 9.3.2 条第 2 款，非加密区箍筋间距应 $s \leqslant 15d = 15 \times 12 = 180 \text{mm}$。

故选用 Φ8@90/180。

2. 按《高层建筑混凝土结构技术规程》JGJ 3—2010 表 6.4.3-2，四级抗震时柱根的箍筋最小直径为 Φ8。箍筋最大间距为：

$$s = \min(2 \times 96\text{mm} = 192\text{mm}, 15 \times 12 = 180\text{mm}) = 180\text{mm}$$

故选用 Φ8@90/180。

箍筋肢长 $l = 400 - 2 \times (20 + 8/2) = 352\text{mm}$，斜向箍筋肢长 $= \sqrt{2 \times (352/2)^2} = 248.9\text{mm}$

$$A_{\text{cor}} = [400 - 2 \times (20 + 8)]^2 = 118336\text{mm}^2$$

$$\rho_\text{v} = \frac{nA_\text{s}l}{A_{\text{cor}}s} = \frac{4 \times 50.3 \times (352 + 248.9)}{118336 \times 90} = 1.135\%$$

$$\lambda_\text{v} = \rho_\text{v}\frac{f_{yv}}{f_c} = 0.01135 \times 270/16.7 = 0.1835$$

RCM 软件计算输入信息和简要输出信息见图 17-6。

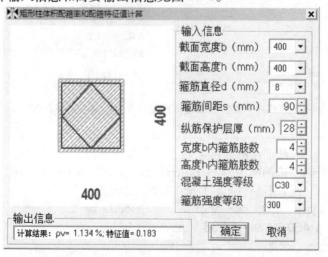

图 17-6　矩形箍加菱形箍小截面矩形柱体积配箍率及配箍特征值算例

RCM 软件的详细输出信息如下：

柱截面宽b= 400 mm；截面高h= 400 mm；纵筋保护层厚a= 28 mm
箍筋直径d= 8 mm；箍筋间距s= 90 mm；箍筋肢数：b边= 4 ；h边= 4
混凝土强度等级C30；箍筋设计强度 Fyv= 270. N/mm^2
Lx= 352. mm；Ly= 352. mm；Acor= 118336. mm^2
矩形箍加菱形箍，菱形一边箍筋长= 248.9 mm
计算结果：ρv= 1.134 %；λv= 0.183

可见 RCM 软件的计算结果与手算结果相同。

## 17.2　剪力墙边缘构件体积配箍率及配箍特征值计算

边缘构件包括"约束边缘构件"和"构造边缘构件"两类。《混凝土结构设计规范》GB 50010—2010 规定：剪力墙及洞口两侧应设置边缘构件，并宜符合下列要求：

（1）一、二、三级抗震等级剪力墙，在重力荷载代表值作用下，当墙肢底截面轴压比大于表 17-2 规定时，其底部加强部位及其以上一层墙肢应设置约束边缘构件；当墙肢轴压比不大于表 17-2 规定时，可设置构造边缘构件。

剪力墙设置构造边缘构件的最大轴压比　　　　表 17-2

| 抗震等级（设防烈度） | 一级（9 度） | 一级（7、8 度） | 二级、三级 |
|:---:|:---:|:---:|:---:|
| 轴压比 | 0.1 | 0.2 | 0.3 |

（2）部分框支剪力墙结构中，一、二、三级抗震等级落地剪力墙的底部加强部位及以上一层的墙肢两端，宜设置翼墙或端柱，并设置约束边缘构件；不落地的剪力墙，应在底部加强部位及以上一层剪力墙的墙肢两端设置约束边缘构件。

（3）一、二、三级抗震等级的剪力墙的一般部位剪力墙以及四级抗震等级剪力墙，应设置构造边缘构件。

（4）对框架—核心筒结构，一、二、三级抗震等级的核心筒角部墙体的边缘构件尚应按下列要求加强：底部加强部位墙肢约束边缘构件的长度宜取墙肢截面高度的1/4，且约束边缘构件范围内宜全部采用箍筋；底部加强部位以上宜设置约束边缘构件。

剪力墙端部设置的约束边缘构件（暗柱、端柱、翼墙和转角墙）应符合下列要求（图 17-7）：

（1）约束边缘构件沿墙肢的长度 $l_c$ 及配箍特征值 $\lambda_v$ 宜满足表 17-3 的要求，箍筋的配置范围及相应的配箍特征值 $\lambda_v$ 和 $\lambda_v/2$ 的区域如图 17-7 所示，其体积配筋率 $\rho_v$ 应符合下列要求：

$$\rho_v \geqslant \lambda_v \frac{f_c}{f_{yv}} \tag{17-2}$$

式中　$\lambda_v$——配箍特征值，计算时可计入拉筋。

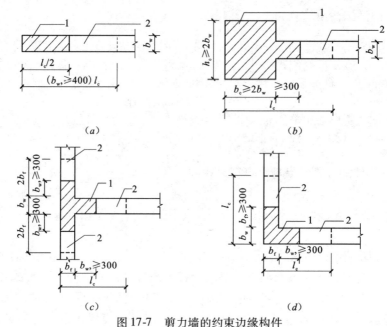

图 17-7　剪力墙的约束边缘构件

（a）暗柱；（b）端柱；（c）翼墙；（d）转角墙

注：图中尺寸单位为 mm。

1—配箍特征值为 $\lambda_v$ 的区域；2—配箍特征值为 $\lambda_v/2$ 的区域

　　计算体积配箍率时，可适当计入满足构造要求且在墙端有可靠锚固的水平分布钢筋的截面面积。

　　（2）一、二、三级抗震等级剪力墙约束边缘构件的纵向钢筋的截面面积，对图 17-7 所示暗柱、端柱、翼墙与转角墙分别不应小于图中阴影部分面积的 1.2%、1.0% 和 1.0%。

　　（3）约束边缘构件的箍筋或拉筋沿竖向的间距，对一级抗震等级不宜大于 100mm，对二、三级抗震等级不宜大于 150mm。

**剪力墙设置构造边缘构件的最大轴压比**　　　　　　　　　　　表 17-3

| 抗震等级（设防烈度） | | 一级（9度） | | 一级（7、8度） | | 二级、三级 | |
|---|---|---|---|---|---|---|---|
| 轴压比 | | ≤0.2 | >0.2 | ≤0.3 | >0.3 | ≤0.4 | >0.4 |
| $\lambda_v$ | | 0.12 | 0.20 | 0.12 | 0.20 | 0.12 | 0.20 |
| $l_c$（mm） | 暗柱 | $0.20h_w$ | $0.25h_w$ | $0.15h_w$ | $0.20h_w$ | $0.15h_w$ | $0.20h_w$ |
| | 端柱、翼墙或转角墙 | $0.15h_w$ | $0.20h_w$ | $0.10h_w$ | $0.15h_w$ | $0.10h_w$ | $0.15h_w$ |

注：1. 两侧翼墙长度小于其厚度 3 倍时，视为无翼墙剪力墙，端柱截面边长小于墙厚 2 倍时，视为无端柱剪力墙。

　　2. 约束边缘构件沿墙肢长度 $l_c$ 除满足表 17-3 的要求外，尚不应小于翼墙厚度或端柱沿墙肢方向截面高度加 300mm。

　　3. $h_w$ 为剪力墙的墙肢截面高度。

　　《混凝土结构设计规范》GB 50010—2010 规定：剪力墙端部设置的构造边缘构件（暗柱、端柱、翼墙和转角墙）的范围，应按图 17-8 确定，构造边缘构件的纵向钢筋除应满足计算要求外，尚应符合表 17-4 的要求。

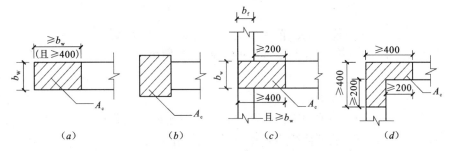

图 17-8　剪力墙的构造边缘构件

（$a$）暗柱；（$b$）端柱；（$c$）翼墙；（$d$）转角墙

注：图中尺寸单位为 mm

　　其中图 17-8（$c$）与《混凝土结构设计规范》GB 50010—2010 图 11.7.19 不同，一是混凝土规范图将"$\geqslant b_w$"，错印为"$2b_w$"，这里对照《建筑抗震设计规范》GB 50011—2010 图 6.4.5-1 画出的，二是混凝土规范图将"$\geqslant b_w$"后还有"$\geqslant b_f$"，这里删除了，因图上还有规定"$\geqslant b_f+200$"，"$\geqslant b_f$"是多余了。

　　《高层建筑混凝土结构技术规程》JGJ 3—2010 对剪力墙构造边缘构件中翼墙和转角墙的范围规定与《混凝土结构设计规范》的规定略有不同，如图 17-9 所示。

　　《建筑抗震设计规范》GB 50011—2010 也有相近的规定，比《混凝土结构设计规范》的规定略松些，所以 RCM 软件没放入建筑抗震设计规范的规定，用户可以在其他两种设计标准的要求中选择一种计算。

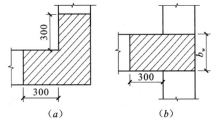

图 17-9　剪力墙的构造边缘构件（高规）

（$a$）翼墙；（$b$）转角墙

注：图中尺寸单位为 mm。

**构造边缘构件的构造配筋要求**　　　　　　表 17-4

| 抗震等级 | 底部加强部位 | | | 其 他 部 位 | | |
| --- | --- | --- | --- | --- | --- | --- |
| | 纵向钢筋最小配筋量（取较大值） | 箍筋、拉筋 | | 纵向钢筋最小配筋量（取较大值） | 箍筋、拉筋 | |
| | | 最小直径（mm） | 最大间距（mm） | | 最小直径（mm） | 最大间距（mm） |
| 一 | $0.01A_c$，$6\,\phi\,16$ | 8 | 100 | $0.008A_c$，$6\,\phi\,14$ | 8 | 150 |
| 二 | $0.008A_c$，$6\,\phi\,14$ | 8 | 150 | $0.006A_c$，$6\,\phi\,12$ | 8 | 200 |
| 三 | $0.006A_c$，$6\,\phi\,12$ | 6 | 150 | $0.005A_c$，$4\,\phi\,12$ | 6 | 200 |
| 四 | $0.005A_c$，$4\,\phi\,12$ | 6 | 200 | $0.004A_c$，$4\,\phi\,12$ | 6 | 250 |

　　注：1. $A_c$ 为图 17-8 所示的阴影面积。

　　　　2. 对其他部位，拉筋的水平间距不应大于纵向钢筋间距的 2 倍，转角处宜设置箍筋。

　　　　3. 当端柱承受集中荷载时，应满足框架柱的配筋要求。

三种约束边缘构件的体积配箍率计算公式

$$\rho_v = \sum V_s/(A_{cor}s) \tag{17-3}$$

$$\sum V_s = V_{s1} + n_2 V_{s2} + n_3 V_{s3} + n_4 V_{s4} + n_5 V_{s5}$$

式中　　　　　$V_{s1}$——箍筋间距范围内的外围箍筋（图 17-10 中①号筋）体积；

$V_{s2}$、$V_{s3}$、$V_{s4}$、$V_{s5}$——箍筋间距范围内的一根拉筋的体积，视不同类型边缘构件而定，见图 17-10；

$n_2$、$n_3$、$n_3$、$n_4$、$n_5$——分别是相同编号拉筋的数量；

$A_{cor}$——外围箍筋内表面所围的混凝土核心面积；

$s$——配箍特征值，计算时可计入拉筋。

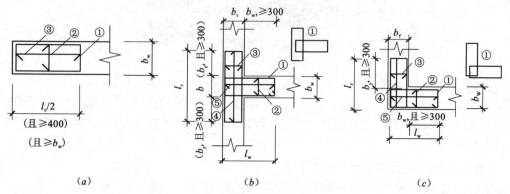

图 17-10　三种边缘构件外围箍筋、拉筋编号

（$a$）暗柱；（$b$）翼墙；（$c$）转角墙

以下分别写出三种约束边缘构件的体积配箍率具体计算公式。

（1）暗柱（图 17-10a）

$$A_{cor} = (l_w - c - \Phi) \times [b_w - 2 \times (c + \Phi)]$$

$$V_{s1} = A_{sg} \times 2 \times \{[b_w - 2 \times (c + \Phi/2)] + [l_w - (c + \Phi/2)]\}$$

$$V_{s2} = A_{sl} \times [b_w - 2 \times (c + \Phi/2)]$$

$$V_{s3} = A_{sg} \times [l_w - (c + \Phi/2)]$$

$$l_w = \max(l_c/2, 400, b_w)$$

阴影区面积 $A_c = l_w \times b_w$

（2）翼墙（图 17-10b）

$$A_{cor} = l_f \times [b_f - 2 \times (c + \Phi)] + [(c + \Phi) + l_w - b_f] \times [b_w - 2 \times (c + \Phi)]$$

$$V_{s1} = A_{sg} \times \{[b_w - 2 \times (c + \Phi/2)] + 2 \times [l_w - (c + \Phi/2)] + 2 \times l_f + 2 \times [b_f - (c + \Phi/2)]\}$$

$$V_{s2} = A_{sl} \times [b_w - 2 \times (c + \Phi/2)]$$

$$V_{s3} = A_{sl} \times [b_f - 2 \times (c \Phi/2)]$$

$$V_{s4} = A_{sg} \times l_f$$

$$V_{s5} = A_{sg} \times [l_w - (c + \Phi/2)]$$

$l_f = \max(b_w + 600, b_w + 2 \times b_f)$；$l_w = \max(b_f + 300, b_f + b_w)$

阴影区面积 $A_c = l_f \times b_f + (l_w - b_f) \times b_w$

（3）转角墙（图 17-9c）

$$A_{cor} = [l_f - (c + \Phi)] \times [b_f - 2 \times (c + \Phi)] + [l_w - b_f] \times [b_w - 2 \times (c + \Phi)]$$

$$V_{s1} = A_{sg} \times \{ [ b_w - 2 \times ( c + \phi/2 ) ] + 2 \times [ l_w - ( c + \phi/2 ) ] + [ b_f - 2 \times ( c + \phi/2 ) ] + 2 \times [ l_f - ( c + \phi/2 ) ] \}$$

$$V_{s2} = A_{sl} \times [ b_w - 2 \times ( c + \phi/2 ) ]$$

$$V_{s3} = A_{sl} \times [ b_f - 2 \times ( c + \phi/2 ) ]$$

$$V_{s4} = A_{sg} \times [ l_f - ( c + \phi/2 ) ]$$

$$V_{s5} = A_{sg} \times [ l_w - ( c + \phi/2 ) ]$$

$$l_f = \max( b_w + 300,\ b_w + b_f );\ l_w = \max( b_f + 300,\ b_f + b_w )$$

阴影区面积 $A_c = l_f \times b_f + ( l_w - b_f ) \times b_w$

式中　$A_{sg}$——外围箍筋、墙水平钢筋或沿墙长度方向拉筋（因规范规定其与墙水平钢筋相同）的截面面积；

　　　$A_{sl}$——沿墙厚度方向拉筋的截面面积。

软件详细输出结果中输出阴影区面积 $A_c$ 及 $1.2\% A_c$、$1.0\% A_c$ 的值，读者可据此和抗震等级选配规范要求的纵向钢筋进行对比。对于构造边缘构件，设计规范对箍筋直径和间距有要求、对配箍特征值没有要求，RCM 软件输出阴影区面积 $A_c$（图 17-8）及 $1.0\% A_c$、$0.8\% A_c$、$0.6\% A_c$、$0.5\% A_c$、$0.4\% A_c$ 的值，读者可据此和抗震等级选配规范要求的纵向钢筋进行对比。

**【例 17-3】剪力墙约束边缘构件（暗柱）体积配箍率及配箍特征值算例**

文献［4］算例 5-6-1：剪力墙约束边缘构件（暗柱），抗震等级一级（7 度），墙轴压比 $>0.3$，混凝土强度等级 C40，纵向钢筋采用 HRB400 级钢筋，箍筋采用 HRB335，墙厚 $b_w = 500\text{mm}$，$l_c/2 = 700\text{mm}$，配筋如图 17-11 所示，核对是否合适。

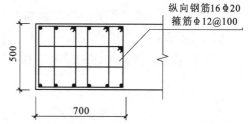

图 17-11　约束边缘构件（暗柱）配筋图

**【解】**根据抗震等级和轴压比，查表 17-2，$\lambda_v = 0.2$

$l_w = \max( l_c/2, 400, b_w ) = 1400/2 = 700\text{mm}$

$c + \phi = 15 + 12 = 27\text{mm}, c + \phi/2 = 15 + 6 = 21\text{mm}$,

$A_{cor} = ( l_w - c - \phi ) \times [ b_w - 2 \times ( c + \phi ) ] = ( 700 - 27 ) \times ( 500 - 54 ) = 300158\text{mm}^2$

$V_{s1} = A_{sg} \times 2 \times \{ [ b_w - 2 \times ( c + \phi/2 ) ] + [ l_w - ( c + \phi/2 ) ] \} = 113.1 \times 2 \times [ ( 500 - 42 ) + ( 700 - 21 ) ] = 259451.4\text{mm}^2$

$V_{s2} = A_{sl} \times [ b_w - 2 \times ( c + \phi/2 ) ] = 113.1 \times ( 500 - 42 ) = 51799.8\text{mm}^2$

$V_{s3} = A_{sg} \times [ l_w - ( c + \phi/2 ) ] = 113.1 \times ( 700 - 21 ) = 76794.9\text{mm}^2$

$\rho_v = \sum V_s / ( A_{cor} s ) = ( 259451.4 + 4 \times 51799.8 + 2 \times 76794.9 ) / ( 300158 \times 100 )$

$\quad = 620240.4 / 30015800 = 0.02066$

$\lambda_v = \rho_v \dfrac{f_{yv}}{f_c} = 0.02066 \times 300 / 19.1 = 0.3246$

阴影区面积 $A_c = l_w \times b_w = 700 \times 500 = 350000\text{mm}^2$

RCM 软件计算输入信息和简要输出信息见图 17-12。可见其与手算结果相同。

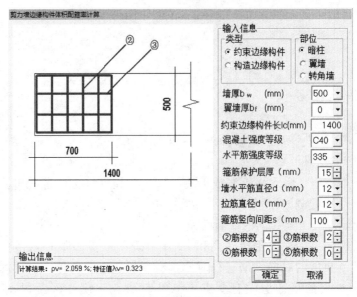

图 17-12　约束边缘构件（暗柱）算例

文献算出的结果为：$\rho_v = 2.02\%$。因该书取箍筋长度同混凝土核心区边长，所以配箍率略低于本文结果。

对于暗柱，输入数据中的"翼墙厚"、"④筋根数"、"⑤筋根数"无用，即输入的数据无效，不起任何作用，可输入"0"表示无此数。

RCM 软件计算输出详细结果信息如下：

```
剪力墙约束边缘构件：暗柱 Lc= 1400 mm
墙厚bw=  500 mm；翼墙厚bf=     0 mm；箍筋保护层厚a=    15 mm
箍筋直径d= 12 12 mm；箍筋间距s=  100 mm；箍筋肢数：b边= 4 ；h边= 2
混凝土强度等级C40；Fc=19.1；箍筋设计强度 Fyv= 300. N/mm^2
Acor=      300158. (Bw-2*A),(LCD2-A)=        470        685 mm
剪力墙约束边缘构件：暗柱，阴影区长度=   700 mm
Asg= 113.1, Asl= 113.1mm^2；i2=4；i3=2
Acor=      300158. mm^2；VS1,VS2,VS3= 257183.9   51798.7   76793.3 mm
计算结果：ρv=  2.059 %； λv= 0.323
Ac=      350000.mm^2； 1.2%Ac=        4200.mm^2； 1.0%Ac=        3500. mm^2
```

## 【例 17-4】剪力墙约束边缘构件（翼墙）体积配箍率及配箍特征值算例

文献［4］算例 5-6-2：剪力墙约束边缘构件（暗柱），抗震等级一级（7 度），墙轴压比 >0.3，混凝土强度等级 C40，纵向钢筋采用 HRB400 级钢筋，箍筋采用 HRB335，墙厚 $b_f = 500\text{mm}$，$b_w = 300\text{mm}$，$l_f = 1300\text{mm}$，$l_w = 800\text{mm}$，配筋如图 17-13 所示，核对是否合适。

【解】根据抗震等级和轴压比，查表 17-2，$\lambda_v = 0.2$

$$l_f = \max(b_w + 600, b_w + 2 \times b_f)$$
$$= \max(300 + 600, 300 + 2 \times 500) = 1300\text{mm};$$

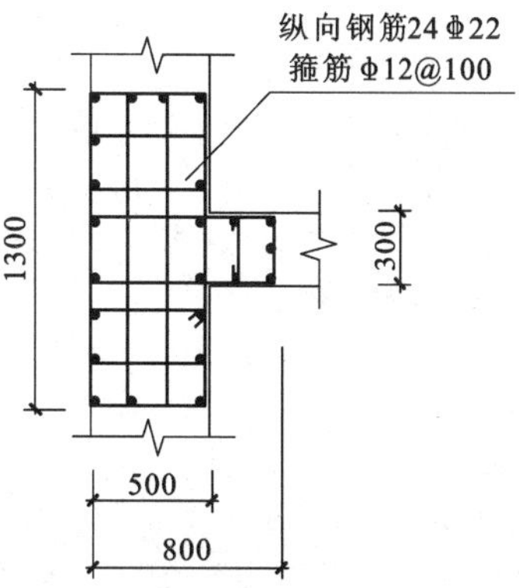

$$l_w = \max(b_f + 300, b_f + b_w)$$
$$= \max(500 + 300, 500 + 300) = 800\text{mm};$$

$$A_{cor} = l_f \times [b_f - 2 \times (c + \phi)] + [(c + \phi) + l_w - b_f] \times$$
$$[b_w - 2 \times (c + \phi)]$$
$$= 1300 \times (500 - 54) + (15 + 12 + 800 - 500) \times (300 -$$
$$54) = 579800 + 80442 = 660242\text{mm}^2$$

$$V_{s1} = A_{sg} \times \{[b_w - 2 \times (c + \phi/2)] + 2 \times [l_w - (c + \phi/2)]$$
$$+ 2 \times l_f + 2 \times [b_f - 2 \times (c + \phi/2)]\}$$
$$= 113.1 \times [(300 - 42) + 2 \times (800 - 21) + 2 \times 1300 + 2$$
$$\times (500 - 42)] = 113.1 \times 5332 = 603049.2\text{mm}^2$$

$$V_{s2} = A_{sl} \times [b_w - 2 \times (c + \phi/2)] = 113.1 \times (300 - 42)$$
$$= 29179.8\text{mm}^2$$

$$V_{s3} = A_{sl} \times [b_f - 2 \times (c + \phi/2)] = 113.1 \times (500 - 42) = 51799.8\text{mm}^2$$

$$V_{s4} = A_{sg} \times l_f = 113.1 \times 1300 = 147030\text{mm}^2$$

$$V_{s5} = A_{sg} \times [l_w - (c + \phi/2)] = 113.1 \times (800 - 21) = 88104.9\text{mm}^2$$

$$\rho_v = \sum V_s / (A_{cor}s) = (603049.2 + 29179.8 + 4 \times 51799.8 + 2 \times 147030 + 0 \times 88104.9)/$$
$$(660242 \times 100)$$
$$= 1029888.6 / 66024200 = 0.01717$$

$$\lambda_v = \rho_v \frac{f_{yv}}{f_c} = 0.01717 \times 300 / 19.1 = 0.270 > 0.2 \quad \text{可以。}$$

RCM 软件计算输入信息和简要输出信息见图 17-14。可见其与手算结果相同。
输入数据中的"约束边缘构件长"无用，即输入的数据无效，不起任何作用。

图 17-13　约束边缘构件
（翼墙）配筋图

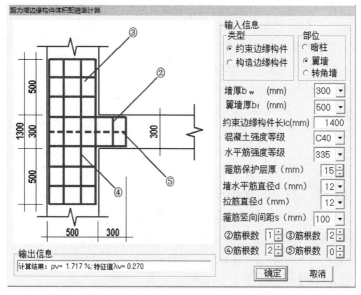

图 17-14　约束边缘构件（翼墙）算例

RCM 软件计算输入信息和简要输出信息见图 17-14。详细输出结果如下：

剪力墙约束边缘构件：翼墙
墙厚bw=　300 mm；翼墙厚bf=　500 mm；箍筋保护层厚a=　15 mm
箍筋直径d= 12 12 mm；箍筋间距s=　100 mm；箍筋肢数：b边= 1 ；h边= 2
混凝土强度等级C40；Fc=19.1；箍筋设计强度 Fyv= 300. N/mm^2
剪力墙约束边缘构件：翼墙，阴影区长度=　800 1300 mm
Acor=　　　660242. mm^2；Vs1=　　　603036.4 mm^2
Vs2=　　　29179. mm^2；Vs3=　　　51798.7mm^2；i2=1；2i3= 4
Vs4=　　　147027. mm^2；Vs5=　　　0.0mm^2；i4=2；i5=0
计算结果：ρv=　1.717 %；λv= 0.270
Ac=　　740000. mm^2；1.2%Ac=　　　8880. mm^2；1.0%Ac=　　　　7400. mm^2

可见其与手算结果相同。

文献算出的结果为：$\rho_v = 1.71\%$。因该书取箍筋长度同混凝土核心区边长，所以配箍率略低于本文结果。

### 【例 17-5】剪力墙约束边缘构件（转角墙）体积配箍率及配箍特征值算例

文献 [4] 算例 5-6-3：剪力墙约束边缘构件（转角墙），抗震等级一级（7 度），墙轴压比 > 0.3，混凝土强度等级 C40，纵向钢筋采用 HRB400 级钢筋，箍筋采用 HRB335，墙厚 $b_f = 500\text{mm}$，$b_w = 500\text{mm}$，配筋如图 17-15 所示，核对是否合适。

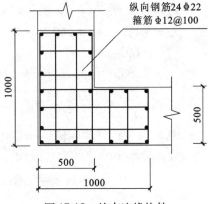

图 17-15　约束边缘构件
（转角墙）配筋图

【解】 根据抗震等级和轴压比，查表 17-3，$\lambda_v = 0.2$；

1 根 12mm 直径箍筋截面面积为 $A_{sg} = 113.1\text{mm}^2$。

$$l_f = \max(b_w + 300, b_w + b_f)$$
$$= \max(300 + 500, 500 + 500) = 1000\text{mm}$$

$$l_w = \max(b_f + 300, b_f + b_w)$$
$$= \max(500 + 300, 500 + 500) = 1000\text{mm}$$

$$A_{cor} = [l_f - (c + \Phi)] \times [b_f - 2 \times (c + \Phi)] + [l_w - b_f] \times [b_w - 2 \times (c + \Phi)]$$
$$= (1000 - 15 - 12) \times [500 - 2 \times (15 + 12)] + (1000 - 500) \times [500 - 2 \times (15 + 12)]$$
$$= 1473 \times 446 = 656958\text{mm}^2$$

$$V_{s1} = A_{sg} \times \{[b_w - 2 \times (c + \Phi/2)] + 2 \times [l_w - (c + \Phi/2)] + [b_f - 2 \times (c + \Phi/2)] + 2 \times [l_f - (c + \Phi/2)]\}$$
$$= 113.1 \times [(500 - 42) + 2 \times (1000 - 21) + (500 - 42) + 2 \times (1000 - 21)]$$
$$= 113.1 \times (2 \times 458 + 4 \times 979) = 113.1 \times 4832 = 546499.2\text{mm}^2$$

$$V_{s2} = A_{sl} \times [b_w - 2 \times (c + \Phi/2)] = 113.1 \times (500 - 42) = 51799.8\text{mm}^2$$

$$V_{s3} = A_{sl} \times [b_f - 2 \times (c + \Phi/2)] = 113.1 \times (500 - 42) = 51799.8\text{mm}^2$$

$$V_{s4} = A_{sg} \times [l_f - (c + \Phi/2)] = 113.1 \times (1000 - 21) = 110724.9\text{mm}^2$$

$$V_{s5} = A_{sg} \times [l_w - (c + \Phi/2)] = 113.1 \times (1000 - 21) = 110724.9\text{mm}^2$$

$$\rho_v = \sum V_s / (A_{cor} S) = (546499.2 + 4 \times 51799.8 + 4 \times 110724.9) / (656958 \times 100)$$
$$= 1196598/65695800 = 0.0182$$

$$\lambda_v = \rho_v \frac{f_{yv}}{f_c} = 0.0182 \times 300/19.1 = 0.286 > 0.2 \quad \text{可以。}$$

RCM 软件计算输入信息和简要输出信息见图 17-16。可见其与手算结果相同。

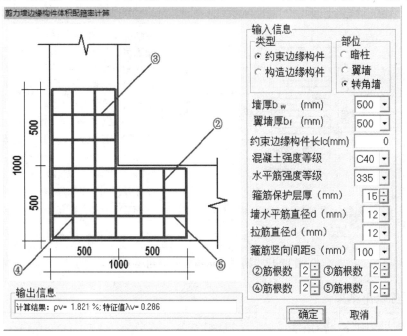

图 17-16   约束边缘构件（转角墙）算例

---

剪力墙约束边缘构件：转角墙

墙厚bw= 500 mm；翼墙厚bf= 500 mm；箍筋保护层厚a= 15 mm

箍筋直径d= 12 12 mm；箍筋间距s= 100 mm；箍筋肢数：b边= 2 ；h边= 2

混凝土强度等级C40；Fc=19.1；箍筋设计强度 Fyv= 300. N/mm^2

剪力墙约束边缘构件：转角墙，阴影区长度= 1000 1000 mm

Acor= 656958. mm^2；Vs1= 546488. mm^2

Vs2= 51799. mm^2；Vs3= 51799. mm^2；i2=2；2i3= 4

Vs4= 110723. mm^2；Vs5= 110723. mm^2；i4=2；i5=2

计算结果： ρv= 1.821 %； λv= 0.286

Ac= 750000.mm^2；1.2%Ac= 9000.mm^2；1.0%Ac= 7500. mm^2

---

文献算出的结果为：$\rho_v = 1.77\%$。因文献〔4〕取箍筋长度同混凝土核心区边长，所以配箍率略低于本文结果。

**【例 17-6】剪力墙构造边缘构件（转角墙）面积算例**

在软件对话框中输入剪力墙厚度和翼墙厚度，就可在对话框的图形区看到阴影区开关和各边长度（图 17-17），按"确定"后即可在对话框的结果输出区得到阴影区的面积，打开详细输出结果即可看到乘了不同百分比的面积，再根据规范要求（本节表 17-3）和墙的抗震等级即可确定剪力墙构造边缘构件所需的纵向钢筋面积。注：此对话框中除构件类型、部位和剪力墙厚度信息外，其他的输入信息均无用。

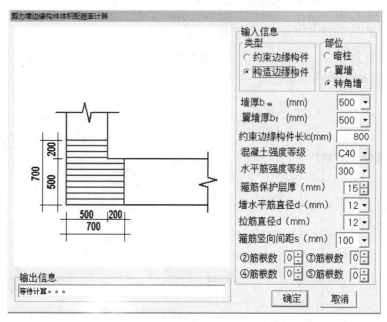

图 17-17　构造边缘构件（转角墙）算例

软件详细输出结果为：

| 剪力墙构造边缘构件：转角墙 | | |
|---|---|---|
| 墙厚bw=　500 mm；翼墙厚bf=　500 mm | | |
| Ac=　235000. mm^2；1.0%Ac=　2350. mm^2；0.8%Ac=　1880. mm^2 | | |
| 0.6%Ac=　1410. mm^2；0.5%Ac=　1175. mm^2；0.4%Ac=　940. mm^2 | | |

如果执行高层建筑混凝土结构设计规程，则软件输入和输出（图 17-18）信息如下：

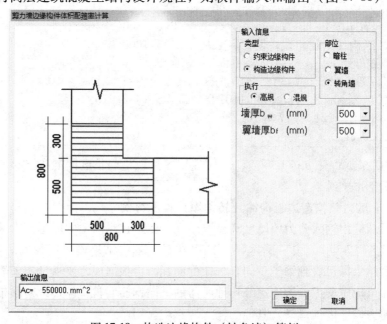

图 17-18　构造边缘构件（转角墙）算例

软件详细输出结果为：

剪力墙构造边缘构件：转角墙，执行高规规定
墙厚bw=　500 mm；翼墙厚bf=　500 mm
　　　Ac=　　　550000. mm^2；1.0%Ac=　　　5500. mm^2；0.8%Ac=　　　4400.　mm^2
0.6%Ac=　　　3300. mm^2；0.5%Ac=　　　2750. mm^2；0.4%Ac=　　　2200.　mm^2

### 本章参考文献

［1］高层建筑混凝土结构技术规程 JGJ 3—2010［S］．北京：中国建筑工业出版社，2011.

［2］混凝土结构设计规范 GB 50010—2010［S］．北京：中国建筑工业出版社，2011.

［3］施岚青．注册结构工程师专业考试专题精讲－混凝土结构（第二版）［M］．北京：机械工业出版社，2012.

［4］中南建筑设计院股份有限公司．混凝土结构计算图表（第二版）［M］．北京：中国建筑工业出版社，2011.

# 第18章 叠合梁承载力计算及算例

## 18.1 叠合式受弯构件的类型

预制（既有）现浇叠合梁的特点是两阶段成形，两阶段受力。第一阶段为预制构件或是既有结构；第二阶段则为后续配筋、浇筑而与第一阶段构件形成整体的叠合混凝土构件。

叠合式受弯构件，简称为叠合梁，组成形式及类型为：（1）叠合构件是由预制构件（梁或板）部分和现浇混凝土部分形成，如图 18-1 所示；（2）根据受力机理的差异和施工工艺的不同，叠合式受弯梁分为施工阶段有支撑的叠合式受弯梁和施工阶段无支撑的叠合式受弯梁两种类型。

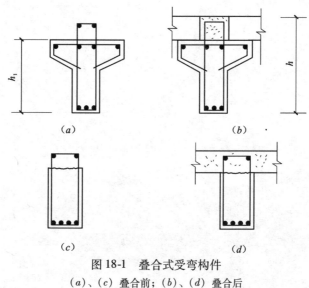

图 18-1 叠合式受弯构件
（a）、（c）叠合前；（b）、（d）叠合后

## 18.2 叠合式受弯构件的计算与构造规定

（1）施工阶段有支撑的叠合式受弯梁

当预制构件截面高度 $h_1$ 与叠合构件的截面（总）高度 $h$ 之比小于 $0.4$（$h_1/h < 0.4$）时，应在施工阶段设置可靠支撑，预制构件可参照普通受弯构件的规定计算，但其叠合构件斜截面受剪承载力和叠合面受剪承载力应通过计算确定。

（2）施工阶段无支撑的叠合式受弯梁

对施工阶段不加支撑的叠合式受弯构件（梁、板），其内力应分别按下列两个阶段进行计算：

第一阶段。计算预制构件，此时是后浇的叠合层混凝土未达到强度设计值前的阶段，作用荷载由预制构件承担，预制构件按简支构件计算（图 18-2）。荷载包括预制构件自重、叠合层自重及本阶段施工活荷载。

第二阶段。计算叠合构件，此时是叠合层混凝土达到强度设计值后的阶段，叠合构件按整体结构计算（图 18-2），荷载考虑下列两种情况，并取两者的较大值。

1）施工阶段考虑叠合构件自重、预制楼板自重、面层、顶棚等自重以及本阶段的施工活荷载。

2）使用阶段考虑叠合构件自重、预制楼板自重、面层、顶棚等自重以及使用阶段的可变荷载。

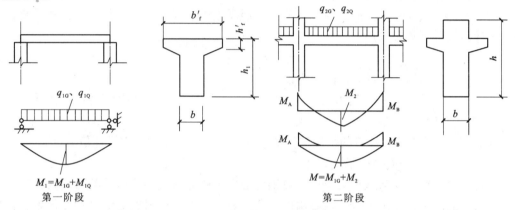

图 18-2　叠合构件受力阶段

构造规定：

1）叠合梁的叠合层混凝土的厚度不宜小于 100mm，混凝土强度等级不宜低于 C30。预制梁的箍筋应全部伸入叠合层，且各肢伸入叠合层的直线长度不宜小于 10 $d$，$d$ 为箍筋直径。预制梁的顶面应做成凹凸差不小于 6mm 的粗糙面。

2）叠合板的叠合层混凝土厚度不应小于 40mm，混凝土强度等级不宜低于 C25。预制板表面应做成凹凸差不小于 4mm 的粗糙面。承受较大荷载的叠合板以及预应力叠合板，宜在预制底板上设置伸入叠合层的构造钢筋。

在既有结构的楼板、屋盖是浇筑混凝土叠合层的受弯构件，应符合上述 1）、2）条的规定，并进行施工阶段和使用阶段承载力和正常使用极限状态的计算。

## 18.3　施工阶段有可靠支撑的叠合梁板计算

叠合式受弯构件可按一般受弯构件的规定和计算公式进行计算。计算截面取叠合梁截面，但在正截面受弯承载力和斜截面受剪承载力计算中，混凝土强度等级取预制构件和叠合层中较低的强度等级，且叠合梁的斜截面受剪承载力不低于预制构件的受剪承载力。

在施工阶段设有可靠支撑的叠合梁的正截面承载力计算，可不考虑底部预制构件单独承载，仅按一般受弯构件规定计算叠合梁的正截面承载力，叠合梁的弯矩设计值按下列规定采用：

$$M = M_G + M_Q \tag{18-1}$$

式中　$M$——叠合梁计算截面的弯矩设计值；

　　$M_G$——由恒荷载在计算截面产生的弯矩设计值；

　　$M_Q$——由可变荷载在计算截面产生的弯矩设计值。

在计算中，正弯矩区段的混凝土强度等级，按叠合层取用；负弯矩区段的混凝土强度等级，按计算截面受压区的实际情况取用。

在施工阶段设有可靠支撑的叠合梁，应分别计算预制构件和叠合构件的斜截面受剪承载力，并应计算叠合面的受剪承载力。叠合构件配置的单位长度箍筋面积 $A_{sv}/s$ 应取下面三项计算结果的最大值。

1）预制构件斜截面受剪承载力计算

预制构件斜截面受剪承载力应按一般钢筋混凝土梁的斜截面受剪承载力公式计算，其剪力设计值按下列规定采用：

$$V_1 = V_{1G} + V_{1Q} \tag{18-2}$$

式中　$V_1$——预制构件计算截面的剪力设计值；

　　$V_{1G}$——按简支构件计算的由预制构件自重、预制楼板自重和叠合层自重在计算截面产生的剪力设计值；

　　$V_{1Q}$——按简支构件计算的由施工活荷载在计算截面产生的剪力设计值。

2）叠合构件斜截面受剪承载力计算

叠合构件斜截面受剪承载力应按一般钢筋混凝土梁的斜截面受剪承载力公式计算，但在计算时，混凝土强度等级应取预制构件和后浇叠合层混凝土强度等级中的较低者，其剪力设计值按下列规定采用：

$$V = V_{1G} + V_{2G} + V_{2Q} \tag{18-3}$$

式中　$V$——叠合构件计算截面的剪力设计值；

　　$V_{2G}$——按整体结构计算的由面层、顶棚等自重在计算截面产生的剪力设计值；

　　$V_{2Q}$——按整体结构计算的可变荷载在计算截面产生的剪力设计值，取施工活荷载和使用阶段可变荷载在计算截面产生的剪力设计值中的较大值。

在计算中，叠合构件斜截面上混凝土和箍筋的受剪承载力设计值 $V_{cs}$ 应不低于预制构件的受剪承载力设计值 $V_{cs1}$，这里：

$$V_{cs} = 0.7f_t b h_0 + f_{yv} + \frac{A_{sv}}{s} h_0 \tag{18-4}$$

$$V_{cs1} = 0.7f_{t1} b h_{01} + f_{yv} + \frac{A_{sv}}{s} h_{01} \tag{18-5}$$

式中　$f_{t1}$——预制构件混凝土的抗拉强度设计值；

　　$h_{01}$——预制构件截面有效高度。

3）叠合构件斜截面受剪承载力计算

① 叠合式受弯构件底部预制构件与叠合层后浇混凝土层之间的叠合面，在符合构造措施的条件下，其受剪承载力应符合下列规定：

$$V \leqslant 1.2f_t b h_0 + 0.85f_{yv} \frac{A_{sv}}{s} h_0 \tag{18-6}$$

式中　$V$——叠合构件计算截面的剪力设计值；

$f_t$——混凝土的抗拉强度设计值，取叠合层和预制构件中的较低值。

② 对不配箍筋的叠合板，当符合构造规定时，其叠合面的受剪强度应符合下列要求：

$$\frac{V}{bh_0} \leqslant 0.4 \tag{18-7}$$

## 18.4 叠合式受弯构件的正截面受弯承载力计算

预制构件和叠合构件的正截面受弯承载力应按《混凝土结构设计规范》GB 50010—2010[1]第 6.2 节关于钢筋混凝土构件承载力规定进行计算，但其中弯矩设计值应按下列规定取值：

第一阶段，计算预制构件

$$M_1 = M_{1G} + M_{1Q} \tag{18-8}$$

第二阶段，计算叠合构件
叠合构件的正弯矩区段

$$M = M_{1G} + M_{2G} + M_{2Q} \tag{18-9}$$

叠合构件的负弯矩区段

$$M = M_{2G} + M_{2Q} \tag{18-10}$$

式中 $M_{1G}$——预制构件自重、预制楼板自重和叠合层自重在计算截面产生的弯矩设计值；

$M_{2G}$——第二阶段面层、吊顶等自重在计算截面产生的弯矩设计值；

$M_{1Q}$——第一阶段施工活荷载在计算截面产生的弯矩设计值；

$M_{2Q}$——第二阶段可变荷载在计算截面产生的弯矩设计值，取本阶段施工活荷载和使用阶段可变荷载在计算截面产生的弯矩设计值中的较大值。

在计算中，叠合构件的正弯矩区段的混凝土强度等级，按叠合层取用；负弯矩区段的混凝土强度等级，按计算截面受压区的实际情况取用。

预制构件和叠合构件的斜截面受剪承载力，应按《混凝土结构设计规范》第 6.3 节的有关规定进行计算。其中，剪力设计值按下列规定取用：

第一阶段，计算预制构件

$$V_1 = V_{1G} + V_{1Q} \tag{18-11}$$

第二阶段，计算叠合构件

$$V = V_{1G} + V_{2G} + V_{2Q} \tag{18-12}$$

式中 $V_{1G}$——预制构件自重、预制楼板自重和叠合层自重在计算截面产生的剪力设计值；

$V_{2G}$——第二阶段面层、吊顶等自重在计算截面产生的剪力设计值；

$V_{1Q}$——第一阶段施工活荷载在计算截面产生的剪力设计值；

$V_{2Q}$——第二阶段可变荷载在计算截面产生的剪力设计值，取本阶段施工活荷载和使用阶段可变荷载在计算截面产生的剪力设计值中的较大值。

在计算中，叠合构件斜截面上混凝土和箍筋的受剪承载力设计值 $V_{cs}$ 应取叠合层和预制构件中较低的混凝土强度等级进行计算，且不低于预制构件的受剪承载力设计值。

当叠合梁符合《混凝土结构设计规范》GB 50010—2010[1]第9.2节梁的各项构造要求时，其叠合面的受剪承载力应按式（18-6）或式（18-7）计算。

## 18.5 叠合构件钢筋应力计算

钢筋混凝土叠合受弯构件在荷载准永久组合下，其纵向受拉钢筋的应力 $\sigma_{sq}$ 应符合下列规定：

$$\sigma_{sq} \leqslant 0.9 f_y \tag{18-13}$$

$$\sigma_{sq} = \sigma_{s1k} + \sigma_{s2q} \tag{18-14}$$

式中 $\sigma_{s1k}$——在预制构件自重、预制楼板自重和叠合层自重标准值在计算截面产生的弯矩值 $M_{1Gk}$ 作用下产生的预制构件纵向受拉钢筋的应力值，按下列公式计算：

$$\sigma_{s1k} = \frac{M_{1Gk}}{0.87 A_s h_{01}} \tag{18-15}$$

式中 $h_{01}$——预制构件截面有效高度。

第二阶段荷载准永久组合相应的弯矩 $M_{2q}$ 为：

$$M_{2q} = M_{2Gk} + \psi_q M_{2Qk} \tag{18-16}$$

式中 $\psi_q$——第二阶段可变荷载的准永久值系数。

在荷载准永久组合相应的弯矩 $M_{2q}$ 作用下，叠合构件纵向受拉钢筋中的应力增量 $\sigma_{s2q}$ 按下列公式计算：

$$\sigma_{s2q} = \frac{0.5\left(1 + \dfrac{h_1}{h}\right) M_{2q}}{0.87 A_s h_0} \tag{18-17}$$

当 $M_{1Gk} < 0.35 M_{1u}$ 时，式（18-17）中 $0.5\left(1 + \dfrac{h_1}{h}\right)$ 值应取等于 1.0，则公式可表达为

$$\sigma_{s2q} = \frac{M_{2q}}{0.87 A_s h_0} \tag{18-18}$$

式中 $h_0$——叠合构件的截面有效高度。

$M_{1Gk}$ 为预制构件自重、预制楼板自重和叠合层在计算截面产生的弯矩标准值；$M_{1u}$ 为预制构件正截面受弯承载力设计值，可按《混凝土结构设计规范》GB 50010—2010 第6.2节计算。

预制构件的裂缝宽度验算。钢筋混凝土预制构件的最大裂缝宽度可按下列公式计算：

$$w_{1,max} = 1.9 \psi_1 \frac{\sigma_{s1k}}{E_s}\left(1.9c + 0.08 \frac{d_{ep}}{\rho_{te1}}\right) \tag{18-19}$$

式中 $\rho_{te1}$——按预制构件的有效受拉混凝土截面面积计算的纵向受拉钢筋配筋率，计算公式为：

$$\rho_{te1} = \frac{A_s}{0.5 b h_1} \tag{18-20}$$

$\sigma_{s1k}$——预制构件的纵向受拉钢筋应力，计算公式为：

$$\sigma_{s1k} = \frac{M_{1k}}{0.87 A_s h_{01}} \tag{18-21}$$

$h_1$——预制构件截面高度；

$A_s$——纵向受拉钢筋截面面积；

$M_{1k}$——第一阶段荷载按荷载标准组合计算的弯矩值，表达式为：

$$M_{1k} = M_{1Gk} + M_{1Qk} \tag{18-22}$$

$M_{1Qk}$——第一阶段施工荷载在计算截面产生的弯矩标准值；

$\psi_1$——裂缝间纵向受拉钢筋应变不均匀系数，表达式为：

$$\psi_1 = 1.1 - \frac{0.65 f_{tk1}}{\rho_{te1} \sigma_{s1k}} \tag{18-23}$$

当 $\psi_1$ 小于 0.2 时，取 $\psi_1$ 等于 0.2；当 $\psi_1$ 大于 1 时，取 $\psi_1$ 等于 1；

$f_{tk1}$——预制构件的混凝土抗拉强度标准值；

$d_{eq}$——受拉纵向钢筋的等效直径（mm）。

要求 $w_{1,max} \leqslant w_{lim}$，此处 $w_{lim}$ 为允许最大裂缝宽度限值。

混凝土叠合构件应验算裂缝宽度，按荷载准永久组合并考虑长期作用影响的最大裂缝宽度 $w_{max}$，不应超过《混凝土结构设计规范》GB 50010—2010 第 3.4 节规定的最大裂缝宽度限值。

按荷载准永久组合并考虑长期作用影响的最大裂缝宽度 $w_{max}$ 可按下列公式计算：

$$w_{max} = 2 \frac{\psi(\sigma_{s1k} + \sigma_{s2q})}{E_s} \left( 1.9c + 0.08 \frac{d_{ep}}{\rho_{te1}} \right) \tag{18-24}$$

$$\psi = 1.1 - \frac{0.65 f_{tk1}}{\rho_{te1} \sigma_{s1k} + \rho_{te} \sigma_{s2q}} \tag{18-25}$$

式中　$c$——最外层纵向受拉钢筋外边缘至受拉区底边的距离（mm）：当 $c < 20$ 时，取 $c = 20$；当 $c > 65$ 时，取 $c = 65$；

$\rho_{te1}$、$\rho_{te}$——按预制构件、叠合构件的有效受拉混凝土截面面积计算的纵向受拉钢筋配筋率；

$f_{tk1}$——预制构件的混凝土抗拉强度标准值。

混凝土叠合构件应按《混凝土结构设计规范》GB 50010—2010 第 7.2.1 条的规定进行正常使用极限状态下的挠度验算。其中，叠合受弯构件按荷载准永久组合并考虑长期作用影响的刚度可按下列公式计算：

$$B = \frac{M_q}{\left( \dfrac{B_{s2}}{B_{s1}} - 1 \right) M_{1Gk} + \theta M_q} B_{s2} \tag{18-26}$$

$$M_q = M_{1Gk} + M_{2Gk} + \psi_q M_{2Qk} \tag{18-27}$$

式中　$\theta$——考虑荷载长期作用对挠度增大的影响系数；

$M_q$——叠合构件按荷载准永久组合计算的弯矩值；

$B_{s1}$——预制构件的短期刚度，按《混凝土结构设计规范》GB 50010—2010 式（7.2.3-1）计算；

$B_{s2}$——叠合构件第二阶段的短期刚度，按式（18-28）计算。

$$B_{s2} = \frac{E_s A_s h_0^2}{0.7 + 0.6 \dfrac{h_1}{h} + \dfrac{4.5 \alpha_E \rho}{1 + 3.5 \gamma'_f}} \tag{18-28}$$

式中 $\alpha_E$——钢筋弹性模量与叠合层混凝土弹性模量的比值：$\alpha_E = E_s/E_{c2}$。

荷载准永久组合下叠合式受弯构件负弯矩区段内第二阶段和短期刚度 $B_{s2}$ 可按《混凝土结构设计规范》GB 50010—2010 式（7.2.3-1）计算，其中，弹性模量的比值取 $\alpha_E = E_s/E_{c1}$。

**【例 18-1】钢筋混凝土叠合梁算例**

文献［2］第 623 页例题，已知钢筋混凝土叠合梁如图 18-3 所示，梁宽 $b = 250\text{mm}$，预制梁高 $h_1 = 500\text{mm}$，$b'_f = 500\text{mm}$，$h'_f = 120\text{mm}$，计算跨度 $l_0 = 5800\text{mm}$，混凝土强度等级为 C30，叠合梁高 $h = 700\text{mm}$，$a_s = 40\text{mm}$，叠合层混凝土采用 C25。受拉纵向钢筋 HRB335 级钢筋，箍筋采用 HPB300 级钢筋，施工阶段不加支撑。

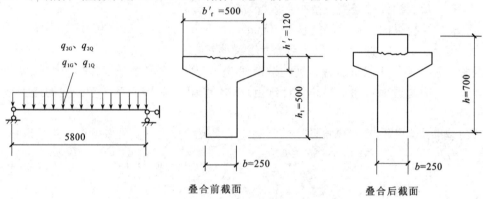

图 18-3 钢筋混凝土叠合梁计算简图

第一阶段预制梁承受恒荷载（预制梁、板及叠合层自重）标准值 $q_{1Gk} = 12\text{kN/m}$，可变荷载（施工阶段）标准值 $q_{1Qk} = 14\text{kN/m}$；第二阶段恒荷载（面层、吊顶自重等新增加恒荷载）标准值 $q_{2Gk} = 10\text{kN/m}$，可变荷载（使用阶段）标准值 $q_{2Qk} = 22\text{kN/m}$。

叠合前预制构件的最大裂缝值 $w_{\lim} = 0.2\text{mm}$，最大挠度计算值不超过 $l_0/300$；叠合后构件最大裂缝宽度限值 $w_{\lim} = 0.3\text{mm}$，最大挠度计算值不超过 $l_0/200$；可变荷载准永久系数 $\psi_q = 0.4$。

计算梁的配筋并做裂缝宽度和挠度验算。

**【解】** 1. 内力计算

1）第一阶段跨中弯矩和支座剪力

内力标准值为：

$$M_{1Gk} = \frac{1}{8} q_{1Gk} l_0^2 = \frac{1}{8} \times 12 \times 5.8^2 = 50.5\text{kN} \cdot \text{m}$$

$$V_{1Gk} = \frac{1}{2} q_{1Gk} l_0 = \frac{1}{2} \times 12 \times 5.8 = 34.8\text{kN}$$

$$M_{1Qk} = \frac{1}{8} q_{1Qk} l_0^2 = \frac{1}{8} \times 14 \times 5.8^2 = 58.9\text{kN} \cdot \text{m}$$

$$V_{1Qk} = \frac{1}{2} q_{1Qk} l_0 = \frac{1}{2} \times 14 \times 5.8 = 40.6\text{kN}$$

内力设计值（恒荷载分项系数 1.2，可变荷载分项系数 1.4）为：

$$M_1 = 1.2 M_{1Gk} + 1.4 M_{1Qk} = 1.2 \times 50.5 + 1.4 \times 58.9 = 143.1\text{kN} \cdot \text{m}$$

$$V_1 = 1.2V_{1Gk} + 1.4V_{1Qk} = 1.2 \times 34.8 + 1.4 \times 40.6 = 98.6\text{kN}$$

2）第二阶段跨中弯矩和支座剪力

内力标准值为：

$$M_{2Gk} = \frac{1}{8}q_{2Gk}l_0^2 = \frac{1}{8} \times 10 \times 5.8^2 = 42.1\text{kN} \cdot \text{m}$$

$$V_{2Gk} = \frac{1}{2}q_{2Gk}l_0 = \frac{1}{2} \times 10 \times 5.8 = 29\text{kN}$$

$$M_{2Qk} = \frac{1}{8}q_{2Qk}l_0^2 = \frac{1}{8} \times 22 \times 5.8^2 = 92.5\text{kN} \cdot \text{m}$$

$$V_{2Qk} = \frac{1}{2}q_{2Qk}l_0 = \frac{1}{2} \times 22 \times 5.8 = 63.8\text{kN}$$

内力设计值为：

$$M = 1.2M_{1Gk} + 1.2M_{2Gk} + 1.4M_{2Qk} = 1.2 \times 50.5 + 1.2 \times 42.1 + 1.4 \times 92.5 = 240.6\text{kN} \cdot \text{m}$$

$$V = 1.2V_{1Gk} + 1.2V_{2Gk} + 1.4V_{2Qk} = 1.2 \times 34.8 + 1.2 \times 29.0 + 1.4 \times 63.8 = 165.9\text{kN}$$

2. 正截面受弯承载力计算

1）第二阶段叠合梁正截面受弯承载力计算。$M = 240.6\text{kN} \cdot \text{m}$，混凝土按叠合层 C25 取用。

$$h_0 = 700 - 40 = 660\text{mm}$$

$$\alpha_s = \frac{M}{\alpha_1 f_c b h_0^2} = \frac{240.10^6}{1 \times 11.9 \times 250 \times 660^2} = 0.186$$

查表得 $\gamma_s = 0.896$

$$A_s = \frac{M}{\gamma_s f_y h_0} = \frac{240.6 \times 10^6}{0.896 \times 300 \times 660} = 1356\text{mm}^2$$

选 $4 \Phi 22$，$A_s = 1520\text{mm}^2 > \rho_{\min}bh = 0.002 \times 250 \times 700 = 350\text{mm}^2$，满足要求。

RCM 软件配筋结果如图 18-4 所示，可见其与手算结果相同。

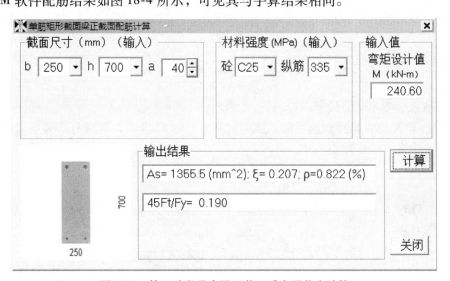

图 18-4　第二阶段叠合梁正截面受弯承载力计算

2）第一阶段预制梁正截面受弯承载力验算

$M_1 = 143.1\text{kN} \cdot \text{m}$，混凝土强度等级 C30，T 形截面，$h_{01} = 500 - 40 = 460\text{mm}$。

因　$\dfrac{\alpha_1 f_c b_f' h_f'}{f_y} = \dfrac{1 \times 14.3 \times 500 \times 120}{300} = 2860\text{mm}^2 > A_s$

属于第一类 T 形截面，受弯承载力按宽度 $b_f' = 500\text{mm}$ 的矩形梁计算，则

$$x = \frac{f_y A_s}{\alpha_1 f_c b_f'} = \frac{300 \times 1520}{1 \times 14.3 \times 500} = 63.8 \ < h_f' = 120\text{mm}$$

$$M_{1u} = \alpha_1 f_c b_f' x (h_{01} - 0.5x) = 1 \times 14.3 \times 500 \times 63.8 \times (460 - 0.5 \times 63.8)$$
$$= 195.29 \times 10^6 \text{N} \cdot \text{mm} \ > M_1$$

按叠合梁配筋可以。

$$\xi = \frac{x}{h_{01}} = \frac{63.8}{460} = 0.139 \ < \xi_b = 0.550$$

满足要求。

RCM 软件配筋结果如图 18-5 所示，可见其与手算结果相同。

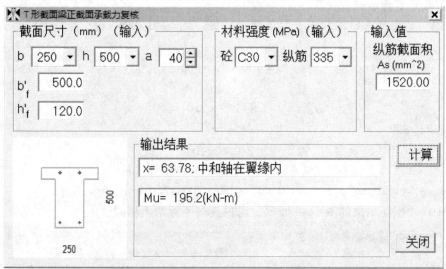

图 18-5　第一阶段预制梁正截面受弯承载力验算

3. 斜截面受弯承载力计算

1）第二阶段叠合梁斜截面受剪承载力计算。$V = 165.9\text{kN}$，取较低的叠合层混凝土强度等级 C25 计算。验算截面尺寸：

$$\frac{h_w}{b} = \frac{640}{250} = 2.56 \ < 4，属于一般梁$$

$0.25\beta_c f_c b h_0 = 0.25 \times 1 \times 11.9 \times 250 \times 660 = 490.88\text{kN} \ > 165.9\text{kN}$，可以。

求箍筋用量：

$$\frac{A_{sv}}{s} = \frac{V - 0.7 f_t b h_0}{f_{yv} h_0} = \frac{165900 - 0.7 \times 1.27 \times 250 \times 660}{270 \times 660} = 0.108\text{mm}$$

可选双肢箍 2 Φ8@200mm，则

$$\frac{A_{sv}}{s} = \frac{2 \times 50.3}{200} = 0.53 \text{mm} > 0.108 \text{mm}$$

RCM 软件配筋结果如图 18-6 所示，可见其与手算结果相同。

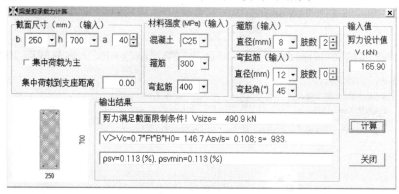

图 18-6　第二阶段叠合梁斜截面受剪承载力计算

2）第一阶段预制梁斜截面受剪承载力计算。预制梁混凝土强度等级 C30 计算。验算截面尺寸：

$$\frac{h_w}{b} = \frac{460 - 120}{250} = 1.36 < 4，属于一般梁$$

$0.25\beta_a f_c bh_{01} = 0.25 \times 1 \times 14.3 \times 250 \times 460 = 411.13 \text{kN} > 98.6 \text{kN}，可以。$

验算受剪承载力$\left(\text{根据叠合梁计算出的} \dfrac{A_{sv}}{s}\right)$：

$$V_{cs} = 0.7 f_t bh_{01} + f_{yv} \frac{A_{sv}}{s} h_{01}$$

$$= 0.7 \times 1.43 \times 250 \times 460 + 270 \times 0.503 \times 460$$

$$= 177.61 \text{kN} > 98.6 \text{kN}，可以。$$

RCM 软件配筋结果如图 18-7 所示，可见其与手算结果相同。

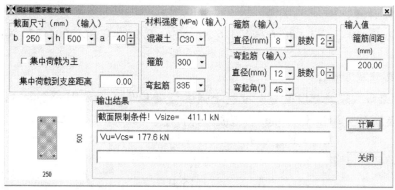

图 18-7　第一阶段预制梁斜截面受剪承载力验算

3）叠合面受剪承载力计算。$V = 165.9 \text{kN}$，取叠合层混凝土强度等级 C25 计算。由式（8-6）计算，得

$$V = 1.2f_t bh_0 + 0.85f_{yv}\frac{A_{sv}}{s}h_0$$

$$= 1.2 \times 1.27 \times 250 \times 660 + 0.85 \times 270 \times 0.53 \times 660$$

$$= 331.7\text{kN} > 165.9\text{kN}$$

满足要求。

RCM 软件配筋结果如图 18-8 所示，可见其与手算结果相同，箍筋间距 200mm 也满足最小配箍率 0.15% 的要求。

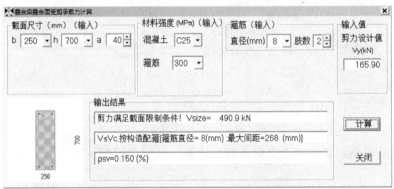

图 18-8　叠合面受剪承载力计算

4. 钢筋应力验算。第一阶段 $M_{1Gk} = 50.5\text{kN} \cdot \text{m}$，由式（18-15）计算，得

$$\sigma_{s1k} = \frac{M_{1GK}}{0.87A_s h_{01}} = \frac{50.5 \times 10^6}{0.87 \times 1520 \times 460} = 83 \text{ N/mm}^2$$

第二阶段　$M_{2q} = M_{2Gk} + \psi_q M_{2Qk} = 42.1 + 0.4 \times 92.5 = 79.1\text{kN} \cdot \text{m}$

因 $M_{1Gk} = 50.5\text{kN} \cdot \text{m} < 0.35M_{1u} = 0.35 \times 195.29\text{kN} \cdot \text{m} = 68.35\text{kN} \cdot \text{m}$，则由式（18-18）计算，得

$$\sigma_{s2q} = \frac{M_{2q}}{0.87A_s h_0} = \frac{79.1 \times 10^6}{0.87 \times 1250 \times 460} = 90.6 \text{ N/mm}^2$$

由式（18-14）计算，得

$$\sigma_{sq} = \sigma_{s1k} + \sigma_{s2q} = 83 + 90.6 = 173.6 \text{ N/mm}^2 < 0.9f_y = 0.9 \times 300 = 270 \text{ N/mm}^2$$

满足要求。

5. 最大裂缝宽度验算

1）预制梁最大裂缝宽度验算。混凝土强度等级 C30（$f_{tk} = 2.01 \text{ N/mm}^2$），HRB335 级钢筋，弹性模量 $E_s = 200000 \text{ N/mm}^2$，混凝土保护层 $c = 25\text{mm}$，$d = 22\text{mm}$。

$$M_{1k} = M_{1Gk} + M_{1Qk} = 50.5 + 58.9 = 109.4\text{kN} \cdot \text{m}$$

由式（18-20）计算，得

$$\rho_{te1} = \frac{A_s}{0.5bh_1} = \frac{1520}{0.5 \times 250 \times 500} = 0.024$$

由式（18-21）计算，得

$$\sigma_{s1k} = \frac{M_{1k}}{0.87A_s h_{01}} = \frac{109.4 \times 10^6}{0.87 \times 1520 \times 460} = 179.8 \text{ N/mm}^2$$

由式（18-23）计算，得

$$\psi_1 = 1.1 - \frac{0.65 f_{tk1}}{\rho_{te1} \sigma_{s1k}} = 1.1 - \frac{0.65 \times 2.01}{0.024 \times 179.8} = 0.797$$

由式（18-19）计算，得

$$w_{1,\max} = 1.9 \psi_1 \frac{\sigma_{s1k}}{E_s} \left( 1.9c + 0.08 \frac{d_{eq}}{\rho_{te1}} \right)$$

$$= 1.9 \times 0.797 \times \frac{179.8}{200000} \times \left( 1.9 \times 25 + 0.08 \times \frac{22}{0.024} \right)$$

$$= 0.164 \text{mm} < w_{\lim} = 0.2 \text{mm}$$

满足要求。

RCM 软件配筋结果如图 18-9 所示，可见其与手算结果相同。

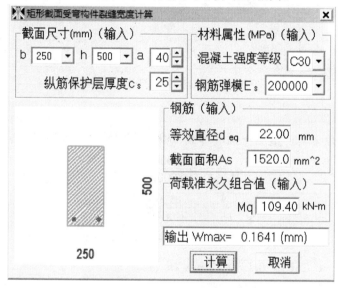

图 18-9　预制梁最大裂缝宽度验算

2）叠合梁最大裂缝宽度验算。混凝土强度等级 C30，$c = 25 \text{mm}$，HRB335 级钢筋，弹性模量 $E_s = 200000 \text{ N/mm}^2$，$d = 22 \text{mm}$。

$$\rho_{te} = \frac{A_s}{0.5bh} = \frac{1520}{0.5 \times 250 \times 700} = 0.0174$$

$$\sigma_{s1k} = 83 \text{ N/mm}^2, \quad \sigma_{s2q} = 90.6 \text{ N/mm}^2, \quad \rho_{te1} = 0.024$$

由式（18-25）计算，得

$$\psi = 1.1 - \frac{0.65 f_{tk1}}{\rho_{te1} \sigma_{s1k} + \rho_{te} \sigma_{s2q}} = 1.1 - \frac{0.65 \times 2.01}{0.024 \times 83 \times 0.0174 \times 90.6} = 0.734$$

由式（18-24）计算，得

$$w_{\max} = 2 \frac{\psi (\sigma_{s1k} + \sigma_{s2q})}{E_s} \left( 1.9c + 0.08 \frac{d_{eq}}{\rho_{te1}} \right)$$

$$= 2 \times 0.734 \times \frac{(83 + 90.6)}{200000} \times \left( 1.9 \times 25 + 0.08 \times \frac{22}{0.024} \right)$$

$$= 0.154 \text{mm} < w_{\lim} = 0.3 \text{mm}$$

满足要求。

RCM 软件配筋结果如图 18-10 所示，可见其与手算结果相同。

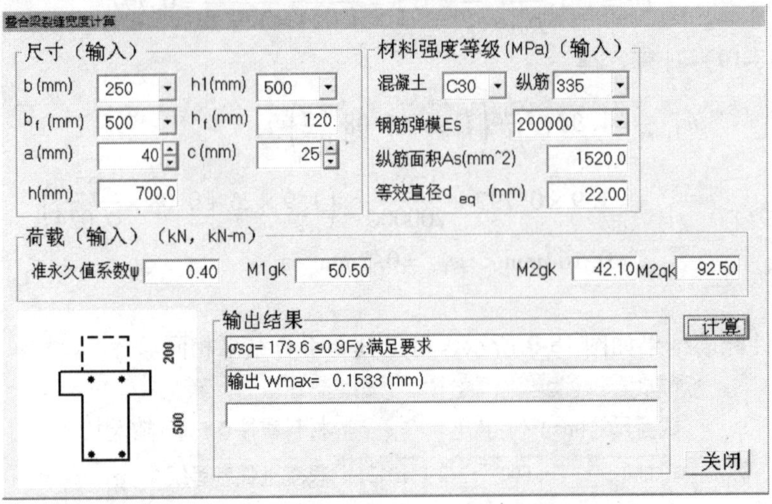

图 18-10　叠合梁最大裂缝宽度验算

### 6. 挠度验算

1）预制梁挠度验算。混凝土强度等级 C30，弹性模量 $E_c = 30000 \ \text{N/mm}^2$。

$$\alpha_E = \frac{E_s}{E_c} = \frac{200000}{30000} = 6.667$$

$$\rho = \frac{A_s}{bh_{01}} = \frac{1520}{250 \times 460} = 0.0132$$

$$\psi_1 = 0.797, \quad M_{1k} = 109.4 \text{kN} \cdot \text{m}$$

$\dfrac{h'_f}{h_0} = 120/460 = 0.261 > 0.2$ 取 $h'_f = 0.2 h_0$，

$$\gamma'_f = 0.2 \times \frac{(b'_f - b)}{b} = 0.2 \times \frac{(500 - 250)}{250} = 0.2$$

由《混凝土结构设计规范》GB 50010—2010 式（7.2.3-1）计算，得预制梁的短期刚度

$$
\begin{aligned}
B_{s1} &= \frac{E_s A_s h_{01}^2}{1.15\psi_1 + 0.2 + \dfrac{6\alpha_E \rho}{1 + 3.5\gamma'_f}} \\
&= \frac{200000 \times 1520 \times 460^2}{1.15 \times 0.797 + 0.2 + \dfrac{6 \times 6.667 \times 0.0132}{1 + 3.5 \times 0.2}} \\
&= 4.507 \times 10^{13} \ \text{N} \cdot \text{mm}
\end{aligned}
$$

简支梁挠度为：

$$f = \frac{5}{48} \frac{M_{1k} l_0^2}{B_{s1}} = \frac{5 \times 109.4 \times 10^6 \times 5800^2}{48 \times 4.507 \times 10^3} = 8.51 \text{mm} < l_0/300 = 5800/300 = 19.3 \text{mm}$$

满足要求。

2）叠合梁挠度验算。混凝土强度等级 C25，弹性模量 $E_c = 28000 \ \text{N/mm}^2$。

$$\alpha_E = \frac{E_s}{E_c} = \frac{200000}{28000} = 7.14$$

$$\rho = \frac{A_s}{bh_0} = \frac{1520}{250 \times 660} = 0.00921$$

预制梁的短期刚度 $B_{s1} = 4.619 \times 10^{13}$ N·mm，叠合梁 $\gamma'_f = 0$，叠合梁第二阶段的短期刚度由式（18-28）计算，得

$$B_{s2} = \frac{E_s A_s h_0^2}{0.7 + 0.6\,\dfrac{h_1}{h} + \dfrac{4.5\alpha_E\rho}{1 + 3.5\gamma'_f}}$$

$$= \frac{200000 \times 1520 \times 660^2}{0.7 + 0.6 \times \dfrac{500}{700} + \dfrac{4.5 \times 7.14 \times 0.00921}{1 + 0}}$$

$$= 9.296 \times 10^{13}\ \text{N·mm}$$

叠合梁在荷载的长期效应组合下的弯矩值为

$$M_q = M_{1Gk} + M_{2Gk} + \psi_q M_{2Qk} = (50.5 + 42.1 + 0.4 \times 92.5) = 129.6\text{kN·m}$$

因 $\rho' = 0$，$\theta = 2.0$，叠合梁的长期刚度由式（18-26）计算，得

$$B = \frac{M_q}{\left(\dfrac{B_{s2}}{B_{s1}} - 1\right)M_{1Gk} + \theta M_q}B_{s2}$$

$$= \frac{129.6 \times 10^6 \times 9.296 \times 10'^3}{\left(\dfrac{9.296}{4.619} - 1\right) \times 50.5 \times 10^6 + 2 \times 129.6 \times 10^6}$$

$$= 3.882 \times 10^{13}\ \text{N·mm}$$

跨中最大挠度为：

$$f = \frac{5}{48}\frac{M_q l_0^2}{B} = \frac{5 \times 129.6 \times 10^6 \times 5800^2}{48 \times 3.882 \times 13^{13}} = 12\text{mm} < l_0/200 = 5800/200 = 29\text{mm}$$

满足要求。

RCM 软件配筋结果如图 18-11 所示。

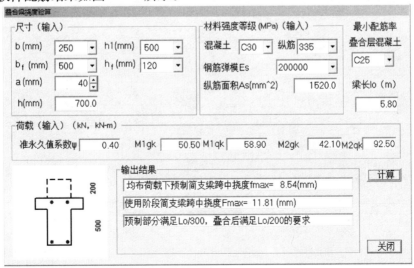

图 18-11　叠合梁挠度验算

RCM 软件的详细输出信息如下：

```
b=  250; h1= 500; h= 700.; bf=  500; hf=  120 (mm)
a=40; h1o= 460.; ho= 660.(mm)
As= 1520.0; ψq= 0.40; M1gk,XM1q,M2gk,M2qk=  50.50   58.90   42.10   92.50 kN-m
C30; As= 1520.0
Ec=  30000.; Es= 200000.; α e=6.667
纵筋配筋率 ρ= 0.01322; ρ te1= 0.02432
预制梁挠度 σ s1k=   179.84 (MPa); ψ=   0.8013
有受压翼缘截面 γ″f=  0.200
短期刚度分母=      1.1215
短期刚度Bs1= 0.4491E+14(N-mm)
均布荷载下预制简支梁跨中挠度fmax=    8.54(mm)
fmax ≤ Lo/300= 19.333(mm)，满足要求！
Ec=  28000.; Es= 200000.; α e=7.143

短期刚度分母=      1.4247

短期刚度Bs2= 0.9295E+14(N-mm)
Mq=   129.600(kN-m); 长期刚度BL=   0.385E+14(N-mm)
使用阶段简支梁跨中挠度Fmax=   11.81 (mm)
fmax ≤ Lo/200= 19.333(mm)，满足要求！
```

可见其与手算结果相同。

## 本章参考文献

[1] 混凝土结构设计规范 GB 50010－2010 ［S］. 北京：中国建筑工业出版社，2011.

[2] 国振喜. 简明钢筋混凝土结构计算手册（第二版）［M］. 北京：机械工业出版社，2012.

# 第19章 梁疲劳应力验算方法及算例

## 19.1 基本假定和计算原则

受弯构件的正截面疲劳应力验算时，可采用下列基本假定：

1）截面应变保持平面；

2）受压区混凝土的法向应力图形取为三角形；

3）钢筋混凝土构件，不考虑受拉区混凝土的抗拉强度，拉力全部由纵向钢筋承受；要求不出现裂缝的预应力混凝土构件，受拉区混凝土的法向应力图形取为三角形；

4）采用换算截面计算。

在疲劳验算中，荷载应取用标准值；吊车荷载应乘以动力系数，并应符合现行国家标准《建筑结构荷载规范》GB 50009 的规定。跨度不大于12m的吊车梁，可取用一台最大吊车的荷载。

钢筋混凝土受弯构件疲劳验算时，应计算下列部位的混凝土应力和钢筋应力幅：

1）正截面受压区边缘的混凝土应力和纵向受拉钢筋的应力幅；

2）截面中和轴处混凝土的剪应力和箍筋的应力幅。

注：纵向受压普通钢筋可不进行疲劳验算。

## 19.2 钢筋混凝土受弯构件正截面应力计算

钢筋混凝土受弯构件正截面疲劳应力应符合下列要求：

1）受压区边缘纤维的混凝土压应力

$$\sigma_{\mathrm{cc,max}}^{\mathrm{f}} \leqslant f_{\mathrm{c}}^{\mathrm{f}} \tag{19-1}$$

2）受拉区纵向普通钢筋的应力幅

$$\Delta\sigma_{\mathrm{si}}^{\mathrm{f}} \leqslant \Delta f_{\mathrm{y}}^{\mathrm{f}} \tag{19-2}$$

式中 $\sigma_{\mathrm{cc,max}}^{\mathrm{f}}$——疲劳验算时截面受压边缘纤维的混凝土压应力，按式（19-3）计算；

$\Delta\sigma_{\mathrm{si}}^{\mathrm{f}}$——疲劳验算时截面受拉区第 $i$ 层纵向钢筋的应力幅，按式（19-4）计算；

$f_{\mathrm{c}}^{\mathrm{f}}$——混凝土轴心抗压疲劳强度设计值，按本书1.1节规定确定；

$\Delta f_{\mathrm{y}}^{\mathrm{f}}$——钢筋的疲劳应力幅限值，查本书表1-14确定。

当纵向受拉钢筋为同一钢种时，可仅验算最外层钢筋的应力幅。

钢筋混凝土受弯构件正截面的混凝土压应力以及钢筋的应力幅应按下列公式计算：

1）受压区边缘纤维的混凝土压应力

$$\sigma_{\mathrm{cc,max}}^{\mathrm{f}} = \frac{M_{\mathrm{max}}^{\mathrm{f}} x_0}{I_0^{\mathrm{f}}} \tag{19-3}$$

2）纵向受拉钢筋的应力幅

$$\Delta\sigma_{si}^f = \sigma_{ci,max}^f - \sigma_{ci,min}^f \qquad (19\text{-}4)$$

$$\sigma_{ci,min}^f = \alpha_E^f \frac{M_{min}^f(h_{0i} - x_0)}{I_0^f} \qquad (19\text{-}5)$$

$$\sigma_{ci,max}^f = \alpha_E^f \frac{M_{max}^f(h_{0i} - x_0)}{I_0^f} \qquad (19\text{-}6)$$

式中　$M_{max}^f$、$M_{min}^f$——疲劳验算时同一截面在相应荷载组合下产生的最大、最小弯矩值；

$\sigma_{ci,min}^f$、$\sigma_{ci,max}^f$——由弯矩 $M_{min}^f$、$M_{max}^f$ 引起相应截面受拉区第 i 层纵向钢筋的应力；

$\alpha_E^f$——钢筋的弹性模量与混凝土疲劳变形模量的比值；

$I_0^f$——疲劳验算时相应于弯矩 $M_{max}^f$ 与 $M_{min}^f$ 为相同方向时的换算截面惯性矩；

$x_0$——疲劳验算时相应于弯矩 $M_{max}^f$ 与 $M_{min}^f$ 为相同方向时的换算截面受压区高度；

$h_{0i}$——相应于弯矩 $M_{max}^f$ 与 $M_{min}^f$ 为相同方向时的换算截面受压区边缘至受拉区第 i 层纵向钢筋截面重心的距离。

当弯矩 $M_{min}^f$ 与弯矩 $M_{max}^f$ 的方向相反时，公式（19-5）中 $h_{0i}$、$x_0$ 和 $I_0^f$ 应以截面相反位置的 $h'_{0i}$、$x'_0$ 和 $I_0^f$ 代替。

钢筋混凝土受弯构件疲劳验算时，换算截面的受压区高度 $x_0$、$x'_0$ 和惯性矩 $I_0^f$、$I_0^f$ 应按下列公式计算：

1）矩形及翼缘位于受拉区的 T 形截面

$$\frac{bx_0^2}{2} + \alpha_E^f A'_s(x_0 - \alpha'_s) - \alpha_E^f A_s(h_0 - x_0) = 0 \qquad (19\text{-}7)$$

$$I_0^f = \frac{bx_0^3}{3} + \alpha_E^f A'_s(x_0 - \alpha'_s)^2 + \alpha_E^f A_s(h_0 - x_0)^2 \qquad (19\text{-}8)$$

2）I 形及翼缘位于受压区的 T 形截面

当 $x_0$ 大于 $h'_f$ 时，（图 19-1）

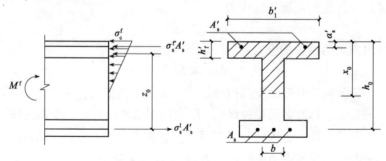

图 19-1　钢筋混凝土受弯构件正截面疲劳应力计算

$$\frac{b'_f x_0^2}{2} - \frac{(b'_f - b)(x_0 - h'_f)^2}{2} + \alpha_E^f A'_s(x_0 - \alpha'_s) - \alpha_E^f A_s(h_0 - x_0) = 0 \qquad (19\text{-}9)$$

$$I_0^f = \frac{b'_f x_0^3}{3} - \frac{(b'_f - b)(x_0 - h'_f)^3}{3} + \alpha_E^f A'_s(x_0 - \alpha'_s)^2 + \alpha_E^f A_s(h_0 - x_0)^2 \qquad (19\text{-}10)$$

当 $x_0$ 不大于 $h'_f$ 时，按宽度为 $b'_f$ 的矩形截面计算。

3）$x'_0$、$I'_0$ 的计算，仍可采用上述 $x_0$、$I_0$ 的相应公式；当弯矩 $M^f_{min}$ 与 $M^f_{max}$ 的方向相反时，与 $x'_0$、$x_0$ 相应的受压区位置分别在该截面的下侧和上侧；当弯矩 $M^f_{min}$ 与 $M^f_{max}$ 方向相同时，可取 $x'_0 = x_0$、$I'_0 = I^f_0$。

注：①当纵向钢筋沿截面高度分多层布置时，式（19-7）、式（19-9）中 $\alpha^f_E A_s (h_0 - x_0)$ 项可用 $\alpha^f_E \sum\limits_{i=1}^{n} A_{si}(h_{0i} - x_0)$ 代替，式（19-8）、式（19-10）中 $\alpha^f_E A_s (h_0 - x_0)^2$ 项可用 $\alpha^f_E \sum\limits_{i=1}^{n} A_{si}(h_{0i} - x_0)^2$ 代替，此处，n 为纵向受拉钢筋的总层数，$A_{si}$ 为第 i 层全部纵向钢筋的截面面积；

②纵向受压钢筋的应力应符合 $\alpha^f_E \sigma^f_c \leqslant f'_y$ 的条件；当 $\alpha^f_E \sigma^f_c > f'_y$ 时，本条各公式中的 $\alpha^f_E A'_s$ 应以 $f'_y A'_s / \sigma^f_c$ 代替，此处，$f'_y$ 为纵向钢筋的抗压强度设计值，$\sigma^f_c$ 为纵向受压钢筋合力点处的混凝土应力。

## 19.3　钢筋混凝土受弯构件斜截面应力计算

钢筋混凝土受弯构件斜截面的疲劳验算及剪力的分配应符合下列规定：

1）当截面中和轴处的剪应力符合下列条件时，该区段的剪力全部由混凝土承受，此时，箍筋可按构造要求配置；

$$\tau^f \leqslant 0.6 f^f_t \tag{19-11}$$

式中　$\tau^f$——截面中和轴处的剪应力，按式（19-13）计算；

$f^f_t$——混凝土轴心抗拉疲劳强度设计值，按本书 1.1 节，即《混凝土结构设计规范》[1]4.1.6 条确定。

2）截面中和轴处的剪应力不符合式（19-11）的区段，其剪力应由箍筋和混凝土共同承受。此时，箍筋的应力幅 $\Delta\sigma^f_{sv}$ 应符合下列规定：

$$\Delta\sigma^f_{sv} \leqslant \Delta f^f_{yv} \tag{19-12}$$

式中　$\Delta\sigma^f_{sv}$——箍筋的应力幅，按式（19-14）计算；

$\Delta f^f_{yv}$——箍筋的疲劳应力幅限值，按本书表 1-14 采用。

钢筋混凝土受弯构件中和轴处的剪应力应按下列公式计算：

$$\tau^f = \frac{V^f_{max}}{b z_0} \tag{19-13}$$

式中　$V^f_{max}$——疲劳验算时在相应荷载组合下构件验算截面的最大剪力值；

$b$——矩形截面宽度，T 形、I 形截面的腹板宽度；

$z_0$——受压区合力点至受拉钢筋合力点的距离，此时，受压区高度 $x_0$ 按式（19-7）或式（19-9）计算。

钢筋混凝土受弯构件斜截面上箍筋的应力幅应按下列公式计算：

$$\Delta\sigma^f_{sv} = \frac{(\Delta V^f_{max} - 0.1 \eta f^f_t b h_0) s}{A_{sv} z_0} \tag{19-14}$$

$$\Delta V^f_{max} = V^f_{max} - V^f_{min} \tag{19-15}$$

$$\eta = \Delta V^f_{max} / V^f_{max} \tag{19-16}$$

式中　$\Delta V^f_{max}$——疲劳验算时构件验算截面的最大剪力幅值；

$V_{min}^f$——疲劳验算时在相应荷载组合下构件验算截面的最小剪力值；

$\eta$——最大剪力幅相对值；

$s$——箍筋的间距；

$A_{sv}$——配置在同一截面内箍筋各肢的全部截面面积。

## 19.4 简支梁疲劳验算算例

### 【例 19-1】 矩形截面简支梁疲劳验算算例 1

文献［2］第 568 页例题。已知矩形截面简支梁，梁截面宽 $b = 200\text{mm}$，梁截面高 $h = 600\text{mm}$，混凝土强度等级为 C35。已知按静力计算求得在受拉区配置纵向钢筋 4 Φ 16，钢筋重心到梁底距离 50mm。沿梁全长配置双肢箍筋 Φ10，间距 $s = 160\text{mm}$。疲劳验算时取用的荷载标准值在跨中截面处产生的弯矩值 $M_{min}^f = 69\text{kN} \cdot \text{m}$、$M_{max}^f = 98\text{kN} \cdot \text{m}$。疲劳验算时在支座截面取用的剪力值为 $V_{min}^f = 20\text{kN}$、$V_{max}^f = 80\text{kN}$，试验算疲劳强度是否满足要求。

【解】

1. 验算受压区边缘纤维的混凝土应力。钢筋弹性模量与混凝土疲劳变形模量的比值为：

$$\alpha_E^f = \frac{E_s}{E_c^f} = \frac{200000}{14000} = 14.29$$

$$h_0 = 600 - 50 = 550\text{mm}$$

$$A_s = 804\text{mm}^2$$

疲劳验算时换算截面的受压区高度由式（19-7）计算，得

$$\frac{bx_0^2}{2} + \alpha_E^f A'_s(x_0 - \alpha'_s) - \alpha_E^f A_s(h_0 - x_0) = 0$$

$$\frac{200}{2}x_0^2 - 14.29 \times 804 \times (550 - x_0) = 0$$

解之，得 $x_0 = 200\text{mm}$。

疲劳验算时换算截面的惯性矩，由式（19-8）计算，得

$$I_0^f = \frac{bx_0^3}{3} + \alpha_E^f A'_s(x_0 - \alpha'_s)^2 + \alpha_E^f A_s(h_0 - x_0)^2$$

$$= \frac{200 \times 200^3}{3} + 14.29 \times 804 \times (550 - 200)^2$$

$$= 1.941 \times 10^9 \text{mm}^4$$

混凝土疲劳应力比值计算为

$$\rho_c^f = \frac{\sigma_{c,min}^f}{\sigma_{c,max}^f} = \frac{M_{min}^f}{M_{max}^f} = \frac{69}{98} = 0.704$$

查表 1-7 得 $\gamma_\rho = 1.0$，混凝土疲劳强度设计值为

$$f_c^f = \gamma_\rho f_c = 1 \times 16.7 = 16.7 \text{ N/mm}^2$$

受压区边缘纤维的混凝土应力，由式（19-3）计算，得

$$\sigma_{cc,max}^f = \frac{M_{max}^f x_0}{I_0^f} = \frac{98 \times 10^6 \times 200}{1.941 \times 10^9} = 10.1 \text{ N/mm}^2 < f_c^f = 16.7 \text{ N/mm}^2$$

满足要求。

2. 验算纵向受拉钢筋的应力幅。由式（19-5）计算，得

$$\sigma_{ci,min}^f = \alpha_E^f \frac{M_{min}^f (h_{0i} - x_0)}{I_0^f} = \frac{14.29 \times 69 \times 10^6 \times (550 - 200)}{1.941 \times 10^9} = 177.8 \text{ N/mm}^2$$

由式（19-6）计算，得

$$\sigma_{ci,max}^f = \alpha_E^f \frac{M_{max}^f (h_{0i} - x_0)}{I_0^f} = \frac{14.29 \times 98 \times 10^6 \times (550 - 200)}{1.941 \times 10^9} = 252.5 \text{ N/mm}^2$$

由式（19-4）计算，得

$$\Delta \sigma_{si}^f = \sigma_{ci,max}^f - \sigma_{ci,min}^f = 252.5 - 177.8 = 74.7 \text{ N/mm}^2$$

由式（1-2）计算，得

$$\rho_c^f = \frac{\sigma_{c,min}^f}{\sigma_{c,max}^f} = \frac{177.8}{252.5} = 0.704$$

查表 1-9，线性内插得

$$\Delta f_y^f = 77 - (77 - 54) \times (0.8 - 0.704) = 74.79 \text{ N/mm}^2$$

$$\Delta \sigma_{si}^f = 74.7 \text{ N/mm}^2 < \Delta f_y^f = 74.79 \text{ N/mm}^2$$

满足要求。

3. 验算斜截面疲劳强度

$$\rho_c^f = \frac{V_{min}^f}{V_{max}^f} = \frac{20000}{80000} = 0.25$$

查表 1-7，得 $\gamma_\rho = 0.8$，则混凝土抗拉疲劳强度设计值为

$$f_t^f = \gamma_\rho f_t = 0.8 \times 1.57 = 1.256 \text{ N/mm}^2$$

受压区合力点至受拉钢筋合力点的距离为

$$z_0 = h_0 - \frac{x_0}{3} = 550 - \frac{200}{3} = 483 \text{mm}$$

梁中和轴处混凝土切应力 $\tau^f$ 按式（19-13）计算，得

$$\tau^f = \frac{V_{max}^f}{b z_0} = \frac{80000}{200 \times 483} = 0.83 \text{ N/mm}^2 > 0.6 f_t^f = 0.6 \times 1.256 = 0.754 \text{ N/mm}^2$$

不满足要求。即中和轴处的混凝土应力不能全部由混凝土承受，应由箍筋和混凝土共同承受。

已知箍筋面积 $A_{sv} = 157 \text{mm}^2$，间距 $s = 160 \text{mm}$

$$\rho_s^f = \frac{V_{min}^f}{V_{max}^f} = \frac{20000}{80000} = 0.25$$

查表 1-14，得 $\Delta f_{yv}^f = 149 \text{ N/mm}^2$

另有

$$\Delta V_{max}^f = V_{max}^f - V_{min}^f = 60000 \text{ N/mm}^2$$

$$\eta = \frac{\Delta V_{max}^f}{V_{max}^f} = \frac{60000}{80000} = 0.75$$

将以上数据代入式（19-14）计算，得

$$\Delta\sigma_{sv}^{f} = \frac{(\Delta V_{max}^{f} - 0.1\eta f_{t}^{f}bh_{0})s}{A_{sv}z_{0}} = \frac{(60000 - 0.1 \times 0.75 \times 1.256 \times 200 \times 550) \times 160}{157 \times 483}$$

$$= 105 \ N/mm^{2}$$

由式（19-12），即

$$\Delta\sigma_{sv}^{f} = 105 \ N/mm^{2} \leqslant \Delta f_{yv}^{f} = 149 \ N/mm^{2}$$

满足要求。

RCM 软件输入信息和简要输出结果见图 19-2，可见其结果与手算及文献 [2] 的结果相同。

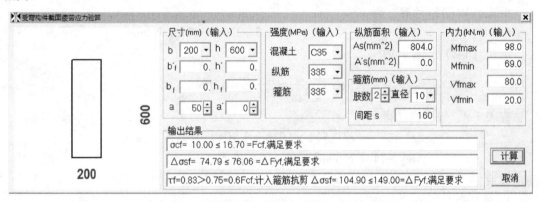

图 19-2　矩形梁受弯正截面、斜截面疲劳验算

RCM 软件输出的详细结果如下：

```
b=    200.; h=    600. bf=      0.; hf=      0.; b″f=      0.; h″f=      0. (mm)
H0=  550.0 (mm); C35;纵筋强度= 335; 箍筋强度= 335; As= 804.0; A″s=  0.0
Mfmax=  98.0; Mfmin=   69.0(kN-m); Vfmax=   80.0; Vfmin=   20.0(kN)
Es=  200000.; Ecf=   13500.; α ef=14.815
A=   100.; B=  11911.1; C=  -6551111. √BBS4AC=      52557.8; X0= 203.23
I0f= 1991897344.; ρ cf=0.70; γ p=  1.00
σ cf=   10.00 ≤ 16.70 =Fcf,满足要求
△ σ sf=   74.79 ≤ 76.06 =△Fyf,满足要求
Ftf=   1.256; ρ cf=0.25; γ p=  0.80; Z0= 482.3 mm
τ f= 0.83 > 0.75 =0.6Fcf;计入箍筋抗剪 △ σ sf= 104.90 ≤149.00 =△Fyf,满足要求
```

### 【例 19-2】 T 形截面简支梁疲劳验算算例

等截面 T 形吊车梁的截面尺寸及配筋如图 19-3 所示。梁疲劳验算时取用的荷载标准值并乘以动力系数后在跨中截面处产生的弯矩值 $M_{min}^{f} = 25.5kN \cdot m$、$M_{max}^{f} = 300.5kN \cdot m$。疲劳验算时在支座截面取用的剪力值为 $V_{min}^{f} = 18kN$、$V_{max}^{f} = 188kN$。混凝土强度等级为 C35。已知沿梁全长配置双肢箍筋 $\Phi 10$，间距 $s = 100mm$。试验算疲劳强度是否满足要求。

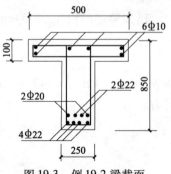

图 19-3　例 19-2 梁截面

**【解】**

1. 验算受压区边缘纤维的混凝土应力。钢筋弹性模量与混凝土疲劳变形模量的比值为：

$$\alpha_E^f = \frac{E_s}{E_c^f} = \frac{200000}{13000} = 15.385$$

$$A_s = 2909\,\text{mm}^2 ; \quad A'_s = 314\,\text{mm}^2 ; \quad \alpha_s = 70\,\text{mm} ; \quad \alpha'_s = 40\,\text{mm}$$

$$h_0 = 850 - 70 = 780\,\text{mm}$$

假设 $x_0$ 大于 $h'_f$（图 19-1），疲劳验算时换算截面的受压区高度由式（19-9）计算，得

$$\frac{b'_f x_0^2}{2} - \frac{(b'_f - b)(x_0 - h'_f)^2}{2} + \alpha_E^f A'_s(x_0 - \alpha'_s) - \alpha_E^f A_s(h_0 - x_0) = 0$$

$$\frac{b}{2}x_0^2 + [(b'_f - b)h'_f + \alpha_E^f(A'_s + A_s)]x_0 - \left[\frac{(b'_f - b)}{2}h'^2_f + \alpha_E^f(A'_s\alpha'_s + A_s h_0)\right] = 0$$

$$125x_0^2 + [25000 + 15.385 \times 3223]x_0 - [1250000 + 15.385 \times (314 \times 40 + 2909 \times 780)] = 0$$

$$125x_0^2 + 74586x_0 - 36352108 = 0$$

解之，得 $x_0 = 317.96\,\text{mm}$

疲劳验算时换算截面的惯性矩，由式（19-10）计算，得

$$I_0^f = \frac{b'_f x_0^3}{3} - \frac{(b'_f - b)(x_0 - h'_f)^3}{3} + \alpha_E^f A'_s(x_0 - a'_s)^2 + \alpha_E^f A_s(h_0 - x_0)^2$$

$$= \frac{500 \times 317.96^3}{3} - \frac{250 \times (317.96 - 100)^3}{3} + 15.385 \times 314 \times$$

$$(317.96 - 40)^2 + 15.385 \times 2909 \times (780 - 317.96)^2$$

$$= 1.442 \times 10^{10}\,\text{mm}^4$$

混凝土疲劳应力比值计算为

$$\rho_c^f = \frac{\sigma_{c,min}^f}{\sigma_{c,max}^f} = \frac{M_{min}^f}{M_{max}^f} = \frac{25.5}{300.5} = 0.085$$

查表 1-7 得 $\gamma_\rho = 0.68$，混凝土疲劳强度设计值为

$$f_c^f = \gamma_\rho f_c = 0.68 \times 14.3 = 9.724\,\text{N/mm}^2$$

受压区边缘纤维的混凝土应力，由式（19-3）计算，得

$$\sigma_{cc,max}^f = \frac{M_{max}^f x_0}{I_0^f} = \frac{300.5 \times 10^6 \times 317.96}{1.442 \times 10^{10}} = 6.625\,\text{N/mm}^2 < f_c^f = 9.724\,\text{N/mm}^2$$

满足要求。

2. 验算纵向受拉钢筋的应力幅。由式（19-5）计算，得

$$\sigma_{ci,min}^f = \alpha_E^f \frac{M_{min}^f(h_{0i} - x_0)}{I_0^f} = \frac{15.385 \times 25.5 \times 10^6 \times (780 - 317.96)}{1.442 \times 10^{10}} = 12.42\,\text{N/mm}^2$$

由式（19-6）计算，得

$$\sigma_{ci,max}^f = \alpha_E^f \frac{M_{max}^f(h_{0i} - x_0)}{I_0^f} = \frac{15.385 \times 300.5 \times 10^6 \times (780 - 317.96)}{1.442 \times 10^{10}} = 146.4\,\text{N/mm}^2$$

由式（19-4）计算，得

$$\Delta\sigma_{si}^{f} = \sigma_{ci,max}^{f} - \sigma_{ci,min}^{f} = 146.4 - 12.42 = 133.98 \text{ N/mm}^2$$

由式（1-2）计算，得

$$\rho_{c}^{f} = \frac{\sigma_{c,min}^{f}}{\sigma_{c,max}^{f}} = \frac{12.42}{146.4} = 0.085$$

查表 1-9，线性内插得

$$\Delta f_{y}^{f} = 175 - (175 - 162) \times 0.085/0.1 = 163.95 \text{ N/mm}^2$$

$$\Delta\sigma_{si}^{f} = 133.98 \text{ N/mm}^2 < \Delta f_{y}^{f} = 163.95 \text{ N/mm}^2$$

满足要求。

3. 验算斜截面疲劳强度

$$\rho_{c}^{f} = \frac{V_{min}^{f}}{V_{max}^{f}} = \frac{18000}{188000} = 0.096$$

查表 1-7，得 $\gamma_{\rho} = 0.68$，则混凝土抗拉疲劳强度设计值为

$$f_{t}^{f} = \gamma_{\rho} f_{t} = 0.68 \times 1.43 = 0.972 \text{ N/mm}^2$$

受压区合力点至受拉钢筋合力点的距离为

$$z_0 = h_0 - \frac{x_0}{3} = 780 - \frac{317.96}{3} = 674.01 \text{mm}$$

梁中和轴处混凝土切应力 $\tau^{f}$ 按式（19-13）计算，得

$$\tau^{f} = \frac{V_{max}^{f}}{bz_0} = \frac{188000}{250 \times 674.01} = 1.116 \text{ N/mm}^2 > 0.6 f_{t}^{f} = 0.6 \times 0.972 = 0.583 \text{ N/mm}^2$$

不满足要求。即中和轴处的混凝土应力不能全部由混凝土承受，应由箍筋和混凝土共同承受。

已知箍筋面积 $A_{sv} = 157\text{mm}^2$，间距 $s = 100\text{mm}$

$$\rho_{s}^{f} = \rho_{c}^{f} = 0.096$$

查表 1-14，得 $\Delta f_{yv}^{f} = 162 \text{ N/mm}^2$

另有

$$\Delta V_{max}^{f} = V_{max}^{f} - V_{min}^{f} = 188000 - 18000 = 170000 \text{ N/mm}^2$$

$$\eta = \frac{\Delta V_{max}^{f}}{V_{max}^{f}} = \frac{170000}{188000} = 0.904$$

将以上数据代入式（19-14）计算，得

$$\Delta\sigma_{sv}^{f} = \frac{(\Delta V_{max}^{f} - 0.1\eta f_{t}^{f} bh_0)s}{A_{sv}z_0}$$

$$= \frac{(170000 - 0.1 \times 0.904 \times 0.972 \times 250 \times 780) \times 100}{157 \times 674.01}$$

$$= 144.45 \text{ N/mm}^2$$

由式（19-12），即

$$\Delta\sigma_{sv}^{f} = 144.45 \text{ N/mm}^2 \leqslant \Delta f_{yv}^{f} = 162 \text{ N/mm}^2$$

满足要求。

RCM 软件输入信息和简要输出结果见图 19-4，可见其结果与手算的结果相同。

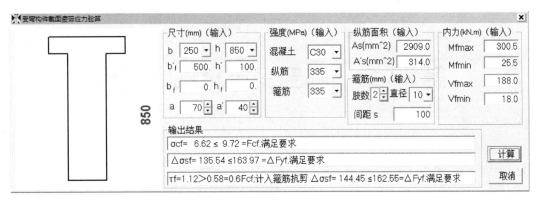

图 19-4　T 形梁受弯正截面、斜截面疲劳验算

RCM 软件输出的详细结果如下：

```
b=   250. ; h=   850. bf=    0. ; hf=    0. ; b″f=   500. ; h″f=   100.  (mm)
H0=  780.0 (mm); C30;纵筋强度= 335; 箍筋强度= 335; As= 2909.0; A″s=   314.0
Mfmax=  300.5; Mfmin=   25.5(kN-m); Vfmax=   188.0; Vfmin=    18.0(kN)
Es=  200000. ; Ecf   13000. ; α ef=15.385
c1=   -1250000. ; c2=  -35101228.
A=   125. ; B=  74584.6; C=  -36351228.  √BBS4AC=      154073.0; X0= 317.95
I0f=14421999616. ; ρ cf=0.08; γ p=   0.68
σ cf=    6.62  ≤   9.72 =Fcf,满足要求
△ σ sf= 135.54 ≤163.97 =△Fyf,满足要求
Ftf=  0.972; ρ cf=0.10; γ p=   0.68; Z0= 674.0 mm
τ f= 1.12 > 0.58 =0.6Fcf;计入箍筋抗剪 △ σ sf= 144.45 ≤162.55 =△Fyf,满足要求
```

**本章参考文献**

［1］混凝土结构设计规范 GB 50010—2010 ［S］. 北京：中国建筑工业出版社，2011.
［2］国振喜. 简明钢筋混凝土结构计算手册(第二版)［M］.北京：机械工业出版社，2012.

# 第20章 局部受压承载力计算

## 20.1 配置间接钢筋的混凝土局部受压承载力

配置间接钢筋的混凝土结构构件，其局部受压区的截面尺寸应符合下列要求：

$$F_l \leqslant 1.35 \beta_c \beta_l f_c A_{\mathrm{ln}} \tag{20-1}$$

$$\beta_l = \sqrt{\frac{A_{\mathrm{b}}}{A_l}} \tag{20-2}$$

式中 $F_l$——局部压面上作用的局部荷载或局部压力设计值；

$\beta_c$——混凝土强度影响系数；

$\beta_l$——混凝土局部受压时的强度提高系数；

$A_l$——混凝土局部受压面积；

$A_{\mathrm{ln}}$——混凝土局部受压净面积；对后张法预应力构件，应在混凝土局部受压面积中扣除孔道、凹槽部分的面积；

$A_{\mathrm{b}}$——局部受压的计算底面积，按下面规定确定。

局部受压的计算底面积 $A_{\mathrm{b}}$，可由局部受压面积与计算底面积按同心、对称的原则确定；常用情况，可按图 20-1 取值。

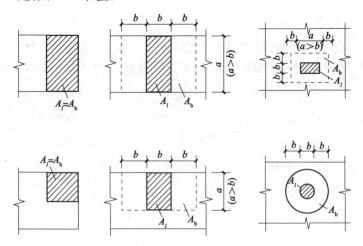

图 20-1 局部受压的计算底面积

$A_l$—混凝土局部受压面积；$A_{\mathrm{b}}$—局部受压的计算底面积

配置方格网式或螺旋式间接钢筋（图 20-2）的局部受压承载力应符合下列规定：

$$F_l \leqslant 0.9(\beta_c \beta_l f_c + 2\alpha \rho_v \beta_{\mathrm{cor}} f_{\mathrm{yv}}) A_{\mathrm{ln}} \tag{20-3}$$

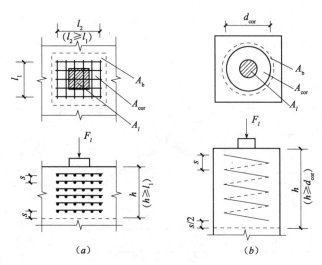

图 20-2　局部受压区的间接钢筋

（a）方格网式配筋；（b）螺旋式配筋

$A_l$—混凝土局部受压面积；$A_b$—局部受压的计算底面积

$A_{cor}$—方格网式或螺旋式间接钢筋内表面范围内的混凝土核心面积

当为方格式配筋时（图 20-2a），钢筋网两个方向上单位长度内钢筋截面面积的比值不宜大于 1.5，其体积配筋率 $\rho_v$ 应按下列公式计算：

$$\rho_v = \frac{n_1 A_{s1} l_1 + n_2 A_{s2} l_2}{A_{cor} s} \tag{20-4}$$

当为螺旋式配筋时（图 20-2b），其体积配筋率 $\rho_v$ 应按下列公式计算：

$$\rho_v = \frac{4 A_{ss1}}{d_{cor} s} \tag{20-5}$$

式中　$\beta_{cor}$——配置间接钢筋的局部受压承载力提高系数，可按式（20-2）计算，但公式中 $A_b$ 应代之以 $A_{cor}$，且当 $A_{cor}$ 大于 $A_b$ 时，$A_{cor}$ 取 $A_b$；当 $A_{cor}$ 不大于混凝土局部受压面积 $A_l$ 的 1.25 倍时，$\beta_{cor}$ 取 1.0；

　　$\alpha$——间接钢筋对混凝土约束的折减系数：当混凝土强度等级不超过 C50 时，取 1.0，当混凝土强度等级为 C80 时，取 0.85，其间按线性内插法确定；

　　$A_{cor}$——方格网式或螺旋式间接钢筋内表面范围内的混凝土核心截面面积，应大于混凝土局部受压面积 $A_l$，其重心应与 $A_l$ 的重心重合，计算中按同心、对称的原则取值；

　　$\rho_v$——间接钢筋的体积配箍率；

　　$l_1$、$l_2$——分别为方格网沿纵横方向的钢筋长度；

　　$n_1$、$A_{s1}$——分别为方格网沿 $l_1$ 方向的钢筋根数、单根钢筋的截面面积；

　　$n_2$、$A_{s2}$——分别为方格网沿 $l_2$ 方向的钢筋根数、单根钢筋的截面面积；

　　$A_{ss1}$——单根螺旋式间接钢筋的截面面积；

　　$d_{cor}$——螺旋式间接钢筋内表面范围内的混凝土截面直径；

　　$s$——方格网式或螺旋式间接钢筋的间距，宜取 30mm ~ 80mm。

RCM 软件针对绝大多数，方格网式纵横两方向钢筋直径相同的实际情况，即仅适用于

$A_{s2} = A_{s1}$情况。RCM 软件中取 $A_{ln} = A_l$，如这两值不相等，请用户对 RCM 计算结果进行修正。

RCM 软件局部受压承载力计算对话框如图 20-3 所示，计算时实际题目的底面积不大时，按实际边界输入；当实际题目的底面积较大时，输入的底面积各边超出实际题目的局部受压计算底面积 $A_b$ 即可。

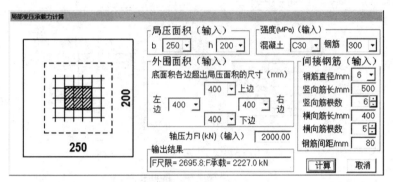

图 20-3　局部受压承载力计算对话框

### 【例 20-1】 矩形截面局部受压承载力验算

文献［2］第 236 页例题。已知构件局部受压面积 250mm × 200mm，焊接钢筋网片为 500mm × 400mm，钢筋直径为 6mm 的 HPB300 级钢筋，网片间距为 $s = 80$mm，混凝土强度等级为 C30。承受轴向压力设计值 $F_l = 2000$kN，见图 20-2a，试验算局部受压承载力。

【解】1. 计算局部受压承载力提高系数 $\beta_l$ 和 $\beta_{cor}$，由式（20-2）有：

$$\beta_l = \sqrt{\frac{A_b}{A_l}} = \sqrt{\frac{650 \times 600}{250 \times 200}} = 2.79$$

$$\beta_{cor} = \sqrt{\frac{A_{cor}}{A_l}} = \sqrt{\frac{500 \times 400}{250 \times 100}} = 2$$

2. 计算间接钢筋的体积配筋率 $\rho_v$，由式（20-4）有：

$$\rho_v = \frac{n_1 A_{s1} l_1 + n_2 A_{s2} l_2}{A_{cor} s} = \frac{28.3 \times (5 \times 400 + 6 \times 500)}{500 \times 400 \times 80} = 0.0088$$

3. 验算截面限制条件，由式（20-1）有：

$$1.35 \beta_c \beta_l f_c A_{ln} = 1.35 \times 1 \times 2.79 \times 14.3 \times 250 \times 200 = 2693\text{kN} > F_l = 2000\text{kN}$$

4. 验算局部受压承载力，由式（20-3）有：

$$0.9(\beta_c \beta_l f_c + 2\alpha \rho_v \beta_{cor} f_{yv}) A_{ln} = 0.9 \times (1 \times 2.79 \times 14.3 + 2 \times 1 \times 0.0088 \times 2 \times 270) \times 250 \times 200$$
$$= 2223\text{kN} > F_l = 2000\text{kN}$$

满足要求。

RCM 软件输入信息和简要输出结果见图 20-3，可见其结果与手算及文献［2］的结果相同。

RCM 软件输出的详细结果如下：

```
b= 250; h= 200; C30; Fyv=   0.; 筋直径d= 6; Fl=  2000.0 kN
底面积超出左、右、上、下边的尺寸  400,  400,  400,  400 mm
Ab=  390000.; Al=   50000.; ρv=0.00884; βl= 2.79; βcor= 2.00
F尺寸限制条件= 2695.8;F承载力= 2227.0 kN
```

**【例 20-2】** 圆形截面局部受压承载力验算

文献［2］第 236 页例题。已知构件局部受压面积直径为 300mm，间接钢筋用直径 6mm 的 HPB300 级钢筋，螺旋式配筋以内的混凝土直径为 $d_{cor}=450$mm，间距 $s=50$mm，混凝土强度等级为 C25。承受轴向压力设计值 $F_l=2000$kN，见图 20-2b，试验算局部受压承载力。

**【解】** 1. 确定受压面积

$$A_{ln}=\frac{\pi d^2}{4}=\frac{3.14\times300^2}{4}=70650\text{mm}^2$$

$$A_b=\frac{\pi(3d)^2}{4}=9\times A_{ln}=635850\text{mm}^2$$

$$A_{cor}=\frac{\pi d_{cor}^2}{4}=\frac{3.14\times450^2}{4}=158962\text{mm}^2$$

2. 计算局部受压承载力提高系数 $\beta_l$ 和 $\beta_{cor}$，由式（20-2）有：

$$\beta_l=\sqrt{\frac{A_b}{A_l}}=\sqrt{\frac{9\times A_l}{A_l}}=3$$

$$\beta_{cor}=\sqrt{\frac{A_{cor}}{A_l}}=\sqrt{\frac{158962}{70650}}=1.5$$

3. 计算间接钢筋的体积配筋率 $\rho_v$，由式（20-5）有：

$$\rho_v=\frac{4A_{ss1}}{d_{cor}s}=\frac{4\times28.3}{450\times50}=0.00503$$

4. 验算截面限制条件，由式（20-1）有：

$$1.35\beta_c\beta_l f_c A_{ln}=1.35\times1\times3\times11.9\times70650=3405\text{kN}>F_l=2000\text{kN}$$

5. 验算局部受压承载力，由式（20-3）有：

$$0.9(\beta_c\beta_l f_c+2\alpha\rho_v\beta_{cor}f_{yv})A_{ln}=0.9\times(1\times3\times11.9+2\times1\times0.00503\times1.5\times270)\times70650$$
$$=2529\text{kN}>F_l=2000\text{kN}$$

满足要求。

RCM 软件输入信息和简要输出结果见图 20-4，可见其结果与手算及文献［2］的结果相同。

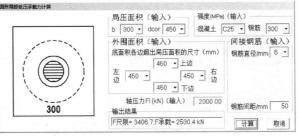

图 20-4　圆形截面局部受压承载力计算

RCM 软件输出的详细结果如下：

```
b= 300; dcor= 450; C25; Fyv=   0.; 筋直径d= 6; Fl=  2000.0 kN
底面积超出左、右、上、下边的尺寸  450,   450,   450,   450 mm
Ab=  636174.; Al=   70686.; ρv=0.00503; βl= 3.00; βcor= 1.50
F尺寸限制条件= 3406.7; F承载力= 2530.4 kN
```

## 20.2 素混凝土构件局部受压承载力计算

素混凝土构件的局部受压承载力应符合下列规定[1]：

1）局部受压面上仅有局部荷载作用

$$F_l \leqslant \omega \beta_l f_{cc} A_l \tag{20-6}$$

2）局部受压面上尚有非局部荷载作用

$$F_l \leqslant \omega \beta_l (f_{cc} - \sigma) A_l \tag{20-7}$$

式中　$F_l$——局部受压面上作用的局部荷载或局部压力设计值；

　　　$A_l$——局部受压面积；

　　　$\omega$——荷载分布的影响系数：当局部受压面上的荷载为均匀分布时，取 $\omega = 1$；当局部荷载为非均匀分布时（如梁、过梁等的端部支承面），取 $\omega = 0.75$；

　　　$f_{cc}$——素混凝土的轴心抗压强度设计值，按混凝土规范规定的混凝土轴心抗压强度设计值 $f_c$ 乘以系数 0.85 取用；

　　　$\sigma$——非局部荷载作用值产生的混凝土压应力；

　　　$\beta_l$——混凝土局部受压时的强度提高系数，按式（20-2）计算。

**【例 20-3】矩形截面素混凝土局部受压计算**

文献［3］第 308 页例题，某柱下条形基础，基础混凝土采用 C20，柱子混凝土采用 C35，柱子截面尺寸如图 20-5 所示，柱子的轴向压力设计值 $F_l = 2500 \text{kN}$。

试问：

（1）当 $a = 200 \text{mm}$ 时，验算柱子与基础交接处的局部受压承载力是否满足。

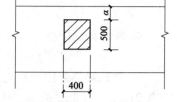

图 20-5　柱截面与其下条形基础

（2）当 $a = 0$ 时，验算柱子与基础交接处的局部受压承载力是否满足。

**【解】** 1. 当 $a = 200 \text{mm}$ 时，按同心、对称原则计算 $A_b$ 为：

$$A_b = (400 + 400 + 400) \times (200 + 500 + 200) = 1200 \times 900 = 1080000 \text{mm}^2$$

$$\beta_l = \sqrt{\frac{A_b}{A_l}} = \sqrt{\frac{1080000}{400 \times 500}} = 2.324$$

$$\omega \beta_l f_{cc} A_l = 1 \times 2.324 \times 0.85 \times 9.6 \times 400 \times 500 = 3792.8 \text{kN} > F_l = 2500 \text{kN}$$

满足要求。

RCM 软件输入信息和简要输出结果见图 20-6，可见其结果与手算的结果相同。

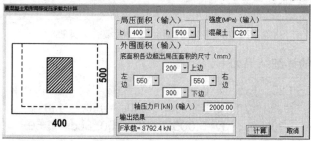

图 20-6　T 形梁受弯正截面、斜截面疲劳验算

RCM 软件输出的详细结果如下：

---

底面积超出左、右、上、下边的尺寸　500，　500，　200，　500　mm
b= 400; h= 500; C20; Fl= 2000.0 kN
Ab= 1080000.; Al= 200000.; **βl= 2.32**; F承载= 3792.4 kN

---

可见 RCM 软件结果与手算的结果相同。

2. 当 $a = 0$ 时，$A_b$ 为：

$$A_b = (400 + 400 + 400) \times 500 = 1200 \times 500 = 600000 \text{mm}^2$$

$$\beta_l = \sqrt{\frac{A_b}{A_l}} = \sqrt{\frac{600000}{400 \times 500}} = 1.732$$

$$\omega \beta_l f_{cc} A_l = 1 \times 1.732 \times 0.85 \times 9.6 \times 400 \times 500 = 2826.6 \text{kN} > F_l = 2500 \text{kN}$$

满足要求。

RCM 软件输入信息和简要输出结果见图 20-7。

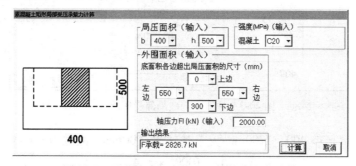

图 20-7　T 形梁受弯正截面、斜截面疲劳验算

RCM 软件输出的详细结果如下：

---

底面积超出左、右、上、下边的尺寸　500，　500，　　0，　500　mm
b= 400; h= 500; C20; Fl= 2000.0 kN
Ab= 600000.; Al= 200000.; **βl= 1.73**; F承载= 2826.7 kN

---

可见 RCM 软件结果与手算的结果相同。

### 【例 20-4】素混凝土局部受压算例 2

文献［3］第 308 页例题，某柱下条形基础，如图 20-8 所示，基础混凝土采用 C20，柱子混凝土采用 C30，方柱截面尺寸 400mm×400mm，圆柱直径 $D = 400$mm。

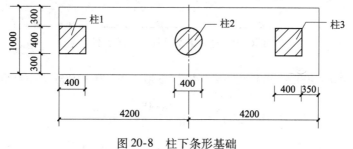

图 20-8　柱下条形基础

试问：柱1、柱2、柱3与基础交接处的局部受压承载力（kN）与下列何项数值最为接近？

（A）$N_{u1} = 2060$；$N_{u2} = 3100$；$N_{u3} = 3500$　（B）$N_{u1} = 3000$；$N_{u2} = 3100$；$N_{u3} = 3500$

（C）$N_{u1} = 2060$；$N_{u2} = 2600$；$N_{u3} = 3400$　（D）$N_{u1} = 3000$；$N_{u2} = 2600$；$N_{u3} = 3400$

【解】

柱1：
$$A_b = (300 + 400 + 300) \times 400 = 1000 \times 400 = 400000 \text{mm}^2$$

$$\beta_l = \sqrt{\frac{A_b}{A_l}} = \sqrt{\frac{400000}{400 \times 400}} = 1.581$$

$$N_{u1} = \omega\beta_l f_{cc} A_l = 1 \times 1.581 \times 0.85 \times 9.6 \times 400 \times 400 = 2064.2 \text{kN}$$

RCM 软件输入信息和简要输出结果见图20-9，可见其结果与手算结果相同。

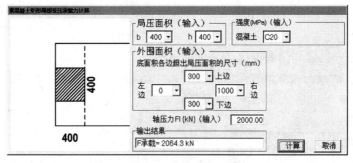

图20-9　柱1下基础局部受压承载力

柱2：因为 $3d = 3 \times 400 = 1200 \text{mm}$ 大于基础宽1000mm，故取 $D = 1000 \text{mm}$ 计算 $A_b$。

$$A_b = 1000^2 \times \pi/4$$

$$\beta_l = \sqrt{\frac{A_b}{A_l}} = \sqrt{\frac{1000000 \times \pi/4}{400 \times 400 \times \pi/4}} = 2.5$$

$$N_{u2} = \omega\beta_l f_{cc} A_l = 1 \times 2.5 \times 0.85 \times 9.6 \times 400 \times 400 \times \pi/4 = 2562.2 \text{kN}$$

RCM 软件输入信息和简要输出结果见图20-10，可见其结果与手算结果相同。

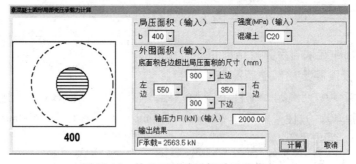

图20-10　柱2下基础局部受压承载力

柱3：$A_b = (350 + 400 + 350) \times (300 + 400 + 300) = 1100 \times 1000 = 1100000 \text{mm}^2$

$$\beta_l = \sqrt{\frac{A_b}{A_l}} = \sqrt{\frac{1100000}{400 \times 400}} = 2.622$$

$$N_{u3} = \omega\beta_l f_{cc} A_l = 1 \times 1.581 \times 0.85 \times 9.6 \times 400 \times 400 = 3423.3 \text{kN}$$

RCM 软件输入信息和简要输出结果见图 20-11，可见其结果与手算结果相同。

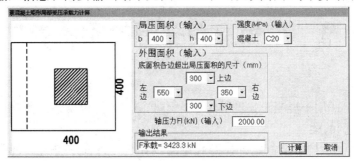

图 20-11　柱 3 下基础局部受压承载力

所以，这题答案应选（C）项。

**本章参考文献**

［1］混凝土结构设计规范 GB 50010—2010［S］. 北京：中国建筑工业出版社，2011.

［2］国振喜. 高层建筑混凝土结构设计手册［M］. 北京：中国建筑工业出版社，2012.

［3］兰定筠. 一二级注册结构工程师专业考试应试技巧与题解（第 5 版上）［M］. 北京：中国建筑工业出版社，2013.

# 第21章 腹板具有孔洞的梁承载力计算

本章内容[1,2]适用于混凝土强度等级不大于 C50，地震设防烈度不高于 8 度和非抗震设计的梁腹有孔洞的梁。

抗震设计时，除按本节规定外，开孔梁的设计与构件尚应符合《混凝土结构设计规范》和《建筑抗震设计规范》的有关规定。配筋计算中，地震作用组合的内力设计值应乘以抗震内力调整系数，并应在相关计算公式右端项除以相应的承载力抗震调整系数 $\gamma_{RE}$（正截面宜取 1.0，斜截面宜取 0.8）。

## 21.1 梁腹开有矩形孔洞的梁

**1. 构造措施[2]**

（1）开孔尺寸和位置要求（图 21-1）

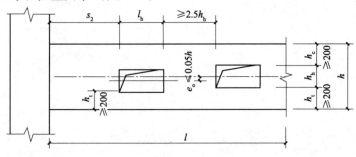

图 21-1 矩形孔洞位置

1）孔洞应尽可能设置于剪力较小的跨中 $l/3$ 区域，必要时可设置于梁端 $l/3$ 区域内。

2）孔洞偏心距宜偏向受拉区，偏心距 $e_0$ 不宜大于 $0.05h$。

3）设置多孔时，相邻孔洞边缘间的净距不应小于 $2.5h_h$，孔洞尺寸和位置应满足表 21-1 的规定。

4）孔洞长度和高度的比值 $l_h/h_h$ 应满足：跨中 $l/3$ 区域内的孔洞不大于 4；梁端 $l/3$ 区域内的孔洞不大于 2.6，见表 21-1。

矩形孔洞尺寸和位置　　　　　　　　　　　　　　　　表 21-1

| 项目 | 跨中 $l/3$ 区域 | | | | 梁端 $l/3$ 区域 | | | | |
|---|---|---|---|---|---|---|---|---|---|
| | $h_h/h$ | $l_h/h$ | $h_c/h$ | $l_h/h_h$ | $h_h/h$ | $l_h/h$ | $h_c/h$ | $l_h/h_h$ | $s_2/h$ |
| 非地震区 | ≤0.40 | ≤1.60 | ≥0.30 | ≤4.0 | ≤0.30 | ≤0.80 | ≥0.35 | ≤2.6 | ≥1.0 |
| 地震区 | ≤0.40 | ≤1.60 | ≥0.30 | ≤4.0 | ≤0.30 | ≤0.80 | ≥0.35 | ≤2.6 | ≥1.5 |

（2）矩形孔洞周边配筋构造（图 21-2）

1）当矩形孔洞高度小于 $h/6$ 及 100mm，且孔洞长度小于 $h/3$ 及 200mm 时，其孔洞周边配筋可按构造设置：弦杆纵筋 $A_{s2}$、$A_{s3}$ 可采用 2$\phi$10～2$\phi$12，弦杆箍筋采用 ≥$\phi$6 钢筋，间距不应大于 0.5 倍弦杆有效高度及 100mm。孔洞边补强的垂直箍筋 $A_v$ 宜靠近孔洞边缘布置，单向倾斜钢筋 $A_d$ 可取 2$\phi$12，其倾角 $\alpha$ 可取 45°。

2）当孔洞尺寸不满足 1）项要求时，孔洞周边的配筋应按计算确定，但不应小于按构造要求设置的钢筋。

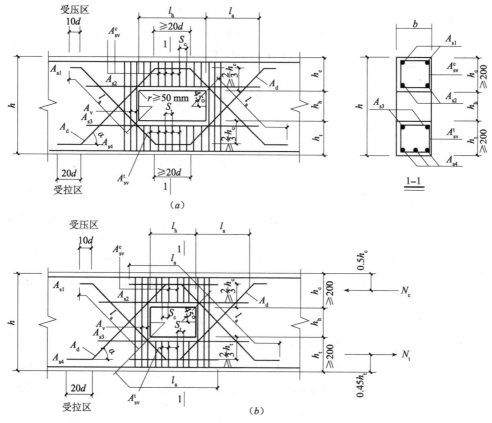

图 21-2　矩形孔洞周边配筋构造

2. 孔洞周边补强钢筋的计算

（1）截面控制条件：

对于受压弦杆应满足：

$$V_c \leqslant 0.25 f_c b h_0^c \tag{21-1}$$

对于受拉弦杆应满足：

$$V_t \leqslant 0.25 f_c b h_0^t \tag{21-2}$$

式中　　$b$——梁宽；

$h_0^c$、$h_0^t$——分别为受压、受拉弦杆的有效高度；

$f_c$——混凝土轴心抗压强度设计值；

$V_c$、$V_t$——分别为受压、受拉弦杆分配的剪力，按式（21-5）、式（21-6）计算。

（2）孔洞一侧补强钢筋 $A_v$、$A_d$ 按以下公式计算：

$$A_v \geq 0.54 V_1 / f_{yv} \tag{21-3}$$

$$A_d \geq 0.76 \frac{V_1}{f_{yd}\sin\alpha} \tag{21-4}$$

式中 $V_1$——孔洞边缘截面处较大的剪力设计值（N）；

$f_{yv}$、$f_{yd}$——分别为孔洞侧边垂直箍筋和倾斜钢筋的抗拉强度设计值（N/mm$^2$）；

$\alpha$——单向倾斜钢筋与水平线之间的夹角。

（3）受压弦杆和受拉弦杆的箍筋 $A_{sv}^c$、$A_{sv}^t$ 按下列公式计算：

$$V_c = \beta V \tag{21-5}$$

$$V_t = 1.2V - V_c \tag{21-6}$$

$$N_c = N_t = \frac{M}{0.5h_c + h_h + 0.55h_f} \tag{21-7}$$

$$A_{sv}^c \geq \left( V_c - \frac{1.75}{\lambda_c + 1.0} bh_0^c f_t - 0.07N_c \right)\frac{s_c}{f_{yv}h_0^c} \tag{21-8}$$

$$A_{sv}^t \geq \left( V_t - \frac{1.75}{\lambda_t + 1.0} bh_0^t f_t + 0.2N_c \right)\frac{s_t}{f_{yv}h_0^t} \tag{21-9}$$

式中 $V$——孔洞中心截面处的剪力设计值；

$V_c$、$V_t$——分别为受压、受拉弦杆分配的剪力，应满足上述式（21-1）及式（21-2）的要求；

$\beta$——剪力分配系数，一般取 $\beta = 0.9$；

$N_c$、$N_t$——分别为受压弦杆、受拉弦杆承受的轴向压力、轴向拉力，当 $N_c > 0.3f_c bh_c$ 时，取当 $N_c = 0.3f_c bh_c$；

$M$——孔洞中心截面处的弯矩设计值；

$\lambda_c$、$\lambda_t$——分别为受压、受拉弦杆的剪跨比，$1 \leq \lambda_C \leq 3$、$1 \leq \lambda_t \leq 3$。

$$当 A_{s1} = A_{s2} 时，\lambda_C = 0.5l_h/h_0^c \tag{21-10a}$$

$$当 A_{s1} > A_{s2} 时，\lambda_C = 0.75l_h/h_0^c \tag{21-10b}$$

$$当 A_{s4} < A_{s3} 时，\lambda_t = 0.75l_h/h_0^t \tag{21-11}$$

$l_h$、$h_h$——分别为孔洞的长度和高度。

当按式（21-9）计算得到的 $A_{sv}^t$ 反算 $V_t$ 值小于 $f_{yv}A_{sv}^t h_0^t/s_t$ 时，应取 $V_t = f_{yv}A_{sv}^t h_0^t/s_t$，且 $f_{yv}A_{sv}^t h_0^t/s_t$ 值不得小于 $0.36f_t bh_0^t$。

（4）受压弦杆内的纵向钢筋 $A_{s2}$ 可按对称配筋偏心受压构件计算：

$$\xi = \frac{N_c}{f_c bh_0^c} \tag{21-12}$$

1）当 $\xi \leq \xi_b$ 时为大偏心受压

$$A_{s2} \geq \frac{N_c e - f_c bh_0^{c2} \xi (1 - 0.5\xi)}{f_y' (h_0^c - a')} \tag{21-13}$$

2）当 $\xi > \xi_b$ 时为小偏心受压

$$\xi = \frac{N_c - f_c bh_0^c \xi_b}{\dfrac{N_c e - 0.43f_c bh_0^{c2}}{(0.8 - \xi_b)(h_0^c - a')} + f_c bh_0^c} + \xi_b \tag{21-14}$$

将 $\xi$ 代入式（21-13）即可得 $A_{s2}$。

式中　$N_c$——受压弦杆的轴向压力；

　　　　$\xi_b$——截面相对界限受压区高度；

　　　　$e$——轴向力作用点至受拉钢筋的距离，

$$e = e_i + \frac{h}{2} - a \tag{21-15}$$

　　　　$e_i$——初始偏心距，

$$e_i = e_0^c + e_a, \quad e_0^c = M_c / N_c \tag{21-16}$$

$$M_c = V_c l_h / 2 \quad (\text{当 } A_{s1} \geqslant A_{s2}) \tag{21-17}$$

　　　　$e_a$——附加偏心距，应取 20 mm 和偏心方向截面尺寸的 $1/30$ 两者中的较大值；

　　　　$l_h / 2$——弦杆反弯点至孔边的距离，假设反弯点位于弦杆中点。

（5）受拉弦杆内的纵筋 $A_{s3}$、$A_{s4}$（图 21-3）可近似按非对称的偏心受拉构件计算。按下列公式计算：

$$M_{t1} = 0.25 V_t l_h, \quad M_{t2} = 0.75 V_t l_h \tag{21-18}$$

1）当轴向力 $N_t$ 作用在受拉弦杆纵向受力钢筋 $A_{s3}$、$A_{s4}$ 之间时（图 21-3），$A_{s3}$ 由 $1-1$ 截面按小偏心受拉按下式计算，作用在截面上的内力取 $N_t$ 和 $M_{t1}$：

$$A_{s3} \geqslant \frac{N_t e'}{f_y (h_t - a - a')} \tag{21-19}$$

$A_{s4}$ 由 $2-2$ 截面按小偏心受拉按下式计算，作用在截面上的内力取 $N_t$ 和 $M_{t2}$：

$$A_{s4} \geqslant \frac{N_t e'}{f_y (h_t - a - a')} \tag{21-20}$$

上述式（21-19）、式（21-20）中，$e'$ 为轴向力到离其较远的纵向钢筋的距离（mm）。

2）当轴向力 $N_t$ 不作用在受拉弦杆纵向钢筋 $A_{s3}$、$A_{s4}$ 之间时（图 21-3 之 2-2 截面的大偏心受拉），按下式计算纵向受力钢筋：

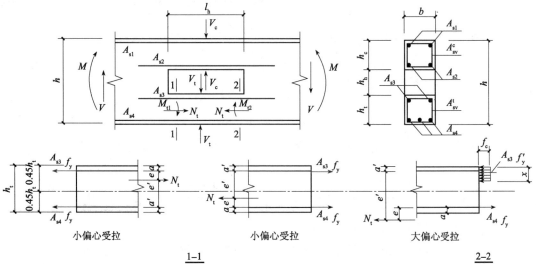

1-1　　　　　　　　　　　　　　　　　　　2-2

图 21-3　偏心受力构件受力图

$$A_{s3} \geqslant \frac{N_t e - f_c b x \ (h_0^t - 0.5x)}{f_y{}' \ (h_0^t - a')} \tag{21-21}$$

$$A_{s4} \geqslant \frac{N_t + f'_y A_{s3} + f_c b x}{f_y} \tag{21-22}$$

式中　$x$——混凝土受压区高度，应满足 $2a' \leqslant x \leqslant \xi_b h_0^t$ 的要求。

当上述公式算得的 $A_{s4}$ 值小于不开洞梁的纵向受拉钢筋截面面积 $A_s$ 值时，设计应取 $A_s$ 值。

### 【例 21-1】腹板具有矩形孔洞梁配筋算例

文献［2］第 177 页算例，矩形截面梁 $b = 250\text{mm}$，$h = 600\text{mm}$，在梁跨中 $l/3$ 的区段开有一矩形孔洞，孔洞高度 $h_h = 180\text{mm}$，孔洞长度 $l_h = 460\text{mm}$，孔洞位于梁截面中心。孔洞边缘截面处最大剪力 $V_1 = 130\text{kN}$，孔洞中心截面处的剪力和弯矩分别为 $V = 105\text{kN}$，$M = 90.5\text{kN·m}$。混凝土强度等级为 C30，除梁内箍筋采用 HPB300 级钢筋外，其余钢筋均采用 HRB400 级钢筋。构件所处环境类别为一类。

求：孔洞周边的配筋构造。

【解】　1. 验算相关条件

$$h_c = h_t = \frac{600 - 180}{2} = 210\text{mm}$$

$$h_h/h = 180/600 = 0.3 < 0.4; \quad l_h/h = 460/600 = 0.767 < 1.6$$

$$h_c/h = 210/600 = 0.35 > 0.3; \quad l_h/h_h = 460/180 = 2.56 < 4.0$$

均满足表 21-1 的要求。

2. 孔洞两侧的垂直箍筋和倾斜钢筋 $A_v$、$A_d$

由式（21-3）及式（21-4）：

$$A_v \geqslant 0.54 V_1/f_{yv} = 0.54 \times 130000/270 = 260\text{mm}^2$$

$$A_d \geqslant 0.76 \frac{V_1}{f_{yd}\sin\alpha} = 0.76 \times 130000/360\sin45° = 388.12\text{mm}^2$$

$A_v$、$A_d$ 分别选用钢筋 3$\phi$8、2$\Phi$16，$A_v = 302\text{mm}^2$；$A_d = 402\text{mm}^2$。

3. 受压弦杆和受拉弦杆的箍筋 $A_{sv}^c$、$A_{sc}^t$

由式（21-5）及式（21-6）：

$$V_c = \beta V = 0.9V = 0.9 \times 105 = 94.5\text{kN}$$

$$V_t = 1.2V - V_c = 1.2 \times 105 - 94.5 = 31.5\text{kN}$$

钢筋保护层最小厚度取 20mm，$a = a' = 20 + 8 + 10 = 38\text{mm}$，取 $a = a' = 40\text{mm}$

$$h_0^c = h_0^t = 210 - 40 = 170\text{mm}$$

$$N_c = N_t = \frac{M}{0.5h + h_h + 0.55h_t} = \frac{90500}{0.5 \times 210 + 180 + 0.55 \times 210} = 225.97\text{kN}$$

由式（21-1）及式（21-2）：

$$V_c = 94.5\text{kN} \leqslant 0.25 f_c b h_0^c = (0.25 \times 14.3 \times 250 \times 170)/1000 = 151.94\text{kN}$$

$$V_t = 31.5\text{kN} \leqslant 0.25 f_c b h_0^t = (0.25 \times 14.3 \times 250 \times 170)/1000 = 151.94\text{kN}$$

由式（21-10）及式（21-11）：

$$\lambda_c = 0.5 l_h / h_0^c = 0.5 \times 460 / 170 = 1.353$$

$$\lambda_t = 0.75 l_h / h_0^t = 0.75 \times 460 / 170 = 2.029$$

$$0.3 f_c b h_c = 0.3 \times 14.3 \times 250 \times 210 / 1000 = 225.225 \text{kN} < N_c$$

取 $N_c = 0.3 f_c b h_c = 225.225 \text{kN}$

由式（21-8），取 $s_c = 50 \text{mm}$：

$$A_{sv}^c \geqslant \left( V_c - \frac{1.75}{\lambda_t + 1.0} b h_0^c f_t + 0.07 N_c \right) \frac{s_c}{f_{yv} h_0^c}$$

$$= \left( 94500 - \frac{1.75}{1.353 + 1.0} 250 \times 170 \times 1.43 - 0.07 \times 225225 \right) \frac{50}{270 \times 170}$$

$$= 37 \text{mm}^2$$

受压弦杆箍筋选用 $2\phi 8$，$A_{sv}^c = 101 \text{mm}^2$

由式（21-9），取 $s_t = 50 \text{mm}$：

$$A_{sv}^t \geqslant \left( V_t - \frac{1.75}{\lambda_t + 1.0} b h_0^t f_t + 0.2 N_c \right) \frac{s_t}{f_{yv} h_0^t}$$

$$= \left( 31500 - \frac{1.75}{2.029 + 1.0} 250 \times 170 \times 1.43 + 0.2 \times 225970 \right) \frac{50}{270 \times 170}$$

$$= 45.3 \text{mm}^2$$

由 $A_{sv}^t = 45.3 \text{mm}^2$，取

$$V_t = f_{yv} A_{sv}^t h_0^t / s_t = 270 \times 45.3 \times 170 / 50 = 41582 \text{N}$$

$$A_{sv}^t \geqslant \left( 41582 - \frac{1.75}{2.029 + 1.0} 250 \times 170 \times 1.43 + 0.2 \times 225970 \right) \frac{50}{270 \times 170} = 56 \text{mm}^2$$

且

$$f_{yv} A_{sv}^t h_0^t / s_t = 270 \times 56 \times 170 / 50 = 51408 \text{N} > 0.36 f_t b h_0^t = 0.36 \times 1.43 \times 250 \times 170 = 21879 \text{N}$$

可以。受拉弦杆箍筋选用 $2\phi 8$，$A_{sv}^t = 101 \text{mm}^2$

4. 孔洞受压弦杆纵向钢筋 $A_{s2}$

由式（21-17）、式（21-16）及式（21-15）：

$$M_c = V_c l_h / 2 = 94.5 \times 460 / 2 = 21735 \text{kN} \cdot \text{mm}$$

$$e_0^c = M_c / N_c = 21735 / 225.97 = 96.18 \text{mm}$$

取 $e_a = 20 \text{mm}$。

$$e = e_0^c + e_a + \frac{h}{2} - a = 96.18 + 20 + 0.5 \times 210 - 40 = 181.18 \text{mm}$$

由式（21-12）：

$$\xi = \frac{N_c}{f_c b h_0^c} = \frac{225970}{14.3 \times 250 \times 170} = 0.372 < \xi_b = 0.518$$

为大偏心受压。由式（21-13）：

$$A_{s2} \geqslant \frac{N_c e - f_c b h_0^{c2} \xi (1 - 0.5\xi)}{f'_y (h_0^c - a')}$$

$$= \frac{225970 \times 181.18 - 14.3 \times 250 \times 170^2 \times 0.372 \times (1 - 0.5 \times 0.372)}{360 \times (170 - 40)} = 206 \text{mm}^2$$

选用钢筋 3 $\Phi$ 12，$A_{s2} = 339\text{mm}^2$。

5. 孔洞受拉弦杆纵向钢筋 $A_{s3}$、$A_{s4}$

由式（21-18）：

$$M_{t1} = 0.25V_t l_h = 0.25 \times 31.5 \times 460 = 3622.5\text{kN} \cdot \text{mm}$$

$$e_0 = M_{t1}/N_t = 3622.5/225.97 = 16\text{mm}$$

$$M_{t2} = 0.75V_t l_h = 0.75 \times 31.5 \times 460 = 10867.5\text{kN} \cdot \text{mm}$$

由式（21-19）：

因所选 $A_{sv}^t$ 为 $\phi 8$，故 $a = a' = 20 + 8 + 10 = 38$ mm，取 $a = a' = 40\text{mm}$。

$$e' = 0.45h_t - a' + e_0 = 0.45 \times 210 - 40 + 16 = 70.5\text{mm}$$

$$A_{s3} \geq \frac{N_t e'}{f_y(h_t - a - a')} = \frac{225970 \times 70.5}{360 \times (210 - 40 - 40)} = 340.4\text{mm}^2$$

选用钢筋 3 $\Phi$ 14，$A_{s3} = 461\text{mm}^2$。

由 $M_{t2}$ 得：$e_0 = M_{t2}/N_t = 10867.5/225.97 = 48.1\text{mm}$

$$e = 0.45h_t - a - e_0 = 0.45 \times 210 - 40 - 48.1 = 6.4\text{mm}$$

属于小偏心受拉：

$$e' = 0.55h_t - a' + e_0 = 0.55 \times 210 - 40 + 48.1 = 123.6\text{mm}$$

由式（21-20）计算 $A_{s4}$

$$A_{s4} \geq \frac{N_t e'}{f_y(h_t - a - a')} = \frac{225970 \times 123.6}{360 \times (210 - 40 - 40)} = 597\text{mm}^2$$

选用钢筋 3 $\Phi$ 18，$A_{s3} = 763\text{mm}^2$。

若 3 $\Phi$ 18 小于不开洞梁截面处的受拉钢筋面积时，应取不小于不开洞梁的受拉钢筋截面面积。

RCM 软件计算输入信息和简要输出信息见图 21-4。RCM 软件给出的详细计算结果如下：

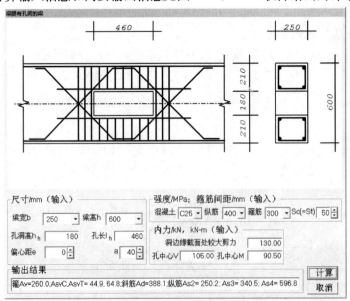

图 21-4　矩形孔洞梁配筋计算对话框

```
V1= 130.00; V= 105.00 kN; M=  90.50 kN-m
1. 检验孔洞尺寸, Hc= 210.0; Ht= 210.0 mm
孔洞尺寸符合要求!
2. 孔洞两侧的垂直箍筋Av和倾斜钢筋Ad
Av:  260.0; Ad:  388.1 mm^2
3. 受压弦杆箍筋AsvC和受拉弦杆钢筋AsvT
Vc=  94500.0; Vt=   31500.0 N
Nc= 225967.5; Nt=  225967.5 N
HcO= 170.0; HtO= 170.0 mm
受压弦杆尺寸符合要求!  受拉弦杆尺寸符合要求!
λc=  1.353; λt=  2.029
0.3*IB*HC*FC= 225225.0
AsvC=   36.5; AsvT=    45.3 mm^2
Vts= 41585.6
AsvT=   36.5; Mc=         21735000.; EOc=   96.5; E=  181.5 mm; ξ=0.371
Mt1=         3622500.; EO=  16.03; E″=  70.53 mm
Mt2=        10867500.; EO=  48.09; E″=   6.41 mm
纵筋As2= 207.0; As3= 340.5; As4= 596.8 mm^2
```

可见 RCM 结果与手算结果一致。

## 21.2　梁腹开有圆形孔洞的梁

1. 构造措施[2]

（1）开孔尺寸和位置应满足以下要求（图 21-5）：

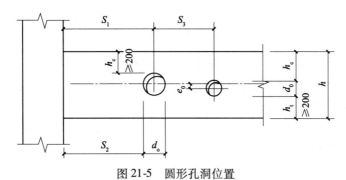

图 21-5　圆形孔洞位置

1）孔洞应尽可能设置于剪力较小的跨中 $l/3$ 区域，必要时可设置于梁端 $l/3$ 区域内。圆孔尺寸位置应满足表 21-2 的规定。

2）对于 $d_0/h \leqslant 0.2$ 及 150mm 的小直径孔洞，圆孔的中心位置应满足 $-0.1h \leqslant e_0 \leqslant 0.2h$（负号表示偏向受压区）和 $s_2 \geqslant 0.5h$ 的要求，对于抗震设计，圆孔梁塑性铰位置宜向跨中转移 $1.0h$ 的距离。

**圆孔洞尺寸和位置**　　　　　　　　　　　　　　　　表 21-2

| 地区 | $e_0/h$ | 跨中 $l/3$ 区域 | | | 梁端 $l/3$ 区域 | | | |
|---|---|---|---|---|---|---|---|---|
| | | $d_0/h$ | $h_c/h$ | $s_3/d_0$ | $d_0/h$ | $h_c/h$ | $s_2/h$ | $s_3/d_0$ |
| 非地震区 | ≤0.1 | ≤0.40 | ≥0.30 | ≥2.0 | ≤0.30 | ≥0.35 | ≥1.0 | ≥2.0 |
| 地震区 | （偏向拉区） | ≤0.40 | ≥0.30 | ≥2.0 | ≤0.30 | ≥0.35 | ≥1.5 | ≥3.0 |

（2）孔洞配筋构造

1）当孔洞直径 $d_0$ 小于 $h/10$ 及 150mm 时，孔洞周边可不设倾斜补强钢筋。

2）当孔洞直径 $d_0$ 小于 $h/5$ 及 200mm 时，孔洞周边可按构造设置补强钢筋，弦杆纵向钢筋 $A_{s2}$、$A_{s3}$ 可采用 2φ10～2φ12，弦杆箍筋可采用 φ6，间距不应大于 0.5 倍弦杆有效高度及 100mm；孔洞两侧补强钢筋 $A_v$、$A_d$ 宜靠近孔洞边缘布置，倾斜钢筋 $A_d$ 可取 2φ12，其倾角 $\alpha$ 可取 45°（图 21-6）。

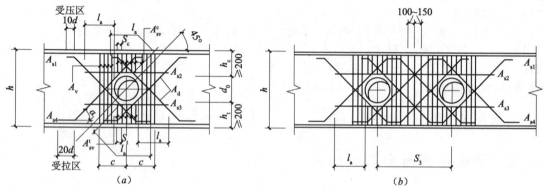

图 21-6　圆形孔洞周边的配筋构造
（$a$）单孔梁的配筋构造；（$b$）多孔梁的配筋构造

3）当孔洞直径不满足上述 1）、2）项要求时，孔洞周边的配筋应按计算确定，但不得小于构造要求设置的钢筋。

孔洞上、下弦杆内的钢筋 $A_{s2}$、$A_{s3}$ 可按下列原则选用，并不得小于梁受压区纵向钢筋 $A_{s1}$。

当 $d_0 ≤ 200mm$ 时，采用 2φ12；

当 $200mm < d_0 ≤ 400mm$ 时，采用 2φ14；

当 $400mm < d_0 ≤ 600mm$ 时，采用 2φ16。

孔洞两侧的垂直箍筋应贴近孔洞边缘布置，其范围为

$$c = h_0^c + d_0/2，且 c ≥ 0.5h_0 \tag{21-23}$$

式中　$h_0^c$——孔洞受压弦杆的有效高度。

靠近孔洞边缘的垂直箍筋可根据实际情况选用，其与第二个垂直箍筋的间距宜与弦杆内箍筋间距一致。

4）T 形截面梁当翼缘位于受压区时，一般可按矩形截面梁设计，而不考虑翼缘的有利作用。当由于截面尺寸受到限制需要考虑翼缘的有利作用时，孔洞周边的配筋除满足构造要求外，尚应满足下列要求：

① 当受压弦杆为图 21-7 所示的 T 形截面时，取伸入腹部的垂直箍筋（$A_{sv1}^c$）直径 $d_1$ 比在翼缘内的箍筋（$A_{sv2}^c$）直径 $d_2$ 大一个直径等级，并满足 $A_{sv1}^c/s_c = A_{sv}^c/s_c$ 的要求；

② 孔洞范围内的箍筋间距按计算值 $s_c$ 确定；孔洞以外和弦杆纵筋纵筋 $A_{s2}$ 以内的翼缘中宜设置箍筋 $A^c_{sv2}$，其间距取孔洞边缘箍筋间距 $s_v$。

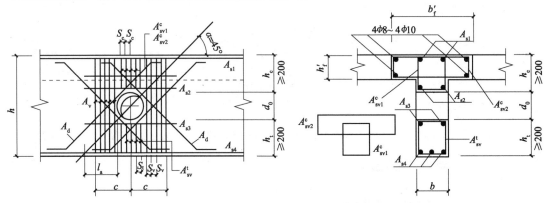

图 21-7　T 形截面开圆形孔洞梁的配筋构造

2. 孔洞周边补强钢筋的计算

（1）截面控制条件

对于矩形截面和翼缘位于受拉区的 T 形截面梁：

$$V \leqslant 0.25b(h_0 - d_0)f_c \tag{21-24}$$

对于翼缘位于受压区的 T 形截面梁：

$$V \leqslant 0.30b(h_0 - d_0)f_c \tag{21-25}$$

式中　$V$——孔洞中心截面处的剪力设计值；

　　　$b$——矩形截面梁宽度和 T 形截面梁腹板宽度；

　　　$h_0$——梁截面有效高度；

　　　$d_0$——孔洞直径；

　　　$f_c$——混凝土轴心抗压强度设计值。

（2）孔洞两侧的补强钢筋（$A_v$、$A_d$）按式（21-26）~式（21-28）计算

对于矩形截面梁

$$V \leqslant \frac{1.75}{\lambda + 1.0}f_t bh_0\left(1 - 1.61\frac{d_0}{h}\right) + 2(f_{yv}A_v + f_{yd}A_d\sin\alpha) \tag{21-26}$$

对于 T 形截面梁

$$V \leqslant 0.7f_t bh_0\left(1 - 1.61\frac{d_0}{h}\right) + 2(f_{yv}A_v + f_{yd}A_d\sin\alpha) \tag{21-27}$$

取

$$f_{yd}A_d = 2f_{yv}A_v \tag{21-28}$$

式中　$\lambda$——梁的剪跨比，$\lambda = M/(Vh_0)$；

　　　$A_v$——孔洞一侧 c 值范围内的垂直箍筋截面面积；

　　　$A_d$——孔洞一侧倾斜钢筋截面面积；

　　　$f_{yv}$——孔洞一侧垂直钢筋的抗拉强度设计值；

　　　$f_{yd}$——孔洞一侧倾斜钢筋的抗拉强度设计值。

（3）孔洞上、下弦杆内箍筋（$A^c_{sv}/s_c$）的计算，应符合下列规定

对于 T 形截面梁，当翼缘位于受拉区时仍按矩形截面梁计算；当翼缘位于受压区时，

可考虑翼缘的有利作用，此时翼缘的有效宽度 $b'_f$ 按下式取用：

$$b'_f = 2b \quad \text{或} \quad b'_f = b + 2h'_f \quad \text{取两者中的较小值} \tag{21-29}$$

对于矩形截面梁

$$V_c \leqslant 0.9 f_t bh_0^c + f_{yv} \frac{A_{sv}^c}{s_c} h_0^c + f_{yd} A_d \sin\alpha + 0.07 N_c \tag{21-30}$$

$$N_c = \frac{M}{0.5 h_c + d_0 + 0.55 h_t} \tag{21-31}$$

对于 T 形截面梁

$$V_c \leqslant 0.9 f_t \left[ bh_0^c + (b'_f - b) h'_f \right] + f_{yv} \frac{A_{sv}^c}{s_c} h_0^c + f_{yd} A_d \sin\alpha + 0.07 N_c \tag{21-32}$$

式中　　$b'_f$——翼缘的有效宽度；

$h'_f$——翼缘厚度；

$V_c$——受压弦杆分配到的剪力：

$$V_c = \beta V \tag{21-33}$$

$\beta$——剪力分配系数，一般取 $\beta = 0.8$；

$N_c$——受压弦杆承受的轴向压力，取 $N_c \leqslant 0.3 f_c bh_c$；

$M$——孔洞中心截面的弯矩设计值。

### 【例 21-2】腹板有圆孔的矩形梁配筋算例

文献［2］第 182 页算例，矩形截面梁 $b = 250\text{mm}$，$h = 600\text{mm}$，在梁端 $l/3$ 的区段开有一圆形孔洞，孔洞直径 $d_0 = 180\text{mm}$，孔洞位于梁截面中心。孔洞中心截面处的剪力和弯矩分别为 $V = 220\text{kN}$，$M = 200 \text{ kN} \cdot \text{m}$。梁剪跨比 $\lambda = 2.5$。混凝土强度等级为 C25，除梁内箍筋采用 HPB300 级钢筋处，其余钢筋均采用 HRB400 级钢筋。构件所处环境类别为二 $a$ 类。

求：孔洞中心截面处的配筋构造。

【解】1. 验算相关条件

$$h_c = h_t = \frac{h - d_0}{2} = \frac{600 - 180}{2} = 210\text{mm}$$

$$h_c/h = 210/600 = 0.35 \geqslant 0.35; \quad d_0/h = 180/600 = 0.3 \leqslant 0.3$$

均满足表 21-2 的要求。

2. 孔洞一侧的垂直箍筋和倾斜钢筋 $A_v$、$A_d$

钢筋保护层最小厚度取 25mm，$a = a' = 25 + 10 + 10 = 45\text{mm}$，取 $a = a' = 45\text{mm}$

$$h_0 = 600 - 45 = 555\text{mm}$$

由式（21-24）

$$V = 220\text{kN} \leqslant 0.25 b(h_0 - d_0) f_c = 0.25 \times 250 \times (555 - 180) \times 11.9 = 278.9\text{kN}$$

由式（21-26）及式（21-28）

$$f_{yd} A_d = 2 f_{yv} A_v$$

$$V \leqslant \frac{1.75}{\lambda + 1.0} f_t bh_0 \left( 1 - 1.61 \frac{d_0}{h} \right) + 2 (f_{yv} A_v + f_{yd} A_d \sin\alpha)$$

$$V \leqslant \frac{1.75}{\lambda + 1.0} f_t bh_0 \left( 1 - 1.61 \frac{d_0}{h} \right) + 2 (f_{yv} A_v + 2 f_{yv} A_v \sin\alpha)$$

$$220000 \leqslant \frac{1.75}{2.5 + 1.0} 1.27 \times 250 \times 555 \times \left( 1 - 1.61 \frac{180}{600} \right) + 2 \times 270 \times A_v (1 + 2\sin\alpha)$$

$$A_v = \frac{220000 - 45550.93}{1303.68} = 134 \text{mm}^2$$

取 $2\phi10$, $A_v = 157 \text{mm}^2$

$$A_d = \frac{2 f_{yv} A_v}{f_{yd}} = \frac{2 \times 270 \times 157}{360} = 236 \text{mm}^2$$

取 $2\phi14$, $A_d = 308 \text{mm}^2$

**3. 孔洞弦杆箍筋 $A_{sv}^c$、$A_{sv}^t$ 计算**

由式（21-31）

$$N_c = \frac{M}{0.5 h_c + d_0 + 0.55 h_t} = \frac{200}{0.5 \times 0.21 + 0.18 + 0.55 \times 0.21} = 499.38 \text{kN}$$

$$N_c > 0.3 f_c b h_c = 0.3 \times 11.9 \times 250 \times 210 = 187425 \text{N}$$

取 $N_c = 187425 \text{N}$，由式（21-30）：

$$V_c = \beta V \le 0.9 f_t b h_0^c + f_{yv} \frac{A_{sv}^c}{s_c} h_0^c + f_{yd} A_d \sin\alpha + 0.07 N_c$$

$$0.8 \times 220000 = 0.9 \times 1.27 \times 250 \times 165 + 270 \times \frac{A_{sv}^c}{s_c} \times 165 + 308 \times 360\sin45° + 0.07 \times 187425$$

$$176000 = 47148.75 + 44550 \frac{A_{sv}^c}{s_c} + 78404 + 13120$$

$\frac{A_{sv}^c}{s_c} = 0.84 \text{mm}$，受压弦杆箍筋选用 $2\phi8$，$A_{sv}^c = 101 \text{mm}^2$，$s_c = 100 \text{mm}$，即选用 $\phi8@100$（双肢箍）。

受拉弦杆箍筋选用 $\phi8@100$（双肢箍）。

RCM 软件计算输入信息和简要输出信息见图 21-8。因还未计算，不知 $A_v$、$A_d$ 各是多少，先输入零，按"计算"后 RCM 软件给出最小需要的 $A_v$ 量值，并给出要求用户输入 $A_v$

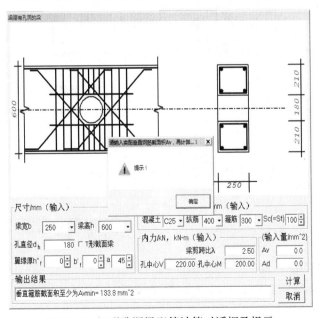

图 21-8 矩形孔洞梁配筋计算对话框及提示

实配量值的提示。据软件给出最小需要的 $A_v$ 量值，用户选配钢筋后，在对话框中输入实配的 $A_v$ 值（本题是 $157mm^2$），再按"计算"后 RCM 软件给出最小需要的 $A_d$ 量值，据此量值，用户选配钢筋后，在对话框中输入实配的 $A_d$ 值（本题是 $308mm^2$），再按"计算"，软件则进行后续的计算。

RCM 软件的详细计算结果如下：

```
B= 250; H=  600; a= 45; d0= 180mm; C25; Fyd= 360.; Fyv= 270. s=100
λ =   2.50; V= 220.00 kN; M= 200.00 kN-m
1.检验孔洞尺寸,Hc= 210.0; Ht= 210.0 mm
Hh/H=0.300≤0.35; Hc/H=0.350≥0.35, 孔洞尺寸符合要求!
2.孔洞两侧的垂直箍筋Av和倾斜钢筋Ad
垂直箍筋截面积至少为Avmin= 133.8 mm^2,请输入实配垂直钢筋截面积Av
输入的实配垂直钢筋截面积Avr= 157.0 mm^2
Vc=      45551. N; Ad=  235.5 mm^2
输入的实配倾斜钢筋截面积Adr= 308.0 mm^2
3.受压弦杆箍筋AsvC
Vc=      198000. N; Nc=  499375.8 N; Hc0= 210.0 mm
0.3*IB*HC*FC= 187425.0
配2A8@100, AsvC=   82.0 mm^2
```

可见 RCM 结果与手算结果一致。RCM 软件最终输入信息和简要输出信息见图 21-9。

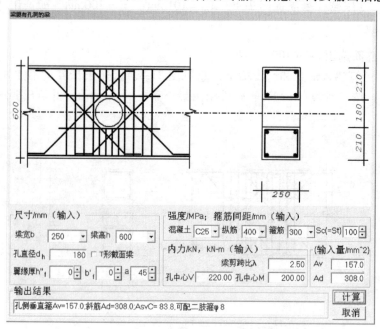

图 21-9　矩形孔洞梁配筋计算对话框及计算结果

### 【例 21-3】腹板有圆孔的 T 形梁配筋算例

文献［2］第 184 页算例，T 形截面简支梁 $b = 250mm$，$h = 600mm$，翼缘厚度为 $100mm$，孔洞直径 $d_0 = 180mm$。孔洞位于梁截面中心。孔洞中心截面处的剪力和弯矩分别为 $V = 290kN$，$M = 250kN \cdot m$。梁剪跨比 $\lambda = 1.5$。混凝土强度等级为 C30，梁内钢筋均采用 HPB400 级钢筋。构件所处环境类别为二 $a$ 类。

求：孔洞中心截面处的配筋构造。

**【解】** 1. 验算相关条件

$$h_c = h_t = \frac{h - d_0}{2} = \frac{600 - 180}{2} = 210\text{mm}$$

$$h_c/h = 210/600 = 0.35 \geqslant 0.35 ；\quad d_0/h = 180/600 = 0.3 \leqslant 0.3$$

均满足表 21-2 的要求。

翼缘的有效宽度，由式（21-29）：$b'_f = b + 2h'_f = 250 + 2 \times 100 = 450\text{mm}$

钢筋保护层最小厚度取 25mm，$a = a' = 25 + 10 + 10 = 45\text{mm}$，取 $a = a' = 45\text{mm}$

$$h_0 = 600 - 45 = 555\text{mm}$$

2. 孔洞一侧的垂直箍筋和倾斜钢筋 $A_v$、$A_d$

由式（21-24）

$$V = 290\text{kN} \leqslant 0.3b(h_0 - d_0)f_c = 0.3 \times 250 \times (555 - 180) \times 14.3 = 402.2\text{kN}$$

由式（21-27）及式（21-28），将式（21-28）代入式（21-27）得：

$$V = 290\text{kN} \leqslant 0.7f_c bh_0\left(1 - 1.61\frac{d_0}{h}\right) + 2(f_{yv}A_v + 2f_{yv}A_v\sin\alpha)$$

$$290000 = 0.7 \times 1.43 \times 250 \times 555(1 - 1.61 \times 0.3) + 2A_v \times 360(1 + 2\sin45°)$$

$$A_v = 126\text{mm}^2$$

取 2 $\Phi$ 10，$A_v = 157\text{mm}^2$

$$A_d = \frac{2f_{yv}A_v}{y_{yd}} = \frac{2 \times 360 \times 157}{360} = 314\text{mm}^2$$

取 2 $\Phi$ 16，$A_d = 402\text{mm}^2$

3. 孔洞弦杆箍筋 $A_{sv}^c$、$A_{sv}^t$ 计算

由式（21-31）：

$$N_c = \frac{M}{0.5h_c + d_0 + 0.55h_t} = \frac{250}{0.5 \times 0.21 + 0.18 + 0.55 \times 0.21} = 624.22\text{kN}$$

$$N_c > 0.3f_c bh_c = 0.3 \times 14.3 \times 250 \times 210 = 225225\text{N}$$

取 $N_c = 225225\text{N}$，式（21-33）及式（21-32）：

$$V_c = \beta V \leqslant 0.9f_t\left[bh_0^c + (b'_f - b)h'_f\right] + f_{yv}\frac{A_{sv}^c}{s_c}h_0^c + f_{yd}A_d\sin\alpha + 0.07N_c$$

$$0.8 \times 290000 = 0.9 \times 1.43\left[250 \times 165 + (450 - 250)100\right] + 360 \times \frac{A_{sv}^c}{s_c} \times 165 + 402 \times$$

$$360\sin45° + 0.07 \times 225225$$

$$232000 = 78828.75 + 59400\frac{A_{sv}^c}{s_c} + 102332.5 + 15765.75$$

$\dfrac{A_{sv}^c}{s_c} = 0.59\text{mm}$，受压弦杆箍筋选用 2 $\Phi$ 8，$A_{sv}^c = 101\text{mm}^2$，$s_c = 100\text{mm}$，即选用 $\Phi$ 8@100（双肢箍）

受拉弦杆箍筋选用 $\Phi$ 8@100（双肢箍），偏于安全。

RCM 软件计算输入信息和简要输出信息见图 21-10。

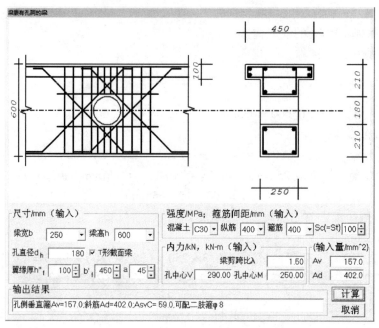

图 21-10　圆形孔洞梁配筋计算对话框

RCM 软件的详细计算结果如下：

B= 250; H=　600; a= 45; d0= 180mm; C30; Fyd= 360.; Fyv= 360.
T形截面梁，翼缘宽=　100; 翼缘厚= 450 mm
λ=　1.50; V= 290.00 kN; M= 250.00 kN-m
1. 检验孔洞尺寸，Hc= 210.0; Ht= 210.0 mm
Hh/H=0.300≤0.35; Hc/H=0.350≥0.35，孔洞尺寸符合要求！
2. 孔洞两侧的垂直箍筋Av和倾斜钢筋Ad
垂直箍筋截面积至少为Avmin= 125.5 mm^2,请输入实配垂直钢筋截面积Av
输入的实配垂直钢筋截面积Avr= 157.0 mm^2
Vc=　71805. N; Admin=　314.0 mm^2,请输入实配倾斜钢筋截面积Ad
输入的实配倾斜钢筋截面积Adr= 402.0 mm^2
3. 受压弦杆箍筋AsvC
Vc=　232000. N; Nc=　624219.8 N; HcO= 165.0 mm
0.3*IB*HC*FC= 225225.0
AsvC=　59.0 mm^2

可见 RCM 结果与手算结果一致。

**本章参考文献**

［1］机械工业厂房结构设计规范（报批稿），2012.

［2］中国有色工程有限公司. 混凝土结构构造手册（第四版）　［M］. 北京：中国建筑工业出版社，2012.

## 附表1 钢筋的公称直径、计算截面面积及理论重量

| 公称直径 (mm) | 不同根数钢筋的计算截面面积（mm²） | | | | | | | | | 单根钢筋理论重量 (kg/m) |
|---|---|---|---|---|---|---|---|---|---|---|
| | 1 | 2 | 3 | 4 | 5 | 6 | 7 | 8 | 9 | |
| 6 | 28.3 | 57 | 85 | 113 | 142 | 170 | 198 | 226 | 255 | 0.222 |
| 8 | 50.3 | 101 | 151 | 201 | 252 | 302 | 352 | 402 | 453 | 0.395 |
| 10 | 78.5 | 157 | 236 | 314 | 393 | 471 | 550 | 628 | 707 | 0.617 |
| 12 | 113.1 | 226 | 339 | 452 | 565 | 678 | 791 | 904 | 1017 | 0.888 |
| 14 | 153.9 | 308 | 461 | 615 | 769 | 923 | 1077 | 1231 | 1385 | 1.21 |
| 16 | 201.1 | 402 | 603 | 804 | 1005 | 1206 | 1407 | 1608 | 1809 | 1.58 |
| 18 | 254.5 | 509 | 763 | 1017 | 1272 | 1527 | 1781 | 2036 | 2290 | 2.00 |
| 20 | 314.2 | 628 | 942 | 1256 | 1570 | 1884 | 2199 | 2513 | 2827 | 2.47 |
| 22 | 380.1 | 760 | 1140 | 1520 | 1900 | 2281 | 2661 | 3041 | 3421 | 2.98 |
| 25 | 490.9 | 982 | 1473 | 1964 | 2454 | 2945 | 3436 | 3927 | 4418 | 3.85 |
| 28 | 615.8 | 1232 | 1847 | 2463 | 3079 | 3695 | 4310 | 4926 | 5542 | 4.83 |
| 32 | 804.2 | 1609 | 2413 | 3217 | 4021 | 4826 | 5630 | 6434 | 7238 | 6.31 |
| 36 | 1017.9 | 2036 | 3054 | 4072 | 5089 | 6107 | 7125 | 8143 | 9161 | 7.99 |
| 40 | 1256.6 | 2513 | 3770 | 5027 | 6283 | 7540 | 8796 | 10053 | 11310 | 9.87 |
| 50 | 1963.5 | 3928 | 5892 | 7856 | 9820 | 11784 | 13748 | 15712 | 17676 | 15.42 |

## 附表2  钢筋混凝土板每米宽的钢筋截面面积（mm$^2$）

| 钢筋间距（mm） | 钢筋直径（mm） | | | | | | | | |
|---|---|---|---|---|---|---|---|---|---|
| | 6 | 6/8 | 8 | 8/10 | 10 | 10/12 | 12 | 12/14 | 14 |
| 70 | 404 | 561 | 719 | 920 | 1121 | 1369 | 1616 | 1907 | 2199 |
| 75 | 377 | 524 | 671 | 859 | 1047 | 1277 | 1508 | 1780 | 2052 |
| 80 | 354 | 491 | 629 | 805 | 981 | 1198 | 1414 | 1669 | 1924 |
| 85 | 333 | 462 | 592 | 758 | 924 | 1127 | 1331 | 1571 | 1811 |
| 90 | 314 | 437 | 559 | 716 | 872 | 1064 | 1257 | 1483 | 1710 |
| 95 | 298 | 414 | 529 | 678 | 826 | 1008 | 1190 | 1405 | 1620 |
| 100 | 283 | 393 | 503 | 644 | 785 | 958 | 1131 | 1335 | 1539 |
| 110 | 257 | 357 | 457 | 585 | 714 | 871 | 1028 | 214 | 1399 |
| 120 | 236 | 327 | 419 | 537 | 654 | 798 | 942 | 1113 | 1283 |
| 125 | 226 | 314 | 402 | 515 | 628 | 766 | 905 | 1068 | 231 |
| 130 | 218 | 302 | 387 | 495 | 604 | 737 | 870 | 1027 | 1184 |
| 140 | 202 | 281 | 359 | 460 | 561 | 684 | 808 | 954 | 1099 |
| 150 | 189 | 262 | 335 | 429 | 523 | 639 | 754 | 890 | 1026 |
| 160 | 177 | 246 | 314 | 403 | 491 | 599 | 707 | 834 | 962 |
| 170 | 166 | 231 | 296 | 379 | 462 | 564 | 665 | 785 | 905 |
| 180 | 157 | 218 | 279 | 358 | 436 | 532 | 628 | 742 | 855 |
| 190 | 149 | 207 | 265 | 339 | 413 | 504 | 595 | 703 | 810 |
| 200 | 141 | 196 | 251 | 322 | 393 | 479 | 565 | 668 | 770 |
| 220 | 129 | 179 | 229 | 293 | 357 | 436 | 514 | 607 | 700 |
| 240 | 118 | 164 | 210 | 268 | 327 | 399 | 471 | 556 | 641 |
| 250 | 113 | 157 | 201 | 258 | 314 | 383 | 452 | 534 | 616 |
| 260 | 109 | 151 | 193 | 248 | 302 | 369 | 435 | 513 | 592 |
| 280 | 101 | 140 | 180 | 230 | 280 | 342 | 404 | 477 | 550 |
| 300 | 94.2 | 131 | 168 | 215 | 262 | 319 | 377 | 445 | 513 |